# アグロフュエル・ブーム下の米国エタノール産業と穀作農業の構造変化

磯田 宏

Structural Changes in the U.S. Corn Ethanol Industry and
Grain Agriculture under the Agro-Fuel Boom

Hiroshi Isoda

筑波書房

# 目次

第1章 アメリカのアグロフュエル・プロジェクトとコーンエタノール産業構造分析の課題―フードレジーム論を中心とする農業・食料政治経済学の視点から― ……………………………………………………………… 1
　第1節　本章の目的と限定 ……………………………………………………………… 1
　第2節　問題の起点―21世紀型穀物等国際価格暴騰の要因をめぐって― ……… 2
　　（1）21世紀型穀物等価格暴騰の金融的要因と需給構造的要因 ………………… 2
　　（2）需給構造要因における飼料消費と燃料エタノール消費 …………………… 4
　　（3）価格暴騰局面を現代農業・食料システムの展開・再編として捉える国内の議論 …… 8
　第3節　フードレジーム論の基礎枠組み―フリードマンとマクマイケルの提起― ……………………………………………………………………………… 10
　　（1）第1フードレジーム ……………………………………………………………… 10
　　（2）第2フードレジーム ……………………………………………………………… 12
　第4節　ポスト「第2フードレジーム」をめぐって ………………………………… 15
　　（1）フリードマンとマクマイケルそれぞれによる展開 ………………………… 15
　　（2）フードレジーム論シンポジウム（2009年）の主な論点 …………………… 21
　第5節　アグロフュエルの政治経済学と複合体，フードレジーム ……………… 39
　　（1）農業・食料関連資本の戦略的蓄積領域再構築としてのアグロフュエル―ホルトギメネスとシャタック― ………………………………………………… 39
　　（2）「アグロフュエル複合体」「アグロフュエル資本主義」の性格規定をめぐる展開―「バイオフュエル，土地，農業問題変化」シンポジウムから― ……… 42
　　（3）金融化段階の資本蓄積危機への「対応」としてのアグロフュエル―再びマクマイケルによる包括的把握― ………………………………………………… 51
　第6節　本章の小括―アメリカ・コーンエタノールの歴史的性格規定と分析課題の析出― ………………………………………………………………………… 53
　　（1）フードレジーム論視点を援用した現局面の位置づけ ……………………… 53
　　（2）アメリカ・コーンエタノール政策とブームの位置と性格 ………………… 56
　　（3）アグロフュエル・ブーム下のアメリカ穀作農業構造分析の課題 ………… 58

第2章　アグロフュエル・ブーム下のコーンエタノール部門の動向と構造変化 …… 65
　第1節　問題の背景と課題の設定 …………………………………………………… 65
　　（1）問題の背景―21世紀穀物等高価格局面の位置― ………………………… 65

（2）アメリカ・コーンエタノール部門の動向と構造変化の分析課題 …………… 68
　第2節　アグロフュエル・プロジェクトの中心としてのコーンエタノール政策 … 71
　第3節　劇的拡張過程と「利潤危機」期を通じたコーンエタノール部門構造
　　　　　の再編 ………………………………………………………………………… 77
　（1）コーンエタノール産業の劇的拡張過程・「バブル」期を通じた部門構造の変化 … 77
　（2）コーンエタノール「利潤危機」とその過程での部門構造再編 …………… 81
　（3）部門再編第二段階をへたコーンエタノール産業の構造と上位企業の諸類型 … 86
　第4節　代表的巨大アグロフュエル企業と小規模専業メーカーの財務状況 …… 86
　（1）企業規模・コーンエタノール事業規模と位置の差異 …………………… 86
　（2）各企業（類型）の純利益率・配当率状況と資本構造の差異 …………… 88
　第5節　トウモロコシ生産者・農村住民出資型企業の展開経緯と意義 ……… 95
　（1）企業の所有構造と出資者の構成・性格 …………………………………… 95
　（2）出資募集・経緯と出資株の種類，およびトウモロコシ出荷義務の有無 … 98
　（3）企業立地・操業に対する連邦政府，州政府，自治体からの支援措置 …103
　（4）農業者・地元住民所有型コーンエタノール企業の出資者・地域への効果 …104
　第6節　本章の小括―アグロフュエル・ブーム下のコーンエタノール部門構
　　　　　造の到達― ……………………………………………………………………109

第3章　アメリカ農業構造の分析視角と穀作農業構造変動の現局面 ……117
　第1節　問題の背景 ……………………………………………………………………117
　第2節　先行研究状況と分析課題の具体化 ………………………………………118
　　（1）資本主義的農業経営の位置と性格をめぐる論争 …………………………118
　　（2）家族農業経営の概念および存在形態とその変容をめぐって ……………123
　　（3）「農業の工業化」という分析枠組み―グッドマン他の問題提起― ……126
　　（4）「資本による農業の包摂」としての農業構造再編 ………………………129
　第3節　アメリカ農業の構造変動の特徴と現局面 ………………………………134
　　（1）アメリカ農業のブームと穀物セクター支持財政の劇的縮小 ……………134
　　（2）アメリカ農業の構造変動の特徴と現局面 …………………………………141
　第4節　穀作農業の構造変動と現局面 ……………………………………………152
　　（1）農産物販売額規模・農場土地面積規模別の穀物販売農場の構造動態 …152
　　（2）穀作大規模経営数増加の内実 ………………………………………………157
　　（3）穀作大規模経営等の経済的性格 ……………………………………………163

第5節　北中部における穀物等生産動向································167
　（1）北中部における主要穀物等の作付動向······················167
　（2）トウモロコシと大豆生産の地域変化··························169
　（3）コーンベルト西北漸の背景······································172
第6節　本章の小括―アメリカ農業・穀作農業構造の今日的特徴と実態分析
　　　の課題―······························································177

第4章　コーンベルト中核・アイオワ州における穀作農業構造の展開··189
第1節　アイオワ州における農場セクターのマクロ経済状況と穀物等生産の
　　　推移····································································189
　（1）アイオワ州における農場セクターのマクロ経済状況······189
　（2）主要作物の作付面積推移········································191
第2節　アイオワ州農業の構造変動の特徴と現局面··············192
　（1）規模別階層変動の状況と到達点······························192
　（2）主要階層の構造的・経済的性格······························195
第3節　アイオワ州における穀作農業の構造変動と現局面······202
　（1）穀作農場の規模別構成の変化··································202
　（2）アイオワ州における穀作大規模経営増加の内実と主要階層の経済的性格··207
第4節　アイオワ州穀作農場の具体的存在形態と構造変化の到達点―実態調
　　　査を中心に―························································211
　（1）調査農場の構成と階層的性格··································211
　（2）価格暴騰下の作付方式―穀作農業「工業化」の諸相（その1）―··216
　（3）不耕起・軽減耕起および精密農業技術の採用状況―穀作農業「工業化」の諸
　　　相（その2）―······················································220
　（4）穀物等価格暴騰下の地代・地価問題···························233
　（5）トウモロコシ販路決定およびエタノール企業出資状況とそれらの性格······237
第5節　本章の小括―コーンベルト中核＝最優等地アイオワ州における穀作
　　　農業の今日的「担い手」の性格と「工業化」の到達点―····247

第5章　集約灌漑地帯ネブラスカ州における穀作農業の構造変化··253
第1節　ネブラスカ州の位置づけ，農場セクター経済状況と穀物等生産の推移··253
　（1）ネブラスカ州の位置づけと農場セクターのマクロ経済状況······253
　（2）主要作物の作付面積推移········································255

第2節　ネブラスカ州農業の構造変動の特徴と現局面 ……………………256
　　（1）規模別階層変動の状況と到達点 ……………………………………256
　　（2）主要階層の構造的・経済的性格 ……………………………………259
　第3節　ネブラスカ州における耕作農業の構造変動と現局面 ……………267
　　（1）穀作農場の規模別構成の変化と到達点 ……………………………267
　　（2）ネブラスカ州における穀作大規模経営増加の内実と主要階層の経済的性格……271
　第4節　ネブラスカ州穀作農場の具体的存在形態と構造変化の到達点
　　　　　―実態調査を中心に― ……………………………………………275
　　（1）調査農場の構成と階層的性格 ………………………………………275
　　（2）価格高騰段階での土地利用と作付方式 ……………………………279
　　（3）不耕起・最小耕起の普及状況とその性格 …………………………281
　　（4）精密農業の採用状況とその性格 ……………………………………285
　　（5）灌漑施設装備と地代・地価高騰下の規模拡大条件 ………………289
　　（6）投資・資産価額の膨張 ………………………………………………294
　第5節　小活―集約灌漑地帯における穀作農業「工業化」の到達点と矛盾の
　　　　　存在形態― ……………………………………………………………298

第6章　コーンベルト西北漸下の両ダコタ州穀作農業構造変化とエタノール
　　　　企業 …………………………………………………………………………303
　第1節　両ダコタ州の位置づけ，農場セクター経済状況と穀物等生産の推移……303
　　（1）両ダコタ州の位置づけと農場セクターのマクロ経済状況 ………303
　　（2）両ダコタ州の作付面積推移 …………………………………………306
　第2節　両ダコタ州における農業構造変動と主要階層の経済的性格 ……309
　　（1）農業構造全体の基本的動態 …………………………………………309
　　（2）主要階層の構造的・経済的性格―農産物販売額規模別集計から―……316
　第3節　両ダコタ州における穀作農業の構造変動と現局面 ………………322
　　（1）穀作農場の規模別構成の変化 ………………………………………322
　　（2）両ダコタ州における穀作農場の構造的・経営的変化と到達点 …333
　第4節　両ダコタ州穀作農場の具体的存在形態と構造変化の到達点
　　　　　―実態調査を中心に― ……………………………………………345
　　（1）調査農場の構成と階層的性格 ………………………………………345
　　（2）調査農場の農地拡大と地代・地価 …………………………………356

第5節　両ダコタ州穀作農場における生産力構造と「農業の工業化」の諸相……367
　（1）作付方式の変化……367
　（2）耕起方式の変化……373
　（3）精密農業技術の導入状況……385
第6節　コーンエタノール企業への出資とトウモロコシ販路―実態と性格―……392
　（1）サウスダコタ州Glacial Lakes Energy, LLCへの出資とトウモロコシ出荷……392
　（2）POET社工場への出資とトウモロコシ出荷……394
　（3）ノースダコタ州調査農場におけるコーンエタノール企業への出資と販売意思決定……397
第7節　本章の小括―コーンベルト西北漸地帯における穀作農業構造再編の特質―……400

# 終章　アグロフュエル・ブーム下の米国コーンエタノール産業と穀作農業構造の到達点……409

第1節　アグロフュエル・ブームの歴史的位置……409
第2節　米国コーンエタノール産業の構造再編……411
第3節　アメリカ穀作農業構造変動の到達点と大規模経営の経済的性格……412
第4節　「農業の工業化」と「資本による農業労働の包摂」の到達点……416
　（1）穀作農業生産力構造再編の諸相……416
　（2）コーンエタノール企業への出資の意義とトウモロコシ販売の性格……419
第5節　アメリカ穀作農業における矛盾の顕在的・潜在的存在状況と展望……421
　（1）矛盾の存在状況……421
　（2）矛盾に対峙する主体の展望……424

文献リスト……429
あとがき（Acknowledgement）……437

# 第1章
## アメリカのアグロフュエル・プロジェクトと
## コーンエタノール産業構造分析の課題
―フードレジーム論を中心とする農業・食料政治経済学の視点から―

### 第1節　本章の目的と限定

　本章は，「アメリカ合衆国コーンエタノール政策がもたらしたアグロフュエル・ブームとその下での同国北中部穀作農業構造の動態と性格」を解明するという本書の研究について，分析視角と課題を析出するという準備作業を目的としている。その作業にあたって，次のような問題意識と手順をもって臨むことにする。

　第一に，本書の研究は近年のアメリカ北中部穀作農業の構造変化が，明らかに同国コーンエタノール政策を重大な要因とするトウモロコシ需要の急増とトウモロコシをはじめとする穀物・油糧種子価格の暴騰・高位水準化に影響を受けているという問題意識からスタートしている。そこで，そうした問題関連を考察するのに必要な限りにおいて，2000年代後半，とりわけ2007年以降の穀物等価格高騰の要因に関する国内外の先行研究・論争を整理する。

　第二に，そうした先行研究・論争を通じて，穀物等価格暴騰はグローバル規模の農業・食料諸関係（生産，流通，加工，貿易，消費をめぐる国境をまたいだ諸関係）における構造的な変化と不可分である，むしろその必然的な結果であるという議論が有力になってきている。このような議論は主としてフードレジーム論を中心とする農業・食料政治経済学の論者達から提起されているので，本章ではフードレジーム論の基本的枠組みとその今日的展開を，近接する農業・食料政治経済学にも目を配りながらレビューすることによって，穀物等価格暴騰・高位水準化という国際農業・食料諸関係の現局面の歴史的位置と性格を導出する。

　第三に，そのような議論においては，今日的国際農業・食料諸関係において，アグロフュエルの原料生産・製造・流通・貿易・消費をめぐる諸関係ならびにそれを促進する諸政策が，新たに重大な要素になっていることが指摘されている。そこでフードレジーム論を中心とする農業・食料政治経済学が，アグロフュエルの産業と政策（その総合としてのアグロフュエル・プロジェクトとでも言うべき

もの）をどのように位置づけているかについて検討し，本研究への有益な示唆を導き出したい。

　第四に，そうした示唆を得た上で，本書のより具体的なテーマである，①米国コーンエタノール政策下での同産業の急膨張と構造変化の性格，および②その影響を受ける中にあって，アメリカ北中部穀作農業構造がいかなる変動をとげてどのような到達点にいたっているかを解明し性格づけするための，課題を摘出・確認したい。

　なおこうした作業にあたって，基本的に2つの限定をおく。

　ひとつは，上記第二の作業について，あくまで先行研究・論争から現局面の位置と性格を導出するにとどめ，自ら実証的に解明するところまでは踏み込まない。

　ふたつには，農業構造変動自体の解明にあたっては，「資本による農業の包摂」と「農業の工業化」という分析枠組みが不可欠であるというのが筆者の方法論的認識であるが，それについては第3章で整理・検討するので，そちらに譲る。

## 第2節　問題の起点―21世紀型穀物等国際価格暴騰の要因をめぐって―

### (1) 21世紀型穀物等価格暴騰の金融的要因と需給構造的要因

　2007年から2008年にかけて国際穀物・油糧種子（以下，穀物等とする）価格が暴騰し，その後いったん高位「沈静」化したものの，2010年夏から2011年秋にかけて再上昇し，さらに2012年後半には2度目の暴騰が生じた（大豆とトウモロコシについては，この2度目の価格―シカゴ先物市場期近―が最高となっている）。この間の現象は，爆発的とも言うべき急速で大幅な穀物等価格高騰が間歇的に生じているということと，それが一応「沈静」した時期も含めて基礎的な価格水準自体がそれ以前と比べて高くなっている，つまり高価格水準が構造化しているという，両面を含んでいる。

　本章の目的は，こうした穀物等価格の二重の意味での高位化を，第二次大戦後アメリカ農業政策（より正確に言えば油糧種子を含む穀物関連政策）のある種の歴史的到達と関連づけようとすることであり，その際，フードレジーム論を中心とする国際的な農業・食料政治経済学における議論を援用しながら，分析視角と課題を設定することである。

　それに向けて初めに，今次の穀物等価格の二重の高位化をその要因の側面から

どう性格づけるかについて，重要と思われる国内での議論を，いくつか検討しておこう。

　田代（2009, 2012）はそれ自体が代表的な議論の検討をふまえたものだが，「食料不足」を「在庫が安全水準を下回る」状況とし，その上で「食料危機」は「食料不足により価格が高騰し，その価格では食料を購入できない所得階層が増大し社会的緊張が高まる状態」とする（田代 2012：p.139）[1]。その上で21世紀に入ってからの穀物等価格高騰は，結論的には「直接的・短期的要因は投機マネーだが，基底的・中長期的要因としては需給逼迫」とする。前者は1971年金・ドル交換停止（ブレトンウッズ通貨体制崩壊）後もアメリカが「基軸通貨特権」を行使し続けたことによって大量に垂れ流された過剰ドルを原資とする莫大なグローバル金融資産（過剰貨幣資本）が，間歇的なバブルの一環としての住宅・金融バブル崩壊によって行き場をなくして，その一部が資源・穀物等市場に殺到した諸関係を指す。また後者については，①「新興国等の高度成長・所得増に伴う需要増」や②「穀物のバイオエタノール原料化に伴う需要増が挙げられ」るが，2006年までは①が著しく，それ以降は②が著しかったとする（田代 2012：p.138，田代 2009：pp.12-35）。

　投機資金と化した過剰貨幣資本を原油や穀物等価格高騰の要因と見るのは「すでに世間の常識」であるにもかかわらず，その関係を「アメリカ政府や日本政府，IMFなどの国際機関は認めようとはしなかったし，今でも認めていないものもある」（毛利 2010：p.20）。しかし，両者の深い連関は，コモディティ8種（金，銅，原油，ガソリン，天然ガス，暖房用油，大豆，小麦）のCRB指数（米国内の先物取引価格から算出される国際商品先物指数）と，それらに対するヘッジファンド，年金基金，政府系ファンドなどファンド筋が保有するネットポジション（アメリカ商品取引委員会CFTC監督下の商品取引所における，未決済の買いポジション合計額）の動きが特に2005年以降密接に連動していることからして明白であるし，そもそもこうした金融要因説を否定するなら高騰直後の下落局面を説明できない（毛利 2010：pp.20-22）。これらは，むしろ商品先物取引への投機資金の大々的な流入に道を開いた規制緩和を進めて利益をあげてきた主体，また高騰後の局面で規制強化に反対している主体，ないしその代弁者が「認めたくない」ということであろう。

## （2）需給構造要因における飼料消費と燃料エタノール消費

　かくして金融・投機要因は否定しえないものとなっているが，逆に高騰の要因をもっぱら投機資金流入に求め，需給の構造的変化要因を否定する議論もある。川島(2013)は約50年間にわたって「世界の穀物生産量は順調に増加している」，「一人当たり穀物消費量はここ40年ほどほぼ一定であり，穀物価格が急騰した2005年以降に急落した形跡はない」ことから，「今回の穀物価格の高騰が食料危機によってもたらされたものではないことは明らかだ」とし，したがって「世界食料危機は生じていない」と断定する（川島 2013：pp.6-7）。そして飼料用トウモロコシの「需要はそれほど増加していない」のに対して「最近，米国以外でも生産量が増加している」ため「トウモロコシ価格が上昇しにく」くなった，その打開策としてコーンエタノールの「生産量を一挙に拡大しようとした」のがアメリカのバイオフュエル政策だったとする。しかしエタノール需要が価格高騰要因ならその後の急落は説明できないとし，結局，ほとんどもっぱら投機資金流入に原因を帰す（川島 2013：pp.9-13）。

　川島のいう「食料危機」とはその行論からして，世界総体としての穀物生産量の停滞ないし減少，あるいは1人当たり平均生産量・消費量の減少のことである。上述田代の「食料危機」概念との相違は差しあたり措くとして，川島の議論は第一に，それぞれの穀物等価格暴騰がその後投機資金の流出によって「沈静」しても，2005年までよりも大幅に高い水準にとどまっている事実を説明できない。第二に，世界総体として穀物生産量と消費量とのバランスに生じている変化を見ていない。すなわちそのバランスは期末在庫率に反映されるが，穀物全体の同率は第二次大戦後最初の「食料危機」が発生した1970年代前半（1970～74年）平均が16.8％，その後1970年代後半が21.7％，1980年代前半が24.3％，1980年代後半が31.1％，1990年代前半が28.5％，2000年代前半が24.2％と推移していたものが，2000年代後半に19.6％，2010年代前半20.9％と明らかに低下してFAOが「安全在庫率」とする17～18％に再度接近していること，また各年ベースでみても1976年から2002年に20％を下回ったことは一度もなかったのに2003～15年は13年中5年が下回っており，残り8年も全て23％未満なのである（農林水産省 2015）[(2)]。

　かくして川島が需給構造の変化とギャップの頻発というファンダメンタルズ要因を否定するのは，「『食料問題』自体を否定すること」に「力点」をおく「新自

由主義派に共通する」見解といえる（田代 2009：p.35）。なぜ新自由主義派と性格づけされるかと言えば，それは需給ギャップそのものの存在を否定し総体として食料は足りている，むしろ「供給」過剰ですらあるとし，したがって対処すべきは先進諸国の過剰と途上国の不足のアンバランスを埋める「国際貿易の問題」（加賀爪 2013：p.19およびp.17），さらには自由貿易による「解決」を妨げる諸問題（関税・非関税の貿易制限，および穀物不足途上国の購買力不足）の除去（貿易制限の撤廃，援助や経済成長主義的開発）に焦点を狭める議論に連なるからである。

　さて穀物等価格の画時代的水準上昇に対する需給の構造的なレベル，したがってファンダメンタルズにおける変化という要因をさらに立ち入って考察する際は，当然，供給サイド（制約）と需要サイド（増大）の両面が検討されなければならない。前者についての日本における議論は，大規模旱魃の頻発に代表される気象災害に重点が傾きがちで，それを地球規模の気候変動（温暖化）の一現象と捉えようとする場合も，農業・食料セクターそれ自体の内在的要因（構造的なあり方）と結びつける議論は少ない。その点は後に触れるとして，後者の需要増大をめぐる議論と現実概況を見ておこう。

　言うまでもなく，需要増大の2大要因とされるのは新興諸国等の人口増加および経済成長・所得上昇にともなう食料消費パターンの変化による直接・間接（飼料経由）の食料需要増大と，アグロフュエル原料向け需要増大である。ここでは地球規模で交わされてきている「食料対燃料論争」（Food versus Fuel）があるが，本章ではそれ自体には深入りしない。そのどちらが価格暴騰により大きく寄与したかについては各種の分析結果が示されているが，久野（2008）による整理のように，その「分析」主体が客観的に拠って立つ，あるいは寄り添う利害関係によって大きく異なる。

　典型的なのは突出した世界最大のコーンエタノール国アメリカのバイオエタノール製造業者団体RFA（Renewable Fuels Association）が「論争」の当初からバイオフュエル主犯説を一貫して否定し，さらに近年では2012年のアメリカ中西部トウモロコシ地帯における旱魃被害が広がる中で，同国畜産生産者団体や畜産主産地州政府などがコーンエタノールの使用義務量（Renewable Fuel Standard, RFS）の一時停止をその施行規則を定める環境保護庁（Environmental

Protection Agency) に要求・申請したのに対しても，少なからぬ大学農業経済学者からの研究的支援（RFSを削減したり一時停止しても，トウモロコシ価格抑制効果は小さいとするシミュレーション結果）を受けつつ，強固に反論している。

こうした場合の強力な「論拠」として持ち出されるのが，コーンエタノール製造過程でディスティラーズ・グレイン（Distillers Grain with Solubles, DGS。トウモロコシを酵素糖化，発酵アルコール化してから蒸留してエタノールを抽出した後の液状粕を使用した飼料）が大量に副産物として得られるので[3]，飼料供給を，したがってそれを介した畜産物供給を制約したり，それらの価格上昇をまねく影響はほとんどないという「説明」である。

しかし，コーンエタノールはトウモロコシが含有する炭水化物（重量比で成熟穀粒の70.6％を占める）をほとんど全て糖化・アルコール化するのであるから[4]，副産物としてのDGSはトウモロコシが含有していた脂肪，タンパク質などはかなりの程度飼料原料として供給することになるが，主成分である炭水化物の供給には決定的な影響を与えるというのは，極めて単純な話である。したがって炭水化物分をめぐって燃料エタノール用途と飼料用途とが競合していることは，否定しようもない。かくして新興諸国等における食料需要増大とバイオフュエル原料向け需要の双方が，大豆等の油糧作物も含めた穀物等の需給構造変化の2大要因とされるのが通説となるのは，当然である（例えば薄井 2010：pp.133-182）。

では両者のインパクトの大小についてはどうか。**表1-1**によれば，21世紀の第1次暴騰期をはさむ2004～2008年の変化は，トウモロコシの世界飼料用消費増加量が2,572万トン・5.7％であったのに対し，世界のコーンエタノールのほとんどを生産している表記4ヵ国における燃料エタノール用消費増加量は6,414万トン・176.6％だった。さらに第2次暴騰までにあたる2008年～2012/13販売年度でも，飼料用増加量が4,280万トン・9.0％であったの対し，同じく燃料エタノール用増加量は2,878万トン・28.6％であった。前者の時期で燃料エタノール用の増加が量・率とも大きく凌駕し，後者の時期では増加量では飼料用，増加率では燃料エタノール用が上回っており，通期では燃料用エタノール向け消費が大きく上回っている。

したがってトウモロコシの20世紀後半的・低価格水準から21世紀的・高価格水準への画時代的高騰に対して，需要サイドからは飼料用と燃料エタノール用の双

第1章　アグロフュエル・プロジェクトとコーンエタノール産業構造分析の課題　7

**表1-1　世界のトウモロコシ需要構成の変化**　(単位：千トン, %)

| | | 2004 | 2008 | 2012/13 | 増減量／増減率 2004～08 | 増減量／増減率 2008～12/13 | 増減寄与率 2004～08 | 増減寄与率 2008～12/13 |
|---|---|---|---|---|---|---|---|---|
| 実数 | 総需要量 | 779,384 | 913,101 | 863,904 | 133,717 | -49,197 | | |
| | 輸出量 | 85,821 | 105,725 | 89,900 | 19,903 | -15,825 | | |
| | 各国国内消費 | 693,562 | 807,376 | 766,214 | 113,814 | -41,162 | | |
| | 飼料用 | 447,754 | 473,472 | 516,270 | 25,719 | 42,798 | | |
| | 主要4ヵ国・地域燃料エタノール用 | 36,315 | 100,452 | 129,227 | 64,137 | 28,775 | | |
| | アメリカ | 33,610 | 94,206 | 118,110 | 60,596 | 23,904 | | |
| | カナダ | 360 | 1,391 | 3,307 | 1,031 | 1,916 | | |
| | EU | | 1,155 | 3,211 | 1,155 | 2,056 | | |
| | 中国 | 2,345 | 3,700 | 4,599 | 1,355 | 899 | | |
| 構成比 | 総需要量 | 100.0 | 100.0 | 100.0 | 17.2 | -5.4 | | |
| | 輸出量 | 11.0 | 11.6 | 10.4 | 23.2 | -15.0 | 14.9 | 32.2 |
| | 各国国内消費 | 89.0 | 88.4 | 88.7 | 16.4 | -5.1 | 85.1 | 83.7 |
| | 飼料用 | 57.4 | 51.9 | 59.8 | 5.7 | 9.0 | 19.2 | -87.0 |
| | 主要4ヵ国・地域燃料エタノール用 | 4.7 | 11.0 | 15.0 | 176.6 | 28.6 | 48.0 | -58.5 |
| | アメリカ | 4.31 | 10.32 | 13.67 | 180.3 | 25.4 | 45.3 | -48.6 |
| | カナダ | 0.05 | 0.15 | 0.38 | 286.4 | 137.7 | 0.8 | -3.9 |
| | EU | | 0.13 | 0.37 | | 178.0 | 0.9 | -4.2 |
| | 中国 | 0.30 | 0.41 | 0.53 | 57.8 | 24.3 | 1.0 | -1.8 |

資料：1）2008年までは，FAO, *FAO STAT: Commodity Balance* (http://faostat.fao.org/site/614/default.aspx)。
　　　2）2012/13販売年度は，総需要量がUSDA Foreign Agricultural Service, *Production, Supply, and Distribution Online* (http://www.fas.usda.gov/psdonline/)，輸出量，飼料用，および各国国内消費量がUSDA FAS, *World Agricultural Supply and Demand Estimation* (http://usda.mannlib.cornell.edu/MannUsda/viewDocumentInfo.do?documentID=1194)，および *Grain: World Markets and Trade* (http://usda.mannlib.cornell.edu/MannUsda/viewDocumentInfo.do?documentID=1487)より。
　　　燃料エタノール用のうちアメリカはUSDS ERS, *Feed Grains Database* (http://www.ers.usda.gov/data-products/feed-grains-database/feed-grains-custom-query.aspx)，その他3ヵ国・地域のうちカナダの2008年まで，および中国の2004年までは，小泉（2009）p.184，カナダの2008年以降はUSDA FAS (2013), EUはUSDA FAS (2012a), 中国の2008年以降はUSDA FAS (2012b)より。
注：燃料エタノール用の「主要4ヵ国・地域」とは，アメリカ，カナダ，EU，および中国の合計である。

方が影響を与えたが，とりわけ後者のインパクトが大きかったと判断される。

　また歴史的パースペクティブで見ると，上記期間の飼料用年平均増加率は，飼料用が1.41％と2.19％であるのに対し，過去はFAO Commodity Balance統計によると1961～65年が0.98％，1965～70年が3.33％，1970～75年が3.59％，1975～80年が5.05％，1980～85年が-0.92％，1985～90年が1.03％，1990～95年が3.47％，1995～2000年が2.43％，2000～05年が2.20％，2005～09年が-0.42％だった。したがって20世紀末から21世紀にかけて飼料用消費量の増加率が特に高まったとは言えない。この点から見ても，21世紀の2次にわたるトウモロコシ価格暴騰要因のうち需要サイドについては，燃料エタノールがより大きな影響を与えたのである。

なお今後については，粗粒穀物（小麦，米以外の穀物合計）というくくりではあるが，OECD-FAOによると，燃料エタノール用消費量は2012年以降はもはや伸びずに微減し，2022年には2010年比5.1％減になると見通されている。他方，飼料用消費量は2010～15年に年率2.21％，2015～2020年に年率1.93％，2020～22年に年率0.17％と加速するわけではないが増加し続け，2022年には2010年比28.0％増加すると見通されている（OECD-FAO, Agricultural Outlook 2013-2022 Databaseより）。したがって今後は，両要因が高水準価格を支えつつ，相対的には飼料用消費の影響力が強まるということが予想される。

かくして需要サイドにおいて，燃料エタノール（バイオディーゼルを含めればアグロフュエル）用消費と，これまでのところ量的にそれには劣るものの飼料用消費の増大が主要因になっていることは明白である。

しかしさらに検討されなければならないのは，これら需要増大，ならびに供給サイド要因（絶対的に必要とする人々にほど穀物等の供給が及ばなかった）をともなった価格高騰ないし暴騰が生起したことを，ある種の自然史的過程かのように捉えるのか，それとも「現代の農業・食料システムに内在する『矛盾の発現』ととらえ」るのか（久野2008：p.8)，である。本書では後者の視点に立つが，「現代の農業・食料システムに内在する」根本矛盾を全面的に摘出することは，課題でもないしその準備もないので，以下では本章の分析前提となっているアメリカ・コーンエタノール政策の，①現代資本主義における農業・食料システム（ないし農業・食料セクター），および②第二次大戦後アメリカ農政史における，位置と性格を論定するのに必要な範囲で，議論を整理していきたい。

### （3）価格暴騰局面を現代農業・食料システムの展開・再編として捉える国内の議論

薄井（2010）は，第1次穀物価格等暴騰を「食料インフレ」としたうえで，それをもたらした人為的＝政策的契機と担い手に注目して議論をしている。すなわち，アメリカのコーンエタノールを中心とした，ブラジルのサトウキビエタノールを中心とした，そしてEUのバイオディーゼルを中心とした，それぞれのバイオフュエル増産・使用拡大政策によって，もはや「後戻りすること」のない「燃料生産農業」が創り出されたとする（薄井2010：pp.142-158）。同時に食料需要

を急速に増大させつつ穀物の総合的な自給体制は維持しようとする中国が、食用油（および飼料用大豆粕）向けの大豆輸入を劇的に拡大し、その大豆輸入と搾油の両面を垂直統合的に「穀物メジャー」が主導し担っていることにも着目する（薄井 2010：pp.160-166）。

かくして「バイオフュエルという『油』と大豆『油』という2つの『油』が世界の農業と食料供給を劇的に変え始めて」おり、それが同時に「穀物メジャーなどの多国籍企業にとっては、まさに収益機会の拡大がいっそ増えるという流れ」となっていることを重視している（薄井 2010：p.180）。かかる指摘は、単に穀物等価格高騰やそのファンダメンタルズ要因の検討にとどまらない、現代農業・食料セクターの構造的な変動の政策的契機と主導的担い手に着眼した、重要な意味を持つと言うべきだろう。

薄井（2010）自身も、事実上こうした「2つの『油』」段階を、第二次大戦後のアメリカ余剰農産物の「援助」輸出およびそれと結合した穀物メジャー展開の延長線上の、新局面として位置づけている。その点をより明示的に提起したのが、安部（2010）である。

安部は2006年秋から2008年の「世界食糧危機」を「世界食糧価格危機」というべき、とした上で、新興国等における食肉需要の増大にともなう飼料穀物需要増大もまた自然史的過程などではなく、穀物のバイオフュエル化や投機マネーとならんで、アメリカ発の人為的要因と強調する。すなわちそれは、「新興国を先頭とする発展途上国を、『アメリカ型畜産移植→アメリカ産飼料穀物依存』にしたい、アメリカの思惑が働いて」おり、それを具現・推進する主体が「アメリカ多国籍アグリフード（農産食品）ビジネス」であると論定している（安部 2010：pp.4-5）。

これらの議論は、21世紀型穀物等価格暴騰現象を「現代の農業・食料システムに内在する」固有の要因と主体の行動によって説明する点で、本章とも問題意識を共有するところが多い。しかし第二次大戦後の現代農業・食料システム（ないしセクター）およびアメリカ農政の展開がもたらした矛盾の発現、したがってまた歴史的な新局面ないし段階として性格規定するという作業は、なお残されている。

そこで次に、磯田（2002）が、かつて「資本蓄積と農業問題」視角とフードレ

ジーム論が提示した「複合体」概念とを接合して現代農業・食料セクターの再編問題を捉えようとした枠組みをふまえつつ，あらためて21世紀型穀物等価格暴騰とその主要因となったアメリカのコーンエタノール政策を，現代農業・食料セクターとアメリカ農政の新たな，歴史的性格再編という文脈で捉える枠組みを試論的に提示してみたい。

　その前提として，第3節ではフードレジーム論の枠組みを整理して確認する。第4節でその展開を整理して，その中から生まれたいくつかの異なる視角・スタンスを析出する。第5節でフードレジーム論を中心とする農業・食料政治経済学の最近の到達点において，アグロフュエル政策（ないし薄井のいう燃料生産農業）およびアグロフュエル・ブームと，穀物価格暴騰およびそれが引き起こした食料危機が，どのように理論枠組みに取り入れられているかを整理・検討する。

　本章最後の第6節では，これら先行研究からコーンエタノール政策と同ブームについて本書が援用すべき理論的性格規定と，実態的に検証すべき課題を導出する。

## 第3節　フードレジーム論の基礎枠組み―フリードマンとマクマイケルの提起―

### (1) 第1フードレジーム

　まずフードレジーム概念について，それを共同研究として打ち出した二人の論稿にさかのぼって確認しておく。Friedmann and McMichael (1989) によれば，両著者の基本課題は，「資本主義世界経済の展開において農業が果たしてきた役割を解明すること」にある。そこでの問題意識の起点は，1980年代当時，途上国の食料安全保障と対外債務返済が焦点になる中で，それら諸国の農業を国民経済的に（つまり国民経済内部における工業との相互依存的・有機的連関の下に）構築すべきだし，そうできるという第二次大戦後アメリカ・ヘゲモニー下の「近代化」イデオロギーに対する理論的・実践的批判にあった。歴史現実的にはそもそも近代国民国家システムの基礎となった19世紀後半ヨーロッパ資本主義諸国の工業国としての成熟からして，アメリカを典型とする植民者農業との国際分業と相互規定的であったではないか，と（Friedmann and McMichael 1989: pp.93-94）。

　そこで一方で「資本主義世界経済の展開」について，1970年代初頭に顕在化した世界的な資本主義の「危機」ないし大転換点を説明する上で強い影響力を発揮

したレギュラシオン理論の，支配的蓄積・調整諸様式でもって19世紀後半以降の資本主義転形の諸時代を区分するという枠組みを援用する。すなわち19世紀後半の支配的資本主義は外延的蓄積様式をとり，賃労働の量的増大をつうじて資本制生産様式を構築していった。それが20世紀半ばには，「賃金上昇と生産性上昇の契約」というフォード主義的調整に体現される，労働者の消費拡大を市場的基盤にする消費諸関係の資本蓄積過程への結合という内包的（集約的）蓄積様式を特徴とするものに転形されていた（Friedmann and McMichael 1989: p.95, McMichael 1991: p.75）。

　農業・食料部門は，実はこうした異なる蓄積様式を支えるべくそれに照応した国際的諸関係に編成されるというのが，フードレジーム論の概念である。すなわち，第1フードレジーム（1870〜1914年）とは，アメリカを典型とする家族農場によって生産された植民者農業輸出産品（settler agricultural exports），具体的には温帯産品である小麦と食肉という賃金財の低廉な価格での輸出が，中心部であるヨーロッパの資本蓄積を支えるという関係を中軸としていた。同時にこの時代は列強による植民地支配の全盛と世界の分割期でもあり，それら植民地農業はアメリカ等の植民者農業国とは異なって宗主国の直接支配に従属することで，砂糖，植物油，バナナ，コーヒー，茶，煙草などの労働者消費用熱帯農産品および綿花，木材，ゴム，藍などの工業原料熱帯農産品を中心部ヨーロッパに輸出して，資本蓄積を支えるもうひとつの軸になっていた（Friedmann and McMichael 1989: pp.95-98）。

　これら農業・食料国際諸関係の2つの軸は，このレジームにおける2つの相互に関連しつつ対立する運動によって形成されていた。すなわち一方での植民地帝国主義の確立がそれぞれの植民地帝国内部における垂直的な貿易関係を深化させ，また宗主国としてのヨーロッパ列強国民国家間の対立をもたらした。しかし他方では，イギリス・ヘゲモニーがそうした植民地帝国型分業をも「自由貿易レジーム」の中に統合し，またアメリカを典型として植民者農業を有機的一環とする国民国家（農業は輸出産業であると同時に工業にとっての国内市場である）が確立したことは，植民地帝国型の国際分業とは異なる国民経済間の国際分業の形成運動を意味した。そしてこのような競争的な国民経済間貿易の台頭と，「農工複合体」（agro-industrial complex）が構成されはじめたことが，次の第2フードレジー

ムの形成を準備する要素となる。

　ここで「農工複合体」とは，農業が一方で畜力機械化や合成肥料依存を進めることによって当該工業資本の製品市場となっていき（農業内給的投入財の工業的外給投入財＝資本による充当 appropriationism），他方で小麦の製粉や食肉の冷凍・保存などこの段階ではなお端緒的ながら工業資本の原料調達源となっていく（食料農産物の工業的加工食品への転形ないし代替 substitutionism）というプロセスをつうじて，農業と工業がいったん別個の経済セクターに分離された上で資本の下に再統一（包摂）される事態を指している（McMichael 1991: p.74, Friedmann and McMichael 1989: pp.98-99。こうした事態はより一般的に「農業の工業化」と概念化されており，それについての体系的詳細はGoodman, et al. 1987を，その筆者による今日的敷衍の試みとしては本書第3章第2節（3）（4）を参照）。

## （2）第2フードレジーム

　第二次大戦後に形成された第2フードレジーム（1945～1973年）とは，前述のような先進資本主義諸国における労働者の消費購買力の拡大を市場的基礎におく大量生産・大量消費をつうじた蓄積様式に照応した，農業・食料の国際的諸関係である。ここでも複数の農業・食料の国際分業・貿易関係＝商品連鎖が軸を構成するのだが，その基礎的条件として重要な第一は，異常なまでの強力な国家保護（別言するなら国家独占資本主義）と，アメリカ・ヘゲモニーによる世界経済の組織化（別言するなら「冷戦」体制における西側世界におけるアメリカ資本主義の圧倒的覇権下で構築されたブレトンウッズ体制ないしIMF・GATT体制）である（Friedmann and McMichael 1989: p.103）。

　第二は，「農業の工業化」の進展，すなわち一方で農耕（farming）は工業的な投入財とそれに必要な多額投資のための信用にますます依存するようになり，他方で農産物はますます最終消費財としての食料から工業的加工製品の原料となること，さらに生鮮農産物でさえ巨大企業の広範囲な流通ネットワークへの投入財になることによって，農業と関連工業・資本との画然とした境界が取り払われていき，「農業・食料セクター」という統合されたセクターが形成されたことである（Friedmann and McMichael 1989: p.103, Friedmann 1991: pp.65-66）。この

ように第二次大戦後段階では，農業投入財，農業，加工諸段階，流通・貿易諸段階が一つのセクターとして国境をまたいで，あるいは超国籍的に（transnational）統合されていることから，そうした農業・食料の国際的商品連鎖（ないし産業連鎖）は新たに「複合体」（complex）と呼ばれた（Friedmann 1991: p.71）。第2フードレジームを構成した農業・食料の国際的生産消費諸関係（商品・産業連鎖）は，3つの複合体からなっていた。

　戦後国際農産物市場に特徴的な事象は，一方でのアメリカにおける膨大な余剰小麦の累積，他方での旧植民地諸国の独立国化であった。後者を自らの陣営に取り込むことをめぐって米ソが「援助」競争を繰り広げたわけだが，西側では膨大な余剰小麦の新市場開拓手段に「援助」を位置づけるアメリカと，アメリカおよびブレトンウッズ諸機関（国際復興開発銀行・世界銀行，国際通貨基金など）の促迫も受けて工業化を促進するために安価な主要食料を求める新独立諸国政府との間に，利害の一致があった。そこで周知のようにアメリカ「援助」小麦が連邦政府財政負担（国家独占資本主義的農業政策の一環）によって多数の旧植民地途上国に送り込まれ，後には商業輸出化するが，それは製粉業－製パン業－パン消費という産業連鎖・食料消費パターンのパッケージとして輸出（移植）されたのである。その際当該途上国の主要食料生産者は，「援助」名目のダンピング小麦輸入によって，農地（食料自給手段）を失いプロレタリア化した。かくしてアメリカ小麦生産を起点として「援助」先諸国へと国境をまたいで形成されたのが，一つめの「小麦複合体」（wheat complex）である。日本にも，同様のロジックと手法で移植された（Friedmann and McMichael 1989: p.104, Friedmann 1991: p.71）。

　二つめは「耐久食品複合体」（durable food complex）である。「耐久」とは，第2フードレジームの基盤である「フォード主義的蓄積様式」を体現する「耐久消費財」からきているわけだが，「耐久食品」には冷蔵，高速長距離輸送，加工，保存剤等による食品の長寿命化および冷蔵庫をはじめとする戦後的家庭耐久消費財の普及を技術的・物的基礎とした，すぐれて戦後的な加工・調理食品という意味が込められている。第1フードレジームにおいて既に胎動していた食料の工業的加工製品化が，質，量，範囲のいずれにおいても顕著に進展したわけだが，加えて重視されているのは，加工原料農産物の代替によって農産物貿易パターンが

変えられたことである。

　すなわち甘味料と油脂はほとんどあらゆる加工食品の原料となるが，第1フードレジーム下では，それは主として甘蔗糖とパーム油という当時の植民地熱帯産品が中心資本主義諸国に供給されていた。ところが，戦後の欧米資本主義諸国における国家独占資本主義的農業政策によってそれぞれの域内・国内における甜菜糖と油糧種子が保護・増産され，それら旧植民地熱帯産品の代替原料になっていった。さらにアメリカで保護・増産されたトウモロコシから，亜硫酸浸漬法による澱粉質分離と酵素分解による糖化を大規模に行なう技術が確立・普及したことによって，砂糖そのものが果糖・ブドウ糖（その液糖がHigh Fructose Corn Syrup＝HFCS）という甘味料によって代替されるようになる。ただしコーヒーや茶については，先進諸国内産品による代替よりも調達源の多角化（グローバル・ソーシング）の道が選択された（Friedmann 1991: pp.74-75）。

　なお，小麦は単に製粉−製パンという産業連鎖をたどるだけでなく，甘味料や食用油をはじめとする様々な工業的諸原料を加えて，各種パン生地，パイ・ケーキ類，調理食品へと連なっていくから，小麦複合体も耐久食品複合体と結節し，ひいてはその一構成部分となっていく（Friedmann 1991: p.67）。

　三つめは「集約的食肉複合体」(intensive meat complex）ないし「畜産・飼料複合体」(livestock/feed complex）である（本章では後者の表現を用いる）。この複合体形成の技術的・物的基礎であり前史となったのは，一方での1930年代以降アメリカで推進されたハイブリッド・トウモロコシの開発・普及と大豆の増産（大戦で危ぶまれた熱帯産植物油代替と戦時食肉生産用大豆粕供給源）であり，他方でその戦時食肉供給政策として開発・奨励された，集約的で科学的に管理された連続的生産システムとしての，その意味で工業的な家禽の育種と飼育である。これは飼料作物生産と家畜飼育とが切り離され，それが配合飼料生産という新産業を結節点に再統合されるシステムとして登場した。それが戦後，トウモロコシ・大豆生産がそれらに専門化した資本集約的耕種農業へ，また工業的家畜生産が肉豚，肉牛へと広がることによって，一大複合体を形成するにいたる（Friedmann and McMichael 1989: pp.106-107, Friedmann 1991: p.79）。

　このような畜産・飼料複合体の形成は，戦後当初よりすぐれて国際的な性格を持った。すなわちトウモロコシと大豆生産はアメリカに集中するが，アメリカ企

業が大豆搾油（＝大豆粕製造）工場と配合飼料工場をヨーロッパに建設し（対日本では原料農産物供給にとどまった），それら先進諸国に移植された集約的・工場的家畜生産に結合させられるというように，畜産・飼料複合体は早期からアメリカ系多国籍アグリビジネスによる超国籍的な統合システムとして構築されたのである。それが1970年代以降には，途上国経済へも拡延される（Friedmann 1991: p.80-82）。

以上の3つの複合体を主な構成要素とする第2フードレジームという農業・食料の生産と消費の国際諸関係においても，第1フードレジームの場合と似て，2つの相互に依存しつつ対立する運動が内包されていた。すなわち一方での「社会的ケインズ主義とフォーディズム」と呼ばれる戦後的な固有の国民国家的蓄積様式（別言すれば国家独占資本主義）と，他方における各複合体を統合する主体としての「超国籍企業」（別言すれば多国籍アグリビジネス）である。後者は，前者の欧米先進資本主義諸国農業保護政策とそれを前提・包含したブレトンウッズ体制をテコにしつつ「超国籍」的な展開をとげたが，やがて1970年代以降になると国民国家的規制を超越して農業・食料の生産消費国際諸関係の支配的な編制主体となり，その要請に応えて全ての国の農業が再構築されていくようになるとされる。それは，もはや国家が世界経済の組織化原理ではなくなる段階に照応するものだと示唆される（Friedmann and McMichael 1989: p.112）。

## 第4節　ポスト「第2フードレジーム」をめぐって

### （1）フリードマンとマクマイケルそれぞれによる展開

以上に整理したオリジナルのフードレジーム論は，第2フードレジームまでの支配的資本蓄積様式に照応した農業・食料の生産消費国際諸関係を，少なくとも静態的にはかなりの程度説明し，その意味で説得力を持つものだったと言えよう。ところが第2フードレジームの終期とされる1973年以降に関連して，必ずしも議論は明確化されなかった。

Friedmann（1991）は，第2フードレジームは1970年代初頭から混乱・解体過程に入るとするが，その直接の契機と現象形態は，ソ連による穀物大量買付という西側国際農産物市場への突然の参入が引き起こした食料価格高騰，いわゆる「食料危機」である。これは実は第2フードレジームが，冷戦による世界経済の東西

両ブロックへの分裂を前提としていたのに,「デタント」下でのソ連の穀物大量買付がそれを崩したからである。

「食料危機」は,第一に,穀物価格高騰(および原油価格高騰)によって,小麦複合体をつうじて先進国からの余剰穀物依存体制に組み込まれていた途上国を,輸入困難におとしいれた。第二に,価格高騰と一時的不足の刺激によってブラジルやアルゼンチンで大豆や飼料穀物が増産されて,新興農業輸出諸国(NACs)を生み出した。第三に「輸入代替工業化」の挫折や原油高騰によって重債務国化した途上国に対するIMF等の負債償還干渉政策(構造調整貸付)と超国籍企業の投資によって,旧来型熱帯産品ではなく先進農産物輸出国と競合する温帯産品・畜産物を輸出するように再編された諸国も,新興農業輸出諸国の列に連なることになった。第四に,やはり価格高騰に刺激されて先進諸国農業(とくにアメリカ)も借入金に依存しつつ生産を大幅に拡張させた。

こうして「食料危機」は,米欧農業の増産を刺激するとともに新興農業出諸国を台頭させることによって,1980年代の世界的農産物過剰と「貿易戦争」「貿易危機」へと転形され,それがまた第2フードレジームを解体していった(Friedmann 1991: pp.84-87)。

ではその解体後に,新たなフードレジームが登場したのだろうか,もし登場したならそれはいかなるものであろうか。そうした新たなフードレジームを構成する中心的な契機(モメント)について,穀物価格暴騰局面に入る直前の2005年時点までの経過をふまえて,フリードマンとマクマイケルは,互いに異なる視角からのアプローチを提示した(以下に検討する両氏の2005年論文は,後にLe Heron and Lewis 2009によって「フードレジーム論を再生させた」と評されている)。

①フリードマンによる展開

Friedmann(2005)は,既存フードレジームに対する不満と要求,すなわち食料の安全性と健康への影響,環境問題,資源枯渇,動物福祉,途上国との交易上の懸念が,先進国のステークホルダー(利害関係者),とりわけ富裕消費者・市民から提起されるようになり,社会諸運動となったことを,中心的な契機と捉える。

まず農業・食料問題に限らず，第２フードレジームが対応していた資本蓄積レジーム（レギュラシオン理論がいうところの「フォード主義的生産・消費」様式）の下で生じた環境諸問題等に対して，先進国を中心とした消費者・市民の間から社会諸運動化されるに至った問題提起・要求のうちから，市場機会と利潤拡大にもっとも適合的なあれこれの要素を選別的に充当することで（selectively appropriate。この場合の「充当」とは，元来資本の生産・流通過程になかった社会的生産・流通・消費の，さらには思想的・文化的な要素や過程を取り込んで，それを資本蓄積＝利潤形成の機会に転形した上で社会過程へ再編入することを指す），資本蓄積軌道を再構成する「グリーン・キャピタリズム」が台頭したとする（Friedmann 2005: pp.230-231）。ここで概念化される新たなフードレジーム，すなわち「企業－環境フードレジーム」（corporate-environmental food regime）とは，食料・農業に関わって問題提起・社会運動化された上述諸「懸念」を選別的に充当し，企業（私的資本）が再組織化した超国籍食料サプライチェーンを軸とするフードレジームである。

「企業－環境フードレジーム」の特質は，第一に，それを構成する食料サプライチェーンの再編主体が巨大な超国籍小売企業になっていることである（Friedmann 2005: p.252）。

第二に，食品安全・健康性，環境影響などの「品質基準」とそれを保証する「認証」について，消費者・市民およびその「需要」を「反映」した超国籍的スーパーマーケット企業の要請に対して，諸国家間の対立やそれを反映した国際機関（国連諸機関やWTO等）の機能低下のために「公的基準」「公的認証」の地位が低下し，それにかわって主導的な資本が諸企業，民間認証団体，代表的消費者団体等からなるコンソーシアムを組織化して，独自の，したがってまた私的な「基準」「認証」をつくり，食料サプライチェーン全体を「分別取扱」や「トレーサビリティ」を用いて統御・監視するデファクト・スタンダード化していることである（Friedmann 2005: pp.233-235）。

第三に，しかし以上は「企業－環境フードレジーム」を構成する一つの軸であって，それと並行する，地球規模の貧困消費者向けに，遺伝子組換え等のバイオテクノロジーやさらなる「農業の工業化」技術の進展を基礎として「高度に工学的に改変，変性，そして再構成された原料を含む標準化された可食諸商品 edible commodities」を提供する食料サプライチェーンがいまひとつの構成軸となっている。そして両サプライチェーンが同一企業（企業集団）によって担われていることも、しばしばである（Friedmann 2005: p.258）。

そしてこの時点でフリードマンは、「企業－環境フードレジーム」が既に、それ自体が「選別的な充当」という形で依拠してきた安全、環境、交易関係等々を問題提起する社会的諸運動そのものの発展によって追求を受けて、「核心部分における緊張が視界に入りつつある」とする。なぜならそれらの諸問題は私的資本が「充当」する「消費者需要」には還元できないからであるという。その「緊張」から生まれる諸制度の帰趨は、Lang and Heasman（2004）のいう「生命科学的な統合パラダイム」（the Life Sciences Integrated paradigm）を促進する諸アクターと「生態的な統合パラダイム」（the Ecologically Integrated paradigm）を促進する諸アクターとの対抗に依存するだろう、との見通しと期待を与えていた（Friedmann 2005: p.259）。

ここではフリードマンが、相対的に消費者サイドの諸アクターによる行動に新たなフードレジームへの影響力を期待している傾向が読み取れる。しかしこうした期待は、先進国を中心とする富裕消費者・市民の要求と運動は繰り返し「企業－環境フードレジーム」に取り込まれる（選別的充当）可能性を内包するという、フリードマン自身が摘出した限界に、理論的・実践的に逢着せざるを得なくなる。

要するにフリードマンは、アメリカに偏在した過剰農産物の「援助」輸出を基軸として成立していた第2フードレジームは、旧ソ連の巨大な穀物買い手としての突然の登場による過剰の（一時的）解消＝「食料危機」によって解体過程に入ったとしつつ、新たに登場してきたフードレジームについては、それが（ア）先進国等の相対的に富裕な消費者・市民による安全性、環境、交易条件などへの「意識」「関心」「懸念」を選別的に取り入れ、（イ）超国籍小売企業が主体となって編制し、国家・国際機関による「公的基準」「公的認証」を超えた私的「基準」「認証」によって統御する富裕消費者向け超国籍食料サプライチェーンが形成されたことを強調した。（ウ）同時に詳論はされていないが、従来以上に高度に「工業化」された「可食商品」（農産物を原材料とした加工食品という範疇さえ超えた「製品」という含意）を貧困消費者向けに供給する超国籍食料サプライチェーンが併行して形成されたことも示唆した。

しかし（エ）以上を論じるにあたって，第2フードレジームを具体的に構成する国際商品連鎖たる3つの「複合体」（小麦複合体，耐久食品複合体，畜産・飼料複合体）にいかなる変化が生じたか，あるいは新たな「複合体」が形成されたのか等について，少なくとも明示的に触れるところがなかった。（オ）ただ，安全性，環境，交易条件などへの社会運動上の懸念を「選別的に充当」しつつ巨大超国籍スーパーマーケットが認証制度と連鎖全体を主導する富裕者むけ食料サプライチェーンと，いわば「超工業化」された「可食商品」を提供する貧困者向け食料サプライチェーンの2種類が併存すると指摘した。

②マクマイケルによる展開

いっぽう同時に発表されたMcMichael（2005）は，新たなフードレジームを「企業フードレジーム」（corporate food regime）と名付け，それはグローバル新自由主義とグローバル開発プロジェクトによって推進され，先進諸国による農業ダンピング輸出と債務諸国への構造調整プログラムの強制とWTO農業協定をテコにして構築された，「世界農業」（world agriculture）による農業・食料循環を原動力にするものとした。

WTO農業協定は，アメリカとEUの農業輸出ダンピングを「グリーンボックス」と称して合法化し存続させるものでしかなかった。途上諸国はこのような見せかけの先進国「農業市場開放」および「輸出補助金削減」と交換に，債務国構造調整プログラムと相まって，規制緩和・民営化を強いられ，多数の小農民が収奪／非所有者化（dispossession）によって農業から排除され，地域・国内食料供給体制も掘り崩された。その結果，小農民は膨大な非正規労働者化・産業予備軍化され，規制緩和・民営化によって途上国へのアクセスが一層可能となり，また経済の金融化の下で急速に集中化した超国籍アグリビジネスが，「比較優位」部門へと特化して構築する「世界農業」への労働力給源となった。かくして選別されたグローバル消費者階級向けの企業主導型食料サプライチェーンが構築されたのである（McMichael 2005: pp.266-268, p.270, p.289）。

しかしここでマクマイケルは「フードレジームとは世界秩序の諸時期における緊張を体現する」概念であり，したがってそれ自体は「政治経済的な秩序というよりも，蓄積と正当化という二重運動によって規定される矛盾的危機の動因」（a vehicle of a contradictory conjuncture) と考えるべきとし，上述のような「世界農業」軌道への強行的再編が，それへの対抗運動・軌道として「食料主権」を必然的に生み出しているのであり，したがって「企業フードレジーム」の本質を両者の緊張関係の体現として捉える（McMichael 2005: p.274）。

そして農民運動の国際同盟として台頭したヴィア・カンペシーナの主張を援用しつつ，「企業フードレジーム」の緊張＝諸対抗を概略以下のように定式化した。

第一に，「世界農業」軌道（およびそれを正当化する「グローバル新自由主義」言説。以下同様）は，食料保障（food security）をダンピングと「比較優位」輸出農業への特化を前提とした最大限の農産物・食料貿易を通じて達せられるべきものとするのに対し，「食料主権」は貿易そのものを否定するのではないが，人々が安全，健康，生態系的に持続可能な農業・食料生産とそのための政策を決定する権利に資するような，貿易の政策と実践を対置する（McMichael 2005: pp.286-287）。

第二に，「世界農業」軌道が，農地の収奪／非所有者化と集中，農耕をめぐるローカルな生活と文化の喪失と知識の私的商品化，伝統的生鮮食品市場（wet market），街頭振り売り，コモンズといったインフォーマルな食料供給形態や家庭内調理の知識と行動の充当などを基礎として超国籍的食料サプライチェーンに編制するのに対し（McMichael 2005: pp.283-284），「食料主権」は人々，コミュニティ，諸国にとっての生態系的，社会的，経済的および文化的に固有な諸環境に適切な自分達自身の農業，労働，漁業，食料，土地政策を定義する権利に基礎をおく（McMichael 2005: p.287）。

つまり，新たな「企業フードレジーム」への移行要因を，WTO体制や構造調整プログラム強制によって推進された新自由主義グローバリゼーション，その下での規制緩和・市場開放・民営化，そこで主導的資本蓄積の新たな原動力となった経済の金融化と収奪・非所有者化に見出し，そこでいっそう集中化したアグリビジネスが主導する「世界農業」を生産基盤とする超国籍的食料サプライチェーンを新たなフードレジームの一方の契機と捉えた。しかしそれはかかる性格ゆえに必然的に対抗の運動と言説を生み出し，それを体現するものとしてヴィア・カンペシーナに代表される，分権化された小農民・家族農業を基礎とした持続的で主として国内市場向けの農業・食料生産を中心とする「食料主権」を他方の契機

と位置づけた。

ここでは新たな「企業フードレジーム」は，新自由主義グローバリゼーションあるいはグローバル開発プロジェクトという特定時代の世界資本主義蓄積様式を要因とする農業・食料の固有の国際的諸関係（「世界農業」）と把握されつつも，安定ないし確立した構造ではなく，対立する二つの契機によって構成される矛盾的存在として把握されようとしている。そしてその際，上述フリードマンの「企業－環境フードレジーム」と比べて，「食料主権」に代表される運動的・政治的対抗軸を明確に措定しようとしていると言える。

しかし同時に，当初提示されたフードレジーム論で構造的基軸として重視されていた「複合体」概念が，ここでは言及されていない。

なおアメリカのヘゲモニーが新たなフードレジームへの移行に際していかに変容したのかに関して，次のように述べられる。すなわち「世界農業」への再編の重要基盤となった経済の金融化とは，アメリカ国家がそのヘゲモニーの危機において，新自由主義の枠組みの中で資本規制を撤廃し，自由化された資本市場におけるアメリカ超国籍企業群を利することによって，その権力を再主張するための動きであると（McMichael 2005: p.291）。つまり「企業フードレジーム」はアメリカ・ヘゲモニー危機の産物・表現ではあるが，依然としてヘゲモニーそのものが必ずしも放棄されたり消滅しているのではなく，その再構築が追求されていると把握されている点に留意しておきたい。

## （2）フードレジーム論シンポジウム（2009年）の主な論点

ポスト第2フードレジームに関して，第一に，支配的資本蓄積の様式について，「賃金上昇と生産性向上の契約」を基盤とする「フォード主義」や「社会的ケインズ主義」と呼ばれた「福祉国家」体制が漸次解体されて[5]，資本と賃労働の権利・所得配分関係を根底的に逆転させ「小さな政府」を実現する新自由主義体制に再編されたこと，第二に，支配的資本蓄積様式の国際制度的枠組みとしてのブレトンウッズ体制が崩壊して，変動相場制と資本取引の世界的自由化によって過剰貨幣資本の蓄積運動が前面に踊り出てきたこと，第三に，一国および国際経済編制の主導権が国民国家から「超国籍」資本に移行してきていること，第四に，したがって農業・食料セクターについても「超国籍」資本が国際的生産消費諸関

係をいっそう主導的に編制する主体になったこと，第五に，そうした新たな局面における農業・食料の国際的生産消費諸関係の制度的基盤がWTO体制とその農業関連諸協定にとって代わられたことなどについては，共通理解が存在すると言えるだろう。

しかし新たな，したがって第3のフードレジームの有無，あるいは方法としてのフードレジーム論の展開すべき方向や有効性をめぐって，議論は分岐している。そこでフードレジーム論の展開状況について，*Agriculture and Human Values*誌の特集号（Vol.26 No.4, *Special Issue: Symposium on Food Regime Analysis*, December 2009）を題材に，整理・検討したい。

①金融化フードレジーム説—バーチとローレンス—

Burch and Lawrence（2009）は，現代が「新自由主義フードレジーム」とでも言うべき局面にあり，先進国と途上国との不平等を拡大させていることは明らかであり，第2フードレジームから第3フードレジームへの移行および後者の形態と内容を説明する種々の議論が試みられているにもかかわらず，近年のフードレジーム論は行き詰まっていたとする。

彼らは，かつて農業・食料の国際的生産消費諸関係における，グローバルなスーパーマーケットチェーンへの支配力の移行を重視し，そのためのサプライチェーンが「フレキシブル生産」と「広範囲で多様な食品の国際調達」という新自由主義的な規制（レギュラシオン）によって統御され，簡便・選択・健康・快適・生鮮・革新などへの強い関心を中心に組織化されて小売プライベートブランド商品として販売されるという運動が，新たなフードレジームの中軸になっていることを強調していた（Burch and Lawrence 2007）。

しかしこの議論は，そうしたフードレジームへの転形がいかにしてなされたかの理論構築に裏付けられていなかったと自省した上で，「資本主義の金融化」（financialization），つまり一国的および国際的の両次元における経済運営において，金融市場，金融的動因，金融諸機関，および金融エリートの重要性がますます高まっている事態が，資本蓄積の現代的・一般的特質になり，それこそが先進諸国の農業・食料サプライチェーンの運動に重大なインパクトを与えるようになっているとする。そこでこの「金融化」こそが，第3フードレジームへの移行

を説明するモデルとして優位性があるという認識に到達したという（Burch and Lawrence 2009: pp.268-269）。

それは一方で退職者年金ファンド，ヘッジファンド，政府系ファンド，イクィティファンド，商業銀行投資部門といった金融資本が，農業・食料部門の企業M&Aの主導権を握ったり農地投資を世界大で進めることで「金融機関がますます農業・食料システムに入り込み」，他方で巨大アグリビジネス企業も自社（グループ）内に金融事業部門を創設・拡大することをつうじて（イオングループやセブン＆アイによる銀行設立もその例），「農業・食料企業もますます金融機関のように行動するようになっている」という両方向からの作用力によって，「金融化された第３フードレジーム」が構築されてきたとする。この新フードレジーム内の全てのアクターのうち，差しあたりは巨大グローバル・スーパーマーケットが「金融化」のメリットを搾出するベストポジションにある（Burch and Lawrence 2009: pp.271-277）。そこでは「ファーストフード対スローフード」，「有機対慣行」，「自然的対工業的」といった対抗的なフードシステムが並立しているのではなく，多様な消費者の要求にフレキシブルに対応しうる（巨大グローバル・スーパーマーケットが組織化主体になっている）単一のフードレジーム内部の構成要素でしかなくなっているとする（Burch and Lawrence 2009: p.268）。

以上を特徴付けるなら，第一に，当初提起されたフードレジーム論と比べると複数の「複合体」から構成されるという把握にかわって，超国籍的な巨大スーパーマーケットという同種・同一の支配的主体の下に種々の消費者需要に対応する複数の食料サプライチェーンが分枝として構築されている，その意味では「巨大スーパーマーケット複合体」論と言うことができるかも知れない。第二に，「フードレジーム」をその展開方向として複数の可能性を含む動態的概念として捉える点でMcMichael（2005）と共通性があるのだが，巨大スーパーマーケット支配型とは別の可能性として例示されるのは，その背後にある今日的諸金融機関の短期的・キャピタルゲイン的利益追求により直接的に奉仕する（その意味で巨大スーパーマーケット企業の現実資本としての利益をも犠牲にする）フードレジームである。つまり金融機関であれスーパーマーケットであれ，超国籍資本の支配そのものへの対抗的・代替的フードレジームの可能性が（少なくとも明示的には）議論されていない点で，McMichael（2005）と異なっている。

②企業－環境フードレジーム／出所判明フードレジーム説―キャンベル―

　Campbell（2009）は，上述したポスト第2フードレジームをめぐるフリードマンとマクマイケルの議論を踏まえた上で，前者が提起した「企業－環境フードレジーム」（キャンベルはcorporate environment regimeと表記）が，より持続可能で環境保護的な諸関係を達成できる基盤を持つかどうかを検討する。キャンベルの理解によれば，WTO設立がもたらした一連の新たな世界的食料統治（ガバナンス）の諸制度等が，生産基準を調和させ，サプライチェーンの供給源を無限に代替可能にし，国民的な食料規制の範囲と権能を制約し，食料の地域的アイデンティティを押しつぶすところの企業サプライチェーンの基礎をもたらし，それがマクマイケルが「出所不明フードレジーム」（'Food from Nowhere' regime）と名付けたところのものである（Campbell 2009: pp.309-310）。

　これに対して，頻発する食品安全問題（食品危機，food scares）が直接的には小売部門を直撃する中で，富裕なヨーロッパ消費者市場ニッチ向けに，巨大スーパーマーケットの戦略を軸として，親環境的なレトリック，複雑で新しい形態の監視・検査・トレーサビリティシステム，および有機認証やEU巨大スーパーマーケット自体が開発したグローバルGAPシステムを結合した，新たな食料諸関係が登場し，それら富裕な消費者・市民の社会運動的要請を取り込んでグローバルに展開しているのが，フリードマン言うところの「企業－環境フードレジーム」であると整理した上で，これを「出所判明フードレジーム」（'Food from Somewhere' regime）と名付けた（Campbell 2009: pp.311-312）。これは私的資本が国家，市民，社会運動との交渉をつうじて新たなガバナンス形態を創出し，高付加価値食品を供給する農業・食料システムであり，今やヨーロッパ向け野菜・果実サプライチェーンから，さらに地理的にも品目的にも広範囲に拡張しているとする（Campbell 2009: p.314, p.316）。

　その上でキャンベルは，第一に「出所判明フードレジーム」は，「出所不明フードレジーム」を襲った文化的正当性問題（A.技術的楽観主義と科学への信頼性の減退，B.食料と環境に特別の関心をよせる社会運動の台頭，C.「出所不明フードレジーム」では不可視的であった諸関係が情報通信技術とマスメディアの発達によってはるかに早く表面化・政治問題化する，D.リスク政策，環境問題，食品不安問題の重み増大，E.『ファーストフードが世界を食いつくす』を大ヒットさせ

たエリック・シュローサーのような食の問題を取り上げる人気著作家の登場，F.小売企業のパワーが増大しサプライチェーンに対する消費者選好の可能的インパクトを増幅した，G.ファーストフード，利便食品，安価高カロリー食品に対する西洋社会での栄養学的危機認識，を契機とする）を，少なからず克服して文化的正当性を付与したとする（Campbell 2009: pp.312-313）。

また第二に「出所判明フードレジーム」は，上述のような監視・検査・トレーサビリティとそれに基づく情報フローを有しているがゆえに，環境，食品安全，農業生産者状態等に関するシグナルやショック・脅威に対する，積極的で，過去や現在の他のフードレジームよりはるかに濃密なフィードバック機構を備えていると評価する。そのため合成化学薬品使用量を間違いなく削減してきたし，農業における土壌・エネルギー諸問題に対処するための強力なプラットフォームになっており，さらにカーボン・フットプリントやフードマイレージをも組み込みつつあるとも評価する（Campbell 2009: pp.316-317）。

以上の理由から，「出所判明フードレジーム」は「出所不明フードレジーム」の対抗物と位置づけられる。もちろんキャンベルは「出所判明フードレジーム」に対して，（ア）ローカルなネットワークが持つ柔軟性や適応性を欠いているのではないか，（イ）その諸基準に対応困難な脆弱な生産者にとっては排除的でないのか，（ウ）結局は富裕な消費者向けのレジームであるがゆえに「出所不明レジーム」に代替したりそれを消滅させる展望を持たない，併存するしかない，といった批判の存在を認識している。

それでもなおキャンベルは，(a)「出所判明フードレジーム」は「出所不明フードレジーム」の支配に風穴を開ける，(b) 本格的な代替や変革を求めても，そうした闘いの時代の結果は社会運動が望むほどには転換的（transformative）ではないことがしばしばであるとして（これはマクマイケルが「企業フードレジーム」に正面から対置する「食料主権」運動への暗示的批判とも受け取れる），「出所判明フードレジーム」は新たな食料サプライチェーンの設計を企図する社会運動により大きな力を与える潜在可能性を有すると結論づけるのである（Campbell 2009: pp.317-318）。

前述のように「企業－環境フードレジーム」論の提唱者フリードマンは，それは巨大化した多国籍アグリフードビジネス，とりわけ超国籍スーパーマーケット

資本が，先進国消費者や社会運動が提起した食料の安全性と健康への影響，環境問題，資源枯渇，動物福祉，途上国との交易上などの懸念を，逆に新たな資本蓄積の機会として選別的に取り込んで（「選別的充当」）構築したレジームとしつつ，同時にそれが過去２つのフードレジームのように数十年間にわたるほどに安定的たりうるかどうかは（消費者サイドを中心とする）社会運動の展開に左右されるところが大きく，その場合「生命科学的な統合パラダイム」を促進する諸アクターと「生態的な統合パラダイム」を促進する諸アクターという二項対立的・対抗関係として捉える認識も有していた。

これと比べるにキャンベルの結論的主張は，消費者主義（無自覚な新自由主義），「出所判明フードレジーム」が富裕者向けに止まらざるを得ない根因である格差・貧困問題への視点欠如，そしてそれらの結果としての改良主義的傾向を帯びていると言えるだろう。

③ヘゲモニーと国際通貨制度への着目—フリードマン—

当シンポジウム特集号においてフリードマンは，イントロダクションを含む６本の報告（論文）を受けて全体を論評する立場で執筆しているのだが，そこでフードレジームの体制的基盤にかかわる重要な問題提起をしているので，見ておきたい。

フリードマンは，自分達のフードレジーム論の初発的提起は「食料の生産と消費の国際的諸関係」を「資本主義的蓄積の歴史的諸時代」と結びつけて把握するものであり，それは階級関係，地理的専門化，および国家間パワーの集合から構成されるのだが，それらの構成要素には常に緊張が内包されているから，あるレジームが一定期間「安定的」に存続するには緊張を安定化する基盤が必要であるとする。

レジームを支えるのはルールであり，それは国家による調整（レギュラシオン）とヘゲモニーの存在に依存するが，従来のフードレジーム論ではヘゲモニーの重大な構成要素である国際通貨制度への着目が欠落していたと指摘する（Friedmann 2009: pp.335-336）。

第１フードレジームではイギリス・ヘゲモニーの国際通貨制度的基盤として，金本位制が大英帝国とその世界システムを支え，その中で欧州の移民・作物・家

畜・農法を「新世界」に移植することによってイギリス（ならびにヨーロッパ「中核」諸国）に対する穀物・食肉等の輸出生産植民地化を可能にした。

　第2フードレジームはアメリカのヘゲモニー下に構築され，第二次大戦後アメリカ過剰農産物を食料援助として動員することが枢軸となっていたが，その場合ブレトンウッズ体制が国際通貨制度的基盤となっていた。なぜなら（ア）アメリカ・ドルだけが（各国政府・中央銀行という公的機関に対してだけに限定していたとはいえ）金との交換性を保持し，他の多くの諸国が交換性のない自国通貨で対価の「支払い」が可能になるアメリカ食料援助を進んで受け入れる背景になっていた，（イ）食料援助を含むドルの世界的散布もまた，ブレトンウッズ体制によってドルの「減価」が起きないという「ルール」に支えられていたからである。

　しかし1971年の金・ドル交換停止を契機とするブレトンウッズ体制の崩壊によって，アメリカによるドル濫発（＝ドル減価）に対する最終的歯止めが喪失し，国際金融市場が一挙に不安定時代に突入した。第一に，世界的インフレーションが勃発し，旧ソ連の穀物一挙買付と相まって「食料危機」が発生した。これはアメリカ過剰農産物の「援助」輸出体制の終わりの始まりだった。第二に，通貨市場の変動相場制への移行を嚆矢として，国際過剰貨幣資本の急膨張とそれに投機的蓄積機会を与えるための新自由主義政策が興隆した。それは一方で，バーチとローレンスが主張したような，金融資本による農業・食料企業のM&A等をつうじた再編・集中・統合化を推進した。また他方では，高騰した原油と食料の輸入などのために巨額の債務を背負うことになった途上諸国をIMF・世界銀行の構造調整プログラムの管理下に置いて，当該諸国の小農民や消費者保護的な諸政策・諸機関を解体・民営化し，食料輸入依存度を深め，食料価格高騰への脆弱性を強め，債務返済のための輸出農業への半強制的転換の基礎を準備することになった（Friedmann 2009: p.338）。

　その後もアメリカは「基軸通貨特権」を行使し続けて財政赤字・経常赤字を膨張させており，「ドル体制」は明らかに不安定性を増している。今日の（アメリカの住宅バブル・仕組み証券バブル崩壊を契機として勃発した）金融危機はドル体制のいっそうの危機でありながら，なお他国がアメリカの財政赤字と経常収支をファイナンスしているがゆえに，アメリカのヘゲモニーは衰退しつつも命脈を保っている。「ドル体制」の根本的変化のために必要な「基軸通貨特権」の放棄

と構造調整プログラムの受入に対して「拒否権」を発動するだけの力をアメリカは保っており，他国に対して自国の負債をファイナンスするよう強いる時間稼ぎが可能になっている。しかしこうした状況が続く限り，国際通貨体制の，したがってまたフードレジームの不安定は続かざるを得ない（Friedmann 2009: p.339）。

このようにアメリカ（という一国家）のヘゲモニーが衰退・弛緩し，しかしそれに代わる新たな，安定的な，超国家的なヘゲモニー主体も見いだせない状況が現局面である。一時はWTOが超国家的ヘゲモニーの制度化として「期待」されたが，ウルグアイラウンドの延長線上で主導権を握れると考えたアメリカとEUが，自分達の農業補助や補助金付き輸出を温存する形式的な「譲歩」の代わりに，途上国に対してサービス貿易，投資，金融，小売，政府調達などでの自由化（シンガポール・イッシュー）を迫った新ラウンド・ドーハ開発アジェンダが，新興国の抵抗と国際市民運動の批判のために2008年に実質的に崩壊したことによって，そのような「期待」は潰えた（Prichard 2009: pp.302-306）。

バーチとローレンスが提起した「金融化フードレジーム」や，マクマイケルが提起した「企業フードレジーム」とは，このようにアメリカのヘゲモニーとその国際通貨体制的基盤が衰退・弛緩する上で跋扈する金融資本，超国籍企業が私的に構築している「レジーム」であるがゆえに，安定的たりえないと性格づけられるのである。

ここまでのフリードマンの論評で注目すべきは，第2フードレジームが国家としてのアメリカのヘゲモニーを前提としており，それにはブレトンウッズ体制という国際通貨体制的基盤があったことを指摘したことだろう。それを踏まえると，ポスト第2フードレジーム（ないし第3フードレジーム）は，マクマイケルやバーチとローレンスなどが指摘してきたように，既に超国籍企業が国民国家による規制の枠外へ本格的に活動領域をシフトした段階であるがゆえに，（ア）もはや特定の国家的ヘゲモニーとその国際通貨体制的基盤抜きのレジームになるのか，（イ）失敗したWTOに代わる超国籍企業支配時代に照応的な超国家的ヘゲモニーの制度化機構とその国際通貨体制的基盤の上に形成される可能性があるのか，（ウ）あるいは長期的には衰退しつつあるものの，当面はアメリカ・ヘゲモニーとドル体制が，あれこれの弥縫策を講じながら命脈を保った上でのフードレジームが展開していると考えるべきなのか，が論点になろう。

さらに論点を絞れば，そしてこれはフリードマンらによって必ずしも明示的な表現として使われていないのだが，第二次大戦後のアメリカ国家ヘゲモニーとは冷戦体制と不可分であった。したがって第２フードレジームとは，冷戦体制とそこでのアメリカ・ヘゲモニーを農業・食料サイドから支える国際的諸関係だったと捉えるべきであろう。アメリカ（が率いる資本主義諸国家）とソ連（が率いる「社会主義」諸国家）との世界規模の対抗関係という意味での冷戦体制は，間違いなく終焉した（最終的には1990年ソ連崩壊）。

しかし冷戦体制終焉は，「体制間対抗」なき世界におけるアメリカ国家のヘゲモニーを自動的に無用化し終焉させただろうか。フードレジームとその構成要素に引きつければ，冷戦体制終焉は，第２フードレジームの主柱だった小麦複合体，畜産・飼料複合体，耐久食品複合体を融解ないし消滅させただろうか。

また政治経済学における「複合体」という用語は，「軍産複合体」，「財務省・ウォール街複合体」，「原子力複合体」というように，国家独占資本主義の「管制高地」的分野における国家と独占資本との融合体や，覇権国が軍事，金融，エネルギー面などでのヘゲモニー支柱を形成・維持するために当該産業巨大資本と結合して構築する融合体という概念としても使われる[6]。こうした用語法からすると，冷戦体制にあってアメリカは農業・食料部面における世界的ヘゲモニーを維持する支柱として「農務省・アグリビジネス複合体」とでも呼べる国家と関連産業との融合体を構築していたと考えられるが，かかる「複合体」も冷戦体制終焉とともに融解・消滅しただろうか。

④フードレジーム論からする「世界食料危機」論と食料燃料複合体─マクマイケル─

上記2009年シンポジウムに主報告者の１人として登場したマクマイケルは，既述のように2005年時点でポスト第２フードレジームとして「企業フードレジーム」の形成を提示していた。本報告論文McMichael（2009）では，その「企業フードレジーム」の基本構造をふまえつつ，(ア) それが２つの局面を経ていること，(イ) その第２局面において，企業フードレジームが編制する「世界農業」の構造上で，アメリカとEUのそれに代表されるアグロフュエル政策，膨大化した過剰貨幣資本の農産物・食料市場への投機的流入，同じく過剰貨幣資本を原資とする金融資本によるアグリビジネスのグローバル規模での統合・集中化（それによる独占価

格設定力）が進展し，（ウ）それらが相まって，まさに「企業フードレジーム」の矛盾の産物として世界食料危機（特に2008年価格暴騰とそれによる食料不足人口の急増，それらに抗議する食料暴動）が作り出された，という把握へと展開した。

具体的に見ておくと，まずフードレジームとは世界経済における様々なヘゲモニー（イギリス，アメリカ，企業と新自由主義）に結びついた世界規模の食料の生産と循環，さらに資本主義の歴史的編制構造（資本・賃労働関係の支柱構造）の一定期間継続する調整様式を画する概念であると再確認し，現在の企業フードレジームは編制原理が以前と異なって帝国でも国家でもなく，「市場」（そこで主導権を握る超国籍企業と新自由主義）であるとする。とはいえ国家は依然として，「北」（先進諸国）における農業・アグロフュエル補助金と，「南」（途上諸国）に対してWTOルールやFTA等を通じて合法化し押しつけた農業自由化とを結合して，現在のフードレジームを構造化している。ただし，今や国家が「市場」に奉仕しているのだとする。

企業フードレジーム第1局面（1980年代〜90年代）では，先進国の農業補助金で農産物世界価格を低下させ，世界中の小規模農業生産者もそれに従わざるを得なくすることで，先進国で低下していく賃金に見合った相対的に安価な食料（賃金財）を供給していた。

それが第2局面（2000年代）になると，第1局面の人為的な世界農産物低価格や，構造調整プログラム等をつうじた土地へのアグリビジネスの参入障壁撤廃によって，小農民を潰して（McMichael 2005で強調された「収奪／非所有化」）食料自給能力を持たない産業予備軍化させ，当該国の主要食料輸入依存深化や先進国富裕消費者向け「高付加価値」輸出農業国化（「世界農業」への編入ないし「世界農場」化）を促進した。その上で，彼らや先進諸国でも大量化された非正規・低賃金労働者に，食料価格高騰が浴びせられたのである（McMichael 2009: p.285）

このように第2局面を端的に特徴づける「世界食料危機」は，【工業資本主義の長期にわたる石油依存がついにもたらしたピークオイル】，【石油のバイオフュエル代替政策と金融投機とによる農産物インフレ（アグフレーション）創出効果】，【集中・統合化が増進されたアグリビジネス資本の価格支配力】が重畳した産物である。

この場合特に重要なのは，アメリカにも匹敵する購買力をもった「中所得国」（新興国）消費者階級の台頭が自動車と食肉への，したがって（ピークオイル下の）エネルギーと食料への膨大な需要を生み出している，まさにその時にバイオフュエル政策，とりわけ農産物を燃料資源化するアグロフュエル政策が打ち出された点である。

第2フードレジームでは，付加価値食品価値連鎖，ファーストフード価値連鎖，耐久食品価値連鎖による国際的食料生産・消費関係が労働力再生産を支えるという構造と，そのイデオロギー的表現である「世界を養う」という開発主義の「マントラ（経文）」が機能していた（ここでの「価値連鎖」という表現は「複合体」と同義だろう）。しかし農業を石油代替エネルギーのためのバイオマスに転換する諸政策が，そうした構造と言説を崩壊させた。それに代わって，バイオフュエル政策を基盤にアグロフュエルの商業化がなされたことで，農業が短視眼的な「代替エネルギー」や「温暖効果ガス削減」のターゲットにされたのである（McMichael 2009: p.283）。

以上から理解されるマクマイケルによる提起の第一の枢要点は，「世界食料危機」あるいは食料不安（Food Insecurity）は，企業フードレジームに不可欠の事態であり，その矛盾の産物にほかならないとしたことである。この構図において軸になっているのは，「北」の「過剰消費」（食料と代替燃料としてのアグロフュエル）と「南」の「過少消費」にもとづく，農業・食料・（それに加えるに）アグロフュエル原料をめぐる新たな国際分業関係である（McMichael 2009: p.288）。

第二の枢要点は，企業フードレジーム，とりわけその第2局面への移行において最も重大な役割を果たしたのが，国家によるアグロフュエル政策とそれによる支持上で進展するアグロフュエル商業化の総体，すなわちアグロフュエル・プロジェクトの展開であるとし，その結果として構築されまたそれを担う主体でもある「食料燃料複合体」（food-fuel complex）を析出したことである（McMichael 2009: p.290）。

食料燃料複合体は典型的には，「種子から食料ないしアグロフュエルの出荷までを全面的に統合した超国籍的ネットワーク」であり，事例としては（A）カーギルとモンサントが新提携会社レネッセン（Renessen）を起ち上げ，畜産飼料とアグロフュエルとを統合し，遺伝子組換えのトウモロコシ・大豆・菜種から飼

料もアグロフュエルも作れるプロジェクトを目指している。(B) ADMとウィルマー (Wilmar International Ltd., シンガポールに本社を置き, パームオイルの生産から植物油生産・精製, バイオディーゼル生産, 砂糖生産, 穀物加工, 肥料製造などを擁する多国籍アグリビジネス) との提携によるグローバル規模のパームオイル・バイオディーゼル系コングロマリットの形成, (C) カーライル・グループ (Carlyle Group) といった大手投資ファンドも独自の全面統合化アグリビジネス・アグロフュエル・ネットワークを起ち上げつつある, (D) 巨大石油企業BPとコノコ・フィリップス (Conoco-Philips) が大手食肉加工企業と提携して動物油脂からバイオディーゼルを生産するプロジェクト, などが挙げられている (McMichael 2009: p.291)。

こうしてアグロフュエル・プロジェクトを枢軸として第2局面に移行した企業フードレジームは, 重層的な矛盾的諸関係のかたまりになっている。すなわち, 世界食料危機 (食料価格暴騰) をもたらし, それが「食料対燃料」の非人道性を一般大衆の目に明らかにし, アグリビジネスがアグロフュエル政策を, 麻痺している多国間主義 (WTO典型) にかわって先進諸国家をわが意に従わせるために利用していることも明らかにしている。これらが第1局面から引き続く小農民の収奪／非所有者化と結びついて世界規模で社会再生産の危機を深化させているのだが, そうした企業フードレジームの矛盾的諸関係を体現しているのが, 食料主権運動であることを再確認している (McMichael 2009: pp.292-293)[7]。

⑤新たなフードレジームへの胎動に食料主権を位置づける議論—フェアベアン—

このシンポジウム特集号掲載論文ではないが, フェアベアン (Fairbairn 2010) が, 現段階を「企業フードレジーム」と性格づけるマクマイケルやフリードマンの議論を継承しつつ, フレイミング (framing。本書ではframeを「言説枠組み」, framingを「言説枠組み付け」と訳すことにする) というアプローチを用いて, 企業フードレジームの中から, 第二次大戦後・国連人権宣言 (1948年) に盛り込まれた「食料への権利」の現代的発展形態としての食料主権が, 企業フードレジームを不安定化させる可能性を持った「対抗的言説枠組み」(counterframe) として登場してきており, それが新たな, しかしこれまでと異なって支配的資本の蓄積様式に適合せしめられたものではなく, 農民・市民によ

る食料システムの民主的管理制度としてのフードレジームに向かう可能性を探ろうとする点で，興味深い論点を含んでいるので，この場所で補足的に紹介・検討しておくことにする。なお「言説枠組み付け」アプローチとは，社会的運動が自分達の注力への支持を動員するために，どのように言語(language)と思想(ideas)を配置するかを検証する理論，とされる。

　フェアベアンによれば，1970年代初めのいわゆる「世界食料危機」が第二次大戦後フードレジームの終焉をもたらすと同時に，食料の確保の新たな言説枠組みとして「食料安全保障」の形成をもたらした。しかし初期（1970年代から1980年代初め）の「食料安全保障」という言説枠組みは，国民国家が市場介入，生産拡大，外部食料援助をつうじて自分達の食料をいかにうまくコントロールするかということが中心におかれており，その点でなお独立国民諸国家システム，それによる市場介入と規制，農業は一国内セクターとして「開発」される，ただし戦後アメリカ過剰農産物の「援助」による国際農業食料の再編が進行するという，第二次大戦後フードレジームの枠組みから抜け出てはいなかった（Fairbairn 2010: pp.20-21）（表1-2）。

　1970年代終わりから1980年代初めにかけて，「世帯の食料確保」(the household food security)という新たな言説枠組みが登場するが，それは結論的に言うと新自由主義の言説・イデオロギー・政策を軸とする企業フードレジームの登場に照応するものだった。

　というのは「世帯の食料確保」は個々人の購買力を「分析」の核に据え，また農業市場の自由化や国民国家政府の役割の縮減という方向に都合の良い政策的処方箋を伴っていたからである。それは分析枠組みを国による食料供給から家計・個人へと縮小し，食料への経済的アクセスに焦点を絞るものであり，その結果「食料確保」は，政府が直面する政策選択という言説枠組みから，個々人が自由市場で直面するミクロ経済的な言説枠組みへ変質した。そしてそれはまた，食料を何らの疑問を挟む余地なき，単なる「商品」(commodity)とみなすことと手に手を取り合っていたとされる。これらの点でアマルティア・センの「エンタイトルメント」説も結果的には，こうした企業フードレジーム照応的な「食料確保」の「言説枠組み付け」に利用されたと評価される（Fairbairn 2010: p.24）。

　こうした「世帯の食料確保」言説枠組みの中では，新自由主義の論理が，「個々

表1-2 食料レジームの諸段階と「食料の確保」をめぐる言説枠組み

| フードレジーム段階 | フードレジームの諸次元 | 言説枠組み |
|---|---|---|
| 第1フードレジーム<br>（1870～1914年） | ・植民地主義<br>・自由市場<br>・イギリス覇権<br>・入植諸国家と欧州との穀物貿易<br>・農業の工業化 | 普遍性をもつ枠組み言説はなし |
| 第二次大戦後<br>フードレジーム<br>（1947～1973年） | ・独立国民諸国家システム<br>・市場介入／規制<br>・アメリカ覇権<br>・開発プロジェクト<br>・冷戦<br>・農産物過剰／食料援助複合体<br>・農業は一国内セクター<br>・農業の工業化 | ・食料への権利<br><br>・飢餓からの自由<br><br>・食料安全保障（第二次大戦後フードレジームとともに発生したものとして） |
| 企業フードレジーム<br>（1980年代から<br>登場開始） | ・国民国家が政治的中心性を喪失<br>・自由市場<br>・グローバル化プロジェクト<br>・新自由主義言説とイデオロギー<br>・農業は国際的セクターに<br>・農業食料企業（アグリフードビジネス）の力の増大<br>・ある部分のエリート消費者需要の取り込み<br>・農業の工業化 | ・世帯レベルの食料確保<br><br><br><br><br>・食料主権（企業フードレジーム内部で危機を創り出し、新たなレジームを育む） |
| 新たなフードレジーム | ・人々、コミュニティ、および諸国家の主権<br>・食料システムの民主的制御<br>・ローカルな農業市場を優先<br>・貿易は社会的諸目標に従属<br>・食料と種子に対する単なる商品以上の価値づけ<br>・持続可能な農業生産 | ↓ |

資料：Fairbairn (2010) p.29, Table 2.1 を訳出。

人の購買力を増すには自由貿易政策が必要だ」「自由貿易のみが世帯の所得を増やすのに必要な経済成長をもたらす」「各国はコストの高い食料自給政策をやめて、もっとも利益の上がる（輸出用）商品生産に特化せよ」という言説が容易に支配的影響力を持つことになり、自由貿易を最大限推進するWTOが企業フードレジーム下での「食料確保」についての言説枠組みを制度面から強力に支持したのである（Fairbairn 2010: p.25）。

しかし、もっぱら市場に「食料確保」の維持が委ねられ、国家の「主要な責任」とは外国からの投資を引きつける環境整備だとされることによってもたらされた、本来の「食料確保」からの重大な離脱が顕在化してくる中で、1990年代半ばになると「食料主権」という新たに登場した言説枠組みが、企業フードレジームの欠陥を「名指しで告発」し（name）、繰り返し非難するようになった。その欠陥とは、全ての人々に食料を供給できない、社会的不公正、環境劣化、伝統的農業知

識の喪失などである。

　そして「食料主権」という言説枠組みの新しさは，第一に，第二次大戦後の「食料確保」のあれこれの言説枠組み（食料への権利，飢餓からの解放，食料安全保障，世帯の食料確保）が，その時々のフードレジームやグローバル化の諸次元（**表1-2**の「フードレジームの諸次元」を参照）を受動的に受け入れたのに対し，食料主権はそれらのほとんどを拒否して全く新しい言説枠組み付けを要求していることにある。第二に，食料主権はグローバルな政治的エリートによってではなく，「南」と「北」の小農民，農業労働者の経験と利益を基礎とし，その運動であるヴィア・カンペシーナによって生み出された「対抗言説枠組み」（counterframe）である。

　第三に，食料主権は企業フードレジームが拠って立つ次のようなミクロ経済的な仮定そのものに根本的疑問をぶつけている。すわなち，（ア）「世帯の食料確保」論を形成する個人還元論を批判し，農民の連帯，さらに諸資源に対する集団的な権利や所有権を強調する，（イ）食料を単なる商品（commodity）とみなす考え方に反対し，「経済的価値」としてはほとんど定量化されない文化，生物多様性，伝統的知識などに重大な価値を見いだしている（Fairbairn 2010: pp.26-27）。

　第四に，したがってそれは，グローバルなエリート消費者の需要を巧みに取り込んで新たな蓄積様式としてのフードシステムを構築した（フリードマンが指摘したところの）グリーン・キャピタリズムと大きく異なり，またそれに「吸収」されることが極めて困難である。というのもグローバルなエリート消費者達の需要と「運動」が，（ア）消費者の購買力を主なツールとし，（イ）製品ボイコット，認証スキームというように市場を主たるメカニズムとして利用し，（ウ）それらの結果，暗黙ないし無意識のうちに現行フードシステムにおける企業権力の維持・強化を正当化してしまったのに対し，食料主権は，（A）企業フードレジームにおいてますますグローバル化される世界食料システムの管理を非正当化し，（B）より小さな規模での管理，市場と統治の再ローカル化を要求し，（C）それは単なるローカル化ではなく，新自由主義の中で掘り崩されてきた国民国家の役割の再重視を意味しており，（D）企業の「行動規範」とか「倫理的商品品揃え」（ethical product lines）を通じてではなく，民主的に選出された全てのレベルの政府による政治的行動をつうじて自分達が求める変革の行方が左右されると考えるから，

であるとされる（Fairbairn 2010: p.27, p.30）。

　以上からの結論的展望として，食料主権という言説枠組みは，それが生まれ出てきたフードレジーム（企業フードレジーム）自体を意識的に変革して，新しいレジームに取って替えようとしている点に，過去の諸々の食料確保の緒言説枠組みと異なる可能性をはらんでいる。それは「新たな」フードレジームの制度化を直ちに成功させられるわけではないだろうが，にもかかわらず現行の企業フードレジームを「名指しで告発」し，不安定化させるポテンシャルを持ち，また同レジームが成功的に確立するのを妨げうるという自覚を，世界に広げつつある（Fairbairn 2010: pp.30-31）。

　フェアベアンの議論は，マクマイケルが端的に提示した「企業フードレジームの矛盾的諸関係を体現しているのが食料主権運動である」というシェーマを，第二次大戦後の国連人権宣言に盛り込まれた「食料への権利」，そこから派生した「食料確保」という言説枠組みがもっぱら資本主導のフードレジームに照応し取り込まれる形で展開してきた歴史と対照させることで，今日の「食料主権」運動の新しい性格と潜在的可能性を敷衍する試みとして注目に値する。

⑥2009年フードレジーム論シンポジウムからの示唆

　以上，2009年シンポジウムの整理から，本章の課題，すなわちアメリカのコーンエタノール政策とそれを一大要因とする穀物価格高水準局面への移行をフードレジーム論の今日的到達点を踏まえながら性格付けようとする場合に重要な論点として，以下をあげることができる。

　第一に，第2フードレジームは，冷戦体制，そこでの（西側世界における）アメリカの圧倒的ヘゲモニー，それを国際通貨制度的に支えたブレトンウッズ体制を基盤・前提として，成立し持続してきた。しかしブレトンウッズ体制の崩壊とそれを踏まえた金融自由化・グローバル化によるドル体制の不安定化および資本主義の金融化，多国籍企業（アグリフードビジネスを含む）の強大化による国家的規制への制約，第2フードレジームを構成する工業化された3つの主な複合体（「小麦」「畜産・畜産」「耐久食品」ないし「付加価値食品」「ファーストフード」「耐久食品」）に対する先進国消費者の不満・批判的意識の高まりを主要因として危機に陥り，その中から新たなフードレジームが形成されてきた。

第二に，新たに登場してきたフードレジームの性格をめぐっては，大きく二つの捉え方が提示された。

　一つは，上述の先進国等の相対的に富裕な消費者（運動）の要求を「選択的に充当」する（部分的に要求に応えつつ，それを新たな蓄積機会にする）ために，超国籍スーパーマーケット企業が主導権を握って川上方向へ垂直的に組織化し，そこに民間ベースの安全・環境・途上国生産者交易条件・トレーサビリティ等の基準と認証システムを加えることで構築された，グローバルな食料サプライチェーンを主な構成要素とする，「企業－環境フードレジーム」（あるいは「出所判明フードレジーム」）に焦点を当てる把握である。しかしこのサプライチェーンはグローバルな富裕消費者向けでしかないため，それ以外の消費者向けの「高度工業化・可食商品」（あるいは「出所不明」）サプライチェーンを併存せざるを得ない。

　しかし把握の焦点は後者より（少なくとも相対的に）優れているとされる前者に置かれ，「企業－環境フードレジーム」に限界があることを認めつつも，その克服方途を相対的富裕消費者向けサプライチェーンのガバナンスを，消費者サイドを中心とする諸アクターやその社会運動が改善・改良していくことに見いだそうとしている（キャンベルは明示的に，フリードマンは暗示的かつ一面で。なおバーチとローレンスはこのフードレジームは金融資本が究極的な支配権を握っているので，そこでの可能的な選択肢は超国籍スーパーマーケット企業の利害が強調されるか，それとも金融資本の利害が全面に押し出されるかでしかないとしていた）。したがって第3フードレジームからオルタナティブなフードレジームへの変革可能性を有するような対抗軸は，把握・提示されない。

　なおこのタイプの把握では，元来のフードレジーム論において重要な構成要素だった，複数の主要な国際的農業・食料生産・貿易・消費連鎖としての「複合体」概念が，少なくとも明示的には消えている。ただ事実上は，「富裕消費者向け」と「その他消費者向け」，あるいは「出所判明」と「出所不明」のサプライチェーンというのが，それに相当するとも考えられる。

　もう一つは，フードレジーム論の初発後の展開をふまえつつ，第3フードレジームを，金融資本の作用力によってますます集中・統合化された超国籍アグリフードビジネスが構築・支配する「企業フードレジーム」とする，マクマイケルの把

握である．前のタイプの把握と比べた最大の特徴は，（ア）企業フードレジームをグローバル新自由主義という資本蓄積段階に照応した国際農業・食料諸関係であると同時に，またそれがゆえに諸矛盾のかたまりと把握すること，（イ）同フードレジームはその超国家的制度化として設立されたWTO（農業協定）体制下の第1局面と，同ドーハ開発アジェンダの機能停止を大きな契機として移行した第2局面からなるとすること，（ウ）その第2局面においてアグロフュエル政策が打ち出され，そのプロジェクトが新たな担い手としての「食料燃料複合体」の活動をつうじて進展したこと，（エ）それを重大要因として発生した世界食料価格暴騰・「世界食料危機」を，企業フードレジームの矛盾の表現にほかならないとすること，（オ）この危機的矛盾に対して，企業フードレジームへの正面からのオルタナティブを掲げる対抗の運動と組織が，「食料主権」として台頭してきたとすることである．

なおマクマイケルは，新たに登場した食料燃料複合体と，第2フードレジーム以来の付加価値食品複合体，ファーストフード複合体，耐久食品複合体との併存を含意していると考えられる．

本章ではこのマクマイケルに代表される把握が，第一に，初発からのフードレジーム論に含まれていた「複合体」概念を継承し，第3フードレジーム（企業フードレジーム）では新たに食料燃料複合体が形成・台頭したことを明確に論定していること，第二に，企業フードレジームはその資本蓄積にとっての段階的基盤であるグローバル新自由主義が世界的にもたらした，農業者の収奪／非所有者化による自給・自国向け食料生産の破壊と輸出向け「世界農業」への再編やアグロフュエル・プロジェクトという内的に固有な諸矛盾ゆえに重大な危機を招き，それへの正面的対抗運動・勢力を生み出してきているという弁証法的な把握を提示していることに，学ぶべきものが多いと判断する．

加えて，フリードマンが国際通貨制度という側面から指摘した，特定国家ないし超国家的機関によるヘゲモニーとの関連性という問題提起にも学ぶべきであろう．

以上をふまえて次節では，アグロフュエル・プロジェクトの政治経済学的性格規定とそこでの「複合体」概念に関する最近の議論を見ておきたい．

## 第5節　アグロフュエルの政治経済学と複合体，フードレジーム

### （1）農業・食料関連資本の戦略的蓄積領域再構築としてのアグロフュエル—ホルトギメネスとシャタック—

　ホルトギメネスとシャタックは，アグロフュエル・ブームが2007〜2008年の食料暴騰を招き新たに1億人を飢餓に追いやったが，アグロフュエルの工業的展開が世界の食料・燃料システムを根本的に転形させつつあることの分析はほとんどないとして，同ブームを産業革命とともに始まり，グローバルな農業の工業化をもたらした農工間関係の最新の展開局面として位置づける。概略的に述べれば，同ブームは先進諸国の「再生可能燃料指令」と莫大な補助金によって創出され，それが新たなグローバル規模の企業連携とそれらによるマーケットパワーの増大を生み出し，同時に世界の途上諸国で広範な企業による土地囲い込みや所有権集中をもたらしているのが基本的特徴であるとする。

　なお両著者は，「アグロフュエル」はそのほとんどが大規模な農産工業（large agro-industrial scale）でトウモロコシ，サトウキビ，大豆といった作物を原料に，かつ大部分がグローバル市場向けに製造されるエタノールとバイオディーゼルであるとし，小規模，非工業的で自営業者が地元利用向けに製造することの多い「バイオフュエル」（例えば農山村住民による薪炭生産など……引用者）と明確に区別する（Holt-Giménez and Shattuck 2010: p.76）。

　両著者はアグロフュエルに関する一連の神話が，この世界的食料・燃料システム転形によって誰が利益を得ているか，それが先進諸国の石油漬け生活スタイル維持のために世界の多くの人々にいかに高い対価を強いているかを隠蔽する役割を果たしているとして，まずそれらを批判する。すなわち第一は，「アグロフュエルはクリーンでありグリーンである」という神話である。これは光合成で同化した炭素を燃料として取り出しているからというわけだが，原料作物栽培のための森林の伐採や焼き払い，泥炭地排水，耕作とそれによる土壌内炭素放出などを全面的に組み込んだライフサイクル分析結果の多くを引いて，アグロフュエルの温暖化効果ガス削減効果が否定されていると批判する。加えてアグロフュエル生産は，作物生産からエタノール精製に至る過程で膨大な水資源を使用し，土壌流亡をも加速する，資源浪費的生産である（Holt-Giménez and Shattuck 2010:

pp.76-77)。

　第二は,「アグロフュエルは森林伐採をもたらさない」という神話であり,それは生態的に劣化した土地に燃料作物を栽培するのだから環境を改善するのであって,破壊するのではないからという主張にもとづく。しかし現実は,ブラジルにおいて「劣化」しており「栽培に適している」とされる2億haもの土地は,実は先住民,自給的農民,および粗放的肉牛牧場が占有していた生物多様な生態系を有するマタ・アトランティカ（南西部雨林地帯）,セラード,およびパンタナル（南西部熱帯性湿地帯）であり,アグロフュエルの導入によってそれら地元コミュニティはアマゾンへと追い立てられ,そこでの森林破壊がいっそう強化されるだけだとする。またインドネシアの場合,オイルパーム・プランテーション拡大が森林破壊の主要因であり,このまま行けば2020年までに同プランテーションは3倍の1,650万haとなり,同国森林の98％が失われることになるとする。

　第三は,「アグロフュエルは農村開発をもたらす」という神話である。しかし熱帯では,在来的家族農業なら100haに35人の雇用を生み出すが,オイルパームやサトウキビ・プランテーションでは10人,（第2世代セルロース系エタノール原料とされる）ユーカリでは2人,大豆では1.5人しか就業できない。またブラジル南部,アルゼンチン北部,パラグアイ,ボリビア東部の一帯では,数十万の小土地保有農民と先住民が,5千万ha以上もの「大豆共和国」と呼ばれる大豆プランテーションによって追い払われている。さらにアメリカでもコーンエタノール産業は当初こそ小規模で農業者所有だったが,アグロフュエル・ブームの到来によって急拡張すると同時に巨大な穀物系アグリビジネスや石油企業が所有構造を再編し集中化していった結果,長期的には農業者へ利益が届かなくなっていると批判する（Holt-Giménez and Shattuck 2010: p.78)。

　第四は,「アグロフュエルが飢餓を引き起こすことはない」という神話である。しかしその推計の程度に差はあれ,アグロフュエル・ブームが食料価格暴騰に重大な影響を与えたことは明らかである。世界の最貧人口はそうでなくとも所得の50〜80％を食料に支出せざるを得ないのであり,食料コストが1％上昇するごとに1,600万人が新たに食料不安（food insecure）に陥るのである。

　第五は,「より優れた第2世代アグロフュエルがそこまで来ている」という神話である。すなわち,アグロフュエルの原料は現在世代の食料農産物から,近い

将来促成樹木やスイッチグラス等の非食用で親環境的作物に取って代わられるという言説である。しかし由来が野生植物であってもそれを燃料原料用に栽培すれば環境負荷が小さいわけではないし，それが「成功」すればやがて既存の森林・耕地に入り込んで集約的に栽培されることが不可避となろう。またそもそも，セルロース，ヘミセルロース，リグニンを経済的効率性をもって分解・エタノール化するには（つまりセルロース系エタノールの経済的実用生産には），植物生理学上の大発見が必要なのである。以上からすると，結局「第2世代アグロフュエル」言説も作物由来燃料を社会に受容させるための「神話」に過ぎないとされる（Holt-Giménez and Shattuck 2010: pp.79-80）。

以上のような「神話」批判は，アグロフュエル正当化言説を検討する上で重要な意味を持つが，フードレジーム論との接点も視野に入れながらアグロフュエル・プロジェクトの性格を考察する上で注視すべきは，以下のような指摘である。

すなわちアグリフードビジネスの利潤は，過去30年間の農業生産拡大がグローバルな購買力上昇を上回ったことによる過剰生産のため，着実に低下していた。これに対してアグリフードビジネスは，（ア）技術革新による生産性増大，（イ）未加工農産物の加工等による付加価値増大，（ウ）遺伝子組換え作物等の排他的所有権創出による利益掌握，（エ）垂直的統合によるフードチェーン付加価値のより大きな取り込み，によって利潤維持・拡大を図ってきた。アグロフュエルは，まさにこれら各側面の注力と目的をたった一つの産業的事業で実現し，一挙的に過剰生産問題を解決するものだ，という位置づけである。

そしてアメリカの場合で見れば，アグロフュエルは中西部農業地帯の地元所有・地元育ちの産業として，多くの場合農協等のコントロールで始まったものだった[8]。ところが，「再生可能燃料」使用に関する政府指令と補助金，原油価格上昇という政策的・経済的基盤が作られた所へ国際過剰資本が結びつくことによって，莫大な投資がエタノール産業に注入され，瞬く間に同産業を拡張させると同時にその所有構造をも大企業による独占体制へシフトさせたのである（Holt-Giménez and Shattuck 2010: pp.80-81）。

かかる把握は，筆者の問題意識と重なる部分が多い。筆者は農業・食料セクターの「工業化」を農業・食料関連商品連鎖＝付加価値段階のいっそうの拡延・立体化およびそれに伴う諸段階での水平的集中進展と垂直的整合強化として，またそ

の「グローバル化」を「工業化」された農業・食料関連商品連鎖が先進資本主義諸国を超えて途上国や移行経済諸国等へ地理的に移植されあるいは拡大する過程と整理した上で，それを概ね1970年代までに農業・食料セクターにおけるアグリフードビジネスが逢着した資本の過剰蓄積を突破する形態・戦略であるとの把握を提示した（磯田 2001：pp.31-46）。ホルトギメネスとシャタックの上記（ア）〜（エ）の把握ならびに性格付けと，大いに共通するところである。

筆者はまた，アメリカ農政は農産物過剰と国際価格低迷下でも輸出・「国策産業」としての自国農業・食料セクターを支えるために，莫大な財政支出によるプログラムを形を変えながら継続していたが，ついに国家財政破綻の危機に瀕して，自国財政負担を全世界の消費者に転嫁することで「国策産業」とそれを担う穀物関連多国籍アグリフードビジネスを支持し続けんがための方策こそ，コーンエタノール政策による「需要爆発と価格暴騰」の人為的強制的創出であった，という問題意識を試論的に提示した（磯田 2012：p.84，磯田 2013：p.64）。これもまた，ホルトギメネスとシャタックがアグロフュエルをアグリフードビジネスの「過剰生産と利潤低下」の制約を一挙的に「解決」する，いわば起死回生の戦略として位置づける把握と共通する部分が多い。

### （2）「アグロフュエル複合体」「アグロフュエル資本主義」の性格規定をめぐる展開──「バイオフュエル，土地，農業問題変化」シンポジウムから──

国際的農業問題政治経済学雑誌 *Journal of Peasant Studies* と批判的農業問題研究国際グループ Initiatives in Critical Agrarian Studies（ICAS）が，2009年10月に上記サブタイトルのシンポジウムを共催し，その報告論文（全16本）を Journal of Peasant Studies Vol.37 No.4（2010年10月）に特集掲載した。本シンポジウム（特集）は，バイオフュエルブームがもたらした途上国への土地獲得ラッシュ（ランドグラップ land grab）や農業構造再編と，それらをつうじた今日的農業問題の様相に主たる焦点を当てている。この中から，本章の問題意識と対象に強く関連する3論文について，摘要・検討したい。

①ボラス，マクマイケル，およびスクーンズによる論点開示
特別編集委員ボラス，マクマイケル，およびスクーンズがシンポジウム（特集）

の必要性とその論点開示を行なった冒頭論文は，「バイオフュエル複合体」(biofuel complex) の登場によって引き起こされたとされる新たな農業問題政治経済学 (agrarian political economy) の主要問題を5つの論点として枠組みづけるが[9]，このうちバイオフュエル複合体の台頭と内実，基本的性格について次のように整理している（ここでの「バイオフュエル」はホルトギメネスとシャタックのいう「アグロフュエル」と同義と考えてよい）。

　ブッシュ息子政権の2005年エネルギー政策法と2007年一般教書演説が，再生可能燃料（ほとんど全てがコーンエタノール）の使用義務量（再生可能燃料基準 RFS）を2006年の40億ガロンから2022年の360億ガロンと目標づけた。いっぽうEUも，輸送燃料総消費量の10％を2020年までにバイオフュエルで代替するという目標を設定した。しかしこれらのためにはアメリカのトウモロコシ・大豆栽培面積の全てと，EUの農地面積の70％がバイオフュエル原料に向けられなければならない計算になる。それは絶対に不可能であることから，企業と金融資本が世界中の途上諸国 (the global South) におけるバイオフュエル生産に莫大な投資を殺到させた。かくしてグローバルなバイオフュエル複合体が創出されることになった。

　この複合体はなお初発的段階ではあるものの，石油，自動車，食料，およびバイテク企業間の新たな工業的同盟 (industrial alliances) が，超国家的・国家的・国家内的な公共機関と大学・国際的研究機関も巻き込んだ民間と公的セクターのパートナーシップ (private-public partnership) を形成しながら，途上諸国の土地，加工設備，および国際的マーケティング・インフラストラクチャー構築に投資している。その事例として取り上げられているのは，前述McMichael (2009) やHolt-Giménez and Shattuck (2010) が例証したものと重なる。

　これらバイオフュエル複合体は，市場パラダイムを環境（保護）問題に適用しようとする「市場環境主義」(market environmentalism) を標榜し，実際にその大半が投資対象途上国地域の土地を，「利用放棄地」「低利用地」とレッテル貼りして取得した上で（実際には多くの場合，それらは移動農業における休閑地であったり，「近代的所有権」は「確定」されていないが慣習法的共同占有の下で地元コミュニティ住民に利用されていたりする），工業的・モノカルチャー的なバイオフュエル原料農業に再編し，その生産物はアメリカ・EUなど先進諸国へ

の輸出向けとなっている。

　したがってバイオフュエル複合体は，先進諸国と途上諸国，人間と自然とを分業・分断して，ローカルエネルギー主権や食料主権を脅かしている。つまり企業主導的・企業支配的バイオフュエルは，「非持続的な農業工業化モデルとエネルギー消費」を，「市場環境主義」をつうじた「気候変動悪化停止」の美名のもとに存続させようとする短期的な対応に過ぎず，その社会的・環境的諸矛盾を主として途上諸国の上に「外部化」させていると見なされる。と同時に，こうした経路でのバイオフュエル複合体構築によって，他の代替的な食料・エネルギーへ向かう経路は排除され，またアグリフード・エネルギーシステムにおける，より持続可能で公平なバイオフュエルの使用もまた無視されているとされる（Borras Jr., et al. 2010: pp.577-579）[10]。

　本章での問題意識に引きつけて特に注目されるのは，「バイオフュエル複合体」を農業・食料，燃料，バイテク，自動車といった多国籍企業による「提携」「同盟」体であるにとどまらず，国家的さらに超国家的公共諸機関や大学・研究機関をも包含した，国家・超国家機関‐私的資本パートナーシップないし「複合体」として性格づけている点である。


②「アグロフュエル資本主義」の析出―ホワイトとダスグプタ―

　次に取り上げるべきは，アグロフュエル・ブームによって創出された新形態の資本主義的農業単一作物生産システムを「アグロフュエル資本主義」と名付け，それが本質的に新たな性格を有しているかどうかを検証する，ホワイトとダスグプタ論文である。

　著者によれば，アグロフュエル・プロジェクトには「代替的エネルギー源」と「農村開発の牽引車」という言説とそれへの批判的議論があるが，アグロフュエル原料農産物が生産される現地住民・直接生産者にとっては，ある作物（オイルパーム，サトウキビ，トウモロコシ，ジャトロファ等）が，自分達とは遠く離れた消費地で最終的に燃料，食料，化粧品，その他の何になろうとそれほど重要ではない。それよりも自分達の土地がいかなる形態で充当され，自分達がグローバル商品連鎖における生産者としていかなる形で編入されあるいは排除されるかが重要な関心である（White and Dasgupta 2010: p.594）。

最近の研究によれば，第一世代アグロフュエルは総体として化石燃料より環境コストが大きいこと，消費エネルギーが産出エネルギーより大きいことが示唆され，したがってアグロフュエル原料は極めて非効率なエネルギーソースであって，グローバルなエネルギー供給に何かしらの意味を持たせようとすると莫大な農地拡大を必要とするが，そのようなことは不可能である。したがって結局第一世代アグロフュエルは，富裕国やその他諸国エリート層のエネルギー過剰消費の環境コストを低所得国や貧困層に押しつける，いまひとつの方途でしかないと指弾されている。

このようにアグロフュエルの拡張は矛盾に満ちているにもかかわらず，なぜ台頭したのか。それは（ア）先進国政府による，エネルギーおよび環境安全保障上の必要に対する弥縫策であり，（イ）途上国政府が農村の再生や農民開発のための新しい方途を見いだそうとする試みであり，（ウ）資本の短期的利潤追求のためである。

では次に，なぜ途上国政府は親アグロフュエルのスタンスをとるのか。それは（A）1980年代以降に途上諸国で「標準化」された（新自由主義構造調整型）政策パッケージが土地生産性も労働生産性も停滞させた，（B）それら政府は小規模農業・小農民を支持する意志あるいは能力もなくし，長期的な農産物実質価格低下と相まって危機がもたらされ，小農民経営はいっそう困難に陥れられた，（C）そこに主として外国資本から，膨大な土地の取得ないしアクセスを確保するかわりに，大規模なアグロフュエル生産およびそれに付随するインフラストラクチャー整備のための投資を持ちかけられたために，「喜んで」受け入れたのである（White and Dasgupta 2010: pp.596-597）。

こうして創出された大規模で工業的に生産されるアグロフュエルの政治経済的分析は，基本的に従来の大規模な工業化された資本主義的単一作物農業（プランテーション型および契約農業型）と同様の分析方法が適用できるとし，2つの分析対象と3つの分析課題があるという。すなわち，対象はアグロフュエル生産における社会的関係およびそれが創り出す蓄積構造と，それがもたらす農業構造の変化およびそれによる社会的階層変化・階級構成であり，特に重要な課題は（ⅰ）アグロフュエル原料生産のための土地はどこからくるのか，（ⅱ）その生産はどのように組織化されるか，そして（ⅲ）それは誰の利益になっているかである。

(ⅰ)の土地動員に関しては，総じてアフリカ，東南アジアなどでの入会地的，その他慣行的土地占有・利用権を「誰にも属していない（近代的所有権が確定されていない）」「未利用地である」として現地国（投資受入国）政府が横奪して，それをアグロフュエル多国籍企業のために大規模に提供するという，現代版エンクロージャー，現代版本源的蓄積が広範に行なわれ，土地への権利と人権が蹂躙されている（ランドグラブ）。

(ⅱ)の生産の組織化に関しては，アグロフュエル原料は土地利用型の低付加価値作物なので圃場生産そのものからは利益があがらず，その加工・製油過程がどう組織化されるかが，(ⅲ)の付加価値とその乗数効果の帰属・波及にとって枢要となる。つまり中心的には地元・地域市場向けか，全国・グローバル市場向けか，および加工・製油過程の所有構造がどうなっているかである。全国・グローバル市場向けの大規模プランテーションや小規模農民契約農業が，繁栄する国・地域ではなく貧困な国・地域で行なわれているのは，それらの諸国・地域では低賃金や不公正な契約条件でアグロフュエル原料作物を生産できるからである。

加えて南北アメリカでは，アグロフュエルの拡張がバイテク農業を導入・深化させ，それをつうじた新たな小農民に対する巨大企業のコントロールのための「トロイの木馬」になっている（White and Dasgupta 2010: pp.600-603）。

これらホワイトとダスグプタの分析と指摘は，それ自体は主として途上国におけるアグロフュエル生産を対象にしたものだが，アメリカ（合衆国）のような先進国の場合にも当てはまるところが少なくない。すなわちアメリカ穀作農業地帯と同農業者が，いかにしてアグロフュエル生産を受け入れ，それが農業構造と農業経営にいかなる影響を与えたか，アグロフュエル製油過程の組織化・所有構造がどう構築され変化し，その過程で付加価値・利益の配分はどうなったかといった論点である。

③アメリカ中西部コーンエタノール産業の政治経済学的意義と影響—ギロン—

そして次に注目すべきは，アメリカ中西部におけるエタノールとその原料トウモロコシ生産の拡張がもつ政治経済学的意義を検討した，ギロン論文である。同論文はアメリカ，とりわけコーンベルトの最中核アイオワ州を対象に，大きくは(ア)「環境危機」（地球温暖化）と「エネルギー安全保障」に対する新自由主義

的ガバナンスとしていかにしてアグロフュエル（コーンエタノール）・プロジェクトが発動され正当化されてきたか，（イ）アグロフュエル産業において農業者・農村社会がどのような位置におかれ，その結果いかなる得失を被っているか，（ウ）それがもたらすトウモロコシ生産増大の環境的生態的諸結果はいかなるものか，を検討している。

あらかじめ著者の強調点を要約すると，現在のアメリカにおけるアグロフュエルの生産と政治は工業的農業において長年続いてきた不平等な政治経済的諸関係を強化するものであり，また温室効果ガス削減とエネルギー安全保障に焦点を当てているアメリカのアグロフュエルの政治は，農村の生産現場よりも都市およびその他のアクター達の社会的・環境的諸利害に特権的優位性を与えるものでしかないということである（Gillon 2010: p.723）。

まず（ア）についてであるが，ギロンはグローバルな気候変動に直面して自動車燃料としてバイオフュエルを生産するということは，一方で温暖化ガス排出を減らそうとしつつ，他方で液体燃料の消費水準を維持し，中西部から安価なトウモロコシを搾出することをつうじた資本蓄積を維持しようとする企図であるとする。これは環境危機に部分的に「対処」しつつ，その「対処」を新たな資本蓄積機会に転形するという意味で「グリーン・キャピタリズム」にほかならず，ギロンはこれを「環境的免罪」（environmental fix。名詞fixには「修繕・解決策」という意味のほか，「裏取引」「賄賂や共謀による免罪」「麻薬注射」といった意味がある）と呼称している（Gillon 2010: p.727）。

コーンエタノール製造は，当初は農産物販路多角化と自助自立強化のための戦略として農業者や農村住民の協同組合として始まったのだが，連邦政府によるバイオフュエル使用義務（2005年エネルギー政策法による再生可能燃料基準 Renewable Fuel Standard＝RFS）と生産インセンティブ政策（工場補助金および自動車燃料税減額）によって同産業は劇的に拡張した（Gillon 2010: p.729）。こうした拡張政策を正当化する言説は，温暖化ガス削減とエネルギー安全保障（中東原油依存軽減と国産エネルギー増産）の２つだった。

しかし前者について，連邦政府自体（環境保護庁EPA）が2007年エネルギー自立・安全保障法にもとづくバイオフュエル使用義務量（再生可能燃料基準第２版RFS2）設定に際して行なった各種バイオフュエルの最初の温暖化ガス排出ラ

イフサイクル分析では，コーンエタノールは対ガソリン比16％しか排出量を削減しないから「再生可能燃料」範疇に入らないとの結果が出された（2009年5月）。ところが，バイオエタノールの業界団体RFA（Renewable Fuels Association）やコーンエタノール推進論者達の政治的反撃を受けてEPAは「修正分析」を行ない，そこで「エタノール精製技術の向上」「エタノール用澱粉抽出後の副産物飼料であるDDGS（Distiller's Dried Grains with Solubles）の利用効果」（トウモロコシが飼料から燃料に転用されることによって国内外の原野・森林等が新たに飼料穀物生産に土地利用転換されることによる二酸化炭素増加を，軽減する効果……引用者注）「トウモロコシ単収向上」を織り込んだ結果，コーンエタノールはガソリンより「21％温暖化ガスを削減する」ので「再生可能燃料」基準（同20％以上削減）に「合致する」とされたのである。しかもこの「修正分析」の当否だけでなく，これらの「分析」にはそもそも人間自身にとっての食料ニーズや分配問題（例えばグローバルな食料へのアクセスに対するアグロフュエルの影響など）が全く考慮されていない。

　また後者についても，同じくEPA自身が，RFS2の目標（2022年に再生可能燃料使用量を360億ガロンにする）を達成したとしても，アメリカのガソリンとディーゼル消費量の7％弱にしかならないと推計しているのである（Gillon 2010: pp.735-737）。

　次に（イ）であるが，農業は「工業化」をつうじて，高度に加工される食料や飼料など無数の工業的製品を利益をあげつつ安価に生産・提供するための，安価な投入財に単純化されてきた。今やコーンエタノールも，そのような安価なガソリン代替商品に組み込まれた。またそうした安価なエタノール供給を支えたのは，非常に大規模な化石燃料多投型工業化トウモロコシ生産農業にほかならなかった。

　アグロフュエル・サプライチェーンにおいてトウモロコシ生産者とそのエタノール事業はそうした位置におかれたに過ぎないため，コーンエタノール事業体に投資した農業者や農村住民が利益を享受できたのはほんの限られた期間でしかなかった。2008年にはトウモロコシ価格が暴騰したのにエタノールは生産力過剰で価格下落し，さらには金融・経済危機で原油・ガソリン価格が下落したからエタノールはさらに不利になった。そしてこの「コーンエタノール不況」において，特に小規模農業者・農村住民所有型事業体ほど打撃を受けて多くが操業停止な

いし倒産・売却され，コーンエタノール産業の所有構造は農外大企業支配型に再編されたのである（Gillon 2010: pp.729-732）。

　農業者は生産者としての側面で，いかなる影響を受けたか。この点で著者はトウモロコシ価格高騰期ですら，地価・地代と各種投入財価格の高騰のため，大きな利益を上げることはできなかったとする[11]。また農業生産者のうち畜産経営者は飼料穀物価格高騰によってむしろ不利益を被り，例えば養豚部門においては独立生産者の企業型垂直統合経営に対する不利さが増幅され，その結果より工業的で集約的な後者の勢力を伸ばすことになった。つまりコーンエタノール拡張は，トウモロコシ生産農業者にいっそうの大規模・工業化経営を促迫し，養豚でも工業的企業型垂直統合経営の優勢を促進したということで，中西部農業にとって集約的・工業的生産システムの社会的諸関係を強化することになっている。そしてそのような生産システムにおいて直接的農業生産者はもっともリスクを負担する位置におかれ，さらに農村「空間」（住民と環境）は不安定なトウモロコシ市場とエタノール市場による金融的損失および環境的損失の深刻なリスクにさらされる（Gillon 2010: pp.733-734）。

　環境的損失リスクの重要な部分をなすのが，（ウ）のトウモロコシ生産増大がもたらす環境的生態的諸結果である。その一つは，保全留保プログラム（CRP）面積の減少である。トウモロコシ価格高騰によって生産者自身が農地をCRPから解除してトウモロコシ等作付にまわすほか，地代も高騰しているから，政府との間でCRP向け貸付（アイオワ州でエーカー当たり100ドル超）を行なっている退職者等の非農業者も，新たな借手が政府に対する解約金（CRP契約期間中の受取金＋利子）を負担してくれるなら作付用に貸すという動きが出ているという。

　二つめに，輪作が後退している。三つめに，本来傾斜が強いため草地ないし限界的な作物にしか利用されていなかった多くの土地が，トウモロコシ等の耕作に転換されているという。四つめに，圃場や草地の全面を最大限耕作するために小水流の堤や草地水路などの保全手段を除去してしまった農地では，2008年6月の同州大雨による洪水で大規模な土壌流亡を招いた。しかも現場レベルの保全当局は連邦や州政府の保全施策予算削減にさらされているため，保全活動の困難に拍車がかかっているという（Gillon 2010: pp.739-741）。

　このようにアメリカのアグロフュエル生産とそれを推進する政策は，トウモロ

コシ過剰，化石燃料消費，温暖化ガス排出，および輸入原油依存をそれぞれ低減させるといった側面（言説）によって容易に「計算」され，支持され，統御されてしまっている。そのいっぽうで他の諸側面，すなわち農業分野における長期的で不平等な政治経済的諸関係の維持・拡大，トウモロコシ増産とは調和できない土壌保全施策への支持などは，対応されなくなってしまう。

こうした視点からすれば，アメリカ中西部は，単に都市・工業社会のためのコモディティ（トウモロコシ，そしてコーンエタノール）を供給する地帯でしかないという意味で，文字通りの「コーンベルト」に固定化され，そこにあるべき社会的・政治経済的意志決定も，「コーンベルト」とは別の社会的・環境的将来の可能性も黙殺されている。今後もバイオフュエルのための公的・私的投資は多くなるだろうが，その下で農村地域が社会的・環境的利益を得られる可能性は，統治のありかた，すなわち農業者・農村住民が意志決定を行なえる社会的・政治経済的コンテキストの如何とアグロフュエル生産にかかわる人々がその諸要因と諸影響の「政治化」をいかに果たしうるかにかかるだろうとされる（Gillon 2010: pp.742-743）。

以上ギロン論文で注目しておくべき論点は，(A) EPAによるライフサイクル温暖化ガス排出分析が，コーンエタノールを「再生可能燃料」と「認知」し，維持拡大するための政治的産物になっているという指摘，(B) コーンエタノールの商品連鎖において，農業者は原料トウモロコシ供給者とともに当初はエタノール製造事業体への協同組合的投資者＝所有者の位置にあり，したがって一時的には後者の立場でも経済的利益を享受しえたが，RFS導入による爆発的な当該産業拡大の過程で所有構造が大きく再編されて単なる原料供給者・地域（「コーンベルト」）の立場に再び固定化されたという指摘，(C) 原料供給者としての農業者は農法的退行を伴ったいっそうの「工業化」に駆り立てられており，それが農業における経済的不平等を拡大再生産すると同時に環境的外部不経済をも拡大しているという指摘，であろう。(B) や (C) については，ギロン論文自体では明示的になされていない統計的・実態調査的検証が必要となる。

## （3）金融化段階の資本蓄積危機への「対応」としてのアグロフュエル─再びマクマイケルによる包括的把握─

　既にマクマイケルは前述2009年論文で，「企業フードレジーム」第２局面をもっとも特徴づけた「世界食料危機」（価格暴騰）の要因として，資本主義の金融化を２重の意味で措定していた。すなわち農産物・食料への直接的な金融投機と，金融資本が主導・加速したアグリビジネスの世界的統合・集中化による独占的価格支配力の強化とであった。

　グローバルなバイオフュエルないしアグロフュエル・プロジェクトの展開と，それがとりわけ途上諸国で引き起こしているランドグラブ（大規模土地横奪ないし囲い込み）を主な分析対象とするMcMichael（2012）では，単なる農業・食料セクターにおける（したがってアグリフードビジネスにとっての）過剰蓄積への対応としてだけでなく，資本主義の今日的蓄積様式としての金融化段階にとっての利潤危機への資本サイドからの対応としてアグロフュエルを位置づけるに至っている点で，注目しておくべきだろう（なお当論文において「アグロフュエル」は，食料作物を燃料作物との競合・代替関係にさらすものとしてのバイオフュエルという意味で使われている。McMichael 2012: p.61）[12]。

　まず資本主義の金融化とは，（先進諸国や富裕層などの）投資家達が非流動的・固定的形態での資本保有よりも流動的な投資を選好し，したがって証券化，企業買収・合併・切り売り，および一般的金融投機が促進される状況であるが，これは実物経済面における生産的投資，したがって工業生産の，先進諸国から低賃金途上諸国へのグローバルなアウトソーソング化，オフショア化と表裏一体であった。生産なき先進諸国等（アメリカ典型）での在外生産物の消費は，「金融工学」が主導する銀行革命がもたらした浪費的担保貸付や消費者債務の膨張によって一定期間は維持されていた。しかし21世紀になるとまずは金融デリバティブ市場が，その後には不動産バブルおよびそれと相互規定的な債務担保証券（Collateralized Debt Obligation: CDO）等の市場が崩壊することによって，金融化した資本主義そのものが蓄積危機に直面したのである（McMichael 2012: pp.62-63）。

　ではなぜ「金融化」的蓄積危機＝利潤危機に対して，農業が投資の新たで重要なフロンティアになったのか。ひとつには，農産物・食料を組み込んだコモディディインデックス・ファンドが仕組まれ，食料それ自体が投機的投資の対象になっ

たからである。これによって農産物・食料先物売買がデリバティブ市場へ質的に発展し，コモディティインデックスの保有高が2003〜08年に130億ドルから3,170億ドルに膨張すると同時に，デリバティブ売買の繰り返しによって先物価格（したがってまた現物価格）が高騰した（McMichael 2012: pp.63-64）。

　もうひとつには，従来先進諸国を中心に深化してきた「工業化農業」を，世界的にはなお多くの部分を占める低投入・小保有農民的農業分野（世界人口の40％を占めるとされる。McMichael 2012: p.72）に拡延することは，一面では農業資本蓄積の場を拡大するのに適合的と言えるが，他面で食料需要の所得弾力性の低さやグローバル新自由主義の下でますます多くの世界人口（労働者≒消費者）が限界化されていることを前提とすれば，農業部面における資本の（剰余価値の）実現には制約があるはずである。これに対する唯一つの解決（突破口）こそが，アグロフュエルだったのである（McMichael 2012: p.66）。

　そしてアグロフュエルが金融危機における「資本の避難場所」となり資本蓄積の新たなフロンティアたりえているのは，実は投資国政府（アメリカ，EUを典型とするバイオフュエル使用目標の設置，各種減免税，直接的補助金）と，投資受入国政府（土地「所有権」の確定とそれによる外国資本への大規模農地供与の条件整備，世界銀行その他国際金融機関やその系列投資会社，先進国政府援助機関などによる資金供与を受けたハード・ソフト両面でのインフラストラクチャー整備）の双方からの，膨大な実質的補助があればこそなのである（McMichael 2012: pp.68-70）。

　以上，McMichael（2012）のうち本稿の問題意識に引きつけて重要かつ留意すべき論点として二つ指摘できる。

　第一は，グローバル規模の商品連鎖としてのアグロフュエル（ないしバイオフュエル）複合体が重大な位置を占めるに至った段階で，それがいかなる意味と比重をもって世界的総資本蓄積の構造に照応的に編成されているかを問うという，元来のフードレジーム論にふさわしい議論の地平をあらためて提示していることである。つまりアグロフュエルの展開を，農業・食料セクター（およびそこで活動するアグリフードビジネス）にとっての利潤危機（過剰蓄積）の突破策としてだけでなく，さらにいわゆるサブプライムローン・バブル崩壊で顕著化した金融資本の利潤危機（貨幣資本の過剰蓄積），つまり現段階の世界資本主義に特徴的な

蓄積軌道の危機に対する打開ないし弥縫策として把握されている点である。

　第二は，こうした利潤・蓄積危機打開の部面としてアグロフュエルが「フロンティア」になったのは，アメリカとEUのバイオフュエル使用目標政策を筆頭とし，それら諸国バイオフュエル産業への補助金や減免税措置，さらにグローバル規模では国際金融機関（世界銀行）や開発機関とその傘下事業体（世銀傘下の国際金融公社 International Financial Corporation: IFC，FAO傘下の国際農業開発基金 International Fund for Agricultural Development: IFAD，欧州復興開発銀行 European Bank for Reconstruction and Development: EBRD，国際農業研究協議グループ）による投融資や技術的支援（国際稲研究所IRRIも一員となっている国際農業研究協議グループ Consultative Group on International Agricultural Research），それらと提携する「アドバイザリー機関」（世銀IFCの提携相手である外国投資助言サービス Foreign Investment Advisory Service），巨大開発基金（例えばゲイツ財団とロックフェラー財団が設立したAlliance for a Green Revolution in Africa: AGRA）などに見られるように，国家・超国家機関・グローバル基金の政策的・人為的注力に依拠してこそであるという指摘である。

　これらはアメリカのコーンエタノール政策の歴史段階的・構造的性格と位置を捉える上で，つまりそれを米国系アグリフードビジネスの利潤危機，さらには金融化の波頭を走るアメリカ資本主義そのものにとっての利潤危機への打開策・弥縫策として捉えるべきであるという，貴重な提起である。だが半面で，当該論稿の直接主題でないゆえに無い物ねだりではあるが，同政策がアメリカ農政にとっていかなる意味を持つのかという性格規定には触れられておらず，残された課題となっている。

## 第6節　本章の小括—アメリカ・コーンエタノールの歴史的性格規定と分析課題の析出—

### （1）フードレジーム論視点を援用した現局面の位置づけ

　本章最後の第6節では，ここまでレビューしてきた先行研究からコーンエタノール政策と同ブームについて，本書の課題に必要な範囲で，援用すべき理論的性格規定と実態的に検証すべき課題を導出する。

　まず政治経済学的に見たそれらの歴史的位置づけのために，現段階をフードレ

ジーム論視点を援用してどう規定するかについて，整理しよう。

現段階は，第2フードレジームと連続した諸要素を含みつつも，全体として新たな，つまり第3フードレジームの時代にあると考えて良いだろう。

それは，①フードレジーム，すなわち農業・食料部門の生産から消費までの国際的諸関係が照応し，支えるべき世界資本主義の主導的蓄積様式が変化したことからくる。第2フードレジーム段階で，第二次大戦後的な国民国家的蓄積様式（「社会的ケインズ主義とフォーディズム」とも呼ばれる国家独占資本主義）が，その胎内に多国籍企業（とりわけアメリカ系）による超国家的蓄積運動をはらみつつも，なお主導的であった。しかし第二次大戦後アメリカ・ヘゲモニーの国際通貨制度基盤であったブレトンウッズ体制崩壊から冷戦体制終結にいたる1970～1990年の期間（冷戦体制解体期）をつうじて，多国籍企業と多国籍金融資本が担う，実体経済と金融経済の両面におけるグローバルな資本蓄積こそが，明白な主導的様式となった。

次に，②フードレジームが前提とし，またそれが支える役割をも果たすところの国家の位置づけとヘゲモニーの存在形態について見ると，まず国家の位置はシステムを統御（ガバナンス）する制度としての位置は主導的資本の多国籍化・超国家化にともなって，決して失われることはないが，主導的資本に奉仕する従属的な性格を強めたと言えよう。これを補完する超国家的な新たなガバナンス制度としてWTOが構想・構築されたが，ドーハ開発アジェンダの実質的挫折によって，多国籍企業・金融資本の超国家的活動に最適なガバナンス制度はTPPを含む地域経済統合機構の構築を含めて，現在模索されているとみることができよう。

いっぽうヘゲモニーの存在形態であるが，その政治経済的パワー（ヘゲモニーパワー）について，確かに冷戦体制下のアメリカ・ヘゲモニーはかつての（西側世界における）圧倒的・一極的地位は失われているが，新たなヘゲモニーパワーがアメリカに代わる状況にはなっていない。それに，ヘゲモニーの国際通貨体制基盤としてブレトンウッズ体制は崩壊したものの，ドル「基軸通貨」体制とそれにもとづいてアメリカが国際収支節度の放棄を享受できる「国際通貨国特権」が延命していることが加わって[13]，長期衰退傾向と（アジア太平洋地域における）中国のカウンターパワーとしての台頭に象徴される「新興諸国」の相対的比重シフトという状況がありつつも，アメリカ・ヘゲモニーパワーは継続していると言

えるのではないか（長期的には「過渡」であろうが）。

　そして，③第3フードレジームの呼称と局面であるが，既述のように「企業フードレジーム」（マクマイケル），「企業－環境フードレジーム」（フリードマン），「金融化フードレジーム」（バーチとローレンス），「出所不明／判明フードレジーム」（キャンベル）といった，それぞれの含意を持つ呼称が提起されてきた。

　このうち「企業－環境フードレジーム」の実質的意味内容は，本来の（広い）意味でのフードレジームというよりは，農業・食料関連資本（アグリフードビジネス）が主として先進諸国富裕消費者の環境・安全・公正交易といった「懸念」を選別的に取り込んで自らの資本蓄積の新たな領域として「充当」して形成された食料サプライチェーン（ないし複合体）に近い。だからそれは，それとは区別される「高度工業的可食商品」サプライチェーンを併存させざるを得ない。「出所不明／判明フードレジーム」についても同様である。

　これらに対して「企業フードレジーム」は，「企業」を主導的資本となった多国籍企業・多国籍金融資本と理解すれば，第3フードレジームの基本的性格を表すのにより適した呼称であると考えられる。「金融化フードレジーム」という呼称は，確かに農業・食料産業にとどまらず世界資本主義の蓄積様式・資本の行動様式において金融資本的なそれが重大な影響力を持つに至った局面を，好く表現している。時期としては，世界過剰貨幣資本の運動主体としての金融資本が，その運動形態としてのバブルを世界のあれこれの国・市場で継起的に勃発させては破裂して通貨・金融・経済危機をもたらすという，「バブル・リレー」ないしバブル的蓄積・循環が恒常化（その意味でまさに経済の金融化が全面化）した1990年代以降に，好く当てはまるだろう[14]。

　しかしそれによって1970年代に始まる冷戦体制解体下の第2フードレジーム崩壊後の全期間（ポスト第2フードレジーム）を，単一の局面として表現するのは最適ではないように考えられる。その大きな理由は，1990年代後半以降に担保債権証券(CDO)，すなわち住宅ローン担保証券(MBS)やその他資産担保証券(ABS)を担保とする二次的仕組み債（さらにそれらを次々に混ぜ合わせて組成する派生的CDO，これらCDO類を債務不履行時に「保障」するとする「保険商品」CDS，CDSの保険料収入を担保とする仕組み債シンセティックCDSなどまでも）が創出・拡大され，巨大な過剰貨幣資本の蓄積のための市場をさらに巨大化させて2007

〜09年世界金融恐慌の直接的発生源となったこと[15]，およびそれによって行き場を失った投機資本が農産物商品市場にも殺到し，欧米バイオフュエル促進政策と相まって2007〜08年国際穀物等価格暴騰をもたらし，世界食料市場をそれ以前とは異質の高価格時代に移行させたことである。

　そこでマクマイケルが「企業フードレジーム」を，1980〜1990年代の第1局面（欧米による輸出補助金がもたらす世界的低農産物価格が，途上国小農民的農業をもその価格体系に従属させ，新自由主義下で賃金が低下する先進諸国資本主義に低価格賃金財食料が供給される，そしてそれらを一旦は「制度化」したものとしてのWTO体制を特徴とする）と，21世紀以降の第2局面（それまでの低農産物価格体系が途上国小農民農業を破壊して食料自給力を失ったグローバル産業予備軍化し，同時に農業構造調整プログラムによって富裕国向け輸出農業に半ば強制再編されたために国としても食料自給力を喪失した所に，行き場を失った金融資本が投機的に農産物市場に殺到したことによって世界食料価格暴騰が発生する）に区分したことを想起したい。

　つまり「金融化フードレジーム」が指す事態・実体の特徴が全面化する時期を，「企業（多国籍資本）フードレジーム」の第2局面に位置づけることで，第3フードレジームの段階内貫通的な基本的性格（冷戦体制解体過程から生まれ出た，多国籍資本による利潤と権力の奪回プロジェクトとしてのグローバル新自由主義に照応し，それを農業・食料部面から支える国際諸関係）と，最新の特徴（世界規模の資本主義の本格的金融化から重大な影響を受け，また同時にその蓄積を支える農業・食料国際諸関係）の，両方を包括的に表現できるように考えられる。

## （2）アメリカ・コーンエタノール政策とブームの位置と性格

　以上のように21世紀以降を「企業（多国籍資本）フードレジーム」の第2局面と位置づけるなら，2005年から本格化するアメリカ・コーンエタノール政策は，その局面においてエタノール用トウモロコシ需要を人為的・強制的に創出してその価格暴騰のファンダメンタルズ要因を形成した。それは一面で，ホルトギメネスとシャタック論文が喝破したように，過去数十年間（WTO設立後をも含む）にわたる農業・食料過剰生産状況（筆者の視点に引きつければアグリフードビジネスにとっての過剰蓄積）を一挙的に「解決」するものだったし，同時に他面で

住宅・証券化商品（仕組み債）バブル崩壊で行き場を失った国際過剰貨幣資本にとって一つの新たな金融的蓄積部面をも提供するものだった。

　だからこそ一方で国際穀物等価格暴騰は一過性のものにとどまることがなく，構造的な食料高価格時代（局面）への移行をもたらしたのであり，他方で「企業（多国籍資本）フードレジーム」の第２局面に固有の，新たな「食料燃料複合体」（McMichael 2009）ないし「バイオフュエル複合体」（Borras Jr., et al. 2010）という新種の複合体を生み出したのである。

　この結果「企業（多国籍資本）フードレジーム」では，第２フードレジーム段階から存在ないし発展した畜産・飼料複合体，耐久食品複合体，付加価値食品複合体，ファーストフード複合体と，新たなアグロフュエル複合体（ここではホルトギメネスとシャタック論文Holt-Giménez and Shattuck 2010に従って，バイオフュエル一般と区別される，主として食用農産物を原料としてグローバル市場向けに大規模工業的に生産されるものとして「アグロフュエル」という表現を用いる）から構成されていると理解できる。「スーパーマーケット・フードレジーム」や「金融化フードレジーム」というのは，これらの諸複合体の中心的担い手（あるいは統合主体）やその性格に着目した表現と位置づけることができよう。

　アメリカのコーンエタノール政策は，以上のように「企業（多国籍資本）フードレジーム」の第２局面への移行を特徴づける要因となったばかりでなく，アメリカ農業政策史においても新たな局面を体現している。すなわちそれは上述のようにアメリカにとっても長年の問題であった農産物過剰を一挙に「解決」する政策だったのであり，しかもそれにあたって従前の自国農業保護（名目上・実質上の輸出補助政策を含む）がもたらしていたような莫大な財政支出をほとんど要しなかったという点で，「画期的」であった。

　換言すると，コーンエタノール政策，とりわけエタノール使用義務量（再生可能燃料基準RFS）の割り当ては，それ自体としてはほとんど全く政策費用がかからないものでありながら，直接的には発動後数年でアメリカ生産量の４割にも達する新たなトウモロコシ需要を創出してその価格を上昇させ，間接的にはトウモロコシ増産によって玉突き的に生産が減少ないし停滞したその他の穀物・油糧種子の価格をも上昇させることによって，アメリカ農務省の穀物関連価格・所得支持プログラムの財政支出を，ほとんど一瞬にして極小化することに成功したので

ある。

　むしろこのこと，つまり財政支出を極小化しながらアメリカ穀作・油糧種子農業とそれを基盤とするアグリフードビジネスからなる穀物関連セクターを支持し続けることにこそ，コーンエタノール政策の真の狙いがあり，それは少なくともこれまでのところ成功していると理解することができる。そして食料価格高騰を通じて，従前のアメリカ政府財政負担は直接・間接に全世界の食料消費者へと転嫁された。

　このような構図を俯瞰するなら，アメリカのコーンエタノール政策は，同国が（長期的には低下するが，むしろそれゆえに必死に）維持しようとするヘゲモニーの一支柱たる穀物関連セクターの国際的プレゼンスを，全世界の食料消費者に負担を転嫁しながら維持するための政策という役割・性格を，少なくとも客観的には有していると理解できるだろう。

### （3）アグロフュエル・ブーム下のアメリカ穀作農業構造分析の課題

　第一に，アメリカのアグロフュエル政策の中心たるコーンエタノール政策が果たした役割について，解明される必要がある。

　まず上述のように，アメリカのコーンエタノール政策が，一方で従前の農務省穀物関連価格・所得支持（事実上の輸出補助を含む）プログラム支出を急激に削減することを可能にしつつ，当時に他方でトウモロコシ需要の人為的強制的創出と価格高位化のみならず，その波及で他の穀物・油糧種子にも同様の効果をもたらしたことを検証することが必要となる。

　加えて穀物関連価格・所得支持・輸出補助プログラムは，穀物・油糧種子生産農業にとどまらず，穀物関連アグリフードビジネスを支持・維持しそれら資本の蓄積基盤にもなっていたわけなので，コーンエタノール政策がそれを代位する役割を果たしているかどうかも，検証する必要がある。

　第二に，そうした政策下でコーンエタノール産業がいかに急激に膨張したかを確認した上で，ホルトギメネスとシャタック（Holt-Giménez and Shattuck 2010）およびギロン（Gillon 2010）が指摘したように，その過程で地元農業者・農村出資型（協同組合的）事業体が主だった状態から，巨大企業が産業の大半を占める所有構造へ大きく変化したのかどうか，それにともなってコーンエタノー

ル製造・販売の利益が地元農業者・農村住民に還元されないようになってきたのかどうかを，検証する必要がある。

　第三に，そのことはトウモロコシを直接にコーンエタノール産業に供給している穀作農場だけでなく，その波及効果を受けている全ての穀作農場にとって，アグロフュエル・ブームがいかなる影響を与えているかの一環をなす。しかしそれにとどまらず，アメリカ北中部穀作農業構造全体に対して，同ブームが経済的・生産力的にいかなる影響を与えて来ているか，言い換えればその「工業化」の進展にいかなる影響をもたらし，どのような性格と矛盾を与えるにいたっているかを分析する必要がある。

　その場合，主要な注目点としては，①穀作農業の階層分化に与えている影響，②その結果としての代表的穀作農場諸階層の経済的性格，③土地利用，作付方式，作物・品種変化，耕起・土壌管理方式，播種方式，雑草防除方式，灌漑利用，それらと相互規定的な資本装備などの生産力構造における変化と到達点，そこに内包された矛盾の有りよう，が含まれるだろう。これらを北中部の中での地域差にも留意しつつ検証していくことが必要となる（本書第4章〜第6章）。

【註】
（1）田代の「食料問題」「食料危機」概念の基底には，その「資本主義の農業問題」論がある。それを簡単に要約しておくと，まず「資本主義の農業問題は，非資本主義的な家族経営農業が，資本主義的経営（中略）が支配する経済のただ中に巻き込まれることから発生する（中略）『農民問題』」であり，「農民層の経済困窮」として「発生」するが，それが体制的危機を回避するために「社会統合政策」としての農業政策をもって「政治的政策的」に対処しなければならない問題に転化したとき「農民問題」が「成立」するというものである（田代 2012：p.28, p.36）。そこから論理的に敷衍すれば，「食料問題」は労働者階級，あるいはそれを中核とする消費者一般にとって，量，価格，質（栄養性や安全性を含む）など何らかの形態による，安定的・安全的な食料消費生活を脅かす事態としてまずは「発生」し，それが深刻化して政策的な回避策を講じざるを得なくなる体制的危機を招くにいたって「成立」するということになろう。

　なお上述のような「資本主義の農業問題（すなわち農民問題）」論が明確な形で打ち出されたのは，田代（1997）においてである。その際，問題整理の土台に援用されたのが持田（1981）であるが（後に持田 1996に所収），それをまた要点のみまとめれば，19世紀終盤にようやく世界農産物市場が完成し，その基礎上で「新大陸」から膨大な農産物が流入したことによって，西ヨーロッパ諸国を中心に19世紀末農

業大不況（過剰恐慌）が起こった。そのため資本制農業であれ，小農制農業であれ，各国農業は経済的に深刻な打撃を受け，その意味において農業問題が「発生」した。しかしそのうちイギリスとの関係で後発資本主義国でありながら急速に帝国主義化しつつ，自国内に資本制への移行可能性を喪失した小農制農業を抱え込んだドイツ，フランス，イタリアなどで，帝国主義政策の社会的政治的必要のために農業保護政策として農業高関税政策が講じられたことをもって，農業問題が「成立」したと説く。この19世紀末段階では，人口の多数を占めるような小農制を抱えていない，あるいは世界農産物市場で農業が比較優位に立つような資本主義諸国（イギリス，アメリカなど）では農業保護政策が講じられなかったから，農業問題は「成立」しなかった。しかし1930年代世界大恐慌段階では，後者のような諸国も含めてほとんどすべての先進資本主義国において，管理通貨制への移行を土台とする国家独占資本主義の一環として農産物価格支持政策が導入され，農業保護政策が一般化・恒常化した，そうした事態をもって農業問題の「確立」を概念化していた。

（2）原統計はUSDA Foreign Agricultural Service, *World Agricultural Supply and Demand Estimates*, http://usda.mannlib.cornell.edu/MannUsda/viewDocumentInfo.do?documentID=1194, do., *Grain: World Market and Trade*, http://usda.mannlib.cornell.edu/MannUsda/view/DocumentInfo.do?documentID=1487, do., *Production, Supply and Distribution*, http://www.fas.usda.gov/psdonline/）。

（3）DGSの製造工程をやや具体的に説明すると，エタノール蒸留後には水と固形物が残る。これをホールスティレージ（whole stillage, 未処理の蒸留廃液）と呼ぶが，その主成分は水，繊維，タンパク質，および脂肪である。ホールスティレージを遠心分離器にかけてウェットグレインないしウェットケーキと呼ばれる粗固体と，ディスティラーズ・ソリュブルないしシロップと呼ばれる液体を得る（それをさらに水分蒸発させたものが濃縮ディスティラーズ・ソリュブル）。前者には脂肪が多く，後者にはタンパク質が多く含まれる。これらは別々に飼料原料として販売されることもあるが，両者を必要に応じた比率で再混合したものがウェット・ディスティラーズ・グレイン・ウィズ・ソリュブルズ（Wet Distillers Grain with Solubles, WDGS。乾物約35％），さらに乾燥させたのがドライ・ディスティラーズ・グレイン・ウィズ・ソリュブルズ（Dry Distillers Grain with Solubles, DDGS。乾物約88％）である。以上の説明については，U.S. Grains Council（アメリカ穀物協会・日本事務所）（2013）によった。

（4）トウモロコシ穀粒の炭水化物含有比率は，文部科学省（2013）によった。

（5）ここでレギュラシオン理論の用語を使ったのは，前述のようにフリードマンとマクマイケルがフードレジーム論を提示した際にその資本主義段階論を援用したからであって，筆者がレギュラシオン理論自体の全面的有効性を認めているわけではない。

（6）アメリカの「軍産複合体」については，実質的に同じ対象を指す「国家独占的軍事的統体」という概念を用いて冷戦体制下アメリカ資本主義の構造的特質として析出

した南（1970），その立地配置とも関連づけた藤岡（1993：pp.124-160），冷戦終焉後・ブッシュ・ジュニア政権とネオコン体制下での状況を分析したものとして藤岡（2006），上田（2006）。また「ウォール街・財務省複合体」については，Bhagwati（1998）が「ウォール街にとっての利益は世界にとっての利益」として金融市場の徹底した自由化・グローバル化を推進する「ウォール街巨大金融機関，アメリカ財務省，同国務省，IMF，世界銀行といった強力な諸機関の間で形成された明確なネットワーク」として最初に概念提起したとされるが，毛利（1999）も参照。

（7）このほかマクマイケルはMcMichael（2010a）（2010b）でも同様に，「世界食料危機」が企業フードレジームにおける石油依存資本主義，バイオフュエル代替政策と金融投機によるアグフレーション，いっそう集中・統合化されたアグリビジネス資本の価格支配力に集約される矛盾の産物にほかならず，食料，燃料，環境の3重の危機をもたらした工業化農業と「世界農業」（「世界農場」）への対抗的オルタナティブとして食料主権が位置づけられるという議論を敷衍している。

（8）筆者の知る限り，農協によるコーンエタノール生産は新世代農協システムで始まっており，その嚆矢は1983年に操業開始したミネソタ州のミネソタ・コーンプロセサーズ（Minnesota Corn Processors, Inc.）である（これはコーンスターチ，果糖ブドウ糖液糖HFCSなどを生産するためのウェット方式工場だった）。また1996年に操業開始した同州チッペワバレー・アグラフュエルズ農協（Chippewa Valley Agrafuels Cooperative）は，ドライ方式で早い段階にスタートした農業者所有型コーンエタノール企業の一つである。これらについては，磯田（2001：pp.232-250）参照。

（9）5つの枠組み的論点とは，第一に，土地をバイオフュエル向けに配分しようとする新たなラッシュが農業構造を根本的に変えているのか，第二に，バイオフュエルへの新投資を駆り立てているのは誰か，その力の中心は何か，政策過程の基底にある政治は何か，第三に，社会・経済・政治的ダイナミクスが環境的ダイナミクスとどう交錯しているか，第四に，新たなバイオフュエル投資のインパクト，それによって誰が儲けて誰が損をしているのか，農村生活にとっての諸結果は何か，第五に，いかなる形態の抵抗があり，生活を支え，環境を保護し，社会的構成原理に根ざすようなオルタナティブはあるのか，である。

（10）なおマクマイケルはこの共同編者論文の他に，個人として前述の企業フードレジームという分析枠組みにもとづくアグロフュエル論も寄稿している（McMichael 2010c）。

その基本論調はMcMichael（2009）をさらに敷衍したもので，企業フードレジームは人為的世界農産物低価格と新自由主義構造調整プログラムによって途上国等の小農民が「収奪／非所有化」されて食料自給力を奪われた所へ，アグロフュエル・プロジェクトが発動されることによって世界食料危機を引き起こした，それは「世界農業（世界農場）と自由貿易による食料安全保障（「世界を養う」）」という，実際には世界中では少数に過ぎない富裕人口の浪費的食料・エネルギー消費パターン

と超国籍アグリビジネス・食料燃料複合体に奉仕する企業フードレジーム（とそれを推進する開発プロジェクト）の，構造と正当化言説を危機に陥れることになり，その必然的な対抗の運動と組織として，小農民の，公正な土地配分の上での持続可能で食料自給優先的な農業生産を基盤とする「食料主権」が台頭しているというものである。

　本論文で特に新たに強調されているのは，①アグロフュエル・プロジェクトによって決定的に顕在化した企業フードレジームの矛盾の最典型こそグローバル土地収奪（global land grab）であること，②債務国政府が自国の農地や森林をアグロフュエル原料作物輸出基盤へと転換することで外資を誘致し交換性通貨を受け取るというスタンスを取る限りにおいて，それは「開発」として正当化され，土地収奪が世界銀行の支援さえ受けて進められている，③アグロフュエル・プロジェクトは，ピークオイルと地球温暖化という資源環境問題に「対処」しつつそれを新たな資本蓄積機会に転形させるという意味で（つまりフリードマンが指摘した「グリーン・キャピタリズム」），新たな「緑の資本蓄積」（green accumulation）のフロンティアを拓き，そこで私的諸資本と国家の同盟としての食料燃料複合体が新たな利潤追求を進めている，④アグロフュエルとは，化石燃料に依存した資本蓄積過程の非持続可能なエネルギー需要に農業を非食料作物に従属させることによって対応せんとするものであり，それゆえ資本主義に本性として埋め込まれた価値関係への一元性（したがってマルクスが指摘した人間と自然との使用価値的物質代謝の亀裂）をあらわにしており，⑤それゆえアグロフュエル・プロジェクトは一方で食料とその生産者を排除することで，「グローバル市場を企業がコントロールすることで食料安定確保が保証される」という企業フードレジームの正当化根拠の虚偽を明白化し，他方で資源・環境問題という外部効果を市場原理に「内部化」して「対処」しようとする「市場算術（market calculus）」「価値算術（value calculus）」という弥縫策でありながらかえって資源・環境問題を悪化させ，⑥総じて新自由主義・企業フードレジームは頻発する食料暴動，盛り上がるグローバルな食料主権運動，および環境からのフィードバックによる警告に，ますます晒されるようになっている，といった諸点である。

(11) 著者のこの指摘は，統計的検証にもとづいているわけではない。筆者がアメリカ農務省経済調査局（USDA ERS）の農場経営統計調査に依拠して検討した結果，トウモロコシ農場を筆頭に，主要穀物・大豆農場は各経済階級（農産物販売額＋政府支払額）ともに，2002年に対して2007年の純農場所得（現金粗収益－現金総支出－減価償却費－非現金労働者手当＋在庫価額変化＋非現金収入）は大きく増加しており，特に経済階級50万ドル以上農場は，生産過程で付加されたとは到底いえない，穀物・大豆価格高騰によって流通過程をつうじて獲得された「寄生的利潤」とでも呼ぶべき多額の所得（同年の全米全世帯中位所得の5〜17倍）を実現していた（磯田 2012：pp.22-29）。

(12) 言うまでもなくランドグラブは現代世界農業問題を論じるにあたって避けて通れ

ない重大問題であるが,本稿の課題と直接的に関係するわけではないので,ここでは省略する。最近の日本人研究者による論稿として池上（2013）を参照。
(13) 徳永（2008：pp.29-30およびpp.87-92），増田（2013：pp50-62）。なお筆者は,ブレトンウッズ体制崩壊後,すなわち制限的ながらかろうじて残っていた金との交換性を最終的・完全に喪失したドルは,松村（1993）や徳永（2008）と同様に範疇としては「基軸通貨」ではなくなり,支配的な「国際通貨」に変容したと理解している。
(14) 山口編（2009）。
(15) 高田（2009）の,とくにpp.241-245およびpp.258-274など。

## 第2章
## アグロフュエル・ブーム下のコーンエタノール部門の
## 動向と構造変化

### 第1節　問題の背景と課題の設定

#### （1）問題の背景―21世紀穀物等高価格局面の位置―

　前章で検討したように，本書では農業・食料国際諸関係における現局面をさし当たりまず現象面から「21世紀穀物等高価格局面」と位置づける。国際穀物・油糧種子（以下，穀物等）価格は2006年末に高騰し始め，2008年に暴騰（「第一次暴騰」）を呈し，その後多少の「沈静」を見たが，大豆，トウモロコシでは2012年にかけて2008年を上回る再暴騰（「第二次暴騰」）が生じた。その後全般的に価格低下するも，依然として2006年までとは水準を異にする（図2-1）。

　この「第一次暴騰」「第二次暴騰」の原因をめぐっては，周知の「食料対燃料」

図2-1　主要穀物と大豆の国際価格推移（1980年1月～2015年11月）

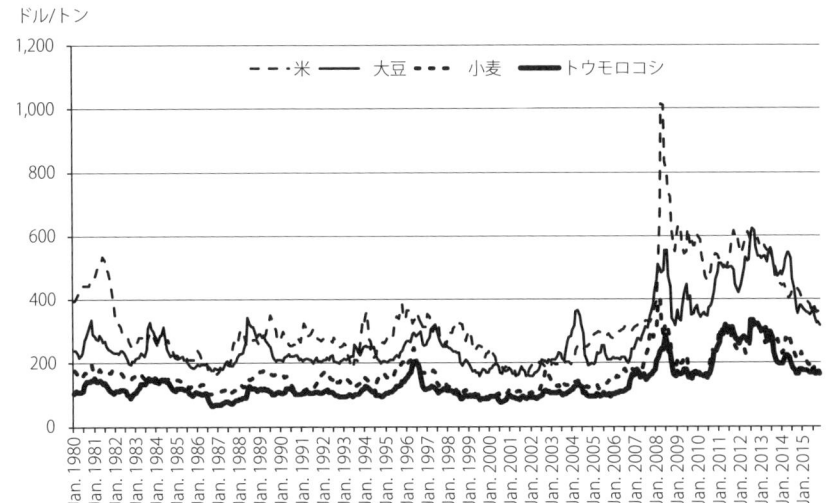

資料：IMF, *Primary Commodity Prices*.
注：1）米はタイ精米5%砕米指標価格。
　　2）大豆はシカゴ商品取引所期近。
　　3）小麦はアメリカ産No.1硬質冬小麦・カンザスシティ現物。
　　4）トウモロコシはアメリカ産No.2トウモロコシ・メキシコ湾岸輸出FOB。

(Food vs Fuel) 論争が巻き起こったが，第1章で**表1-1**（7頁）を示して検討したように，需給ファンダメンタルズのうち需要面を見れば，「第一次暴騰」期には，伸び率でも寄与率でも主要国・地域（ほとんどがアメリカ）の燃料エタノール用が飼料用・輸出用を圧倒し，「第二次暴騰期」でも寄与率では飼料用が上回ったが，伸び率では依然として燃料エタノール用が上回っていた。

したがって，二度の暴騰を含む「高価格局面」への移行は，ほとんどアメリカによるアグロフュエル政策[1]，すなわちコーンエタノールの自動車燃料への混合＝使用量義務づけ政策（Renewable Fuel Standard＝RFS）によるトウモロコシの人為的需要創出が大きな要因になっていることは明らかである。それが一方でトウモロコシ価格と原油＝ガソリン価格との連動を緊密化し，他方で土地利用競合と品目代替関係を介して他の穀物等価格に波及した。同時にいわゆる「サブプライムローン・バブル」に象徴される膨大化した過剰貨幣資本が，農産物価格を組み込んだインデックスファンドの創出・膨張を重要な径路として流入し，穀物等市場の「金融化（financialization）」が進展した結果，「アグフレーション」と呼ばれる価格暴騰と（McMichael 2009: p.283），極度の乱高下をもたらすようになった。

このような21世紀に入ってからの国際農産物市場は新たな局面であるが，より本質的には前章でフードレジーム論による分析をふまえ，世界的な資本主義の諸歴史段階的な蓄積様式に照応する農業・食料国際諸関係としてのフードレジームが，主要先進諸国の高度成長の終焉とブレトンウッズ体制の崩壊を契機とし，1970年代を移行期として，1980年代からグローバル新自由主義とそれによって促進された経済の金融化という新しい蓄積様式への移行に照応した，第3段階（第3フードレジーム）に移行したと捉えた。

その上で一連のマクマイケルらの議論に依拠しつつ[2]，第3フードレジームは1980～90年代の第1局面と21世紀に入ってからの第2局面を区分するのが適切と考えたい[3]。第1局面とは，グローバル新自由主義の展開が，多国籍企業（機能資本）による直接投資による事業活動の世界化と，それら活動を支援するために国家および超国家機関が冷戦体制下の国家独占資本主義・ケインズ主義的福祉国家的な諸規制・諸調整様式をことごとく改廃して，多国籍企業の営業の自由と最大利潤の追求に最適な市場と制度を世界化する過程であった（その到達点とし

てのWTO)。

　農業・食料セクターにおいても，欧米政府による輸出補助金がもたらす世界的低農産物価格が，途上国小農民的農業をもその価格体系に従属させつつ，これらの関係を基盤として多国籍アグリフードビジネスが，グローバルな新自由主義の浸透で格差化する先進国・途上国の食料消費に対して，一方には低所得・貧困層向けに低価格賃金財食料が供給される農業・食料複合体が（「出所不明フードレジーム」説が指した複合体），他方には高所得・富裕層向けに差別化された「健康」「安全」「安心」「公正取引」の農業・食料複合体が（「出所判明フードレジーム」「企業－環境フードレジーム」説が指した複合体），構築されたのだった。

　これに対して第2局面とは，世界資本主義の支配的蓄積様式として，「資本主義の金融化」という，現実資本の再生産過程から遊離した過剰な貨幣資本が証券をはじめとする架空資本市場を舞台として自立的に価値増殖（蓄積）する運動が極度に肥大化して[4]，全面展開する局面である。その端的な現れが，1990年代後半以降に担保債権証券（CDO），すなわち住宅ローン担保証券（MBS）やその他資産担保証券（ABS）を担保とする二次的仕組み債（さらにそれらを次々に混ぜ合わせて組成する派生的CDO，これらCDO類を債務不履行時に「保障」するとする「保険商品」CDS，CDSの保険料収入を担保とする仕組み債シンセティックCDSなどまでも）が創出・拡大され，巨大な過剰貨幣資本のための蓄積市場をさらに巨大化させた事態である[5]。

　これら市場では，こうした各種証券，証券化商品，派生的証券化商品，「保険」商品，「保険」証券化商品といった架空資本（資産）の価格が，現実的に想定されるキャッシュフロー（収入）の資本還元を大幅に上回るという意味での「バブル」にまで至り，その上で「バブル」化した各種資産価格上昇への投資家の期待・予想が突然覆ることで（今回の場合は住宅債務証券化商品の材料作りのために低所得者層に無理矢理貸し込まれ続けたサブプライムローンの急激な返済延滞上昇がきっかけ），暴力的に「価値破壊」が行なわれた[6]。その結果，これら架空資本取引に膨大な資金を供給していたレポ市場，証券貸付市場，ABCP（資産担保コマーシャルペーパー）市場から，年金ファンド，投資ファンド，ソブリンファンド，ヘッジファンドその他の機関投資家が急激に貨幣資本を引き上げたために（現代の「取り付け」），それら架空資本を保有していた巨大な投資銀行，商業銀

行やその簿外投資ビークル，保険会社などが一挙に「支払い能力喪失」に陥って2007〜09年世界金融恐慌の発生（巨大投資銀行の倒産・消滅，巨大商業銀行や保険会社の実質的経営破綻，それらに体現された全金融システムの震撼）をみたのだった[7]。

このように「金融化」した資本主義の「蓄積危機」に対して，農業・食料が「危機」を緩和ないし「避難場所」を与えるものとして位置づけられたことが，第3フードレジーム第2局面の根底にある。すなわち，前章でも紹介したように，ひとつには，農産物・食料を組み込んだコモディディインデックス・ファンドが仕組まれ，それによって食料それ自体が投機的投資の対象になったからである。これによって農産物・食料先物売買がデリバティブ市場へ質的に発展したことによってである（McMichael 2012: pp.63-64）。

もうひとつには，従来先進諸国を中心に深化してきた「工業化農業」を，世界的にはなお多くの部分を占める低投入・小保有農民的農業分野に拡延することは，一面では農業資本蓄積の場を拡大するのに適合的と言えるが，他面で食料需要の所得弾力性の低さやグローバル新自由主義の下でますます多くの世界人口（労働者≒消費者）が限界化されていることを前提とすれば，農業部面における資本蓄積には制約がある。これに対する唯一つの解決（突破口）こそが，アグロフュエルだった（McMichael 2012: p.66）。つまりアグロフュエルは農業・食料関連資本の過剰蓄積にとっても「避難場所」を提供するものと位置づけられたのであり，またそれが爆発的に成長するにあたっては，「蓄積危機」で行き場を失って再び過剰蓄積されることになった貨幣資本の流入も重要な役割を担ったのである。

以上のように整理することによって，第3フードレジームの段階内貫通的な基本的性格と（冷戦体制解体過程から生まれ出た，多国籍資本による利潤と権力の奪回プロジェクトとしてのグローバル新自由主義に照応し[8]，それを農業・食料部面から支える国際諸関係），最新の特徴（世界規模の資本主義の本格的「金融化」から重大な影響を受け，また同時にその蓄積を支える農業・食料国際諸関係）の，両方を包括的に表現できると思われる。

## （2）アメリカ・コーンエタノール部門の動向と構造変化の分析課題

このような段階・局面認識を前提にして，本章の課題は，第3フードレジーム

の第2局面をもたらした一因であり特徴であるアグロフュエル・ブームの内実を，その中心であるアメリカに即して明らかにすることである。

その場合，前述のようにトウモロコシのファンダメンタルな需要面からすれば，アグロフュエルの主要な部分はアメリカにおけるトウモロコシからの燃料エタノール生産にほかならないから，このコーンエタノール部門を軸とするアメリカのアグロフュエル・プロジェクト（国家—さらには超国家的機関—によるアグロフュエル政策と，その支持上で展開するアグロフュエル産業化の総体。McMichael 2009: p.290）の構築，その担い手，および構造を解明することが具体的な課題となる。

その第一は，同部門の爆発的な拡張をもたらしたコーンエタノール政策の展開と推進主体について整理することである。コーンエタノールという姿を取ったアメリカにおけるアグロフュエル・プロジェクトは新自由主義的資本蓄積の現代的形態に照応する農業・食料諸関係の新たな枢軸をなすが，それは「自由」で「競争」的な「市場原理」の中から生まれ出てきたものなどでは決してないことが，確認されなければならない。

第二は，コーンエタノール部門の急激な拡張と一大農業・食料関連産業としての確立を具体的に担った企業体はいかなるものか，その部門構造が急拡張期からその後のプロセスを通じてどのように編成・再編成されたかを，明らかにすることである。

この点では筆者自身が，急拡張期以前のコーンエタノール部門でADMを除けばむしろ一般的だった農業者出資型の小規模企業（1999年の現地調査当時は年産1,900万ガロン，その後4,500万ガロンに拡大）の事例を，トウモロコシ生産者が自らの出資による新世代農協を通じて自らの生産・出荷トウモロコシに付加価値をつけてそれを出来るだけ手元に留保する試みとして位置づけていた（磯田 2001：pp.244-247）。だがその後，アグロフュエル・ブームの到来，すなわちコーンエタノール使用義務政策による急拡張期に入ると巨大な穀物アグリビジネスや石油企業などが同部門の所有構造を再編し集中化していったこと（Holt-Giménez and Shattuck 2010: pp.79-81），その後のトウモロコシ価格暴騰，コーンエタノールの生産能力過剰，原油・ガソリン価格下落によって同部門が不況に陥ると，特に小規模な農業者・農村住民所有型事業体ほど打撃を受けて多くが操業停止ない

し倒産・売却されて，同部門の所有構造はさらに農外大企業支配型に再編されたことが指摘されていた（Gillon 2010: pp.729-732）。

これら所有構造再編とそれに伴う同部門の性格変化に関する指摘は示唆的であるが，より具体的にコーンエタノール部門急拡張期にいかなる性格の企業がどのような手法で台頭してその構造を再編したのか，またその「不況」期にはどのような企業が破綻・倒産し逆にどのような企業が新たな再編を主導したのか，その結果現在ではどのような部門構造を見せるに至っているかを明らかにすることは，課題として残されたままである。

そして第三の課題は，第二の課題と密接に関連するのだが，今日のコーンエタノール部門で主導的な地位にある企業は，その水平的集中度，垂直的統合度，多角化といった観点から見た場合にどのような企業体と性格づけることができるのかを析出する必要がある。

例えば前章で紹介したように，最初に「食料燃料複合体」（food-fuel complex）という存在を析出したマクマイケルは，その典型的形態を「種子から食料ないしアグロフュエルの出荷までを統合した超国籍的ネットワーク」とし，事例としてカーギルとモンサントの提携プロジェクト，ADMとウィルマー（シンガポール本拠のパームオイル生産～バイオディーゼル・砂糖生産・穀物加工・肥料製造などの多国籍アグリビジネス）との提携コングロマリット，大手投資ファンド・カーライルグループによる全面統合的なアグリビジネス・アグロフュエルネットワーク，巨大石油企業であるBPとコノコの大手食肉加工企業との提携による動物油脂由来バイオディーゼルプロジェクトをあげている。

また*Journal of Peasant Studies*誌の2009年10月「バイオフュエル，土地，農業問題変化」特集号巻頭論文でボラスらがあげた「バイオフュエル複合体」は，「なお初発的段階」としつつも，石油，自動車，食料およびバイテク企業間の新たな工業的同盟（industrial alliances）が，超国家的・国家的・国家内的な公共機関と大学・国際的研究機関も巻き込んだ民間と公的セクターのパートナーシップ（private-public partnerchip）として形成されているとされていた（Borras Jr., et al. 2010: pp.577-579）。

しかしアメリカのコーンエタノール部門に引きつけた場合に，これら「アグロフュエル複合体」や「バイオフュエル複合体」と呼ばれる企業体（グループない

しネットワークを含む）は，実際にどのような姿を取っているのかを具体的に明らかにする必要がある。例えばマクマイケルが述べた「食料燃料複合体」と，筆者が1980〜1990年代の再編過程を通じてアメリカ穀物関連セクターで支配的地位を占めるに至った「穀物複合体」（穀物関連多角的・寡占的垂直統合体，磯田2001：p.67）との異同いかん，あるいはそうした企業体に複数の類型がないのかどうかといった点が検討されなければならない。

　その場合，コーンエタノール部門の全体的収益構造にどのような特徴が見られるのか，その中で主導的地位にある「アグロフュエル複合体」と呼ばれる巨大企業体（その諸類型）において，また中小規模の農業者・農村住民出資型事業体においての，個別的な収益構造や趨勢を把握することで，それら相互の異同を明らかにすることにもつながる。

　そして第四に，上述のホルトギメスとシャタックやギロンは，コーンエタノール小規模事業体に投資した農業者・農村住民がそこから利益を享受できたのはほんの短い期間に過ぎず（Gillon 2010: pp.729-732），部門構造再編の結果，長期的には農業者へ利益が届かなくなっているとしていた（Holt-Giménez and Shattuck 2010: p.78）。しかしこれらについても（少なくとも）当該論文では実証分析が示されていないため，われわれは可能な範囲ではあるがデータにもとづく検証をする必要がある。

　以下では，第一の課題を第2節で，第二と第三の課題を第3節と第4節で，そして第四の課題を第5節で，それぞれ分析・叙述していく。

## 第2節　アグロフュエル・プロジェクトの中心としてのコーンエタノール政策

　過剰蓄積された貨幣資本にとって，同じく過剰蓄積されたアグリビジネス資本にとっての，利潤危機の「突破口」となる新たな蓄積「空間」（様式）としてアグロフュエル産業を創出したのが，その正当化「言説」（discourse），「物語」（narrative）も含む，諸国家と諸資本の共同によるアグロフュエル・プロジェクトである（McMichael 2009: pp.288-291, Gillon 2010: pp.727-737, Borras Jr., et al. 2010: pp.577-579, McMichael 2012: p.61）[9]。

　アメリカにおいてコーンエタノールの自動車燃料需要を政策的に創出するプロジェクトの歴史は浅くない。1977年大気清浄化法によって環境庁（EPA）がガ

ソリン無鉛化のためのオクタン価向上剤としてエタノールの使用を認め（野口 2003：pp.59-60），第2次石油ショックを経て1980年エネルギー安全保障法（Energy Security Act of 1980）が，初めて国内エタノール生産目標を設定した（1990年目標100億ガロン，実績9億ガロン）。1990年大気清浄化法の下で，EPAが自動車からの一酸化炭素，窒素酸化物，オゾンの排出を軽減するための含酸素化合物について「再生可能含酸素化合物基準」という形による事実上コーンエタノールの需要創出策を提起して，オクタン価向上剤MTBE（メチル・ターシャリ・ブチルエーテル。急性毒性，発がん性が指摘されている）を生産する石油産業とADMを筆頭とするアグリビジネスとの抗争が激化した。ところが1999年カリフォルニア州地下水汚染が発覚して，エタノールへの急転回が生じた（野口 2005：pp.90-95，小泉2007：pp.33-34）。また1978年以来，ガソリンへの混合用コーンエタノールへの減税措置，小規模メーカー等への補助金政策，外国産エタノールへの高関税政策も実施されてきていた（野口 2003：pp.57-58，小泉 2007：pp.33-38，大聖・三井物産 2006：pp.60-64）。

　レオポルドによれば，ADMは傑出した政治的影響力を持つアンドレアス（Dwayne Andreas）最高執行取締役の指揮によって，既に第1次石油ショック直後からOPEC原油への依存度を減らす代替燃料としてのエタノール生産の大幅増進のためにロビー活動を開始していた。その最初の顕著な成果が，1973年ニクソン大統領による「アメリカは1980年までにエネルギー自立を達成する」という宣言であった。以降，アンドレアスはこの宣言と世界の穀物過剰供給を背景に，中西部の数多くの州においてエタノール生産に関わる減免税その他の促進策導入に「功績」を発揮し，さらに1977年には連邦議会をしてエタノールメーカーに対する6,000万ドルの政府融資保証法を成立せしめた（Leopold 2015: pp.220-221）。

　さらに上述1978年導入のガソリン混合エタノールの減税（当初ガロン当たり40セント，ピーク時1984年60セント）やブラジル産輸入サトウキビエタノールに対するガロン当たり54セントの禁止的高関税なども，アンドレアスとカーター大統領が連邦議会に強力に働きかけて実現したものだという。これらの結果，1992年にはコーンエタノール生産量は41.2億ガロンにまで増加した。こうした親エタノール，したがってそのガリバー的最大メーカーである親ADM的政策は，ビル・クリントン大統領による全米の重度大気汚染都市におけるガソリン添加剤として

のエタノール使用指令や，エタノール混合がかえって大気汚染を悪化させるという科学的知見にもとづく反論を事実上無視する政策にも受け継がれた（Leopold 2015: pp.221-222）。

　だが同時に，あるいはそれ以上にADM＝アンドレアスが果たした重要な役割は，「経済成長のためには安定的で安価な燃料が必要だ，それに最適な燃料源はコーンエタノールだ」という「アグロフュエル物語」（agrofuel narrative）の「言説上のパワーないしヘゲモニー」（discursive power, or hegemony）の構築と維持に成功したことだという（Leopold 2015: pp.219-220, p.222など）。

　なおADMがコーンエタノールの燃料使用，生産の拡大を政治的・イデオロギー的に推進した経営的な背景として，以下のような事情がある。すなわち，1970年代前半の時点でADMは既にトウモロコシ化工で全米最大級メーカーの地位を築いていた。トウモロコシ化工は英語でwet corn millingと呼ばれるが，この邦語を筆者が使用する理由でもあり特徴なのは，wet corn millingは希薄亜硫酸水にトウモロコシを浸漬し乳酸発酵をともなう工程をつうじて，澱粉，蛋白質，油分などの化学的構成成分毎に分離する点である。それゆえにその後工程として，①澱粉そのものを各種用途用に化学変化させる，②澱粉を酵素加水分解で糖化して各種糖類（水飴，ブドウ糖，果糖ブドウ糖液糖，オリゴ糖など）に加工する，③澱粉以外の産物であるグルテンミール，コーンスティープリカー，グルテンフィード，胚芽から，蛋白質，アミノ酸類，アミノ態窒素，ビタミン類，繊維質，植物油などを抽出・高度加工することで，食品・飼料添加物，医薬品副原料，生分解性新素材など実に多様な製品を生み出す製法＝産業だということである[10]。

　ADMはこのようなトウモロコシ化工による果糖ブドウ糖液糖（High Fructose Corn Syrup, HFCS）トップクラスメーカーとしての地位を確立していたわけだが，ベイナーは，まずその主要用途がコーラに代表される清涼飲料水甘味料だったため需要の季節性を避けられず，それゆえの化工設備の季節的稼働率低位＝変動を埋めるために，澱粉糖をさらに発酵・アルコール化して得られる燃料エタノールの産業化とその拡大を強烈に推進したこと，かくしてADMに代表されるトウモロコシ化工企業は「甘味料・アルコール複合体」（sweetner/alcohol complex）に転化したことを指摘している（Baines 2015: pp.301-303）。

　それを推進動機とする上述のようなガソリン混合エタノールへの減免税，エタ

ノール工場への補助・融資保証，輸入エタノールへの禁止的高関税などによって，「甘味料・アルコール複合体」としての成功を遂げたが，1990年代入ると食生活の健康志向の強まりから清涼飲料水からボトル飲用水への明白な需要シフトに逢着するにいたって，より抜本的な燃料エタノール拡大政策の必要性が痛感されることとなった。同じ時期にコーンエタノール製造におけるADMの排他的・ガリバー的地位が低下し，むしろ利害を同じくする同盟がアメリカのアグリビジネスと農業界に広がった（Baines 2015: p.304）。これが次の「再生燃料基準」政策の登場を準備することになるのである。

　すなわち，以上に見てきた排ガス汚染物質軽減目的の混合使用量目標や国産燃料増産目的の税制優遇・工場補助金と比べて，次元を異にする強大なコーンエタノール産業拡張政策となったのが，2005年エネルギー政策法によって導入された桁違いに大量のコーンエタノール混合義務量，つまり「再生可能燃料基準」（RFS＝Renewable Fuel Standard）であり，さらにそれを拡張した2007年エネルギー自立・安全保障法によるRFS2である。それらが定めた義務的使用量＝人為的創出需要量は，2005年40億ガロン，2008年90億ガロン，2014年144億ガロン，2015年以降150億ガロンである（2007年法は2022年までを定めている。**表2-1**）。

　また2007年法では，セルローシックエタノール，バイオマスディーゼルという新しい再生可能燃料の範疇も設定した。これは同法がライフサイクル温暖効果ガス排出量の削減効果を高める趣旨から，そのガソリン対比の削減率を一般再生可能燃料（事実上コーンエタノールのことだが，2007年12月19日以降に建設開始した新施設が生産するものにだけ適用される。つまり「祖父工場」と呼ばれるそれ以前のものには適用されない）20％，先進バイオフュエル50％（2009年改訂によって40～44％），バイオマスディーゼル50％，セルローシックバイオフュエル60％とし，削減効果の高いもののRFSをより大きくするためである。

　こうした「理念」のもと，同法は先進バイオフュエル，とりわけセルローシックエタノールの技術的経済的実用化に多大の「期待」を込め，2022年の再生可能燃料のうち210億ガロン（全体の60％）にまで大拡張させるとした。しかし現在までに商業的実用化の目途は立っていない。他方コーンエタノールについて，2008年90億ガロンから2015年150億ガロンまで拡張するとしつつ，それ以降は同水準で固定するとした。

表2-1 2005年エネルギー政策法および2007年エネルギー自立・保障法による再生可能燃料基準（RFS）の年次別推移　　（単位：10億ガロン）

| 暦年 | 2005年エネルギー政策法 (RFS1) | 2007年エネルギー自立・保障法（RFS2） | | | | | | | | | | | | |
|---|---|---|---|---|---|---|---|---|---|---|---|---|---|---|
| | | 再生可能燃料合計 | | コーンエタノール上限 | | 先進的再生可能燃料 | | | | | | | | |
| | | | | | | 小計 | | セルローシックエタノール | | バイオマスディーゼル | | その他 | |
| | | 法規定 | EPA決定 | 法規定 | EPA決定 | 法規定 | EPA決定 | 法規定 | EPA決定 | 法規定 | EPA決定 | 法規定 | EPA決定 |
| 2006 | 4.0 | — | | — | | — | | — | | — | | — | |
| 2007 | 4.7 | — | | — | | — | | — | | — | | — | |
| 2008 | 5.4 | 9.00 | 9.00 | 9.00 | 9.00 | n.a | n.a | n.a | n.a | n.a | n.a | n.a | n.a |
| 2009 | 6.1 | 11.10 | 11.10 | 10.50 | 10.50 | 0.60 | 0.60 | n.a | n.a | n.a | 0.50 | 0.10 | 0.10 |
| 2010 | 6.8 | 12.95 | 12.95 | 12.00 | 12.00 | 0.95 | 0.95 | 0.065 | 0.100 | 1.15 | 0.65 | 0.29 | 0.20 |
| 2011 | 7.4 | 13.95 | 13.95 | 12.60 | 12.60 | 1.35 | 1.35 | 0.006 | 0.006 | 0.80 | 1.20 | 0.54 | 0.14 |
| 2012 | 7.5 | 15.20 | 15.20 | 13.20 | 13.20 | 2.00 | 2.00 | 0.000 | 0.001 | 1.00 | 1.50 | 1.00 | 0.50 |
| 2013 | 7.6 | 16.55 | 16.55 | 13.80 | 13.80 | 2.75 | 2.75 | 0.014 | 0.006 | 1.28 | 1.28 | 1.46 | 1.46 |
| 2014 | 7.7 | 18.15 | 16.28 | 14.40 | 13.61 | 3.75 | 2.67 | 1.750 | 0.033 | 2) | 1.63 | 1.00 | 1.01 |
| 2015 | 7.8 | 20.50 | 16.93 | 15.00 | 14.05 | 5.50 | 2.88 | 3.00 | 0.123 | 2) | 1.73 | 1.50 | 1.03 |
| 2016 | 7.9 | 22.25 | 18.11 | 15.00 | 14.50 | 7.25 | 3.61 | 4.25 | 0.230 | 2) | 1.90 | 2.00 | 1.48 |
| 2017 | 8.1 | 24.00 | | 15.00 | | 9.00 | | 5.50 | | 2) | 2.00 | 2.50 | |
| 2018 | 8.2 | 26.00 | | 15.00 | | 11.00 | | 7.00 | | 2) | | 3.00 | |
| 2019 | 8.3 | 28.00 | | 15.00 | | 13.00 | | 8.50 | | 2) | | 3.50 | |
| 2020 | 8.4 | 30.00 | | 15.00 | | 15.00 | | 10.50 | | 2) | | 3.50 | |
| 2021 | 8.5 | 33.00 | | 15.00 | | 18.00 | | 13.50 | | 2) | | 3.50 | |
| 2022 | 8.6 | 36.00 | | 15.00 | | 21.00 | | 16.00 | | 2) | | 4.00 | |

資料：Shnepf, Randy and Brend Yacobucci, *Renewable Fuel Standard (RFS): Overview and Issues*, Congressional Research Service Report for Congress 7-5700, March 14, 2013, p.3, 原資料は、Energy Policy Act of 2005 (P.L. 109-58), Section 1501, および Energy Independence and Security Act of 2007 (P.L. 110-140), Section 202, および EPA, *Final Renewable Fuel Standard for 2014, 2015, and 2016, and the Biomass-based Diesel Volume for 2017*, November 30, 2015.

注：1）2005年エネルギー法の再生燃料基準は、実質的にコーンエタノールのみである。また同法による2013年以降のRFSは見積もり値であるが、その場合、全体の内2.5億ガロンはセルローシックエタノールとすることが規定されていた。
　　2）2007年法において、バイオマスディーゼルの2014年以降は環境庁（EPA）が今後定めることになっているが、10億ガロンを下回らないこととされている。

　ところで2009年5月に発表されたEPAによるライフサイクル温暖効果ガス削減効果評価（草案）では、アメリカ国内での再生可能燃料生産がもたらす間接的土地利用変化（Indirect Land Use Change）も含めると（例えばアメリカ産トウモロコシがより多くエタノール生産に振り向けられると、ブラジル等でトウモロコシ作付への土地利用変化を誘発し、それが温暖効果ガス排出をもたらす）、コーンエタノールは「天然ガス燃料の最高技術」（加熱と動力の結合利用、コーンオイル分離fractionation、膜分離、粗澱粉加水分解）タイプおよび「バイオマス燃料」タイプで、かつ100年単位として将来の排出量は年2％で割り引く（ディスカウント）計算方法をした場合、および「バイオマス燃料（加熱と動力の結合利用）」タイプ以外は、いずれも「ガソリン比20％削減」の基準を満たせないという結果が出てしまった（EPA Office of Transportation and Air Quality 2009）。
　しかしエタノール産業界等からの反論・意見を踏まえた「最終規則」では[11]、

天然ガス燃料で，副産物としてコーンオイル分離抽出，同じく副産物飼料としてディスティラーズグレインの50％以上を人工乾燥しないで（ウェットのまま）利用するコーンエタノール工場は，「再生可能燃料のライフサイクル温暖効果ガス削減基準・対ガソリン比20％」をクリアする「平均21％」と決定することで，「祖父工場」と併せて，実際上全てのコーンエタノール工場を「適合」にした。

こうした経緯を含めて設定されたRFSに沿って，コーンエタノール産業は劇的に拡張した（**図2-2**）。その結果，燃料エタノール用トウモロコシ使用量も2007販売年度に輸出量を上回り（輸出量はそれ以降，絶対的にも減少），2010販売年度には国内飼料用さえ凌駕して，総需要量に対する比率も38％を超えた（その後，飼料用と拮抗状態）。

かかる劇的な市場拡張と原料トウモロコシ使用量の増大は，税制優遇やメーカー補助金だけでは決して達成されえなかったものであり，RFSこそアグロフュエル政策の中核だったことが明白である。

**図2-2　アメリカの燃料用エタノール生産量，トウモロコシ用途別消費量等の推移（1980～2015年・販売年度）**

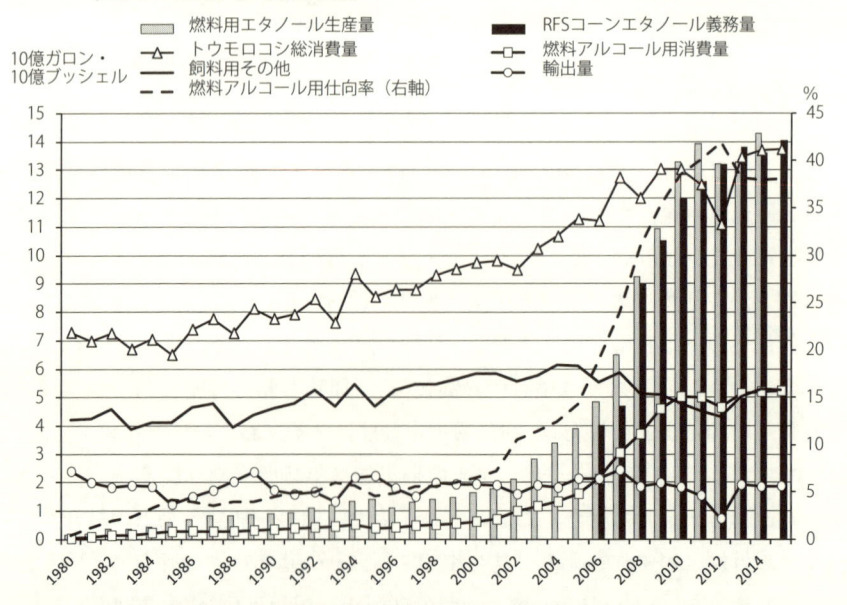

資料：Renewable Fuels Association, *2014 Ethanol Industry Outlook*, and USDA ERS, *Feed Grain Database*.
注：1）2014年の燃料用エタノール生産量は推計。
　　2）2014・2015販売年度のトウモロコシ用途別消費量，燃料アルコール仕向け率は推計値。

## 第3節　劇的拡張過程と「利潤危機」期を通じたコーンエタノール部門構造の再編

### （1）コーンエタノール産業の劇的拡張過程・「バブル」期を通じた部門構造の変化

　RFSの発動後，図2-3に見るようにコーンエタノール部門は高率の利益を獲得する（図の「流動費差引利益」が「資本コスト」線を大幅に上回る），「バブル」状態に入った。それは原油＝ガソリン価格高騰に引っ張られつつ，強制的に創出された需要激増を基礎とするエタノール価格高騰（2005年6月ガロン当たり1.31ドルから2006年6月3.75ドルへ）と，トウモロコシ価格低位安定（2005年7月エタノール製品ガロン当たり1.92ドルから2006年6月2.08ドル）によるものだった。この「バブル」めがけた過剰貨幣資本の流入もあって，2000年代半ば前後に，大がかりな既存メーカーの能力拡大・新工場建設，新規企業参入を招き（表2-2），工場数と生産能力が激増した。資本コスト差引後の純利益は2008年5月までプラスを保ったが，この急拡張過程でコーンエタノール部門所有構造再編の第一段階が進行した。

図2-3　月別平均コーンエタノール価格，原料トウモロコシ・その他流動費用，流動費用差引利益，資本コストの推移（2005年3月～2015年4月）

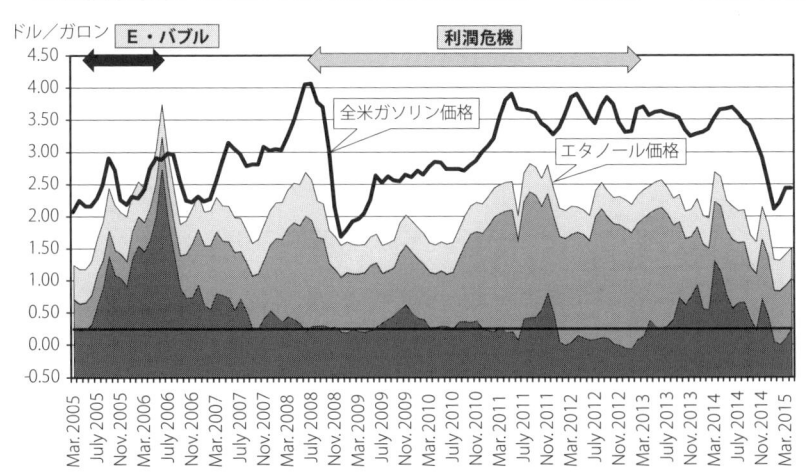

資料：Iowa State University Center for Agriculture and Rural Development (CARD), *Historical Ethanol Margins*, (http://www.card.iastate.edu/research/bio/tools/hist_eth_gm.aspx, retrieved on May 10, 2015), Agricultural Marketing Resource Center, *Fuel and Grain Price Historical Comparisons, Monthly Comparisons* (http://www.agmrc.org/renewable_energy/ethanol/ethanol_prices_trends_and_markets.cfm).
注：1）「全米ガソリン価格」以外の諸指標は，アイオワ州におけるもの。
　　2）資本コストは一律0.25セント／ガロンと想定されている。

表 2-2　2002〜2012 年におけるエタノール工場の所有権移動，新設，閉鎖・撤退，建設計画撤退の件数推移

| | | | 2002〜03年 | 2003〜04年 | 2004〜05年 | 2005〜06年 | 2006〜07年 | 2007〜08年 | 2008〜09年 | 2009〜10年 | 2010〜11年 | 2011〜12年 |
|---|---|---|---|---|---|---|---|---|---|---|---|---|
| 所有権移動 | 地元→地元 | | 2 | | | | | | | | | |
| | 地元→非地元 | | | | | 2 | 3 | 9 | 3 | 1 | 1 | 3 |
| | 非地元→地元 | | | | | | | | 1 | | | |
| | 非地元→非地元 | | | 8 | 2 | 1 | 2 | 13 | 10 | 14 | 14 | |
| | 小計 | | 2 | 8 | 2 | 3 | 5 | 22 | 14 | 18 | 15 | 3 |
| | 備考 | | Minnesota Corn (地元)→ADM2件 | | | | POET 取得 16件 (地元から 9件), ASAlliance→VeraSun3件 | BioEnergy→VeraSun6件, POET 取得1件, Louis Dreyfus 取得1件 | VeraSun→Velaro7件, VraSun→Green Plains2件 | Hawkeye Renewable→Flint Hlls4件, VeraSun→Varelo2件, BP 取得1件 | Tate & Lyle→Cargill1件 |
| 新設 | 竣工 | 地元 | 1 | | | 2 | 1 | 6 | 7 | 1 | 1 | 1 |
| | | 非地元 | 1 | 2 | | 2 | 1 | 6 | 7 | 1 | 1 | 1 |
| | | 小計 | | 2 | | 2 | | 6 | | | | |
| | 建設中 | 地元 | 3 | 7 | 5 | 3 | 2 | 1 | 1 | | | |
| | | 非地元 | 3 | | 6 | 21 | 31 | 14 | 8 | | | |
| | | 小計 | 6 | 7 | 11 | 24 | 33 | 15 | 9 | | | |
| | 備考 | | | | | | | 竣工 POET4件, 建設中 VeraSun1件 POET4件 | 建設中 VeraSun1件 | | | |
| 閉鎖・撤退 | 地元 | | | 2 | 1 | | | 1 | | 1 | 1 | |
| | 非地元 | | | | | | | 4 | 1 | 1 | | |
| | 小計 | | | 2 | 1 | | | 5 | 1 | 2 | 1 | |
| 建設計画撤回 | 地元 | | 1 | | | | | | 1 | 1 | 1 | |
| | 非地元 | | 1 | | | | | 4 | 2 | 1 | | |
| | 小計 | | 2 | | | | | 4 | 2 | 2 | 1 | |

資料：Renewable Fuels Association, *Ethanol Industry Outlook*, various years.

注：1)「地元」とは資料で「locally owned」と記されている工場で，トウモロコシ生産者または同生産者と地域投資家に所有されているものを指す。「非地元」とはそれ以外の工場である。
2)「備考」欄の企業名略称のフルネームは以下のとおり。Minnesota Corn Processors, ASAlliance Biofuel, LLC, US BioEnergy Corp, VeraSun Energy Corp, Louis Dreyfus Commodities, Green Plains Inc, Hawkeye Renewables, LLC, Flint Hills Resources, BPBiofuels North America, Cargill, Inc.
3) 本表は建設計画中，建設中のものもカウントしているので，表 2-3 における増減数と一致しない。

第2章 アグロフュエル・ブーム下のコーンエタノール部門の動向と構造変化　79

表2-3 アメリカ・燃料エタノール工場の州別・農業者/地元所有企業構成の推移－既建設工場ベース（建設中・増設中を除く）

(能力単位：百万ガロン/年)

| 年月 | 2002年1月 | | 2004年1月 | | 2006年1月 | | 2008年1月 | | 2010年1月 | | 2012年1月 | |
|---|---|---|---|---|---|---|---|---|---|---|---|---|
| | 既建設工場数 | 公称能力 | 既建設工場数 | 公称能力 | 既建設工場数 | 公称能力 | 既建設工場数 | 公称能力 | 既建設工場数 | 公称能力 | 既建設工場数 | 公称能力 |
| アイオワ | 9 | 474 | 10 | 530 | 21 | 1,078 | 28 | 1,944 | 40 | 3,186 | 41 | 3,487 |
| うち農業者/地元所有 | 3 | 39 | 5 | 177 | 13 | 550 | 9 | 469 | 12 | 928 | 12 | 928 |
| 同上比率（%） | 33.3 | 8.2 | 50.0 | 33.4 | 61.9 | 51.0 | 32.1 | 24.1 | 30.0 | 29.1 | 29.3 | 26.6 |
| イリノイ | 4 | 558 | 5 | 485 | 6 | 490 | 7 | 540 | 12 | 1,042 | 15 | 1,586 |
| うち農業者/地元所有 | 0 | 0 | 1 | 40 | 2 | 88 | 2 | 88 | 3 | 188 | 3 | 193 |
| 同上比率（%） | 0.0 | 0.0 | 20.0 | 8.2 | 33.3 | 18.0 | 28.6 | 16.3 | 25.0 | 18.0 | 20.0 | 12.2 |
| インディアナ | 1 | 85 | 1 | 95 | 1 | 102 | 7 | 560 | 12 | 998 | 13 | 1,106 |
| うち農業者/地元所有 | 0 | 0 | 0 | 0 | 0 | 0 | 0 | 0 | 0 | 0 | 0 | 0 |
| 同上比率（%） | 0.0 | 0.0 | 0.0 | 0.0 | 0.0 | 0.0 | 0.0 | 0.0 | 0.0 | 0.0 | 0.0 | 0.0 |
| ミネソタ | 14 | 343 | 14 | 511 | 15 | 609 | 16 | 726 | 21 | 1,229 | 22 | 1,357 |
| うち農業者/地元所有 | 13 | 328 | 12 | 343 | 12 | 359 | 10 | 349 | 9 | 347 | 9 | 355 |
| 同上比率（%） | 92.9 | 95.6 | 85.7 | 67.1 | 80.0 | 58.9 | 62.5 | 48.0 | 42.9 | 28.3 | 40.9 | 26.2 |
| ネブラスカ | 7 | 389 | 8 | 500 | 11 | 616 | 19 | 1,152 | 25 | 1,596 | 26 | 1,828 |
| うち農業者/地元所有 | 2 | 152 | 3 | 115 | 4 | 159 | 3 | 119 | 3 | 167 | 3 | 186 |
| 同上比率（%） | 28.6 | 39.1 | 37.5 | 23.0 | 36.4 | 25.7 | 15.8 | 10.3 | 12.0 | 10.5 | 11.5 | 10.2 |
| サウスダコタ | 4 | 76 | 9 | 332 | 12 | 427 | 13 | 768 | 15 | 1,016 | 15 | 1,009 |
| うち農業者/地元所有 | 3 | 67 | 7 | 223 | 9 | 329 | 5 | 191 | 5 | 327 | 5 | 320 |
| 同上比率（%） | 75.0 | 88.2 | 77.8 | 67.2 | 75.0 | 77.0 | 38.5 | 24.9 | 33.3 | 32.2 | 33.3 | 31.7 |
| 主要6州小計 | 39 | 1,924 | 47 | 2,453 | 66 | 3,321 | 90 | 5,689 | 125 | 9,067 | 132 | 10,373 |
| うち農業者/地元所有 | 21 | 586 | 28 | 898 | 40 | 1,484 | 29 | 1,215 | 32 | 1,957 | 32 | 1,982 |
| 同上比率（%） | 53.8 | 30.4 | 59.6 | 36.6 | 60.6 | 44.7 | 32.2 | 21.4 | 25.6 | 21.6 | 24.2 | 19.1 |
| その他の州小計 | 19 | 409 | 24 | 606 | 29 | 937 | 50 | 2,150 | 75 | 3,822 | 79 | 4,340 |
| うち農業者/地元所有 | 3 | 46 | 5 | 143 | 9 | 316 | 10 | 370 | 11 | 475 | 10 | 459 |
| 同上比率（%） | 15.8 | 11.2 | 20.8 | 23.6 | 31.0 | 33.7 | 20.0 | 17.2 | 14.7 | 12.4 | 12.7 | 10.6 |
| 全米計 | 58 | 2,333 | 71 | 3,059 | 95 | 4,258 | 140 | 7,839 | 200 | 12,888 | 211 | 14,713 |
| うち農業者/地元所有 | 24 | 632 | 33 | 1,041 | 49 | 1,800 | 39 | 1,585 | 43 | 2,432 | 42 | 2,441 |
| 同上比率（%） | 41.4 | 27.1 | 46.5 | 34.0 | 51.6 | 42.3 | 27.9 | 20.2 | 21.5 | 18.9 | 19.9 | 16.6 |
| EIA生産量（当年） | | 2,140 | | 3,404 | | 4,884 | | 9,309 | | 13,298 | | 13,218 |
| EIA生産量（前年） | | 1,765 | | 2,804 | | 3,904 | | 6,521 | | 10,938 | | 13,929 |

資料：Renewable Fuels Association, Ethanol Industry Outlook, various years, U.S. Energy Information Administraiton, April 2014 Monthly Energy Review, Table 10.3 Fuel Ethanol Overview.

注：1）「主要6州」とは2012年1月時点での公称能力が年産10億ガロンを超える、アイオワ州、イリノイ州、インディアナ州、ミネソタ州、ネブラスカ州、サウスダコタ州である。
2）RFAの統計では、2008年までは各工場とみなしてカウントしていたが、「操業能力」が不明のため、本表では記載されている工場から「建設中・増設中」のものを除いて、既建設工場としてカウントした。
3）「農業者所有/地元所有」工場については、RFA統計において「locally owned」と表記されているものを、そのまま採用した。
4）RFA、EIA双方の統計とも、全米計能力と工場毎の能力合計した量とに齟齬がある場合がある。本表では後者を用いている。
5）RFAのデータでは、全米計能力は工場毎の能力を合計した量が表示されていない場合がある。その際、便宜的に企業総能力を工場数で単純に除した。
6）複数の州にまたがって工場を経営する企業には、各工場能力が表示されているため。

表 2-4 上位10企業（既建設工場公称能力ベース）とその能力、および上位企業シェアの年次別変化（各年1月）

(単位：百万ガロン／年、%)

| | | 2002年 | 2003年 | 2004年 | 2005年 | 2006年 | 2007年 | 2008年 | 2009年 | 2010年 | 2011年 | 2012年 |
|---|---|---|---|---|---|---|---|---|---|---|---|---|
| 順位と既建設工場年産能力 | 1 | ADM 950 | ADM 1,071 | ADM 1,071 | ADM 1,071 | ADM 1,071 | ADM 1,071 | ADM 1,208 | POET 1,419 | POET 1,537 | POET 1,629 | ADM 1,750 |
| | 2 | Minnesota Corn 140 | Williams 135 | Aventine 135 | Aventine 140 | VeraSun 160 | VeraSun 230 | VeraSun 1,071 | ADM 1,071 | ADM 1,071 | Valero 1,110 | POET 1,629 |
| | 3 | Williams 135 | Cargill 120 | Cargill 120 | Cargill 120 | Cargill 120 | Hawkeye 220 | VeraSun 560 | VeraSun 975 | Valero 780 | ADM 1,071 | Valero 1,130 |
| | 4 | Cargill 110 | New Energy 102 | VeraSun 100 | VeraSun 102 | Abengoa 110 | US BioEnergy 185 | US BioEnergy 310 | Hawkeye 445 | Green Plains 480 | Green Plains 657 | Green Plains 730 |
| | 5 | New Energy 85 | High Planis 85 | New Energy 95 | New Energy 102 | Aventine 107 | Cargill 120 | Hawkeye 220 | The Andersons 275 | Hawkeye 420 | Flint Hills 420 | Aventine 511 |
| 備考 | | | | | AGP13位 | | | Cargill13位 | Cargill16位 | Abengoa11位、Aventine12位、Louis Dreyfus 19位、Cargill21位 | Glacial Lakes11位、Louis Dreyfus 16位、Cargill17位 | Glacial Lakes11位、Louis Dreyfus 18位、Cargill19位 |
| 上位シェア | 3社 | 52.5 | 48.9 | 43.4 | 36.5 | 31.7 | 29.1 | 36.4 | 30.3 | 26.3 | 28.7 | 30.6 |
| | 5社 | 60.9 | 55.6 | 49.7 | 42.1 | 36.8 | 34.9 | 43.2 | 36.6 | 33.3 | 36.8 | 39.1 |
| | 10社 | 75.3 | 66.8 | 60.9 | 51.9 | 45.7 | 44.3 | 54.5 | 45.5 | 42.9 | 47.6 | 50.4 |

資料：Renewable Fuels Association, *Ethanol Industry Outlook*, various years.

注：1) イタリック体は1工場経営企業、その他は複数工場経営企業である。
　　2) 網掛けの企業は「地元」所有企業（トウモロコシ生産者ないしそれと地域投資家による所有）である。
　　3) 企業名略称のフルネームは次のとおり。
　　　Minnesota Corn Processors, Williams Bio-Energy,　Cargill, Inc., New Energy Corp., High Plains Corp., MGP Ingredients, Inc.,,
　　　Dakota Ethanol, LLC, Aventine Renewable Energy, Inc., Abengoa Bioenergy Corp., VeraSun Energy Corp., Iowa Ethanol, LLC, Sioux River Ethanol, LLC,
　　　Hawkeye Renewables, LLC., US BioEnergy Corp., Conestoga Energy Partners, LLC,
　　　Global Ethanol, LLC, Biofuel Energy-Pioneer, LLC, Glacial Lakes Energy, LLC, Valero Energy Corp., Green Plains Inc,
　　　Big River Resources, LLC, Flint Hills Resources.

同表でやや具体的に見ると，2003〜04年までは「地元型」企業による建設・竣工が多かったが，2004〜05年以降，「非地元型」による建設が6件，21件，31件と急増した。これらの結果，部門全体の所有構成は，農業者・地元投資家所有型（「地元型」）企業優位から，非地元型・「大規模アグロフュエル企業」優位へシフトした（**表2-3**）。すなわち公称年産能力ベースで2002年1月時点で全米の27％を占めていた「地元型」は，「バブル」中期の2006年1月42％をピークとし，その後の伸びは鈍化さらに概ね横這いとなって相対的地位を下げ，「バブル」期後半になると逆に「非地元型」がより急激に能力を拡大して地位を上昇させたのである。

このRFS導入前後から「バブル」前後までの第一段階（2004〜2008年）における部門構造変化は，それ以前の「ガリバー」ADMと中小企業（大半が1企業1工場で，新世代農協を初めとする「地元型」が先行していた）という構成から[12]，第一世代新興大規模アグロフュエル企業（Vera Sun Corp., US BioEnergy Corp., Abentine Renewable Energy, Inc.が典型）が台頭して，ADMを中心とする上位企業能力シェアが低下する構成へ変化した（**表2-4**）。ただし，これら第一世代新興大企業の生産規模はADMに肉薄するには遠い水準だった。

## （2）コーンエタノール「利潤危機」とその過程での部門構造再編

しかし部門構造はコーンエタノール産業が，アグロフュエル・プロジェクト自体の産物でもあるトウモロコシ価格暴騰と能力過剰による需給バランス喪失による「利潤危機」（それは短期の緩和期—資本コスト差引純利益がプラスになった2011年7月〜12月—をはさみつつ俯瞰的には2008年6月から2013年3月まで続いた。前掲**図2-3**参照），それによって収支悪化に直面した多数の企業を襲ったいわゆる「サブプライムローン・バブル」の崩壊がもたらした金融危機による信用収縮が，第一世代新興大企業（Vera SunとUS BioEnergy）および多数の中小メーカーを経営困難・破綻に導き，その結果，急膨張期以上の劇的な部門構造再編がもたらされた。

それら経営破綻企業の「屍」を「糧」に台頭した第二世代新興巨大アグロフュエル企業がValero Energy Corp., Green Plains Inc, POET（**表2-4**のADMに次ぐ上位3企業）である。

コーンエタノール「利潤危機」期には，経営行き詰まり・破綻した企業の工場を新旧の企業が取得することを通じて，工場所有権の激しい移動が生じた。前掲表2-2で所有権移動が，2007〜08年に22工場（うち「地元型企業」から「非地元型企業」へが9工場，「非地元型企業」間が13工場），2008〜09年に14工場（うち「非地元型企業」間が10工場），2009〜10年が18工場（全て「非地元型企業」間），2010〜11年に15工場（うち「非地元型企業」間が14工場）という具合であった。

いっぽう工場の閉鎖・撤退は2007〜08年に5工場と少なく，逆に建設の方が「利潤危機」期にもそれ以前からの計画続行やこの時期の新興企業による積極的投資があって2007〜08年に竣工6工場，建設中15工場，2008〜09年にも竣工7工場，建設中9工場があった。

Vera Sunは最盛期に15工場（建設中を含む）を所有し，2008年から2009年にかけてはADMに次ぐ第2位企業にのし上がっていた。ところが暴騰するトウモロコシのヘッジに失敗して経営困難に陥ったところに世界金融危機によって資金繰りが不可能になって，2008年11月に破産申請をした。だがこのVera Sun自体が，「利潤危機」期における他の第一世代新興大規模アグロフュエル企業US BioEnergy等の破綻・撤退後工場の取得と自社建設を，バブル化した金融市場からの資金調達をテコに一挙推進していたのだった(表2-5)。会社自体が「エタノールバブル」と「サブプライム・バブル」に乗じて参入・台頭した「投機的」と言ってもよいような企業だったのである。

そのVera Sun破綻の「屍」（建設計画破棄を除く14工場）のうち，8工場をValero（2012年1月時点15工場）が，3工場をGreen Plains（同9工場）が買収するという径路で，大半が第二世代新興巨大アグロフュエル企業形成の「糧」となったのである。

なおValeroは石油精製・元売り・小売を手がける多国籍エネルギー企業であったが，残り1工場もRenew Energyという1社1工場の小規模メーカーからの買収であり，かくて全面的に買収をつうじてコーンエタノール部門に一挙参入し，「多国籍エネルギー複合体」になった（表2-6。ただし2014年度に小売事業からは撤退）。

またGreen Plainsは2005〜2006年（「エタノールバブル」期）に自社で2工場を建設して参入していたが，その後アイルランドに本拠を置く非化石燃料エネ

第2章　アグロフュエル・ブーム下のコーンエタノール部門の動向と構造変化　83

表 2-5　Vera Sun Energy Corp.の 2009 年 1 月時点所有工場，その由来，および破綻後の行方
(年産能力単位：百万ガロン)

| | 工場名 | | 由来 | 取得または着工年 | 2009 年 1 月 | | 破綻後 |
|---|---|---|---|---|---|---|---|
| | 立地場所 | 州 | | | 状態 | 年産能力 | |
| 1 | Albert City | IA | US BioEnergy Corp. | 2007 | 操業 | 110 | Valero Energy Corp. |
| 2 | Charles City | IA | 自社建設 | 2006 | 操業 | 110 | Valero Energy Corp. |
| 3 | Dyersville | IA | US BioEnergy Corp. | 2008 | 建設中 | (110) | Big River Resources |
| 4 | Fort Dodge | IA | 自社建設 | 2004 | 操業 | 110 | Valero Energy Corp. |
| 5 | Hartley | IA | 自社建設 | 2006 | 建設中 | (110) | Valero Energy Corp. |
| 6 | Linden | IN | ASAlliances Biofuels, LLC | 2007 | 操業 | 110 | Valero Energy Corp. |
| 7 | Lake Odessa | MI | | 2008 | 建設中 | | 建設計画破棄 |
| 8 | Janesville | MN | US BioEnergy Corp. | 2008 | 操業 | 110 | Guradian Energy |
| 9 | Welcome | MN | 自社建設 | 2006 | 建設中 | (110) | Valero Energy Corp. |
| 10 | Hankinson | ND | US BioEnergy Corp. | 2008 | 操業 | 110 | Hankinson Renewable Energy, LLC |
| 11 | Albion | NE | ASAlliances Biofuels, LLC | 2007 | 操業 | 110 | Valero Energy Corp. |
| 12 | Central City | NE | US BioEnergy Corp. | 2008 | 操業 | 40 | Green Plains Inc |
| 13 | Ord | NE | US BioEnergy Corp. | 2008 | 操業 | 45 | Green Plains Inc |
| 14 | Bloomingburg | OH | ASAlliances Biofuels, LLC | 2007 | 建設中 | (110) | Valero Energy Corp. |
| 15 | Aurora | SD | 自社建設 | 2002 | 操業 | 120 | Valero Energy Corp. |

資料：Renewable Fuels Association, *Ethanol Industry Outlook*, various years,

表 2-6　Valero Energy Corp.の 2012 年 1 月時点所有工場の由来
(年産能力単位：百万ガロン)

| | 工場名 | | 由来 | 取得または着工年 | 2012 年 1 月 | |
|---|---|---|---|---|---|---|
| | 立地場所 | 州 | | | 状態 | 年産能力 |
| 1 | Albert City | IA | Vera Sun Energy Corp. | 2009 | 操業 | 110 |
| 2 | Charles City | IA | Vera Sun Energy Corp. | 2009 | 操業 | 110 |
| 3 | Fort Dodge | IA | Vera Sun Energy Corp. | 2009 | 操業 | 110 |
| 4 | Hartley | IA | Vera Sun Energy Corp. | 2009 | 操業 | 110 |
| 5 | Linden | IN | Vera Sun Energy Corp. | 2010 | 操業 | 110 |
| 6 | Welcome | MN | Vera Sun Energy Corp. | 2009 | 操業 | 110 |
| 7 | Albion | NE | Vera Sun Energy Corp. | 2009 | 操業 | 110 |
| 8 | Bloomingburg | OH | Vera Sun Energy Corp. | 2010 | 操業 | 110 |
| 9 | Aurora | SD | Vera Sun Energy Corp. | 2009 | 操業 | 120 |
| 10 | Jefferson Junction | WI | Renew Energy | 2010 | 操業 | 130 |

資料：Renewable Fuels Association, *Ethanol Industry Outlook*, various years.

ギーおよび下水処理等インフラへの多国籍投資企業NRT PLC（そのアメリカ・コーンエタノール事業完全子会社VBV LLV）から2工場，その他中小メーカー2社3工場を買収し，同時に原料トウモロコシ集荷，燃料エタノール混合・配給事業，エタノール・DGS販売事業（さらにはDGSが重要な飼料源の一つとなる受託肉牛フィードロット事業）へと，コーンエタノールの商品連鎖上を後方および前方に統合した「アグロフュエル垂直統合体」となった。

最後にPOETであるが，同社は1987年にBroin一家がScotland, SD工場を抵当権競売で入手，商業的エタノール生産を開始したが，その後はもっぱらコーンエタノール工場の開発・設計・施工・運営サービスを行なう企業として成長した。

ところが「利潤危機」の2007年に（恐らくその全てが自社が設計・施工したものと推察される）経営困難に陥った16工場（全て1企業1工場）を一挙取得し（2008年にもう1工場），さらに8工場の自社建設にも着手し，公称年産能力ベースでいきなりADMを抜いてトップに立った。取得工場のうち11は新世代農協を含む「地元所有型」であった（表2-7）。

POET社は株式非公開でかつ極度に秘密主義的であるため，これら工場の取得経緯や現在の所有・支配管理・運営構造については，ごく断片的な情報しか得られない。このうち表の工場番号18のMacon, MO工場と23のChancellor, SD工場については，ある程度詳細を示す資料が入手できるので，それを手がかりにPOETシステムについて要約すると，以下のようである。

開発・実験用である直営のScotland, SD工場以外は，全26工場がPOET本社とは一応別個の法人になっており，それぞれ毎にPOET社が一部出資すると同時に，一般投資家（各地域のトウモロコシ生産者や地元住民を含む）の出資を受け入れる形の，合弁企業形態を取っている。POETという企業は所有において二重構造を取る26の工場＝「事業体」がPOET本社の工場運営サービス部門の支配ないし支援を受けつつ，それぞれの地域で原料トウモロコシを調達し，燃料エタノール，DGS，コーンオイル等を製造し，それをPOET本社の製品流通部門をつうじて販売し，その利益は工場毎の出資者とPOET本社とに分配されるという，ある種の「ネットワーク型」巨大アグロフュエル企業になっている。

この二重構造は，第一に一挙に多数の工場を買収（それに自社工場建設も並行していた）するための莫大な資本投下を不要にし，第二に「地元所有型」企業への従前からの出資者が有する買収に対する抵抗感を緩和・希薄化し，第三に各工場経営リスクを既存および新規出資者との間で分散し，第四に従前企業が「出荷義務型出資株」方式を取っていた工場では原料トウモロコシ調達を確実にしている。

第五に，各工場企業の基本的意思決定＝支配・管理と日常的運営権限の所在については，それぞれの前身企業の組織形態（従前からLLCだったか，農協だったか）やPOET傘下に入るにあたっての経営・財務状況（それが規定するPOETによる資本参加の喫緊性や規模）などを背景要因として，多様であることがうかがえる。ただ，少なくとも詳細がある程度明らかになった2事例からすると，（ⅰ）

第2章　アグロフュエル・ブーム下のコーンエタノール部門の動向と構造変化

### 表2-7　POETの2012年1月時点所有工場の由来
(年産能力単位：百万ガロン)

| | 工場名 | | 由来 | 取得または着工年 | 2012年1月 状態 | 2012年1月 年産能力 | 取得後の運営企業名 |
|---|---|---|---|---|---|---|---|
| | 立地場所 | 州 | | | | | |
| 1 | Ashton | IA | Otter Cleek Ethanol, LLC（地元型） | 2007 | 操業 | 56 | POET BioRefining-Ashton |
| 2 | Coon Rapids | IA | Tall Corn Ethanol, LLC（地元型） | 2007 | 操業 | 54 | POET BioRefininfg-Coon Rapids |
| 3 | Corning | IA | 自社建設 | 2007 | 操業 | 65 | POET BioRefinfg-Corning |
| 4 | Emmetsburg | IA | Voyger Ethanol, LLC（地元型） | 2007 | 操業 | 55 | POET BioRefinfg-Emmertsburg |
| 5 | Growrie | IA | Frontier Ethanol, LLC | 2007 | 操業 | 69 | POET BioRefining-Growrie |
| 6 | Hanlontown | IA | Iowa Ethanol. LLC（地元型） | 2007 | 操業 | 56 | POET BioRefining-Hanlontown |
| 7 | Jewell | IA | Harron Ethanol, LLC | 2007 | 操業 | 69 | POET BioRefining-Jewell |
| 8 | Alexandria | IN | 自社建設 | 2007 | 操業 | 68 | POET BioRefining-Alexandria |
| 9 | Cloverdale | IN | Altra Biofuels, LLC | 2010 | 操業 | 92 | POET BioRefining-Cloverdale |
| 10 | North Manchester | IN | 自社建設 | 2007 | 操業 | 68 | POET BioRefining-North Manchester |
| 11 | Portland | IN | Premier Ethanol | 2007 | 操業 | 68 | POET BioRefining-Portland |
| 12 | Caro | MI | Michigan Ethanol, LLC | 2007 | 操業 | 53 | POET BioRefining-Caro |
| 13 | Albert Lea/Glenville | MN | Agra Resource Cooperative（地元型） | 2008 | 操業 | 42 | POET BioRefining-Glenville |
| 14 | Bingham Lake | MN | Southwest Minnesota Agrifuels Coop.（新世代農協） | 2007 | 操業 | 35 | POET Biorefining-Bingham Lake LLP |
| 15 | Lake Crystal | MN | North Star Ethanol, LLC（地元型） | 2007 | 操業 | 56 | POET BioRefining-Lake Crystal |
| 16 | Preston | MN | Pro-Corn. LLC（地元型） | 2007 | 操業 | 46 | POET BioResource-Preston |
| 17 | Laddonia | MO | Missouri Ethanol | 2007 | 操業 | 50 | POET BioRefiing-Laddonia |
| 18 | Macon | MO | Notheast Missouri Grain Processors, Inc（新世代農協） | 2007 | 操業 | 46 | North Missouri Grain, LLC |
| 19 | Fostoria | OH | 自社建設 | 2007 | 操業 | 68 | POET BioRefining-Fostoria |
| 20 | Leispic | OH | 自社建設 | 2007 | 操業 | 68 | POET BioRefining-Leispic |
| 21 | Marion | OH | 自社建設 | 2007 | 操業 | 68 | POET BioRefining-Marion |
| 22 | Big Stone | SD | 自社建設 | 2007 | 操業 | 79 | POET BioRefining-Big Stone LLP |
| 23 | Chancellor | SD | Great Plains Ethanol, LLC（地元型） | 2007 | 操業 | 110 | POET BioRefining/Great Plains Ethanol, LLC |
| 24 | Groton | SD | James Valley Ethanol, LLC | 2007 | 操業 | 53 | POET BioRefining-Groton |
| 25 | Hudson | SD | Sioux River Ethanol, LLC（地元型） | 2007 | 操業 | 56 | POET BioRefining-Hudson |
| 26 | Mitchell | SD | 自社建設 | 2007 | 操業 | 68 | POET-RioRefinng-Mitchell |
| 27 | Scotland | SD | 自社建設（開発工場） | 1987 | 操業 | 11 | POET |

資料：Renewable Fuels Association, *Ethanol Industry Outlook*, various years, および POET 社ホームページ（http://www.poet.com/）。
注：以下は POET 社ホームページの各工場毎概況 (Overview) 等に記されている，追加的情報である。
　POET BioRefining-Big Stone LLP，は Northern Growers, LLC（メンバー数 969）と POET 本社の合弁企業。
　POET BioRefining-Bingham Lake LLPは，Southwest Minnesota Agrifuels LLC（メンバー数約 270）と POET 本社の有限責任パートナーシップ (LLP)。
　POET BioRefining-Coon Rapids には，450 名超の生産者・非生産者メンバーがいる。
　POET BioRefining-Laddonia は，East Central Ag Products と Northeast Missouri Grain と POET の合弁で設立。
　North Missouri Grain, LLC の所有権の 81.54％は，新世代農協から組織転換した NEMO Grain Processors, LLC が有している。
　POET BioRefining-Preston の多数所有権は，Southeast Minnesota Ethanol, LLC が有している。

非農業生産者出資者としてのPOET本社側が「経営委員会」等における枢要な意思決定や日常的運営において，他の出資者メンバーに対して明らかに優越する構造を制度化しているケースと（Chancellor, SD工場），（ⅱ）前身の協同組合的性格を色濃く残し，少なくとも制度設計上はPOET本社側の優越的地位を構築してはいないケースとが（Macon, MO工場），併存しているとみられる。

しかし第一から第三の諸側面において，エタノール工場の開発・設計・施工企業が一挙に業界トップになるほどに巨大化する上で，極めて巧みなシステムであるし，第五の側面でもPOET傘下に入る（POET資本を注入する）背景等によっては，本社側が明確に優越的地位を制度化できるシステムでもある。

## （3）部門再編第二段階をへたコーンエタノール産業の構造と上位企業の諸類型

　これら「利潤危機」と世界金融危機を契機とする部門構造再編第二段階をへることで，POET，Vareloが年産公称能力ベースで10億ガロンを超えてADMに接近し，さらにGreen Plainsも7億ガロンを超えた（2014年同社年報によると9億8,600万ガロン，「実生産量は10億ガロン」）。いっぽうADMの側も7工場体制は変わらないものの能力増強を行ない，これらの結果，前掲**表2-3**のように上位企業による集中度が2007年を底にして反転上昇傾向に転じている。その中で年産10億ガロン超えの4強体制（ADM，POET，Valero，Green Plains）ができつつあると言える。

　これら4社は以上に見てきた参入・台頭の経緯などから明らかなように，異なる企業類型を取っている。すなわち「多国籍穀物複合体」型のADM，「エタノール専業巨大ネットワーク」型のPOET，「多国籍エネルギー複合体」型のValero，「コーンエタノール垂直統合体」型のGreen Plainsである[13]。

## 第4節　代表的巨大アグロフュエル企業と小規模専業メーカーの財務状況

### （1）企業規模・コーンエタノール事業規模と位置の差異

　最初に前節で析出された最上位エタノール企業（巨大アグロフュエル企業）の経営規模・エタノール生産販売事業規模の相互の差異（類型差），およびそれらと地元所有型中小専業メーカーとの隔絶的な規模差を見ておこう（**表2-8**）。ただし4強＝4類型企業のうち，POETは株式非公開で，かつ同社ホームページ等でも財務情報を公表していないので，検討できない。

　まず企業全体の規模から見ると，多国籍エネルギー複合体であるValeroが直近年度の総売上高が1,300億ドル超と最大である。ちなみに民間石油メジャーで最大級のRoyal Dutch Shellの総売上高は4,200〜4,700億ドル（同社財務報告年報），Exxon Mobileが4,070億ドル（フォーチュン・グローバル500，2014年）であるか

第 2 章　アグロフュエル・ブーム下のコーンエタノール部門の動向と構造変化　87

表 2-8　多国籍穀物複合体、エネルギー複合体、コーンエタノール垂直統合体、地元所有専業型エタノール企業の生産・売上高関係比較

(単位：工場能力=百万ガロン/年、金額=百万ドル)

| 年度 | | 2003 | 2004 | 2005 | 2006 | 2007 | 2008 | 2009 | 2010 | 2011 | 2012 | 2013 | 2014 |
|---|---|---|---|---|---|---|---|---|---|---|---|---|---|
| 多国籍穀物複合体 | ADM | | | | | | | | | | | | |
| | エタノール工場数 | | | | | | | | | | | | n.a. |
| | 既建設工場生産能力 | 1,071 | 1,071 | 1,071 | 1,071 | 1,071 | 1,071 | 1,071 | 1,071 | 1,071 | 1,750 | n.a. | n.a. |
| | 企業総売上高 | 30,708 | 36,151 | 35,944 | 36,596 | 44,018 | 69,816 | 69,207 | 61,682 | 80,676 | 89,038 | 89,804 | 81,201 |
| | エタノール関係売上高 | 1,664 | 2,269 | 2,459 | 2,727 | 3,064 | 3,591 | 3,938 | 4,609 | 6,142 | 7,321 | 8,422 | 7,937 |
| | 同上構成比 | 5.4 | 6.3 | 6.8 | 7.5 | 7.0 | 5.1 | 5.7 | 7.5 | 7.6 | 8.2 | 9.4 | 9.8 |
| 多国籍エネルギー複合体 | Valero | | | | | | | | | | | | |
| | エタノール工場数 | | | | | | | | 7 | 10 | 10 | 10 | 11 |
| | 既建設工場生産能力 | | | | | | | | 780 | 1,110 | 1,130 | 1,205 | 1,305 |
| | 企業総売上高 | | | | | | 113,136 | 64,599 | 82,233 | 125,987 | 138,393 | 138,074 | 130,844 |
| | エタノール関係売上高 | | | | | | | 1,198 | 3,040 | 5,150 | 4,317 | 5,114 | 4,840 |
| | 同上構成比 | | | | | | | 1.9 | 3.7 | 4.1 | 3.1 | 3.7 | 3.7 |
| コーンエタノール垂直統合体 | Green Plains | | | | | | | | | | | | |
| | エタノール工場数 | | | | | | 1 | 2 | 6 | 8 | 9 | 10 | 12 |
| | 既建設工場生産能力 | | | | | | 50 | 110 | 480 | 657 | 730 | 856 | 986 |
| | 企業総売上高 | | | | | 24 | 189 | 1,304 | 2,134 | 3,554 | 3,477 | 3,041 | 3,236 |
| | エタノール関係売上高 | | | | | 22 | 132 | 731 | 1,115 | 2,134 | 1,909 | 2,051 | 2,171 |
| | 同上構成比 | | | | | 92.4 | 69.7 | 56.1 | 52.3 | 60.0 | 54.9 | 67.4 | 67.1 |
| 地元所有専業型エタノール | Glacial Lakes | | | | | | | | | | | | |
| | エタノール工場数 | | 1 | 1 | 1 | 1 | 1 | 2 | 2 | 2 | 2 | 2 | 2 |
| | 既建設工場生産能力 | 45 | 48 | 50 | 50 | 50 | 100 | 207 | 207 | 207 | 200 | 200 | 200 |
| | 売上高 | 70 | 76 | 78 | 109 | 96 | 229 | 314 | 393 | 593 | 617 | 704 | 590 |
| | Lincolnway | | | | | | | | | | | | |
| | エタノール工場数 | | | | 1 | 1 | 1 | 1 | 1 | 1 | 1 | 1 | 1 |
| | 既建設工場生産能力 | | | | 0 | 50 | 50 | 50 | 55 | 55 | 55 | 55 | 55 |
| | 売上高 | | | | 45 | 119 | 147 | 110 | 114 | 174 | 170 | 182 | 147 |
| | Red Trail | | | | | | | | | | | | |
| | エタノール工場数 | | | | | 1 | 1 | 1 | 1 | 1 | 1 | 1 | 1 |
| | 既建設工場生産能力 | | | | | 50 | 50 | 50 | 50 | 50 | 50 | 50 | 50 |
| | 売上高 | | | | | 102 | 132 | 94 | 110 | 112 | 131 | 155 | 139 |

資料：工場数・生産能力は、Renewable Fuels Association, *Ethanol Industry Outlook*, various years による各年1月1日現在。ただし2013年以降は企業別能力が集計・公表されていない。
売上高関係は、U.S. Securities and Exchange Commission, *EDGAR Company Filings* (http://www.sec.gov/edgar/searchedgar/companysearch.html), Form 10-K ないし Form 10-K を含む Annual Report より。

注：1) 企業フルネームは、Archer Daniels Midland Co., Valero Energy Corp., Green Plains, Inc, Lincolnway Energy, LLC, Glacial Lakes Energy, LLC, Red Trail Energy, LLC である。
　　2) ADM の「エタノール関係売上高」は「トウモロコシ加工事業」のうちの「バイオ製品」である。

ら，多国籍石油・エネルギー複合体企業の中では中規模ということになろう。

　多国籍穀物複合体であるADMの売上高はこれより小さいものの800〜900億ドルに達しており，Valeroに大きくひけを取るものではない。ちなみに同じく多国籍穀物複合体で世界最大のCargillは，2012〜2014年度平均1,350億ドルであった（Valeroとほぼ同じ）。

　第4位に位置するとみられるコーンエタノール垂直統合体Green Plainsの総売上高は33〜35億ドルなので，Valero，ADMと比べると企業規模は著しく小さい。またコーンエタノールというほぼ単一の商品連鎖に沿ってではあるが垂直的に統合を進めてきたため，エタノール事業そのものの売上高構成比は60%前後に抑えられている。

　これらに対して地元所有・エタノール専業型企業は，年産1億ガロン級の大型工場2つを有するGlacial Lakesでも総売上高6〜7億ドル，年産5,000万ガロン級の中型1工場企業であるLincolnwayおよびRed Trailでは1.5億ドル前後であるから，最上位企業群と比べるなら桁違い，隔絶的格差のある零細規模企業である。

　次にそれぞれにおけるエタノール関係事業の売上高規模とその位置づけ（構成比）を見ると，多国籍エネルギー複合体Valeroで売上高が50億ドル前後だが構成比が4%弱と低いのは当然としても，業界トップで多国籍複合体のADMでも80億ドル・10%弱にとどまる（同社の場合，エタノール関係事業だけを抽出することができず，表出しているのは「甘味料・澱粉」と「バイオ製品」のうちの「バイオ製品」数値であるから，エタノール関係売上高はこれよりさらに多少とも小さい）。前者はそもそも多国籍石油エネルギー企業がコーンエタノール部門に参入したことを反映しており，後者は文字通り多国籍穀物複合体であることを反映している。

## （2）各企業（類型）の純利益率・配当率状況と資本構造の差異

　①純利益率の動向と企業（類型）別の差異

　各企業の純利益率は，対売上高でも対総資本でも同じ傾向・差異があるので，ここでは動向がより顕著に現れる後者を図示しておく（**図2-4**）。すなわち小規模専業メーカー，特に2003年度から製造・販売しているGlacial Lakesの場合，エ

タノール産業急膨張が始まる直前から15〜16％程度の総資本純利益率を上げていたが，それが「バブル」期の2009年度には58％にも達した。ところがその直後の「利潤危機」期に入るとその低落が激しく，2006年度には29％の純損失に陥った。その後回復と再赤字化を経るが，直近の2014年度には再び38％という高い利益率を実現している。要するにジェットコースターのように浮沈が激しいのである。それとほぼ同様の動きが程度の差はあれLincolnwayとRed Trailでも観察される。ここからは，コーンエタノール事業それ自体が投機的と言えるほど損益の振幅が激しくリスクの大きな部門になっていることが読み取れる。

　前述のように急拡張期・「バブル」期には金融市場から激しい貨幣資本の流入があり，また「利潤危機」期にはその金融市場での危機によって激しい資金流出（信用収縮）のために第一世代新興巨大アグロフュエル企業や多くの中小規模企業が経営の行き詰まり・破綻を迎えたことと併せ見るに，コーンエタノール部門は資本主義の「金融化」，農業食料セクターの「金融化」局面に相応しい，投機的産業の様相を呈しているのである。

　これに対し，多国籍穀物複合体のADMは「バブル」期の企業全体の純利益率も専業メーカーほど極端に上昇しなかったかわりに，「利潤危機」期の落ち込み

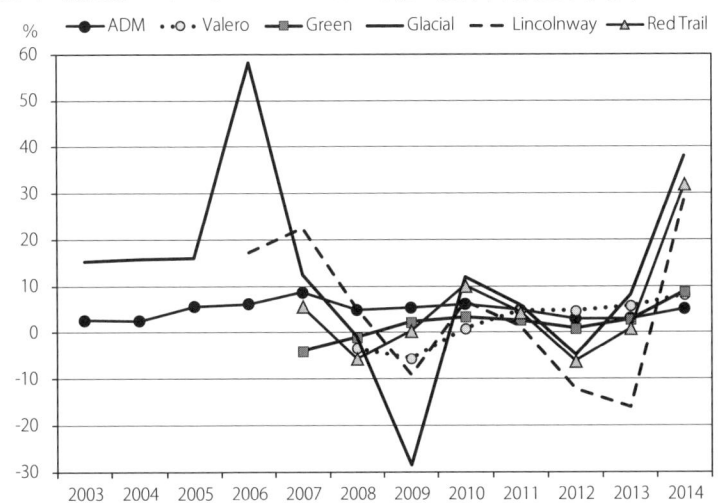

**図2-4　類型別コーンエタノールメーカー6社の総資本純利益率推移（2003〜2014年度）**

資料：U.S. Securities and Exchange Commission, *EDGAR Company Filings*, Form 10-K, ないしForm 10-Kを含む Annual Report, various issues。

も非常に小さい。一言で表せば相対的に高位安定である。いっぽうコーンエタノール垂直統合体のGreen Plainsは，操業開始から年数が浅いが相対的には低位安定的である（また徐々にではあるが，利益率に上昇傾向が観察される）。

以上から，多国籍穀物複合体は穀物関連セクターの広範囲にわたって多角的かつ寡占的な垂直統合体を構築しているために，また個別ADMに即して言えば，同社のコーンエタノール事業そのものがトウモロコシ化工（wet corn milling）の一環であり，したがって多種多様な他のトウモロコシ化工製品との間でフレキシブルな生産シフトができるという特質を持っていること，そのトウモロコシ化工部門自体が売上高で企業全体の13～14％，営業利益で20～30％という構成比であり，他に油糧種子加工事業，農業サービス事業（穀物等の売買，ハンドリング，輸送，製粉等を含む）に多角化していること，また地理的にも近年では国外売上高構成比が過半を占めるようになっているため，国内エタノール部門が「投機的」でありながら，企業としては高位安定的な利潤獲得構造をもたらしているのである。

またコーンエタノール垂直統合体を構築しているGreen Plainsの場合も，そのリスク分散とフレキシビリティ能力においてADMには決して及ばないものの，エタノール専業メーカーと比べれば「投機的」性格を大幅に抑制していることが見て取れる。

②純利益率・一般株主資本配当率の企業（類型）別差異

こうした純利益率と一般株主資本配当率について，簡単な統計指標で比較しよう（表2-9）。

まず多国籍穀物複合体のADMは，2003～14年度の総資本利益率の単純平均が4.8％，その変動係数が37.2％，一般株主資本配当率（企業自己資本のうち一般株主に帰属する部分に対する配当額の比率）の単純平均が6.2％，その変動係数が41.5％だった。また図2-4でも一部確認できるように，両者とも12年の間，常にプラスであった。

これに対し地元所有・エタノール専業型のうち観測期間が同じ2003～14年度と長いGlacial Lakesの場合，総資本利益率の単純平均が12.3％，その変動係数が172.6％，一般株主資本配当率の単純平均が12.6％，その変動係数が170.8％だった。

第2章　アグロフュエル・ブーム下のコーンエタノール部門の動向と構造変化

表2-9　類型別エタノール企業の利益率・配当率指標および当座支払能力・自己資本強度指標の比較

(単位：%)

| 類型 | 企業名 | 計測期間 | 指標 | 利益率・配当率関係 | | | 指標 | 当座支払能力・自己資本強度関係 | | |
|---|---|---|---|---|---|---|---|---|---|---|
| | | | | 単純平均 | 標準偏差 | 変動係数 | | 単純平均 | 標準偏差 | 変動係数 |
| 多国籍穀物複合体 | ADM | 2003～14年度 | 売上高純利益率 | 2.5 | 1.1 | 41.4 | 当座比率 | 109.2 | 12.4 | 11.3 |
| | | | 総資本純利益率 | 4.8 | 1.8 | 37.2 | 固定比率 | 57.5 | 8.2 | 14.3 |
| | | | 一般株主資本配当率 | 6.2 | 2.6 | 41.5 | 自己資本長期負債比率 | 56.2 | 9.4 | 16.7 |
| | | | 純利益現金配当比率 | 25.0 | 8.8 | 35.2 | | | | |
| 多国籍エネルギー複合体 | Valero | 2008～14年度 | 売上高純利益率 | 0.6 | 2.0 | 331.6 | 当座比率 | 89.9 | 10.3 | 11.4 |
| | | | 総資本純利益率 | 2.2 | 5.1 | 228.9 | 固定比率 | 141.2 | 10.7 | 7.6 |
| | | | 一般株主資本配当率 | 1.9 | 0.7 | 38.1 | 自己資本長期負債比率 | 80.1 | 8.8 | 11.0 |
| | | | 純利益現金配当比率 | 7.1 | 21.3 | 300.5 | | | | |
| コーンエタノール垂直統合体 | Green Plains | 2008～14年度 | 売上高純利益率 | 1.1 | 2.6 | 227.5 | 当座比率 | 90.6 | 14.1 | 15.6 |
| | | | 総資本純利益率 | 2.8 | 3.0 | 105.8 | 固定比率 | 152.6 | 27.8 | 18.2 |
| | | | 一般株主資本配当率 | 0.3 | 0.7 | 197.6 | 自己資本長期負債比率 | 92.5 | 24.6 | 26.6 |
| | | | 純利益現金配当比率 | 1.6 | 2.7 | 170.8 | | | | |
| 地元所有・エタノール専業型 | Glacial Lakes | 2003～14年度 | 売上高純利益率 | 9.5 | 16.9 | 177.7 | 当座比率 | 144.8 | 71.5 | 49.4 |
| | | | 総資本純利益率 | 12.3 | 21.3 | 172.6 | 固定比率 | 129.4 | 48.7 | 37.6 |
| | | | 一般株主資本配当率 | 12.6 | 21.5 | 170.8 | 自己資本長期負債比率 | 63.1 | 49.7 | 78.8 |
| | | | 純利益現金配当比率 | -18.0 | 101.4 | -562.4 | | | | |
| | Lincoln-way | 2006～14年度 | 売上高純利益率 | 6.5 | 13.2 | 203.8 | 当座比率 | 549.6 | 922.3 | 167.8 |
| | | | 総資本純利益率 | 4.9 | 15.7 | 318.3 | 固定比率 | 101.2 | 31.6 | 31.2 |
| | | | 一般株主資本配当率 | 7.5 | 13.3 | 178.0 | 自己資本長期負債比率 | 21.9 | 20.0 | 91.2 |
| | | | 純利益現金配当比率 | 31.2 | 60.8 | 195.0 | | | | |
| | Red Trail | 2007～14年度 | 売上高純利益率 | 4.1 | 8.4 | 204.7 | 当座比率 | 67.9 | 44.1 | 65.0 |
| | | | 総資本純利益率 | 5.2 | 12.1 | 234.1 | 固定比率 | 159.4 | 55.3 | 34.7 |
| | | | 一般株主資本配当率 | 0.6 | 1.8 | 282.8 | 自己資本長期負債比率 | 53.9 | 54.4 | 101.0 |
| | | | 純利益現金配当比率 | 0.8 | 2.3 | 282.8 | | | | |

資料：U.S. Securities and Exchange Commission, *EDGAR Company Filings* (http://www.sec.gov/edgar/searchedgar/companysearch.html), Form10-K ないし Form10-K を含む Annual Report より。

注：当座比率＝当座資産/流動負債で、流動負債に対する換金性資産による支払能力を指標とする。
固定比率＝固定資産/自己資本、自己資本長期負債比率＝長期負債/自己資本であり、経営基盤における自己資本の強度を指標とする。

そして12年間のうち2008, 2009, および2012の3ヵ年度は両指標ともマイナスだった。また観測期間が2006～2014年度と短いが同じタイプのLincolnwayの場合，総資本利益率の単純平均が4.9％，その変動係数が318.3％，一般株主配当率の単純平均が7.5％，9年間のうち2009, 2012, 2013の3ヵ年年度は両指標ともマイナスだった。さらに観測期間2007～2014年度のRed Trailの場合，総資本純利益率の単純平均が5.2％，その変動係数が234.1％，一般株主資本配当率の単純へ金が0.6％，その変動係数が282.8％だった。

　この両極を比較すると，総資本利益率の単純平均は後者の地元所有・エタノール専業型の方が操業からの歴史が短く，かつ今日的水準からすると中型1工場の小企業であるLincolnwayとRed TrailでさえADMよりわずかながら高く，大型2工場中企業のGlacial Lakesでは3倍弱の高さになっている。しかしその変動については，「利潤危機」期も含めて常にプラスを維持しているADMの安定性が際立っている。

　一般株主資本配当率でも基本的に同じ事が言えるが，地元所有・エタノール専業型では創業後初期の借入金返済や純損失による自己資本の毀損を回復するために，しばしば無配当に陥っている。すなわちGlacial Lakesの場合で12ヵ年度中2009, 2010, 2011, 2013の4ヵ年度，Lincolnwayの場合で9ヵ年度中2006, 2009, 2013, 2014の4ヵ年度，Red Trailの場合で8ヵ年度中2007～2013の7ヵ年度（つまり配当をしたのは2014年度が初めて）であった。そのかわり，高利益があがった時は極端とも言えるほどの高率配当をしている（Glacial Lakesの2006年度75.5％，2007年度22.0％，2008年度18.6％，Lincolnwayの2006年度35.4％，2007年度16.8％など）。つまり製品エタノール市場と原料トウモロコシ市場の大きな変動をストレートに反映して，純利益率低位ないしマイナスであったり借入金重圧がかかっている場合は，トウモロコシ生産者・地元出資者には自らの出資事業存続のために無配で「忍耐」を甘受させ（地元型ゆえにそれが可能でもある），好調時にはその「借りを返す」意味も込めて非常に高率の配当で報いるというパターンになっているのであり，またそうせざるを得ないと言えよう。その意味で，「自分達」のエタノール企業に出資・創設した生産者・地元住民にとって，「投機的」とも言えるほどリターンが不安定な出資になっている。

　次に多国籍エネルギー複合体のValeroを見ると，アメリカ・コーンエタノール

事業に参入した2008年度以降の総資本純利益率単純平均は2.2％，その変動係数は228.9％となっており，低位でかつコーンエタノール専業型なみに非常に不安定である。同社の売上高構成比は石油精製部門が85〜88％（同小売部門を売却した2013年度以降は94〜96％），コーンエタノール事業は4％弱であるから，純利益率の低位不安定性はほとんど石油精製部門のそれに規定されており（エタノール事業だけの営業利益率等は抽出できない），原油価格の大きな変動に振り回されていると言える。それでも一般株主資本配当率は1.9％にとどまるものの分析した7ヵ年度中無配はなく，変動係数も38.1％であるから，低位ながら安定した配当をしているのは，一般株式会社としての株主対応を果たすためと言えるだろう。

　最後にコーンエタノール垂直統合体のGreen Plainsを見ると，2008年度以降の総資本純利益率単純平均は2.8％なので地元所有・エタノール専業型，ADMより低いがValeroより高く，その変動係数は105.8％なのでADMよりは不安定だがValeroやエタノール専業型と比べるとかなり安定的である。同社はエタノール事業の立ち上げ期2008年度に同生産事業で1,018万ドルの課税前純損失を出し企業全体としても689万ドルの純損失を計上した。しかしその後，同生産事業の本格化と併行してアグリビジネス事業（トウモロコシ等の集買・販売事業），エタノールの販売・配給事業，コーンオイル生産事業が拡大するに連れて，これら事業が相対的に安定的な利益をあげるようになり，エタノール生産事業が2012年度に営業利益赤字（2,039万ドル），課税前利益赤字（4,243万ドル）を出した時にも他の事業の利益によってカバーすることで（特に原料トウモロコシ価格再暴騰はエタノール生産事業を赤字化したがアグリビジネス事業の黒字を大きく増大させた），最終純利益では前年度3,842万ドルから1,178万ドルへ落ち込みつつも黒字を保つというように，原料・製品価格変動への耐久性を強めてきている。そしてトウモロコシ価格が低下した2014年度にはアグリビジネス事業の課税前純利益が2012年度5,417万ドルから600万ドルへ急減しながら，エタノール生産事業では1億9,860万ドルを実現して，最終純利益も1億5,950万ドルの史上最高額を達成するというように，垂直統合体としての強靱性を発揮するようになっている。

③当座支配能力および自己資本強度の企業（類型）別差異

　企業の「資本」としての安定性を，流動負債に対する換金性資産（当座資産）による支払能力を指標する当座比率（当座資本÷流動負債），企業の中枢的物的資産をなす固定資産をどれだけ自己資本でカバーできているかを指標する固定比率（固定資産÷自己資本），および中心的他人資本（借入資本）に対する自己資本の比率を指標する自己資本長期負債比率（長期負債÷自己資本）の3つによって，比較検討しよう（前掲表2-9右欄）。

　するとまずADMが当座比率単純平均109.2％，その変動係数11.3％，固定比率単純平均57.5％，その変動係数14.3％，自己資本長期負債比率単純平均56.2％，その変動係数16.7％と，他の企業（類型）と比較して群を抜く資本の安定性，強靱性を有することがわかる。平均的な総資本利益率や一般株主配当率で一部のエタノール専業型小企業より低かったが，それは利益を内部留保して強靱な自己資本力を構築してきたことと表裏一体だったのである。

　その地元所有・エタノール専業型を見ると，3企業に共通するのは固定比率が高いことであり，工場・設備の他人資本依存度が相対的に高いことを示している。当座比率はGlacail LakesとLincolnwayにおいて高いが，後者の場合その変動係数が167.8％と著しく大きく，年度によって当座支払能力に懸念が発生していることがうかがえる。

　また自己資本長期負債比率では3企業ともADM並かそれ以下であり，かなりの自己資本強度を持つが，変動係数はGlacial Lakesが78.8％，Lincolnwayが91.2％，Red Trailが101.0％とADMよりかなり大きい。言い換えると，純利益が不安定な中で赤字によって自己資本が毀損した時期や工場増設で長期負債が一挙に膨張した時期には，無配にして自己資本の回復・強化と長期負債返済・減額に優先的に取り組んできたのである（だからこそ小規模企業ながら「利潤危機」とそれ以降の時期を生き残ってきた）。

　ValeroとGreen Plainsの当座比率を見ると，両社とも90％前後とやや低いが，その変動係数11〜16％なので当座支払能力は安定的と言える。しかし固定比率はエタノール専業型の小規模企業と同等かそれ以上に高く，中枢的物的資産の他人資本依存度が高い（変動係数は小さいが）。また自己資本長期負債比率も両社とも80〜90％前後とADMや小規模企業より高く（変動係数は小さい），総じて

資本の構造において他人資本への依存度が相対的に高く，自己資本強度はやや低い位置にある。

## 第5節　トウモロコシ生産者・農村住民出資型企業の展開経緯と意義

　ここで「地元所有・コーンエタノール専業」型の3企業（Glacial Lakes Energy, LLC, Lincolnway Energy, LLCおよびRed Trail Energy, LLC）について，より具体的にトウモロコシ生産者（および農村住民）にとって自らの出資事業体によって農産物（トウモロコシ）に付加価値を加える企業としていかに設立され，どのような所有構造をとり，いかに原料調達（それによる操業度の確保）を図り，そしてコーンエタノール急拡大・「バブル」期から「利潤危機」期を経る中で，第2節（2）で触れたホルトギメスとシャタックやギロンが指摘したように，生産者・農村住民への利益還元事業体としての役割が発揮できたのは短い期間に過ぎず，その後はそうした性格が薄れてきたのかどうかを検討しておく。なお個々のメンバー農業経営者にとっての意味，またトウモロコシ販路にかかわる経営者意思決定において有する意義と性格などについては，それぞれの地域の穀作農業経営実態分析を行なう第4章以下で取り上げる。

### （1）企業の所有構造と出資者の構成・性格

　表2-10と表2-11から，まず各企業の所有構造を見ると，サウスダコタ州のGlacial Lakes Energy, LLC（GLE）は当初はコーンエタノール事業を興すための，農業者と非農業者（地元のmain street investorsと呼ばれる農業機械ディーラー，GLEへのサプライヤー，銀行マン，退職者など）からなる協同組合Glacial Lakes Corn Processor（GLCP）を設立し，第1工場（Watertown工場，生産能力40MGY = million gallons per year）のための必要自己資本＝出資額として1株2ドルの出資株で2,700万株・5,400万ドルの募集を図ったが，応募が2,400万株・4,800万ドルにとどまった。そのため不足分としてVera Sun社の投資ビークルGlacial Lakes Capitalから28％の出資を仰いだため，GLCPとのジョイントベンチャーとしてスタートした。しかし操業2年後の2004年にはGLCPがGlacial Lakes Capitalの持分を全て買い取って，Glacial Lakesは事実上GLCPそのもの，つまり協同組合になった。

表 2-10 生産者・住民所有型コーンエタノール企業の所有構造と出資者の性格

| 名称 | Glacial Lakes Energy, LLC (GLE) | Lincolnway Energy, LLC (LWE) | Red Trail Energy LLC (RTE) |
|---|---|---|---|
| 調査日 | 2011 年 10 月 | 2009 年 9 月 | 2011 年 11 月 |
| 本社場所 | サウスダコタ州 Watertown | アイオワ州 Nevada | ノースダコタ州 Richardton |
| 企業本体設立年 | 2001 年 5 月 | 2004 年 5 月 | 2003 年 7 月 |
| 基本的所有構造 | 現在は Glacial Lakes Corn Processors (GLCP) という協同組合が、100%GLEを所有。GLCPは約4,100名の組合員からなり、その約60%は農業生産者、約40%は非農業生産者でMain Street Investorsと呼ばれる地元の業者や個人(John Deerディーラー、GLEへのサプライヤー、銀行マン、退職者など)。組合員は90%がSD州内、10%が他の10州在住。理事13名のうち11名が農業生産者。2000～01年に第1回出資募集を行ったが、当初はVera Sun Energyが所有するGlacial Lakes Capitalが28%を出資するジョイント・ベンチャーだった。しかし2004年にこの28%・300万ドル出資株を1,351万ドルで買い取って、GLCPの100%所有となった。なおVera Sun社は2008年10月に破産。 | 出資者950名、うち約200名が農業生産者、平均出資30ユニット(950ドル/ユニット、28,500ドル、1名最低投資額25ユニット・23,750ドル)、小計6千ユニット・570万ドル。他の3万6千ユニット・3,420万ドルのうち、非農業個人投資家約750名、企業投資家15件で、いずれも平均47ユニット・44,650ドル。総計払込総出資4万2千ユニット・3,990万ドル。 | 出資者917名、うち約300名が農業生産者。出資株は1種類のみで、発行済み4,000万株。非農業者の方が多いから、協同組合ではなくLLC形態にした。 |
| 出資者(組合員)の性格等 | 農業者組合員は、SD州内でトウモロコシ、大豆、小麦を生産するが、①穀作専門、②穀作+肉牛繁殖、③穀作+酪農、④穀作+養豚、⑤穀作+山羊、の経営がある。畜産複合経営は当社のDG (distillers grain) の実際的・潜在的な直接販売顧客でもある。 | 農業者投資家約200名はほとんどがHeart of Iowa Cooperative (HOIC) 組合員で、より大規模な穀作専門型農場、畜産がない代わりにトウモロコシ付加価値機会として出資したという理由もある。しかしHOIC組合員約800名のうち残り600名は、HOIC自体が出資すべきと考えたし、また最低投資額23,750ドルを負担するのが困難だった。非農業投資家750名は、Nevada地域経済発展を望む関係者、事業家、退職者、アイオワ州立大学教員など。出資者全体の8割が工場から半径60マイル以内、2割が州内他地域。 | 農業者出資者は、耕種専門と耕種・肉牛複合経営がおり、面積規模は州東側(相対的高収量)で7,000エーカーから35,000エーカー。非農業者出資者は、2～3の企業があるが他は個人で、退職者、医師、建設業者等々、様々。ノースダコタ州LLCなので州内住民しか出資できないので、出資者は最初ノースダコタ州内で募ったが、設立1年後位から当初出資者が出資株を売却した結果、若干の州外出資者もいる。 |

資料:各社、関連農協等からのヒアリング、および財務報告書 10-K より。

出資者＝組合員のうち約60％が農業者、約40％が非農業者であるが、後者も含めて後に見るように組合員出資者は出資株数に比例した原料トウモロコシ出荷義務を負う方式を取っているので、実質的にGlacial Lakesは農業者・非農業者の双方からなる組合員4,100名によるユニークな「新世代農協」ということができる。なお理事13名も11名が農業者となる構成を取っている。

表2-11 生産者・住民所有型コーンエタノール企業の工場概要

| | 名称 | Glacial Lakes Energy, LLC (GLE) | Lincolnway Energy, LLC (LWE) | Red Trail Energy LLC (RTE) |
|---|---|---|---|---|
| 工場1 | 場所 | Watertown, SD | Nevada, IA | Richardton, ND |
| | 稼働年 | 2002年9月 | 2006年5月 | 2007年1月 |
| | 当初公称能力 | 40MGY | 50MGY | 50MGY |
| | 拡張経緯 | 実生産量を50MGYに上げ, 2007年に100MGYに拡張。 | | |
| | 現在公称能力 | 100MGY | 50MGY | |
| | 現在生産量 | 110～120MGY。トウモロコシ暴騰で2008年に若干下げたが, その後徐々に稼働率を上げ, 特に2011年に増やした。 | 54MGY | 上限一杯の60MGY |
| 工場2 | 場所 | Mina, SD (形式的にはGLCPが100%所有するAberdeen Energy, LLC) | | |
| | 稼働年 | 2008年6月 | | |
| | 当初公称能力 | 100MGY | | |
| | 現在公称能力 | 100MGY | | |
| | 現在生産量 | 110～120MGY | | |

資料：各社, 関連農協などからのヒアリング。
注：工場能力, 生産量のMGYとは million gallons per year の略。

　次にアイオワ州のLincolnway Energy, LLC（LWE）は，穀物農協Heart of Iowa Cooperative（HOIC）との密接かつ独特のつながりの下で創設されている。生産能力50MGYの工場建設投資費用9,000万ドルのうち，約4,000万ドルは自己資本として出資を募る必要があった。これに対し出資者は950名であるが農業者は約200名，平均出資株数（ユニットと呼ばれる）は30ユニット（1ユニット950ドルと大きい）で，小計6千ユニット・570万ドルにとどまった。これに対して非農業者が個人約750名（Nevada市の経済発展を希望する地元関係者，事業家，退職者，隣町にあるアイオワ州立大学教員など），企業15件でいずれも平均47ユニット，小計3万6千ユニット・3,420万ドルを出資している。つまり出資者数からしても出資額からしても非農業の個人が主体をなす所有構造なのである。これら大半をなす非農業者に農業者並みの出資ユニット（出資額）に照応した「トウモロコシ出荷義務」を課すことは現実性がなく，したがって法的組織形態も農協ではなく有限責任会社LLCとしている。

　ところで農業者投資家の約200名はほとんどが，穀物農協HOICの組合員である。しかしHOICの組合員は約800名いるから，LWEに出資したのは4分の1程度に過ぎない。これはLWEが出資募集にあたって最低出資額を25ユニット・23,750ドルと高く設定したこと，それとある程度表裏の関係にあるが，多くのHOIC組合

員は個人としてではなくHOIC自体が大口の出資者になるべきであるとの意見があったことがある。HOICの実際のLWEへの出資額は10万ドルにとどまったが，後段で見るようにHOICはLWEへのほぼ専属的な原料トウモロコシ供給者に位置づけられている。

なお最低出資額が高い水準に設定されたこともあって，約200名の農業者出資者は多くが畜産複合部門を持たない穀作専門的な大規模経営になっている。

最後にノースダコタ州のRed Trail Energy, LLC（RTE）は，50MGY工場建設・操業のプロジェクト投資額1億ドルのうち4,000万ドルを出資募集，6,000万ドルを借り入れる（CoBankから）ことになった。募集は1株1ドル，4,000万株とした。出資者合計917名のうち約300名が農業者，600名超の非農業者は2～3の企業がある他は医師，建設業者，退職者など多様な個人である。非農業者が主体となっているので農協ではなくLLCにしているが，ノースダコタ州LLCなので基本的に州内住民しか出資できない。農業者出資者については耕種専門と耕種・肉牛複合経営の両方が含まれる。

また非農業者が出資者の多数を占めることに加えて，元来トウモロコシ適地ではなかったノースダコタ州にあって，相対的に降雨量が多くトウモロコシ生産が伸びている州東部ならともかく，降雨量が少ないかなり西部に位置するRTEとしては周辺地域の農業者出資者からの調達だけでは到底原料をまかなえる展望はない（つまり一般市場からの買付が主体にならざるを得ない）。したがって出資者に対する出荷義務はない。

### （2）出資募集・経緯と出資株の種類，およびトウモロコシ出荷義務の有無

表2-12と表2-13にあるように，まずGLEは当初2001年の出資募集は50MGYのための必要自己資本＝出資額目標5,400万ドル（1株2ドル，2,700万株）を立て，合計72回という多くの説明会を行なった。最低出資額は2,500株・5,000ドルと低く設定した。コーンエタノール工場とは何か，そのための地元からの出資の意義の認識を広めることに尽力したが，応募額は目標を下回る4,800万ドルであった。そこで上述のようにVera Sunの投資ビークルから不足分の出資を仰いでジョイントベンチャーの形と取ることになった。しかし最初の通年操業となった2003年度に927万ドルの純利益を（配当なしで全て非配分資本金留保），続く2004年度に

第2章　アグロフュエル・ブーム下のコーンエタノール部門の動向と構造変化　99

表2-12　生産者・住民所有型コーンエタノール企業の出資株募集の経緯

| 名称 | Glacial Lakes Energy, LLC (GLE) | Lincolnway Energy, LLC (LWE) | Red Trail Energy LLC (RTE) |
|---|---|---|---|
| 出資株募集（equity drive）の経緯 | ①2001年の第1次募集では72回の説明会を行なって，目標5,400万ドル（1株2ドル）に対して4,800万ドル（2,400万株）を集めた。この不足分を埋めるために，Glacial Lakes Capitalの出資（300万株）を仰ぐことになった。②2006年春に，(ア)Watertown工場拡張（見積投資額8,680万ドル），(イ)Mina工場建設（100MGY，1億6,180万ドル），(ウ)Missouri Valley Renewable Energy LLCの買収と工場建設計画の継承（50MGY，1億1,675万ドル），(エ)Madison Energy LLCの設立によるMcLean工場建設（50MGY，1億1,000万ドル）の計画をたて，そのために最大32.5万株・6,500万ドルを目標に第2次募集を行ない，たった3日間で9,432万ドル（1株2ドル，4,716万株）を集めた。しかしこれら4つのプロジェクトの見積総投資額は4億7,535万ドルであり，(ア)と(イ)だけでも1億5,500万ドルの銀行融資を受ける必要があり，(ウ)と(エ)のための融資は困難であった。③(ウ)のために2008年度末までに9,700万ドルの費用負担したが，そこで中断決定し，その損失743万ドルを計上した。用地は売却することにした。④(エ)のために2006年12月に穀物エレベーター付き候補地をCHSから842万ドルで買収したが，建設断念し，2008年10月にカーギルに450万ドルで売却決定。⑤理事会が，2006年7月19日に1株を9株へ分割を決定。既発行出資株の額面価値は22セント（2ドル÷9）になった。⑥分割以降に発行された出資株は，1株35〜40セントで売られている。 | ①HOICのメンバー農業者や役員など16名がコアとなって，トウモロコシの付加価値事業としてエタノール工場建設を検討開始。②2004年にLLC設立し，工場建設費用9,000万ドルのうち，40%・3,600万ドルは自己資本が必要とされた。出資募集にあたって最低投資額950ユニット・23,500ドルにしたのは，(ア)最低投資額を低く設定して非常に多数の出資者から集める煩雑を嫌ったこと，(イ)低めに設定して募集し，もし足りないとなった時，引き上げるのは非常に困難，という判断から。③また農協ではなくLLCにしたのは，高い最低投資額設定などからして農業生産者だけでは必要出資額が集まらないとの判断から。もし農協にしていたら非農業者や法人は投資できず，500万ドル程度しか集まらなかったのではなかろうか。④2005年初頭に出資募集を行ない，40日間で必要額が集まった。⑤集まった自己資本3,990万ドル以外の約5,000万ドルはCoBankから借り入れた。また地元銀行が出資者に対する投資用融資を行なった。 | ①プロジェクト規模1億ドルのうち，First Bank of Omaha (NE)が6,000万ドル融資するとなったので，4,000万ドルを出資募集へ。約150回の説明会を行なった。また銀行融資の一部について，FagenとICMが連帯保証人となった。②4,000万株で4,000万ドル出資募集したので，1株＝1ドル（発行時＝額面）。 |

資料：各社，関連農協などからのヒアリング。
注：工場能力，生産量のMGYとはmillion gallons per yearの略。

も977万ドルの純利益をあげ（うち現金配当549万ドル，配分資本金留保161万ドル，非現金配当711万ドル），2004年度にVera Sunの持分1,600万ドルを全て買い取ってジョイントベンチャーを解消，協同組合GLCPの100%子会社化，つまりGLEは事実上協同組合になったのである。

2005年になるとコーンエタノール部門が「バブル」期に入り，GLEは極めて積極的な拡張路線を取る。表2-12②にあるように，(ア)まず第1工場（Watertown工場）の100MGYへの拡張（見積投資額8,680万ドル），(イ)サウスダコタ州

表 2-13　生産者・住民所有型コーンエタノール企業の出資株の種類と内容

| 名称 | Glacial Lakes Enercy, LLC (GLE) | Lincolnway Energy, LLC (LWE) | Red Trail Energy LLC (RTE) |
|---|---|---|---|
| 出資株の種類と内容 | 「一般出資株」（common stock）のみ。最低 2,500 株購入（5,000ドル）が組合員資格。「優先株」（preferred stock）発行可能だが発行されていない。 | 出資株はユニットと呼んでおり、1 ユニット 950 ドル、最低出資額 25 ユニット・23,500 ドル。ただしユニット取引価格は 2009 年時点で 650 ドルに低下。 | |
| 出資株数に応じたトウモロコシ出荷義務の有無 | Delivery Requirement Share（出荷義務出資株）である。1 出資株当たりの出荷義務量は、毎年の理事会で決定。「call」と呼ぶが、2011 年は1株当たり 0.45 ブッシェルだった。組合員の選択は①自分が生産したトウモロコシを出荷、②自分が購入したトウモロコシを出荷、③「pool fee」＝その年の call 分の単価に 1 セント上乗せを払う、の3つ。 | なし | なし |

資料：各社，関連農協などからのヒアリング。

Minaに100MGY大型第2工場の建設（同1億6,180万ドル），（ウ）遠く離れたミズーリ州の企業買収と50MGY工場建設計画の継承（同1億1,675万ドル），（エ）サウスダコタ州McLeanに子会社を設立して50MGY工場建設（同1億1,000万ドル）という，巨大な投資計画を立てた。そのために最大32.5万株・6,500万ドルを目標に第2次出資募集を行ない，わずか3日間で9,432万ドルを集めた。しかしこれら4つのプロジェクトの総投資見積額は4億7,535万ドルであり，応募された出資額は20％に満たなかった。したがって（ア）と（イ）のプロジェクトだけでも1億5,500万ドルの銀行融資が必要であり，（ウ）と（エ）についての融資は困難だった。

それでも2008年度末までに（ウ）のプロジェクトのために9,700万ドルを出費していたのが，同時期は既に「エタノールバブル」が崩壊して「利潤危機」に突入しており，ここでプロジェクトの中断を決定した。そのため損失743万ドルを計上せざるをえなくなったが，この決断をしていなかったら恐らくGLEは「利潤危機」の中で倒産していたであろう。

また（エ）のプロジェクトについても2006年12月に穀物エレベーター付き工場建設予定地をCHS（Cenex Harnest States，今日では全米最大の穀物・油糧種子関連広域農協連合）から842万ドルで買収していたが，建設を断念して施設・用地はCargillに450万ドルで売却する（ここでも90万ドルの損失）。

これらの結果，GLEは2008年度237万ドル，2009年度8,152万ドルの純損失を計

上し，長期負債額も2006年度末の1,429万ドルから2007年度末3,982万ドル，2009年度末には1億5,567万ドルまで膨れあがったが，2010年度，2011年度の連続純利益計上（無配）によって乗り切ることに成功したのである。

なお上述のようにGLEは実質的に農協となっており，非農業者出資者（＝組合員）も含めてその出資株は「Delivery Requirement Share」と呼ばれる出荷義務が付随している出資株となっている（組合員以外向けの優先株発行も定款上可能になっているが，実際は発行していない）。つまり新世代農協でいう「出荷権利株」（delivery right share）と同じ原理であり[14]，その意味でGLE＝GLCPは非農業者も含めた修正型新世代農協といってよい。トウモロコシ生産者以外の組合員は，自分で購入するか，あるいは手数料を払ってGLEに調達を委ねる形で出荷義務を果たすことになる。

次にLincolnway Energy, LLCは，前述のように出資者の構成が農業者が200名・570万ドル（総出資に対して出資者数で21％，出資額で14％）に対し，非農業者が750名・3,420万ドル（同じく79％と86％）と，非農業者の出資が大半を占める。トウモロコシ生産者約800名が組合員となっていた穀物農協HOICの理事・役職員が立ち上げの中心的メンバーになったにもかかわらず，LWEの出資募集に際しては，（ア）最初から自己資本必要準備額3,600万ドルを農業者（とくにHOICの組合員農業者）だけで集めることは到底不可能との判断，（イ）少額多数の出資者への対応に関わる煩雑・コストを避けて相対的に高額少数の出資者を志向したこと，（ウ）そのために最低出資額を23,500ドルと高めに設定したことから，相対的に富裕なトウモロコシ生産者および個人のための投資＝利益確保機会の創出が実質的な目的となり，出資株にもトウモロコシ出荷義務・権利はない。

それに代わる原料達安定化の手段としてHOICとの間で20年間の長期トウモロコシ供給契約を結んでいる。これは原則としてLincolnwayが使用するであろうトウモロコシの全量をHOICが準備し，Lincolnwayが先買権（The First Right of Refusal）を有するというものである。したがって形式的には例えば価格条件が折り合わなければLincolnway側は別の買い手から調達することもできるが，HOICの集買量が不足するというような余程の事態が起きない限りは現実化しないとされる。またそのような事情等によってHOIC以外の売り手から購入した場合でも，所定の手数料をHOICに支払う契約になっているので，Lincolnwayにとっ

てもメリットは生じにくい。なお物流としては組合員がHOICに販売するがLincolnwayに直接持ち込む場合とHOICが物流的にも組合員から受け入れてエレベーターで乾燥・貯蔵してからLincolnwayに供給する場合とがある。前者の場合でもHOICは後者と同様のマージンを取得する。また前者は収穫期でHOICのエレベーター荷受が混雑している場合や組合員が十分な農場内保管施設を持たない場合などに生産者にとっての利便があるが，後者はHOICの大きなエレベーター保管容量がクッションになってLincolnwayに対する定常的な原料供給フローを確保する上で不可欠である。ヒアリング調査を行なった2009年の場合，HOICのトウモロコシ集買量が3,500万～3,600万ブッシェル，うちLincolnwayへの供給量が2,100万ブッシェルだった（集買量の約6割）。

したがって出資者以外の幅広いトウモロコシ生産者にとっては，直接的な付加価値創出・還元事業というよりはHOICとLWEの原料トウモロコシ長期供給契約をつうじた，トウモロコシの新たな域内市場創出という間接的な意義が期待される性格を持つことになった。なおHOICとのトウモロコシ長期供給契約は，工場の操業確保という観点から，CoBankによる融資の条件の一つでもあった。

最後にRed Trail Energy, LLCは，その創設までの経緯を見ると，2003年にRichardton市長A氏，種子販売代理企業社員B氏，トウモロコシ生産者C氏ほか11名が「このノースダコタ州西部にエタノール工場を建てよう」と発案したが，その立地上の理由は，燃料源としての炭田が近くにあること，西海岸の燃料エタノール市場（特に人口・自動車台数の多いカリフォルニア州は使用義務量＝需要量が多いがエタノール用トウモロコシ生産はほとんどない。）およびDDGS飼料市場（西部諸州のメガデイリーやメガフィードロットなど）へのアクセス優位だった。上記11名を含む21名が事業着手のための資金200万ドルを出資し（1人平均10万ドル近いからかなりの多額。事業が成功裏にスタートしたら1ドル出資が3ドル出資に転換される条件），州政府農産物利用事業（Agricultural Products Utilization, APU）プログラムから補助を受けて事業可能性調査（feasiblity study）および事業コンサルタント委託を行ない，2003年7月にLLCを創設，2004～2005年にかけて工場建設計画を確定した。

プロジェクト投資額1億ドルのうち，銀行融資が6,000万ドルとなったので4,000万ドルを出資募集することになった。約150回の説明会を開催し，合計917名（う

ち農業者約300名)から目標どおり4,000万ドルの応募があった。上述のように非農業者の方が主体となることから組織形態をLLCにし，全ての出資者に対して出荷義務も課していない。

## (3) 企業立地・操業に対する連邦政府，州政府，自治体からの支援措置

　第2節でコーンエタノール部門の劇的拡大をもたらした連邦政府の政策について検討し，ガソリン燃料への混合＝使用量義務RFSのほかにも，エタノール売上税減税，輸入エタノールに対する禁止的高関税，一定以下の小規模メーカーに対する助成措置があったことを見た。ここでは州政府および自治体レベルでの支援措置を中心に，事例企業に即して検討したい。

　表2-14にあるように，いずれも連邦政府以外からの支援措置を受けているが，情報がもっともまとまっているLincolnwayから見ると，①の連邦政府による小規模メーカー向け減税150万ドルのほかに，②アイオワ州政府経済発展省から（ア）農業の付加価値化（日本的に表現するなら「6次産業化」）のカテゴリーで10万ドルの助成と30万ドルの無利子融資を，（イ）また雇用創出のカテゴリーで新規投資額の10％相当額の免税，および工場建設中の売上税等の全額還元21.4万ドルを受けている。

　さらに立地自治体であるNevada市との関係でも，③開発地域固定資産税減税・漸増課税（tax abatement）制度による減税総額498万ドル，④工場敷地を含むゾーンがTIF（Tax Increment Financing）指定を受け，20年までの固定資産税が工場建設前の資産価値にもとづく水準に固定され，建設等にともなって漸増する固定資産税部分は別基金に回されて将来の累積増収分による償還を前提にした債券発行によって，当該ゾーンのインフラ投資210万ドルを受け，同工場への原料・製品搬出入用道路・引き込み線整備，上水道・排水渠整備などがなされている。

　Glacial Lakesの場合，特徴的なものとしてサウスダコタ州州政府自身による出資株の買い取りと出資者に対する補助金（1名600ドル）がある。その他ではWatertown市が工場用地の整備・売却，工場敷地まで市の境界を広げることで安価な用水供給を可能にし，また新たな送電線システム整備も負担している。そしてLincolnwayの場合と同様に，固定資産税減税（tax abatement）およびTIF区域指定によるインフラ整備支援も提供している。ノースダコタ州のRed Trail

表2-14 生産者・住民所有型コーンエタノール企業に対する州政府・自治体の支援措置

| 名称 | Glacial Lakes Energy, LLC (GLE) | Lincolnway Energy, LLC (LWE) | Red Trail Energy LLC (RTE) |
|---|---|---|---|
| 支援の内容 | ①州政府からは，エタノール製造業者インセンティブが第1次，第2次出資募集に対してあった。内容は(ア)出資株の買い取り，(イ)出資者に対する1人当たり600ドルの補助（Corn Utilization Credit Grant）。(ウ)州交通省・連邦政府基金による一部補助で引き込み線を敷設（補助残はGLEが償還）。②市の開発公社であるFocus Watertown（市，水道・天然ガス・電気のユーティリティ供給公社，学校区，郡の公的セクターが40%，民間セクターが60%出資で基金）が100haの工業用地を購入・整備して，その一部をGLEに売り渡した。③市の境界をこの工業用地を含むように拡張したが，その目的はユーティリティの販売量を増やすため，販売税・固定資産税を増やすためであったと同時に，GLEに対しては，ユーティリティ価格が非常に安い，市の井戸・水道システムから水を供給している。なお工場排水はほぼ100%リサイクルされており，工場外への排水処理はほとんどない。④新たな送電線システム。⑤TIF区域にしており工場用地全体として250万ドルをインフラ整備に当てた。⑥固定資産税減税（property tax abatement）を適用して1年目は本来税額の20%に減額，以降5年後に100%課税とした。 | ①連邦政府の小規模エタノール製造業者（60MGY未満）向け減税150万ドル。②アイオワ州経済発展省（IADED）の，(ア)付加価値農産物・加工財政支援プログラム（VAAPFAP）で，10万ドル助成と30万ドル無利子5年融資。(イ)新規雇用促進プログラム（NJIP）で，新規投資額の10%相当額税免除と工場建設中の売上税，サービス税，使用料税を全額還元21.4万ドル。③アイオワ州制度にもとづく開発地域固定資産税減税・漸増課税制度（1年目75%，2年目60%，3年目45%，4〜20年目42%）の総額498万ドル。④工場敷地を含むゾーンをTIF（Tax Increment Financing）制度（20年以内の指定期間中に新設・改築された工場その他の固定資産をそれ以前の税額に固定して，それを上回る，そして開発に伴って増額する固定資産税部分は別基金に回す。そして期間満期までに累積する基金による償還を前提とした債権TIF Bondsを発行し，当該地域のインフラ投資に使う）の指定地区にし，210万ドルのTIF債権を発行して，LWE向けに直近ハイウェイの大型トラック用強度舗装と旋回レーン設置，工場出入口への進入道路と同減速レーン敷設，工場敷地内の上水整備，基幹雨水渠設置。 | 事業可能性調査とコンサル業務委託費を州APUCより助成，その他はTIF（Tax Increment Financing，将来の固定資産税増収見込み分を使って，土地開発・インフラ整備）の適用を受けた。 |

資料：各社，立地市長，関連農協などからのヒアリング。Lincolnway Energyについては，Nevada Economic Development Council, *Lincolnway Energy Project*, も参照した。

ではやはりTIFの指定を受けていた。

　コーンエタノール企業立地に対して，州政府と自治体もその創設，誘致に向けて，大変な厚遇をしていたことがわかる。


**（4）農業者・地元住民所有型コーンエタノール企業の出資者・地域への効果**

　そのような厚遇に対して，当該企業はどのような還元効果をもたらしたのだろうか。

　まず出資に対する直接的な還元，つまり出資配当について整理しておこう。

　第4節（2）で類型別エタノール企業の財務状況を分析したが，これら地元所有・専業型企業は「ジェットコースター」のように激しく純利益率を変動させて

おり，したがって配当率（一般株主資本配当率）はGlacial Lakesが12ヶ年度平均12.6％，Lincolwayが9ヶ年度平均7.5％と相対的に高いものの無配年度も多く，その変動係数は170～180％と著しく大きかった（前掲**表2-9**）。Red Trailの場合は2007年度の操業開始以降，2014年度に初めて配当をしている。要するに儲かるときは儲かって，借入金を返済して配当も大盤振る舞いするが，損失を出すこともしばしばで，その意味で事業・企業体そのものが投機的な存在とさえ言えるほど変動が大きいのだが，借入金償還を優先するためにも，「事業存続のために」頻繁な無配が地元所有型ゆえに出資者に受け入れられてきた，それゆえに存続できてきたとも言える。

こうした不安定な配当状況を経て，これまでに出資者の投資がどれだけ回収されたかを見ると（**表2-15**），Glacial Lakesはこれまでの12ヶ年度中6ヵ年度の現金配当累積額が5,991万ドルに達しており，これは一般出資株組合員資本額の158％に相当するから，出資者達は出資元本を取り戻した上で，ネットのリターンを得ていることになる（利子率・インフレ率は考慮していない）。Lincolnwayの場合，これまでの9ヶ年度中4ヶ年度の現金配当累積額が2,640万ドルであり，一般出資株構成員資本額の68％に相当する。出資者達はなお出資元本を取り戻してはいないが，それでも3分の2程度までは回収していることになる。2014年度に初めて現金配当をしたRed Trailの場合は，まだまだこれからであるが，「バブル」とその後の「利潤危機」の時代を少なくともここまでは乗り切って生き残ってきたことには意味があろう。

以上を要約すると，トウモロコシ生産者・住民出資型の小規模エタノール専業企業は，第一に部門全体で見た場合，その比重は前掲**表2-3**で見たように2006年

**表2-15　生産者・住民所有型コーンエタノール企業の出資額に対する累積還元額の状況**

| 名称 | Glacial Lakes Energy, LLC (GLE) | Lincolnway Energy, LLC (LWE) | Red Trail Energy LLC (RTE) |
|---|---|---|---|
| 累積還元額とその出資資本に対する比率 | 2014年度までの財務諸表によると，2004年度，06年度，07年度，08年度，12年度，14年度に現金配当をしており（配当金資本留保もした），その累計額5,991万ドル，一般出資株組合員資本額平均が3,798万ドルなので，出資額の158％が還元されたことになる。 | ①2008年度までで1ユニット当たり累計550ドルの配当をしてきた。②財務諸表によると，2006〜2014年度のうち，07，08，10，12の4ヶ年度に現金配当し，その累計額2,640万ドル，一般出資株構成員資本額平均3,908万ドルなので，出資額の67.6％が還元されたことになる。 | 操業開始以来，純利益は長期負債の返済に充ててきた。2014年度に初めて現金配当した。200万ドルなので，これまでの一般出資株自己資本額平均3,780万ドルのうち，5.3％の還元。しかし「エタノール・バブル」崩壊以前に事業を始めたので，現在も事業が継続していることが重要。 |

資料：各社からのヒアリング，および財務報告書10-Kより。

の42.3％（公称能力ベース）をピークに低下し，2012年には16.6％まで低下しているから，エタノール産業部門全体としては生産者・地元住民へ付加価値の一部を還元していくという性格が弱まっているのは確かである（ただし絶対的な能力規模が減少しているわけではない）。

しかし第二に，本章で確認できたのは直接に調査した3企業の事例にとどまるものの，急拡張，「バブル」，そして「利潤危機」の過程を生き残ってきた企業においては，「バブル」を享受できたかどうか（その時点で操業開始していたかどうか）にも大きく依存するのだが，生産者・地元住民の出資元本を累積配当によって償還した上でネットのリターンを供与している事例もあり，また出資元本を償還できてはいなくとも一般的な出資に対するリターンとしては変動は大きいものの中期的平均としては低くない配当を還元している事例も見られた。これら「ジェットコースター」的変動過程を生き残った企業については，出資した生産者・農村住民にとって配当という直接的経済還元の意義を持ったと言うことができる。

ただし最低出資額の設定が高く設定されている場合には，経済還元はその最低必要額を負担しえた相対的に富裕な階層に偏って配分されることになっている。

最後にそれぞれの企業が立地した地元自治体首長等の，立地効果に対する見解を見ておく。上述のように，こうした首長や自治体経済開発団体は当該企業の創設・工場誘致に極めて熱心で，現実に厚遇で処してきたサイドなので，その主観的見解は当然ポジティブな評価になっているが，北中部農業地帯農村において，地元所有型コーンエタノール工場の地域経済社会への「積極的な貢献」に関する正当化言説がどのように形成されているかについて，参照にすることはできよう。

表2-16によると，Glacial Lakesの本社と第1工場が立地するサウスダコタ州Watertown市長は，まず同市の経済発展政策がかなり大がかりな企業誘致施策として展開されてきたことを前提として，それ自体が市の過去10年間の人口増加と低い失業率に端的に現れているように「成功」していると評価している。その上でGLE誘致についても地域経済に対して農業コミュニティの所得増をもたらしているとし，市財政にとっても製品販売税と固定資産税の歳入増，およびGLEが大量消費することによって市事業として供給する天然ガス全体が大口割引の適用を受けられるようになったことを「メリット」として評価している。そしてこれら「メリット」によって，送電線敷設，固定資産税減税，市境界拡大による用水

第2章 アグロフュエル・ブーム下のコーンエタノール部門の動向と構造変化　107

表2-16　生産者・住民所有型コーンエタノール企業の立地効果に関する地元市長等の見解

| 名称 | Glacial Lakes Energy, LLC (GLE) | Lincolnway Energy, LLC (LWE) | Red Trail Energy LLC (RTE) |
|---|---|---|---|
| 地元市長等の見解 | 【市長の見解】Watertown は企業を熱心に誘致し，各種製造業（重機械，医療機器，電気機器3社，多くの部品メーカーなど）が進出している。①GLE はその一つだが，市経済の収入を増やしている。②農業コミュニティの所得を増やして消費が伸びたり，子供を大学にやれるほどになった。③2%の販売税と1,000ドルにつき2.5ドルの固定資産税が市歳入となっている。④GLE 工場が市のその他全部を上回るほどに大量に天然ガスを使用するので，市は天然ガス購入で割引を受けられるようになった（ただしGLE 工場へのパイプ敷設は市が負担）。⑤企業誘致によって市の人口は10年間で10%増加して22,000人になっているし，失業率も4%と低い。新送電線敷設，固定資産税減税は，天然ガス売り上げ増で十分元を取っていると認識している。 | 【市長の見解】①LWE への出資者への良好配当が所得増となり，地元で支出されて市経済に好影響。②インフラ整備，固定資産税減税，TIF といった支援は10年程度で販売税（7%のうち1%が市へ）や固定資産税の増収で元が取れるようにという計算。③税収以外の便益は限定的。④市の社会条件に対して不利益はなく，環境面でも今までのところ地元社会にとって「非常に良好な企業パートナー」。【Nevada 市経済開発評議会事務局長の見解】①地元住民投資家への配当が地元経済で循環。②地元に居住する従業員が住宅建設と消費支出することによる波及効果（ただし人口8万人のStory County で消費するとして，そこにはAmes 市もあり，Nevada はそのうちの人口6,800人の一つの市）。③従業員の子弟も地元居住するので学校システムに有益。④工場建設時にはおおきな経済効果があった。⑤トウモロコシの地域市場価格も上がったが農地価格も上がった（後者はデメリットになるかも知れない）。【LWE 社長の見解】①45名の雇用創出。②地元のモテル，カフェ，ガソリン・スタンド，荒物店などに限界的な利益を与えた（新しく企業が興されたわけではない）。 | 【市長の見解】①雇用が創出され，新しい若い世代が必ずしもRichrdton とは出ていかないが，この一帯に住むようになった。②Richardton 自体も前回人口センサス 550人が現在 650人になっている。群の学校区も昨年生徒が15人増えた。しかしこれらは Red Trail Energy によるものでなく，州西部でのシェール石油ブームによるもの。③工場は市域の外側なので固定資産税は郡の歳入となり学校区予算にまわる。市としては市内に建ったガソリンスタンドの売上税（2セント/ガロン）が大きい。④市の予算は年間 25万ドルだが，売上税と州基金に頼っている。州基金は各地域の石油産業からの税で潤っている。⑤石炭火力だが州規制に従っており異臭もない。トラック交通は増えたが州際高速道路と工場の間であって市域には影響しない。⑥最大のメリットは，「この街は明るくて進歩しており，死につつあるタウンではない」というイメージ。【ノースダコタ州立大学 D 教授のコメント】(1)コーンエタノール企業は連邦・州政府の優遇・助成（RFS 含む）なしには決して生き残れない。ND 州等で膨大なシェール油田・ガス田の開発が進んでいるので，もはや政府はエタノールに補助金など出したがらなくなる。(2)エタノール工場は建設時には多くの雇用をもたらすが，建設後には資本集約的なので大した雇用数ではない。ただし農村部の小規模タウンにとってはインパクトはある。(3)他方でエタノール工場は大量の水を消費するから，小規模タウンへの逆インパクト大きい。(4)また ND 州西部のような立地ではトウモロコシの集荷もエタノール等の出荷も遠距離となるから，トータル二酸化炭素排出量（footprint）は大きくなってしまう。 |

資料：立地市長等からのヒアリング。

の安価供給といった支援は「十分元を取っている」と考えている。

　次にLincolwnwayが立地するアイオワ州Nevada市長も，LWE出資者への良好な配当が所得増となって，地元で支出されて市経済に波及効果を与えているとみている。ただし調査を行なったのが2009年5月という2009年度途中であり，エタノール部門が「利潤危機」期に入る中でLWEも2009年度が最終損失に陥って無

配となる事態がまだ認識されていない時点だったことも留意する必要がある。市財政にとっての影響も，インフラ整備，固定資産減税，TIFといった優遇措置は，製品販売税と後年の固定資産税増額で「元が取れる」計算であるとしている。しかし税収増見込み以外でのメリットは限定的ともしている。同市経済開発評議会事務局長も配当所得の地元経済への波及効果を評価するが，それは必ずしもNevada市という狭い域内に集中するものではないことを認めている。また工場建設時には9,000万ドルという大きな規模の投資が小さな町になされたので，「大きな経済効果があった」のは当然だが，それは一過性のものに過ぎない。また農業者への影響としてトウモロコシの地域市場価格が上昇したこと，その影響で農地価格が上昇したことを指摘している（後者は必ずしも農業者にとってメリット面ばかりではないことが認識されているが）。加えてLWE社長は45名の雇用創出をあげていた。

最後にRed Trailが立地するノースダコタ州Richardton市長も，第一の効果として雇用創出（42名）をあげている。その他に人口増，市予算の二大財源のうち売上税が工場立地にともなう自動車出入り交通量の増加に対応するために市境界内に建設されたガソリンスタンドによって増えたこと，州基金が潤沢化したことをあげている。ただし人口増と州基金の潤沢化は同州西部におけるシェール石油ブームによるものである (15)。そして「最大のメリット」は「この町は明るくて前進しており，『死につつあるタウン』ではない」というイメージ（自他の中に生まれた主観的な感触）なのだという。

いっぽう州立大学のある教授はより客観的・冷徹な評価をしており，それは(ア)コーンエタノール企業は連邦・州政府の優遇・助成（RFSを含む）なしには決して生き残れない存在だが，ノースダコタ州などでシェール油田・ガス田の開発が進んでいるので，やがて政府はエタノール支援をしたがらなくなる。(イ)エタノール工場は建設時こそ多くの雇用をもたらすが，その後は本質的に資本集約的（装置型）産業なので資本規模に対して雇用数は限られている（実際50MGY・1億ドル規模の工場で雇用はせいぜい45名程度）。ただし人口数百人といった農村部小規模タウンにとってのインパクトはある。(ウ)他方でエタノール工場は大量の水を消費するから，小規模タウンへの負のインパクトが大きい。(エ)そして個別RTEに関して言えば，ノースダコタ州西部という降雨量が少なく域内トウ

モロコシ生産が広がりがたい，そして人口希薄で自動車燃料需要量もごく限られた地域に工場立地すれば，トウモロコシ集荷圏もエタノール出荷圏も広大・遠距離になるから，トータルの二酸化炭素排出量（carbon footprint）は余計大きくならざるを得ないと指摘している。もっぱらエタノールブームにあやかって工場立地・建設・操業をするプロジェクトが内包する本質的弱点を射貫いていると言える。

## 第6節　本章の小括―アグロフュエル・ブーム下のコーンエタノール部門構造の到達―

　ここまでの分析結果を，第1節（2）で示した課題に即して要約し，アグロフュエル・ブーム下でコーンエタノール部門に生じた構造変化の意義をまとめたい。

　第一の課題として，アメリカにおけるアグロフュエル・プロジェクトの中軸をなしたコーンエタノール政策展開の特徴と推進主体についてであるが，1970年代から2000年代前半までの時期には，早期からトウモロコシ化工（wet corn milling）部門トップ企業の地位を確立していたADMという個別アグリビジネスの利害を直接に反映するものとしての性格が色濃かった。すなわち，トウモロコシ由来甘味料（果糖ブドウ糖液糖典型）需要の季節変動性からくる工場稼働率の変動を「克服」するために，同じトウモロコシ化工設備からフレキシブルに生産可能な燃料エタノールの「需要」を創出するために，主として自動車排気ガスによる大気汚染緩和のためのガソリン添加剤「市場」を拡大するための政策が追求されていた。

　しかし一方で1990年代になると甘味料の最大の使用製品である清涼飲料水そのものの需要停滞を迎えてADM（やCargill）というトウモロコシ化工アグリビジネスが一層大きな燃料エタノール市場の創出を必要とするようになったこと，他方でdry corn milling式のエタノール専業小規模メーカーが新世代農協等のトウモロコシ生産者による自己生産物付加価値事業として広がりを見せることによって，燃料エタノール市場の拡大がひとりADMの個別企業利害にとどまらない「業界」利益になるに及んで，従前の税制優遇や工場建設補助金とは次元を異にする強大なエタノール産業拡張政策が登場した。それが2001年9月11日同時多発テロを契機とするアメリカの中東への戦争介入を奇貨とした「中東原油への依存軽減

によるエネルギー自立と国家安全保障」という強力な「正当化言説」で武装された,膨大なコーンエタノール使用義務政策＝「再生可能燃料基準RFS」だった(その第一弾が「2005年エネルギー政策法」によるRFS,第二弾が「2007年エネルギー自立・安全保障法」によるRFS2)。これこそがアメリカにおけるアグロフュエル政策の中核として,コーンエタノール部門の劇的な成長をもたらすことになった。

　第二の課題として,RFS政策によってその生産規模において2005年の21.3億ガロンから2008年の92.4億ガロン,2013年の133億ガロンにまで急拡大したエタノール部門は,この過程で大きく構造が変化した。

　まず2005〜2006年の「エタノール・バブル」を含む劇的拡張期に,構造再編第一段階が進行した。その内容は,農業者・地元投資家所有型企業優位から,非地元型・「大規模アグロフュエル企業」優位へのシフトである。その過程でVera Sun, US BioEnergy, Aventine Renewableを典型とする第一世代新興大規模アグロフュエル企業が台頭した。これらの台頭には,貨幣資本の過剰を抱える金融市場からの多額の資金提供が寄与したものと考えられる。

　しかしその後エタノール部門は,その劇的拡張自体による需要急増がファンダメンタルズ要因となった原料トウモロコシ暴騰と,これまた劇的拡張自体が生み出した能力過剰を一因とする(他の要因は原油＝ガソリン価格下落)製品エタノール価格下落に挟撃されて,「利潤危機」に陥った。この「利潤危機」が構造再編第二段階をもたらした。その内容は,第一世代新興大規模アグロフュエル企業および多くの中小メーカーの経営行き詰まり・破綻である。そこでは「バブル」を当て込んで金融市場から大量流入した過剰貨幣資本が,「利潤危機」に逢着して一挙に引き上げられたために生じた急激な信用収縮も,大きな要因となった。とりわけ第一世代新興大企業の極めて短期間における台頭と消滅のプロセスは,コーンエタノール産業が異常に膨張した過剰貨幣資本の動きに金融市場を介して連動することによって,いわば部門丸ごと「投機的」な性格を帯びるようになっていることを示唆している。

　こうして行き詰まり・破綻した第一世代新興大規模企業や中小メーカーの「屍」(操業停止や清算売却に回された工場群)を「糧」(相対的に安価で買い取る)として,第二世代新興大規模アグロフュエル企業が登場したのだった。

　第三の課題として,これらの結果,今日のコーンエタノール部門は,多国籍穀

物複合体型のADM，エタノール専業巨大ネットワーク型のPOET，多国籍エネルギー複合体型のValero，コーンエタノール垂直統合体型のGreen Plainsという年産10億ガロン超えの４強を最頂部に抱え，その下に２億〜７億ガロンクラスの７社程度，その下に１億〜２億ガロンクラスの中企業30社程度，最下部に１億ガロン未満の小企業90社が階層的に存在する構造になっている。そして上位企業（３社，５社，10社）による集中度は2010年をボトムに上昇傾向にある。

　ここで最上位部分に形成された大規模アグロフュエル企業の諸類型であるが，多国籍穀物複合体型（ADM）は1980〜1990年代を通じて穀物関連（流通・加工・貿易）セクターの複数の系列に多角化しつつ，それぞれの系列を構成する水平的各段階で寡占的集中度を達成しつつ垂直的な統合を遂げるという「多角的・寡占的垂直統合体」体制を確立し，さらにそれをグローバルに多国籍化した企業類型である。

　エタノール専業巨大ネットワーク型（POET）は，「利潤危機」以前はエタノール工場の設計・施工管理・運営サービスを主業務としていたものが，「利潤危機」で行き詰まった（自社が建設・運営サービス提供をしていた）18の小規模企業（うち16が地元所有型）を，それらに対する地元生産者・住民の出資は残しつつ自社が資本参加することで一種のジョイントベンチャー化して，買収必要資金額を抑えながら事実上ネットワーク傘下に吸収するという手法で一挙に巨大化したタイプである。しかし非公開企業でかつ極度に秘密主義的な体質であるため，残念ながらその詳細はつまびらかにしえない。

　多国籍エネルギー複合体型（Valero）は，元来精製・元売り・小売を統合した石油エネルギー統合体企業だったものが，第一世代新興大企業の代表たるVeraSun破綻後に，その全10工場（建設中除く）のうち９工場を買収して，一挙大型参入を遂げた企業である。

　そしてコーンエタノール垂直統合体型（Green Plains）は，「バブル」期に自社建設でエタノール部門に参入していたが，その後積極的な工場買収で短期間のうちに巨大規模化した。それと併行して，原料トウモロコシ等の集買事業（穀物流通事業），燃料エタノール混合・配給事業，製品エタノール・副産物DGS販売事業へと，コーンエタノール製造を核に後方と前方へ垂直統合を進めた企業である。

これらに，地元所有・専業型小企業を合わせた諸類型（POETは除く）の財務と稼得の動向・構造を見ると，多国籍穀物複合体型のADMは，売上高で見た企業規模では多国籍エネルギー複合体型Valeroに及ばないものの，高位安定的な総資本利益率を達成し，配当についても平均するとADMより高い地元所有・専業型小企業もあるが，後者と違って決して無配に陥ることがない。これは多国籍穀物複合体ならではの事業構造体質，すなわち前述のようにコーンエタノールがトウモロコシ化工のフレキシブル生産体制の一環に組み込まれていること，それを含むトウモロコシ加工事業部門ですら企業全体の売上高のうち10％弱を占めるというリスク分散型で多角的な稼得構造からくるものである。

　次いで多国籍エネルギー複合体型のValeroは，いわゆる石油メジャーとしては中規模ながらADMを上回る売上高規模を有す。しかしその総資本利益率は，原油価格の大きな変動をほぼまともに反映する形で，不安定なものだった。コーンエタノール企業としては最上位クラスだが，同事業部門は企業全体においては売上高ベースで4％程度を占めるに過ぎないのである。この限りにおいて，多国籍エネルギー企業のアグロフュエル分野への進出・複合体化は，今までのところ良好なパフォーマンスを実現できていないと言える。

　コーンエタノール垂直統合体型のGreen Plainsは，総資本利益率がADMには劣るものの安定的であり，年度毎に見ても原料トウモロコシ価格が高騰した時にはエタノール生産事業での利益が赤字になっても穀物取引を中心とするアグリビジネス事業の黒字でカバーし，その逆は逆という形で，トウモロコシ－エタノールの線に沿った垂直統合体企業としてのメリットを発揮している。

　いっぽう地元所有・エタノール専業型小企業は，3つの企業で（特に操業開始時期に規定された）差があるものの，概して中期で見た平均的な利益率や配当率は高いものの，いずれも著しく不安定である。即ち年度毎には高い総資本利益率を上げる時と大きな純損失の時とがあり，また中期の期間において半分程度は純損失やそれによって膨張した負債償還のために無配となっている。これは一面では，生産者・地元住民出資型なので，出資者にとって当該企業は単なるポートフォリオだけに止まらない意義なり期待（自己生産物の高付加価値化や地元経済振興効果）があること，出資持ち分（出資株）の流動性が公開株式会社のようには存在しないことから，そうした頻繁な無配を甘受する・させることができるという

性格と密接に関係している。また他面では，それがゆえに，あるいはその「借りを返す」ために，高利益時には非常に高率の配当で報いることが経営陣に求められるという構図でもある。

かくして，これら地元所有・エタノール専業型小企業というミクロのレベルにおいても，地元出資者にとっての当該企業への投資は「投機的」に近い「ハイリスク・ハイリターン」な性格を持っているのである。

なお前掲**表2-1**に示したように，再生可能燃料基準の毎年の最終的決定に関して，EPAは2014 〜 2016年度の3ヵ年度について2007年エネルギー自立・安全保障法による法定量を下回るRFSを決定せざるを得なくなっている。このことやシェール石油・ガスへのエネルギーシフト政策の兆しを考慮すると，今後は間歇的ではあっても「ハイリターン」な局面がおとずれなくなる可能性も出てきたと言わざるを得ない。

そしてより根源的には，第2節で検証したエタノール政策の展開，とりわけ2007年エネルギー自立・安全保障法によるRFS2具体化におけるライフサイクル温暖効果ガス排出量評価に際して，EPAは業界・政界の異論に「応じ」て，「天然ガス燃料の最高技術」および「バイオマス燃料」以外の在来コーンエタノール工場まで「再生可能燃料」基準（ガソリン比温暖効果ガス20%削減）を「満たす」という「決定」への変更を行なったことに見られるように，生産者・地元住民出資型と言えども，真の意味で「再生可能燃料」生産工場であることは立証されていない。したがってそこから自己生産（ないし地元生産）トウモロコシへの付加価値がもたらされ，それが純利益を生み，出資配当として還元されたとしても，あるいはさらにそれが地元経済に多少の波及効果をもたらしたとしても，それらは科学的根拠が薄弱なまま，国策産業としての「穀物関連セクター」の維持を国家財政から国内外・全世界の消費者・実需者へ負担転嫁しつつ，同時に過剰蓄積された農業・食料関連資本や貨幣資本に新たな蓄積機会を提供するためのアグロフュエル・プロジェクトによって，人為的に「創出」された寄生的利潤（の「分け前」）という点で，巨大アグロフュエル企業が享受しているのと同質のものと言わざるを得ない。

その意味で，生産者・地元住民出資型コーンエタノール企業の活動を，従前の，市場遠隔地穀作農業生産者が自らの所有と管理・運営によって付加価値事業に乗

り出してその成果を自己経営や地元地域に還元・留保する新世代農協に代表される協同の取組（磯田 2001：pp.232-250，磯田 2011：pp.50-55など）と同列に論じることは，残念ながらできない。

【註】
（1）「アグロフュエル」と「バイオフュエル」との用語区別について，Holt-Giménez, Eric and Annie Shattuck（2010）は，「アグロフュエル」はそのほとんどが大規模な農産工業（large agro-industiral scale）でトウモロコシ，サトウキビ，大豆といった作物を原料に，かつ大部分がグローバル市場向けに製造されるエタノールとバイオディーゼルであるとし，小規模・非工業的で自営業者が地元利用向けに製造することの多い「バイオフュエル」（例えば農山村住民による伝統的薪炭生産など……磯田）と明確に区別する（Holt-Giménez and Shattuck 2010: p.76）。またMcMichael（2012）は，「アグロフュエル」は包括的な意味でのバイオフュエル（生物由来燃料）のうち，食料作物を燃料作物との競合・代替関係にさらすものとして意味づけている（McMichael 2012: p.61）。本書では両者の見解を継承し，「アグロフュエル」を「食料作物，あるいはそれと土地（等の資源）利用競合をもたらす栽培植物を原料として，大規模・工業的に生産され，広域・世界市場向けに販売される農業由来燃料」の意として用いる。
（2）McMichael（2005）（2009）（2010a）（2010b）（2010c），Holt-Giménez and Shattuck（2010），Borrs et al.（2010）。
（3）この部分の詳細は，本書の第1章第6節を参照。
（4）高田（2015）p.115，p.128など。
（5）高田（2009）の，とくにpp.241-245およびpp.258-274など。
（6）高田（2015）pp.148-156，pp.337-338。
（7）高田（2015）pp.217-226。
（8）本書において新自由主義とは，以下の意味で用いている。すなわち，①本質的には第二次大戦後「福祉国家」をつうじて経済的・政治的な利益と権力配分における譲歩を余儀なくされた支配的資本（多国籍企業）による，譲歩の奪還と蓄積条件再構築のための一大政治的プロジェクトであり，②「あらゆるものの私的商品化，徹底的な自由市場・自由貿易，最小限の政府と規制，それらを基礎とする無制限自由な企業活動こそが，経済社会の富と福利を最大化する」という新自由主義の「原理」「理論」は，①の目的に必要な「構造改革」などの諸手段を正当化し権威づけるための「理論的ユートピアニズム」である。それゆえ①の目的達成のためには，②の「理論」に反する国家や超国家的機関による介入や強権発動もいとわない。磯田・佐藤（2013）p.1，ハーヴェイ（2007）p.10およびpp.29-34。
（9）またLeopold（2015）は，以下にみるように，「新グラムシ主義のヘゲモニー論」に拠りながら，アメリカにおけるコーンエタノール産業の確立過程で，強力な超国籍

アグリビジネス企業階級，とりわけADMのアンドレアス（Dwayne Andreas）最高執行取締役（1971～1991年在職）が，政府との癒着をつうじた物質的な支援体制構築だけでなく，コーンエタノールというアグロフュエルを正当化する言説のヘゲモニー構築に果たした重大な役割を明らかにしている。

(10) 日本スターチ・糖化工業会『コーンウェットミリング』(http://www.starch-touka.com/cornwetmiting.html)，2015年7月11日閲覧。

　なおこれに対して，日本で「乾式製粉」等と呼ばれるdry corn millingは，粉砕用突起（ハンマー）を備えたミル（ハンマーミル）で物理的にトウモロコシ穀粒を3～5mm程度に破砕することから始まる。そこからのエタノール製造工程は，穀粒に水と再生スティレージ（発酵後のエタノール蒸留粕から遠心分離で飼料用残留物を除去した再生水）を加えて蛋白質，非澱粉結合脂質などを溶出させた澱粉スラリー（パルプ状）またはマッシュを作り，それを連続式蒸気加熱器（ジェットクッカー）を通して糖（グルコース）への分解に重要な糊化を促す。その上で澱粉分解酵素（アミラーゼ）で糖化し，それを発酵タンクに送って酵母によってアルコールに分解するのである。その後は基本的に蒸留してエタノール濃度を上げるいっぽう，ホール・スティレージ（液状蒸留粕）を遠心分離機にかけてウェットグレイン（それはさらにいくつかの程度に種別される水分除去を経る）とシン・スティレージに分け，後者をさらに蒸留して濃縮シロップ（溶解物ソリュブルズ）とし，両者を適宜混合・再乾燥して乾燥ディスティラーズ・グレイン・ウィズ・ソルブリュズ（Dried Distiller's Grain with Solubles, DDGS）と呼ばれる蒸留粕飼料をえる。なお今日では大半のdry corn milling式エタノール工場が，ホール・スティレージとシン・スティレージの2段階でトウモロコシ油を遠心分離抽出して販売している（主としてバイオディーゼル用）。以上について，アメリカ穀物協会（U.S. Grains Council）日本サイト（http://grainsjp.org/report_category/ddgs-report/）掲載の『DDGSユーザーハンドブック（第3版）』第2章および同協会副代表・坂下洋子『協会活動と米国DDGSの供給見通し』（2009年12月3日講演資料）を参照した（2015年7月12日閲覧）。

　このdry corn milling方式によるエタノール製造の，wet式と比べた最大の特徴は，物理的破砕・加熱・浸水したトウモロコシの全構成物質をそのまま糖化・アルコール分解過程に持ち込むこと，したがって主製品はエタノールだけであること（副産物はあくまでエタノール蒸留粕からの抽出），換言すると工場・施設の他用途利用ができないこと，しかしながら工場・施設建設費が相対的に小さいこと，である。この点が，より資本重装備ではあるが非常に多様な製品をフレキシブルに製造するwet式エタノール企業たるADMおよびCargillと（Aventin Renewable Energy, Inc.も6工場中1工場にwet設備を有する），他のdry式エタノール専用工場を経営する他企業との大きな違いでもある。

(11) *Federal Register* Vol.75 No.58, March 26, 2010。

(12) ADM以外でコーンエタノール産業で先行した新世代農協として，トウモロコシ化工型（wet corn milling）でそもそも亜硫酸液浸漬法で分離した澱粉質から果糖ブ

ドウ糖液糖（異性化糖，HFCS）をはじめとする各種高次加工製品を製造する目的で1980年に創設されたMinnesota Corn Processors, Inc.（経営困難から2002年にADMが買収），トウモロコシ製粉型（dry corn milling）でエタノールを得る専業型メーカーで，1990年に創設されたChippewa Valley Ethanol Co.（現在も新世代農協として継続）の事例について，磯田（2001：pp.236-250）。

(13) なお農業・食料政治経済学における「複合体」という用語は，(A) 世界資本主義の歴史段階的蓄積様式に照応した国際農業・食料諸関係としてのフードレジームを構成する枢要的な農業・食料商品連鎖としての概念（元来のフードレジーム論におけるcomplexes），(B) 農業・食料，燃料，バイオテクノロジー，自動車等の多国籍企業提携・同盟と国家的・超国家的公共諸機関や大学・研究期間とを包含した，国家・超国家機関―私的資本のパートナーシップないし融合体としての概念（Borass Jr., et al, 2010: 577-579，McMichael 2009: p.290，Holt-Giménez and Shattuck 2010: p.78。「軍産複合体」「ウォール街財務省複合体」に比定されるような概念），(C) 個別企業の集積形態をその水平的集中，垂直的統合および多角化の状態から性格づける概念（磯田 2001：p.67。その場合「穀物複合体」とは「穀物関連多角的・寡占的垂直統合体」の意味で概念化されており，ADMはCargillと並んでもっとも巨大かつ代表的なそれと捉えている），がある。ここでは（C）の意味で使っている。

(14) 新世代農協の「出荷権利株」（delivery right share）については，磯田（2001）pp.232-236参照。

(15) アメリカ国内でのシェール石油・シェールガスブーム（増産）は，岩層の水圧破砕工程で使用される各種化学薬品（砂粒摩擦減少剤，塩酸，界面活性剤，不溶成分溶出防止剤，バクテリア殺菌剤）などの地下水混入，廃水の地下水混入，フローバック水回収過程での揮発性有機化合物による大気汚染やメタンガス放散による温暖効果といった生産過程での環境破壊リスク，さらにシェール石油・ガス自体を消費することによる温暖化を別としても（例えば小川順子「シェールガス環境影響シリーズ〜その1：シェールガス開発に伴う環境影響を鳥瞰する〜」日本エネルギー経済研究所・研究レポート，http://eneken.ieej.or.jp/data/4940.pdf，2015年7月28日閲覧），それが「国産エネルギー」であることによって，「エネルギーの中東依存の軽減をつうじた自立による国家安全保障」というアグロフュエル・プロジェクト，コーンエタノール政策の「存立根拠」「正当化言説」を掘り崩すものである。その意味で，シェール石油・ガスブームのメッカの一つとなったノースダコタ州西部において，コーンエタノール工場を立地させた農村タウンが一時的にせよ同ブームの「恩恵」を被っているというのは，皮肉な事態ではある。

# 第3章
# アメリカ農業構造の分析視角と穀作農業構造変動の現局面

## 第1節　問題の背景

　周知のように2006年秋から2008年夏にかけての国際穀物・油糧種子価格暴騰，その後の高位「沈静」，2010年夏から2012年にかけての再暴騰を主要因として，アメリカ農業，とりわけ穀作農業（本書では油糧種子を含む。以下同じ）は，全体としては歴史的な活況の様相を呈している。そうした「狂乱状態」の「バブル数値でアメリカ農業を語るのは控え」るという見解もあるが（齋藤 2009：p.3），こうした局面において，アメリカ農業，とりわけ穀作農業を構成する諸階層にとって「バブル」的高価格状況が何をもたらし，アメリカ農業構造の動態にいかなる影響を与えつつあるかを分析することは，「バブル」的状況の原因と性格を論じることも含めて，かえって重要であると考えられる。

　次になぜ「アメリカ」かについてであるが，日本の農業政策（研究）において，生産力的には機械化，化学化，さらに現段階ではバイテク化，情報化を基礎とする農業経営の大規模化（これらを筆者は後述のように「農業の工業化」の重要な側面と捉える）＝「農業構造改革」の必要性が，いっそう強く唱えられている。そうした政策（研究）の「焦点」から見た場合，アメリカ農業構造の分析は，農業構造改革，したがってまた「農業の工業化」という軌道の最先端あるいは波頭にいかなる「姿」が存在するのか，換言すればそうした軌道の適否を問う上で，少なくとも一つの視点を与えると考えられる。

　やや一般化すれば，そもそも農業構造問題とその研究課題とは何かに行き着く。「零細経営が多数を占めることにより，農業の生産性が低く，資本にとって農産物が割高になるような状況」（田代 2003：p.197）という規定は代表的，典型的と言ってよいだろう。筆者もそれが「資本にとって」の農業構造問題の中心的位置をなし，また日本，とりわけ都府県農業についてよく当てはまることに異議はない。しかし，この規定だけにのっとると，零細経営のシェアは非常に低く，大

規模経営が高いシェアを占め，生産性の低さは問題にならない地域や段階では，農業構造問題は「克服された」「存在しない」ということになる。しかし事を用語法のレベルで片付けないとすれば，筆者は例えば北海道（とりわけ畑作，酪農），ヨーロッパ北部主要農業地帯（フランス，イギリス，ドイツ等），さらにアメリカ，カナダ等にも依然として農業構造問題は存在していると考えており，その概念を資本蓄積との関係で次のように捉えることを提起している。

すなわち，資本蓄積のための要請に適合的な構造に農業を再編することを「資本による農業の包摂」と規定し，その要請の基本内容を，①資本の根底的な蓄積基盤，つまり家族農業経営の一挙的あるいは継続的な解体による賃金労働者創出，②資本主義経済が可能的・技術的に提供する生産力要因の受容，③それを生産力的基礎としつつ低価格農産物を供給するという総資本の利潤確保，④農業・食料関連分野の資本（アグリフードビジネス）の利潤確保，と理解する。この再編過程が農業構造変動であり，農民層の分解である（磯田 2002：pp.41-43，磯田 2004：pp.24-25）。しかしこの構造変動は，「順調に」生産力担当層を生み出すようなものである場合ですら，その過程で農業生産者，農村サイド，環境，そして農村外社会との関係で経済的，社会的な軋轢・矛盾をもたらす。それをもって農業構造問題の概念とするのである（松原・磯田 2011：pp.2-3）。

かくして本書の一般的課題は，「21世紀穀物等高価格局面」，より本質的には「企業フードレジーム第2局面」の一大特質であるアグロフュエル・ブーム下にある，今日のアメリカ農業構造問題，すなわち上述のような構造変動の過程とそこで形成されている生産力担当層の存在形態，およびそうした過程でいかなる軋轢・矛盾が生まれている，あるいは生まれる可能性をはらんでいるかを，穀作農業を素材に明らかにするということになる。

## 第2節　先行研究状況と分析課題の具体化

### （1）資本主義的農業経営の位置と性格をめぐる論争

①中野一新氏による資本主義経営優越論について

日本におけるアメリカ農業（構造）分析が少なくなっている中で，相対的に近年のものとして，まず農民層分解とそれを通じた資本主義的農業経営の形成いかんに焦点をあてる中野（1995）を取り上げたい。同論稿は1992年農業センサスの

統計分析を中心に，全農場農産物販売額の45.9%を占める販売額50万ドル以上の農場群（その数4.7万）について，1農場平均年間従事日数150日以上雇用者数が10.0人，150日未満雇用者数が18.4人であることを「主要な標識」として，「おおむね資本主義経営であることに異論を挟む余地はな」いとしている（中野 1995：p.73）。筆者にも異論はない。

続けて販売額25〜50万ドル層（農場数7.9万，農産物販売額シェア16.5%）について，アメリカ全農場の「1農場平均家族従事者数を1.5人と想定」した上で，同層の1農場平均150日以上雇用者数が1.7人，150日未満雇用者数が4.0人であることをもって，「賃金労働者に多くを依存する資本主義的性格の強い経営」と断定している（中野 1995：p.73, p.76, p.78）。しかし同センサスによると販売額25〜50万ドル層の1農場平均雇用労働支出総額24,424ドルは，同年の全米平均農林水産業労働者フルタイム相当・使用者側負担年額18,449ドル（労働者の受取賃金は15,977ドル）からすると[(1)]，1.3人相当（同前1.5人相当）である。いっぽう同階層平均の農場所得を試算してみると79,118ドルとなり[(2)]，同年の全米世帯所得中央値30,636ドルの2.6倍であった[(3)]。したがってこの階層は，一方で中間的世帯所得（労働力の価値）を大幅に越えた所得，換言すると利潤を獲得し，それだけで中間的世帯の1.6倍水準の生活を支えうる（利潤で自らを再生産できるという意味で，資本家的生活の基盤成立＝利潤範疇が小さいながら成立）。しかし他方で「賃金労働者に多くを依存する」とは言えないので，資本主義的性格が強いとまでは断言できない。

次に資本主義的な大規模経営であっても，「農産物の価格条件や生産量，栽培（飼育）期間，肥料や飼料の使用量，防除・防疫の種類や回数といった農業経営の根幹にかかわる事項について」一方的に意志決定される権限が「圧倒的に多い」契約生産やインテグレーションの下におかれている分野が多いとし（加工用野菜，ジャガイモ，甜菜，家禽，および最近年では養豚も）[(4)]，したがって「農業経営者としての独立性を蝕まれ」「アグリビジネスへの従属的な地位に甘んじ」ているとする（中野 1995：pp.79-81，中野 2001：pp.72-74）。契約販売については，契約生産との区別が必ずしも明確にされていない（中野 1995：pp.80-81）。

なお穀作農業については，経営内での資本・賃労働関係の展開よりも，作業委託によって「家族労働で経営可能な規模上限を突破」する方式をとっているので

「資本主義的農業経営とみなすのにはいくぶんのためらい」を持つが,「家族労働よりも他人労働（引用者注：作業委託を含めた経営外労働のこと）に多くを依存して」いるので「ある種の資本主義的農業経営」とみなしている（中野 2001：pp.70-71）。

しかし第一に，同論稿に合わせて1997年センサスについて，1農場平均雇用労働費と請負労働費合計を上述の全米平均農林水産業労働者フルタイム相当（使用者側負担額）で換算すると，穀作経営が比較的多いので争点となる50～100万ドル層（穀物・大豆販売農場比率57.3％，同販売額比率27.4％）で2.6人，25～50万ドル層（同前68.8％，41.0％）で1.0人，これに作業委託費（その全てが労働報酬ではないが）を加えてもそれぞれ3.1人，1.3人である。これに対し，同年センサスでは家族従事者数も経営者総数も分からないので，後者の2002年センサス数値を取ると，それぞれの階層で1農場当たり経営者数1.8人，1.6人であるから，「ある種の資本主義的農業経営」とみなせるほど他人労働に依存してはいない。第二に，作業委託を利用していることを実質的な資本・賃労働関係の成立と見るのは無理があるのではないか。例えば各種サービス事業体に作業委託をしている日本の小零細水田農業経営は「資本主義的」かという疑問が生じてしまう。

以上の分析から，資本主義経営と資本主義的性格を色濃く帯びた農業経営群がアメリカ農業生産の大半を担っていることはまぎれもないとし，にもかかわらずアメリカの「資本主義的農業経営が解体し，しだいに『大型小農化』ないし『巨大型小農化』しつつあると主張する論者がいまなお存在する」として，大内力，服部信司を批判する（中野 1995：p.78）。

②服部信司氏の家族農場優越論について

そこで服部の農業構造分析を見ると，農務省経済調査局（以下，ERS）の1986年論文に基づく農場階層区分，すなわち「農産物販売額1万ドル未満の農村居住農場（農場は居住目的で農業は副業または趣味）」「農産物販売額1～4万ドルの小規模家族農場（農外所得が中心）」「販売額4～25万ドルの中規模家族農場（販売額4～10万ドルで農外所得を不可欠とする層，同10～25万ドルで専業，販売額10～25万ドルで農業が主要所得で一般所得中央値を上回る層に，細分される）」「販売額25～100万ドルの大型家族農場（家族による経営管理で2人強の常用労

働者）」「販売額100万ドル以上の大規模農場（年間150日以上の雇用労働者が20人超）」を，農場の実態に即して「適切」として，1992年，1997年の両センサス分析に適用する（服部 1998：pp.67-71，服部 2005：pp.181-186）。

　まず問題の大規模農場の性格と位置についてだが，販売額100万ドル以上層については，年間150日以上の雇用労働者が平均22人（1992年）ないし16人（1997年）なので一応「資本家的経営」としつつ（服部 1998：p.71），主作物別（産業分類別）で見ると，「大型家族農場を越えるレベル（1農場5人以上）の雇用労働を用いている農場が展開しているのは，野菜，園芸（温室）作物，果実・堅果，肉牛フィードロット，家禽・鶏卵，酪農と肉豚の一部である」と限定する。さらに「家族農場の域を越えた<u>会社組織による大規模農場経営</u>」（注：下線は引用者）の所在を探り（論述では下線部の意味は不明で，結局販売額500万ドル以上層のことになる），その推算販売シェアが21％（実際は1997年センサスで20.6％，2002年センサスで新集計された1997年値で20.0％）であるから，アメリカ農業の「一部にとどまっている」とする（服部 2005：pp.195-197）。

　その上で，「大型家族農場」（1997年センサスの農産物販売額シェア30.4％），「中規模家族農場」（同22.3％），「小規模家族農場」（同4.1％）を合計すると56.8％になることから，「家族農場が，今もなお，アメリカの農業生産の主要な担い手であることが明らか」と（名指しはしていないが）反批判している（服部 2005：p.186）。

　しかし服部の場合，階層区分，とりわけ焦点となる「大型家族農場」のくくりが販売額25〜100万ドルと大きすぎる。同氏が使う1997年センサスでも50万ドルを境にさらに二分されているので，両階層の指標を見ると，50〜100万ドル層は農場数4.3万・シェア2.2％，農産物販売額シェア14.9％を占め，①1農場平均で雇用労働費と請負労働費合計を上述の全米平均農林水産業労働者フルタイム相当で換算すると2.6人，②平均農場所得146,297ドルは同年全米世帯所得中央値の3.95倍である[5]。これに対し25〜50万ドル層は，同上フルタイム相当換算1.0人，平均農場所得79,660ドルは全米世帯所得中央値の2.15倍である。両階層は相当に性格が異なり，50〜100万ドル層は①のように明らかに家族労働力よりも雇用労働に依存する度合いが高く，②のように利潤範疇を実現している（この時点では25〜50万ドル層も萌芽的には実現しているが）。したがって1997年時点の同階層は，資本主義的性格が濃厚である。そしてこれに100万ドル以上層を加えると農

産物販売額シェアは56.6％となるから，資本主義経営とその性格が濃厚な経営が「農業生産の主要な担い手」と言うべきである。

契約生産・インテグレーションについては，まず契約生産についてERSや農業センサスの概念規定を基本的に踏襲して「統括企業（コントラクター）が，資材の供給を行うとともに，生産の意志決定も行い，生産されつつある生産物についての所有権も持っている．農業生産者は，その提供サービス（労働など）への対価などを支払われるだけ」とする。その上で，1998年時点のブロイラー生産シェアが契約生産で92％，企業直営生産で8％，2001年時点の養豚契約生産シェアが61％，1993年時点で農業全体の契約生産販売シェアが12％というERSの報告書データを引いて，「農業生産が農外の統括資本の意志決定のもとに置かれている契約生産は，家禽農場，肉豚生産の一定部分」というように生産を工場化・マニュアル化しうる「特定部分に限られている」，さらにそれらを「農外資本による農業への影響〜支配という角度からだけみると」，「大手小売業者の要請」「消費者ニーズを反映する面を持っている」側面が見落とされるとして，やはり明示的ではないが反批判している（服部 2005：p.166, pp.198-199）。

契約販売については，農業経営者が「資材の大部分を自分の意志で調達し，自分で生産についての意志決定を行」なった上で契約相手との「交渉で決めた価格を受け取る」のであって，「生産への農外企業からの影響〜支配は存在しない」と断定する。そして穀作農業において契約生産がネグリジブルで契約販売の比重が相対的に高いことについても，それは穀作農業経営が「収穫前に穀物集荷業者との間で」「受渡日，受け渡し場所，販売数量，販売価格を特定する売り渡し契約（Forward Contract）」である場合が少なくないからであり（服部 2005：pp.199-201），「リスク・マネジメントの方法のひとつ」（服部 1998：p.83）であると性格づけている（それ以上の何ものかであるかは論じられない）。

なお穀作農業の構造に関しては，1997年センサスで農産物販売額4〜25万ドルの「中規模家族農場」の穀物販売額シェアが40.0％，これに同25〜100万ドルの「大型家族農場」のシェア44.0％を加えると84.0％になること（なお50〜100万ドル層のシェア17.2％を除くと66.8％），他方で同100万ドル以上層の穀物販売額シェアが10.2％であること，穀物・大豆農場（産業分類別）で150日以上従事雇用者がそれを有する1農場平均1.7人であることから，「家族農場がその大部分

第3章　アメリカ農業構造の分析視角と穀作農業構造変動の現局面　123

を担っている」とする。農産物販売額50万ドル以上層のシェアが33.2％でもあるから，その限りでこの時点での評価に異論はない。

③論争の方法的特徴と課題

以上の中野－服部論争を方法的な側面から見ると，①資本主義的農業経営か否かの判断基準をもっぱら資本・賃労働関係の有無と多寡にのみ求めている，②したがっていまひとつの重要な判断基準たるべき利潤の範疇的成立のいかんが問われていない，③契約生産と契約販売の概念と位置を基本的にERSの単純な2区分定義と統計に依拠して論じ[6]，もっぱら契約生産のみをコントラクター（アグリフードビジネス）による生産過程の実質的支配と位置づけるというように，実は共通点が多い。

したがって，（ア）農業経営が資本主義的か否かの判断基準をよりトータルにする，（イ）それと表裏をなすが，家族農業経営とは何かを明確にする，（ウ）契約生産や契約販売について，狭義の「直接的生産過程」だけでなく流通過程も含む「再生産過程」に対する「実質的支配」が量的・質的にどこまで進んでいるのかを，実態に即して明らかにする，（エ）以上を含めて，単に分化・異質化する諸階層の性格規定をすることがゴールではなく，前節で述べた意味での「資本による農業の包摂」がもたらす農業構造問題を解明するという観点から構造分析をする，（オ）これらの分析を進める上では統計分析だけでは限界があり，実態調査分析が不可欠であることが，浮き彫りになってくる。

そこで以下，家族農業経営の概念と存在形態，および「資本による農業の包摂」と密接な関係にある「農業の工業化」にかかわる先行研究と課題を検討する。

## （2）家族農業経営の概念および存在形態とその変容をめぐって

農業経営学の視点から現代アメリカ家族農業経営の位置と意義の解明に取り組んだものとして，長（1997）がある。同書は「農業構造」を，「農業が維持・再生産され」る「あり方」を「経営体の基本的な存在形態を主にし」て表す概念であるとし，その主な指標として「農場数，経営規模，規模別分散，経営方式，農地保有形態，専業・兼業別形態，経営の企業形態等」をあげる（長1997：p.25）。

このうち企業形態とは，「生産手段の所有と経営の支配形態」，換言すると「誰

が生産手段を所有し，いかなる性格の労働力が労働過程の主な担い手となり，さらに経営の組織と運営を誰が管理する仕組み」かである（長 1997：p.8）。そして企業形態の一種である家族農業経営とは，「家族が農業労働の主要な部分」（「少なくとも2分の1以上」）を担い，「家族によって経営が管理され，経営の基本的意志決定が行われている」ものと定義される（長 1997：p.77, p.198）。この定義は同書で引用・検討されているニコリッチの，（ア）「1農場当たりの平均的家族農業労働力数は1.5人と見做しうる」ので雇用労働が述べ18ヶ月相当を超えない，（イ）経営主またはその家族が経営管理機能を担当する，を実質的に踏襲している（長 1997：p.19）。

その上で，①センサス区分上の「家族経営」（パートナーシップと法人を除く，個人ないし家族所有農場）が1992年の農産物販売金額シェア54.1％を占め，②「パートナーシップ」（同シェア18.0％）は「親子あるいは兄弟間」のそれが「ほとんどで」「ツーマン・ファーム」であるし，法人経営も「家族型法人経営」（株主が家族で，同シェア21.1％）と株主10人以下（同シェア4.0％）が農場数の「90％内外までを占めて」いるが，これらはいずれも「本質的には，家族経営と区別できない」こと，③1987年の全国総農業就業者数のうち72％が経営者または家族未払い労働者であり，農業労働者は28％（うち年間150日以上雇用者は8.5％）であることから，「家族経営は最大の比重を占め」ており，それが「衰退し，工業的な大規模経営や雇用型の大規模法人経営が農業を支配するようになってきたということはデータに基づくかぎり決していえない」と断じている（長 1997：pp.71-77）。

同書の分析は家族農業経営の概念・定義を明確にしているのだが，そのうち労働力基準について，はっきりと検証されているとは言えない。前述の中野が指摘したように，1992年センサスの企業形態全体で，農産物販売額50万ドル以上農場（シェア45.9％）の1農場平均・年間従事日数150日以上雇用者数は，10.0人であった（50〜100万ドル農場でも4.0人，その1農場平均雇用労働支出6.3万ドルは同年フルタイム労働者雇用費3.5人相当）。これら農場は著者自身の労働力基準で賃労働依存であり，「家族所有・家族管理」ではあっても「家族農業経営」ではない（オーナーファミリー型資本主義的経営）。したがってアメリカ農業において「家族経営は最大の比重を占め」てはいないし，法人化しているか否か別にすれば「雇

用型の大規模経営が支配するようになってきた」のである。

　ただ同書が「家族による経営管理＝基本的意志決定」というもうひとつの基準と，「高度の技術に依拠した大規模資本集約的農業」（長 1997：p.202）の進展にともなう矛盾的諸現象に着目している点は留意すべきである。

　後者の諸現象として，第一に「家族経営の継承問題」を取り上げ，一方では自立的・効率的経営単位であるための農場面積規模も機械・装備を含めた必要資本額も膨張してきたのに，他方では一世代型行動原理に純化した夫婦経営は老後生活保障を考えれば次世代に対して農場資産を無償贈与する余裕が乏しくなっているという，大規模化・資本集約化に不可避的な矛盾を「根深い構造問題」として着目する（長 1997：pp.98-99, p.104, p.129）。その矛盾を「克服」すべく父子パートナーシップや家族法人化が取り組まれているが，前者でも結局父死去後は子が持ち分を買い取らなければならないこと（長 1997：pp.110-116），後者でも法人株を（徐々にではあれ）子が買い取っていくことに加えて，世代交代の度に増えていく兄弟・親戚の株所有による実質経営者の意志決定権制約のため法人数は伸びていないという限界が，析出されている（長 1997：pp.120-125）。

　第二に，大規模経営支配型の農業構造になると「農村コミュニティが犠牲にな」ることを指摘する（長 1997：p.149）。

　第三に，(a) 大規模化・資本集約化の一環として肥料・農薬の多投入化と耕畜分離・専作化が進んで水質汚染と土壌保全が進行してきたことを指摘しつつ（長 1997：pp.168-172），(b) それを抑制するための土壌保全的耕耘方法（軽減耕起および不耕起）の導入は大規模経営が小規模経営を上回ること，(c) それは労働節約的・固定資本償却費節約的な技術であるという経済的背景に支えられていること，(d) しかし他面でより高価な新作業機投資を必要とし，除草剤投入量を高める傾向にあること，(e) 大規模化に不可欠の借入地ほど土壌保全的耕作方法が少ないことが，問題として析出されている。そして対処方策としては，耐病性品種の採用，生物的防除の応用，作物輪作，それらを含む総合的防除法を体系化した新しい経営方法が提起される（長 1997：pp.182-192）

　また前者にかかわる事象として，著者は「農業の工業化」を，もっぱらインテグレーションによって「家族自らの経営の管理と統制は制約を受け，家族経営の自立性はそれだけ損なわれ」るという側面から捉える。そしてインテグレーショ

ンが進めばそうした「家族経営の質的変容過程が進行していくことになるであろう」としながら，にもかかわらず「アメリカの農業生産の最も中核的な部分を占めてきた家族経営の位置は，基本的には」「保たれ続けていく」と予期するのである（長1997：pp.202-203）。しかし管理と統制＝基本的意志決定がインテグレーターによって制約された経営は，著者の定義自体によればもはや「家族経営」ではなく，農業労働の2分の1以上を家族が担っていたとしても，実質的賃労働者化していると言わざるをえないだろう。

かくして著者の「アメリカ家族農業経営論」は，（A）家族経営が中核的存在であることの明確な論証にまでは至らなかった，（B）しかしそれが大規模化・資本集約化の途を邁進することで固有の矛盾を醸成してきていることを析出した，（C）農外資本との関係で「経営管理・意志決定」も制約される傾向を「農業の工業化」として捉えたが，（D）その量的・質的分析にまではいたらず，（E）（B）と（C）の問題も別個に扱われるにとどまった。問われるのは，これら諸問題を単一の概念装置・分析枠組みでとらえるべきではないかということである(7)。

### （3）「農業の工業化」という分析枠組み—グッドマン他の問題提起—

「農村」社会を研究対象とするアメリカ農村社会学の中から「農業」社会学ないし農業政治経済学が形成されてきた主な契機は，フリードランドによれば「農村社会学へのネオマルクス主義の導入」「ブレイバーマン著『労働と独占資本』（原著1975年：引用者注）によって復興されたマルクス主義的労働・生産過程分析パラダイムの応用」であった（Friedland 1984: p.222）。

こうしたアメリカ農業社会学・政治経済学から「農業の工業化」という分析枠組みが提起されてくるが，それはカウツキー『農業問題』が1970年代にようやく英訳（Agrarian Question）されたことの影響を受けている。

すなわちカウツキーは『農業問題』第1篇第10章を「海外の生活手段競争と農業の工業化」にあて，農業の大規模経営が食品工業に乗り出す，あるいは食品工業が大規模化することを「工業と農業との結合」ないし「農業的工業」の進展と捉える。それは一面で農産物に大きな付加価値を与える。同時に他面で，大規模食品工業がより多くの原料農産物生産者にとってのより少ない買手となって市場支配力を増して価格形成力を握り，さらに調達する農産物の品質管理のために種

子，肥料，乳牛種・搾乳期などを指定するにいたる。かかる事態を「農民は彼の農業的経営に於ける主人であることをやめ」「工場の部分的労働者となる」，また農民は「工業経営が家畜飼料や肥料を供給する限りに於いて技術的にこれに依存することになる」と性格づけた（カウツキー著・向坂訳 1946：pp.49-61。旧漢字は新漢字にした）。農民が生産手段の小所有形態を保持したまま，川上と川下の両方から農業・食料関連産業資本による支配的影響力を強く受ける様相の理論的把握を提起したのである。

そして食品工業の技術発展が同一の加工食品を製造するためにより少ない原料農産物しか必要としなくなること，さらには工業自体が既存農産物にかわる新たな加工食品原料（バター原料の牛乳に対するマーガリン原料の綿油など）を作り出す（代替）という事態にも，重要な注意を喚起している（カウツキー著・向坂訳 1946：pp.83-84）。

「農業の工業化」論の現代的古典とも言うべきグッドマン他（Goodman, et al. 1987）は，こうしたカウツキーの端緒的問題提起を，現代農業の「工業的発展」総体を把握する理論へと体系化を図ったものである。

農業がそもそも自然的生産過程（生物学的エネルギー転換，生物学的時間性，有機的自然・土地・空間への依拠）であることがその工業的発展を制約するのだが，資本主義の下におかれた農業は常にその制約を乗り越えようとする作用力を受ける。その展開が「農業の工業化」（農業の工業的再編）であるが，それは「充当」と「代替」の２つの形態と経路をとるとする（Goodman, et al. 1987: pp.1-2）。

「充当」（appropriationism）とは，農業の直接的生産過程のあれこれの部分過程が工業に横奪（appropriation）・取り込まれ，その生産物が投入財として農業に再注入（reincorporate）されることを指す。したがってこれは農業投入財産業の資本にとって蓄積領域生成・拡張の運動でもあるのだが，有機的自然と土地への依存を解消はしない，部分的・不連続な，しかし歴史持続的な過程である。第二次大戦後（アメリカ典型）には農業投入財の工業的技術革新が飛躍的に進行して「充当」が深化したことで，農業問題の焦点が過剰人口と低所得から過剰生産とその管理へとシフトした。後者に対して国家の介入（生産調整と価格支持典型）が制度化し，かくして国家，農業関連工業資本，農業圧力団体の同盟が成立したのである（Goodman, et al. 1987: pp.7-14, p.162）。

いっぽう「代替」(substitutionism) の原点はカウツキーのそれ，つまり資本による食品（および繊維等）の工業的生産への代替である。それは食品における工業的付加価値部分の一貫した増大と，さらに食品や繊維の農業由来構成部分をますます工業的投入物で代替していくもので，やはり不連続ではあるが永続的な過程である。とくに後者は，農産物を工業の単なる一原料に還元したうえで，それを非農業的原料の使用に替えたり食品・繊維そのものの工業的代替物を創出することによって，農業生産過程を取り除いていく過程である。これもまた，農業・食料関連資本の蓄積領域を拡大していく。そして「代替」が深化すると，農産物がもはや原料ですらなく，その栄養的・汎用的構成要素へ（分子レベルにまでも）分解・還元・抽出され (agricultural product fractionating)，それをその他の要素物質とともに再構成・合成して新たな「食品」が創出される（「分解・再構成食品」reconstituted food）。かくして製品差別化，新製品創出の可能性が大幅に広がり（機能性食品やサプリメント典型），食品のもつ所得弾力性の限界をも突破するのである (Goodman, et al. 1987: p.2, pp.59-73, pp.87-97)。

　このような「農業の工業化」概念をふまえて，グッドマン他は現代資本主義下の農業経営の存在について，次のように論じる。すなわち小農的生産様式が資本主義的生産様式と共存しているという議論，しかしそこでの家族小農経営は形式的には基本的生産手段＝土地を所有しているが，鍵となる生産要素（投入財）と生産物利用のあり様が資本主義的生産と交換に決定されているので，その労働過程は資本によって「実質的に包摂されている」という議論をふまえて，農業・食料関連工業資本と家族小農経営の併存と従属を指摘するだけでは不十分であるとする。そして「農業の工業化」，すなわち「充当」「代替」によってそれまでの農業（その自然的・生物的生産過程）がどれだけ工業的なものに移し替えられ，その結果残った「農業」がどれだけ資本主義的でない独自的な社会関係を維持・再生産するものなのかが検討されなければならないとしている (Goodman, et al. 1987: pp.151-152)。

　こうして「農業の工業化」とは，農業の労働・生産過程が，一挙的にではないが部分的に，しかし不断に農外資本（典型的には工業資本）の生産過程に転化されていく，したがってまた農業生産の生物生産的・自然環境依存的性格が部分的・継続的に希薄化ないし除去されて工業的性格に変容していくプロセスとして明確

に概念化された。そしてこのプロセスを農業生産総過程における農外＝農業・食料関連資本による蓄積領域の拡大として，また同時に資本による農業労働（それが家族経営における農業労働でありながら）の包摂として捉えた上で，なお「農業」に残る社会諸関係の性格分析を課題として抽出したことは，きわめて重要といえる。というのはこれらが，資本主義経済下における農業生産力発展の性格，農業構造再編の性格，そして各種企業形態をとる農業経営の性格とを，統一的ないし包括的に分析しうる「資本による農業の包摂」という枠組みを事実上提示しているからである。

### （4）「資本による農業の包摂」としての農業構造再編
①「農業の工業化」の政治経済学的本質規定

アメリカ主流農業経済学において「農業の工業化」論が活発になる嚆矢は，パイオニア・ハイブリッド社長（当時）による次のような提起だった。すなわち（ア）欧米農業は，農業生産自体が工業的な食品生産システムの一環に統合されるという「工業化」の最終局面に入った，（イ）「工業化」の本質は，消費者の望む品質，量，価格をフィードバックさせ，資本，労働力，技術の利用効率を増大させるために経済活動諸段階の統合を可能にするマネージメント・システムである，（ウ）「工業化」は消費者需要とそれを反映した加工業者需要の変化，農業生産と食品加工における技術革新，および農業生産リスクの増大を推進要因としており，不可避的・不可逆的である，というものだった（Urban 1991）。

こうした提起を受けて研究者サイドで，「農業の工業化」とは「従前の多くの一般的農産物市場に特徴的だった非差別化製品と開放市場」から「現代工業諸部門で見られるような差別化製品の契約的・統合的・供給制御的市場」への「進化」であるとし（Sporleder 1992: p.1226），その「進化」の規定的動因は第一に健康食品，美食，エスニック食品嗜好などの消費者需要の変化に基づく市場のセグメント化・ニッチ化，第二に食品関連技術革新による産出増大・コスト低減と製品の品質制御可能性の飛躍的増大，第三に，差別化・ニッチ化した需要に適合的な品質・属性・供給フロー管理のための交渉型・管理型（契約型や統合型）の段階間垂直的整合システムへの移行，と定式化された（Boehlje and Schrader 1998: pp.4-8）。その後主流派農業経済学の研究は，垂直的整合諸形態の選択原理やパ

フォーマンスの探求に大きな比重がかけられていく（一例としてSauvée 1998）。

しかしこれら主流農業経済学のいう「農業の工業化」は，前述の農業社会学・政治経済学が提起したそれとは異なる。前者は農業それ自体というよりは農業を含む「農業・食料セクターの工業化」と呼ぶべき事象であり，その本質的内容は（ア）農業・食料セクターの商品連鎖・産業連鎖がいっそう拡延すること，（イ）連鎖の各段階をなす諸産業において生産と資本の集中がいっそう進展すること，（ウ）それら諸段階間の垂直的結合・整合が強化されること，である。その上で，後者との区別と関連を明確化する必要があろう。

この点で立川（2003）は，Jackson-Smith and Buttel（1998）を引きながら「個別農家における生産レベル」と「農産物の部門（commodity sector）レベル」との議論を峻別すべきとしつつ，後者についてはアメリカ主流農業経済学の視点を踏襲している。

いっぽう前者については，レギュラシオン理論によるフォーディズム概念を前提としたKenney et al.（1989）の議論，すなわちアメリカ中西部農業における「画一的な技術適用を通じて非差別的な商品を大量に生産する方式」，具体的には機械化・ハイブリッド化・化学化・トウモロコシ－大豆輪作化が，国内および国外の大量消費市場と結合したのが「フォーディズム農業」であり，それが1940年代から1970年代にかけて展開したという性格規定を，肯定的に受け入れる。その上で「農業の工業化」とは，「大規模な農業経営への一層の集中化が進展」し，「差別化した農産物を川上から川下まで，分別管理するようなチャネルを構築する」垂直的調整システムや「差別性の高い農産物をグローバルに調達する」動きという，主流農業経済学と極めて近似した「農業の工業化」概念を提示している（立川 2000：p.60, pp.75-76）。

しかし本書は，ここでいわれる「フォーディズム農業」も，またバイテク・情報通信技術などの導入による「ポスト・フォーディズム農業」も「農業の工業化」の異なる段階ないし局面であり，それと「農業・食料セクターの工業化」の展開が，いずれも総資本および農業・食料関連資本の蓄積が農業と農業・食料セクターの構造に要請し，規定的な影響を与える過程・諸結果であるという分析枠組みを提示するものである[8]。

それが第1節末尾部分で述べた，資本蓄積のための要請に適合的な構造に農業

を再編する過程としての「資本による農業の包摂」であり，この「包摂」こそ「農業の工業化」の本質的性格であり結果でもあると把握するという試みである。

②生産力構造の再編からみた「農業の工業化」

　農業生産とは，作物（および家畜）の生育・繁殖過程（生命過程）の利用，促進であり，その制御である。そこでの生産力要因についての農業的特質は，(A) 制御の対象（労働対象）が高等生命体であり，その種（遺伝的形質）であること，(B) 制御の手段の中で土壌としての土地が特殊に重要な労働手段として機能し，かつそれ自体が一個の生態系をなすため，土壌という労働手段自体の制御もまた間接的・迂回的となること，(C) 制御の環境（生産環境）が土地をとりまく気候的・地勢的・風土的諸条件であるため，その環境自体の人為的制御が困難であること，にある。

　このうち (B) と (C) は本来的には，人為的に自由に創出・再生産することが不可能な有限な自然的生産力要因であるため，工業・建設業生産物等としての労働手段，協業・分業という労働の組織的編成，および社会的・歴史的に発展させられた生産諸技術という社会的生産力要因によって全面的に置き換えることに強い制約がある[9]。

　これに対し工業は，有限な自然的生産力要因を労働対象，労働手段，生産環境のそれぞれにおいて社会的生産力要因に次々と置き換え，生産過程をそうした自然的・地域的・生態系的制約から最大限解放することをつうじて，急激な生産力発展と生産過程の全面的な資本主義化を達成してきた。ここにおいて社会的生産力要因は資本（資本の生産力）としてあらわれ，それが生産過程を「包摂」してきたのである。かくして工業の生産過程は，全面的に資本の蓄積部面と化した（資本主義的生産様式の確立）。

　いっぽう農業生産力，とりわけ資本主義経済下におけるそれにおいても，有限な自然的生産力要因の社会的生産力要因による置き換えが進まないわけではない。前述のグッドマン他が概念化した「農業の工業化」の二つの形態・経路のうち「充当」については，農業生産の対象，手段，環境を構成する部分的諸要素を取り出して，それを有限な自然的生産力要因・農業内給的なそれから，資本主義産業部門（工業典型）が供給する社会的生産力要因・外給的なそれへ置き換えた上で，

農業生産過程に再注入するわけである。

また「代替」については、農業生産物およびその加工製品そのものが部分的、ないし全面的に資本主義産業部門生産物に置換されるわけだから、その置換された生産過程の生産力要因がまるごと社会的生産力要因に代替されるのである。

### ③農業労働の性格再編からみた「農業の工業化」

次に農業労働の技術的性格および主体性・意志決定という側面から、「農業の工業化」の特徴を析出しよう。ある産業（工業典型）において資本主義的生産様式が形成・確立していく場合、労働についての主体的意志決定と指揮命令の権限も、労働者から資本へ移行していく。これが「資本による労働の包摂」である[10]。

しかし手工業を技術的基礎とし、したがって労働に手工業的（職人的）熟練を不可欠とする単純協業段階、マニュファクチャ段階では、資本・賃労働関係が成立して契約上は労働に関する意志決定・指揮命令権は資本に移譲される。しかし熟練労働者の育成・調達をなお資本が制御下に置きえない（換言すると手工業的熟練を解体できない）ゆえに、実質的には労働上の意志決定を全面的に剥奪して指揮命令権を掌握することができない。「資本による労働の形式的包摂」は成立しているが「実質的包摂」は未成熟なのである。

しかし労働手段が体系的な機械・装置からなっている機械制大工業段階では、労働手段（加えて労働対象）の制御に著しい変化が生じる。手工業体系における道具は、その制御をまさに熟練、すなわち制御のための知識が外化・客体化されない状態で個々の労働者の精神的・肉体的能力に人格的に固着したものに依存せざるをえなかった。ところが機械・装置という労働手段はそれ自体の内に作業機や反応容器の制御を行なう機構を備えているのであって、制御のための知識を（少なくとも相当の範囲で）外化・客体化して制御機構の中に物的に体現しているのである。あるいはその制御機構の制御がスイッチ、レバー、ダイヤル、バルブ、メーター等に対する、外化・客体化された知識にもとづくより単純な作業に定型化されているのである。このように人間の肉体的・精神的能力＝人格そのものから抽出・外化・客体化された制御知識が、労働過程との関係における「情報」である（ただしある段階までの機械制大工業においてはアナログ情報。いわゆるME革命・情報通信革命をへた段階ではデジタル情報となっている）[11]。

かくして労働手段（および労働対象）の制御知識が「情報」化すると，手工業的熟練への依存は大幅に縮小し，労働の組織編成と指揮監督も機械・装置という物的資本そのものに依拠して行なわれるようになる。旧型熟練は解体され，労働はその主体的な意志決定の範囲を大幅に喪失し，資本による実質的包摂が確立していく。

　資本主義経済下の農業については，それが基本的生産手段の所有と労働力の主たる給源が家族に属しているという意味での家族経営であれば，経営者および家族の農業労働は資本・賃労働関係におかれていないから，資本によって形式的には包摂されていない。

　ところが，農業の経営ないし再生産過程における意志決定，すなわちどれだけの貨幣を投入して，いかなる商品をどれだけ生産し，どこに販売するかという貨幣の姿態変換（流通過程）と管理に関する基本的意志決定が，契約その他の形態で農外資本に統括されるようになれば，それは資本による農業労働（経営的労働）の，「形式的包摂なき実質的包摂」という顛倒的な包摂の展開である。しかしそれだけでなく，直接的生産過程における労働手段と労働対象の制御に関わる諸知識が「情報」化し，その情報が外部資本によって「充当」や「代替」されていけば，「独立自営」農業者の生産的労働に関わる意志決定もまた，実質的に農外資本の手に移行していくことになるわけである。こうした現象・過程は，上述のようにマルクス『資本論』「相対的剰余価値の生産」で提示されて以来，無数の研究が積み重ねられてきた資本制工業生産過程における「熟練解体（deskilling）」を通じた「資本による労働の実質的包摂の深化」に照応するものであるが，それと，形式的には資本に包摂されていない，いわゆる「独立自営」の農業生産者（farmer）における「熟練解体」との共通性と異質性の問題として，ハイブリッド・トウモロコシ等を題材に分析されてきているところでもある[12]。

　この場合，農業労働に関わる制御諸知識が「情報」として私的な資本制商品に客体化されることが，重要なポイントになろう。客体化の形態には，それら制御情報が労働手段商品や労働対象商品に客体化されているものと，情報そのものが資本制商品になっているものとがある。

　したがって農業・食料関連資本による実質的な包摂が進展しているか否かの分析は，契約生産やインテグレーション，すなわち労働手段，労働対象，適用すべ

き技術と作業内容，生産物の質と量，販路と価格が契約によってあからさまに資本の統御下におかれているか否かを観察するだけでは，不十分になってくる。

　明示的な契約によるか否かにかかわらず，労働手段や労働対象に客体化されている社会的生産力要因の性格，それら生産手段の商品的および市場構造的性格，労働手段・労働対象とそれらの制御情報からなる技術およびその修得・普及制度の性格や私的資本制商品化の度合，生産物の商品的および市場構造的性格などという，農業労働総過程を構成する諸要因の「社会諸関係の性格分析」が必要になるのである。


　④現代アメリカ穀作農業構造変動分析の課題と方法

　かくして本書は「資本による農業の包摂」として資本蓄積のための要請に適合的な構造に，穀作農業が再編される過程の特徴とそこで生起している矛盾の析出を課題とする。

　第1節末尾で述べた資本の要請に照応的な農業構造への再編は，現段階のアメリカ穀作農業に即して言えば，①最新の科学技術の穀物生産過程への応用・商業化（遺伝子組換え作物や精密農業が典型），②農業経営単位の一層の大規模化をつうじた生産と資本の集中およびメガファームの出現，③農業・食料関連資本，すなわちアグリフードビジネス等と農業経営との間の契約的ないし非契約的な垂直的整合の深化によって，進行していると考えられる。

　本章の以下3つの節で，アメリカ農業構造変動全体の特徴と到達点を統計分析によって明らかにし，続いてそのうち穀作農業構造の状況を全国および最大の畑作穀倉地帯をなす北中部に焦点をあてて，同様に統計にもとづいて明らかにする。

## 第3節　アメリカ農業の構造変動の特徴と現局面

### (1) アメリカ農業のブームと穀物セクター支持財政の劇的縮小

　①アグロフュエル・プロジェクトによるアメリカ農業のブーム

　図3-1に示したように，農産物の農場受取価格は2006年終盤以降，2度の暴騰を経ている。その最も重大な要因は，需給ベースのアメリカのバイオ燃料政策によるトウモロコシ需要の人為的・強制的創出と世界の異常気象下の小麦主産国干魃頻発による単年度過不足多発，それに投機資金流入である。

第3章　アメリカ農業構造の分析視角と穀作農業構造変動の現局面　135

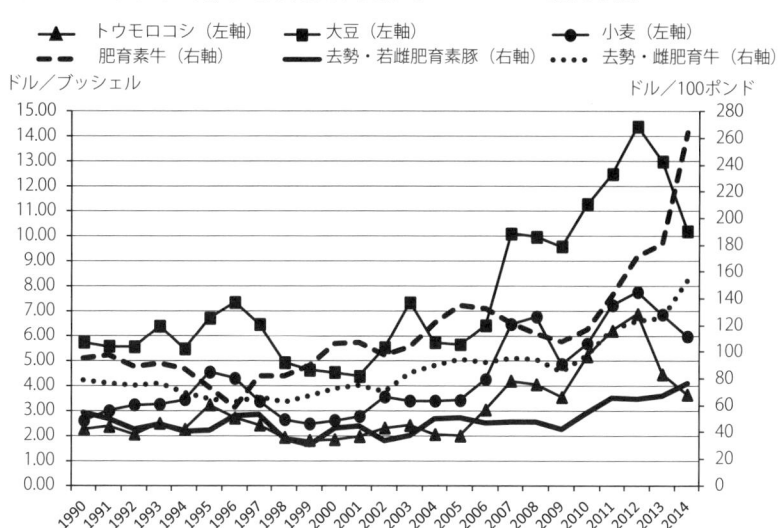

図3-1　全米平均主要農産物農場受取価格（1990〜2014販売年度）

凡例：
- ▲ トウモロコシ（左軸）
- ■ 大豆（左軸）
- ● 小麦（左軸）
- ---- 肥育素牛（右軸）
- ── 去勢・若雌肥育素豚（右軸）
- ・・・・ 去勢・雌肥育牛（右軸）

左軸：ドル／ブッシェル
右軸：ドル／100ポンド

横軸：販売年度

資料：USDA NASS, *Quick Stats Database*.

　まず2005年8月に「エネルギー政策法（Energy Policy Act of 2005）」が成立して，再生可能燃料（事実上コーンエタノールのみ）の使用義務量（RFS）が2006年40億ガロン，2007年47億ガロン，以後漸増して2012年には75億ガロンと定められた。実際の生産量はさらに原油・ガソリン価格の暴騰に牽引されることで法定量を上回って48.6億ガロン，64.9億ガロンとなり，トウモロコシ価格が2005年のブッシェル当たり2.00ドルから2006年3.04ドル，2007年4.20ドルへ暴騰した。その後，原油・ガソリン価格の若干の低下にトウモロコシ価格も連動した[13]。

　しかし2007年12月に「エネルギー自立・安全保障法（Energy Independence and Security Act of 2007）」が成立し，再生可能燃料基準（RFS2）のうちコーンエタノール使用義務量が2008年90億ガロン，2009年105億ガロン，2010年120億ガロン，2011年126億ガロンをへて2015年の150億ガロン（その後2022年まで一定）と，さらに大幅に引き上げられた。コーンエタノールの実生産量は2008年92.4億ガロン，2009年109.4億ガロン，2010年132.3億ガロン，2011年139.3億ガロンとさらに義務量を上回り（第2章図2-2，76頁），トウモロコシの期末（8月末）在庫率も2008販売年度13.9％，2009販売年度13.1％，2010販売年度8.6％，2011販売

表3-1 トウモロコシ・大豆・小麦の全米生産推移（1990～2012作物年度の3カ年移動平均）

（単位：千エーカー、ブッシェル／エーカー、百万ブッシェル）

| 作物年度3カ年移動平均 | | 作付面積 | | | 収穫面積 | | | 単収 | | | 収穫量 | | |
|---|---|---|---|---|---|---|---|---|---|---|---|---|---|
| | | トウモロコシ | 大豆 | 小麦 | トウモロコシ | 大豆 | 小麦 | トウモロコシ | 大豆 | 小麦 | トウモロコシ | 大豆 | 小麦 |
| 実数 | 1990 | 74,148 | 59,265 | 74,512 | 66,852 | 58,020 | 63,032 | 114.5 | 33.5 | 35.5 | 7,647 | 1,945 | 2,249 |
| | 1995 | 74,546 | 61,400 | 70,516 | 66,886 | 59,887 | 61,812 | 117.6 | 36.4 | 37.2 | 7,929 | 2,186 | 2,300 |
| | 2000 | 77,546 | 74,024 | 61,548 | 70,565 | 72,610 | 51,770 | 136.3 | 38.1 | 41.6 | 9,616 | 2,767 | 2,157 |
| | 2005 | 80,345 | 74,254 | 58,064 | 73,129 | 73,270 | 48,958 | 152.4 | 42.7 | 41.3 | 11,150 | 3,130 | 2,023 |
| | 2012 | 94,864 | 76,361 | 55,269 | 86,232 | 75,391 | 46,592 | 142.7 | 42.0 | 45.6 | 12,299 | 3,166 | 2,127 |
| 増減 | 1990～95 | 398 | 2,135 | -3,996 | 33 | 1,866 | -1,219 | 3.1 | 2.9 | 1.7 | 283 | 241 | 51 |
| | 1995～00 | 3,000 | 12,624 | -8,968 | 3,679 | 12,723 | -10,043 | 18.7 | 1.7 | 4.4 | 1,687 | 581 | -143 |
| | 2000～05 | 2,799 | 230 | -3,484 | 2,564 | 661 | -2,812 | 16.1 | 4.6 | -0.4 | 1,534 | 362 | -134 |
| | 2005～12 | 14,519 | 2,107 | -2,795 | 13,103 | 2,121 | -2,365 | -9.8 | -0.7 | 4.4 | 1,150 | 36 | 104 |
| | 2000～12 | 17,318 | 2,338 | -6,279 | 15,667 | 2,781 | -5,177 | 6.4 | 3.9 | 4.0 | 2,683 | 398 | -30 |
| 増減率 | 1990～95 | 0.5 | 3.6 | -5.4 | 0.0 | 3.2 | -1.9 | 2.7 | 8.6 | 4.8 | 3.7 | 12.4 | 2.3 |
| | 1995～00 | 4.0 | 20.6 | -12.7 | 5.5 | 21.2 | -16.2 | 15.9 | 4.6 | 11.9 | 21.3 | 26.6 | -6.2 |
| | 2000～05 | 3.6 | 0.3 | -5.7 | 3.6 | 0.9 | -5.4 | 11.8 | 12.2 | -0.9 | 15.9 | 13.1 | -6.2 |
| | 2005～12 | 18.1 | 2.8 | -4.8 | 17.9 | 2.9 | -4.8 | -6.4 | -1.7 | 10.6 | 10.3 | 1.2 | 5.1 |
| | 2000～12 | 22.3 | 3.2 | -10.2 | 22.2 | 3.8 | -10.0 | 4.7 | 10.2 | 9.6 | 27.9 | 14.4 | -1.4 |

資料：USDA NASS, *Quick Stats Database*.

年度7.9％、2012販売年度7.4％と低位で推移したから（USDA ERS, *Feedgrain Database*より）。ひとたび原油価格が再高騰し、投機資金が穀物市場に再流入するや、トウモロコシ価格も2010年5.18ドルから再暴騰して2011販売年度6.22ドル、2012販売年度には史上最高値の6.89ドルを記録した。

　大豆も2000年以降、中国の輸入需要激増に対応して輸出が急増し、2005および2006販売年度以外は期末在庫率が10％以下（2.6～8.8％）という需給逼迫基調にあった。同時にトウモロコシとの作付競合と、バイオディーゼルという二重の回路で原油価格と連動するようになっていたから、原油価格・トウモロコシ価格高騰に釣られて2010販売年度11.30ドル、2011販売年度12.50ドル、2012年度14.40ドルと、やはり史上最高価格を記録した。

　2000～2012年のアメリカにおける小麦作付面積（3カ年移動平均）は、トウモロコシの人為的需要創出・価格上昇、それとも連動した大豆価格上昇によって両作物作付面積が拡大したしわ寄せで、減少を続けている（**表3-1**）。単収は2000～2012年に9.6％増加したものの、同期間の生産量は1.4％とわずかながら減少している。そのため、アメリカ国内の2005年以降の期末（5月末）在庫率は、2008年が13％、2005～2007年、2013と2014年が20％台、2011と2012年が30％台、2010年が10％台と、トウモロコシや大豆よりは傾向的には高いものの、上述の世界的単年度過不足で激しく価格高騰する構造になっている。

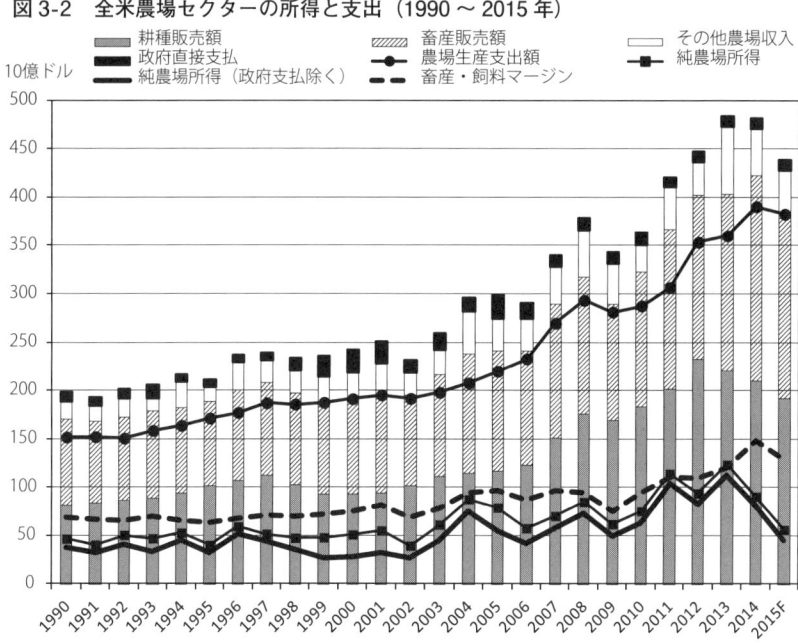

図 3-2　全米農場セクターの所得と支出（1990 ～ 2015 年）

凡例：
- 耕種販売額
- 畜産販売額
- その他農場収入
- 政府直接支払
- 農場生産支出額
- 純農場所得
- 純農場所得（政府支払除く）
- 畜産・飼料マージン

資料：USDA ERS, *Farm Income and Wealth Statistics.*
注：1）畜産・飼料マージン＝畜産物販売額－飼料支出額
　　2）2015 年は予測値。

　これら穀物・大豆の価格上昇が，飼料価格上昇をつうじて畜産物価格上昇に連動し，農産物価格全般が著しく上昇したため，図3-2のように農場セクターの総収入（農産物販売額＋その他農場所得＋政府直接支払）は，最近の底である2002年の2,306億ドルから2013年の4,810億ドルへ大幅に膨張した。その原動力は，言うまでもなく農産物販売額の1,946億ドルから4,013億ドルへ2,067億ドルの激増である。

　なお同期間に農業生産支出も1,914億ドルから3,520億ドルへと激しく増加した。このうち穀物類高騰による飼料費用，原油価格高騰による燃油と肥料費用，および種子費用の増大が目立っている。その結果，農場純所得（政府支払含む）は391億ドルから1,290億ドルへ，約900億ドル・3.3倍化しているから，農場経済が劇的に好転したことは紛れもない事実である。なお穀物等暴騰に伴う畜産農業部門の収益性状況をうかがう指標として，畜産マージン（畜産販売額－飼料支出額）も図示したが，たしかに暴騰の翌2009年に2000年の水準に落ち込み，穀物価格が

低下を見せている2014年には逆にかなり増えている[14]。しかし2012年の再暴騰期には低下は小さく，また21世紀に入ってからの中期的トレンドとしてはかなり増加している。

したがって2007年，2012年センサスやその前後の統計データ，および実態調査にもとづく分析は，「バブル数値でアメリカ農業を」捉えることになるという側面は否定できない。しかしかかる穀物価格暴騰とそれをベースとした農場セクターの「高揚」状態そのものが，既述のように政策的および世界需給構造的要因を基礎とする性格を持つ以上，そうした局面における穀作農業構造の現状と諸矛盾を解明することが必要である。

②穀物セクター支持財政支出の劇的縮小と負担転嫁

上述のようにして生み出された穀物等価格暴騰を基礎とする農業ブームは，穀物セクターを支持するための年来の財政支出を劇的に減少させることになった。その状況を図3-3に示したが，コーンエタノールRFSの急拡大→燃料用エタノール生産量の劇的増加→穀物等（トウモロコシ・大豆・小麦）の価格上昇・高騰→穀物・大豆価格所得支持財政支出額の劇的縮小という因果関係は，明白である。

すなわち農務省商品信用公社（Commodity Credit Corporation, CCC）による穀物・大豆のための価格所得プログラム支出額は，1996年農業法が「市場化，自由化」農政を謳って生産調整とセットになった不足払いを廃止して固定支払に転換した（ただしローン不足払いおよびローン差益は存続）にもかかわらず，1999年から顕著になった価格低迷期には基本的に固定支払と同額の市場損失支払を「緊急措置」と称して連年投入せざるを得なくなった結果，1999年度118億ドル，2000年度215億ドル，2001年度の147億ドルと大幅に膨張した。しかしそれは穀物等価格暴騰が始まる2007年度から一挙に減少し，第一次暴騰ピークの2008年度には38億ドル，第二次暴騰ピークの2012年度には35億ドルにまで縮小した。

価格低落期から暴騰期前までの1999～2006年度と二度の暴騰を含む2007～2014年度の2つの時期に分けて，それぞれの穀物・大豆価格所得支持平均支出額を比べると，111億ドルから43億ドルへ61.5％も減少したのである。

このことを主要な要因として，価格所得支持支出額全体も劇的に縮小した（図3-4）。まずその総額を見ると，1999年度192億ドル，2000年度323億ドル，2001

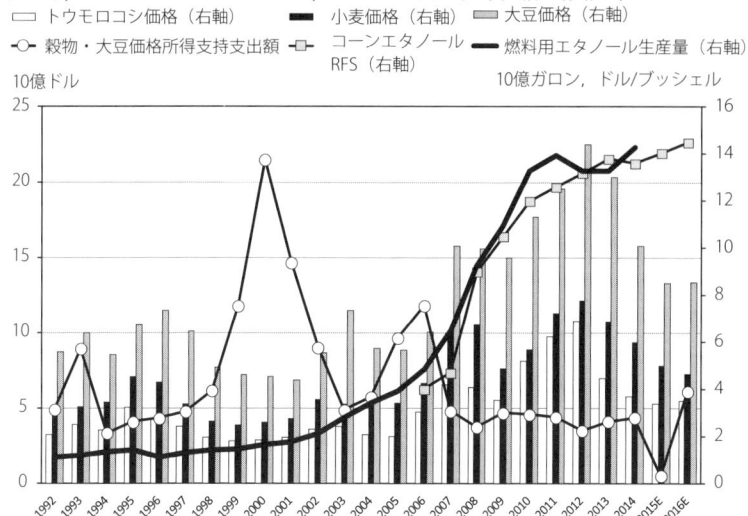

図3-3　農務省穀物・大豆価格所得支持支出額，コーンエタノールの再生可能燃料基準（RFS），燃料用エタノール生産量，および主要穀物等価格の推移（1992～2016年）

　□ トウモロコシ価格（右軸）　■ 小麦価格（右軸）　▨ 大豆価格（右軸）
　─○─ 穀物・大豆価格所得支持支出額　─□─ コーンエタノールRFS（右軸）　── 燃料用エタノール生産量（右軸）

資料：USDA ERS, *Agricultural Outlook Archives*, Table 35 CCC Net Outlays by Commodity and Function,
　　　USDA FSA, *CCC Budget Essentials: CCC Net Outlays by Commodity and Function*, 2016,
　　　Congress Research Service, *Renewable Fuel Standard (RFS): Overview and Issues*, CRS Report for Congress
　　　7-5700, March, 2013,
　　　Renewable Fuels Association, *Industry Outlook*, various issues, USDA NASS, *Quick Stats Database*, USDA ERS,
　　　*Agricultural Projections to 2024*, February 2015, EPA Renewable Fuel Standard program, *Final Renewable Fuel
　　　Standards for 2014, 2015, and 2016, and the Biomass-Based Diesel Volume for 2017*, November 30, 2015.
注：1）価格所得支出額は財政年度（前年10月～当年9月），RFSと燃料用エタノール生産量は暦年，農産物価格（農場受取価格）は販売年度である。
　　2）価格所得支持支出額の2015，2016財政年度，穀物等価格の2015，2016販売年度は予測額，予算額，予測値である。

年度221億ドルであり，そこには固定支払という「緑色」の政策が含まれているものの，WTO農業協定で約束したAMS（削減対象となる国内支持の総額）191億ドルに抵触しかねないものだった[15]。

　またプログラムの機能別にまとめると，不足払いおよびそれを名称変更しただけの（ただし生産調整をなくしたゆえに，より攻撃的「保護」かつ「輸出補助」政策となった）価格下落相殺支払（Counter Cyclical Payment, CCP）と市場損失支払を合計した額が1999年度30億ドル，2000年度110億ドル，2001年度55億ドルだったのが，2008年度4億ドル，2009年度7億ドル，2010年度9億ドル，2011年度1億ドル，2012年度1千万ドルとなった。またローン不足払いとローン差益を合計した額も，1999年度34億ドル，2000年度64億ドル，2001年度53億ドル，

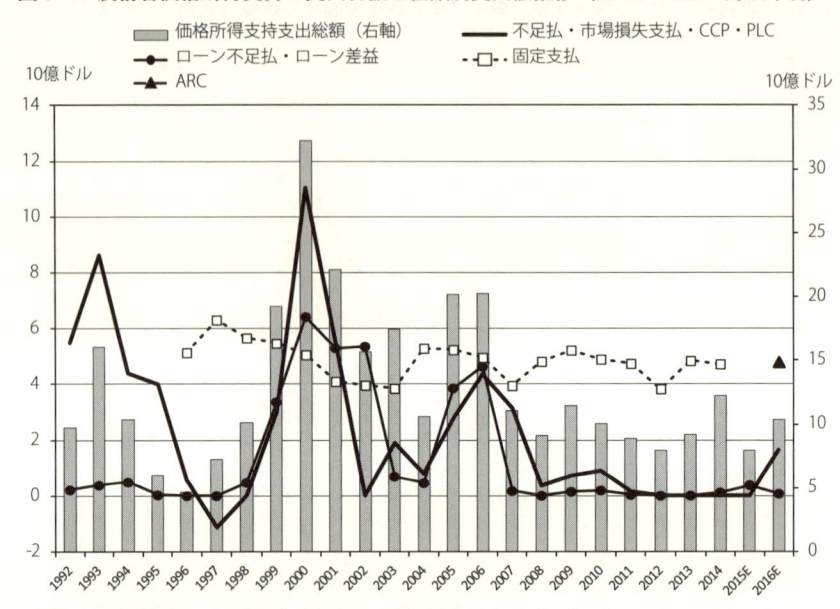

図 3-4　農務省価格所得支持の支出総額と種類別支出額推移（1992 ～ 2016 財政年度）

凡例：
- 価格所得支持支出総額（右軸）
- 不足払・市場損失支払・CCP・PLC
- ローン不足払・ローン差益
- 固定支払
- ARC

資料：USDA ERS, *Agricultural Outlook Archives*, Table 35 CCC Net Outlays by Commodity and Function, USDA FSA, *CCC Budget Essentials: CCC Net Outlays by Commodity and Function*, 2016.

注：1）CCP は 2002 年農業法で導入された Counter Cyclical Payment（価格下落相殺支払），PLC は 2014 年農業法で導入された 価格損失補償，ARC は同じく農業リスク補償である。
　　2）2015 年度は支出予測額，2016 年度は予算額である。

2002年度53億ドルだったのが，2008年度6百万ドル，2009年度1億5千万ドル，2010年度1億9千万ドル，2011年度3千万ドル，2012年度ゼロとなっている。

これらの結果，価格所得支持総額（穀物・大豆以外にも酪農や綿花などを含む）は1999 ～ 2006年度平均の197億ドルから，2007 ～ 2014年度平均の100億ドルへ，49％減少したのである。

かくしてコーンエタノール使用義務量RFSを核とするアメリカのアグロフュエル・プロジェクトは，それまで価格低落・低迷の下で食料安全保障と食料戦略政策の要をなす穀物農業セクターを農務省財政支出で支える構造を，連邦財政の危機的状況（債務残高が議会法定上限に達してデフォルトに陥る危機。2015年11月末時点の実績18兆8,270億ドル[16]）に直面して，国内を含む全世界の消費者・実需者に「穀物等高価格水準」の人為的創出によって転嫁する構造へと，成功裏に転換したわけである[17]。

## (2) アメリカ農業の構造変動の特徴と現局面

### ①極小農場と大規模農場の両極増加

　アメリカ農業センサスの農場面積規模別の詳細集計は，長年にわたって最大が「2,000エーカー以上」一本でくくられたままである。しかし，作目別の相違が大きいとは言え，また全農場について2002年，2007年，2012年の各センサスによる1農場平均農場面積は441エーカー，418エーカー，434エーカーとほとんど変化がないながら，一般的に農場面積規模の両極分解と上層における規模拡大が不断に進展している。すなわち同じ3ヵ年のセンサスを見ると，総農場数が213万，220万，211万のうち，一方で農場面積50エーカー未満の極小農場数の比率は34.9％，38.7％，38.6％と増加気味でありつつ，農場土地面積シェアは1.7％，1.8％，1.8％，また耕種農地収穫面積（harvested cropland）シェアも1.4％，1.5％，1.4％と変わらない。

　他方，2,000エーカー以上農場は数で3.7％，3.6％，3.9％とやはり若干の増加傾向にあるが，農場土地面積シェアでは52.4％，53.9％，55.6％，耕種農地収穫面積でも33.6％，39.6％，42.4％と確実に増大して4割～6割近くを占めるようになっている（農場土地面積シェアが耕種農地収穫面積シェアよりも高いのは，大面積草地型繁殖牛経営の存在が影響している）。そして2012年では5,000エーカー以上だけでも農場土地面積の36.8％，耕種農地収穫面積の15.6％を占めるにいたっている。

　その中での穀作農場について見ると（表3-2），農場土地面積2,000エーカー以上の農場は，穀物類販売農場数では10.1％に過ぎないが，販売額では42.8％に達している（ちなみに穀物価格暴騰前・低価格時代の2002年センサスではそれぞれ9.1％と33.0％だった）。また物的ベースで3大穀物の収穫については，同じく2,000エーカー以上の農場は，収穫農場数ではトウモロコシ9.0％，大豆8.8％，小麦22.5％（粗放穀物の小麦は農場・作付・収穫面積規模がもともと大きい）にとどまるが，収穫面積ではそれぞれ38.7％，37.0％，65.5％を占めるにいたっている。2,000エーカー以上について細区分の導入が望まれるところであるが，現時点ではいかんともしがたい。そこで，以下は基本的に農産物販売規模別階層区分を使って分析する（こちらも穀物等暴騰によって詳細集計の最大区分「100万ドル以上」はもはや不十分となっており，また経年比較をする場合，公表統計では名目ドル

**表 3-2　農場土地面積規模別の穀物類販売・収穫構成（全米，2012 年）**

(単位：百万ドル，千エーカー，%)

| | | 穀物類販売 | | 収穫農場数 | | | 収穫面積 | | |
|---|---|---|---|---|---|---|---|---|---|
| | | 販売農場数 | 販売額 | トウモロコシ | 大豆 | 小麦 | トウモロコシ | 大豆 | 小麦 |
| 実数 | 全規模計 | 503,315 | 131,135 | 348,530 | 302,963 | 147,632 | 87,413 | 76,105 | 49,040 |
| | 50エーカー未満 | 56,336 | 462 | 28,799 | 22,871 | 5,900 | 367 | 357 | 84 |
| | 50～99 | 56,575 | 1,297 | 36,397 | 28,270 | 8,490 | 1,006 | 941 | 224 |
| | 100～179 | 70,520 | 3,084 | 49,369 | 40,102 | 13,623 | 2,317 | 2,140 | 583 |
| | 180～259 | 46,830 | 3,351 | 35,113 | 29,670 | 10,316 | 2,532 | 2,298 | 574 |
| | 260～499 | 82,500 | 10,966 | 62,692 | 55,996 | 22,470 | 8,073 | 7,159 | 2,009 |
| | 500～999 | 79,530 | 22,461 | 60,594 | 57,119 | 26,738 | 16,346 | 14,463 | 4,457 |
| | 1,000～1,999 | 60,322 | 33,377 | 44,025 | 42,189 | 26,931 | 22,916 | 20,557 | 8,981 |
| | 2,000エーカー以上 | 50,702 | 56,137 | 31,541 | 26,746 | 33,164 | 33,856 | 28,190 | 32,129 |
| 構成比 | 全規模計 | 100.0 | 100.0 | 100.0 | 100.0 | 100.0 | 100.0 | 100.0 | 100.0 |
| | 50エーカー未満 | 11.2 | 0.4 | 8.3 | 7.5 | 4.0 | 0.4 | 0.5 | 0.2 |
| | 50～99 | 11.2 | 1.0 | 10.4 | 9.3 | 5.8 | 1.2 | 1.2 | 0.5 |
| | 100～179 | 14.0 | 2.4 | 14.2 | 13.2 | 9.2 | 2.7 | 2.8 | 1.2 |
| | 180～259 | 9.3 | 2.6 | 10.1 | 9.8 | 7.0 | 2.9 | 3.0 | 1.2 |
| | 260～499 | 16.4 | 8.4 | 18.0 | 18.5 | 15.2 | 9.2 | 9.4 | 4.1 |
| | 500～999 | 15.8 | 17.1 | 17.4 | 18.9 | 18.1 | 18.7 | 19.0 | 9.1 |
| | 1,000～1,999 | 12.0 | 25.5 | 12.6 | 13.9 | 18.2 | 26.2 | 27.0 | 18.3 |
| | 2,000エーカー以上 | 10.1 | 42.8 | 9.0 | 8.8 | 22.5 | 38.7 | 37.0 | 65.5 |

資料：USDA NASS, *2012 Census of Agriculture*, Vol. 1 Part 51 United States, Table 64.
注：ここでの「穀物類」とは穀物，油糧種子，食用乾燥豆，食用乾燥エンドウ豆である。

価格という弱点もある）[18]。

　近年の規模別構成の第一の特徴は，農場総数はさして変化しない中で，極小農場が増加したことである（表3-3）。

　まず「販売額（ないし「みなし販売額」を含む）1,000ドル未満」の農場数が，定義が一貫している1997年以降2007年まで，非常なペースで増えた（その後2007～12年には12.6％減少しているのが新しい現象なのだが，絶対数はまだ2002年以前を大きく上回っている）。これら農場の性格を2007年について農務省の農場類型区分別に見ると（この集計は2007年センサスでのみ与えられている），2007年の688,833農場のうち309,699（45％）が「農村居住ないしライフスタイル農場（Residential/lifestyle farms）」，すなわち主な経営者の主要な職業が農業以外である。次に166,515農場（24％）が「退職者農場（Retirement farms）」，すなわち主な経営者が退職した者である（農業からか他産業からかは区別されていない）。

　これらに対し，126,308農場（18％）が「資源制約農場（Limited resource farms）」，すなわち主な経営者の世帯年収が2万ドル未満であり，59,083農場（9％）が「農業主業・低販売額農場（Farming occupation/lower sales）」，すなわち主な経営者の主要な職業が農業であるにもかかわらず販売額が1,000ドル

第3章　アメリカ農業構造の分析視角と穀作農業構造変動の現局面　143

表3-3　農産物販売金額規模別農場構成の推移（全米）

(単位：千農場，百万ドル，%)

| | | 実　数 | | | | 実　数　増　減　率 | | | 構　成　比 | | | |
|---|---|---|---|---|---|---|---|---|---|---|---|---|
| | | 1997* | 2002 | 2007 | 2012 | 97*~02 | 02~07 | 07~12 | 1997* | 2002 | 2007 | 2012 |
| 農場数 | 全規模計 | 2,216 | 2,129 | 2,205 | 2,109 | -3.9 | 3.6 | -4.3 | 100.0 | 100.0 | 100.0 | 100.0 |
| | 1千ドル未満 | 416 | 571 | 689 | 602 | 37.3 | 20.7 | -12.6 | 18.8 | 26.8 | 31.2 | 28.5 |
| | 1千~2.5千 | 277 | 256 | 211 | 186 | -7.7 | -17.3 | -12.0 | 12.5 | 12.0 | 9.6 | 8.8 |
| | 2.5千~5千 | 266 | 213 | 200 | 191 | -19.7 | -6.1 | -4.4 | 12.0 | 10.0 | 9.1 | 9.1 |
| | 5千~1万ドル | 268 | 223 | 219 | 214 | -16.6 | -2.1 | -2.0 | 12.1 | 10.5 | 9.9 | 10.2 |
| | 1万ドル未満 | 1,226 | 1,263 | 1,319 | 1,194 | 3.0 | 4.4 | -9.5 | 55.3 | 59.3 | 59.8 | 56.6 |
| | 1万~2.5万 | 294 | 256 | 248 | 245 | -12.8 | -3.1 | -1.3 | 13.3 | 12.0 | 11.3 | 11.6 |
| | 2.5万~5万 | 180 | 158 | 155 | 153 | -12.1 | -2.0 | -1.2 | 8.1 | 7.4 | 7.0 | 7.2 |
| | 5万~10万 | 164 | 140 | 125 | 129 | -14.1 | -10.7 | 3.1 | 7.4 | 6.6 | 5.7 | 6.1 |
| | 10万~25万 | 191 | 159 | 148 | 139 | -16.7 | -7.3 | -5.8 | 8.6 | 7.5 | 6.7 | 6.6 |
| | 25万~50万 | 92 | 82 | 93 | 94 | -10.7 | 14.3 | 0.7 | 4.1 | 3.8 | 4.2 | 4.5 |
| | 50万~100万 | 44 | 42 | 61 | 76 | -4.6 | 44.8 | 25.0 | 2.0 | 2.0 | 2.8 | 3.6 |
| | 100万ドル以上 | 26 | 29 | 56 | 79 | 8.5 | 93.6 | 42.7 | 1.2 | 1.3 | 2.5 | 3.8 |
| | 100万~250万 | 19,552 | 20,724 | 40,390 | 56,300 | 6.0 | 94.9 | 39.4 | 0.88 | 0.97 | 1.83 | 2.67 |
| | 250万~500万 | 4,084 | 4,611 | 9,578 | 14,426 | 12.9 | 107.7 | 50.6 | 0.18 | 0.22 | 0.43 | 0.68 |
| | 500万ドル以上 | 2,799 | 3,338 | 5,541 | 8,499 | 19.3 | 66.0 | 53.4 | 0.13 | 0.16 | 0.25 | 0.40 |
| 農産物販売金額 | 全規模計 | 201,380 | 200,646 | 297,220 | 394,644 | -0.4 | 48.1 | 32.8 | 100.0 | 100.0 | 100.0 | 100.0 |
| | 1万ドル未満 | 3,387 | 2,825 | 2,706 | 2,590 | -16.6 | -4.2 | -4.3 | 1.7 | 1.4 | 0.9 | 0.7 |
| | 1万~2.5万 | 4,669 | 4,067 | 3,960 | 3,908 | -12.9 | -2.6 | -1.3 | 2.3 | 2.0 | 1.3 | 1.0 |
| | 2.5万~5万 | 6,391 | 5,594 | 5,480 | 5,418 | -12.5 | -2.0 | -1.1 | 3.2 | 2.8 | 1.8 | 1.4 |
| | 5万~10万 | 11,716 | 10,024 | 8,961 | 9,251 | -14.4 | -10.6 | 3.2 | 5.8 | 5.0 | 3.0 | 2.3 |
| | 10万~25万 | 30,406 | 25,402 | 24,213 | 22,822 | -16.5 | -4.7 | -5.7 | 15.1 | 12.7 | 8.1 | 5.8 |
| | 25万~50万 | 31,848 | 28,530 | 33,410 | 33,964 | -10.4 | 17.1 | 1.7 | 15.8 | 14.2 | 11.2 | 8.6 |
| | 50万~100万 | 30,138 | 28,944 | 42,691 | 54,686 | -4.0 | 47.5 | 28.1 | 15.0 | 14.4 | 14.4 | 13.9 |
| | 100万ドル以上 | 82,824 | 95,260 | 175,800 | 262,006 | 15.0 | 84.5 | 49.0 | 41.1 | 47.5 | 59.1 | 66.4 |
| | 100万~250万 | 28,604 | 30,618 | 60,549 | 87,935 | 7.0 | 97.8 | 45.2 | 14.2 | 15.3 | 20.4 | 22.3 |
| | 250万~500万 | 13,851 | 15,700 | 32,300 | 49,020 | 13.4 | 105.7 | 51.8 | 6.9 | 7.8 | 10.9 | 12.4 |
| | 500万ドル以上 | 40,370 | 48,941 | 82,951 | 125,050 | 121.2 | 169.5 | 150.8 | 20.0 | 24.4 | 27.9 | 31.7 |

資料：USDA NASS, 2002, 2007, and 2012 Census of Agriculture, Vol.1 Part 51 United States, Table 2.

注：1）農場数の100万~250万、250万~500万、500万ドル以上欄の単位は「農場」である。
2）2002年農業センサスから調査対象農場リストをもカバーするためのサンプル実地調査にもとづく推計と集計が導入されたため、農場構成度合いが高まり、1997年までのセンサスとは連続しなくなった。ただし、2002年センサス報告書では1997年センサス値を同様の方法で推計し直した集計値が掲載されている。年の表示の「1997*」はこの新たな集計値である。
3）センサスにおける農場の定義は「農産物販売額1,000ドル以上の販売をもつ農場」であるが、1992年からこの1,000ドル未満であっても通常ならば1,000ドル以上の販売があったと見なせる農場も含んでいる。農場をカウントしているのに対し、1997年からはそれらをカウントしないように変更された。（そのために農産物販売総額は1,000ドル未満になっている）（James and MacDonald eds., 2005, pp.8-9）。農場数は1992年から97年への、1,000ドル未満農場数によるみかけの類廃変化によるものとされていて、1997年以降に分類変更はないから、その後の1,000ドル未満農場数増加は実態を反映しているものと解釈される。

未満である。これら二者は農村貧困世帯を構成している可能性が高いが、後者の世帯収入水準は不明である。

その後1,000ドル未満層は2012年にかけて減少したが、どのような農場類型で減少その他の動きがあったのは追跡できない。

2012年時点で販売額1,000ドル未満農場の平均的姿を見ると、1農場当たり農産物販売額は118ドル、政府支払を1,979ドル受けているが、それでも農場経営者所得はマイナス5,466ドルであるから農場経営は所得源にならない。その保有農地は1億495万エーカー（全農場の11.5%。ちなみに2007年が1億782万エーカー・11.7%だったから農場数減少ほどには減っていない）・1農場当たり174エーカーであるが、うち5,366万エーカー・1農場平均89エーカー（51%）が永久草地（放牧地）、1,536万エーカー・1農場当たり26エーカー（15%）が保全留保計画（CRP）等の保全農地であり、それは全米農場の保全農地2,749万エーカーの55.8%を占めている。農地保全管理においては大きな役割を果たしている。

第二が、大規模農場数の増加とそのシェア拡大である。前述のように実質価格区分ではなく名目価格区分に頼らざるを得ないが、上層の増加分岐階層が1987～92年の10～25万ドル、1992～97年の25～50万ドル、1997～02年の100万ドル以上へと上昇してきた。そして2002～07年は、価格高騰による「水増し」効果で25万ドル以上各層が増えているが、100万ドル以上が94%も増加、さらに500万ドル以上（センサス区分最上層）が66%も増加した。また2007～12年も同様に「水増し」が引き続いている中で100万ドル以上層が43%増加し、500万ドル以上層が53%増加した。その結果、2012年で100万ドル以上の7.9万農場・農場数シェア3.8%が全販売額の66%を、500万ドル以上の8,499農場・0.40%が32%を占めるにいたった。

大規模農場の増加やシェアは分野（分野別にデータが取れるのは「100万ドル以上」までである）によって異なる（表3-4）。すなわち、①早い時期から100万ドル以上農場のシェアが大きかった分野として穀物肥育牛、野菜類、施設園芸類、採卵鶏、②1990年代以降に急速にシェアを高めてきた分野として肉用鶏、豚、酪農、③依然として絶対水準は低いが、2000年代に入ってから急速に高めている分野として穀物がある。

言い換えれば、現局面で100万ドル以上の大規模農場への集積という構造変化

表 3-4 農産物販売額 100 万ドル以上農場による各作目販売額等シェアと農場数シェアの推移(全米)

(単位:%)

| | | 販売額等シェア | | | | | 農場数構成比 | | | | |
|---|---|---|---|---|---|---|---|---|---|---|---|
| | | 1992 | 1997 | 2002 | 2007 | 2012 | 1992 | 1997 | 2002 | 2007 | 2012 |
| 全体 | (千ドル) | 33.0 | 41.7 | 47.5 | 59.1 | 66.4 | 0.8 | 1.4 | 1.3 | 2.5 | 3.8 |
| 穀物 | (千ドル) | 5.8 | 10.3 | 12.1 | 32.0 | 51.8 | 0.9 | 1.8 | 2.3 | 6.3 | 10.9 |
| 酪農 | (千ドル) | 22.1 | 35.6 | 50.1 | 67.1 | 76.5 | 1.8 | 3.4 | 5.4 | 9.7 | 15.4 |
| 野菜・メロン類 | (千ドル) | 66.1 | 75.2 | 77.8 | 83.9 | 86.9 | 3.4 | 5.7 | 6.8 | 7.1 | 8.1 |
| 果実・ナッツ・ベリー | (千ドル) | 48.7 | 58.6 | 59.0 | 66.9 | 75.9 | 2.4 | 3.8 | 3.3 | 4.2 | 5.6 |
| 施設園芸・苗・花卉類 | (千ドル) | 59.4 | 64.9 | 71.8 | 78.1 | 79.9 | 3.5 | 3.6 | 5.6 | 6.6 | 5.7 |
| 子牛 | (販売頭数)(頭) | 10.3 | 12.9 | 20.2 | 31.4 | 37.9 | 0.5 | 0.9 | 1.2 | 2.9 | 3.6 |
| 穀物肥育牛 | (飼養頭数)(頭) | 77.6 | 84.1 | 83.2 | 89.4 | 92.0 | 1.8 | 2.5 | 3.0 | 8.1 | 19.5 |
| 豚 | (千ドル) | 18.4 | 51.7 | 60.4 | 78.8 | 89.9 | 0.9 | 3.7 | 4.9 | 10.3 | 15.9 |
| 採卵鶏 | (飼養羽数)(千羽) | 66.1 | 75.0 | 79.6 | 82.5 | 87.7 | 1.0 | 1.4 | 1.0 | 0.8 | 1.0 |
| 肉用鶏 | (販売羽数)(千羽) | 20.2 | 42.4 | 42.7 | 79.0 | 82.4 | 3.9 | 13.5 | 11.6 | 33.6 | 29.0 |

資料:USDA NASS, *1992, 1997, 2002 and 2007 Census of Agriculture*, Vol. 1 Part 51 United States, Table 50 (1992 and 1997), Table 56 (2002), Table 59 (2007), and Table 65 (2012).

注:1)「穀物」の 2002 年以降は「穀物,油糧種子,乾燥豆および乾燥エンドウ」。
2)「野菜・メロン類」の 1992 年と 1997 年は「野菜,スウィートコーン,メロン」,2002 年以降年は「野菜,メロン,馬鈴薯,甘藷」。
3)「施設園芸・苗・花卉類」の 1992 年と 1997 年は「苗,施設園芸作物」,2002 年以降年は「苗,施設園芸,花卉,芝」。
4)「子牛」の 2002 年以降は「体重 500 ポンド未満の子牛」。
5)「採卵鶏」は各年とも 20 週齢以上の採卵鶏。

が焦点になっているのが,伝統的に家族経営が支配的とされてきた酪農,穀作部門なのである。

②主要階層の姿と大規模農場の経済的性格

ここでは全部門総体として,農業構造変動の焦点となっている主要階層の性格を検討する(**表3-5**)。

第一に,1997年以降減少が続いている販売額10万〜25万ドル層については,(ア)1農場当たり農産物販売額16万ドル,政府支払受給額4.1千ドル(販売額比2.5%,所得比14.3%)であるが,1農場当たり農場経営者所得が28,964ドルと全米世帯年間所得中央値51,017ドルよりも低く,専業農業経営としては成立しえない。(イ)耕種農地地代負担力(試算)は政府支払を含んでもほとんどゼロなので,規模拡大は困難である。以上からこの階層は減少・離農に向かわざるをえない「小規模家族経営」と言える。

第二に,農産物価格低迷期の1997〜2002年には減少に陥ったが,同高騰期の2002年以降には「水膨れ」で再増加している25万〜50万ドル層についてである。(ア)1農場当たり販売額36万ドル,政府支払受給額1.2万ドル(販売額比3.2%,

表 3-5 農産物販売額規模別の一農場当たり平均構造指標と経営収支（全米，2012 年）

(単位：エーカー，ドル，%)

| | | | 全農場合計 | 農産物販売額規模別階層 | | | | |
|---|---|---|---|---|---|---|---|---|
| | | | | 5万～10万ドル | 10万～25万ドル | 25万～50万ドル | 50万～100万ドル | 100万ドル以上 |
| 農場数 | | | 2,109,303 | 129,366 | 138,883 | 94,072 | 75,953 | 79,225 |
| 経営者数 | | | 1.53 | 1.50 | 1.51 | 1.55 | 1.62 | 1.91 |
| 主たる経営者の換算農業従事月数 | | | 7.2 | 8.4 | 9.6 | 10.7 | 11.3 | 11.5 |
| 主たる経営者の農業専従人数換算 | | | 0.60 | 0.70 | 0.80 | 0.89 | 0.94 | 0.96 |
| 同上×経営者数 | | | 0.92 | 1.05 | 1.21 | 1.38 | 1.53 | 1.83 |
| 非賃金支払労働者数 | | | 0.98 | 0.97 | 0.90 | 0.80 | 0.69 | 0.57 |
| 土地保有 | 農場土地面積 | | 434 | 495 | 835 | 1,288 | 1,704 | 2,687 |
| | 自作地 | | 267 | 308 | 490 | 699 | 858 | 1,376 |
| | 借入地 | | 166 | 186 | 345 | 588 | 845 | 1,311 |
| | 耕種農地 | | 185 | 160 | 316 | 598 | 943 | 1,698 |
| | 永年牧草地・放牧地 | | 197 | 273 | 437 | 600 | 666 | 843 |
| | CRP・WRP 等参加面積 | | 13 | 11 | 14 | 18 | 19 | 21 |
| 雇用等 | 人数 | 150 日以上従業者 | 0.47 | 0.27 | 0.50 | 0.84 | 1.38 | 7.08 |
| | | 150 日未満従業者 | 0.82 | 0.87 | 1.26 | 1.57 | 2.07 | 7.28 |
| | 経費 | 雇用労働費 | 12,794 | 5,090 | 10,560 | 19,532 | 35,829 | 227,474 |
| | | 請負労働費 | 3,069 | 1,397 | 2,666 | 3,853 | 6,566 | 56,388 |
| | | 雇用・請負労働費計 | 15,863 | 6,487 | 13,227 | 23,385 | 42,396 | 283,862 |
| 経営収支 | 農産物販売額合計 | | 187,097 | 71,507 | 164,328 | 361,045 | 719,996 | 3,307,109 |
| | 農場現金生産費合計 | | 155,947 | 69,389 | 141,619 | 285,575 | 544,902 | 2,594,764 |
| | 現金地代 | | 9,956 | 5,412 | 12,290 | 28,344 | 54,509 | 134,956 |
| | 分益借地純地代 | | 2,461 | 756 | 2,908 | 8,329 | 17,238 | 32,169 |
| | 地代負担総額 | | 12,418 | 6,168 | 15,198 | 36,673 | 71,747 | 167,125 |
| | 同上借入地面積当たり | | 75 | 33 | 44 | 62 | 85 | 127 |
| | 現金農場経営者所得 | | 37,241 | 13,860 | 43,827 | 101,549 | 196,637 | 669,824 |
| | 減価償却費 | | 12,429 | 7,612 | 14,863 | 33,816 | 55,710 | 154,386 |
| | 農場経営者所得（償却費控除後） | | 24,812 | 6,248 | 28,964 | 67,733 | 140,928 | 515,438 |
| | うち政府支払 | | 3,818 | 1,085 | 4,143 | 11,622 | 24,036 | 43,979 |
| | 政府支払依存率 | | 15.4 | 17.4 | 14.3 | 17.2 | 17.1 | 8.5 |
| | 農場経営者所得（政府支払除く） | | 20,994 | 5,164 | 24,821 | 56,111 | 116,892 | 471,459 |
| | 販売額に対する政府支払比率 | | 2.0 | 1.5 | 2.5 | 3.2 | 3.3 | 1.3 |
| 耕種農地エーカー当たり地代負担力 | 政府支払含む | | 35 | -147 | 10 | 98 | 175 | 373 |
| | 政府支払除く | | 14 | -154 | -3 | 79 | 149 | 347 |
| | 全米平均現金地代 | | 125 | 125 | 125 | 125 | 125 | 125 |

資料：USDA NASS，*2012 Census of Agriculture*, Vol.1 Part 51 United States, Table 65, do., *Quick Stats Database*.

注：1) 「CRP・WRP 等」は Conservation Reserve Program, Wetland Reserve Program, Farmable Wetland Program, Conservation Reserve Enhancement Program。

2) 「主たる経営者の換算農業従事月数」とは，農外就業日数が「なし」の場合の農業従事月数を 12 ヶ月，「49 日以下」を 11 ヶ月，「50～99 日」を 8 ヶ月，「100～199 日」を 6 ヶ月，「200 日以上」を 2 ヶ月とみなして，換算したもの。「主たる経営者の農業専従人数換算」とは，それを 12 ヶ月を農業専従者 1 名とみなして，人数換算したもの。

3) 統計の定義上，「現金農場経営者所得（Net cash farm income of the operation）＝農産物販売額＋政府支払額＋その他農場関連収入－農場現金生産費支出」であるので，農産物販売額＋政府支払額－農場現金生産費支出＝現金農場経営者所得とはならない。現金農場経営者所得（Net cash farm income of the operator）とは，農産物販売額のうち，契約生産で農産物の所有権は契約先にあり，農場経営者は生産受託料を受け取れるものについては，その受託料だけを計上して算出したもの。

4) 「耕種農地地代負担力」は，耕種農地 1 エーカー当たりについて，農場経営者所得（償却費控除後）＋地代負担総額－主たる経営者労賃評価（換算農業従事月数×4,251 ドル）として試算したもの。なお 4,251 ドルの根拠としては，USDC Census Bureau の *Current Population Survey* による全米世帯年間所得中央値（2012 年）51,017 ドルを 12 で除した 1 ヶ月当たり平均値を用いた。

5) USDC Bureau of Economic Analysis, *National Income and Product Accounts Tables, Section 6: Table 6.2D. and 6.5D.*によれば，農場フルタイム相当労働者年間 1 人当たり使用者側支払額は，2012 年 41,307 ドルである（労働者直接受取額 36,015 ドル）。

表 3-6 農産物販売額規模別の農産物販売構成と経営組織構成（全米，2012 年）

(単位：%)

| | | 全農場合計 | 農産物販売額規模別階層 | | | | |
| --- | --- | --- | --- | --- | --- | --- | --- |
| | | | 5万〜10万ドル | 10万〜25万ドル | 25万〜50万ドル | 50万〜100万ドル | 100万ドル以上 |
| 農場数 | | 2,109,303 | 129,366 | 138,883 | 94,072 | 75,953 | 79,225 |
| 販売農場数 | 穀物類 | 23.9 | 52.8 | 65.8 | 74.5 | 74.5 | 66.5 |
| | 野菜・メロン等 | 3.4 | 4.6 | 3.9 | 3.6 | 4.1 | 7.3 |
| | 果実類 | 5.0 | 8.5 | 7.4 | 5.6 | 5.3 | 7.4 |
| | 施設園芸等 | 2.5 | 5.1 | 4.2 | 3.2 | 2.8 | 3.8 |
| | 肉牛 | 35.1 | 49.0 | 47.6 | 46.5 | 40.8 | 37.5 |
| | 酪農 | 6.8 | 9.1 | 23.6 | 26.4 | 20.6 | 25.7 |
| | 豚 | 2.6 | 2.4 | 2.4 | 3.3 | 5.7 | 11.1 |
| | 家禽・卵 | 6.5 | 4.4 | 4.0 | 5.0 | 10.5 | 17.2 |
| 農産物販売額 | 穀物類 | 33.2 | 40.3 | 48.3 | 54.3 | 53.8 | 25.3 |
| | 野菜・メロン等 | 4.3 | 2.2 | 1.5 | 1.4 | 1.5 | 5.6 |
| | 果実類 | 6.6 | 6.5 | 5.6 | 4.3 | 4.0 | 7.5 |
| | 施設園芸等 | 3.7 | 3.9 | 3.0 | 2.4 | 2.1 | 4.3 |
| | 肉牛 | 19.4 | 28.9 | 20.8 | 16.5 | 12.6 | 19.7 |
| | 酪農 | 9.0 | 3.6 | 9.0 | 8.7 | 5.6 | 10.3 |
| | 豚 | 5.7 | 0.4 | 0.7 | 1.3 | 2.9 | 7.7 |
| | 家禽・卵 | 10.8 | 0.4 | 0.8 | 2.9 | 9.6 | 13.8 |
| | その他 | 7.4 | 13.7 | 10.4 | 8.3 | 7.9 | 5.9 |
| 経営組織 | 所有の過半が経営者とその親族 | 96.7 | 96.3 | 95.7 | 95.2 | 94.1 | 89.2 |
| | 税法上地位 1家族または個人所有 | 86.7 | 84.8 | 81.9 | 77.2 | 69.7 | 52.1 |
| | パートナーシップ | 6.5 | 7.9 | 8.9 | 10.5 | 13.1 | 23.0 |
| | 家族所有会社 | 4.5 | 5.0 | 6.8 | 10.2 | 15.1 | 21.3 |
| | 非家族所有会社 | 0.5 | 0.6 | 0.7 | 0.8 | 0.9 | 2.3 |
| | その他 | 1.7 | 1.6 | 1.7 | 1.4 | 1.1 | 1.2 |

資料：USDA NASS, *2012 Census of Agriculture*, Vol.1 Part 51 United States, Table 65.

所得比17.2％）である。（イ）1農場当たり農場経営者所得は2002年には46,636ドルで全米世帯年間所得中央値42,409ドルをわずかに上回っていたのが，2012年には同67,733ドルで若干の余裕が生まれたが，基本的に農業専業下限階層である。（ウ）販売品目別農場数では穀物類，肉牛（多くは繁殖経営），酪農が多く（**表3-6**），穀物類専門，穀物・肉牛繁殖複合，および酪農の中規模経営からなることを示唆する。（エ）経営従事者数（アメリカ農業センサスでは1農場に複数の「経営者」がいる場合，それらをカウントしている）は1.55人となっており，後章でみる農場調査から，「ワンマンファーム」と夫婦・父子・兄弟といった「2人ファーム」が典型的と見られる。（オ）1農場当たり雇用・請負労働費総額23,385ドルは，農場フルタイム労働者1人相当年間使用者側負担額41,307ドル（同・労働者受取賃金額36,015ドル）の57％なので，雇用依存度は低い。

かくしてこの階層は「中規模家族（農業専業下限的）経営」と性格づけることができる。しかし政府支払を含めても耕種農地面積当たり地代負担力は全米平均

地代を下回っているので，この関係から見ると借地規模拡大は困難である（現実に支払っている借入地地代はエーカー当たり65ドルと低いが，その他の階層も含めて，これは耕種農地だけでなく放牧地・採草地等も含めた借入地の全平均である）。

第三に，1997～2002年に若干減少したが，2002以降著しく増加している50万～100万ドル層について見ると，（ア）1農場当たり販売額72万ドルで，農場経営者所得は140,928ドル（政府支払抜きでも116,892ドル）となっており全米世帯年間所得中央値の約3倍と富裕である。（イ）販売額では穀物類（54%），肉牛（13%）についで，家禽（10%）が入り（大規模アグリビジネスに契約生産統合された「独立」経営），酪農（6%）と続く。（ウ）経営者数は1.62人，これに対し雇用・請負労働費総額42,396ドルは上記農場フルタイム相当労働者賃金を基準にすると常雇1人に相当する。

以上からこの階層農場は，家族経営としての所得目標である「家族生計費」を大幅に上回る所得を上げて，一種の利潤（利潤額は全米世帯所得中央値の約2倍）を形成していると言ってよいが，労働力面では雇用への依存度は高くない。したがって「大規模家族経営」と性格づけることができよう。またこれらの地代負担力は全米平均地代を明確に上回っているから，その面からは農地集積を通じてさらに大規模化していく経済的可能性を持っている。

第四に，1997～2002年に唯一増加し，2002～07年にはほぼ倍増し，2007～12年にも4割強増加している100万ドル以上層であるが，経営構造・収支状況等については前述のように8万農場一本でしか集計がない。それによると，（ア）1農場当たり農産物販売額331万ドルで，農場経営者所得は52万ドルに達しており，これは全米世帯年間所得中央値のほぼ10倍である。完全に利潤範疇が形成されている。（イ）また雇用・請負労働費総額28万ドルは，農場フルタイム労働者基準でみれば常雇6.9人相当であり，経営者数1.91人を大きく上回る。また150日以上雇用従業者が（そうした雇用従業者がいる農場平均ではなく同階層全平均で）7.1人いる。したがって，常雇的雇用労働力に大きく依存していることが明らかであり，多額の利潤の少なくとも一定部分はこれら雇用労働者が生産過程で生み出した剰余価値に基礎を持っている。（ウ）販売品目別農場数では，家禽・卵，豚，果実類，野菜・メロン類が相対的に多いのが特徴であるが，穀物類，肉牛，酪農

第3章　アメリカ農業構造の分析視角と穀作農業構造変動の現局面　149

も多い。(エ) 経営組織構成では，1家族または個人所有比率が他の階層と比べて目立って低く，その分パートナーシップ，家族所有会社の比率が高い。非家族所有会社の比率は低いものの，無視できない水準になっている。

　以上から，100万ドル以上層の農場は少なくとも平均的に言って，一般的産業と比較すれば小企業水準ではあるものの，資本－賃労働関係の明確な形成と利潤範疇の完全な成立からして，明らかに「資本主義経営」である。そしてこれら資本主義経営こそが農場総販売額の約3分の2を占めるに至っているというのが，アメリカ農業構造の到達点である。ただし経営組織面では，1家族または個人所有から家族所有会社までで農場数の96.4％を占めているから，オーナーないしオーナー一族支配型資本主義経営ということができる。

　なおこの階層の地代負担力が極端に高いのは，大規模肉牛フィードロット，非土地利用型大規模酪農（フリーバーンとミルキングパーラー装備の購入飼料依存型），大規模家禽経営，大規模園芸経営が，相対的に多く含まれるためである。

③畜産4部門における「経済階級100万ドル以上層」の経済的性格

　ここで補足的に，「農産物販売額規模100万ドル以上」農場の経済的性格について，その比重が高くなっている作目別に簡単にアプローチしておくことにする。農業センサスでは「100万ドル以上層」を作目別に細分類して詳細を検討できる集計がなく，また「北米産業分類」別の集計があってそれは各作目別農場についての詳細を見ることができるが，規模とのクロス集計がない。

　そこで次善の策として，USDAのERSとNASSが合同で実施している農業資源・経営調査（Agricultural Resource Management Survey, ARMS）統計の，経済階級別・作目専門別経営状況集計を利用することにする。ただしこの場合も，野菜メロン類，果実・ナッツ・ベリー，施設園芸・苗・花卉類については個別の集計がないため，酪農，肉牛（「cattle」というくくりであり，繁殖と肥育が区別されていない），肉豚（「hogs」というくくりであり，繁殖，肥育，一貫が区別されていない），家禽（「poultry」というくくりであり，採卵鶏，ブロイラー，七面鳥等が区別されていない）の4品目の畜産農場に限定せざるをえない。

　表3-7によると，酪農の100万ドル以上層は全農場5万弱のうち8,035農場・16％だが，粗生産額の73％を占める。その1農場平均畜産物現金販売額は381万

表3-7 畜産4品目農場で経済階級100万ドル以上農場の経営収支状況（2013年）

(単位：100万ドル，％，ドル)

| | | | 酪農 | 肉牛 | 肉豚 | 家禽 |
|---|---|---|---|---|---|---|
| 全農場 | 農場数 | | 49,452 | 793,210 | 24,989 | 54,721 |
| | 粗生産額 | | 41,795 | 60,752 | 30,776 | 35,622 |
| 100万ドル以上農場 | 全体 | 農場数 | 8,035 | 7,315 | 8,396 | 14,224 |
| | | 農場数比率 | 16.2 | 0.9 | 33.6 | 26.0 |
| | | 粗生産額 | 30,287 | 35,214 | 28,052 | 30,607 |
| | | 粗生産額比率 | 72.5 | 58.0 | 91.1 | 85.9 |
| | 一農場平均 | 現金粗収益 | 4,064,468 | 3,249,085 | 1,657,382 | 961,012 |
| | | 畜産物現金販売額 | 3,805,851 | 2,748,783 | 1,009,143 | 690,643 |
| | | 政府支払 | 26,232 | 21,558 | 19,560 | 2,045 |
| | | 現金総支出 | 3,099,154 | 2,794,179 | 986,123 | 643,676 |
| | | 雇用労働費 | 380,923 | 157,794 | 68,293 | 63,084 |
| | | フルタイム相当労働者数 | 8.45 | 3.50 | 1.51 | 1.40 |
| | | 純農場所得 | 794,482 | 492,869 | 530,578 | 285,570 |
| | | 対全米世帯所得中央値・倍数 | 15.3 | 9.5 | 10.2 | 5.5 |

資料：USDA ERS, *Agricultural Resource Management Survey Farm Financial and Crop Production Tailored Reports* (http://www.ers.usda.gov/data-products/arms-farm-financial-and-crop-production-practices/tailored-reports-crop-production-practices.aspx).
注：1）「経済階級」とは農産物販売額＋政府支払による規模区分である。
　　2）「4品目農場」とはそれぞれの品目が農場粗生産額の過半を占める農場である。
　　3）2013年のフルタイム相当農場労働者使用者側支払額は45,081ドルである。
　　4）2013年の全米世帯所得中央値は51,9389ドルである。

ドル，雇用労働費38万ドルはフルタイム農業労働者8.45人に相当し，純農場所得79万ドルは全米世帯所得中央値の15倍以上にのぼる。資本－賃労働関係が成立し，膨大な利潤範疇を獲得している資本主義農場である。

　次に肉牛の100万ドル以上層であるが，ここには相対的に小規模で家族経営的な穀作・肉牛繁殖複合経営，大面積・巨大面積草地放牧肉牛繁殖経営，および多頭肥育フィードロットが混在しているため，ひとくくりの評価は難しい。しかしそれらを平均して見れば，100万ドル以上層は全農場79万のうちわずか7,315農場・0.9％でしかないが，粗生産額の58％を占めている。1農場平均では，畜産物販売額が275万ドルにのぼり，純農場所得49万ドルは全米世帯所得中央値の10倍近くに達しているから，これもまた多額の利潤範疇を獲得している。ただ雇用労働費16万ドルはフルタイム労働者3.50人相当なので，経営者・家族労働力よりは若干多いと推定される程度である。したがってこれら農場を平均的に見る限り，資本主義的性格を色濃く帯びる特大規模経営ということになろう。

　次に肉豚農場であるが，2012年センサスによると全養豚農場（Hogs and Pigs）63,246，その飼養頭数6,603万頭のうち，独立生産者が農場数で87.8％，飼養頭数で50.3％を（1農場平均飼養頭数598頭），契約生産者が農場数で11.3％，

飼養頭数で41.1％を（同3,812頭），そして傘下に契約生産者を有するインテグレーター経営が農場数0.9％（558農場），飼養頭数で8.6％（同10,137頭）という構成になっている。そしてアメリカ農業統計では契約生産者は飼養し出荷する豚の所有権がインテグレーター側にあっても，その出荷額がそのまま契約生産者の「農産物販売額」に計上される。したがって肉豚農場で経済階級100万ドル以上という「階層」のうち，そのような条件の契約下にある契約生産者の場合，「農産物販売額」（したがってまた経済階級）は100万ドル以上層に属しても，実質的なビジネスサイズは労働力，土地，設備投資等に対する報酬部分でしかないのである。

　したがってこの階層全体をひとくくりにして経済的性格規定をするのは著しく困難だが，100万ドル以上層は全農場2.5万のうち8,396農場・33.6％，粗生産額の91.1％を占めている。純農場所得は53万ドルで全米世帯所得中央値の10倍強と，やはり多額の利潤範疇を獲得している。しかし雇用労働費のフルタイム労働者相当は1.51人に過ぎないので，平均的に見れば経営者・家族労働力と同程度かやや少ない程度の雇用労働力に依存している，したがって超高収益大規模家族経営ということになろう。しかしここには実質的ビジネスサイズは100万ドルよりかなり小さい，したがって労働力的には家族経営である農場が多数含まれていることに留意しなければならない。

　最後に家禽農場であるが，ここでも契約生産が普及している。農業センサスではブロイラーその他の食鳥農場についてしかその比重を計れないが，同全農場32,935・販売羽数85億羽のうち，契約生産農場は農場数で48.1％，販売羽数で96.4％と圧倒的部分を占めている。したがって基本的に農産物販売額で規定される経済階級100万ドル以上というのは，実質的ビジネスサイズを大きく上回ることになるが，その１農場平均畜産物販売額は69万ドル，純農場所得は29万ドルで全米世帯所得中央値の５倍強を得ている。しかし雇用労働費はフルタイム労働者相当で1.40人にとどまり，やはり経営者・家族労働量と同程度かやや少ない程度である。したがって少なくともブロイラー農場について言うと，そのほとんどが契約生産なので販売額は100万ドル以上になることがあっても，その実態を平均的に見る限り，高収益大規模家族経営ということになろう。

## 第4節　穀作農業の構造変動と現局面

### （1）農産物販売額規模・農場土地面積規模別の穀物販売農場の構造動態

　農業センサスでは，穀作農場の規模別状況を詳細に検討することのできる集計が与えられていない。北米産業分類で「油糧種子および穀物農場」（油糧種子および穀物の販売が過半をなす農場）に区分される農産物販売額規模別農場数が得られるだけである。

　そこで第一に，センサスで利用可能な農産物販売額規模別の穀物（油糧種子等を含む。以下同じ）販売が多少ともあった農場の構造動態を見よう。**表3-8**によれば，①穀物価格が1997～02年（前期）には低下し2002～07年，2007～12年の高騰が激しかったので，1997～02年では穀物販売総額が14.3％減だったのに対し，その後の2つの期ではそれぞれ93.2％増，69.8％と激増している。このため階層構成に全体として「水膨れ」効果をもたらしている。②その下で，1997～02年には穀物販売農場も農産物販売額100万ドル以上層だけが増加していたの

表3-8　農産物販売額規模別にみた穀物販売農場数と穀物販売額の推移（全米）

（単位：農場，％，百万ドル）

| | | 構成比 | | | | | 実数増減率 | | | |
|---|---|---|---|---|---|---|---|---|---|---|
| | | 1992 | 1997 | 2002 | 2007 | 2012 | 92～97 | 97～02 | 02～07 | 07～12 |
| 農場数構成比 | 全規模計 | 673,586 | 589,379 | 485,124 | 479,467 | 503,315 | -12.5 | -17.7 | -1.2 | 5.0 |
| | 1万ドル未満 | 18.5 | 15.4 | 17.5 | 14.4 | 10.7 | -27.4 | -6.5 | -18.4 | -21.9 |
| | 1万～2.5万 | 17.2 | 15.7 | 14.8 | 11.3 | 9.8 | -20.1 | -22.3 | -24.3 | -8.9 |
| | 2.5万～5万 | 15.6 | 14.8 | 14.0 | 12.1 | 10.9 | -17.0 | -21.9 | -14.7 | -5.6 |
| | 5万～10万 | 17.1 | 16.2 | 15.7 | 13.8 | 13.6 | -17.2 | -19.8 | -13.2 | 3.7 |
| | 10万～25万 | 20.7 | 21.8 | 20.4 | 19.6 | 18.3 | -7.8 | -22.9 | -5.1 | -1.9 |
| | 25万～50万 | 7.5 | 10.2 | 10.5 | 13.8 | 14.1 | 19.3 | -15.3 | 29.7 | 7.2 |
| | 50万～100万 | 2.5 | 4.2 | 4.7 | 8.6 | 11.5 | 45.3 | -7.1 | 81.2 | 40.3 |
| | 100万ドル以上 | 0.9 | 1.8 | 2.3 | 6.3 | 10.9 | 70.8 | 6.6 | 167.3 | 83.2 |
| | （100万ドル以上実数） | (6,164) | (10,528) | (11,222) | (29,995) | (54,956) | | | | |
| 穀物販売額構成比 | 全規模計 | 35,972 | 46,617 | 39,958 | 77,215 | 131,135 | 29.6 | -14.3 | 93.2 | 69.8 |
| | 1万ドル未満 | 1.2 | 0.7 | 0.7 | 0.3 | 0.1 | -25.0 | -6.7 | -18.8 | -19.6 |
| | 1万～2.5万 | 3.5 | 2.3 | 2.1 | 0.8 | 0.4 | -16.7 | -19.9 | -23.6 | -10.7 |
| | 2.5万～5万 | 6.8 | 4.6 | 4.3 | 2.0 | 1.1 | -11.1 | -20.8 | -10.9 | -8.6 |
| | 5万～10万 | 14.0 | 9.9 | 9.3 | 4.5 | 2.7 | -8.2 | -19.3 | -5.6 | 0.7 |
| | 10万～25万 | 33.8 | 28.2 | 25.7 | 14.3 | 8.0 | 8.1 | -21.8 | 7.7 | -4.6 |
| | 25万～50万 | 23.4 | 26.8 | 26.9 | 21.4 | 13.6 | 48.3 | -14.1 | 54.1 | 8.1 |
| | 50万～100万 | 11.5 | 17.2 | 18.9 | 24.6 | 22.2 | 94.0 | -6.3 | 151.7 | 53.2 |
| | 100万ドル以上 | 5.8 | 10.3 | 12.1 | 32.0 | 51.8 | 128.8 | 1.0 | 410.2 | 174.7 |

資料：USDA NASS, *1992, 1997, 2002, 2007, and 2012 Census of Agriculture*, Vol.1 Part 51 United States, Table 50 (1992 and 1997), Table 56 (2002), Table 59 (2007), and Table 65(2012).
注：1）「穀物」の2002年と2007年は「穀物，油糧種子，乾燥豆および乾燥エンドウ」である。
　　2）「構成比」の「全規模計」は，それぞれ農場総数，穀物販売総額である。

第3章 アメリカ農業構造の分析視角と穀作農業構造変動の現局面 153

表 3-9 農産物販売額規模別にみた三大穀物収穫農場数・収穫面積構成比と1農場当たり収穫面積の推移(全米)

(単位:千エーカー、%、エーカー/農場)

| | | 収穫農場数構成比 | | | | 収穫面積構成比 | | | | 1農場当たり収穫面積 | | | |
|---|---|---|---|---|---|---|---|---|---|---|---|---|---|
| | | 1997 | 2002 | 2007 | 2012 | 1997 | 2002 | 2007 | 2012 | 1997 | 2002 | 2007 | 2012 |
| とうもろこし | 全規模計 | 430,711 | 348,590 | 347,760 | 348,530 | 69,797 | 68,231 | 86,249 | 87,413 | 162 | 196 | 248 | 251 |
| | 1万ドル未満 | 13.0 | 14.0 | 10.6 | 7.1 | 1.1 | 1.2 | 0.6 | 0.4 | 14 | 17 | 14 | 15 |
| | 1万〜2.5万 | 13.6 | 13.0 | 9.1 | 7.6 | 2.7 | 2.7 | 1.1 | 0.7 | 32 | 41 | 30 | 24 |
| | 2.5万〜5万 | 14.2 | 13.8 | 11.4 | 9.5 | 5.3 | 5.0 | 2.4 | 1.5 | 60 | 71 | 52 | 38 |
| | 5万〜10万 | 17.1 | 16.8 | 14.2 | 13.4 | 10.9 | 10.4 | 5.1 | 3.5 | 103 | 121 | 90 | 65 |
| | 10万〜25万 | 24.5 | 23.0 | 22.1 | 19.8 | 29.5 | 26.8 | 15.6 | 9.7 | 195 | 228 | 176 | 123 |
| | 25万〜50万 | 11.3 | 11.9 | 15.8 | 16.0 | 26.0 | 25.9 | 22.1 | 15.5 | 373 | 427 | 346 | 243 |
| | 50万〜100万 | 4.4 | 5.1 | 9.8 | 13.3 | 15.8 | 17.3 | 23.1 | 22.9 | 577 | 659 | 585 | 433 |
| | 100万ドル以上 | 1.8 | 2.3 | 7.0 | 12.4 | 8.7 | 10.6 | 29.9 | 45.8 | 802 | 900 | 1,055 | 930 |
| 大豆 | 全規模計 | 354,692 | 317,611 | 279,110 | 302,963 | 66,148 | 72,400 | 63,916 | 76,105 | 186 | 228 | 229 | 251 |
| | 1万ドル未満 | 10.5 | 13.4 | 8.7 | 7.0 | 1.2 | 1.7 | 0.8 | 0.5 | 21 | 28 | 21 | 18 |
| | 1万〜2.5万 | 14.1 | 13.6 | 8.9 | 7.4 | 3.3 | 3.5 | 1.6 | 1.0 | 43 | 59 | 41 | 33 |
| | 2.5万〜5万 | 15.1 | 14.3 | 11.6 | 9.8 | 5.9 | 6.0 | 3.1 | 2.0 | 73 | 95 | 62 | 51 |
| | 5万〜10万 | 17.2 | 16.7 | 14.9 | 13.8 | 11.4 | 11.5 | 6.5 | 4.4 | 123 | 157 | 99 | 79 |
| | 10万〜25万 | 24.5 | 22.6 | 22.3 | 19.7 | 29.0 | 27.5 | 17.6 | 11.4 | 221 | 277 | 181 | 146 |
| | 25万〜50万 | 12.1 | 12.1 | 16.5 | 16.2 | 25.4 | 25.4 | 23.3 | 16.6 | 390 | 479 | 322 | 258 |
| | 50万〜100万 | 4.8 | 5.2 | 10.3 | 13.7 | 15.7 | 16.0 | 23.2 | 23.3 | 613 | 699 | 516 | 429 |
| | 100万ドル以上 | 1.7 | 2.1 | 6.8 | 12.4 | 8.0 | 8.4 | 23.9 | 40.8 | 882 | 909 | 803 | 826 |
| 小麦 | 全規模計 | 243,568 | 169,528 | 160,810 | 147,632 | 58,836 | 45,520 | 50,933 | 49,040 | 242 | 269 | 317 | 332 |
| | 1万ドル未満 | 10.2 | 12.5 | 7.2 | 5.3 | 1.4 | 1.9 | 0.9 | 0.4 | 34 | 41 | 38 | 26 |
| | 1万〜2.5万 | 14.2 | 13.5 | 8.5 | 7.0 | 4.2 | 4.1 | 1.7 | 1.1 | 72 | 82 | 65 | 52 |
| | 2.5万〜5万 | 15.0 | 14.1 | 10.9 | 9.5 | 7.8 | 7.5 | 3.3 | 2.3 | 125 | 143 | 95 | 80 |
| | 5万〜10万 | 17.5 | 16.6 | 13.8 | 12.9 | 14.7 | 14.0 | 6.7 | 5.0 | 203 | 226 | 154 | 127 |
| | 10万〜25万 | 23.7 | 22.5 | 21.9 | 19.7 | 30.9 | 29.7 | 16.8 | 13.1 | 316 | 354 | 242 | 221 |
| | 25万〜50万 | 11.9 | 12.0 | 17.4 | 14.3 | 21.8 | 21.9 | 23.0 | 18.1 | 444 | 489 | 419 | 420 |
| | 50万〜100万 | 5.2 | 5.8 | 11.9 | 14.1 | 11.7 | 12.9 | 22.6 | 22.8 | 544 | 600 | 604 | 535 |
| | 100万ドル以上 | 2.4 | 3.0 | 8.5 | 15.2 | 7.4 | 8.1 | 23.1 | 37.4 | 749 | 714 | 857 | 815 |

資料:USDA NASS, 1997, 2002, 2007, and 2012 Census of Agriculture, Vol.1 Part 51 United States, Table 49 (1997), Table 56 (2002), Table 59 (2007), and Table 65 (2012).
注:「全規模計」の「収穫面積」「収穫農場数」欄は実数、「収穫面積」欄は千エーカー。

に対し，その後の2つの期では25万ドル層から上で増加した。しかし中でも100万ドル以上層が農場数で167％と83％，穀物販売額で410％と175％と激増した。③その結果，2012年で穀物販売農場総数50万のうち10.9％の農産物販売額100万ドル以上層が穀物総販売額の51.8％を，また50〜100万ドルを合わせると22.4％の農場が74.0％を占めるまでになった。

　第二に，こうした動きをやはり農産物販売額規模別の三大穀物収穫農場数・同面積について見ると（**表3-9**），ほぼ同様の動きが確認できる。トウモロコシでは25〜50万ドル層の面積構成比が1997〜2002年よりもその後の時期により大幅に低下し，50万ドル以上層，とりわけ100万ドル以上層の面積構成比が著しく高まって，2012年には46％に達した。これには価格高騰による「水膨れ」ないし上位階層への表面的な「移行」もあるが，100万ドル以上農場の1農場当たり収穫面積は2007年までは増加しているから，物的にも拡大が進行していた。

　大豆では1997〜2002年には変化がなかった25〜50万ドル層の面積構成比がそれ以降低下に転じ，やはり50万ドル以上層，とりわけ100万ドル以上層の構成比が著しく高まって，2012年には41％に達した。ただし同層の1農場当たり収穫面積は2002年以降減少しており，「水膨れ」効果が強い。

　小麦でも1997〜2007年にはほぼ変化がなかった25〜50万ドル層の面積構成比がその後低下し，50万ドル以上層，とりわけ100万ドル以上層の構成比が著しく高まって，2012年には37％に高まった。同層の1農場当たり収穫面積は2007年まで拡大した後，2012年にかけて若干縮小している（「水膨れ」による下位階層からの移行）。

　次に第三に，物的な階層構成変動にアプローチするために，農場土地面積規模別の穀物販売農場構成の動きも確認しておこう。**表3-10**によると，穀物価格水準がある程度上昇した1992〜97年には農場の絶対数では最大区分の2,000エーカー以上層だけが増え，穀物販売額では全階層が増えているものの上層ほど伸びが大きく，シェアでは500エーカー以上層だけが増えた。このシェア分岐層は価格下落をみた1997〜2002年，二度の価格暴騰をほぼ反映する2002〜07年，2007〜12年にもそれぞれ1,000エーカー以上層，2,000エーカー以上層へと上昇を続けている。価格の上下を貫いて，物的生産ベースでの大規模層の増加とそこへの生産・販売の集中が進行しており，直近では2,000エーカー以上のみが農場数でも

表3-10 農場土地面積規模別にみた穀物販売農場数と穀物販売額の推移（全米）

(単位：農場，％，百万ドル)

| | | 構　成　比 | | | | | 実　数　増　減　率 | | | |
|---|---|---|---|---|---|---|---|---|---|---|
| | | 1992 | 1997 | 2002 | 2007 | 2012 | 92～97 | 97～02 | 02～07 | 07～12 |
| 農場数構成比 | 全規模計 | 673,586 | 589,379 | 485,124 | 479,467 | 503,315 | -12.5 | -17.7 | -1.2 | 5.0 |
| | 50エーカー未満 | 8.2 | 7.9 | 7.7 | 10.6 | 11.2 | -15.2 | -19.6 | 35.0 | 11.2 |
| | 50～99 | 10.3 | 9.8 | 9.6 | 10.2 | 11.2 | -16.9 | -19.0 | 4.9 | 15.4 |
| | 100～179 | 15.1 | 14.3 | 13.7 | 13.3 | 14.0 | -17.4 | -21.1 | -3.7 | 10.4 |
| | 180～259 | 10.5 | 10.0 | 9.8 | 9.0 | 9.3 | -15.9 | -19.7 | -9.0 | 8.3 |
| | 260～499 | 20.1 | 19.4 | 18.5 | 21.5 | 16.4 | -15.6 | -21.6 | 14.5 | -19.8 |
| | 500～999 | 18.6 | 18.8 | 18.3 | 16.8 | 15.8 | -11.5 | -20.0 | -8.9 | -1.5 |
| | 1,000～1,999 | 11.1 | 12.2 | 13.3 | 12.7 | 12.0 | -3.9 | -9.9 | -5.9 | -0.7 |
| | 2,000エーカー以上 | 6.2 | 7.6 | 9.1 | 10.2 | 10.1 | 7.7 | -1.8 | 11.5 | 3.4 |
| | (2,000エーカー以上実数) | (41,596) | (44,787) | (43,985) | (49,041) | (50,702) | | | | |
| 穀物販売額構成比 | 全規模計 | 35,972 | 46,617 | 39,958 | 77,215 | 131,135 | 29.6 | -14.3 | 93.2 | 69.8 |
| | 50エーカー未満 | 0.5 | 0.4 | 0.3 | 0.4 | 3.4 | 5.6 | -33.5 | 149.7 | 1,355.1 |
| | 50～99 | 1.4 | 1.2 | 0.9 | 0.9 | 1.0 | 8.2 | -31.4 | 91.7 | 82.4 |
| | 100～179 | 3.7 | 3.1 | 2.5 | 2.3 | 2.4 | 9.1 | -30.1 | 73.3 | 75.3 |
| | 180～259 | 4.1 | 3.5 | 3.0 | 2.5 | 2.6 | 11.3 | -28.4 | 63.8 | 72.9 |
| | 260～499 | 14.1 | 12.2 | 10.1 | 8.7 | 8.4 | 11.9 | -29.0 | 65.9 | 63.6 |
| | 500～999 | 27.1 | 24.8 | 21.2 | 18.3 | 17.1 | 18.4 | -26.7 | 67.4 | 58.7 |
| | 1,000～1,999 | 27.1 | 27.8 | 28.9 | 26.4 | 25.5 | 33.0 | -10.6 | 76.2 | 63.8 |
| | 2,000エーカー以上 | 22.0 | 27.1 | 33.0 | 40.5 | 42.8 | 59.4 | 4.6 | 136.8 | 79.6 |

資料：USDA NASS, *1992, 1997, 2002, 2007, and 2012 Census of Agriculture*, Vol.1 Part 51 United States, Table 49 (1992 and 1997), Table 55 (2002), Table 58 (2007), and Table 64 (2012).

注：1）「穀物」の2002年，2007年，2012年は「穀物，油糧種子，乾燥豆および乾燥エンドウ」。
　　2）「構成比」の「全規模計」は，それぞれ農場総数，穀物販売総額である。

販売額シェアでも増加するにいたっている。

　また三大穀物等について，同様に農場土地面積規模別に見た場合（**表3-11**），トウモロコシでは2002年以降総収穫面積が急増した下で収穫面積シェアは農場土地面積2,000エーカー以上層のみで増えており，その1農場当たり収穫面積も1,000エーカーを超えている。同階層は2012年で農場数で9％だが収穫面積の39％を占めるにいたっている。

　大豆でも総収穫面積の増減はありつつも収穫面積シェアが増えているのは2002年以後は2,000エーカー以上層となり，その1農場当たり収穫面積が2012年に1,000エーカーを超えた。同階層の2012年で農場数シェア9％だが，収穫面積シェアは37％に達した。

　これらに対して小麦は1997～02年の総収穫面積減少局面では収穫面積で農場土地面積2,000エーカー以上層だけがシェアを伸ばし，2002～07年の総収穫面積拡大局面では逆に同階層シェアが低下して農場土地面積500～2,000エーカーの2階層でシェアが増加した。そして2007～12年の収穫面積減少局面では，再び農場土地面積2,000エーカー以上層だけが収穫面積シェアを増加させた。総収穫

表 3-11 農場土地面積規模別にみた三大穀物収穫農場数・収穫面積構成比と1農場当たり収穫面積の推移（全米）

(単位：千エーカー、％、エーカー/農場)

| | | 収穫農場数構成比 | | | | 収穫面積構成比 | | | | 1農場当たり収穫面積 | | | |
|---|---|---|---|---|---|---|---|---|---|---|---|---|---|
| | | 1997 | 2002 | 2007 | 2012 | 1997 | 2002 | 2007 | 2012 | 1997 | 2002 | 2007 | 2012 |
| トウモロコシ | 全規模計 | 430,711 | 348,590 | 347,760 | 348,530 | 69,797 | 68,231 | 86,249 | 87,413 | 162 | 196 | 248 | 251 |
| | 50エーカー未満 | 6.8 | 6.5 | 8.1 | 8.3 | 0.5 | 0.4 | 0.4 | 0.4 | 12 | 12 | 14 | 13 |
| | 50~99 | 10.1 | 9.6 | 9.8 | 10.4 | 1.5 | 1.2 | 1.1 | 1.2 | 24 | 25 | 29 | 28 |
| | 100~179 | 15.9 | 14.5 | 13.9 | 14.2 | 4.1 | 3.2 | 2.8 | 2.7 | 42 | 43 | 50 | 47 |
| | 180~259 | 11.8 | 11.1 | 10.0 | 10.1 | 4.7 | 3.7 | 3.1 | 2.9 | 64 | 66 | 76 | 72 |
| | 260~499 | 21.7 | 20.5 | 18.9 | 18.0 | 15.4 | 12.2 | 10.3 | 9.2 | 115 | 117 | 135 | 129 |
| | 500~999 | 19.0 | 19.1 | 18.2 | 17.4 | 27.8 | 23.7 | 20.5 | 18.7 | 237 | 242 | 279 | 270 |
| | 1,000~1,999 | 10.1 | 12.4 | 12.7 | 12.6 | 26.4 | 29.1 | 27.2 | 26.2 | 424 | 459 | 532 | 521 |
| | 2,000エーカー以上 | 4.6 | 6.3 | 8.3 | 9.0 | 19.6 | 26.5 | 34.6 | 38.7 | 691 | 816 | 1,122 | 1,073 |
| 大豆 | 全規模計 | 354,692 | 317,611 | 279,110 | 302,963 | 66,148 | 72,400 | 63,916 | 76,105 | 186 | 228 | 229 | 251 |
| | 50エーカー未満 | 6.4 | 6.3 | 7.0 | 7.5 | 0.5 | 0.5 | 0.5 | 0.5 | 16 | 17 | 16 | 16 |
| | 50~99 | 9.2 | 8.7 | 8.3 | 9.3 | 1.6 | 8.2 | 1.2 | 1.2 | 32 | 214 | 33 | 33 |
| | 100~179 | 14.4 | 13.4 | 12.7 | 13.2 | 3.9 | 3.2 | 2.9 | 2.8 | 50 | 55 | 52 | 53 |
| | 180~259 | 8.1 | 10.5 | 9.8 | 9.8 | 4.3 | 3.6 | 3.2 | 3.0 | 100 | 79 | 75 | 77 |
| | 260~499 | 21.8 | 20.5 | 19.7 | 18.5 | 14.3 | 11.8 | 10.5 | 9.4 | 122 | 131 | 122 | 128 |
| | 500~999 | 21.4 | 20.5 | 20.3 | 18.9 | 27.5 | 23.3 | 21.2 | 19.0 | 240 | 260 | 239 | 253 |
| | 1,000~1,999 | 11.6 | 13.7 | 14.3 | 13.9 | 27.8 | 29.5 | 28.4 | 27.0 | 448 | 491 | 454 | 487 |
| | 2,000エーカー以上 | 4.2 | 6.4 | 8.0 | 8.8 | 20.0 | 26.8 | 32.1 | 37.0 | 881 | 951 | 921 | 1,054 |
| 小麦 | 全規模計 | 243,568 | 169,528 | 160,810 | 147,632 | 58,836 | 45,520 | 50,933 | 48,040 | 242 | 269 | 317 | 332 |
| | 50エーカー未満 | 3.6 | 3.6 | 8.1 | 8.3 | 0.2 | 0.2 | 0.4 | 0.4 | 14 | 14 | 14 | 14 |
| | 50~99 | 6.2 | 6.0 | 9.8 | 10.4 | 0.6 | 0.5 | 1.1 | 1.2 | 22 | 24 | 26 | 26 |
| | 100~179 | 10.6 | 10.1 | 13.9 | 14.2 | 1.6 | 1.5 | 2.8 | 2.7 | 36 | 38 | 42 | 43 |
| | 180~259 | 7.8 | 7.4 | 10.0 | 10.1 | 1.5 | 1.4 | 3.1 | 2.9 | 47 | 50 | 53 | 56 |
| | 260~499 | 17.7 | 16.5 | 18.9 | 18.0 | 5.9 | 5.1 | 10.3 | 9.2 | 81 | 83 | 86 | 89 |
| | 500~999 | 21.1 | 19.3 | 18.2 | 17.4 | 13.9 | 11.2 | 20.5 | 18.7 | 159 | 156 | 160 | 167 |
| | 1,000~1,999 | 18.4 | 18.9 | 12.7 | 12.6 | 25.4 | 22.7 | 27.2 | 26.2 | 334 | 322 | 324 | 333 |
| | 2,000エーカー以上 | 14.7 | 18.2 | 8.3 | 9.0 | 57.5 | 57.5 | 34.6 | 38.7 | 838 | 850 | 930 | 969 |

資料：USDA NASS, 1997, 2002, 2007, and 2012 Census of Agriculture, Vol.1 Part 51 United States, Table 49 (1997), Table 55 (2002), Table 58 (2007), and Table 64 (2012).

注：「全規模計」の「収穫農場数構成比」欄は実数、「収穫面積構成比」欄はエーカー。

面積拡大局面（＝小麦の相対的好況局面）では中規模層がもっとも顕著に反応し（収穫面積をもっとも拡大させる），逆の縮小局面（小麦の相対的不況局面）ではそれら中規模層が収穫面積を減らす結果，あまり減らさない（場合によっては多少とも増やす）大規模層のシェアが高まるという形で，中規模層が需給調整弁的な機能を果たしている。ただしその農場数構成比はほぼ一貫して低下している（とくに500〜999エーカー層）。そして2,000エーカー以上層の1農場当たり収穫面積も一貫して増大しており，1,000エーカーに近づいている。

　以上を総合すると，穀作農業においても，2012年には農産物販売額100万ドル以上の大規模経営が穀物類販売額で過半を，また三大個別穀物生産で4割前後を占めるようになっていること，また農場面積規模2,000エーカー以上の大規模経営による穀物販売シェアの増大や三大穀物（とくにトウモロコシと大豆）におけるシェア増大と1農場当たり収穫面積拡大が明らかとなった。前述のように100万ドル以上層は全体的・平均的に見れば明らかに資本主義経営であったが，穀作経営の場合はどうであろうか。他の階層とともに，検討しよう。

## （2）穀作大規模経営数増加の内実

　農業センサスの北米産業分類「油糧種子および穀物農場」は2012年で約37万あり，うち農産物販売額100万ドル以上は33,531農場である。

　いっぽう前述のARMS統計によると，2012年に「経済階級」（＝農産物販売額と政府支払の合計額）が100万ドル以上のトウモロコシ農場（トウモロコシが農産物販売収入の過半をなす）が18,614，大豆農場が3,631，小麦農場が2,612，いずれでもないが穀物類が過半をなす「一般現金穀作農場」が8,940あり，これらを合計すると33,824農場となる。これは上記センサス数値にかなり近い。そこでAMRS統計から，穀作大規模農場の経済的性格を探ることにする。

　**表3-12**でトウモロコシ農場の動向から見ると，経済階級100万ドル以上の農場数は2002年861から2013年21,498へ激増しているが，その1農場当たり経営土地面積は4,430エーカーから2,433エーカーへ45％も小さくなっている。同様のことが10万から100万ドルまでの各層について観察できるのだが，ここで2002年の各層経営土地面積を見ると，10万〜25万ドル層720エーカー，25万〜50万ドル層1,299エーカー，50万〜100万ドル層2,691エーカーであったものが，2013年の25万〜

表 3-12　トウモロコシ農場の経済階級別 1 農場当たり経営収支（2002 年と 2013 年）

(単位：農場，エーカー，ドル)

| | | 全農場合計 | 経　済　階　級　別 | | | | |
|---|---|---|---|---|---|---|---|
| | | | 10万ドル未満 | 10万～25万ドル | 25万～50万ドル | 50万～100万ドル | 100万ドル以上 |
| 2002年 | 農場数 | 121,275 | 69,376 | 31,600 | 14,788 | 4,650 | 861 |
| | 経営土地面積 | 606 | 219 | 720 | 1,299 | 2,691 | 4,430 |
| | 現金粗収益 | 141,299 | 43,856 | 159,642 | 325,003 | 644,236 | 1,448,489 |
| | うち農産物販売収入 | 113,397 | 31,763 | 126,767 | 272,009 | 528,375 | 1,235,184 |
| | うち政府支払 | 11,012 | 4,208 | 12,579 | 23,744 | 48,084 | 82,947 |
| | 現金総支出 | 113,729 | 41,232 | 134,100 | 241,898 | 485,430 | 999,004 |
| | うち雇用労働費 | 4,472 | 955 | 3,228 | 11,366 | 31,873 | 67,062 |
| | 減価償却費 | 15,146 | 5,160 | 18,001 | 32,558 | 69,525 | 122,316 |
| | 純農場所得 | 28,300 | 9,314 | 27,446 | 73,394 | 115,719 | 342,880 |
| 2013年 | 農場数 | 168,834 | 64,586 | 32,295 | 27,631 | 22,824 | 21,498 |
| | 経営土地面積 | 724 | 177 | 435 | 706 | 1,094 | 2,433 |
| | 現金粗収益 | 504,381 | 56,666 | 196,826 | 409,315 | 790,593 | 2,129,812 |
| | うち農産物販売収入 | 415,460 | 36,639 | 148,150 | 324,259 | 644,042 | 1,829,670 |
| | うち政府支払 | 13,972 | 2,443 | 7,166 | 12,979 | 25,622 | 47,744 |
| | 現金総支出 | 322,331 | 55,143 | 155,442 | 278,806 | 520,482 | 1,221,332 |
| | うち雇用労働費 | 11,846 | 1,240 | 4,045 | 7,983 | 16,302 | 55,659 |
| | 減価償却費 | 51,067 | 9,265 | 22,223 | 42,022 | 81,141 | 199,686 |
| | 純農場所得 | 144,328 | 5,737 | 25,501 | 88,996 | 195,983 | 755,486 |

資料：USDA ERS, *Agricultural Resource Management Survey Farm Financial and Crop Production Practices: Tailored Reports* (http://www.ers.usda.gov/Data/ARMS/FarmsOverview.htm).

注：1）「経済階級」とは「農産物販売額＋政府支払」の金額規模別区分である。
　　2）「現金粗収益」には他に「その他の農場関連収入」がある。
　　3）「純農場所得」＝「現金粗収益－現金総支出－減価償却費－非現金労働者手当＋在庫価額変化＋非現金収入」である。
　　4）USDC Census Bureau, *2012 Statistical Abstract*, table 643 によれば，農場のフルタイム労働者相当年間 1 人当たり使用者側支払額 2002 年 27,842 ドル（労働者受取額 23,992 ドル），また USDC Bureau of Economic Analysis, *National Income and Products Accounts Tables: Section 6 Income and Employment*, によれば，2013 年 45,081 ドル（37,630 ドル）である。
　　5）USDC Census Bureau, *Current Population Survey: Median Income by States*, によれば，全米世帯年間所得中央値は 2002 年 42,409 ドル，2013 年 51,939 ドルである。

50万ドル層706エーカー，50万～100万ドル層1,094エーカー，100万ドル以上層2,433エーカーとなっている。つまり，2002年から2013年にかけて経済階級別に区分した各層農場郡が，価格暴騰によって経営土地面積規模がほとんど変わらないまま，一つ上の階級に「水膨れ」して「移行」したと判断されるのである（表の網掛けした「経営土地面積」が一階層ずつ右にスライドしている）。

しかし同時に表3-13によれば，トウモロコシ収穫面積が大幅に増えた2002～07年に，同収穫農場数の方は微減しており，その中で大面積層，とくに1,000エーカー以上層が急増した（1,000～2,000エーカー層70％増，2,000～3,000エーカー

第3章　アメリカ農業構造の分析視角と穀作農業構造変動の現局面　159

表3-13　トウモロコシの収穫面積規模別農場数と収穫面積構成の推移（全米）
(単位：千エーカー，％)

| | | 実　　数 | | | | 構　成　比 | | | |
|---|---|---|---|---|---|---|---|---|---|
| | | 1997* | 2002 | 2007 | 2012 | 1997* | 2002 | 2007 | 2012 |
| 農場数 | 全規模計 | 450,520 | 348,590 | 347,760 | 348,530 | 100.00 | 100.00 | 100.00 | 100.00 |
| | 100エーカー未満 | 258,207 | 181,439 | 169,680 | 175,674 | 57.31 | 52.05 | 48.79 | 50.40 |
| | 100～250エーカー | 104,070 | 82,483 | 78,166 | 75,245 | 23.10 | 23.66 | 22.48 | 21.59 |
| | 250～500エーカー | 55,937 | 48,540 | 50,807 | 48,492 | 12.42 | 13.92 | 14.61 | 13.91 |
| | 500～1,000エーカー | 25,652 | 27,226 | 32,731 | 32,605 | 5.69 | 7.81 | 9.41 | 9.36 |
| | 1,000～2,000エーカー | 5,786 | 7,557 | 12,852 | 13,680 | 1.28 | 2.17 | 3.70 | 3.93 |
| | 2,000～3,000エーカー | 639 | 965 | 2,309 | 2,469 | 0.14 | 0.28 | 0.66 | 0.71 |
| | 3,000～5,000エーカー | 195 | 313 | 982 | 985 | 0.04 | 0.09 | 0.28 | 0.28 |
| | 5,000エーカー以上 | 34 | 67 | 233 | 380 | 0.01 | 0.02 | 0.07 | 0.11 |
| 収穫面積 | 全規模計 | 71,088 | 68,231 | 86,249 | 87,413 | 100.00 | 100.00 | 100.00 | 100.00 |
| | 100エーカー未満 | 9,158 | 6,800 | 6,362 | 6,384 | 12.88 | 9.97 | 7.38 | 7.30 |
| | 100～250エーカー | 16,284 | 13,013 | 12,421 | 11,960 | 22.91 | 19.07 | 14.40 | 13.68 |
| | 250～500エーカー | 19,130 | 16,826 | 17,774 | 16,967 | 26.91 | 24.66 | 20.61 | 19.41 |
| | 500～1,000エーカー | 16,802 | 18,108 | 22,235 | 22,074 | 23.64 | 26.54 | 25.78 | 25.25 |
| | 1,000～2,000エーカー | 7,304 | 9,622 | 16,874 | 17,977 | 10.27 | 14.10 | 19.56 | 20.57 |
| | 2,000～3,000エーカー | 1,472 | 2,563 | 5,421 | 5,737 | 2.07 | 3.76 | 6.29 | 6.56 |
| | 3,000～5,000エーカー | 686 | 1,123 | 3,563 | 3,539 | 0.96 | 1.65 | 4.13 | 4.05 |
| | 5,000エーカー以上 | 251 | 505 | 1,599 | 2,775 | 0.35 | 0.74 | 1.85 | 3.17 |

資料：USDA NASS, *1997, 2002, 2007, and 2012 Census of Agriculture*, Vol. 51 Part 1, Table 42 (1997), Table 34 (2002), Table 33 (2007), and Table 37 (2012).
注：「1997*」は，1997年センサスから2002年センサスへの農場数推計方法の変更に関して，1997年分を2002年の方法方法で再推計した数値。

層139％増，3,000～5,000エーカー層214％増，5,000エーカー以上層245％増）。2007～12年には1,000～5,000エーカーの各層の増加率は7％ないしそれ以下へ大幅に低下したが，5,000エーカー以上層だけはなお63％増加している。

これにともなって1,000エーカー以上各層の収穫面積シェアも基本的に高まり，1997年には農場数で1.5％，収穫面積で13.7％だったものが，2012年には農場数で5.0％のこれら農場が収穫面積の34.4％を占めるようになった。物的レベルでの規模拡大と生産の手中は着実に進展しているのである。

同様に大豆農場を見ると（**表3-14**），経済階級100万ドル以上の農場数は2002年102から2013年2,591へやはり激増しているのに対し，1農場当たり経営土地面積は4,358エーカーから2,466エーカーへ43％減少している。ここでも2002年の10万～100万ドル各層の経営土地面積を見ると，表の網掛け部分からわかるように，2013年にかけて一階層区分ずつ上方に「移行」＝「水膨れ」していることがうかがえる。

大豆収穫農場を見ると（**表3-15**），2002～07年には農場数・収穫面積ともに一旦約12％程度減少した。収穫面積規模別に見ても2002～07年には3,000～5,000エーカー層以外の全ての階層で減少しているが，これは単位面積当たり粗収益（全

表 3-14　大豆農場の経済階級別 1 農場当たり経営収支（2002 年と 2013 年）

(単位：農場，エーカー，ドル)

| | | 全農場合計 | 経済階級別 | | | | |
|---|---|---|---|---|---|---|---|
| | | | 10万ドル未満 | 10万〜25万ドル | 25万〜50万ドル | 50万〜100万ドル | 100万ドル以上 |
| 2002年 | 農場数 | 69,268 | 54,646 | 9,821 | 3,679 | 1,020 | 102 |
| | 経営土地面積 | 398 | 191 | 868 | 1,495 | 2,631 | 4,358 |
| | 現金粗収益 | 70,374 | 24,697 | 153,393 | 326,529 | 659,001 | 1,425,350 |
| | うち農産物販売収入 | 53,501 | 16,991 | 118,525 | 252,143 | 552,209 | 1,202,923 |
| | うち政府支払 | 7,701 | 2,993 | 17,846 | 31,735 | 61,568 | 147,848 |
| | 現金総支出 | 58,001 | 25,008 | 122,639 | 225,767 | 500,120 | 1,040,132 |
| | うち雇用労働費 | 2,410 | 387 | 4,861 | 12,579 | 40,069 | 106,674 |
| | 減価償却費 | 8,009 | 3,611 | 17,076 | 30,530 | 63,577 | 123,081 |
| | 純農場所得 | 13,927 | 5,760 | 23,487 | 73,515 | 120,997 | 249,063 |
| 2013年 | 農場数 | 68,142 | 49,392 | 9,141 | 4,821 | 2,198 | 2,591 |
| | 経営土地面積 | 344 | 137 | 392 | 818 | 1,246 | 2,466 |
| | 現金粗収益 | 175,031 | 35,053 | 185,227 | 377,040 | 703,905 | 1,983,134 |
| | うち農産物販売収入 | 146,251 | 26,064 | 154,017 | 316,539 | 617,002 | 1,693,940 |
| | うち政府支払 | 6,618 | 2,249 | 6,265 | 14,877 | 24,317 | 60,787 |
| | 現金総支出 | 112,323 | 30,383 | 115,731 | 243,826 | 444,149 | 1,136,264 |
| | うち雇用労働費 | 5,014 | 710 | 2,538 | 8,435 | 14,640 | 81,260 |
| | 減価償却費 | 19,306 | 5,320 | 16,885 | 43,545 | 76,942 | 200,472 |
| | 純農場所得 | 47,778 | 8,789 | 62,006 | 95,617 | 224,617 | 533,957 |

資料と注：表 3-12 に同じ．

表 3-15　大豆の収穫面積規模別農場数と収穫面積構成の推移（全米）

(単位：千エーカー，%)

| | | 実数 | | | | 構成比 | | | |
|---|---|---|---|---|---|---|---|---|---|
| | | 1997* | 2002 | 2007 | 2012 | 1997* | 2002 | 2007 | 2012 |
| 農場数 | 全規模計 | 367,300 | 317,611 | 279,110 | 302,963 | 100.00 | 100.00 | 100.00 | 100.00 |
| | 100エーカー未満 | 188,713 | 145,282 | 129,393 | 140,178 | 51.38 | 45.74 | 46.36 | 46.27 |
| | 100〜250エーカー | 94,607 | 81,993 | 70,698 | 72,542 | 25.76 | 25.82 | 25.33 | 23.94 |
| | 250〜500エーカー | 52,327 | 50,973 | 44,381 | 47,155 | 14.25 | 16.05 | 15.90 | 15.56 |
| | 500〜1,000エーカー | 24,476 | 28,978 | 25,097 | 29,156 | 6.66 | 9.12 | 8.99 | 9.62 |
| | 1,000〜2,000エーカー | 5,994 | 8,727 | 7,905 | 11,252 | 1.63 | 2.75 | 2.83 | 3.71 |
| | 2,000〜3,000エーカー | 851 | 1,216 | 1,163 | 1,775 | 0.23 | 0.38 | 0.42 | 0.59 |
| | 3,000〜5,000エーカー | 277 | 357 | 399 | 740 | 0.08 | 0.11 | 0.14 | 0.24 |
| | 5,000エーカー以上 | 55 | 85 | 74 | 165 | 0.01 | 0.03 | 0.03 | 0.05 |
| 収穫面積 | 全規模計 | 67,773 | 72,400 | 63,916 | 76,105 | 100.00 | 100.00 | 100.00 | 100.00 |
| | 100エーカー未満 | 7,835 | 6,315 | 5,566 | 5,869 | 11.56 | 8.72 | 8.71 | 7.71 |
| | 100〜250エーカー | 14,903 | 13,039 | 11,282 | 11,544 | 21.99 | 18.01 | 17.65 | 15.17 |
| | 250〜500エーカー | 17,963 | 17,737 | 15,445 | 16,446 | 26.50 | 24.50 | 24.16 | 21.61 |
| | 500〜1,000エーカー | 16,099 | 19,378 | 16,830 | 19,646 | 23.75 | 26.77 | 26.33 | 25.81 |
| | 1,000〜2,000エーカー | 7,630 | 11,269 | 10,183 | 14,689 | 11.26 | 15.57 | 15.93 | 19.30 |
| | 2,000〜3,000エーカー | 1,945 | 2,804 | 2,702 | 4,147 | 2.87 | 3.87 | 4.23 | 5.45 |
| | 3,000〜5,000エーカー | 997 | 1,282 | 1,418 | 2,676 | 1.47 | 1.77 | 2.22 | 3.52 |
| | 5,000エーカー以上 | 401 | 575 | 490 | 1,089 | 0.59 | 0.79 | 0.77 | 1.43 |

資料と注：表 3-13 に同じ．

米平均）が大豆の場合で 2 倍化したのに対してトウモロコシは 2.1 倍化というように後者の比較優位性が若干ながら高まったため（USDA NASS, *Quick Stats Database* より計算），コーンベルトをはじめ両作物を主体とする土地利用方式地

帯で前者から後者への作付シフトが起こったためとみられる。その中で大豆収穫面積3,000～5,000エーカー層だけが農場数・収穫面積ともに増加しているが，これは5,000エーカー以上層からの下降（大豆を減らしてトウモロコシを増やした）によるものと考えられる。

これに対して2007～12年には農場数が8.5％，収穫面積は19.1％増加し，また両方とも全ての階層で増加している。この背景には，同期間にトウモロコシの単位面積当たり粗収益が1.34倍化したのに対して大豆は1.37倍というように，今度は大豆の比較優位が若干高まったことが指摘できる。

収穫面積規模別の農場数・収穫面積の増減を見ると，1997～02年には500～1,000エーカー層以上でいずれも増加していた。2007～12年には全ての階層でいずれも増加しているが，1,000エーカー以上の各層での増加が，それ以下の各層と比べて格段に顕著である。すなわち1,000～2,000エーカー層が農場数で42％増，収穫面積で44％増，2,000～3,000エーカー層がそれぞれ53％と54％，3,000～5,000エーカー層がそれぞれ86％と89％，5,000エーカー層がそれぞれ123％と122％というように，大規模層になるほど増加率は大きくなっている。これらの結果，農場数で4.6％の1,000エーカー以上層が収穫面積の29.7％を占めるようになった。ここでも規模拡大と生産の集中は確実に進んでいる。

次に小麦農場を見ると（表3-16），経済階級100万ドル以上の農場数は2002年40から2012年2,612へ激増したが，その1農場当たり経営土地面積は15,182エーカーから6,633エーカーへ4割強にまで減少している。ここでも表の網掛け部分からわかるように，2002年の10万～100万ドルの各層経営土地面積が，2012年の一つ上の階級区分にほぼ対応しており，面積規模は変わらないまま，価格暴騰による「水膨れ」効果で上層に区分される農場数が大幅に増えたことが示唆される。

小麦収穫農場を見ると（表3-17），前掲表3-1でみたトウモロコシ，大豆の作付増大のしわ寄せを受けて小麦が減少しているという中期的動向が，センサスデータにもあらわれている。その中で総収穫面積が大幅に減少した1997～02年には全ての収穫面積規模階層でやはり大きく減少し，その後2002～07年のある程度の回復期には，増加したのは農場数・収穫面積とも1,000エーカー以上の各層だけであり，かつ大規模層ほどより大幅に増えた。総収穫面積が微減となった2007～12年では，増加したのは2,000エーカー以上各層だけで，それ未満は農場数・

表 3-16　小麦農場の経済階級別 1 農場当たり経営収支（2002 年と 2012 年）

(単位：農場，エーカー，ドル)

| | | 全農場合計 | 経　済　階　級　別 | | | | |
|---|---|---|---|---|---|---|---|
| | | | 10万ドル未満 | 10万～25万ドル | 25万～50万ドル | 50万～100万ドル | 100万ドル以上 |
| 2002年 | 農場数 | 35,282 | 25,294 | 6,850 | 2,660 | 438 | 40 |
| | 経営土地面積 | 1,370 | 615 | 2,628 | 4,238 | 6,583 | 15,182 |
| | 現金粗収益 | 95,758 | 36,642 | 170,007 | 339,590 | 709,198 | 1,835,673 |
| | うち農産物販売収入 | 64,326 | 21,720 | 106,638 | 261,657 | 527,304 | 1,573,666 |
| | うち政府支払 | 14,052 | 7,035 | 25,467 | 39,327 | 70,104 | 202,436 |
| | 現金総支出 | 74,498 | 31,834 | 128,818 | 237,821 | 588,492 | 1,264,366 |
| | うち雇用労働費 | 4,220 | 1,061 | 7,215 | 16,010 | 47,895 | 227,998 |
| | 減価償却費 | 12,028 | 4,506 | 25,645 | 39,678 | 49,810 | 184,947 |
| | 純農場所得 | 23,305 | 9,638 | 40,996 | 66,780 | 77,543 | 522,908 |
| 2012年 | 農場数 | 36,725 | 20,273 | 5,699 | 4,364 | 3,776 | 2,612 |
| | 経営土地面積 | 1,707 | 484 | 1,681 | 2,538 | 3,947 | 6,633 |
| | 現金粗収益 | 299,835 | 54,660 | 191,272 | 368,066 | 739,227 | 1,690,590 |
| | うち農産物販売収入 | 236,182 | 32,231 | 118,986 | 301,705 | 615,565 | 1,417,055 |
| | うち政府支払 | 17,705 | 5,461 | 20,526 | 21,642 | 39,085 | 69,105 |
| | 現金総支出 | 193,797 | 45,812 | 155,859 | 300,488 | 451,190 | 874,884 |
| | うち雇用労働費 | 11,215 | 2,036 | 8,645 | n.a. | 22,975 | 63,000 |
| | 減価償却費 | 30,094 | 6,676 | 29,064 | 40,154 | 64,582 | 147,439 |
| | 純農場所得 | 98,793 | 9,277 | 22,913 | 64,638 | 308,803 | 713,828 |

資料と注：表 3-12 に同じ。ただし注：4）の農場フルタイム労働者相当支払額 2012 年は 41,307 ドル，5）の全米世帯所得中央値 2012 年は 51,075 ドルである。

表 3-17　小麦の収穫面積規模別農場数と収穫面積構成の推移（全米）

(単位：千エーカー，%)

| | | 実　　　　数 | | | | 構　成　比 | | | |
|---|---|---|---|---|---|---|---|---|---|
| | | 1997* | 2002 | 2007 | 2012 | 1997* | 2002 | 2007 | 2012 |
| 農場数 | 全規模計 | 252,922 | 169,528 | 160,810 | 147,632 | 100.00 | 100.00 | 100.00 | 100.00 |
| | 100 エーカー未満 | 136,224 | 87,571 | 76,112 | 70,219 | 53.86 | 51.66 | 47.33 | 47.56 |
| | 100～250 エーカー | 50,226 | 34,401 | 34,703 | 30,720 | 19.86 | 20.29 | 21.58 | 20.81 |
| | 250～500 エーカー | 30,071 | 21,018 | 21,167 | 19,138 | 11.89 | 12.40 | 13.16 | 12.96 |
| | 500～1,000 エーカー | 22,410 | 15,636 | 15,789 | 14,853 | 8.86 | 9.22 | 9.82 | 10.06 |
| | 1,000～2,000 エーカー | 10,927 | 8,316 | 9,234 | 8,692 | 4.32 | 4.91 | 5.74 | 5.89 |
| | 2,000～3,000 エーカー | 2,042 | 1,685 | 2,403 | 2,421 | 0.81 | 0.99 | 1.49 | 1.64 |
| | 3,000～5,000 エーカー | 821 | 727 | 1,102 | 1,215 | 0.32 | 0.43 | 0.69 | 0.82 |
| | 5,000 エーカー以上 | 201 | 174 | 300 | 374 | 0.08 | 0.10 | 0.19 | 0.25 |
| 収穫面積 | 全規模計 | 62,085 | 45,520 | 50,933 | 49,040 | 100.00 | 100.00 | 100.00 | 100.0 |
| | 100 エーカー未満 | 4,864 | 3,233 | 3,731 | 2,698 | 7.83 | 7.10 | 7.33 | 5.50 |
| | 100～250 エーカー | 7,782 | 5,362 | 5,439 | 4,797 | 12.53 | 11.78 | 10.68 | 9.78 |
| | 250～500 エーカー | 10,484 | 7,344 | 7,412 | 6,679 | 16.89 | 16.13 | 14.55 | 13.62 |
| | 500～1,000 エーカー | 15,324 | 10,757 | 10,869 | 10,269 | 24.68 | 23.63 | 21.34 | 20.94 |
| | 1,000～2,000 エーカー | 14,494 | 11,032 | 12,418 | 11,706 | 23.35 | 24.24 | 24.38 | 23.87 |
| | 2,000～3,000 エーカー | 4,747 | 3,962 | 5,626 | 5,732 | 7.65 | 8.70 | 11.05 | 11.69 |
| | 3,000～5,000 エーカー | 2,934 | 2,613 | 3,997 | 4,466 | 4.73 | 5.74 | 7.85 | 9.11 |
| | 5,000 エーカー以上 | 1,455 | 1,216 | 2,159 | 2,693 | 2.34 | 2.67 | 4.24 | 5.49 |

資料と注：表 3-13 に同じ。

収穫面積ともに全て減少している。増えたのも 2,000～3,000 エーカーが農場数で 0.7％，収穫面積 1.9％に対して，3,000～5,000 エーカー層が 10.3％と 11.7％，5,000 エーカー以上層が 24.7％と 24.8％である。ということで 21 世紀に入ってから物的

生産ベースでの増減も階層性が明確化し，直近ではほとんど3,000エーカー以上の大規模層だけが増えるという形で，規模拡大と生産の大規模層シフトが進展している。そして2012年では，農場数で2.71％の2,000エーカー以上層が収穫面積の26.3％を占めるにいたっている。

### （3）穀作大規模経営等の経済的性格

以上をふまえて，穀作大規模経営をはじめとする各階層の性格を検討しよう。

表3-12にもどると，経済階級100万ドル以上のトウモロコシ農場の純農場所得は，2002年の34万ドルから2013年の76万ドルへ急増し，その全米世帯所得中央値（2002年42,409ドル，2013年51,939ドル）に対する倍率は8.1倍から14.5倍へ上昇した。いずれも所得水準としては利潤範疇が形成されていると見なせるものだが，いっぽう雇用労働費については各年の農場フルタイム労働者相当使用者側支払額と比較すると（2002年27,842ドル，2013年45,081ドル），2.41人相当だったものが1.23人相当へ半減している。いずれも，同階層農場の1農場当たり経営者数を2人程度と仮定すれば雇用労働力依存型経営とは言えない。したがって資本－賃労働関係を基盤とする資本主義経営とは見なし難く，そこで発生している「利潤」水準の高額所得は，農場労働者が生産した剰余価値というよりは，農産物の高価格販売（および一部は政府支払）によって流通過程をつうじて（一部は財政をつうじて），したがって当該農産物購買者から（一部は納税者から）獲得ないし横奪されたものである。その意味を込めて，「寄生的利潤獲得大規模家族経営」とでも呼称すべきであろう。

同様に表3-14を見ると，大豆農場の経済階級100万ドル以上層も，2002年と2013年の両年とも全米世帯所得中央値を大幅に上回る純農場所得を獲得し（25万ドル・5.9倍と53万ドル・10.3倍），かつ雇用労働費がフルタイム労働者3.83人相当と1.80人相当となっている。したがって2002年時点では経営者・家族労働力よりも雇用労働力への依存が大きい，若干の資本主義的性格を帯びた大規模経営だったが，価格暴騰後の2013年では下位階層からの「水膨れ」上向農場が大量に入り込んだため，この階層平均としては雇用労働力への依存度は経営者・家族労働力と同程度に下がっている。したがって2013年時点では，やはり「寄生的利潤獲得大規模家族経営」という性格づけになろう。

表 3-18　一般現金穀作農場の経済階級別 1 農場当たり経営収支（2002 年と 2013 年）

(単位：ドル)

| | | 全農場合計 | 経済階級別 | | | | |
|---|---|---|---|---|---|---|---|
| | | | 10万ドル未満 | 10万～25万ドル | 25万～50万ドル | 50万～100万ドル | 100万ドル以上 |
| 2002年 | 農場数 | 86,235 | 44,687 | 24,549 | 12,200 | 4,052 | 747 |
| | 経営土地面積 | 872 | 397 | 997 | 1,584 | 2,637 | 4,023 |
| | 現金粗収益 | 164,127 | 44,541 | 166,499 | 345,055 | 673,564 | 1,521,733 |
| | うち農産物販売収入 | 125,979 | 31,303 | 125,897 | 277,950 | 509,291 | 1,231,217 |
| | うち政府支払 | 18,126 | 5,742 | 19,642 | 33,618 | 74,934 | 148,031 |
| | 現金総支出 | 133,846 | 46,947 | 138,983 | 271,136 | 467,120 | 1,113,440 |
| | うち雇用労働費 | 7,838 | 1,069 | 7,068 | 15,429 | 42,252 | 127,371 |
| | 減価償却費 | 18,274 | 6,556 | 20,132 | 35,657 | 68,391 | 102,457 |
| | 純農業所得 | 26,731 | 1,622 | 26,511 | 53,537 | 165,807 | 348,334 |
| 2013年 | 農場数 | 65,138 | 20,054 | 15,214 | 11,955 | 7,968 | 9,946 |
| | 経営土地面積 | 1,190 | 301 | 673 | 1,155 | 1,738 | 3,380 |
| | 現金粗収益 | 544,269 | 56,889 | 196,172 | 398,153 | 793,477 | 2,035,367 |
| | うち農産物販売収入 | 444,903 | 36,596 | 146,394 | 316,519 | 615,633 | 1,742,283 |
| | うち政府支払 | 18,906 | 3,733 | 10,119 | 15,768 | 29,812 | 57,970 |
| | 現金総支出 | 360,006 | 51,515 | 135,691 | 308,719 | 528,573 | 1,251,710 |
| | うち雇用労働費 | 19,920 | 1,507 | 4,413 | 10,970 | 31,991 | 81,852 |
| | 減価償却費 | 50,458 | 7,865 | 22,704 | 59,492 | 79,397 | 144,748 |
| | 純農業所得 | 145,853 | 7,345 | 47,391 | 47,163 | 215,325 | 638,685 |

資料と注：表 3-12 に同じ。

　**表3-16**によると，小麦農場の経済階級100万以上層は2002年時点では（農場数わずか40），雇用労働費がフルタイム労働者8.19人相当であったから，資本－賃労働関係と利潤形成の両面から資本主義経営と言えるものだった。しかし2012年時点の同階層2,612農場にはやはり価格暴騰による「水膨れ」で「上向」してきたものが数多く含まれた結果，平均的にいえば雇用労働費はフルタイム労働者1.52人相当なので，「寄生的利潤獲得大規模家族経営」と性格づけられるだろう。

　なおトウモロコシ，大豆，小麦のいずれの穀物も販売額の過半を占めず，それらの組み合わせとしての穀物類が過半を占めている農場は，その定義からARMS統計では「一般現金穀作（General Cash Grains）農場」として集計されている。それを整理したのが**表3-18**であるが，これによるとまずこれまでの3つのタイプの穀作農場と若干異なり，2002年から2013年にかけて，10万～100ドル各層の経営土地面積は一階級上の区分のそれを若干上回る規模になっている。したがって100万ドル以上層も含めた各階層の農場数大幅増加は価格暴騰による「水膨れ」効果以外に，物的な規模拡大の進展も一定程度含んでいると言えるだろう（逆の言い方をすれば，価格暴騰の「水膨れ」効果が主要3品目農場よりは小さかった）。

　経済階級100万ドル以上層は，2002年時点（747農場）では雇用労働費がフルタ

イム労働者4.57人相当で資本主義経営の性格を持っていたが，2012年（9,946農場）の平均では1.82人相当となっているから，経営者・家族労働力とほぼ同程度の雇用労働力に依存しているものと考えられる。したがって全体としては，やはり「寄生的利潤獲得大規模家族経営」と性格づけられるだろう。

　以上を総合すると経済階級100万ドル以上の穀物農場の大半は，穀物価格がなお低迷局面にあった2002年では雇用労働力への依存が経営者・家族のそれを明らかに上回り，利潤相当の純所得を獲得する「資本主義的性格の強い大規模経営」と言えた。それが価格再暴騰局面の2013年になると，資本－賃労働関係から平均的に見れば家族経営でありながら，流通過程からの利潤横奪激増によって純農場所得が50万〜70万ドル以上へと巨額化させ，「寄生的利潤獲得」の側面が著しく強い大規模家族経営という特異な性格に変容したのである。それでも資本－賃労働関係に強く依存してはいないという点で，これら農場における農業経営・生産労働は「資本による形式的包摂」は受けていない。

　なおそのうち，2013年ARMS統計の経済階級100万ドル以上層の中には，2012年農業センサスで把握されたトウモロコシ収穫面積5,000エーカー以上の380農場（平均収穫面積7,303エーカー，同年エーカー当たりトウモロコシ粗収益848ドルを適用すると総額620万ドル），同じく3,000〜5,000エーカーの985農場（平均収穫面積3,593エーカーで，同粗収益総額300万ドル），大豆収穫面積5,000エーカー以上の165農場（平均収穫面積6,600エーカー，同年エーカー当たり大豆粗収益576ドルを適用すると総額380万ドル），同じく3,000〜5,000エーカーの740農場（平均収穫面積3,616エーカー，粗収益総額210万ドル）が含まれる，それらの農場数は，（ア）各5,000エーカー以上層の単純合計で545，（イ）各3,000〜5,000エーカー層の単純合計で1,722農場になる。これらが「トウモロコシ－大豆」型経営だと仮定すれば，その組み合わせによる収穫面積合計と粗収益は（ア）で14,000エーカー・1,000万ドル，（イ）で7,200エーカー・510万ドルという計算になる。

　実農場数では（ア）のようなサイズがきわめて大ざっぱに200農場程度，（イ）のようなサイズが同じく800農場程度存在する可能性が示唆される。このうちとくに（ア）で想定したようにトウモロコシと大豆をいずれも5,000エーカー以上，合計1万エーカー以上（単純平均の合計14,000エーカー）収穫するような農場は，資本主義特大穀作経営，その意味で穀作メガファームと呼ぶにふさわしい。

こうした穀作メガファームの実例として，磯田（2011：pp.65 〜 73）が捉えたイリノイ州のケースで，経営農地面積1.4万エーカー，トウモロコシ作付面積1万500エーカー，大豆作付面積3,500エーカー，フルタイム雇用労働者7名を擁し，2003年時点でさえ農産物販売額が500万ドルを上回る，親族所有型資本主義経営であった。同様の事例の存在は，アイオワ州（本書第4章），サウスダコタ州（第5章）でも確認できている。

次に経済階級50万〜 100万ドル層であるが，これは平均経営土地面積からすると，おおむね2002年の25万〜 50万ドル層であった。2002年時点の25万〜 50万ドル層の純農場所得は全米世帯所得中央値の1.3 〜 1.7倍，雇用労働費のフルタイム労働者換算は0.45 〜 0.58人相当だったから，農業専業家族経営だった。それが2013年（小麦農場は2012年）の50万〜 100万ドル層に「水膨れシフト」したと考えると，その純農業所得は全米世帯所得中央値の3.8 〜 6.1倍に激増し，しかし雇用のフルタイム労働者換算は0.32 〜 0.71人相当だから，一転して寄生的利潤獲得家族経営に変質したと言える。

同様に経済階級25万〜 50万ドル層は，おおむね2002年時点の10万〜 25万ドル層と同程度の経営土地面積であった。2002年時点の10万〜 25万ドル層の純農場所得は全米世帯所得中央値の0.6倍（2012年小麦農場のみ1.0倍）だったから，農業専業下限に満たない経営だった。それが2013年25万〜 50万ドル層では純農場所得が全米世帯所得中央値の1.3 〜 1.8倍に飛躍して，農業専業下限水準をクリアする状況に変化している。今後この階層が分解分岐層になるのかどうかは，基本的に暴騰した穀物等価格がどうなるかに左右されることになろう。ただし前掲**表3-5**で検討したように，2012年センサスでみた穀物農場に限定しない農産物販売額25万〜 50万ドル層（94,072農場，うち50,695農場・54％が北米産業分類でいう「油糧種子・穀物農業」）の耕種農地地代負担力（試算値）は政府支払を含んでもエーカー当たり98ドルで，耕種農地全米平均現金地代125ドルをかなり下回っているから，このような穀物等暴騰価格をもってしても借地拡大による上向は困難と推定される。

以上を大規模階層を中心に要約すると，今日の経済階級（平均的には農産物販売額も）100万ドル以上層の大部分は大規模家族経営であるが，穀物価格暴騰によって多額の「寄生的利潤」を少なくともここ数年にわたって獲得している特殊

な経済性格を持つにいたっている。そしてこの階層の頂点部分には，2012年時点で全米で恐らく上述の「トウモロコシ−大豆」型で200農場程度，小麦型だと2012年のエーカー当たり小麦粗収益359ドルで1,000万ドルの粗収益を上げるために2.8万エーカー前後の収穫面積が必要となり，それが同5,000エーカー以上層374農場（1農場平均7,200エーカー）のうちどの程度存在するか推測困難だが仮に50農場程度存在するとしたら，これらを合わせて250農場程度の雇用（常雇）労働力依存型の資本主義特大穀作経営・穀作メガファームが形成されている。それは「トウモロコシ−大豆」型生産ではシェアが2％程度に達している可能性がある。

　2012年センサスで農産物販売金額100万ドル以上の穀物販売農場（54,956農場，10.9％）が穀物販売の52％を占めているが（前掲表3-8），その大半は「寄生的利潤獲得大規模家族経営」であった。これに同50万〜100万ドル層（58,020農場，11.5％）を加えると，穀物生産・販売の74％が寄生的利潤獲得大規模家族経営によって担われるにいたっているというのが，穀作農業部門における構造変動のひとつの到達点と言える。

## 第5節　北中部における穀物等生産動向

### （1）北中部における主要穀物等の作付動向

　アメリカの穀物等主産地帯である北中部（コーンベルトおよび大平原諸州）では，穀物等の生産動向に注目すべき変化が生じている。

　北中部の中核的穀物類主産地12州を合計して作付面積の中長期的なトレンドを見ると（図3-5），まずトウモロコシが輸出ブーム期の1970年代に大きく増え，その後1980年代農業危機の時代に減少したが，1980年代末から回復し，2000年代前半から急速に拡大し，同半ば以降さらに加速している。これは第2章（図2-2など）で検証したように，明らかに再生燃料基準RFS発動を契機とするコーンエタノール需要の劇的増加・同部門の「バブル」化の影響である。

　次に大豆は，同じく1970年代に急速に増え，その後やや減速するが減少することはなく，1990年代前半から再び急増過程に入った。2000年代になってトウモロコシの急増とやや対照的に停滞気味となるが，直近の2013年，2014年はトウモロコシと交代するように再び増加している。

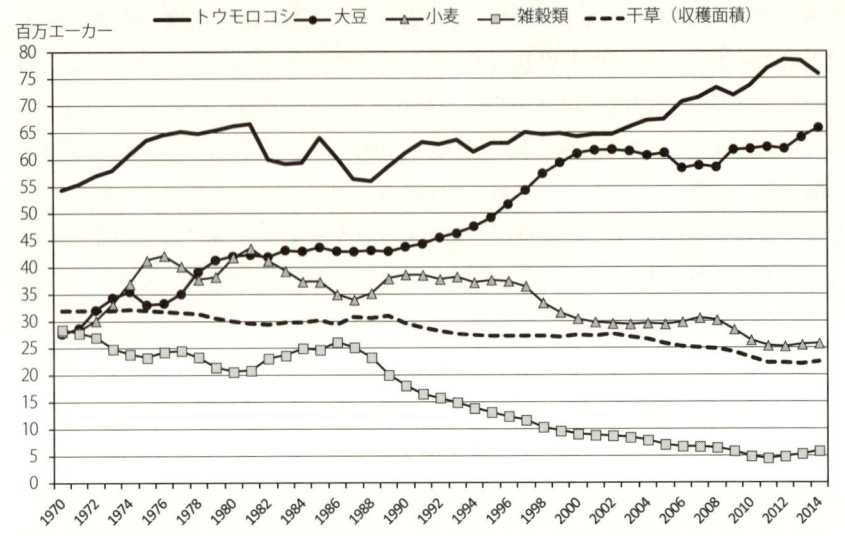

図 3-5 北中部 12 州における主要穀物等の作付面積の推移（1970〜2014 年 3 ヵ年移動平均）

資料：USDA NASS, *Quick Stats Database*.
注：1）北中部 12 州とは, イリノイ, インディアナ, アイオワ, カンザス, ミシガン, ミネソタ, ミズーリ, ネブラスカ, ノースダコタ, オハイオ, サウスダコタ, ウィスコンシンの各州合計である。
　　2）干草は収穫面積, 雑穀類とは大麦, オーツ麦, ライ麦, グレインソルガム（収穫面積）の合計である。

このように長期的に見ればトウモロコシと大豆の作付面積拡大傾向が明瞭であるし, アグロフュエル・ブーム下についてみれば特にトウモロコシの拡大が急激であった。それらと対照的に長期的にも, 最近のアグロフュエル・ブーム下でも, 作付面積縮小傾向が明白なのが, 雑穀類（大麦, オーツ麦, ライ麦, グレインソルガムの合計), 小麦, 干草（hay）である。

このうち雑穀類はまず1970年代の輸出ブーム期に大きく減少し, 同期の中心的輸出作物であるトウモロコシ, 大豆, 小麦への作付転換がなされたことを示唆している。その後1980年代半ばにかけて一旦増加するが, その後は減少がより加速し, 長期にわたっている。これもまた同時期に急増していく大豆, および2000年代前半から急増するトウモロコシへのさらなる転換を示唆している。

小麦は1970年輸出ブーム期に拡大した後減少し, 1980年代初めにかけて回復したものの, その後はトレンドとして長期減少を辿っている。特に大豆が急増した1990年代後半, トウモロコシが急増した2000年代前半以降に減少が加速した。

また干草も相対的に緩やかだが, ほとんど一貫して長期にわたって減少し続け

ている。これは北中部での穀作・肉牛繁殖複合経営の減少，また残った同複合経営でも干草を外部依存する傾向が進展していることを反映している（その分，より西方向のコロラド州などの山岳部，カリフォルニア州などの西部からの干草移入への依存度が高まり，その干草が国際市場における重要貿易品になるにいたって，内外畜産経営にとってのコスト増崇要因になっている）。

こうして北中部の主要穀作州では雑穀，小麦，干草からトウモロコシと大豆への作物転換が長期的に進展し，またアグロフュエル・ブーム下で加速するような状況が生じている。これは同時に土地利用＝作付方式が，複数の禾本科作物・豆類・牧草類からなる多年・多作物輪作からトウモロコシと大豆の2作物を組み合わせるだけの作付方式へ向かって，ますます単純化していることの表現でもある。

## (2) トウモロコシと大豆生産の地域変化

このうちまずアグロフュエル・ブームやエタノール産業展開と直接に関わるトウモロコシ生産について，上記12州の作付面積動向を**表3-19**に整理した。これによると，第一にわかることは，旧来から「コーンベルト」と称されてきた諸州（概ねミズーリ川以東で，北からミネソタ州，アイオワ州，イリノイ州，およびネブラスカ州の東半分をつなぐ線で画される）のうち，オハイオ，ミシガン，ウィスコンシンという東側部分の諸州で作付面積のピークが1980～1985年頃にあり，対全米シェアでも1985年頃がピークとなり，それ以降はトレンドとしては地位を低下させていることである（コーンエタノール部門急拡大期にあたる2005～12年に絶対的に増加させてはいるが，その増加率も他の諸州より低い）。

第二に，作付・単収・生産量・地域市場単価のいずれから見てもコーンベルト中核をなすイリノイ，アイオワの両州についても，その抜きんでた地位（両州だけが作付面積1,000万エーカーを超えている）を譲ってはいないもの，その対全米シェアのピークはイリノイ州が1970年頃，アイオワ州でも1990年頃になっていることである。

第三に，これらと対照的なのが，コーンベルトの西端あるいは周縁部に位置していたネブラスカ（とくにその西部），サウスダコタ，ノースダコタ，カンザスの諸州である。これらにおいては，いずれも2012年頃が作付面積における過去最大となっていること，そこにいたる拡大速度が著しいこと，とくにコーンエタノー

表 3-19 北中部トウモロコシ主要生産州の作付面積推移 (1970〜2014 年の 3 カ年移動平均)

(単位：千エーカー、%)

| | 3カ年移動平均 | オハイオ | ミシガン | インディアナ | ウィスコンシン | ミズーリ | イリノイ | アイオワ | ミネソタ | ネブラスカ | サウスダコタ | ノースダコタ | カンザス |
|---|---|---|---|---|---|---|---|---|---|---|---|---|---|
| 実数 | 1970 | 3,365 | 1,869 | 5,201 | 2,899 | 3,171 | 10,254 | 11,139 | 5,542 | 5,467 | 3,492 | 532 | 1,621 |
| | 1975 | 3,850 | 2,657 | 5,990 | 3,563 | 3,103 | 11,133 | 13,500 | 7,047 | 6,717 | 3,523 | 514 | 2,087 |
| | 1980 | 4,033 | **3,017** | 6,317 | **4,257** | 2,400 | 11,533 | 14,050 | 7,283 | 7,600 | 3,440 | 730 | 1,600 |
| | 1985 | **4,100** | 2,983 | 6,117 | 4,117 | 2,417 | 11,133 | 13,200 | 6,950 | 7,500 | 3,403 | 940 | 1,300 |
| | 1990 | 3,550 | 2,433 | 5,550 | 3,700 | 2,267 | 10,900 | 12,633 | 6,500 | 7,767 | 3,517 | 887 | 1,590 |
| | 1995 | 3,333 | 2,517 | 5,700 | 3,767 | 2,233 | 10,933 | 12,500 | 7,067 | 8,367 | 3,533 | 740 | 2,317 |
| | 2000 | 3,467 | 2,200 | 5,767 | 3,500 | 2,733 | 11,000 | 12,033 | 7,033 | 8,400 | 3,900 | 920 | 3,350 |
| | 2005 | 3,317 | 2,217 | 5,700 | 3,683 | 2,917 | 11,717 | 12,700 | 7,367 | 8,283 | 4,533 | 1,633 | 3,367 |
| | 2010 | 3,400 | 2,417 | 5,800 | 3,967 | 3,150 | 12,400 | 13,700 | 7,800 | 9,383 | 4,917 | 2,077 | 4,617 |
| | 2012 | 3,733 | 2,583 | 6,050 | 4,200 | **3,417** | **12,467** | **13,967** | **8,483** | **9,933** | **5,850** | **3,227** | **4,633** |
| | 2014 | 3,700 | 2,533 | 5,900 | 4,067 | 3,383 | 11,867 | 13,633 | 8,433 | 9,517 | 5,733 | 3,117 | 4,133 |
| 増加率 | 2005〜2012 | 12.6 | 16.5 | 6.1 | 14.0 | 17.1 | 6.4 | 10.0 | 15.2 | 19.9 | 29.0 | 97.6 | 37.6 |
| 対全米シェア | 1970 | 4.92 | 2.73 | 7.60 | 4.24 | 4.63 | 14.98 | 16.28 | 8.10 | 7.99 | 5.10 | 0.78 | 2.37 |
| | 1975 | 4.79 | 3.30 | 7.45 | 4.43 | 3.86 | 13.85 | 16.79 | 8.76 | 8.35 | 4.38 | 0.64 | 2.59 |
| | 1980 | 4.85 | 3.63 | 7.59 | 5.12 | 2.89 | 13.87 | 16.89 | 8.76 | 9.14 | 4.14 | 0.88 | 1.92 |
| | 1985 | **5.11** | **3.72** | **7.63** | **5.14** | 3.01 | 13.89 | 16.47 | 8.67 | 9.36 | 4.25 | 1.17 | 1.62 |
| | 1990 | 4.79 | 3.28 | 7.48 | 4.99 | 3.06 | 14.70 | **17.04** | 8.77 | 10.47 | 4.74 | 1.20 | 2.14 |
| | 1995 | 4.35 | 3.29 | 7.45 | 4.92 | 2.92 | 14.28 | 16.33 | **9.23** | 10.93 | 4.62 | 0.97 | 3.03 |
| | 2000 | 4.47 | 2.84 | 7.44 | 4.51 | 3.52 | 14.19 | 15.52 | 9.07 | 10.83 | 5.03 | 1.19 | 4.32 |
| | 2005 | 4.13 | 2.76 | 7.09 | 4.58 | 3.63 | 14.58 | 15.81 | 9.17 | 10.31 | 5.64 | 2.03 | 4.19 |
| | 2010 | 3.83 | 2.72 | 6.53 | 4.47 | 3.55 | 13.96 | 15.42 | 8.78 | 10.56 | 5.53 | 2.34 | **5.20** |
| | 2012 | 3.94 | 2.72 | 6.38 | 4.43 | 3.60 | 13.15 | 14.73 | 8.95 | 10.48 | 6.17 | **3.40** | 4.89 |
| | 2014 | 4.03 | 2.76 | 6.43 | 4.43 | 3.69 | 12.94 | 14.86 | 9.19 | 10.38 | **6.25** | **3.40** | 4.51 |

資料：USDA NASS, *Quick Stats Database*.
注：太字は、標記したうち年次のうち当該州の最大値となっているものである。

第3章 アメリカ農業構造の分析視角と穀作農業構造変動の現局面 171

表3-20 北中部大豆主要生産州の作付面積推移（1970～2014年の3カ年移動平均）

(単位：千エーカー、%)

| | 3カ年移動平均 | オハイオ | ミシガン | インディアナ | ウィスコンシン | ミズーリ | イリノイ | アイオワ | ミネソタ | ネブラスカ | サウスダコタ | ノースダコタ | カンザス |
|---|---|---|---|---|---|---|---|---|---|---|---|---|---|
| 実数 | 1970 | 2,576 | 513 | 3,344 | 155 | 3,483 | 6,961 | 5,619 | 2,973 | 740 | 248 | 199 | 912 |
| | 1975 | 3,067 | 598 | 3,637 | 202 | 4,367 | 8,173 | 6,890 | 3,550 | 1,128 | 332 | 166 | 1,010 |
| | 1980 | 3,800 | 1,017 | 4,517 | 338 | 5,573 | 9,450 | 8,200 | 4,803 | 1,870 | 753 | 223 | 1,557 |
| | 1985 | 3,783 | 1,090 | 4,400 | 387 | 5,417 | 9,117 | 8,400 | 5,050 | 2,500 | 1,343 | 575 | 1,683 |
| | 1990 | 3,767 | 1,217 | 4,417 | 477 | 4,367 | 9,100 | 8,333 | 5,083 | 2,500 | 2,017 | 592 | 1,967 |
| | 1995 | 4,183 | 1,567 | 5,000 | 870 | 4,433 | 9,717 | 9,200 | 5,867 | 3,017 | 2,560 | 717 | 2,100 |
| | 2000 | 4,550 | 2,050 | 5,567 | 1,500 | 5,167 | 10,600 | 10,833 | 7,200 | 4,633 | 4,333 | 1,800 | 2,883 |
| | 2005 | 4,533 | 2,000 | 5,550 | 1,620 | 5,033 | 9,850 | 10,133 | 7,183 | 4,850 | 4,000 | 3,533 | 2,950 |
| | 2010 | 4,567 | 2,000 | 5,367 | 1,630 | 5,283 | 9,150 | 9,583 | 7,233 | 4,950 | 4,183 | 4,000 | 4,000 |
| | 2012 | 4,550 | 1,960 | 5,217 | 1,637 | 5,467 | 9,167 | 9,333 | 6,950 | 4,917 | 4,483 | 4,467 | 3,867 |
| | 2014 | 4,783 | 2,060 | 5,467 | 1,760 | 5,683 | 9,800 | 9,733 | 7,250 | 5,133 | 4,950 | 5,450 | 3,767 |
| 増加率 | 2005～2014 | 5.5 | 3.0 | -1.5 | 8.6 | 12.9 | -0.5 | -3.9 | 0.9 | 5.8 | 23.8 | 54.2 | 27.7 |
| 対全米シェア | 1970 | 5.99 | 1.19 | 7.77 | 0.36 | 8.10 | 16.18 | 13.06 | 6.91 | 1.72 | 0.58 | 0.46 | 2.12 |
| | 1975 | 5.85 | 1.14 | 6.93 | 0.39 | 8.33 | 15.58 | 13.14 | 6.77 | 2.15 | 0.63 | 0.32 | 1.93 |
| | 1980 | 5.46 | 1.46 | 6.49 | 0.49 | 8.00 | 13.57 | 11.78 | 6.90 | 2.69 | 1.08 | 0.32 | 2.24 |
| | 1985 | 5.93 | 1.71 | 6.90 | 0.61 | 8.49 | 14.30 | 13.17 | 7.92 | 3.92 | 2.11 | 0.90 | 2.64 |
| | 1990 | 6.36 | 2.05 | 7.45 | 0.80 | 7.37 | 15.35 | 14.06 | 8.58 | 4.22 | 3.40 | 1.00 | 3.32 |
| | 1995 | 6.66 | 2.50 | 7.97 | 1.39 | 7.06 | 15.48 | 14.66 | 9.35 | 4.81 | 4.08 | 1.14 | 3.35 |
| | 2000 | 6.15 | 2.77 | 7.52 | 2.03 | 6.98 | 14.32 | 14.63 | 9.73 | 6.26 | 5.85 | 2.43 | 3.90 |
| | 2005 | 6.11 | 2.69 | 7.47 | 2.18 | 6.78 | 13.27 | 13.65 | 9.67 | 6.53 | 5.39 | 4.76 | 3.97 |
| | 2010 | 5.96 | 2.61 | 7.00 | 2.13 | 6.89 | 11.94 | 12.51 | 9.44 | 6.46 | 5.46 | 5.22 | 5.22 |
| | 2012 | 5.96 | 2.57 | 6.83 | 2.14 | 7.16 | 12.00 | 12.22 | 9.10 | 6.44 | 5.87 | 5.85 | 5.06 |
| | 2014 | 5.84 | 2.52 | 6.68 | 2.15 | 6.94 | 11.97 | 11.89 | 8.85 | 6.27 | 6.04 | 6.65 | 4.60 |

資料・注：表3-19に同じ。

ル部門急拡大期の2005～12年の増加率が顕著であることが共通している。加えてこれら諸州の内部でも，西と北の州ほど増加率がさらに大きい。これらの結果，こうした従来からすればコーンベルトの西北端ないし周縁部にあった諸州での対全米シェアはより最近になって最高を記録している。

以上をまとめるなら，文字通りトウモロコシ主産地としてのコーンベルトが西北方向に拡大しつつ重心もシフトしてきている，すなわちコーンベルトの西北漸が起きているのである。

大豆についても，同じ12州について動向を簡単に見ておくと（**表3-20**），大豆は全米計でも北中部のほとんどの州でも作付面積が絶対的に増え続けているが，その中でも相対的な位置関係については，トウモロコシの場合と相当程度類似のことが指摘できる。すなわち，トウモロコシとの目立った違いは，コーンベルト中核のイリノイ，アイオワ両州の作付面積の絶対値が2000年頃にピークを過ぎてしまっていることである。これらの州ではこの時点までに「トウモロコシ－大豆」2作物への耕種土地利用の単純化が「確立」してしまっていたので，その枠内でアグロフュエル・ブームによるトウモロコシ作付の拡大は大豆作付の縮減に直結するしかなかったのである。

しかしその他の諸州について，大豆作付面積の最近の増加度合いと対全米シェアを見るなら，トウモロコシの場合とほぼ同じ空間的変化が起きている。すなわちオハイオ，ミシガン，ウィスコンシン，ミズーリというコーンベルトの東寄り諸州では面積の絶対値は直近まで伸びていても，シェアは1995～2005年頃をピークに低下している。対照的に西端・西北周縁部諸州ほど面積増加率が高く，したがってまたシェアの上昇が今でも続いている傾向にある。

したがって「トウモロコシ－大豆」主産地という意味での「コーンベルト」としても，西北漸が起きているのである。

### （3）コーンベルト西北漸の背景

#### ①生産力・技術的背景

上記の事象を換言すると，30～40年前にはトウモロコシおよび大豆の適地とは言えなかったコーンベルトの西端，周縁部ないしさらにその西北外部で，それらの作付が（その始点に差はあるが）顕著に拡大してきたということである。

その技術・生産力的基礎を表現する，単収の動向を見よう。**表3-21**によると，コーンベルト西北漸の主舞台になったネブラスカ，サウスダコタ，ノースダコタの3州のトウモロコシエーカー当たり単収が1970〜2013年（3ヵ年移動平均）の期間にそれぞれ92%，172%，115%と極めて大幅に上昇している。全米平均でも，またコーンベルト中核のアイオワ，イリノイ両州自体も単収の伸びは著しいのだが，それをも相当に上回っている。またとくにほぼ州全体が世界最大とされるオガララ帯水層の上にすっぽり乗っかっているネブラスカ州では，同帯水層からの深井戸ポンプアップに依存した灌漑耕地でのトウモロコシ生産が急拡張し，そこでの単収はアイオワ，イリノイ両州をもかなり上回っているため，州平均でもアイオワ州を上回るにいたっている（ただし非灌漑耕地単収では両州の優位性＝優等地性は揺らいでいない）。

これらの結果，コーンベルト中核部と西北部・周縁部との単収差は，とくに両ダコタ州に関して大きく縮まった。すなわち全米平均単収を100とした場合の指数は，1970年には最優等地のアイオワ州116に対してサウスダコタ州は58，ノースダコタ州は67しかなく，その差はそれぞれ54ポイントと49ポイントであったのが，1990年にはサウスダコタ州の指数が65，ノースダコタ州の指数が71へ伸びてアイオワ州との差が40ポイントと34ポイントへ，そして2013年にはサウスダコタ州の指数が85，ノースダコタ州の指数が79になってアイオワ州との差も21ポイン

表3-21　トウモロコシの収穫面積および単収の変化（全米および主要州）

（単位：千エーカー，ブッシェル／エーカー，%）

| | | 作物年度 3ヵ年 移動平均 | 全米 | アイオワ | イリノイ | ネブラスカ | | | サウスダコタ | ノースダコタ |
|---|---|---|---|---|---|---|---|---|---|---|
| | | | | | | 州計 | 灌漑 | 非灌漑 | | |
| 収穫面積 | 実数 | 1970 | 58,685 | 10,392 | 9,903 | 4,916 | 2,263 | 2,653 | 2,472 | 147 |
| | | 1990 | 66,852 | 12,283 | 10,717 | 7,367 | 5,117 | 2,250 | 2,967 | 498 |
| | | 2013 | 85,984 | 13,350 | 11,933 | 9,200 | 5,581 | 3,619 | 5,493 | 3,197 |
| | 増減率 | 1970〜1990 | 13.9 | 18.2 | 8.2 | 49.9 | 126.1 | -15.2 | 20.0 | 239.8 |
| | | 1990〜2013 | 28.6 | 8.7 | 11.4 | 24.9 | 9.1 | 60.8 | 85.2 | 541.5 |
| | | 1970〜2013 | 46.5 | 28.5 | 20.5 | 87.1 | 146.6 | 36.4 | 122.2 | 2,079.5 |
| 単収 | 実数 | 1970 | 82.1 | 95.7 | 94.0 | 85.0 | 114.7 | 59.7 | 47.3 | 55.3 |
| | | 1990 | 114.5 | 120.3 | 119.0 | 125.3 | 146.2 | 77.7 | 74.7 | 81.7 |
| | | 2013 | 150.7 | 159.7 | 161.0 | 163.3 | 195.7 | 111.6 | 128.7 | 118.7 |
| | 上昇率 | 1970〜1990 | 39.4 | 25.8 | 26.6 | 47.5 | 27.4 | 30.3 | 57.7 | 47.6 |
| | | 1990〜2013 | 31.7 | 32.7 | 35.3 | 30.3 | 33.9 | 43.5 | 72.3 | 45.3 |
| | | 1970〜2013 | 83.5 | 66.9 | 71.3 | **92.2** | 70.6 | 87.0 | **171.8** | **114.5** |
| | 指数 | 1970 | 100 | 116 | 114 | 103 | 140 | 73 | 58 | 67 |
| | | 1990 | 100 | 105 | 104 | 109 | 128 | 68 | 65 | 71 |
| | | 2013 | 100 | 106 | 107 | **108** | 130 | 74 | **85** | **79** |

資料：USDA NASS, *Quick Stats Database*.

表3-22　大豆の収穫面積および単収の変化（全米および主要州）

(単位：千エーカー，ブッシェル／エーカー，％)

| | | 作物年度3ヵ年移動平均 | 全米 | アイオワ | イリノイ | ネブラスカ | | | サウスダコタ | ノースダコタ |
|---|---|---|---|---|---|---|---|---|---|---|
| | | | | | | 州計 | 灌漑 | 非灌漑 | | |
| 収穫面積 | 実数 | 1970 | 42,097 | 5,543 | 6,893 | 729 | 49 | 680 | 241 | 196 |
| | | 1990 | 58,020 | 8,270 | 9,017 | 2,460 | 687 | 1,738 | 1,987 | 585 |
| | | 2013 | 78,486 | 9,460 | 9,397 | 5,037 | 2,351 | 2,686 | 4,803 | 5,077 |
| | 増減率 | 1970～1990 | 37.8 | 49.2 | 30.8 | 237.4 | 1,311.6 | 155.5 | 725.5 | 198.0 |
| | | 1990～2013 | 35.3 | 14.4 | 4.2 | 104.7 | 242.2 | 54.5 | 141.8 | 767.8 |
| | | 1970～2013 | 86.4 | 70.7 | 36.3 | 590.9 | 4,730.1 | 294.8 | 1,895.8 | 2,485.7 |
| 単収 | 実数 | 1970 | 27.2 | 32.5 | 32.7 | 26.5 | 38.7 | 25.8 | 20.8 | 15.3 |
| | | 1990 | 33.5 | 40.3 | 38.8 | 33.3 | 44.0 | 28.9 | 27.0 | 26.2 |
| | | 2013 | 43.9 | 47.3 | 49.7 | 49.7 | 60.9 | 39.9 | 38.7 | 33.2 |
| | 上昇率 | 1970～1990 | 23.3 | 24.1 | 18.9 | 25.8 | 13.8 | 12.0 | 29.6 | 70.7 |
| | | 1990～2013 | 31.0 | 17.4 | 27.9 | 49.0 | 38.3 | 38.2 | 43.2 | 26.8 |
| | | 1970～2013 | 61.5 | 45.6 | 52.0 | 87.4 | 57.4 | 54.8 | 85.6 | 116.3 |
| | 指数 | 1970 | 100 | 119 | 120 | 97 | 142 | 95 | 77 | 56 |
| | | 1990 | 100 | 120 | 116 | 99 | 131 | 86 | 81 | 78 |
| | | 2013 | 100 | 108 | 113 | 113 | 139 | 91 | 88 | 75 |

資料：USDA NASS, *Quick Stats Database*.

トと27ポイントまで縮まってきた。

　同様に大豆について単収の推移を見ると（**表3-22**），ハイブリッド育種を前提に劇的に単収を伸ばしてきたトウモロコシと比べると，その伸びは全体的に小さい。また全米平均の伸びの方が，コーンベルト中核２州のそれよりも高いことも特徴的である。

　その中で，西北部・周縁部諸州での単収の伸びがやはり際立っており，1970～2013年の期間にネブラスカ州で87％，サウスダコタ州で86％，ノースダコタ州で116％となっている。このうちネブラスカ州の高率の伸びは，より単収の高い灌漑耕地での大豆生産が爆発的に拡大したことに拠るところも大きい。

　これらの結果，コーンベルト中核と西北・周縁部との単収差も縮まり，イリノイ州との指数差は1970年時点でネブラスカ州23ポイント，サウスダコタ州43ポイント，ノースダコタ州にいたっては64ポイントもあったものが，1990年にはそれぞれ17ポイント，35ポイント，38ポイントへ，そして2013年には０ポイント，25ポイント，38ポイントになっている。

　このようにコーンベルト西北・周縁部でトウモロコシ・大豆の単収が中核部よりも急速に上昇したことは，前者における「豊度のマイナス差額地代」が顕著に圧縮されたことを表現している。なおこれら西北部での単収上昇のより具体的な技術要因について，基本的には，第一に旧劣等地の条件に適応性の高い品種改良，

第二に人工的（灌漑）ないし自然的な水供給の増加，第三に不耕起・軽減耕起への耕耘方法および除草方法の変化が大きい。

②経済的背景

これら主要作物の（あるいはコーンベルト自体の）西北漸の経済的基礎は，西北側周縁部産地における相対的価格の上昇である。ここでは本書の焦点の一つであるトウモロコシについて検討しておく。

主な産地におけるトウモロコシの（大豆も）現物価格は，一大加工センターであり（ADMの本社兼最大加工拠点のあるディケイター市等を擁する），またミシシッピ河水系（主としてミシシッピ河とイリノイ川）による内水面輸送（バージ）をつうじたニューオリンズ地区向けの積み込み大拠点（リバーエレベーターが林立）にもなっているイリノイ州において，基本的に最も高い。コーンベルトおよびその周縁諸産地における現物価格は，基本的にこのイリノイ州の大加工センターおよびバージ積み込み拠点への輸送費（あるいはニューオリンズ地区への輸送費差）の分だけ低く形成されてきた。この現物価格差がベーシス差に相当する（「ベーシス」の本来の意味は，シカゴ特定限月先物価格と現物価格との差額であるが）。

このベーシス差は，当該農産物市場全体の需給状況，輸送手段の需給状況に規定されて変動するが，いまひとつの大きな変動要因が各地域市場の需給状況である。結論を先取りして言えば，コーンベルトのやや西部アイオワ州，西北部・周縁部のネブラスカ州，サウスダコタ州，さらにノースダコタ州においても，1990年代後半からコーンエタノール工場が叢生して州内需要が急速に膨張することで，ベーシス差（相対比率）が縮小した（**図3-6**）。

この背景にあるのは，前述（第1章第2節）のように「2005年エネルギー政策法」「2007年エネルギー自立・安全保障法」によって人為的・強制的に創出された燃料エタノール向けのトウモロコシ需要の急膨張であり，そのエタノール製造工場がコーンベルト西部およびその西側諸州において原料立地の形で展開したことである。

州別のコーンエタノール生産量データは2002年から，しかも不完全な形でしか得られないが（**表3-23**），2002年時点で現物価格が最高であるイリノイ州の生産

図 3-6　トウモロコシ農場受取価格の対イリノイ州差額比率の推移
　　　　（1970～2013 販売年度の 3 カ年移動平均）

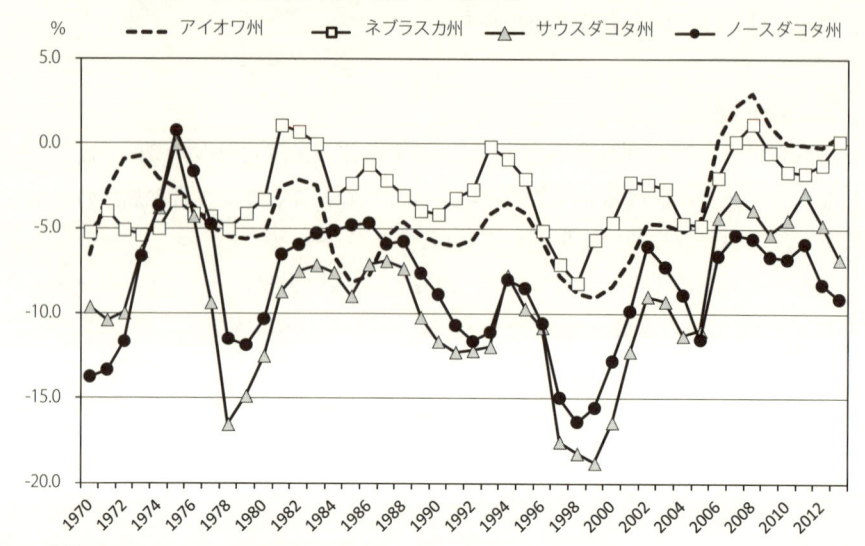

資料：USDA NASS, *Quick Stats Database*.
注：「差額比率」＝（各州価格－イリノイ州価格）÷100 である。

量に対するエタノール需要比率が18％と全国平均を上回っていたが，コーンベルト西側縁部にあたるサウスダコタ州では生産量はイリノイ州の5分の1程度だが，そのうちエタノール用需要比率は20％を超えていた。そしてコーンエタノール生産が爆発的に増加する2005年以降には，サウスダコタ州，アイオワ州でエタノール用需要比率が急伸して30～40％以上になり，その後ネブラスカ州，ノースダコタ州でも同比率が相次いで急伸して40～50％強となった。ピークの2012年にはサウスダコタ州では73％，アイオワ州で68％，ノースダコタ州で54％，ネブラスカ州とイリノイ州でも40％台後半に達した（その後，自動車燃料消費量が停滞したこと，再生燃料基準RFSの若干の引き下げ決定がなされた2014年には各州でのエタノール生産量の伸びが減速，あるいは生産が多少低下するところが出ているが）。

　このような産地内加工需要の急膨張がファンダメンタルズ要因となって，上述のようにベーシス差が縮まり，位置の劣等地性（マイナス差額地代）も改善されてきたのである。

表3-23 主要州別のエタノール生産能力，トウモロコシ使用換算量，およびその需要比率

(単位：百万ガロン，百万ブッシェル，%)

| | 年次 | 2002 | 2004 | 2006 | 2008 | 2010 | 2012 | 2014 |
|---|---|---|---|---|---|---|---|---|
| | エタノール生産指標 | 総計能力 | 総計能力 | 公称能力 | 公称能力 | 操業水準 | 操業水準 | 操業水準 |
| イリノイ | 工場数 | 5 | 5 | 6 | 7 | 12 | 15 | 14 |
| | 生産指標 | 726.0 | 796.0 | 780.0 | 887.0 | 1,350.0 | 1,588.0 | 1,384.0 |
| | トウモロコシ使用換算量 | 268.9 | 294.8 | 288.9 | 328.5 | 500.0 | 588.1 | 512.6 |
| | トウモロコシ生産量 | 1,471.5 | 2,088.0 | 1,817.5 | 2,130.1 | 1,946.8 | 1,286.3 | 2,350.0 |
| | 換算量需要比率 | **18.3** | **14.1** | **15.9** | **15.4** | **25.7** | **45.7** | **21.8** |
| アイオワ | 工場数 | (14) | 10 | 21 | 28 | 38 | 41 | 41 |
| | 生産指標 | 661.5 | 866.5 | 1,134.5 | 2,059.0 | 3,183.0 | 3,432.0 | 3,958.0 |
| | トウモロコシ使用換算量 | 245.0 | 320.9 | 420.2 | 762.6 | 1,178.9 | 1,271.1 | 1,465.9 |
| | トウモロコシ生産量 | 1,931.6 | 2,244.4 | 2,050.1 | 2,188.8 | 2,153.3 | 1,876.9 | 2,367.4 |
| | 換算量需要比率 | **12.7** | **14.3** | **20.5** | **34.8** | **54.7** | **67.7** | **61.9** |
| ネブラスカ | 工場数 | (8) | 8 | 11 | 17 | 23 | 25 | 23 |
| | 生産指標 | 409.0 | 537.0 | 543.0 | 1,143.5 | 1,454.0 | 1,693.0 | 1,897.0 |
| | トウモロコシ使用換算量 | 151.5 | 198.9 | 201.1 | 423.5 | 538.5 | 627.0 | 702.6 |
| | トウモロコシ生産量 | 940.8 | 1,319.7 | 1,178.0 | 1,393.7 | 1,469.1 | 1,292.2 | 1,602.1 |
| | 換算量需要比率 | **16.1** | **15.1** | **17.1** | **30.4** | **36.7** | **48.5** | **43.9** |
| サウスダコタ | 工場数 | 5 | 10 | 11 | 14 | 15 | 16 | 15 |
| | 生産指標 | 170.0 | 422.0 | 475.0 | 683.0 | 1,016.0 | 1,058.0 | 1,019.0 |
| | トウモロコシ使用換算量 | 63.0 | 156.3 | 175.9 | 253.0 | 376.3 | 391.9 | 377.4 |
| | トウモロコシ生産量 | 308.8 | 539.5 | 312.3 | 585.2 | 569.7 | 535.3 | 787.4 |
| | 換算量需要比率 | **20.4** | **29.0** | **56.3** | **43.2** | **66.1** | **73.2** | **47.9** |
| ノースダコタ | 工場数 | 2 | 2 | 2 | 3 | 5 | 5 | 4 |
| | 生産指標 | 33.5 | 33.5 | 33.5 | 123.0 | 343.0 | 610.0 | 360.0 |
| | トウモロコシ使用換算量 | 12.4 | 12.4 | 12.4 | 45.6 | 127.0 | 225.9 | 133.3 |
| | トウモロコシ生産量 | 113.4 | 120.8 | 155.4 | 285.2 | 248.2 | 422.1 | 313.7 |
| | 換算量需要比率 | **10.9** | **10.3** | **8.0** | **16.0** | **51.2** | **53.5** | **42.5** |

資料：Renewable Fuels Association (RFA), *Ethanol Industry Outlook*, various issues, USDA NASS, *Quick Stats Database*.
注：1）工場数は建設中および操業停止中のものを除く。ただし2002年については区別ができないので，( ) は建設中のものも含む。操業中か否かは2009年からしか区別できない。
　　2）エタノール生産指標はコーンエタノール以外も含む（ただしコーンエタノールがほとんどを占める）。
　　3）「総計能力」は「公称能力＋拡張ないし建設中能力」，「操業水準」は実操業水準で，いずれも各年1月現在。
　　4）「トウモロコシ使用換算量」は，トウモロコシからのエタノール抽出量を2.7ガロン／ブッシェルとして試算した。
　　5）「換算量需要量比率」は，トウモロコシ使用換算量÷トウモロコシ生産量である。

## 第6節　本章の小括—アメリカ農業・穀作農業構造の今日的特徴と実態分析の課題—

　本章ではまず「農業構造問題」とは何かについて，概念整理を行なった。すなわち，資本蓄積のための要請に適合的な構造に農業を再編することを「資本による農業の包摂」と規定し，その要請の基本内容を，①資本の根底的な蓄積基盤，つまり家族農業経営の一挙的あるいは継続的な解体による賃金労働者創出，②資本主義経済が可能的・技術的に提供する生産力要因の受容，③それを生産力的基礎としつつ低価格農産物を供給するという総資本の利潤確保，④農業・食料関連

分野の資本（アグリフードビジネス）の利潤確保，と理解する。この再編過程が農業構造変動であるが，この構造変動は「順調に」生産力担当層を生み出すようなものである場合であっても，その過程で農業生産者，農村サイド，環境，そして農村外社会との関係で経済的，社会的な軋轢・矛盾をもたらす。それをもって農業構造問題の概念と整理した。

次いでアメリカ農業の構造変化について，日本における先行する資本主義経営優越論，家族農場優越論，家族農業経営の存在形態論を検討して，それらの到達をふまえつつ，残されている課題とその方法として，以下を指摘した。

すなわち，（ア）農業経営が資本主義的か否かの判断基準を資本－賃労働関係の存在とその量的程度だけでなく利潤範疇の成立を含めてトータルにする，（イ）それと表裏をなすが，家族農業経営とは何かを明確にする，（ウ）契約生産や契約販売について，狭義の「直接的生産過程」だけでなく流通過程も含む「再生産過程」に対する「実質的支配」が量的・質的にどこまで進んでいるのかを，農業の生産・経営労働の性格とそれらにかかわる実質的意思決定の所在に即して明らかにする，（エ）以上を含めて，単に分化・異質化する諸階層の性格規定をすることがゴールではなく，上に述べた意味での「資本による農業の包摂」がもたらす農業構造問題を解明するという観点から構造分析をする，（ウ）これらの分析を進める上では統計分析だけでは限界があり，実態調査分析が不可欠であること，であった。

本章ではこのうち，全国および畑地穀作農業の中心地・北中部を一括した，構造変動による階層構成の到達点と主要階層の経済的性格規定をもっぱら統計分析によって行なった。その結果を要約的に列挙すると，以下のようである。

第一に，構造変動はコーンエタノール使用義務量RFSの一挙的拡大政策を核とするアグロフュエル・プロジェクトによって引き起こされた穀物等価格高水準局面（二度の暴騰を含む）への移行，それを主因とする農業ブームの下で進行した。それは穀作農業の構造変動とその到達としての階層構成，主要階層の経営群に，以下に要約するような特異な経済的性格を与えることになる。同時にこの農業ブームは，アメリカ覇権の一支柱としての農業・食料セクター，その基礎部分をなす穀作農業部門を，莫大な価格所得支持財政支出で支えるという構造から，その負担を国内を含む全世界の消費者・実需者に転嫁する構造へと成功裏に転換せ

しめたのだった。
　第二に，全作目部門を一括して見た場合，農産物販売額規模というビジネスサイズを基準にすると，農場総数の変化が非常に限られている中で，1,000ドル未満の極小農場と大規模農場（50万ドル以上，とりわけ100万ドル以上の各層）の両極で農場数が増加している。そして大規模農場ほどその販売額シェアが増大しており，センサス直近の2007～12年では100万ドル未満の各層は全てシェアを減じているのに対し，100万ドル以上層（2012年農場数シェア3.8％）は59％から66％へ，そのうち250万～500万ドル層（同0.7％）が11％から12％へ，そして500万ドル以上層（同0.4％）が28％から32％へ増大していた。
　その中で穀作農業（ここでは穀物類販売がある農場）は，酪農，養豚，肉用鶏に次いで，ここ20年ほどの間に農産物販売額100万ドル以上層（ただし名目価額）の販売シェアが大幅に上昇してきた，その意味での大規模農場へのシフトという構造変化が顕著な諸部門のひとつである。
　第三に，農業センサス等の公表統計は100万ドル以上層をいまだに一括でしか集計しない難点があるが，その制約の範囲内で全79,255農場の構成を見ると，販売のある品目別農場数ベース（複数にまたがることあり）で穀物類66.5％，肉牛37.5％，酪農25.7％，家禽・卵17.2％，豚11.1％，実際の販売額ベースで穀物類25.3％，肉牛19.7％，家禽・卵13.8％，酪農10.3％，豚7.7％である。平均的経営像を見ると，農産物販売額331万ドルで農場経営者所得は52万ドル，同年の全米世帯年間所得中央値のほぼ10倍を達成しているから，完全に利潤範疇を獲得している。雇用・請負労働費総額28万ドルは，農場フルタイム相当労働者使用者支払額45,081ドル，つまり常雇換算で6.9人に相当し，経営者数1.91人を大きく上回り，実際に年間150日以上従業雇用者が（同階層全農場平均で）7.1人にいるので，経営内での資本－賃労働関係も確立している。少なくとも階層全体としてはこのように明白な資本主義経営が，アメリカ農場総農産物販売額の66.4％，すなわちほぼ3分の2を占めている。
　こうした到達点をもってすれば，アメリカ農業総体としてはもはや家族経営が主流である，まして支配的であると判断する余地はない。
　しかしそれは作目部門毎構造の多様性を否定するものでは決してない。本書の主題たる穀作農業部門について見れば，以下の諸点が明らかになった。

すなわち第四として，穀物販売農場においてもまず穀物等価格暴騰が強く影響したせいもあって，2012年には農産物販売額100万ドル以上層が54,956農場・農場数シェア10.9％に増え，その穀物販売額シェアは51.8％と過半に達した。物的生産ベースでも，トウモロコシ，大豆，小麦の3大穀物等において，トウモロコシと大豆ではそれぞれ収穫面積1,000エーカー以上の農場（収穫農場数シェア5％程度）が収穫面積全体の30％内外を占めるようになっている。より粗放的な小麦の場合，同2,000エーカー以上の農場（農場数2.7％弱）だけでも収穫面積の26％を占めている。このように販売金額ベース，物的生産ベースの双方で（現れ方の程度は異なるが），大規模層の増加，そこへの生産の集中が進展している。

しかし第五に，穀作農業における経済階級100万ドル以上層の性格は，農業全体における農産物販売額100万ドル以上層の平均的な姿とは異なっている。トウモロコシ農場，大豆農場，小麦農場，いずれか一品目が過半とはなっていない一般現金穀作農場のいずれについても，2013年時点（小麦のみ2012年時点）の現金粗収益がほぼ170万〜210万ドル，純農場所得は50万〜70万ドル超にも達している。しかしこれは穀物等価格暴騰による「水膨れ」によるところが大きく，平均的な経営土地面積で見ると価格低落時である2002年における一つ下の階層，つまり経済階級50万〜100万ドル層とほぼ同規模である。また雇用労働費は6万〜8万ドルなのでフルタイム労働者換算で2人に達しない。

これらを総合すると，穀作農業における経済階級100万ドル以上層は，全米世帯所得中央値の9倍〜13倍という多額の利潤を獲得しているが，その主たる源泉は農場生産過程における雇用労働力が生み出した剰余価値ではなく，穀物等価格暴騰によって流通過程から，したがって突き詰めれば国内外・全世界の穀物等消費者・実需者から横奪された寄生的利潤ということになる。したがってこの階層平均の経済的性格は，経営者・家族労働力と同程度の雇用労働力に依存する「寄生的利潤獲得大規模家族経営」ということになる。

なお，2012年センサス等からのおおまかな推算として，穀作大規模農場の最頂点部分に，「トウモロコシ－大豆」型で200農場程度，小麦型で50農場程度，合わせて250農場程度の，穀物経営規模が前者で1万数千エーカー，後者で2万数千エーカー，2012〜13年時点の価格を前提とすれば穀物等販売額1,000万ドル以上，常雇数名以上を要する資本主義穀作メガファームが形成され，絶対数は少ないな

第３章　アメリカ農業構造の分析視角と穀作農業構造変動の現局面　181

がら着実に増えつつあると見られる。

　第六に，畑作穀倉地帯である北中部に着目すると，そこではコーンベルトの西北漸，すなわちトウモロコシと大豆生産のコーンベルト西北部・西北周縁部，あるいはその外側へ向かっての拡大が起きていた。これは一面で1970年代輸出ブーム期に淵源をもつ長期トレンドであるが，他面では2000年代以降のアグロフュエル・ブームの影響を受けて加速した現象でもあった。

　その背景要因は，技術・生産力的には周縁部・在来コーンベルトの外側でのトウモロコシおよび大豆の単収がより急速に上昇したことであり（それを可能にした品種改良，水供給増大，栽培方法の変化）（豊度のマイナス差額地代縮小），経済的にはとくに2000年代初め以降はアグロフュエル・ブームの下で産地内コーンエタノール工場が激増したことによる，原料用トウモロコシ産地市場価格の相対的上昇（位置のマイナス地代縮小）が大きい。

　しかし耕地そのものの拡大余地はほとんどない既開発地であるから，トウモロコシと大豆の大幅な作付拡大は，他の作物，具体的には雑穀類（大麦，オーツ麦，ライ麦，グレインソルガム），小麦，干草の長期的かつ大幅な作付減少と表裏一体である。このことはミクロの農場段階では，多作物の組み合わせで多年にわたる輪作体系から，トウモロコシ－大豆型の著しく単純化された土地利用＝作付方式へのシフトが，コーンベルト西北部・周縁部などでも進行したことを示唆している。

　以上をふまえて，続く第４章～第６章における穀作農業構造の現場実態に即した分析の一般的課題は，「21世紀穀物等高価格局面」，より本質的には「企業フードレジーム第２局面」の一大特質であるアグロフュエル・ブーム下で進行している上述のような構造変動の過程とそこで形成されている生産力担当層のより具体的な存在形態，およびそうした過程でいかなる軋轢・矛盾が生まれている，あるいは生まれる可能性をはらんでいるかを，明らかにするということになる。

　この課題をいま少し敷衍するなら，前述の資本の要請に照応的な農業構造への再編は，今日のアメリカ穀作農業に即して言えば，①最新の科学技術の穀物生産過程への応用・商業化（遺伝子組換え作物や精密農業が典型），②農業経営単位の一層の大規模化をつうじた生産と資本の集中およびメガファームの出現，③農業・食料関連資本，すなわちアグリフードビジネス等と農業経営との間の契約的

ないし非契約的な垂直的統合の深化によって、進行していると考えられる。こうした過程がより具体的にどのような態様をとって進行しているか、それらを通じて農業の工業化と資本による包摂がどの程度深化しているのか、そしてそうした「工業化」と「包摂」の過程や諸結果の中からいかなる矛盾がどのように生まれる構造が内包されているのかを、明らかにすることになる。

その場合に実態調査対象となる4つの州について、簡潔に特徴と位置づけをしておく。

まずアイオワ州であるが、前掲表3-19でも示されているようにコーンベルトの西北漸が進んできた中でも依然として全米最大のトウモロコシ生産州であり、その単収もほぼイリノイ州と並んでトップである。他方で前掲表3-23にあるように州内のコーンエタノール工場生産能力も全米最大であり、かつその原料トウモロコシ使用量の州内トウモロコシに対する比率（需要比率）も2014年時点で62％と最も高い。そしてこれら州内コーンエタノール工場の所有構造を見ると（前掲表2-3、79頁）、農業者・地元所有型企業の比率が公称年産能力ベースで26.6％であり、同10億ガロン以上を有する主要生産州の中ではサウスダコタ州（31.7％）についで2番目に高くなっている（同比率は全米で16.6％、ミネソタ州26.2％、イリノイ州12.2％、ネブラスカ州10.2％、インディアナ州なし）。

したがってその位置づけは、コーンベルト中核にして最優等地、州内コーンエタノール産業はその原料需要比率が高く農業者・地元型エタノール企業が相対的に多い構造、ということになる。実態調査を行なった農場は農業者・地元型エタノール企業への出資者でもある。

次にネブラスカ州であるが、少なくとも降雨量の少ない州西部はコーンベルトの西周縁部であったが、前掲表3-19でわかるようにかなり顕著にトウモロコシ生産を増やしてきた。そしてその州平均単収は中核のアイオワ、イリノイを上回っているが、その原動力は6割を超える灌漑地作付率である（前掲表3-21）。同時に大豆の生産も劇的に増加させており、土地利用＝作付方式がコーンベルト中核と同様の「トウモロコシ－大豆」型に変化してきていることを示唆している。州内のコーンエタノール産業については、やはり急速に生産能力を高めてきており、州内需要比率も44％と高い部類に属する。ただその所有構造は非地元型優位である。

したがってその位置づけは，コーンベルト北西部・北西周縁部にまたがり，集約的な灌漑を基盤に中核なみ，あるいは単収でみればそれ以上の高位生産力を発揮するにいたっており，エタノール産業による州内需要比率も高いが生産者・地元型企業ではない構造ということになる。実態調査を行なった農場には，エタノール企業への出資者とそうでない者とが含まれる。

　サウスダコタ州は，ネブラスカ州の北隣にあり，元来の自然条件としてはその東南部分を除けばトウモロコシ・大豆適地とは言えなかった。しかし前掲表3-19，表3-20にあるようにその拡大率はネブラスカ州を上回っており，特に近年のアグロフュエル・ブーム下のトウモロコシ拡大と長期的な大豆拡大は非常に顕著である。その背景には前述のように単収の絶対的上昇と優等地との格差縮小に表現される技術・生産力的キャッチアップがあるが，その差はなお残っている。州内コーンエタノール産業については，第2章で検討したように元来エタノール工場のビルダー兼運営支援サービス企業であったものが「利潤危機」を契機にネットワーク型巨大エタノール専業アグロフュエル企業にのし上がったPOETの本拠地であることも影響して，その生産能力増大速度は高く，州内需要比率は48％である（2012年には73％にも達していた）。POETの「変身」によって相当数の農業者・地元型企業がそこに吸収されたとは言え，なお農業者・地元所有型比率が主要州の中でもっとも高い。

　したがってその位置づけは，長期的にも，またアグロフュエル・ブーム下という短期的にもコーンベルト西北漸を典型的に体現しているトウモロコシ・大豆の台頭主産地であるが，中核・最優等地に対してはなお単収差がある相対的劣等地である。エタノール産業は急激に伸長して州内需要比率がもっとも高く，農業者・地元所有型の地位も依然としてもっとも高い。

　最後にノースダコタ州だが，サウスダコタ州のさらに北隣にあって，降雨量と温度条件（春〜秋の積算温度，無霜期間）からして基本的に春小麦と肉用牛繁殖用牧草生産地帯だったのであり，1990年代まではほとんどコーンベルトの埒外にあった。それがアグロフュエル・ブーム下で短期間に爆発的にトウモロコシ作付を増大させて，その北西最周縁部に入ってきた産地である。大豆についてもほぼ同様であるが，成長のための要水分量が少ない分だけトウモロコシ以上に作付が拡大している。とは言え，それは依然として州内の東部・南部に限定されており，

単収も相当に上昇させてきたが中核との差は小さくない。州内コーンエタノール産業は2012年時点（RFA資料）では5工場・公称年産能力6,100万ガロンに過ぎないが，それでも分母のトウモロコシ生産量も小さいから需要比率は43％におよぶ（2012年は54％）。

　したがってその位置づけは，新たにコーンベルトに編入されたという意味で，コーンベルトの西北漸をもっとも強く体現している州であり，同時にその中では最劣等地に属する。コーンエタノール産業の登場・拡大，したがってRFSに象徴されるアグロフュエル政策の強力な影響の下にトウモロコシ生産が拡大しており，換言すれば同政策と「運命共同体」的産地と言える。エタノール工場5つのうち農業者・地元所有型は1企業だけだが，実態調査農場にはこの企業への出資者が含まれる。

## 【註】

（1）賃金データは，USDC Census Bureau（1995），No.672（p.431）より。
（2）1997年センサスまでは，農場支出として減価償却費が集計されていないため，2002年センサスでの同階層の機械・装備評価額に対する減価償却費の比率を，1992年の機械・装備評価額にあてはめて減価償却費を試算する。それを1992年の農場単位農業販売による純現金所得（Net Cash Return from Agricultural Sales for the Farm Unit），政府支払受取額，農場関連収入の合計から差し引いて得た。
（3）全米世帯所得中間値はUSDC Census Bureau, *Current Population Survey: Median Household Income by State: 1984 to 2014*より。
（4）その際引用されている論文Harrington et al.（1986）の執筆者はERSの研究スタッフ（当時）であり，直接依拠している同論文内データもERS作成のものである。
（5）農場所得は註（2）と同じ方法で試算したもの。
（6）契約農業に論及しているERSの最新レポートであるMacDonald et al.（2011）およびHoppe et al.（2010）から要旨引用すれば，契約生産（production contract）とは，(A) 生産中の農産物所有権が契約企業（contractor）に属し，(B) 契約によって農業者が提供するサービス（労働力，畜舎等の農業用建物，装備など）と契約企業が提供する生産資材（畜産を例にすれば飼料，素畜，動物医療など），(C) 農業者が提供するサービスに対する支払（それは委託料feeのようなもの）の決め方，(D) 場合によっては生産の仕方をも，予め契約で特定するものである。これに対し契約販売は，(a) 生産物の所有権，したがってまた主要な経営上の意志決定も農業者に属し，(b) 価格あるいは価格決定方法，出荷先・量・品質について契約で特定するものである。
（7）なお長（1997）も「若干の聞き取り調査資料も交え」て分析するとしつつ，実際は

著書全体の合計でオハイオ州4農場の事例を，かつ実態調査データ全体の提示と分析という形をとらずに援用するにとどまっている。その点で中野－服部論争とも共通性がある。
(8)「農業の工業化」と深く関連しつつも峻別すべき概念としての「農業・食料セクターの工業化」，さらにその「グローバル化」については，花田仁伍（1985）が提示した「資本蓄積と農業問題」というより大きな理論枠組みをベースに，磯田（2002）において立ち入って整理・展開している。
(9)農業の生産力構造を「労働の社会的生産力」と「労働の原生的生産力」の二側面から考察した先駆的論稿である綿谷（1954）に学んでいる。
(10)ここでの展開がマルクス著・資本論翻訳委員会訳（1997）の「第四篇・相対的剰余価値の生産」に基づいていることは言うまでもない。
(11)ここでの生産過程の（したがってまた労働手段と労働対象に対する）制御にかかわる知識，熟練，その外化・客体化としての制御情報という整理にあたっては，北村（2003）の，特に「第二章 道具と機械段階における情報と制御」「第三章 オートメーション・情報ネットワーク段階における情報と制御」（pp.49-118）を参照した。
(12)こうした筆者とも共通するところの多い問題意識で，「独立自営農民」における「熟練解体」およびその基盤にある「知識」の外給的・資本制的商品化の過程と意味を，理論的かつハイブリッド・トウモロコシを題材に実証的に検討した先駆的研究として，Fitzgerald（1993）がある。同論稿は，機械化を通じた手工業的熟練解体過程，そうした熟練の核心をなす徒弟制度や長年の経験を通じて獲得された「知識」の，機械（古典的な例としては動力織機，現代的な例としては数値制御工作機械）による代替，それによる「知識」の陳腐化，そして労働そのものの変容という，工場労働現場を対象として膨大な研究蓄積がなされてきた分析枠組みは，その他全ての部門にも応用できるはずだとする。この「熟練解体」と，科学の人類学者であるBruno Latourが提唱した，全ての人工物が人間の労働と活動の「代理物」（delegation）として機能するという概念（のちに「アクターネットワーク理論」へ展開する）とを結合して，「独立自営農民」における技術革新に伴う熟練解体の過程と性格を検証している。その論旨を極めて簡潔に要約すると，ハイブリッドという育種過程は，プロジェクトの非常な大規模性と，膨大な個体数の何世代にもわたる自家受粉の精確なトレースと記録保持の必要性によって，本質的に農民を排除する。またできあがった種子は，その「生育諸環境への対応性」や「各種ストレス耐性」によってあまりにも「種類」が多すぎ，かつそれら「種類」間の相違が，在来育種法による種子と異なって外見からは判別不能であること，それに大規模資本制的育種業者＝種子メーカーの商業的打算（自家採種を止めさせて，毎年商品としての種子を購入させる）が重なって，結果的に①自分の農場・各圃場の諸条件に適した種子選択という「熟練（知識とそれにもとづく判断）」が農民から横奪（usurp）され，②自分の農場運営について「専門家」（遺伝学者や種子ディーラーなど）の助力なしには理解できなくなった，ということである。このような内容をなす「農

民における熟練解体」という分析視角を援用したその後の実証研究として，例えばインドにおける遺伝子組換えBt棉を題材にしたStone（2007），イギリスにおける家庭菜園用野菜を題材にしたGilbert（2013）などがある。

(13) コーンエタノールの実生産量については，Renewable Fuels Association（2012）による。

(14) なおこのアグロフュエル・ブーム下のアグリビジネス（「アグロフュエル資本主義」）と主要部門農業生産者の利害動向に着目したBaines（2015）は，同ブームで利益を享受している（ア）農産物（特に穀物・油糧種子）加工系（ADM典型）を中心に農業投入財系（モンサント，デュポン，ディーア典型）のアグリビジネス，それにトウモロコシ生産者が含まれる「農業・取引企業集合体」（Agro-Trade nexus）と，逆に損失を被っている（イ）屠畜食肉加工企業（Smithfield Foods，Tyson Foods，Piglim's Pride，Sanderson Farms典型）を中心に，畜産生産者が含まれる「食肉加工企業集合体」（Animal Processor nexus）とに利害集団の分化が見られたこと，前者が業界団体等をつうじて「豊富な食料とエネルギー同盟」（Alliance for Abundant Food and Energy）を，後者が同様に「燃料ではなく食料のためのトウモロコシキャンペーン」（Corn for Food not Fuel Campaign）という圧力・ロビー団体を組織して，ある種の対抗関係を生み出したことを明らかにした。これは2008年トウモロコシ価格暴騰，2012年以降の再暴騰を受けて，RFSを2007年エネルギー自立・安全保障法どおりに実施するのか，トウモロコシ価格暴騰を受けて多少とも削減するのかをめぐる農業作物団体・アグリビジネス界（アメリカでは各種穀物や畜産物の商品別「団体」「協会」が一見生産者団体に見えて，実はアグリビジネス企業が重要なメンバーになっている）の対立が先鋭化し，その「狭間」に立った環境保護庁EPAが混迷の挙げ句に2015年11月末にいたってようやく，2014～2016年のRFSについて，2007年法定水準より一定程度低い当初提案値（Bainesの分析を借りれば「食肉加工企業集合体」の利害を反映）よりは若干上げた値（「農業・取引企業集合体」の利害も反映）という，「妥協的」な水準で最終決定した点に鑑みても（第2章**表2-1**，75頁），重要な指摘である。

(15) ちなみに，その制度設計からして「黄色」と見なされるべきプログラムの支出額を試算すると（価格支持融資純支出，市場損失支払，ローン不足払い，ローン差益，油糧種子支払，綿花実需者補助の合計額），1999年度81億ドル，2000年度217億ドル，2001年度151億ドルであった。資料は**図3-4**に同じ。

(16) 債務残高のデータは，US Department of Treasury, *TreasuryDirect: The Debt to the Penny and Who Holds It*（http://www.treasurydirect.gov/govt/reports/pd/pd_debttothepenny.htm，2015年12月11日閲覧）より。

(17) なおアグロフュエル・プロジェクトはアメリカ覇権の一支柱としての農業・食料セクター，その基礎部分をなす穀物関連部門（穀作農業と多国籍穀物流通・加工・輸出アグリフードビジネス）に構造的な「ボーナス」を与えることで，それを支える負担を国内畜産関連部門（畜産農業と多国籍畜産物流通・加工・輸出アグリフード

ビジネス）にも転嫁することになり，註（14）で言及した研究による指摘やEPAのRFS決定のありようにも表れているように，両者の間で一定の利害衝突が生じた。しかしこの利害衝突も，環太平洋連携協定（TPP）の合意による日本の牛肉・豚肉およびそれらの調整品・加工品の関税大幅削減や撤廃という市場開放＝市場奪取が畜産関連部門への恒久的な「ボーナス」になることで，解消ないし緩和されるという関係に立つことになる。つまり，一種の「国策産業」たるアメリカ農業・食料セクターの支持負担を，穀物関連部門についてはアグロフュエル・プロジェクトによって，畜産関連部門についてはTPPによって，他国民や全世界に転嫁するという図式である（本書執筆時点ではなお各国議会承認・批准等は行なわれておらず，同協定発効の可否やその時期は不明であるが）。

(18) このような状況をふまえて，USDA ERSは最近「農場類型区分」（Farm Typology）の改定を行なった。そこでは「小規模農場」（Small farms）の農産物販売額区分を25万ドル未満から35万ドル未満へ，「中規模家族農場」（Midsize family farms，従前はカテゴリーなし）を35万〜100万ドル未満とし，「大規模家族農場」（Large-scale family farms）を25万ドル以上から100万ドル以上へ，そのうち「大規模農場」（Large farms）を25万〜50万ドル未満から100万〜500万ドル未満へ，「特大規模農場」（Very large farms）を50万ドル以上から500万ドル以上へ，それぞれ変更している。詳細はHoppe and MacDonald（2014）を参照。

# 第4章
# コーンベルト中核・アイオワ州における穀作農業構造の展開

## 第1節　アイオワ州における農場セクターのマクロ経済状況と穀物等生産の推移

### （1）アイオワ州における農場セクターのマクロ経済状況

　第3章第6節の末尾で要約したように，アイオワ州は伝統的にコーンベルトの中核に位置し，全米最大のトウモロコシ生産州であると同時に単収でも最高位に位置する最優等地である。そして州内コーンエタノール工場はRFS導入と前後する時期から急激に増加し，それによる州内トウモロコシ需要比率も主要州の中でサウスダコタ州に次ぐ高さだった。すなわち，アグロフュエル・ブームの影響を非常に強く受けた州であると言える。

　その農場セクターのマクロ経済状況を見ると（図4-1），政府直接支払以外の農場所得は，大きくは穀物・油糧種子の低価格に規定されて耕種作物販売額が3ヵ年連続して名目値で50億ドルを割り込んだ1999〜2001年がボトムで，同3ヵ年平均の純農場所得（政府支払除く）は5,200万ドルにまで落ち込んだ（1999年単年度では3億6,500万ドルのマイナス）。それを補うべく政府直接支払が同3ヵ年平均21.1億ドル投入されたが，それを加えても純農場所得は21.7億ドルでしかなかった。

　それが2002年以降，耕種・畜産ともに価格上昇で販売額が上昇局面に入り，とくに耕種は2006年から加速度的な増大を示し，2008年の穀物等第一次暴騰で135億ドルへ激増した。これに牽引されて，純農場所得（政府支払除く）も2002年12.7億ドルから2008年には59.5億ドルへ飛躍した（逆に政府直接支払は8億ドルに激減）。

　しかし穀物等の暴騰は2008年，2009年の飼料価格高騰を招き，とくに2009年は畜産物価格・販売額が低下したので畜産マージン（畜産物販売額−飼料支出額）を前年の61.9億ドルから46.2億ドルへ一気に圧縮した（これは名目値で2003年以来の低水準）。このため純農場所得（政府支払除く）は2009年42.5億ドルへ，さ

らに2010年には最高値ねらいの穀物等に在庫差損が出て36.2億ドルに低下した。しかしその後再び穀物等の第二次暴騰への動きに沿って純農場所得は第一次暴騰時以上に増加し，2011年97.3億ドル，2012年74.5億ドルとなった。さらに2013年は穀物等価格が低下したが，畜産物の価格・販売額が140億ドル，同マージンが89.9億ドルといずれも過去最高となったため，純農場所得も最高の91.7億ドルに達した。

以上のように，穀物等価格の暴騰は多少のタイムラグをともないつつ飼料価格の上昇を招くので，その局面で畜産物価格が並行した上昇をし得ない場合には，畜産部門（アイオワ州は肉豚・肉牛の主産地でもある）での純農場所得を圧迫して耕種部門での増加を相殺するパターンをはらみつつも，総じて2000年代前半以降，とりわけ2005年以降のコーンエタノール部門急拡大過程に沿って，トウモロコシおよびそれと価格連動性を強めた大豆の中核主産地であるアイオワ州に農業ブームをもたらしたのである。

図4-1　アイオワ州農場セクターの所得と支出（1990～2014年）

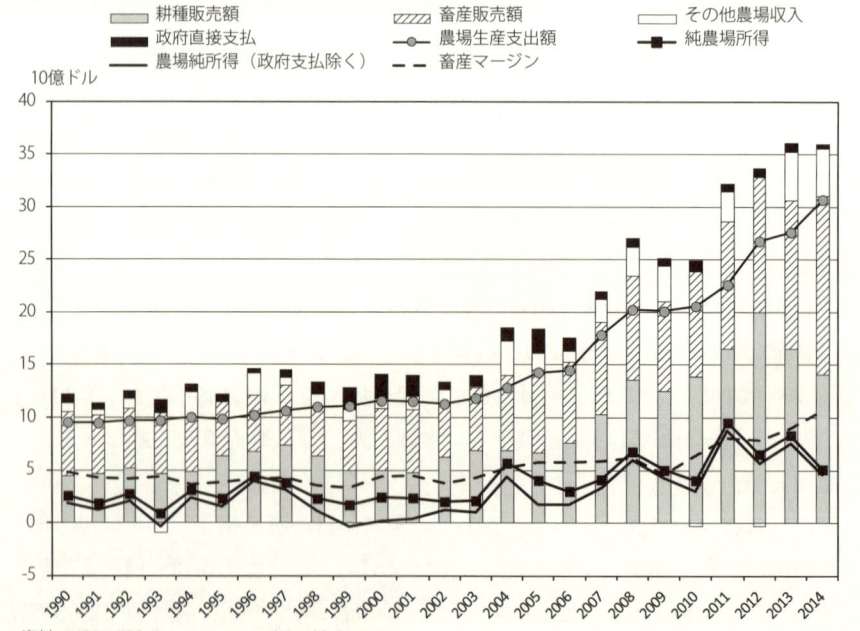

資料：USDA ERS, *Farm Income and Wealth Statistics*.
注：畜産マージン＝畜産販売額－飼料支出額。

## （2）主要作物の作付面積推移

アイオワ州は従前よりコーンベルトの中核，したがってトウモロコシと大豆の中核主産地であるが，そこでも主要作物の作付状況に変化があるのだろうか。

主要作物の作付（干草は収穫）面積の長期的推移を見ると（**図4-2**），まず1970年代輸出ブーム期にトウモロコシと大豆の双方が大きく作付面積を伸ばした。同時期にその他穀物がかなり減少し干草も緩やかに縮小したが，トウモロコシと大豆の伸びには届かないことから，文字通り「fence to fence」と言われたような保全留保地の解除や圃場周縁部の生け垣・ビオトープなども耕地化されてこれら２作物の作付に当てられたことが示唆される（永年牧草地はそもそも桁違いに少ない）。

1980年代は「農業不況」期に向けてトウモロコシは減少，大豆は横這いとなるが，その後1990年代後半にかけてはトウモロコシが微減，大豆が大きく伸長した。ここで注目されるのは，1970年（３か年平均）の1,700万エーカーから増え続け

図4-2 アイオワ州における主要穀物等の作付面積の推移（1970～2014年３ヵ年移動平均）

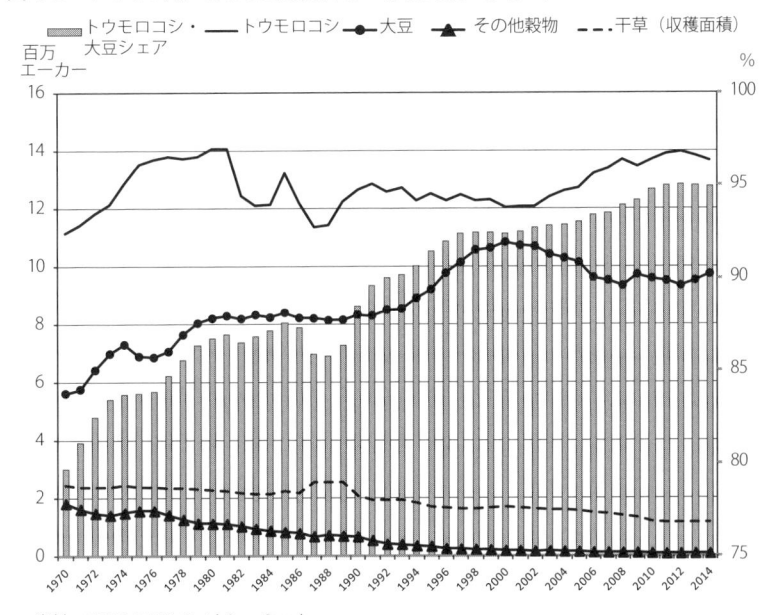

資料：USDA NASS, *Quick Stats Database*.
注：1)「その他穀物」は小麦，大麦，オーツ麦，ライ麦，グレインソルガムの合計。
　　2)「トウモロコシ・大豆シェア」は，図示した作物合計面積に対する両作物小計の比率。

て1980年代「農業不況」期に2,100万エーカー前後でやや停滞した2作物の合計作付面積が，1990年代後半の2,300万エーカー弱に向けて増えてから再び停滞した後，直近の2000年代後半に2,300万エーカーを超えたことである。1990年代後半以降は，この「大枠」の中で相対有利性を反映して，トウモロコシと大豆の作付面積が基本的に反対方向に動くようになっている。

このことと，その他穀物がほとんど消えたこと，干草も1990年代末以降下げ足を速めていることとが相まって，これら諸作物面積に占めるトウモロコシと大豆の合計作付面積が1990年代後半に92％を超え，さらに2010年代になると95％水準に達している。

同比率は既に1970年で80％に達していたから，アイオワ州の土地利用は相当程度トウモロコシと大豆に単純化されていたとはいえ，それが途中に若干の停滞期を挟みつつも長期的にさらに進行し，今日95％に達したことは，アグロフュエル・ブームがその単純化・集中化をほとんど極限近くにまでいたらしめたことを意味する。これらはミクロの農場段階では，土地利用＝作付方式がほぼ完全に「トウモロコシ－大豆」型に収斂していること，また2012年センサスで穀物類販売農場（59％）に次いで多い28％を占める肉用牛販売農場は，穀作との複合経営であっても干草生産面積を減らして外給（購入）粗飼料に依存するようになっていることを示唆している。

## 第2節　アイオワ州農業の構造変動の特徴と現局面

### （1）規模別階層変動の状況と到達点

アイオワ州農業全体について，規模別階層構成変動の状況から見よう。上述のようにアイオワ州でも2000年代になって二度の穀物等暴騰による「ブーム」が発生したから，農産物販売金額（名目）による規模指標は物的に同程度の農場群に「水膨れ」を起こしているわけだが，まずその規模区分から見ておこう。

**表4-1**によると，アイオワ州でも2007年までは1,000ドル未満の極小農場と大規模農場の二極増加が見られた。しかし2007～12年には1,000ドル未満も減少に転じるとともに25万ドル未満の全ての階層の農場が減少した。二度の穀物等価格暴騰にほぼ対応する2002～07年と2007～12年には増減分岐層が25万～50万ドル層となり（それ以上でのみ増加），かつ全米の場合（第3章**表3-3**，143頁）と比

第4章　コーンベルト中核・アイオワ州における穀作農業構造の展開

表4-1　農産物販売金額規模別農場構成の推移（アイオワ州）　　　（単位：百万ドル，%）

| | | 実数 | | | | 増減率 | | | 構成比 | | | |
|---|---|---|---|---|---|---|---|---|---|---|---|---|
| | | 1997* | 2002 | 2007 | 2012 | 97*～02 | 02～07 | 07～12 | 1997* | 2002 | 2007 | 2012 |
| 農場数 | 全規模計 | 96,705 | 90,655 | 92,856 | 88,637 | -6.3 | 2.4 | -4.5 | 100.0 | 100.0 | 100.0 | 100.0 |
| | 1千ドル未満 | 11,943 | 19,668 | 23,698 | 21,843 | 64.7 | 20.5 | -7.8 | 12.3 | 21.7 | 25.5 | 24.6 |
| | 1万ドル未満 | 28,000 | 32,075 | 35,816 | 32,993 | 14.6 | 11.7 | -7.9 | 29.0 | 35.4 | 38.6 | 37.2 |
| | 1万～2.5万 | 10,860 | 9,409 | 6,663 | 6,041 | -13.4 | -29.2 | -9.3 | 11.2 | 10.4 | 7.2 | 6.8 |
| | 2.5万～5万 | 11,797 | 10,038 | 7,514 | 5,775 | -14.9 | -25.1 | -23.1 | 12.2 | 11.1 | 8.1 | 6.5 |
| | 5万～10万 | 14,231 | 11,718 | 9,805 | 7,470 | -17.7 | -16.3 | -23.8 | 14.7 | 12.9 | 10.6 | 8.4 |
| | 10万～25万 | 19,227 | 14,920 | 14,181 | 10,036 | -22.4 | -5.0 | -29.2 | 19.9 | 16.5 | 15.3 | 11.3 |
| | 25万～50万 | 8,531 | 7,731 | 9,399 | 9,769 | -9.4 | 21.6 | 3.9 | 8.8 | 8.5 | 10.1 | 11.0 |
| | 50万～100万 | 2,976 | 3,246 | 5,265 | 9,637 | 9.1 | 62.2 | 83.0 | 3.1 | 3.6 | 5.7 | 10.9 |
| | 100万ドル以上 | 1,083 | 1,518 | 4,213 | 6,919 | 40.2 | 177.5 | 64.2 | 1.1 | 1.7 | 4.5 | 7.8 |
| | 100万～250万 | 896 | 1,244 | 3,306 | 5,218 | 38.8 | 165.8 | 57.8 | 0.9 | 1.4 | 3.6 | 5.9 |
| | 250万～500万 | 120 | 164 | 670 | 1,191 | 36.7 | 308.5 | 77.8 | 0.1 | 0.2 | 0.7 | 1.3 |
| | 500万ドル以上 | 67 | 110 | 237 | 510 | 64.2 | 115.5 | 115.2 | 0.1 | 0.1 | 0.3 | 0.6 |
| 農産物販売金額 | 全規模計 | 12,162 | 12,274 | 20,418 | 30,822 | 0.9 | 66.4 | 51.0 | 100.0 | 100.0 | 100.0 | 100.0 |
| | 1万ドル未満 | 71 | 56 | 26 | 51 | -21.3 | -53.7 | 95.1 | 0.6 | 0.5 | 0.1 | 0.2 |
| | 1万～2.5万 | 183 | 158 | 111 | 100 | -13.8 | -29.4 | -10.7 | 1.5 | 1.3 | 0.5 | 0.3 |
| | 2.5万～5万 | 432 | 366 | 277 | 211 | -15.2 | -24.3 | -23.8 | 3.6 | 3.0 | 1.4 | 0.7 |
| | 5万～10万 | 1,030 | 847 | 723 | 547 | -17.8 | -14.6 | -24.3 | 8.5 | 6.9 | 3.5 | 1.8 |
| | 10万～25万 | 3,108 | 2,418 | 2,397 | 1,667 | -22.2 | -0.9 | -30.5 | 25.6 | 19.7 | 11.7 | 5.4 |
| | 25万～50万 | 2,925 | 2,680 | 3,372 | 3,559 | -8.4 | 25.8 | 5.5 | 24.1 | 21.8 | 16.5 | 11.5 |
| | 50万～100万 | 1,985 | 2,231 | 3,662 | 7,035 | 12.4 | 64.1 | 92.1 | 16.3 | 18.2 | 17.9 | 22.8 |
| | 100万ドル以上 | 2,428 | 3,518 | 9,818 | 17,652 | 44.9 | 179.1 | 79.8 | 20.0 | 28.7 | 48.1 | 57.3 |
| | 100万～250万 | 1,279 | 1,796 | 4,924 | 8,073 | 40.4 | 174.2 | 64.0 | 10.5 | 14.6 | 24.1 | 26.2 |
| | 250万～500万 | 412 | 551 | 2,229 | 4,034 | 33.7 | 304.7 | 81.0 | 3.4 | 4.5 | 10.9 | 13.1 |
| | 500万ドル以上 | 737 | 1,172 | 2,665 | 5,545 | 59.1 | 127.4 | 108.0 | 6.1 | 9.5 | 13.1 | 18.0 |

資料：USDA NASS, *2002, 2007, and 2012 Census of Agriculture*, Vol.1 Part 15 Iowa, Table 2.
注：「1997*」は，1997年センサスから2002年センサスへの農場数推計方法の変更に関して，1997年分を2002年の方法で再推計した数値。

べても100万ドル以上層がとくに増加した。100万ドル以上の各層，すなわち100万～250万ドル層，250万～500万ドル層，500万ドル以上でも農場増加率（2007～12年でそれぞれ58%，78%，115%），農産物販売金額増加率（同じく64%，81%，108%）ともにおおむね全米のそれ（農場増加率が39%，51%，53%，農産物販売金額増加率が45%，52%，151%）を上回っており，トウモロコシ・大豆への特化度が高いことを反映している。ただし2012年の到達点としては，農場数では100万ドル以上各層のシェアが全米を上回っているものの，その農産物販売額シェアではなお低い。

さてアイオワ州は（アイオワ州を含む北中部畑作地帯は），土地利用型である穀作への専門化度合い・特化度が高いので，全米平均，あるいは土地節約型集約農業が展開している諸州に比べると，農場土地面積がビジネスサイズを示す指標としての妥当性がより高い。そこで，農場土地面積規模別について，やや立ち入って検討する。

**表 4-2　農場土地面積規模別農場数と耕種農地収穫面積の推移（アイオワ州）**

（単位：千エーカー，％，エーカー/農場）

| | | 農場数 | | | | 増減率 | | | 構成比 | | | |
|---|---|---|---|---|---|---|---|---|---|---|---|---|
| | | 1997* | 2002 | 2007 | 2012 | 97*〜02 | 02〜07 | 07〜12 | 1997* | 2002 | 2007 | 2012 |
| 農場数 | 全規模計 | 96,705 | 90,655 | 92,856 | 88,637 | -6.3 | 2.4 | -4.5 | 100.0 | 100.0 | 100.0 | 100.0 |
| | 50エーカー未満 | 19,159 | 21,089 | 25,233 | 27,372 | 10.1 | 19.7 | 8.5 | 19.8 | 23.3 | 27.2 | 30.9 |
| | 50〜99 | 10,928 | 10,664 | 11,681 | 11,594 | -2.4 | 9.5 | -0.7 | 11.3 | 11.8 | 12.6 | 13.1 |
| | 100〜179 | 15,576 | 13,586 | 13,011 | 11,194 | -12.8 | -4.2 | -14.0 | 16.1 | 15.0 | 14.0 | 12.6 |
| | 180〜259 | 10,776 | 9,127 | 8,307 | 6,830 | -15.3 | -9.0 | -17.8 | 11.1 | 10.1 | 8.9 | 7.7 |
| | 260〜499 | 18,971 | 15,592 | 14,047 | 11,824 | -17.8 | -9.9 | -15.8 | 19.6 | 17.2 | 15.1 | 13.3 |
| | 500〜999 | 15,115 | 13,063 | 11,826 | 11,581 | -13.6 | -9.5 | -2.1 | 15.6 | 14.4 | 12.7 | 13.1 |
| | 1,000〜1,999 | 5,349 | 6,213 | 5,898 | 6,589 | 16.2 | -5.1 | 11.7 | 5.5 | 6.9 | 6.4 | 7.4 |
| | 2,000エーカー以上計 | 831 | 1,321 | 1,553 | 1,653 | 59.0 | 17.6 | 6.4 | 0.9 | 1.5 | 1.7 | 1.9 |
| | 2,000〜4,999 | 795 | 1,258 | 1,477 | 1,523 | 58.2 | 17.4 | 3.1 | 0.8 | 1.4 | 1.6 | 1.7 |
| | 5,000エーカー以上 | 36 | 63 | 76 | 130 | 75.0 | 20.6 | 71.1 | 0.0 | 0.1 | 0.1 | 0.1 |
| 耕種農地収穫面積 | 全規模計 | 24,009 | 23,994 | 23,779 | 24,507 | -0.1 | -0.9 | 3.1 | 248 | 265 | 256 | 276 |
| | 50エーカー未満 | 132 | 117 | 142 | 153 | -11.3 | 21.1 | 7.5 | 0.6 | 0.5 | 0.6 | 0.6 |
| | 50〜99 | 352 | 310 | 329 | 343 | -11.9 | 6.0 | 4.3 | 1.5 | 1.3 | 1.4 | 1.4 |
| | 100〜179 | 1,226 | 1,009 | 911 | 833 | -17.6 | -9.8 | -8.5 | 5.1 | 4.2 | 3.8 | 3.4 |
| | 180〜259 | 1,484 | 1,201 | 1,052 | 912 | -19.1 | -12.4 | -13.3 | 6.2 | 5.0 | 4.4 | 3.7 |
| | 260〜499 | 5,010 | 4,068 | 3,671 | 3,214 | -18.8 | -9.8 | -12.5 | 20.9 | 17.0 | 15.4 | 13.1 |
| | 500〜999 | 8,268 | 7,307 | 6,835 | 6,841 | -11.6 | -6.5 | 0.1 | 34.4 | 30.5 | 28.7 | 27.9 |
| | 1,000〜1,999 | 5,688 | 6,902 | 6,868 | 7,714 | 21.3 | -0.5 | 12.3 | 23.7 | 28.8 | 28.9 | 31.5 |
| | 2,000エーカー以上計 | 1,849 | 3,079 | 3,994 | 4,497 | 66.5 | 29.7 | 12.6 | 7.7 | 14.1 | 16.8 | 18.4 |
| | 2,000〜4,999 | 1,645 | 2,722 | 3,525 | 3,633 | 65.4 | 29.5 | 3.1 | 6.9 | 11.3 | 14.8 | 14.8 |
| | 5,000エーカー以上 | 204 | 358 | 470 | 864 | 75.4 | 31.3 | 84.1 | 0.8 | 2.7 | 2.0 | 3.5 |

資料：USDA NASS, *2002, 2007, and 2012 Census of Agriculture*, Vol.1 Part 51 United States, Table 9.
注：1）「耕種農地収穫面積」（harvested cropland）の「全規模計」欄は，1農場平均面積である。
　　2）「1997*」は，1997年センサスから2002年センサスへの農場数推計方法の変更に関して，1997年分を2002年の方法で再推計した数値。

　第一に，零細規模と大規模の両極で農場数が増えるという傾向は，農場面積規模別でも明瞭に現れている（**表4-2**）。価格高騰による「水膨れ」的な階層移動をともなわないので，零細層（50エーカー未満）が2007年以降も増え続けていることがわかる。他方の大規模層では，増減分岐層（当該階層以上が増える）が1997〜02年の1,000〜1,999エーカー層から2002〜07年に2,000エーカー以上層に繰り上がったが，その後穀物等価格暴騰の影響をもっとも受けたと考えられる2007〜12年になると再び1,000〜1,999エーカー層も増えている。ただしその中で2,000〜4,999エーカー層よりも5,000エーカー層の方がより急速に増えるようになっており，それは2007〜12年にさらに加速している。

　耕種農地収穫面積（Harvested cropland）についても2002〜07年の2,000エーカー以上層への増減分岐層上昇，2007〜12年の再度の1,000〜1,999エーカー層の増加，5,000エーカー以上層の増加がとりわけ2007〜12年に加速していることは，同様である。

これらの結果，2012年に農場数で9.3%を占める農場土地面積1,000エーカー以上層が農場土地面積の45%，耕種農地収穫面積の50%を占めるにいたった。そのうち2,000エーカー以上層では農場数1.9%，農場土地面積16.6%，耕種農地収穫面積18.4%を，さらにそのうち2,000～4,999エーカー層が農場数1.7%，農場土地面積13.4%，耕種農地収穫面積14.8%を，最大区分の5,000エーカー以上層が農場数0.15%，農場土地面積3.2%，耕種農地収穫面積3.5%を占めるようになっている。大規模層，とくに2,000エーカー以上層に向けての規模拡大と，そこへの農地と生産の集中傾向が着実に進行している。

## （2）主要階層の構造的・経済的性格

### ①農産物販売金額規模別集計から

アイオワ州の場合，センサスで詳細統計が与えられる規模別最大区分のうち，農産物販売金額別の100万ドル以上が農場数で7.8%，農産物販売金額で57.3%を占めているのに対し，農場土地面積規模別の2,000エーカー以上が農場数で1.9%，農産物販売金額の13.7%を占めるにとどまるので，後者の面積規模別区分の方が大規模諸階層の状況をより分け入ってみることができることになる。

しかし第3章での全米分析や本章後段のARMS統計分析との比較も念頭において，まずは農産物販売金額別区分にもとづく主要階層の性格を検討しておく。

表4-3で2012年の農産物販売金額100万ドル以上層から見ると，その1農当たり農場土地面積は1,367エーカーとなっており，これは農場面積規模別区分における1,000～1,999エーカー層の1農場当たり農場土地面積1,319エーカーとほぼ同じである。二度目の価格暴騰によってこの土地規模でも100万ドル以上農場になりえたわけである。

その農産物販売金額は255万ドル，農場経営者所得は43万ドルに達している。後者は同年のアイオワ州世帯所得中央値53,442ドルを7倍余り上回っており，多額の利潤を獲得している。しかし雇用労働費に請負労働費を加えた72,507ドルは，同年の全米平均農場フルタイム相当労働者年間1人当たり雇用費41,307ドルの1.76人分にあたる（この統計には州別データがない）。また年間150日以上従業する農業雇用者数は2.00人である。

センサスをはじめとするアメリカの農業統計は経営者家族による農場従事に関

表4-3 農産物販売額規模別の一農場当たり平均構造指標と経営収支
(アイオワ州, 2012年)

(単位:エーカー, ドル)

| | | | | 全農場合計 | 農産物販売額規模別階層 | | | | |
|---|---|---|---|---|---|---|---|---|---|
| | | | | | 5万～10万ドル | 10万～25万ドル | 25万～50万ドル | 50万～100万ドル | 100万ドル以上 |
| 農場数 | | | | 88,637 | 7,470 | 10,036 | 9,769 | 9,637 | 6,919 |
| 一農場当たり | 土地保有 | 経営者数 | | 1.48 | 1.44 | 1.42 | 1.44 | 1.52 | 1.74 |
| | | 主たる経営者の換算農業従事月数 | | 7.5 | 6.9 | 7.9 | 9.0 | 10.0 | 10.1 |
| | | 主たる経営者の農業専従人数換算 | | 0.63 | 0.57 | 0.66 | 0.75 | 0.83 | 0.84 |
| | | 同上×経営者数 | | 0.93 | 0.82 | 0.93 | 1.08 | 1.27 | 1.47 |
| | | 農場土地面積 | | 345 | 176 | 301 | 525 | 870 | 1,367 |
| | | 自作地 | | 162 | 119 | 177 | 240 | 323 | 484 |
| | | 借入地 | | 183 | 58 | 124 | 285 | 547 | 883 |
| | | 耕種農地 | | 296 | 128 | 241 | 462 | 807 | 1,280 |
| | | | 収穫面積 トウモロコシ | 155 | 56 | 114 | 243 | 443 | 764 |
| | | | 大豆 | 177 | 46 | 94 | 271 | 330 | 506 |
| | | | 牧草(採草) | 41 | 37 | 49 | 44 | 48 | 58 |
| | | 永年牧草地・放牧地 | | 22 | 26 | 30 | 33 | 31 | 40 |
| | | CRP・WRP等参加面積 | | 15 | 9 | 9 | 9 | 9 | 11 |
| | 雇用等 | 人数 | 150日以上従業者 | 0.29 | 0.09 | 0.15 | 0.24 | 0.51 | 2.00 |
| | | | 150日未満従業者 | 0.24 | 0.20 | 0.25 | 0.34 | 0.44 | 0.53 |
| | | 経費 | 雇用労働費 | 7,872 | 1,647 | 2,877 | 5,223 | 13,189 | 65,265 |
| | | | 請負労働費 | 904 | 333 | 422 | 637 | 1,122 | 7,242 |
| | | | 雇用・請負労働費計 | 8,775 | 1,980 | 3,299 | 5,860 | 14,311 | 72,507 |
| | | 非賃金支払労働者数 | | 0.66 | 0.67 | 0.61 | 0.64 | 0.59 | 0.56 |
| | 経営収支 | 農産物販売額合計 | | 347,728 | 73,270 | 166,052 | 364,355 | 730,008 | 2,551,254 |
| | | 農場現金生産費合計 | | 267,517 | 70,506 | 130,334 | 269,860 | 531,185 | 1,930,734 |
| | | 地代負担総額 | | 39,648 | 8,898 | 20,932 | 54,130 | 117,217 | 222,769 |
| | | 同上借入地面積当たり | | 216 | 154 | 169 | 190 | 214 | 252 |
| | | 農場経営者所得(償却費控除後) | | 69,735 | 12,566 | 42,271 | 89,393 | 169,403 | 429,520 |
| | | うち政府支払 | | 8,826 | 4,691 | 7,272 | 1,956 | 20,098 | 27,672 |
| | | 政府支払依存率 | | 12.7 | 37.3 | 17.2 | 2.2 | 11.9 | 6.4 |
| | | 農場経営者所得(政府支払除く) | | 60,909 | 7,874 | 34,999 | 87,437 | 149,305 | 401,848 |
| | | 耕種農地エーカー当たり地代負担力 | 政府支払含む | 256 | -72 | 116 | 224 | 300 | 474 |
| | | | 政府支払除く | 226 | -109 | 86 | 220 | 275 | 453 |
| | | | 州平均現金地代 | 235 | 235 | 235 | 235 | 235 | 235 |

資料:USDA NASS, *2012 Census of Agriculture*, Vol.1 Part 15 Iowa, Table 65, do., *Quick Stats Database*.

注:1)「CRP・WRP等」は Conservation Reserve Program, Wetland Reserve Program, Farmable Wetland Program, Conservation Reserve Enhancement Program。

2)「主たる経営者の換算農業従事月数」とは,農外就業日数が「なし」の場合の農業従事月数を12ヶ月,「49日以下」を11ヶ月,「50～99日」を8ヶ月,「100～199日」を6ヶ月,「200日以上」を2ヶ月とみなして,換算したもの。「主たる経営者の農業専従者人数換算」とは,それを12ヶ月農業専従者1名とみなして,人数換算したもの。

3)「農場経営者所得(償却費控除後)」=「現金農場経営者所得(Net cash farm income of the operator。農場経営者に所有権がある農産物販売額+所有権のない契約生産受託料)+政府支払額+その他農場関連収入-農場現金生産費支出」-減価償却費,である。

4)「耕種農地地代負担力」は,耕種農地1エーカー当たりについて,農場経営者所得(償却費控除後)+地代負担総額-主たる経営者労賃評価(換算農業従事月数×4,454 ドル)として試算したもの。なお4,454ドルの根拠としては,USDC Census Bureau の *Current Population Survey* によるアイオワ州世帯年間所得中央値(2012年)53,442ドルを12で除した1ヶ月当たり平均値を用いた。

5)USDC Bureau of Economic Analysis, *National Income and Product Accounts Tables, Section 6: Table 6.2D. and 6.5D*によれば,農場フルタイム相当労働者年間1人当たり使用者側支払額は,2012年41,307ドルである(労働者直接受取額 36,015ドル)。

第4章　コーンベルト中核・アイオワ州における穀作農業構造の展開　197

する情報を与えないため（2012年センサスがはじめて「非賃金支払労働者数」を調査・集計したが，それが家族かどうかは不明だし，また人数だけで就業日数等も不明である）（ただし反対に，アメリカ「家族」経営において親子等が同一経営に従事する場合でも経営主宰者がそうでない方に労賃を支払うことがむしろ一般的なので，「雇用労働費」の対象が家族以外であるとも限らない），経営的な意思決定に限定せず「農作業や販売作業への従事者」もカウントする「経営者数」を一応家族・親族農業従事者と見なすことにする（統計定義上は「第１経営者」と「第２」以降の経営者が家族・親族関係にあるとも限らない）。すると１農場に複数存在する経営者（100万ドル以上層の場合1.74人）の年間12ヶ月農業従事人数換算値は1.47人である。これを前提にすると雇用・請負労働への依存度は，家族労働力を多少上回る程度ということなる。

　以上から判断すると，アイオワ州農業全体における100万ドル以上層を平均的にみると，労働力的には雇用依存度が若干高いが，それら雇用労働力が農業生産過程で生み出した剰余価値に源泉をもつとは到底考えられない多額の利潤を享受する，「寄生的利潤獲得大規模家族経営」と性格づけることができよう。

　この100万ドル以上層に資本－賃労働関係からみても明らかな資本主義経営が存在することは勿論だが，この階層全体としてのアイオワ州の農産物販売金額に占めるシェアは57.3％だった（前掲表4-1）。したがって同州農業全体としては，資本主義経営が優勢とは言えない。

　他の階層を見ると，50万～100万ドル層の農場経営者所得17万ドルも州世帯所得中央値の３倍を上回っており，相当額の利潤を獲得している。しかし労働力的には雇用・請負労働費のフルタイム相当労働者換算（0.35人）からしても，150日以上従業雇用労働者数（0.51人）からしても，雇用労働力への依存は補助的にとどまる。以上からこの階層は，「寄生的利潤獲得家族経営」といえる。

　農場経営者所得が州世帯所得中央値を上回るのは25万～50万ドル層からだが，その倍率は1.7倍弱である。また雇用依存度はさらに低い。なお経営者の農業専従人数換算値が1.08人になっており，これを家族農業従事者数と判断するとすれば，専従者１人にごくわずかな補助従事者がいるということになる。それも踏まえるならこの階層は「農業専業的ワンマンファーム」ということになろう。

　10万～25万ドル層はこの時点でも農場経営者所得が州世帯所得中央値に及ば

ない。その平均額からして，この階層の上位部分に農業専業下限規模が存在すると考えられる。経営者の農場専従人数換算値は0.93人と1人を割っている。これらからこの階層は「農業専業下限以下的ワンマンファーム」と言えるだろう。

表で試算した「耕種農地エーカー当たり地代負担力」は，いくつかの限界を含む試算値である。すなわち各種営農類型が混在しているし（とは言え表出各階層のうち穀物販売農場の比率が，100万ドル以上層が88％のほかは全て90～97％），主たる経営者の労賃評価は表注に示したような推算を行なった上での「地代負担力」試算値であり，さらに経営全体の「地代負担力」を経営内の耕種農地面積当たりで算出したものである。それを踏まえた上でこの耕種農地エーカー当たり地代負担力試算値を，州平均耕種農地現金地代と比較すると，10万ドル以下層ではマイナスであって全く問題にならない。それでも現実に借入地があるが，それは採草地・放牧地などが含まれていて地代が低いか，あるいは経営者の労賃評価を低めて（削って）高い地代を支払っているかということになる。

25万～50万ドル層になると地代負担力が州平均地代とほぼ同水準となっている。実際に自作地以上に借入地を保有しているし，この価格暴騰・農業ブームという条件下では（供給さえあれば）借地規模拡大も不可能ではないだろう。50万ドル以上の両階層では地代負担力が州平均地代を大きく上回っており，農地集積の経済力という観点からすれば，借地規模拡大のポテンシャルを大いに有していることになる。

なおこれらをまだ価格低落時だった2002年センサスデータと比較すると（表出略），顕著な違いは2002年全規模平均の農場経営所得（17,869ドル）のうち政府支払依存率が33.3％にのぼっていたことである（大規模層になるほど絶対額は大きいが，依存率は低くなっていた）。ここでの100万ドル以上層は農場数が1,518と2012年の4分の1程度しかなく，しかしその農産物販売金額はほぼ同じ234万ドル，農場経営者所得は4割近く少ない26万ドルながら，多額の利潤を獲得していた。決定的に異なるのは年間150日以上従業雇用者4.71人を有し，雇用・請負労働費も124,641ドルに達して同年の農場フルタイム相当労働者換算（年間支払額27,842ドル）で4.48人分にあたることである。つまりこの時点での100万ドル以上層（全農場数の1.7％）は平均的に見ても，利潤範疇だけでなく資本－賃労働関係もはっきり成立している資本主義経営だったということである（雇用労働力

への高い依存度という点で，50万〜100万ドル層—雇用・請負労働費27,134ドル—とは画段階的だった）。しかしこのような資本主義的性格が明瞭な階層の農産物販売金額シェアは，28.7％にとどまっていた。

また州平均地代は120ドルと2012年のおよそ半分でしかなかったが（逆に2012年が地代高騰），それでも5万〜10万ドル層は地代負担力がマイナス，10万〜25万ドル層で政府支払込みで52ドル，25万〜50万ドル層で同100ドル，さらに50万〜100万ドルでも同108ドルであったから，100万ドル以上層以外は実勢地代に届かなかったということになる。これは換言すると，穀物等価格暴騰が，2012年時点でのおおむね25万〜50万ドル層（その耕種農地面積462エーカーは2002年10万〜25万ドル層の508エーカーより若干小さい程度）にまで借地規模拡大可能階層を広げたことを意味する。

②農場土地面積規模別集計から

アイオワ州に関して，農産物販売金額別集計の最大区分100万ドル以上よりも，農場土地面積規模別集計の最大区分2,000エーカー以上の方が少数なので，穀作など土地利用型農業については後者の集計が大規模層の状況をある程度立ち入って見ることができるはずである。

表4-4によると，最大区分の2,000エーカー以上層の農場数は1,653なので，農産物販売金額規模の100万ドル以上層よりかなり少ない。その分1,999エーカー以下の各層農場数が100万ドル未満各層よりも多くなっており，かつそれらの平均農産物販売額が大きくなっているので，土地節約型・資本集約型諸部門の農産物販売金額でみた大規模経営が土地面積規模でのより小さな区分階層に散らばったと考えられる。

その2,000エーカー以上層の構造・経済的特徴を見ると，1農場当たりで農場土地面積3,080エーカー，うち耕種農地2,788エーカーに対して，収穫面積がトウモロコシ1,635エーカーと大豆1,015エーカー（2作物合計で2,650エーカー）であるから，平均的にはほとんど「トウモロコシ－大豆」型農場と言える（以下の各階層もおおむね同様）。しかし第二次価格暴騰のために，この程度の規模でありながら農産物販売額は258万ドル，農場経営者所得は州世帯所得中央値の10倍強，したがって後者の9倍以上という巨額の利潤を手にしている。しかしこの場合で

表 4-4　農場土地面積規模別の一農場当たり平均構造指標と経営収支
　　　　（アイオワ州，2012 年）

（単位：エーカー，ドル，%）

| | | | | 全農場合計 | 農産物販売額規模別階層 | | | | |
|---|---|---|---|---|---|---|---|---|---|
| | | | | | 180～259エーカー | 260～499 | 500～999 | 1,000～1,999 | 2,000エーカー以上 |
| 農場数 | | | | 88,637 | 6,830 | 11,824 | 11,581 | 6,589 | 1,653 |
| 一農場当たり | | 経営者数 | | 1.48 | 1.45 | 1.44 | 1.50 | 1.61 | 1.89 |
| | | 主たる経営者の換算農業従事月数 | | 7.5 | 7.5 | 8.5 | 9.7 | 10.4 | 10.3 |
| | | 主たる経営者の農業専従人数換算 | | 0.63 | 0.63 | 0.70 | 0.81 | 0.86 | 0.86 |
| | | 同上×経営者数 | | 0.93 | 0.91 | 1.01 | 1.21 | 1.39 | 1.62 |
| | 土地保有と利用 | 農場土地面積 | | 345 | 216 | 365 | 701 | 1,319 | 3,080 |
| | | 自作地 | | 162 | 149 | 206 | 308 | 485 | 1,122 |
| | | 借入地 | | 183 | 67 | 158 | 394 | 834 | 1,958 |
| | | 耕種農地 | | 296 | 161 | 300 | 616 | 1,202 | 2,788 |
| | | | 収穫面積 トウモロコシ | 155 | 68 | 147 | 328 | 664 | 1,635 |
| | | | 大豆 | 177 | 63 | 115 | 239 | 471 | 1,015 |
| | | | 牧草（採草） | 41 | 39 | 43 | 52 | 76 | 153 |
| | | 永年牧草地・放牧地 | | 22 | 21 | 26 | 39 | 60 | 158 |
| | | CRP・WRP 等参加面積 | | 15 | 22 | 21 | 17 | 18 | 34 |
| | 雇用等 | 人数 | 150 日以上従業者 | 0.29 | 0.22 | 0.24 | 0.41 | 0.79 | 1.87 |
| | | | 150 日未満従業者 | 0.24 | 0.56 | 0.71 | 0.95 | 1.23 | 1.63 |
| | | 経費 | 雇用労働費 | 7,872 | 5,552 | 5,474 | 11,158 | 24,075 | 61,657 |
| | | | 請負労働費 | 904 | 552 | 713 | 980 | 2,426 | 8,391 |
| | | | 雇用・請負労働費計 | 8,775 | 6,104 | 6,186 | 12,138 | 26,502 | 70,048 |
| | 非賃金支払労働者数 | | | 0.66 | 0.66 | 0.61 | 0.61 | 0.68 | 0.61 |
| | 経営収支 | 農産物販売額合計 | | 347,728 | 209,661 | 364,605 | 675,325 | 1,201,637 | 2,576,894 |
| | | 農場現金生産費合計 | | 267,517 | 168,367 | 274,140 | 494,150 | 900,307 | 1,964,883 |
| | | 地代負担総額 | | 39,648 | 14,904 | 32,698 | 81,602 | 186,590 | 447,791 |
| | | 同上借入地面積当たり | | 216 | 221 | 206 | 207 | 224 | 229 |
| | | 農場経営者所得（償却費控除後） | | 69,735 | 36,918 | 75,246 | 147,502 | 255,611 | 556,086 |
| | | うち政府支払 | | 8,826 | 7,273 | 10,569 | 16,984 | 28,368 | 48,473 |
| | | 政府支払依存率 | | 12.7 | 19.7 | 14.0 | 11.5 | 11.1 | 8.7 |
| | | 農場経営者所得（政府支払除く） | | 60,909 | 29,645 | 64,678 | 130,517 | 227,243 | 507,613 |
| | | 販売額に対する政府支払比率 | | 2.5 | 3.5 | 2.9 | 2.5 | 2.4 | 1.9 |
| | 耕種農地エーカー当たり地代負担力 | 政府支払含む | | 256 | 114 | 234 | 302 | 330 | 344 |
| | | 政府支払除く | | 226 | 69 | 199 | 275 | 306 | 326 |
| | | 州平均地代 | | 235 | 235 | 235 | 235 | 235 | 235 |

資料と注：表 4-3 に同じ。

　も年間150日以上従業雇用者数1.87人，雇用・請負労働費70,048ドルは農場フルタイム相当労働者換算1.70人分にとどまるから，やはり経営者・家族労働力と同等かそれを若干上回る雇用労働力に依存する，「寄生的利潤獲得大規模家族経営」と言うしかない。

　500～1,999エーカーの2階層は，それぞれ州世帯所得中央値を大幅に上回る農場経営者所得を実現しているが，雇用労働力への依存度は非常に低いので，「寄生的利潤獲得家族経営」ということになる。

　260～499エーカー層が，農場経営者所得が州世帯所得中央値を多少上回る程度であり，経営者・家族労働者が専従者換算で1.01人なので，「専業下限ワンマンファーム」と言える。

上述のように州平均の実勢地代はエーカー当たり235ドルへと高騰しているが，これに対して260〜499エーカー層（平均耕種農地面積300エーカー）以上の地代負担力がほとんどクリアしている。

これらを2002年時点と比べると（表出略），2,000エーカー以上層の農場数が1,321，1,000〜1,999エーカー層が6,213であるから，10年間というインターバルを考えると比較的ゆっくりとした規模拡大と大規模層の増加が進んだと言える。

2002年の2,000エーカー以上層の特徴を見ると，農場土地面積2,802エーカー，うち耕種農地2,485エーカーでトウモロコシ1,174エーカーと大豆1,090エーカー（合計2,264エーカー）を収穫しているのでやはり「トウモロコシ−大豆」型農場と言ってよいが，牧草収穫面積が2012年より若干多い184エーカーとなっている（先にマクロ的に見た干草収穫面積減少の若干の加速による土地利用方式単純化のいっそうの進行が，ミクロ的にも観察できる）。

しかしなお穀物等価格低落期にあったこの時点では，多少農場面積規模が小さいとはいえ農産物販売額はわずか38％の97.5万ドル，農場経営者所得も44％の19.5万ドルでしかなかった。それでも同年の州世帯所得中央値41,409ドルに対しては4.7倍であるから，利潤範疇は成立していた。また年間150日以上雇用者数も2.14人，雇用・請負労働費56,681ドルの農場フルタイム相当労働者（同年27,824ドル）換算も2.04人だったから，明らかに経営者・家族労働力以上の雇用労働力に依存していた。その意味では，これら面積トップ1,321農場は，「資本主義的性格を帯びた大規模家族経営」であった。

それ未満の諸階層では，500〜999エーカー（土地面積695エーカー，耕種農地586エーカー）でも，農場専従人数換算経営者数1.16人とワンマンファームの範囲を超えていると思われるにもかかわらず州世帯所得中央値に届かず，「専業下限的家族経営」にとどまっていた。

地代負担力と実勢地代の関係を見ると，わずかに2,000エーカー以上層の地代負担力（政府支払含む）119ドルだけが，州平均現金地代120ドルをほぼクリアしていただけである。つまり価格低落期には専業下限規模達成なり利潤的所得確保のためには余計規模拡大要求が強いはずにもかかわらず，現実にはすでに資本主義的性格を帯びるようになった最大規模層以外では，そのための経済の農地集積力が不足していたのである。

## 第3節　アイオワ州における穀作農業の構造変動と現局面

### （1）穀作農場の規模別構成の変化

　最初に農産物販売額規模別にみた穀物販売農場数とその穀物販売額の構成変化を見ると（**表4-5**），全米の場合と比べて（第3章**表3-8**，152頁）第一次穀物等暴騰を迎える2002〜07年の穀物販売農場数減少率が高く，また第二次穀物等暴騰へ向かう2007〜12年にも穀物販売農場数が減少し続けている。他方でこれらの時期に25万〜50万ドル層が増加に転じたこと，50万ドル以上の2階層の増加率が大きかったことは共通している。しかし100万ドル以上層による穀物販売額シェアは2007年で25.0％，2012年で39.5％と，全米の場合（それぞれ32.0％と51.8％）より低い。その分だけ2012年時点で50万〜100万ドル層のシェアが高いのである。

　次に農場土地面積規模別にみた穀物販売農場数とその穀物販売額の構成変化を見ると（**表4-6**），農場数で穀物価格が（したがって穀物販売額が）多少上向きとなった1992〜97年と下向きになった1997〜2002年では，増減分岐層は同じく1,000〜1,999エーカー層だったが，同階層の増加率は若干だが低下し，それ以下の各層の減少率は軒並み高まった。そして2,000エーカー層の増加率は高かったものがさらに高まった。この限りでは価格低落時には大規模層の増加が一方的に，かつより速く進行すると言える。

　それが第一次価格暴騰期の2002〜07年になると99エーカー以下の零細層（とりわけ50エーカー未満層）と2,000エーカー以上層だけが増えるある種の二極分解になった。穀物販売額シェアでも同じ事が言える。第二次暴騰期の2007〜12年になると零細層の増加率は大幅に低下するがそれでもプラスであり，上層では1,000〜1,999エーカー層も再び増加に転じている。

　これらの結果，2012年時点の上層の比重は，1,000〜1,999エーカーが農場数で12.3％，穀物販売額で32.1％，2,000エーカー以上層がそれぞれ3.1％と18.4％となった。これは全米の場合の1,000〜1,999エーカー層が農場数12.0％，穀物販売額25.5％，2,000エーカー以上層がそれぞれ10.1％と42.8％であるのと比べると，農場土地面積規模ベースで見た大規模層のシェアがかなり低い。このことは上述・

第4章 コーンベルト中核・アイオワ州における穀作農業構造の展開

表4-5 農産物販売額規模別にみた穀物販売農場数と穀物販売額の構成推移（アイオワ州）
(単位：農場，％，百万ドル)

| | | 実　　　数 | | | | | 実　数　増　減　率 | | | |
|---|---|---|---|---|---|---|---|---|---|---|
| | | 1992 | 1997 | 2002 | 2007 | 2012 | 92～97 | 97～02 | 02～07 | 07～12 |
| 農場数構成比 | 全規模計 | 71,187 | 64,058 | 55,294 | 53,417 | 52,509 | -10.0 | -13.7 | -3.4 | -1.7 |
| | 1万ドル未満 | 9.3 | 8.3 | 8.3 | 7.9 | 6.8 | -19.4 | -14.1 | -8.4 | -15.4 |
| | 1万～2.5万 | 13.4 | 11.4 | 11.4 | 6.8 | 6.3 | -23.6 | -13.4 | -42.1 | -9.8 |
| | 2.5万～5万 | 17.0 | 15.5 | 15.5 | 11.2 | 8.6 | -18.4 | -13.6 | -29.9 | -25.1 |
| | 5万～10万 | 21.3 | 19.5 | 19.3 | 16.7 | 12.8 | -17.4 | -15.0 | -16.3 | -24.3 |
| | 10万～25万 | 27.7 | 27.8 | 25.1 | 24.9 | 18.3 | -9.7 | -21.9 | -4.2 | -27.8 |
| | 25万～50万 | 8.6 | 12.3 | 13.1 | 16.7 | 18.0 | 29.2 | -7.9 | 23.2 | 5.8 |
| | 50万～100万 | 2.2 | 3.9 | 5.3 | 9.1 | 17.7 | 64.3 | 15.1 | 67.8 | 91.0 |
| | 100万ドル以上 | 0.6 | 1.3 | 2.1 | 6.6 | 11.6 | 98.6 | 40.4 | 207.1 | 71.3 |
| | （100万ドル以上実数） | (414) | (822) | (1,154) | (3,544) | (6,070) | | | | |
| 穀物販売額構成比 | 全規模計 | 4,490 | 6,011 | 5,859 | 10,123 | 17,147 | 33.9 | -2.5 | 72.8 | 69.4 |
| | 1万ドル未満 | 0.6 | 0.3 | 0.3 | 0.2 | 0.1 | -20.9 | -9.8 | 6.1 | -19.4 |
| | 1万～2.5万 | 2.7 | 1.6 | 1.5 | 0.5 | 0.3 | -21.8 | -10.0 | -41.6 | -8.0 |
| | 2.5万～5万 | 7.3 | 4.8 | 4.3 | 1.8 | 0.8 | -11.2 | -13.3 | -26.1 | -25.7 |
| | 5万～10万 | 16.5 | 11.7 | 10.5 | 5.5 | 2.5 | -5.1 | -12.8 | -9.7 | -23.9 |
| | 10万～25万 | 40.2 | 34.3 | 29.0 | 18.5 | 8.1 | 14.3 | -17.7 | 10.1 | -26.1 |
| | 25万～50万 | 22.8 | 28.5 | 29.1 | 25.2 | 17.0 | 67.6 | -0.5 | 49.5 | 14.4 |
| | 50万～100万 | 7.8 | 13.2 | 16.8 | 23.3 | 31.8 | 125.4 | 23.9 | 140.1 | 131.4 |
| | 100万ドル以上 | 2.0 | 5.5 | 8.6 | 25.0 | 39.5 | 259.9 | 52.8 | 405.3 | 167.1 |

資料：USDA NASS, *1992, 1997, 2002, 2007, and 2012 Census of Agriculture*, Vol. 1 Part 15 Iowa, Table 50 (1992 and 1997), Table 56 (2002), and Table 59 (2007).
注：1）「穀物」の2002年，2007年，2012年は「穀物，油糧種子，乾燥豆および乾燥エンドウ」。
　　2）「構成比」の「全規模計」は，それぞれ農場総数，穀物販売総額である。

表4-6 農場土地面積規模別にみた穀物販売農場数と穀物販売額の推移（アイオワ州）
(単位：農場，％，百万ドル)

| | | 構　　成　　比 | | | | | 実　数　増　減　率 | | | |
|---|---|---|---|---|---|---|---|---|---|---|
| | | 1992 | 1997 | 2002 | 2007 | 2012 | 92～97 | 97～02 | 02～07 | 07～12 |
| 農場数構成比 | 全規模計 | 71,187 | 64,058 | 55,294 | 53,417 | 52,509 | -10.0 | -13.7 | -3.4 | -1.7 |
| | 50エーカー未満 | 6.0 | 6.5 | 5.8 | 9.9 | 10.1 | -3.3 | -22.2 | 63.1 | 0.3 |
| | 50～99 | 8.1 | 7.8 | 7.8 | 8.9 | 10.0 | -13.0 | -14.3 | 10.9 | 9.8 |
| | 100～179 | 16.5 | 15.7 | 14.8 | 14.1 | 8.1 | -14.5 | -18.8 | -8.0 | -43.2 |
| | 180～259 | 13.5 | 12.7 | 11.9 | 10.7 | 9.8 | -14.9 | -19.3 | -13.0 | -9.9 |
| | 260～499 | 28.1 | 25.9 | 24.1 | 21.9 | 19.8 | -17.1 | -19.9 | -11.9 | -11.4 |
| | 500～999 | 21.2 | 22.3 | 22.3 | 20.9 | 21.1 | -5.6 | -13.5 | -9.8 | -0.3 |
| | 1,000～1,999 | 5.8 | 7.9 | 11.0 | 10.8 | 12.3 | 21.8 | 20.8 | -5.0 | 12.1 |
| | 2,000エーカー以上 | 0.7 | 1.2 | 2.3 | 2.8 | 3.1 | 57.7 | 70.3 | 17.5 | 6.3 |
| | （2,000エーカー以上実数） | (482) | (760) | (1,294) | (1,520) | (1,615) | | | | |
| 穀物販売額構成比 | 全規模計 | 4,490 | 6,011 | 5,859 | 10,123 | 17,147 | 33.9 | -2.5 | 72.8 | 69.4 |
| | 50エーカー未満 | 0.4 | 0.3 | 0.3 | 0.5 | 0.4 | 17.6 | -23.1 | 216.6 | 27.5 |
| | 50～99 | 1.4 | 1.2 | 1.0 | 1.2 | 1.1 | 12.6 | -18.9 | 107.1 | 58.8 |
| | 100～179 | 5.3 | 4.5 | 3.6 | 3.5 | 3.0 | 14.3 | -22.1 | 67.5 | 43.9 |
| | 180～259 | 6.4 | 5.5 | 4.4 | 4.0 | 3.4 | 14.1 | -22.3 | 57.2 | 46.4 |
| | 260～499 | 24.0 | 20.1 | 15.8 | 14.7 | 13.1 | 12.2 | -23.4 | 60.5 | 50.6 |
| | 500～999 | 37.2 | 35.4 | 30.4 | 28.6 | 28.6 | 27.3 | -16.3 | 62.4 | 69.7 |
| | 1,000～1,999 | 20.4 | 24.9 | 30.1 | 29.5 | 32.1 | 63.3 | 17.8 | 69.4 | 84.0 |
| | 2,000エーカー以上 | 4.9 | 8.1 | 14.5 | 18.1 | 18.4 | 121.6 | 74.3 | 116.5 | 72.1 |

資料と注：表4-5に同じ。

　農産物販売金額規模別でも大規模層のシェアが多少低かったことからアイオワ州の穀作農業のビジネスサイズとしての大規模化が多少遅れていることもあるが，同時に「トウモロコシ－大豆」型に単純化したより集約的な作物で，それらの最

表 4-7　トウモロコシの収穫面積規模別農場数と収穫面積構成の推移（アイオワ州）

(単位：千エーカー，%)

| | | 実　　数 | | | | 構　　成　　比 | | | |
|---|---|---|---|---|---|---|---|---|---|
| | | 1997* | 2002 | 2007 | 2012 | 1997* | 2002 | 2007 | 2012 |
| 農場数 | 全規模計 | 63,434 | 52,806 | 50,095 | 47,477 | 100.0 | 100.0 | 100.0 | 100.0 |
| | 100エーカー未満 | 26,420 | 20,391 | 18,126 | 17,364 | 41.65 | 38.61 | 36.18 | 36.57 |
| | 100〜250エーカー | 20,890 | 16,414 | 13,962 | 12,359 | 32.93 | 31.08 | 27.87 | 26.03 |
| | 250〜500エーカー | 11,454 | 10,115 | 10,149 | 9,524 | 18.06 | 19.16 | 20.26 | 20.06 |
| | 500〜1,000エーカー | 4,054 | 4,855 | 5,779 | 6,097 | 6.39 | 9.19 | 11.54 | 12.84 |
| | 1,000〜2,000エーカー | 562 | 917 | 1,739 | 1,737 | 0.89 | 1.74 | 3.47 | 3.66 |
| | 2,000〜3,000エーカー | 37 | 89 | 198 | 252 | 0.06 | 0.17 | 0.40 | 0.53 |
| | 3,000〜5,000エーカー | 15 | 22 | 119 | 103 | 0.02 | 0.04 | 0.24 | 0.22 |
| | 5,000エーカー以上 | 2 | 3 | 23 | 41 | 0.00 | 0.01 | 0.05 | 0.09 |
| 収穫面積 | 全規模計 | 11,931 | 11,761 | 13,842 | 13,709 | 100.0 | 100.0 | 100.0 | 100.0 |
| | 100エーカー未満 | 1,242 | 979 | 840 | 779 | 10.41 | 8.32 | 6.07 | 5.68 |
| | 100〜250エーカー | 3,344 | 2,646 | 2,268 | 2,024 | 28.02 | 22.50 | 16.38 | 14.76 |
| | 250〜500エーカー | 3,895 | 3,498 | 3,532 | 3,355 | 32.65 | 29.74 | 25.52 | 24.47 |
| | 500〜1,000エーカー | 2,596 | 3,195 | 3,910 | 4,081 | 21.76 | 27.17 | 28.25 | 29.77 |
| | 1,000〜2,000エーカー | 700 | 1,132 | 2,238 | 2,236 | 5.87 | 9.62 | 16.17 | 16.31 |
| | 2,000〜3,000エーカー | 86 | 204 | 467 | 576 | 0.72 | 1.73 | 3.37 | 4.20 |
| | 3,000〜5,000エーカー | (67) | 83 | 438 | 369 | (0.56) | 0.70 | 3.16 | 2.69 |
| | 5,000エーカー以上 | d | 25 | 150 | 289 | d | 0.21 | 1.08 | 2.11 |

資料：USDA NASS, *2002, 2007, and 2012 Census of Agriculture*, Vol. 1 Part15 Iowa, Table 34 (2002), Table 42 (2007), and Table 37 (2012)

注：1）年次の「1997*」は2002年センサス方式による1997年についての新集計値。
　　2）1997*年はトウモロコシ，大豆ともに収穫面積5,000エーカー以上の農場数が2以下のため，3,000〜5,000エーカー，5,000エーカー以上農場の収穫面積が秘匿されている。そのため同年次については3,000〜5,000エーカーに関わる欄は3,000エーカー以上農場の合計値を（　）内に示した。

優等地に属する，つまり面積当たり収益性が高いことの反面でもある。

最後にトウモロコシと大豆の収穫面積規模別構成の変化と到達点を検討する（**表4-7，表4-8**）。

4つのセンサス年次間で収穫面積合計の推移から見ると，1997〜2002年は価格低迷低落期にあって両作物とも収穫面積はほとんど変わらなかった（トウモロコシ1.4%減，大豆1.6%増）。しかし収穫農場数はトウモロコシで17%，大豆で16%減少した。この下で両作物とも収穫面積規模500〜1,000エーカー層が増減分岐層となり，これ以上の諸階層で農場数・収穫面積が増加，これ未満の諸階層では減少とはっきり二極分化した。

そして増加した上位規模層の中でトウモロコシでは500〜1,000エーカー層が農場数で20%増，収穫面積で23%増であったのに対し，1,000〜2,000エーカー層が農場数63%増，収穫面積62%増，2,000〜3,000エーカー層が農場数141%増，収穫面積136%増，3,000エーカー以上層（5,000エーカー以上層が農場数2のため収穫面積秘匿）67%増，収穫面積60%増だった。つまり500エーカー以上の各層の中で，2,000〜3,000エーカー層まで大規模層ほど農場数・収穫面積ともにより

第4章 コーンベルト中核・アイオワ州における穀作農業構造の展開　205

表4-8　大豆の収穫面積規模別農場数と収穫面積構成の推移（アイオワ州）
(単位：千エーカー，%)

| | | 実　　　数 | | | | 構　　成　　比 | | | |
|---|---|---|---|---|---|---|---|---|---|
| | | 1997* | 2002 | 2007 | 2012 | 1997* | 2002 | 2007 | 2012 |
| 農場数 | 全規模計 | 57,883 | 48,752 | 41,524 | 41,710 | 100.0 | 100.0 | 100.0 | 100.0 |
| | 100エーカー未満 | 25,665 | 19,280 | 16,987 | 16,771 | 44.34 | 39.55 | 40.91 | 40.21 |
| | 100〜250エーカー | 18,663 | 15,183 | 12,670 | 11,994 | 32.24 | 31.14 | 30.51 | 28.76 |
| | 250〜500エーカー | 9,888 | 9,371 | 7,962 | 8,256 | 17.08 | 19.22 | 19.17 | 19.79 |
| | 500〜1,000エーカー | 3,218 | 4,140 | 3,260 | 3,874 | 5.56 | 8.49 | 7.85 | 9.29 |
| | 1,000〜2,000エーカー | 409 | 700 | 587 | 697 | 0.71 | 1.44 | 1.41 | 1.67 |
| | 2,000〜3,000エーカー | 28 | 64 | 46 | 89 | 0.05 | 0.13 | 0.11 | 0.21 |
| | 3,000〜5,000エーカー | 10 | 10 | 8 | 22 | 0.02 | 0.02 | 0.02 | 0.05 |
| | 5,000エーカー以上 | 2 | 4 | 4 | 7 | 0.00 | 0.01 | 0.01 | 0.02 |
| 収穫面積 | 全規模計 | 10,259 | 10,419 | 8,613 | 9,302 | 100.0 | 100.0 | 100.0 | 100.0 |
| | 100エーカー未満 | 1,220 | 955 | 811 | 779 | 11.89 | 9.17 | 9.42 | 8.38 |
| | 100〜250エーカー | 2,987 | 2,434 | 2,044 | 1,941 | 29.12 | 23.37 | 23.74 | 20.87 |
| | 250〜500エーカー | 3,365 | 3,246 | 2,735 | 2,866 | 32.81 | 31.16 | 31.75 | 30.82 |
| | 500〜1,000エーカー | 2,060 | 2,706 | 2,137 | 2,524 | 20.08 | 25.98 | 24.81 | 27.14 |
| | 1,000〜2,000エーカー | 505 | 867 | 723 | 862 | 4.92 | 8.32 | 8.39 | 9.27 |
| | 2,000〜3,000エーカー | 66 | 147 | 107 | 201 | 0.64 | 1.41 | 1.24 | 2.16 |
| | 3,000〜5,000エーカー | (55) | 33 | 30 | 81 | (0.54) | 0.32 | 0.34 | 0.87 |
| | 5,000エーカー以上 | d | 29 | 27 | 47 | d | 0.28 | 0.31 | 0.51 |

資料と注：表4-7に同じ。

大きく増加していた。

　同様のことが大豆でも生じており，やはり2,000〜3,000エーカー層まで，大規模層ほど農場数・収穫面積の増加率が大きい。

　2002〜2007年はほぼ第一次穀物等価格暴騰期にあたるが，とくに「エタノール・バブル」期を含んだトウモロコシの価格暴騰によって，トウモロコシ収穫面積が17.7％増える一方，大豆は17.3％減少した。後者から前者への作付・収穫シフトが生じたわけである。この下で階層別の動きは両作物で異なった。トウモロコシの場合は250〜500エーカー層でもわずかながら農場数・収穫面積が増えつつ（それ未満は前期に続いて減少），上位層では5,000エーカー以上層まで大規模層ほどより大幅に増えた。特に3,000〜5,000エーカー層が22農場から119農場へ，5,000エーカー以上層が3農場から23農場へ増えたことは，「穀作メガファーム」の形成に関わって注目に値する。これに対して大豆では，250エーカー以上の全てで農場数は増えたものの，収穫面積は全階層で減少した（それでもシェアを伸ばしたのは500エーカー以上の各階層）。

　第二次暴騰期にあたる2007〜12年には（センサス収穫面積では）トウモロコシは横這い，大豆が8％回復した。その下でトウモロコシでは500〜1,000エーカー層の増加は著しく鈍化し，その上の1,000〜2,000エーカー層も農場数・収穫面積

ともにわずかながら減少に転じた。相対的に大きく伸びたのは2,000〜3,000エーカー層と5,000エーカー以上層である。3,000〜5,000エーカー層は上下隣接の両階層のどちらかに分化したことが示唆される。5,000エーカー以上層は農場数で23から41へ引き続き増えたと同時に，農場数シェアで0.09％ながら収穫面積シェアでは2.11％と無視できない存在になった。3,000エーカー以上層として合計すると4.8％である。

大豆の階層別動向は，総収穫面積が若干増える中で，250〜500エーカー層も若干ながら増加し，それ以上では3,000〜5,000エーカー層まで基本的に大規模層ほど農場数・収穫面積ともにより大きく増えた。目立つのは2,000〜3,000エーカー層が農場数で94％増，収穫面積で88％増，3,000〜5,000エーカー層は農場数175％増，収穫面積173％という，2階層である。5,000エーカー層も大幅に増えているが，7農場で収穫面積シェア0.51％と，トウモロコシと比べるとまだ微細な点的存在にとどまっている。

さて「穀作メガファーム」に関してであるが，2012年のトウモロコシ5,000エーカー以上層41農場の1農場当たり収穫面積は7,056エーカーである。同年（前後3ヵ年平均）のアイオワ州平均トウモロコシ収穫面積当たり粗収益（単収158ブッシェル×受取単価5.87ドル）は926ドルだったから，単純計算すると1農場平均粗収益は650万ドルになる。

この41農場に近い数字として大豆の3,000エーカー以上層は合わせて29農場であり，それらの1農場当たり収穫面積は4,419エーカーとなる。同年（前後3ヵ年平均）の収穫面積当たり粗収益（単収47.3ブッシェル×受取単価13.37ドル）は633ドルだったから，1農場平均粗収益は280万ドルになる。

大ざっぱな推算だが，トウモロコシ7,000エーカー程度，大豆4,000エーカー程度を収穫する（したがって経営耕地面積が最低1万1,000エーカー以上の）農場を想定すれば，その数はアイオワ州「トウモロコシ－大豆」型農場のトップ30〜40農場程度で，粗収益が930万ドルということになる。これは第3章第4節（3）でやはり大ざっぱな推算として全米で200農場程度は存在すると推定できるとした「トウモロコシ－大豆」型「穀作メガファーム」の，アイオワ州における存在状況であろう。本章後段で検討する2009年時点実態調査でも，経営農地面積1万2,000エーカー，トウモロコシ作付面積8,000エーカー，大豆作付面積4,000エーカー，

これら耕種部門の販売額1,000万ドル（肉牛肥育部門を合わせた粗収益1,800万ドル），家族労働力が経営主夫婦2名に対し常雇5名という，具体的な「穀作メガファーム」を把握することができた。

## （2）アイオワ州における穀作大規模経営増加の内実と主要階層の経済的性格

　前項で穀作農場の階層構成変化は，農場経営農地面積規模ベースで見るとほぼ一貫して1,000エーカー以上だけが増加してきており，そのペースは1,000～1,999エーカー層が1992～97年と1997～02年に20％強，2007～12年にやや減速して12％だった。また2,000エーカー以上層の増加ペースはいっそう高くて1992～97年に58％，1997～02年に70％だったが2002～07年に18％へ，さらに2007～12年には6％強へとかなり減速した。穀物等価格の第一次，第二次暴騰期に面積ベースでの規模拡大が減速する現象が生じていた。その結果，2012年時点で農場数3.1％の2,000エーカー以上層が穀物販売額の18.4％を占めている（1,000～1,999エーカー層を加えると，農場数で15.4％，穀物販売額で50.5％となる。前掲**表4-6**）。

　いっぽう農産物販売額規模ベースで見ると，二回の暴騰期（2002～07年，2007～12年）には50万～100万ドル層，100万ドル以上層が農場数と穀物販売額ともにその増加ペースを大幅に加速し，2012年度には農場数11.6％の100万ドル以上層が穀物販売額の39.5％を占めるにいたっている（前掲**表4-5**）。

　これらの現象の背景としてふたつのファクターが示唆されるが，ひとつは価格暴騰で農場経営者収益性が著しく上昇したため，面積ベースでのさらなる拡大必要性が弱まったということ，もうひとつは価格暴騰・収益性上昇のため逆に農地集積競争，その結果としての地代・地価上昇に拍車がかかって拡大しようにもそれが困難になっているということである。

　ここでは穀作農場において大規模層が増加した現象の内実およびそれらの変化を通じた主要階層の経済的性格を，公表統計によって検討しておく。ただしセンサスは穀作（といった販売額過半作目にもとづく産業分類別）の規模別集計を与えないので，それを与えるARMS統計に依拠することになるが，同統計の規模指標は経済階級（農産物販売額＋政府支払）しかなくて，農地面積規模別集計は得られない。

表 4-9 アイオワ州トウモロコシ農場の経済階級別 1 農場当たり経営収支
(2003 年, 2009 年, 2013 年)　　　　　　　　　　　　　(単位:農場, エーカー, ドル)

| | | 全農場合計 | 経　済　階　級　別 | | | | |
|---|---|---|---|---|---|---|---|
| | | | 10万ドル未満 | 10万〜25万ドル | 25万〜50万ドル | 50万〜100万ドル | 100万ドル以上 |
| 2003年 | 農場数 | 25,789 | 13,014 | 7,588 | 3,730 | 1,376 | (377) |
| | 経営土地面積 | 576 | 208 | 607 | 1,033 | 1,844 | (3,817) |
| | 現金粗収益 | 176,464 | 47,612 | 180,632 | 360,241 | 651,911 | (1,551,491) |
| | うち農産物販売収入 | 134,821 | 30,655 | 134,002 | 295,535 | 538,591 | (1,228,613) |
| | うち政府支払 | 14,872 | 6,003 | 16,397 | 28,796 | 47,843 | (128,335) |
| | 現金総支出 | 130,532 | 41,491 | 128,123 | 266,378 | 444,166 | (884,763) |
| | うち雇用労働費 | 3,904 | 624 | 2,330 | 8,542 | 22,620 | (44,850) |
| | 減価償却費 | 16,082 | 5,138 | 14,368 | 33,252 | 70,784 | (107,415) |
| | 純農場所得 | 34,448 | 9,079 | 40,953 | 73,766 | 148,110 | (600,889) |
| 2009年 | 農場数 | 31,465 | (11,553) | 8,823 | 6,502 | 3,313 | 817 |
| | 経営土地面積 | 531 | (157) | 375 | 725 | 1,205 | 3,206 |
| | 現金粗収益 | 278,207 | (54,430) | 175,926 | 392,943 | 686,125 | 2,202,441 |
| | うち農産物販売収入 | 242,796 | (41,947) | 147,517 | 342,025 | 602,632 | 2,031,759 |
| | うち政府支払 | 9,385 | (3,282) | 7,090 | 12,978 | 21,929 | 48,099 |
| | 現金総支出 | 200,691 | (50,758) | 133,494 | 261,450 | 494,710 | 1,330,117 |
| | うち雇用労働費 | 4,214 | (1,128) | 1,387 | 2,817 | 16,039 | 50,067 |
| | 減価償却費 | 23,666 | (4,636) | 13,489 | 31,077 | 70,622 | 159,374 |
| | 純農場所得 | 80,269 | (20,922) | 66,653 | 122,711 | 179,091 | 669,682 |
| 2013年 | 農場数 | 31,137 | 9,348 | 5,888 | 6,687 | 6,040 | 3,173 |
| | 経営土地面積 | 591 | 130 | 322 | 563 | 980 | 1,768 |
| | 現金粗収益 | 459,634 | 60,074 | 196,968 | 425,546 | 754,718 | 1,634,237 |
| | うち農産物販売収入 | 378,477 | 44,397 | 151,932 | 329,926 | 626,428 | 1,413,354 |
| | 　経営土地面積当たり | 640 | 342 | 472 | 586 | 639 | 799 |
| | うち政府支払 | 13,041 | 3,717 | 7,817 | 11,443 | 23,399 | 33,856 |
| | 現金総支出 | 294,811 | 49,883 | 140,020 | 277,854 | 499,225 | 950,200 |
| | うち雇用労働費 | 8,041 | 1,279 | 2,297 | 7,850 | 11,980 | (28,208) |
| | 減価償却費 | 52,447 | 7,634 | 27,323 | 46,037 | 69,161 | 212,771 |
| | 経営土地面積当たり総費用 | 588 | 442 | 520 | 575 | 580 | 658 |
| | 純農場所得 | 106,463 | 9,907 | 24,393 | 76,949 | 166,978 | 490,204 |
| | 　経営土地面積当たり | 180 | 76 | 76 | 137 | 170 | 277 |

資料：USDA ERS, *Agricultural Resource Management Survey Farm Financial and Crop Production Practices: Tailored Reports* (http://www.ers.usda.gov/Data/ARMS/FarmsOverview.htm).
注：1) 2003 年の「100 万ドル以上」は 2004 年の, 2009 年の「10 万ドル未満」は 2008 年の, 2013 年の「100 万ドル以上」の雇用労働費は 2012 年の, それぞれ数値である。
　　2)「経済階級」とは「農産物販売額＋政府支払」の金額規模別区分である。
　　3)「現金粗収益」には他に「その他の農場関連収入」がある。
　　4)「経営土地面積当たり総費用」＝「現金総支出＋減価償却費」÷「経営土地面積」である。
　　5)「純農場所得」＝「現金粗収益－現金総支出－減価償却費－非現金労働者手当＋在庫価額変化＋非現金収入」である。
　　6) USDC Census Bureau, *2012 Statistical Abstract*, table 643 によれば, 農場のフルタイム労働者相当年間 1 人当たり使用者側支払額 2002 年 27,842 ドル（労働者受取額 23,992 ドル）, また USDC Bureau of Economic Analysis, *National Income and Products Accounts Tables: Section 6 Income and Employment*, によれば, 2009 年 40,404 ドル（34,419 ドル）, 2013 年 45,081 ドル（37,630 ドル）である。
　　7) USDC Census Bureau, *Current Population Survey: Median Income by States*, によれば, アイオワ州世帯年間所得中央値は 2003 年 41,384 ドル, 2009 年 50,721 ドル, 2013 年 54,855 ドルである。

　**表4-9**はアイオワ州トウモロコシ農場（トウモロコシが農産物販売額の過半をなす）の年次別・経済階級別の経営主要指標を示したものである。後段の農場実態調査が2009年に実施されたものであることから2009年データを入れ，また同じ

定義による大豆農場はサンプル数が少なくて安定した各年データが得にくいので省略している（実態調査農場もおおむねトウモロコシ農場に分類することができる）。なお価格低落時のデータとして2002年を使用したかったが，2003年からしか得られない。

まず2003〜09年の同じ経済階級層（10万〜100万ドル各階層）の経営土地面積を見ると30〜38％小さくなっている。換言すると物的・農地面積ベースでは30〜38％小さかった農場群が2009年のこれら階層に第一次価格暴騰で繰り上がったことになる。しかしこれはまだ，ほぼ同じ面積規模の農場群が一つ上の経済階級に「水膨れ」するほどではなかった。またとくに100万ドル以上層についてみると，経営土地面積はあまり大きく変化していない。

これら階層の経済的性格指標を見ると，10万〜25万ドル層の純農場所得は2003年に州世帯所得中央値とほぼ同じで農業専業経営下限であったものが，2009年には若干それを上回る程度になっているが，大きな違いではない。25万〜50万ドル層の純農場所得は2003年が州世帯所得中央値の1.8倍だったものが2009年には2.4倍になっており，利潤部分（純農場所得のうち州世帯所得中央値を超える部分）が州世帯所得中央値の1.4倍に達していることから，利潤範疇が成立したと言える。しかし雇用労働費は8,542ドルから2,817ドルへとさらに小さくなっているから，資本−賃労働関係はほとんど全くない，寄生的利潤獲得家族経営になったと言える。

いっぽう50万〜100万ドル層と100万ドル以上層を見ると，その純農場所得の対・州世帯所得中央値倍率が2003年で前者が3.5倍，後者が14.4倍，2009年が前者が3.5倍，後者が13.2倍と，いずれもほとんど変化していない。また雇用労働費の全米農場フルタイム労働者支払額相当数が2003年で前者が0.81人，後者が1.61人，2009年で前者が0.40人，後者が1.24人だった。これらを総合すると2009年の時点では50万〜100万ドル層が多額の利潤を手にしつつ雇用労働力への依存度は非常に低い寄生的利潤獲得家族経営，100万ドル以上層が3,000エーカー以上の農地を経営し，巨額の利潤を手にしつつも経営者・家族労働力と同程度かそれによりやや少ない雇用労働力に依存する寄生的利潤獲得大規模経営と言うことができる。

それが2013年になると，2003年と比べて10万〜100万ドルの3階層の経営土地面積がおおむね一階層上のそれに等しくなっている（表の網掛部分）。つまり同

じ面積規模農場群が2回の穀物等価格暴騰をへて、経済階級で一つ上の階層に「水膨れ」的に移行したと見なすことができる。

そこで2003年と2013年とで、一つずつずらした経済階級間の比較を念頭に置くと、2013年の25万～50万ドル層はおおむね2003年の10万～25万ドル層だった農場群が「水膨れ」して階層移行したものであって、その純農場所得76,949ドルは2003年が州世帯所得中央値とほとんど同じだった水準が1.4倍に増えている。雇用労働費が2,330ドルから7,850ドルに増えているものの、雇用労働力依存度は非常に低いままである。したがって2003年の農業専業下限家族経営が、2度の価格暴騰によって余裕のある農業専業家族経営に若干上向したと言える。

同様に2013年の50万～100万ドル層の純農場所得166,978ドルは同年州世帯所得中央値の3.0倍だが、これは2003年25万～50万ドルが1.8倍だったのと比べると相当に上昇しただけでなく、利潤範疇の成立を言うことができる。いっぽう雇用労働費は8,542ドルから11,980ドルへ増えているが、後者も同年農場フルタイム労働者換算すると0.27人相当に過ぎないので、資本－賃労働関係の成立は見られない。したがってその経済的性格は、余裕ある農業専業的家族経営が寄生的利潤獲得家族経営に変容したと言える。

2013年の100万ドル以上層の純農場所得490,204ドルは州世帯所得中位値の8.9倍であり、これは2003年50万～100万ドル層が3.5倍だったのと比べて飛躍的な増大である。いっぽう雇用労働費は22,620ドルから28,208ドル（2012年データで代用）へ若干増えているが、その農場フルタイム労働者換算は0.81人から0.63人へかえって少なくなっており、また絶対値としても経営者・家族労働力の半分以下程度と推察される。以上からこの階層の経済的性格は、寄生的利潤獲得という性格を著しく強めた上層家族経営ということができよう（その経営土地面積平均1,768エーカーから「大規模」と称するのはためらわれる）。

なお2013年の経営土地面積当たり農産物販売収入、総費用および純農場所得を見ると、いずれも上層ほど高い。ここから大規模経営の優位性はスケールメリットによる低コスト化というより、高投入高産出という集約化の方向で発揮されていることがうかがえる。

## 第4節　アイオワ州穀作農場の具体的存在形態と構造変化の到達点—実態調査を中心に—

### （1）調査農場の構成と階層的性格

　アイオワ州における調査農場の選定は，州中央部で生産者・地元住民出資型エタノール企業であるLincolnway Energy, LLC（第2章第4節参照）の出資農場，および州西端部で生産者出資型エタノール協同組合であるSiouxland Energy and Livestock Cooperative（2001年操業開始，名称は調査時点のもの）の出資＝組合員農場から，経営規模がばらつくように行なった。その概要は表4-10〜表4-12のとおりである。

　農場番号は農業粗収益の大きい順から付している。これらの階層的性格を検討するとIA1は経営農地面積12,200エーカー，うち耕種農地借入地が11,400エーカー，そこに子実用と採種用を合わせてトウモロコシ約8,000エーカー，大豆約4,000エーカーを作付け，これらの販売額だけで1,000万ドルに達している。これに肉牛肥育（一部受託肥育custom feeding）年間7,000頭出荷を加えて農業粗収益は1,820万ドルに達している。家族従事者が経営主夫婦の2人に対して，常雇5名を擁している。経営組織は家族所有型法人（経営主夫婦2人所有）だが，明らかに資本

表4-10　アイオワ州調査農場のエタノール出資企業・経営組織・所有状況等

|  | IA1 | IA2 | IA3 | IA4 | IA5 | IA6 | IA7 |
|---|---|---|---|---|---|---|---|
| 地域 | 中央部 | 西部 | 中央部 | 西部 | 中央部 | 中央部 | 西部 |
| 経営主年齢 | 54歳 | 59歳 | 43歳 | 70歳 | 52歳 | 48歳 | 52歳 |
| エタノール企業出資・所属農協 | ①Lincolnway Energy, LLC ②Heart of Iowa Cooperative（2009年1月31日にSully Cooperative Exchangeと対等合併して，KEY Cooperativeに） | ①Siouxland Energy and Livestock Cooperative ②Farmers Cooperative Society | ①Lincolnway Energy, LLC ②Heart of Iowa Cooperative | ①Siouxland Energy and Livestock Cooperative ②Farmers Cooperative Society | ①Lincolnway Energy, LLC ②Heart of Iowa Cooperative | ①Lincolnway Energy, LLC ②Heart of Iowa Cooperative | ①Siouxland Energy and Livestock Cooperative ②Farmers Cooperative Society |
| 経営組織 | 家族所有型法人 | 個人所有農場 | 非法人・家族農場 | 個人所有農場 | 非法人・家族農場 | 家族所有型法人 | 個人所有農場 |
| 所有状況 | 本人，妻，2年前法人化 |  | 父，本人，妻，兄（250エーカー一所有） |  | 本人，弟 | 父母（合計79%），本人8%，弟7%，妹6%，1984年法人化 |  |

資料：2009年9月農場実態調査より。

表 4-11 アイオワ州調査農場の従事者・労働力状況

| 農場番号 | | | IA1 | IA2 | IA3 | IA4 | IA5 | IA6 | IA7 |
|---|---|---|---|---|---|---|---|---|---|
| 地域 | | | 中央部 | 西部 | 中央部 | 西部 | 中央部 | 中央部 | 西部 |
| 従事者・労働力 | 家族農業従事者 | | 本人(高卒後、3年間技術短大 Tech College、その後農業メカニックをしてから、30年前農業経営)、妻(30年間看護師をしていたが今年退職、就農、会計のほか機械作業などもやる) | 本人、息子(34歳)がフルタイム | 父、本人 | 本人フルタイム | 本人、弟(事業体としては別個だが合同して経営) | 本人と弟がフルタイム、父母が年間の半分従事。法人が家族4人を雇用している形式で、本人と弟は年俸3.8万ドルずつ、父母は1.9万ドルずつ。 | 本人が Farmers Cooperative Society に兼業、妻は専業主婦 |
| | 家族農外従業者 | | | 妻(58歳,看護師)、息子妻主婦 | 妻(フルタイム大学職員) | | 妻(フルタイム水質検査会社) | | |
| | 雇用労働力 | 常用 | 人数 | 5 | 3 | 0 | 0 | 0 | 0 | 0 |
| | | | 仕事 | | | | | | | |
| | | | 年賃金 | 3.5万〜5.5万ドル | 3.8万〜4.2万ドル | | | | | |
| | | | その他 | | | | | | | |
| | | 臨時 | 人数 | n.a. | 2〜3 | 2 | 1 | 0 | n.a. | 0 |
| | | | 雇用期間 | 夏季に採種用トウモロコシを他地受粉させるために除房(detasseling)する集約的作業と、秋作業に短大生 | 秋に2〜3名×90日 計200日 | 春・秋計200日 | 4ヶ月 | | | |
| | | | 延べ人・日 | 90人・日 | 225人・日 | 400人・日 | 100人・日 | 0 | 35人・日 | 0 |
| | 雇用労働費総額 | | | 235,800 | 121,815 | 6,000 | 12,000 | 0 | 3,360 | 0 |

資料：2009 年 9 月農場実態調査より。

第4章 コーンベルト中核・アイオワ州における穀作農業構造の展開 213

表4-12 アイオワ州調査農場の農地保有・農業生産・販売・政府支払受取

| 農場番号 | | IA1 | IA2 | IA3 | IA4 | IA5 | IA6 | IA7 |
|---|---|---|---|---|---|---|---|---|
| 地域 | | 中央部 | 西部 | 中央部 | 西部 | 中央部 | 中央部 | 西部 |
| 経営農地合計 | | 12,200 | 2,600 | 1,850 | 1,200 | 1,500 | 1,200 | 300 |
| 耕種農地 | | 12,000 | 2,600 | 1,850 | 1,200 | 1,500 | 1,050 | 285 |
| 農地保有 | 自作地 | 600 | 1,300 | 950 | 600 | 160 | 960 | 200 |
| | 借入地 | 11,400 | 1,300 | 900 | 600 | 1,340 | 90 | 85 |
| 草地 | 自作地 | 200 | 0 | 0 | 0 | 0 | 150 | 0 |
| | 借入地 | 0 | 0 | 0 | 0 | 0 | 150 | 0 |
| CRP農地 | | 0 | 0 | 0 | 0 | 有（面積不明）| 0 | 0 |
| 自作地計 | | 800 | 1,300 | 950 | 600 | 160 | 1,110 | 200 |
| 借入地計 | | 11,400 | 1,300 | 900 | 600 | 1,340 | 90 | 100 |
| 耕種生産・販売 | 作付面積 トウモロコシ | 4,000 | 2,550 | 1,150 | n.a. | 750 | 575 | 168 |
| | 大豆 | 4,000 | 50 | 900 | n.a. | 750 | 450 | 117 |
| | 採種用トウモロコシ | 4,000 | | | n.a. | | | |
| | サイレージ用トウモロコシ | | | | | | 25 | |
| | 販売額 トウモロコシ | 4,000,000 | 3,052,350 | 1,150,000 | n.a. | 731,250 | 382,500 | 154,980 |
| | 大豆 | 2,000,000 | 27,500 | 564,300 | n.a. | 433,125 | 222,075 | 83,538 |
| | 採種用トウモロコシ | 4,000,000 | | | n.a. | | | |
| | 耕種販売額 | 10,000,000 | 3,079,850 | 1,714,300 | | 1,164,375 | 604,575 | 238,518 |
| 畜産 | 内容 | 肉牛4千頭肥育、年間7千頭出荷 | 養豚受託飼育3,500頭飼養 | なし | 肉牛受託肥育 | 羊50頭飼養（羊毛、肉用）| 肉牛一貫・母牛30頭、素牛購入も有、300頭出荷 | なし |
| | 販売額 | 7,200,000 | 920,150 | 0 | 1,500,000 | 8,000 | 330,000 | 0 |
| 農業粗収益 (農産物販売額＋受託肥育料) | | 18,200,000 | 4,000,000 | 1,714,300 | 1,500,000 | 1,172,375 | 934,575 | 238,518 |
| 政府支払 | 農務省 2000年 | 82,424 | 62,065 | 54,392 | 161,743 | 54,787 | 93,111 | 32,526 |
| | 計 2005年 | 74,810 | 100,354 | 85,106 | 173,734 | 68,575 | 102,563 | 31,595 |
| | 払 2008年 | 60,906 | 43,156 | 33,168 | 51,187 | 18,908 | 21,402 | 5,729 |
| 2008年農業粗収益に対する比率 | | 0.3 | 1.1 | 1.9 | 3.4 | 1.6 | 2.3 | 2.4 |

資料：農場経営データについては2009年9月農場実態調査、政府支払については Environmental Working Group, FarmSubsidyDatabase (http://farm.ewg.org/) から可能な限り名寄せして作成。

－賃労働関係が成立している。要するに第3節（1）で2012年センサスにもとづく概略推算で州内に30～40程度存在すると見られた，資本主義穀作メガファームの具体的存在形態の一つである。第一次穀物等価格暴騰の2008年にあっては，政府支払合計額が6万ドルであり，それだけで州世帯所得中央値に相当するほどだが，トウモロコシと大豆だけで1,000万ドルに達する販売額に対してはごくわずかな比率でしかない。

IA2は経営農地面積2,600エーカーであるから，2007年ないし2012年センサスの農場面積規模別構成でみた2,000～4,999エーカー層1,500農場前後に含まれ，同階層の1農場平均農場土地面積約2,700エーカーともほぼ同じである。前掲**表4-6**の穀物販売農場として見れば，区分上最上位になる3％前後に含まれる。2008年には農地のほとんどをトウモロコシ作付に当てており（単作），その販売額が300万ドル超，これに肉豚受託肥育の売上92万ドルを加えて農業粗収益は400万ドルに達している。これは州農場農産物販売額250万～500万ドル層の2007年と2012年の1農場平均販売額約330万ドルを2割ほど上回っており，また前掲**表4-9**のトウモロコシ農場2009年経済階級100万ドル以上層の2倍近い。したがってその純農場所得は70万ドルを上回っていることが容易に推測される。労働力的には，父子2名に対し，常雇が3名，臨時雇が225人・日でほぼ常雇1名相当，また雇用労働費12万ドルは2009年の農場フルタイム労働者換算約3人相当なので，経営者・家族労働力を若干上回る雇用動力に依存している。以上から，資本主義的性格を帯びつつある寄生的利潤獲得家族経営と言える。

IA3は経営農地面積1,850エーカーの穀作専門経営で農業粗収益171万ドル，IA4は1,200エーカーの肉牛受託肥育複合経営であるがやはり農業粗収益150万ドルに達しており，前掲**表4-9**の2009年経済階級50～100万ドル層の2.2～2.5倍ほどである。IA3は父子2人の家族経営，IA4は経営者1人のワンマンファーム，いずれも常雇はなく1～2人の臨時雇を数ヶ月用いている。2009年ARMS統計に類推すれば農場純所得が40～45万ドルあると考えられるので，多額の寄生的利潤を獲得する家族経営ないしワンマンファームである。

IA5とIA6は，IA3とIA4よりビジネスサイズが一回り小さく，耕種農産物販売額も110万ドルと60万ドルと小さくなっている。労働力的にはIA5が兄弟2人に対して，IA6が兄弟（フルタイム従事）とその父母（ほぼ年間の半分従事）と家

族労働力が相対的に豊富なため，その就業機会と所得確保のために肉牛一貫部門との複合経営にし，農業粗収益合計を90万ドル超としている。雇用労働力への依存はほとんどない。経営農地面積では**表4-9**・2009年の経済階級50万～100万ドルに近いが，農産物販売額ではそれより5～6割多い。したがって純農場所得も28万ドル程度に達しているものと推察される。寄生的利潤獲得家族経営ということになろう。

最後にIA7は，生産者出資型エタノール農協設立の基盤となった穀物農協職員でありつつ農業も行なっている人物からヒアリングできたものだが，小規模兼業型穀作農場の存在形態を確認できる事例として取り上げた。経営農地面積300エーカーは**表4-9**の2003年時点で言えば経済階級10万ドル未満層の上位部分に相当するが，2009年，2013年になると穀物等価格暴騰で10万～25万ドル層に「水膨れ」上向している。実際調査時の農業粗収益はトウモロコシと大豆の販売額のみで24万ドルとなっていた。1990年（本人33歳時）に姉と妹が相続していた農地100エーカーを借り入れる形で，兼業農業を開始した。その後1997年に自分で200エーカーを購入して現在の規模になっている。本人は農協常雇職員，妻は専業主婦なので，「ワンマン兼業」であるが，雇用は基本的にしていない。トラクター3台とスプレヤーを自己所有して耕起作業・一部農薬散布作業は自分で行ないつつ，播種と収穫は近隣農業者に委託，農場保管施設も持たないからそのまま穀物農協ないしエタノール農協に出荷してもらっている。VRT（可変施用技術）による石灰散布と施肥も農協に委託している。このように「ワンマン兼業」で小規模農地を耕作するために，多様な作業を外部委託しつつ，価格暴騰前は年間1万ドル程度の純農場所得をえていたと推察される。それが暴騰によって2.5万ドル程度という，州世帯平均所得中央値（したがって恐らくは勤務先給与年収）の半分前後の純農場所得を手にするようになったものと考えられる。前掲**表4-2**，**表4-6**で見たようにこの農場が含まれる面積規模階層の農場数は穀物等価格暴騰の下でも減少しつづけているが，IA7自体に即して見ると，エタノール農協が収穫直後の未乾燥トウモロコシをも受け入れるので，自ら保管や乾燥への投資が不要であること，高単収品種を作付けられるようになったことをメリットとしてあげており，こうした要因が価格暴騰による所得増や各種作業委託機会の完備（個別農場，農協等）と相まって小規模兼業農場の存続を可能にしていることがうかがえる。

## （2）価格暴騰下の作付方式―穀作農業「工業化」の諸相（その1）―

　第1節（2）の州全体の主要作物構成推移から，トウモロコシと大豆の合計面積比率が上昇し続けて今日95％にも達していること，つまりこの2作物への土地利用＝作付け単純化が極限と言ってもよいほどに進展していることが示され，またその中でも2000年代に入ってから2010年代初頭にかけてはコーンエタノール・ブームの影響下，トウモロコシが増加して大豆が減少していたので，作付方式においてさらにトウモロコシ連作の増加までもが示唆されるところであった。

　この点をまずARMS統計で検討する。州レベルに降りるとサンプル数の制約から推計統計に若干の限界が生じているが，**表4-13**に本書で実態調査を交えた分析を行なう諸州に，イリノイ州を加えて，各年トウモロコシ作付の前作が何であったかの面積推移を整理した（データは表出年次の範囲でしか公表されていない）。

**表4-13　主要州におけるトウモロコシの前作物別作付面積の推移**

（単位：千エーカー，％）

| | | 実数 | | | | 構成比 | | | |
|---|---|---|---|---|---|---|---|---|---|
| | | 1996 | 2000 | 2005 | 2010 | 1996 | 2000 | 2005 | 2010 |
| アイオワ | 作付面積合計 | 12,699 | 12,303 | 12,800 | 13,400 | 100.0 | 100.0 | 100.0 | 100.0 |
| | トウモロコシ | 2,444 | 2,229 | 3,367 | 4,077 | 19.2 | 18.1 | 26.3 | **30.4** |
| | 大豆 | 9,671 | 9,936 | 9,272 | 9,015 | 76.2 | **80.8** | 72.4 | 67.3 |
| | その他穀物 | | | | 14 | | | 0.0 | 0.1 |
| | その他作物 | 465 | | 148 | | 3.7 | | 1.2 | |
| | 休閑 | 108 | | | | 0.8 | | | |
| イリノイ | 作付面積合計 | 10,999 | 11,196 | 12,100 | 12,600 | 100.0 | 100.0 | 100.0 | 100.0 |
| | トウモロコシ | 1,410 | 1,541 | 2,969 | 4,098 | 12.8 | 13.8 | 24.5 | **32.5** |
| | 大豆 | 8,919 | 9,424 | 8,871 | 8,072 | 81.1 | 84.2 | 73.3 | 64.1 |
| | その他穀物 | 463 | | | | 4.2 | | | |
| | 休閑 | 29 | | | | 0.3 | | | |
| ネブラスカ | 作付面積合計 | 8,501 | 8,499 | 8,500 | 9,150 | 100.0 | 100.0 | 100.0 | 100.0 |
| | トウモロコシ | 5,812 | 4,794 | 2,519 | 3,084 | **68.4** | 56.4 | 29.6 | 33.7 |
| | 大豆 | 1,411 | 2,828 | 4,651 | 5,104 | 16.6 | 33.3 | 54.7 | **55.8** |
| | その他穀物 | 822 | 697 | 949 | 607 | 9.7 | 8.2 | 11.2 | 6.6 |
| | その他作物 | 371 | | 326 | | 4.4 | | 3.8 | |
| | 休閑 | 86 | | | | 1.0 | | | |
| サウスダコタ | 作付面積合計 | 4,001 | 4,301 | 4,450 | 4,550 | 100.0 | 100.0 | 100.0 | 100.0 |
| | トウモロコシ | 499 | 315 | 936 | 593 | 12.5 | 7.3 | **21.0** | 13.0 |
| | 大豆 | 2,099 | 3,406 | 2,669 | 3,104 | 52.5 | 79.2 | 60.0 | **68.2** |
| | その他穀物 | 984 | 521 | 594 | 685 | 24.6 | 12.1 | 13.3 | **15.1** |
| | その他作物 | 412 | 35 | 208 | | 10.3 | 0.8 | 4.7 | |
| | 休閑 | | 24 | | 92 | | 0.5 | | 2.0 |
| ノースダコタ | 作付面積合計 | | 1,079 | 1,410 | 2,050 | | 100.0 | 100.0 | 100.0 |
| | トウモロコシ | | 81 | 84 | | | 7.5 | 5.9 | |
| | 大豆 | | 208 | 779 | 1,038 | | 19.3 | 55.3 | 50.7 |
| | その他穀物 | | 655 | 418 | 254 | | 60.7 | 29.6 | 12.4 |
| | その他作物 | | 128 | 129 | 389 | | 11.9 | 9.2 | |

資料：USDA ERS, *Agricultural Resource Management Survey (ARMS) Tailored Reports*,
　　　(http://www.ers.usda.gov/Data/ARMS/)より。
注：空欄はデータがない。

第4章 コーンベルト中核・アイオワ州における穀作農業構造の展開　217

　これによると，アイオワ州はもうひとつのコーンベルト中核にして最優等産地であるイリノイ州とともに，トウモロコシの作付面積が増加する過程で，前作が大豆である圃場面積比率がピークの2000年の81％（アイオワ州），84％（イリノイ州）から2010年には67％と64％にまで低下した。前作大豆圃場面積は絶対的にも減少している。

　そして逆に，前作もトウモロコシである圃場面積比率が18％（アイオワ州），14％（イリノイ州）から，それぞれ30％と33％に上昇しており，絶対面積も増加した。その後，直近年の州全体大豆面積増加の動向から多少，前作大豆圃場面積も増加していることが推察されはするが，エタノール・ブーム下で「トウモロコシ－トウモロコシ」の連作圃場面積が比率でも絶対量でも増えたことは，作付方式論からすれば退行現象として注目しておくべきである。

　他のコーンベルト西側・集約灌漑地帯ネブラスカ州，西側周縁部サウスダコタ州，従前はコーンベルト西北外側にあったノースダコタ州の詳細については，以下の諸章で検討するが，中核2州との比較で簡単に特徴づけておくと，以下のようである。

　ネブラスカ州では大豆作付面積が急増したことによって，従来7割近くを占めていた「トウモロコシ－トウモロコシ」型の構成比が34％まで低下し，「大豆－トウモロコシ」型が過半をしめるようになっている。しかし前作その他穀物，その他作物は減少しており，2作物への単純化という意味ではコーンベルト中核との同質化が進んだといえる。

　サウスダコタ州では「大豆－トウモロコシ」型が増減し，その反対方向に「トウモロコシ－トウモロコシ」型が変動していて傾向を見いだすのがやや困難だが，ここでも小麦等のその他穀物，その他作物の比率は明らかに低下しており，作付方式単純化がコーンベルト周縁部でも進展していることをうかがわせる。

　サンプル数が少なく推計データが他州よりも乏しいノースダコタ州でも，トウモロコシ連作は顕著に少ないものの，小麦その他穀物，その他作物との組み合わせから大豆－トウモロコシというコーンベルト的作付方式へのシフトがうかがえる。

　さてアイオワ州実態調査農場＝現場段階における土地利用・作付方式はどうか。ヒアリング結果が必ずしも揃っていないが，**表4-14**を見ると，IA2，IA3，IA5

表4-14 アイオワ州調査農場における2005年以降の作付変化・栽培方法変化

| 農場番号 | IA1 | IA2 | IA3 | IA4 | IA5 | IA6 | IA7 |
|---|---|---|---|---|---|---|---|
| 地域 | 中央部 | 西部 | 中央部 | 西部 | 中央部 | 中央部 | 西部 |
| 2005年以降の作付方法の変化 | ①大豆は全て種子用で契約・販売先はモンサント、シンジェンタ。トウモロコシ種子用はモンサント。種子生産は30年前からやっている。②一般トウモロコシは全てLWEに販売。経営面積当たり所得は利益面の優位性が顕著になったので、現在は購入、フィードロット肉牛肥育は堆肥源として重要で、耕種農地の3分の2は堆肥だけでまかなうことができていない。「種子用の場合、（残り）は化学肥料使用。③作付方式は、「種子用トウモロコシ・種子用大豆」と「一般トウモロコシ連作」。種子農家改良されているので、連作の問題は起きていない。 | ①5年前（高騰前、2005年頃）はトウモロコシ6割：大豆4割だったが、モロコシ価格が急上昇し、徐々にトウモロコシを増やしてきている。②トウモロコシは面積当たり所得より利益面の優位性が顕著になったので、面積を変えずにトウモロコシを連作。肥料はカリ施肥は変えず窒素肥料は半減。リン月も半減、播種後6月にほとんどを新規購入の大型プランターによって作付、除草剤使用量は削減。 | ①今年はトウモロコシが少ない方で、トウモロコシ付けを減らして大豆を増やした。典型的な作付方式で、大豆の自己経営で販売、トウモロコシのフィードロットの一大豆、トウモロコシを止めて、受託肥育もしている。②作付方式は、14年間のうち、12年は「トウモロコシ・大豆」輪作、2年は「トウモロコシ・トウモロコシ」の連作。 | ①5年前に、トウモロコシ付けを減らして大豆を増やしたが、その後価格が高騰したため、トウモロコシを育成半減、価格上昇が背景。②新規に軽減耕起を導入。種子の最新化、窒素肥料が価格高騰のため施肥をゼロとして全体に秋肥として除草剤にしたり減。 | ①購入した200エーカーにはトウモロコシ大豆作を拡大。②2004年のトウモロコシ：大豆比率は半々、2006年にトウモロコシ3分の2：大豆3分の1。しかし2009年はトウモロコシ生産コスト上昇ロコシ連作では単収が落ち込み、トウモロコシ55％：大豆45％にしている。③1984年から保全耕起（飼頂部耕起）を導入。代表的な作付方式：保全耕起大豆－保全耕起トウモロコシ、在来耕起トウモロコシ－保全耕起大豆－保全耕起トウモロコシ－保全耕起大豆。④5年前に養豚はやめた。（堆肥利用していたり）、肉牛一貫経営（素牛は購入）は継続しており、堆肥利用。 | ①価格上昇があったからという、トウモロコシを増やして作付方式に変化はない。作付方式はトウモロコシ－大豆の2年輪作を続けている。②トウモロコシをより密植にしている。③大豆は不耕起、トウモロコシは1回の軽減耕起。 |

資料：2009年9月農場実態調査より。
注：IA1の「DDGS」とはDistillers Dried Grains with Solublesで、コーンエタノール製造用穀物抽出後の副産物を製品化した家畜飼料。

第4章　コーンベルト中核・アイオワ州における穀作農業構造の展開　219

は2005年以降の価格高騰・暴騰でトウモロコシの作付を増やしたと明言している。またIA6も2008年までは同じくトウモロコシ作付を増やしている。これらの結果，程度の差はあるがエタノール・バブル以前までに既に「トウモロコシ－大豆」交代（2作物で「輪作」と言いうるか疑問なのでその表現は用いない）にまで単純化していた作付方式が，さらにトウモロコシ連作を含むものに変化している。IA2にいたってはほとんど全ての圃場がトウモロコシ連作である。

　いっぽうIA6は第一次価格暴騰後の2009年になると投入財価格（化学肥料，農薬）も高騰したためにトウモロコシの収益性が相対的に低下したと判断して，再度大豆作付増加に転じている。IA4も2004年に大豆を増やして，作付方式はほとんどの圃場で「トウモロコシ－大豆」交代に戻しているが，これも同経営固有の両作物（および自己生産トウモロコシの経営内給餌を通じた肉牛フィードロット）の相対価格・収益性判断に対応したものと言えるだろう。その意味では，どちらの対応も，価格・収益性に導かれて作付方式を変化させてきており，それが2008年前後までの数年というコーンエタノール・バブルとそれに導かれたトウモロコシ価格第一次暴騰下では，多くの経営においてトウモロコシ作付の増加（そのための借地規模拡大を含む），作付方式におけるトウモロコシ連作の増加という形で現れたのである。

　これらに対し，市場（スポット市場）の価格動向には必ずしも即応しない農場が2つあった。ひとつはIA1で，同農場はトウモロコシ8,000エーカーのうち半分と大豆4,000エーカーの全てが採種＝契約生産であるため，契約をつうじた種子企業からの需要がある以上，それにもとづく作付選択が優先される。トウモロコシの残り半分（4,000エーカー）は経営内肉牛フィードロットにも回さずに，自らがプロジェクトの重要メンバーの一人でもあり，相対的な大口出資者でもあるLincolnway（LWE）へ全て販売している。Lincolnwayには出資に連動した出荷義務はないからIA1独自の経営判断ではあるが，そこにはかなりの程度，自己出資エタノール企業への安定的な原料供給とそれによる同企業の操業度確保，ひいては出資配当への期待が込められていると考えてよいだろう。その意味で純粋のスポット市場対応とは言えないまでも，自己出資エタノール企業を介した間接的な市場レスポンスである。

　もうひとつはIA7で，「価格上昇があっても作付方式はトウモロコシ－大豆」

としている(2008年作付実績は若干トウモロコシが多いが)。その理由として「トウモロコシ連作は単収が落ちる」としている点は注目される。IA1は反対に「種子遺伝形質改良によって連作の問題は起きない」としているが，これは連作障害の重大要因である線虫駆除Bt遺伝子組み込み(アワノメイガ駆除Btと除草剤耐性も組み込んでいるからStacked GM)種子の実用化を指していると考えられるが，IA7も同様のスタックGM種子を使用しているので，それでも障害が完全に避けられるわけではないと見られる。IA7がこのようなスタンスを取る一つの背景として，フルタイム農外就業の兼業小規模経営であるため，市場価格・収益性に対して専業的経営ほど即応的にならない，なる必要がないということが考えられる。ただし決して無反応なわけではないことは，同経営がトウモロコシをより密植栽培するようになったとしていることからうかがえる。

　以上から農場現場段階でも，純粋なスポット市場価格とそれが規定する収益性という直接的反応のほかに，契約生産(種子用)，自己出資エタノール企業の原料供給と企業収益向上期待といった間接的な市場反応が加わっており，また兼業小規模経営では市場反応が弱いという階層性をはらみつつも，全体としては価格上昇・暴騰にともなってトウモロコシ作付へのシフトが進み，既に「トウモロコシ－大豆」2作物にまで単純化していた作付方式がさらに「トウモロコシ連作」化する現象が確認できた。

## (3) 不耕起・軽減耕起および精密農業技術の採用状況―穀作農業「工業化」の諸相 (その2)―

①耕起方法変化とトウモロコシ主要州別状況―ARMS統計から―

　本項ではいわゆる不耕起・軽減耕起の採用状況について検討し，その性格を考察するが，連邦農務省経済調査局(ERS)は，耕起方法をまず現作物播種後にも前作等の作物残渣が土壌表面に残っている比率に応じて，次の3つに分類している。

　第一が作物残渣の残存率30％以上の「保全耕起」(conservation tillage)，第二が15％以上30％未満の「軽減耕起」(reduced tillage)，第三が15％未満の「在来耕起」(conventional tillage) である。

　第一の保全耕起には，具体的な耕起方法として3つの小分類が与えられている。

まず「不耕起」(no-till) とは，前作物収穫後に肥料投入以外で土壌が攪拌されることがない。播種準備のための耕起はなされず，播種（planting or drilling）は，土切り刃（coulters），播種条残渣除去刃（row cleaner），同ディスク（disk openers），条列のみ刃（row chisels），あるいは回転耕耘刃（roto-tillers）を使って，幅の狭い播種床（seedbed）または播種溝（slot）に行われる。

次に「畝（頂部）耕起」(ridge-till) とは，やはり前作物収穫後に肥料投入以外で土壌が攪拌されることがない。耕起は畝の頂部ないし中心部の播種床だけに，残渣除去器（sweeps），残渣除去ディスク，先刃（coulters），播種条残渣除去刃を使って行われる。

最後に「マルチ耕起」(multi-till) とは，圃場の播種部全体についてのみ刃，中耕機（field cultivators），ディスク，残渣除去器，あるいは排土板（blades）を使って耕起するが，その程度が著しく軽いものである。

第二の軽減耕起は，撥土板付き犂（moldboard plow）を使わない，軽度の耕起を行なう。

第三の在来耕起は，一般的に撥土板付き犂を用いた，強度の耕起である[1]。

ARMS統計は，これら耕起方法についても抽出調査にもとづく推計データを提供している。調査自体は具体的な耕起方法を尋ねて，そこから作物残渣率を推定して分類するという方法を用いている。その推移を検討するが，まずトウモロコシ，大豆，春小麦，冬小麦についてそれぞれの調査全州から見よう。

周知のように北中部穀倉地帯は，基本的に西に行くにしたがって降水量が少なくなるので，東部・中部には生育により多量の水を必要とするトウモロコシ，次いで大豆の生産が集中し，西部にはそれよりも少量の水で栽培可能な小麦（北部の春小麦と中部・南部の冬小麦）が立地したのだった。したがってその目的の一つが前作残渣を土壌表面により多く残し，かつ反転耕をしないことで土壌内水分保持量を増やすことにある不耕起等の保全耕起や軽減耕起は，作物立地区分からすれば小麦主産地でより早く，より広く導入されただろうと推論される。その効果（と品種改良）が十分に得られれば，土壌水分確保のために要請されていた休閑（2年分の天水で1作をまかなう）が不要にもなる。

そのような観点から**表4-15**を見ると，データが1996年からしか得られないのであるが，1996年時点の作付面積に対する保全耕起の比率（保全耕起比率）は，

表4-15 トウモロコシ，大豆，春小麦，冬小麦の耕起法別作付面積推移
(各作物調査全州)　　　　　　　　　　　　　　　　　　(単位：千エーカー，％)

| | | | 実　　　　数 | | | | 構　　成　　比 | | | |
|---|---|---|---|---|---|---|---|---|---|---|
| | | | 1996 | 2000 | 2005 | 2010 | 1996 | 2000 | 2005 | 2010 |
| トウモロコシ | 作付面積計 | | 70,255 | 73,772 | 76,470 | 81,740 | 100.0 | 100.0 | 100.0 | 100.0 |
| | 保全耕起 | 不耕起 | 12,642 | 12,331 | 18,559 | 19,543 | 18.0 | 16.7 | **24.3** | 23.9 |
| | | 畝頂部耕起 | 1,948 | 1,341 | 412 | | 2.8 | 1.8 | 0.5 | |
| | | マルチ耕起 | 15,031 | 19,498 | 16,717 | 22,346 | 21.4 | 26.4 | 21.9 | 27.3 |
| | | 小計 | 29,620 | 33,170 | 35,687 | 41,889 | **42.2** | 45.0 | 46.7 | **51.2** |
| | 軽減耕起 | | 18,454 | 14,672 | 19,773 | 18,986 | 26.3 | 19.9 | 25.9 | 23.2 |
| | 保全・軽減耕起計 | | 48,074 | 47,842 | 55,460 | 60,875 | 68.4 | 64.9 | 72.5 | 74.5 |
| | 在来耕起 | | 21,987 | 25,917 | 20,643 | 20,717 | 31.3 | 35.1 | 27.0 | 25.3 |
| 大豆 | 作付面積計 | | 50,969 | 71,011 | 72,881 | (73,527) | 100.0 | 100.0 | 100.0 | (100.0) |
| | 保全耕起 | 不耕起 | 16,462 | 22,003 | 31,882 | (29,653) | 32.3 | 31.0 | **43.7** | (40.3) |
| | | 畝頂部耕起 | 320 | 586 | 293 | | 0.6 | 0.8 | 0.4 | |
| | | マルチ耕起 | 13,055 | 16,735 | 22,338 | (22,393) | 25.6 | 23.6 | 30.7 | (30.5) |
| | | 小計 | 29,837 | 39,324 | 54,513 | (52,046) | **58.5** | 55.4 | **74.8** | (70.8) |
| | 軽減耕起 | | 10,060 | 14,003 | 9,670 | (21,469) | 19.7 | 19.7 | 13.3 | (29.2) |
| | 保全・軽減耕起計 | | 39,897 | 53,327 | 64,183 | (73,515) | 78.3 | 75.1 | 88.1 | (100.0) |
| | 在来耕起 | | 10,091 | 17,613 | 8,697 | | 19.8 | 24.8 | 11.9 | |
| 春小麦 | 作付面積計 | | 16,347 | 13,799 | (13,710) | (13,165) | 100.0 | 100.0 | (100.0) | (100.0) |
| | 保全耕起 | 不耕起 | 621 | 1,259 | (2,824) | (5,940) | 3.8 | 8.8 | (20.6) | **(45.1)** |
| | | 畝頂部耕起 | | | | | | | | |
| | | マルチ耕起 | 5,349 | 2,871 | (3,451) | (4,991) | 32.7 | 22.4 | (25.2) | **(37.9)** |
| | | 小計 | 5,970 | 4,130 | (6,276) | (10,932) | 36.5 | 31.2 | (45.8) | **(83.0)** |
| | 軽減耕起 | | 3,567 | 3,908 | (2,822) | (1,485) | 21.8 | 29.1 | (20.6) | (11.3) |
| | 保全・軽減耕起計 | | 9,537 | 8,038 | (9,098) | (12,416) | 58.3 | 60.2 | (66.4) | (94.3) |
| | 在来耕起 | | 6,810 | 5,760 | (4,597) | (728) | 41.7 | 39.8 | (33.5) | (5.5) |
| 冬小麦 | 作付面積計 | | 28,600 | 38,067 | (37,120) | (36,906) | 100.0 | 100.0 | (100.0) | (100.0) |
| | 保全耕起 | 不耕起 | 951 | 6,008 | (6,363) | (12,594) | 3.3 | 15.8 | (17.1) | **(34.1)** |
| | | 畝頂部耕起 | | | | | | | | |
| | | マルチ耕起 | 5,776 | 4,709 | (6,166) | (8,029) | 20.2 | 12.4 | (16.6) | **(21.8)** |
| | | 小計 | 6,727 | 10,717 | (12,529) | (20,623) | 23.5 | 28.2 | (33.8) | **(55.9)** |
| | 軽減耕起 | | 9,608 | 11,262 | (9,851) | (7,316) | 33.6 | 29.6 | (26.5) | (19.8) |
| | 保全・軽減耕起計 | | 16,335 | 21,979 | (22,380) | (27,939) | 57.1 | 57.7 | (60.3) | (75.7) |
| | 在来耕起 | | 12,033 | 16,082 | (14,008) | (8,914) | 42.1 | 42.2 | (37.7) | (24.2) |

資料：USDA ERS, *Agricultural Resource Management Survey (ARMS) Tailored Reports*, (http://www.ers.usda.gov/Data/ARMS/)より。
注：1）大豆の2010年欄は2012年の数値，春小麦・冬小麦の2005年欄は2004年，2010年欄は2009年の数値。
　　2）空欄はデータがない。

逆に春小麦（36.5％），冬小麦（23.5％）よりもトウモロコシ（42.2％），大豆（58.5％）の方が高く，在来耕起比率は逆だった。しかしその後の春小麦における保全耕起比率は急速に高まり，2009年のそれは83.0％に達してトウモロコシ，大豆を大きく逆転した。冬小麦も55.9％まで高まりトウモロコシより若干ながら高くなっている。

次に同じ作物での主要州（基本的に本書の実態調査対象州）別の様相を見ると，トウモロコシの場合（表4-16），1996年時点の保全耕起比率はネブラスカ州（67.1％）＞アイオワ州（55.2％）＞イリノイ州（30.7％）だった。この序列は

表4-16 トウモロコシの耕起法別作付面積推移（アイオワ州，イリノイ州，ネブラスカ州，サウスダコタ州，ノースダコタ州）　　（単位：千エーカー，%）

| | | | 実 | 数 | | | 構 | 成 | 比 | |
|---|---|---|---|---|---|---|---|---|---|---|
| | | | 1996 | 2000 | 2005 | 2010 | 1996 | 2000 | 2005 | 2010 |
| アイオワ州 | 作付面積計 | | 12,699 | 12,303 | 12,800 | 13,400 | 100.0 | 100.0 | 100.0 | 100.0 |
| | 保全耕起 | 不耕起 | 2,232 | 1,447 | 2,870 | 2,408 | 17.6 | 11.8 | **22.4** | 18.0 |
| | | 畝頂部耕起 | 103 | | | | 0.8 | | | |
| | | マルチ耕起 | 4,673 | 4,481 | 4,455 | 6,398 | 36.8 | 36.4 | 34.8 | 47.7 |
| | | 小計 | 7,009 | 5,928 | 7,324 | 8,805 | 55.2 | 48.2 | 57.2 | 65.7 |
| | 軽減耕起 | | 3,606 | 3,724 | 3,693 | 2,813 | 28.4 | 30.3 | 28.8 | 21.0 |
| | 保全・軽減耕起計 | | 10,615 | 9,652 | 11,017 | 11,618 | 83.6 | 78.5 | 86.1 | 86.7 |
| | 在来耕起 | | 2,084 | 2,650 | 1,783 | 1,782 | 16.4 | 21.5 | 13.9 | 13.3 |
| イリノイ州 | 作付面積計 | | 10,999 | 11,196 | 12,100 | 12,600 | 100.0 | 100.0 | 100.0 | 100.0 |
| | 保全耕起 | 不耕起 | 1,764 | 1,542 | 1,959 | 1,088 | 16.0 | 13.8 | 16.2 | 8.6 |
| | | 畝頂部耕起 | | | | | | | | |
| | | マルチ耕起 | 1,616 | 3,975 | 2,496 | 4,209 | 14.7 | 35.5 | 20.6 | 33.4 |
| | | 小計 | 3,380 | 5,517 | 4,455 | 5,297 | 30.7 | 49.3 | 36.8 | 42.0 |
| | 軽減耕起 | | 4,855 | 1,962 | 4,192 | 3,321 | 44.1 | 17.5 | 34.6 | 26.4 |
| | 保全・軽減耕起計 | | 8,235 | 7,479 | 8,646 | 8,618 | 74.9 | 66.8 | 71.5 | 68.4 |
| | 在来耕起 | | 2,724 | 3,706 | 3,454 | 3,982 | 24.8 | 33.1 | 28.5 | 31.6 |
| ネブラスカ州 | 作付面積計 | | 8,501 | 8,499 | 8,500 | 9,150 | 100.0 | 100.0 | 100.0 | 100.0 |
| | 保全耕起 | 不耕起 | 2,489 | 1,896 | 3,911 | 4,759 | 29.3 | 22.3 | 46.0 | **52.0** |
| | | 畝頂部耕起 | 1,745 | 1,246 | 408 | | 20.5 | 14.7 | 4.8 | |
| | | マルチ耕起 | 1,470 | 2,346 | 1,940 | 2,260 | 17.3 | 27.6 | 22.8 | 24.7 |
| | | 小計 | 5,704 | 5,488 | 6,259 | 7,020 | 67.1 | 64.6 | 73.6 | **76.7** |
| | 軽減耕起 | | 1,905 | 1,196 | 1,688 | 1,570 | 22.4 | 14.1 | 19.9 | 17.2 |
| | 保全・軽減耕起計 | | 7,609 | 6,684 | 7,947 | 8,589 | 89.5 | 78.6 | 93.5 | 93.9 |
| | 在来耕起 | | 892 | 1,815 | 553 | 561 | 10.5 | 21.4 | 6.5 | 6.1 |
| サウスダコタ州 | 作付面積計 | | 4,001 | 4,301 | 4,450 | 4,550 | 100.0 | 100.0 | 100.0 | 100.0 |
| | 保全耕起 | 不耕起 | 693 | 1,167 | 1,566 | 1,253 | 17.3 | 27.1 | 35.2 | 27.5 |
| | | 畝頂部耕起 | | | | | | | | |
| | | マルチ耕起 | 1,180 | 1,253 | 1,260 | 800 | 29.5 | 29.1 | 28.3 | 17.6 |
| | | 小計 | 1,873 | 2,420 | 2,826 | 2,053 | 46.8 | 56.3 | **63.5** | 45.1 |
| | 軽減耕起 | | 1,211 | 999 | 1,132 | 1,489 | 30.3 | 23.2 | 25.4 | 32.7 |
| | 保全・軽減耕起計 | | 3,084 | 3,419 | 3,958 | 3,542 | 77.1 | 79.5 | 88.9 | 77.8 |
| | 在来耕起 | | 917 | 882 | 456 | 1,008 | 22.9 | 20.5 | 10.2 | 22.2 |
| ノースダコタ州 | 作付面積合計 | | | (882) | 1,410 | 2,050 | | (100.0) | 100.0 | 100.0 |
| | 保全耕起 | 不耕起 | | (55) | 263 | 232 | | (6.2) | 18.7 | 11.3 |
| | | 畝頂部耕起 | | | | | | | | |
| | | マルチ耕起 | | (131) | 434 | 507 | | (14.9) | 30.8 | 24.8 |
| | | 小計 | | (186) | 697 | 739 | | (21.1) | 49.5 | 36.1 |
| | 軽減耕起 | | | (288) | 233 | 330 | | (32.6) | 16.6 | 16.1 |
| | 保全・軽減耕起計 | | | (473) | 931 | 1,069 | | (53.6) | 66.0 | 52.1 |
| | 在来耕起 | | | (367) | 474 | 981 | | (41.6) | 33.6 | **47.9** |

資料：USDA ERS, *Agricultural Resource Management Survey (ARMS) Tailored Reports*, (http://www.ers.usda.gov/Data/ARMS/)より．

注：1）ノースダコタ州の1996年はデータがなく，また2000年欄は2001年の数値である．
　　2）空欄はデータがない．

2010年でも同じであるが，ネブラスカ州，アイオワ州，イリノイ州ではほぼ10ポイント程度上昇したのに対し，サウスダコタ州は2005年にかけて16ポイント余り上昇した後，2010年にかけて18ポイント余り低下している。同じコーンベルト中核でありながらイリノイ州がアイオワ州と比べて保全耕起比率が顕著に低く，逆に在来耕起比率が顕著に高く，しかも前者が上昇して後者が低下するという傾向も見せずに変動的である理由は，ここでは詳らかにしえない。

また元来コーンベルト北西外側にあったノースダコタ州はデータの制約がさらに強いが，保全耕起比率は2001年から2005年へのトウモロコシ作付急増期に21.1％から49.5％へ急速に上昇した後，2005〜2010年の引き続く急増期には保全耕起面積の伸びが減速したため同比率は36.1％へ低下している。

以上の限りでは，降水量の多いコーンベルト中核から西北部に行くにしたがって保全耕起比率が高まるという傾向は見いだせない。直近の2010年でアイオワ州，サウスダコタ州，ノースダコタ州を取り出すなら，むしろ傾向は逆である。両ダコタ州の農場現場での実態は第6章で詳述するが，耕起コスト削減（反転耕をしない，同一圃場での耕起回数が減る等によるトラクター燃料費削減と耕起作業時間削減）をいまひとつの大きな目的とする保全・軽減耕起であるが，実はそれをともなった播種を行なうための必要投資額は精密農業技術との結合も相まってトラクター，播種機，播種同時施肥機などのハードウェアとソフトウェアを合わせたパッケージとしては著しく高額化しており，面積当たり収益が高い，したがって面積当たりコスト負担力の高い地域・産地・階層でなければ，かえって保全・軽減耕起導入のハードルが高くなるという矛盾的な側面もかかえているのである。

またネブラスカ州は第3章第5節（3）（とくに**表3-21**，173頁）で触れたように，トウモロコシ主産地の中でほとんど唯一意味ある灌漑面積比率を有する州であるが，それに加えて保全耕起比率も最高水準になっている。同州の灌漑にまつわる諸問題は第5章で詳述するが，強力な灌漑基盤を持ちつつ，同時にその水資源の限界にも逢着している状況下で，一方で水資源の効率的利用のために，他方で高い収益性＝高いコスト負担力を背景に，集約的投資によって高い保全耕起率も実現していると考えられる。

なお小麦について主要州別に見ると（表出略），春小麦では最大産地ノースダコタ州の保全耕起率が1996年に33.7％だったのが2009年には89.2％に増えて在来

耕起はほとんど姿を消した。同様にモンタナ州が1996年54.1％が2009年に81.8％へ，サウスダコタ州でも1997年59％が2009年92.5％へ急速にほぼ全面化している。

冬小麦は表4-15で見られるように，これに比べると，広がってきてはいるものの全体的にまだ低い。最大産地カンザス州の保全耕起率が1996年14.9％から2009年47.2％へ，オクラホマ州は1996年が41.4％と導入が早かったものの2009年38.3％と逆に低下しており，テキサス州は1996年28.1％が2009年36.5％へ上昇している。そうした中，サウスダコタ州は早期のデータを欠くが1997年の在来耕起率がすでに12.4％しかなく，保全耕起率が2000年64.8％，2009年81.4％と，春小麦と同様，小麦産地の中では突出して保全耕起率が高い。

②精密農業技術採用の進展とトウモロコシ主要州別状況―ARMS統計から―

精密農業（precision agricultureまたはprecision farming）技術について，Schimmelpfenning and Ebel（2011）は収量モニタリング，VRT（Variable Rating Technology，マイクロコンピューター制御自動可変施用技術），ガイダンスシステム（GPSによって自走機械操縦者に圃場上の位置を正確に知らせ誘導するシステム），およびGPSマッピング（収量モニタリング，連邦農務省や衛星観測から提供される土壌の地質や微小標高・傾斜情報，あるいは土壌サンプルテストで得られる土壌の肥沃度・化学性情報を，電子マップ化する）という4つの要素技術を重視している（Schimmlpfenning and Ebel 2011: ⅰ）。

技術開発の側からすると，コンバインに装着された収量モニターで圃場内各地片の単収情報をデータベースとして蓄積し，それに土壌性質情報を組み合わせて電子地図化する。そして両方の情報から，各地片ごとの最適播種量および施肥や石灰の種類と最適量を，州立大学普及部門や農業コンサルタントサービス企業が提供する栽培指針と組み合わせて割り出す。それを先の電子地図に書き込んでプログラム（prescription，プリスクリプション）化し，VRT機構を組み込んだ自走機械（スプレイヤー）やトラクター牽引機器（播種機など）での作業中の位置をGPSで正確に特定しながら，そのプログラムにしたがって各地片に最適量の播種・施肥等を行なっていく，さらにガイダンスシステムによってVRT作業の正確性を増し，播種や施用の漏れや重複をなくす，というのが精密農業技術の現時点での「完成形態」あるいは「理想型」である。

表 4-17 トウモロコシ，大豆，春小麦，冬小麦の精密農業
技術採用面積比率の推移（各作物調査全州計） （単位：チエーカー, %）

| | | 採用面積比率 | | | |
|---|---|---|---|---|---|
| | 年次 | 1998 | 2000 | 2005 | 2010 |
| トウモロコシ | 作付面積合計 | 71,388 | 73,772 | 76,470 | 81,740 |
| | 何らかの精密農業技術 | 27.3 | 41.8 | 79.4 | **72.5** |
| | 収量モニタリング | 18.5 | 29.6 | 41.6 | 61.4 |
| | 収量マップ作成 | 6.7 | 10.7 | 19.4 | **33.9** |
| | テストに基づく土壌マップ作成 | | | 9.5 | 11.9 |
| | 土壌マップ作成のためのGPS機器使用 | 13.1 | 21.9 | 14.7 | **22.3** |
| | VRT施肥 | 7.6 | 10.6 | 10.1 | 19.3 |
| | VRT播種 | 2.0 | 3.3 | 2.8 | 7.2 |
| | VRT農薬散布 | 1.3 | 2.9 | 2.5 | 5.0 |
| | GPS誘導ないし自動ステアリング | | | 15.0 | 45.2 |
| | 年次 | 1998 | 2000 | 2006 | 2012 |
| 大豆 | 作付面積合計 | 65,747 | 71,011 | 72,880 | 73,527 |
| | 何らかの精密農業技術 | 24.9 | 35.1 | 52.3 | **73.4** |
| | 収量モニタリング | 18.6 | 22.0 | 44.5 | 62.9 |
| | 収量マップ作成 | 8.8 | 8.2 | 20.2 | |
| | テストに基づく土壌マップ作成 | | | | |
| | 土壌マップ作成のためのGPS機器使用 | 12.1 | 17.1 | 13.0 | **19.4** |
| | VRT施肥 | 6.9 | 5.6 | 5.0 | |
| | VRT播種 | 0.5 | 1.8 | 1.7 | **(21.8)** |
| | VRT農薬散布 | 0.6 | 1.3 | 2.8 | |
| | GPS誘導ないし自動ステアリング | | | 19.9 | 45.3 |
| | 年次 | 1998 | 2000 | 2004 | 2009 |
| 春小麦 | 作付面積合計 | 15,504 | 13,799 | 13,710 | 13,145 |
| | 何らかの精密農業技術 | 16.2 | 29.7 | 47.1 | **71.6** |
| | 収量モニタリング | 6.9 | 11.6 | 21.5 | 47.2 |
| | 収量マップ作成 | | | 8.5 | 13.0 |
| | テストに基づく土壌マップ作成 | | | 2.9 | |
| | 土壌マップ作成のためのGPS機器使用 | 9.2 | 15.3 | 16.0 | 10.2 |
| | VRT施肥 | 3.7 | | 8.3 | 9.9 |
| | VRT播種 | 2.5 | | 3.0 | 6.2 |
| | VRT農薬散布 | 2.9 | 1.4 | | 8.3 |
| | GPS誘導ないし自動ステアリング | | | 30.3 | 56.5 |
| | 年次 | 1998 | 2000 | 2004 | 2009 |
| 冬小麦 | 作付面積合計 | 40,412 | 38,067 | 37,120 | 36,882 |
| | 何らかの精密農業技術 | 13.8 | 19.8 | 27.3 | 57.1 |
| | 収量モニタリング | 8.8 | 10.8 | 13.8 | 35.8 |
| | 収量マップ作成 | 0.5 | 2.4 | 2.9 | 6.2 |
| | テストに基づく土壌マップ作成 | | | 1.5 | |
| | 土壌マップ作成のためのGPS機器使用 | 5.2 | 10.2 | 4.4 | 6.3 |
| | VRT施肥 | 1.2 | 2.3 | 6.6 | 11.2 |
| | VRT播種 | 0.7 | 1.0 | 4.2 | 5.4 |
| | VRT農薬散布 | 0.4 | | 2.2 | 4.4 |
| | GPS誘導ないし自動ステアリング | | | 10.3 | 35.2 |

資料：USDA ERS, *Agricultural Resource Management Survey (ARMS) Tailored Reports*, (http://www.ers.usda.gov/Data/ARMS/)より。
注：1）大豆「VRT播種」欄の2012年は「何らかの用途のためのVRT使用」である。
　　2）空欄はデータがない。

しかしながら，これら精密農業を構成する諸技術は，かつて開発者・技術者やその「技術革新性」に瞠目した農業経済研究者などが予想したようには，「完成形態」「理想型」に向かって普及・進展していない（Schimmlpfenning and Ebel

2011: iii）。そこでARMS統計を使って，まずトウモロコシ，大豆，小麦という作物別精密農業技術の普及状況を俯瞰しておきたい（**表4-17**）。

トウモロコシでの採用面積比率の推移を見ると，何らかの精密農業技術の採用面積比率は1998年の27.3％から2010年の72.5％へ飛躍的に上昇している。そのうち収量モニタリングは1998年18.5％から1990年代末，2000年代前半・後半とほぼ同様のペースで増えて2010年に61.4％に達した。これに対し収量マップ作成は面積はより早く増えているものの2010年でも33.9％にとどまっており，モニタリングした面積の半分弱はそれを電子マップ化しないままとなっている。いっぽう土壌電子マップを土壌サンプルテストにもとづいて作成している比率は11.9％と低いのだが，何らかの別の方法でGPSを用いて土壌マップを作成している比率はそれより若干高い22.3％にまではなっている。

圃場内地片毎の収量（結果としての豊度）と土壌性質・肥沃度（要因としての豊度）の双方の情報にもとづいて電子マップが作成されると，その電子マップを制御プログラム化してインプットすることによって各地片毎の施用量をGPSで正確に位置特定しながら自動制御するVRTが，技術論理それ自体としてはその潜在性能を最高度に発揮することになる。そしてVRT施用は2000年代後半になって，特に施肥において急速に進展し始めた。しかしこれまでのところ，収量モニタリング＞収量マップ作成＞土壌性質マップ作成（＞とりわけ土壌サンプル調査にもとづくもの）≧VRT施用という，序列・跛行性が見られる。VRT施用の中では施肥が際立って高いが，その場合土壌肥沃度情報は利用しないまま，もっぱら収量情報に依拠して地片毎の施肥量を設定していることがうかがわれる。

大豆の場合，何らかの精密農業技術，収量モニタリング，土壌マップ作成のためのGPS機器使用について，トウモロコシとほぼ同様の推移をたどっている。VRT施用のデータが「何らかの目的によるもの」しか得られず，また直近年次も2012年と新しいが，他の作物の場合，「何らかの目的」の採用面積比率は「施肥」のそれとほぼ同じである。これらからすると大豆のVRT施用は，トウモロコシより進展が遅れたが，2000年代後半からの普及はより急速で，直近ではトウモロコシとほぼ同じ水準になっていると見られる。

これらと比べると，小麦は全般的に普及度がなお低位である。春小麦における何らかの精密農業技術採用面積比率は出だしが遅かったものが2000年代に急伸し

**表 4-18（1）　トウモロコシの精密農業技術採用面積比率推移
　　　　　　　（アイオワ州，イリノイ州，ネブラスカ州）**　　　　（単位：千エーカー，％）

|  |  | 採用面積比率 | | | |
|---|---|---|---|---|---|
|  |  | 1998 | 2000 | 2005 | 2010 |
| アイオワ州 | 作付面積合計 | 12,499 | 12,303 | 12,800 | 13,399 |
|  | 何らかの精密農業技術 | 25.7 | 50.0 | 50.6 | **81.7** |
|  | 収量モニタリング | 19.3 | 37.9 | 44.3 | 73.4 |
|  | 収量マップ作成 | 2.8 | 17.0 | 26.8 | 46.4 |
|  | テストに基づく土壌マップ作成 |  |  | 16.8 | **17.3** |
|  | 土壌マップ作成のための GPS 機器使用 | 12.3 | 29.2 | 23.7 | **33.2** |
|  | VRT 施肥 | 9.9 | 13.1 | 14.9 | 18.6 |
|  | VRT 播種 |  |  |  | 4.6 |
|  | VRT 農薬散布 |  |  | 0.6 |  |
|  | GPS 誘導ないし自動ステアリング |  |  | 10.1 | 37.2 |
| イリノイ州 | 作付面積合計 | 10,601 | 11,196 | 12,100 | 12,600 |
|  | 何らかの精密農業技術 | 41.5 | 57.6 | 46.8 | 76.5 |
|  | 収量モニタリング | 15.3 | 37.3 | 36.8 | 66.7 |
|  | 収量マップ作成 | 8.7 | 13.1 | 22.8 | 42.5 |
|  | テストに基づく土壌マップ作成 |  |  | 17.1 | **24.6** |
|  | 土壌マップ作成のための GPS 機器使用 | 35.0 | 43.1 | 25.8 | **31.0** |
|  | VRT 施肥 | 11.9 | 20.4 | 14.3 | **33.1** |
|  | VRT 播種 |  |  |  | 5.5 |
|  | VRT 農薬散布 |  | 2.7 |  | 2.3 |
|  | GPS 誘導ないし自動ステアリング |  |  | 7.5 | 53.4 |
| ネブラスカ州 | 作付面積合計 | 8,798 | 8,499 | 8,500 | 9,150 |
|  | 何らかの精密農業技術 | 23.6 | 52.1 | 55.2 | 76.3 |
|  | 収量モニタリング | 20.7 | 41.2 | 49.5 | 66.9 |
|  | 収量マップ作成 | 2.1 | 20.8 | 20.1 | 36.6 |
|  | テストに基づく土壌マップ作成 |  |  |  | 4.8 |
|  | 土壌マップ作成のための GPS 機器使用 | 3.4 |  | 5.0 | 15.6 |
|  | VRT 施肥 | 1.9 | 20.4 | 11.2 | 17.3 |
|  | VRT 播種 |  | 21.5 | 6.9 | **10.4** |
|  | VRT 農薬散布 |  |  | 1.9 | 4.9 |
|  | GPS 誘導ないし自動ステアリング |  |  | 17.4 | 41.3 |

資料：USDA ERS, *Agricultural Resource Management Survey (ARMS) Tailored Reports*,
　　　(http://www.ers.usda.gov/Data/ARMS/)より。
注：空欄はデータがない。

て71.6％となり，トウモロコシ，大豆と肩を並べている。しかし個別技術を見ると，直近の2009年でも収量モニタリング47.2％，収量マップ作成13.0％，土壌マップ作成のためのGPS機器使用10.2％（ただし2005年に16.0％），VRT施肥9.9％となっており，トウモロコシ，大豆と比べると明らかに低い（GPS誘導ないし自動ステアリングを除く）。冬小麦の場合は，それよりさらに一段低い（VRT播種を除く）。

　このような精密農業構成技術要素の普及度合いにおける，トウモロコシ，それにスタートでは若干遅れたが2000年代後半から急進してほぼキャッチアップした大豆，これらと比べると未だ明らかに低位にある小麦（春小麦，冬小麦）という序列は，基本的に各作物の面積当たり収益性，したがって面積当たり精密技術導

表 4-18（2） トウモロコシの精密農業技術採用面積比率推移
（サウスダコタ州，ノースダコタ州） （単位：千エーカー，%）

| | | 採用面積比率 | | | |
|---|---|---|---|---|---|
| | | 1998 | 2000 | 2005 | 2010 |
| サウスダコタ州 | 作付面積合計 | 3,900 | 4,301 | 4,450 | 4,550 |
| | 何らかの精密農業技術 | 23.7 | 23.9 | 51.7 | 74.5 |
| | 収量モニタリング | 19.5 | 18.1 | 45.1 | 63.2 |
| | 収量マップ作成 | | | 25.0 | 37.8 |
| | テストに基づく土壌マップ作成 | | | 3.8 | 7.1 |
| | 土壌マップ作成のための GPS 機器使用 | 4.0 | 8.9 | 6.7 | 23.2 |
| | VRT 施肥 | | | 2.4 | 15.3 |
| | VRT 播種 | | | | **14.9** |
| | VRT 農薬散布 | | | | 11.9 |
| | GPS 誘導ないし自動ステアリング | | | 21.1 | 47.6 |
| ノースダコタ州 | 作付面積合計 | | 1,079 | 1,410 | 2,050 |
| | 何らかの精密農業技術 | | 11.7 | 70.0 | **80.2** |
| | 収量モニタリング | | 9.2 | 45.9 | 71.2 |
| | 収量マップ作成 | | | 14.3 | 34.7 |
| | テストに基づく土壌マップ作成 | | | | |
| | 土壌マップ作成のための GPS 機器使用 | | 5.7 | 6.3 | 14.3 |
| | VRT 施肥 | | | 4.8 | 7.9 |
| | VRT 播種 | | | 6.7 | **13.4** |
| | VRT 農薬散布 | | | | 6.3 |
| | GPS 誘導ないし自動ステアリング | | | 55.1 | **73.4** |

資料と注：表 4-18（1）に同じ。

入コスト負担能力に拠っていると考えてよいだろう。第5章，第6章で詳述するようにそのコストは不耕起・軽減耕起対応および大面積対応という大規模・高性能化とパッケージされた機器というハードウェア面でも，また物的作業やソフトウェア作成・インプットといったソフトウェアサービスの面でも高いので，それを吸収し，またそれを負担してもなお上回る収益獲得が可能な作物（小麦よりもトウモロコシ，大豆）および市場局面（2000年代後半の大豆の相対収益性上昇）でなければ，「技術的効率性」だけでは普及しないのである。

以上を踏まえて，トウモロコシの場合の主要生産州別状況を見よう（**表4-18（1）（2）**）。何らかの精密農業技術導入では，イリノイ州が顕著に先行していたが（1998年で41.5％），同じコーンベルト中核・最優等地のアイオワ州はその他の州とみるべき差がなかった。イリノイ州は「トウモロコシ－大豆」型現金穀作農業への専門化がより進んでいることが（肉牛や養豚との複合経営が少ない）影響していた可能性もある（公表統計では検証できない）。

これら2州とネブラスカ州，サウスダコタ州との差はあまりなく，その後1990年代末および2000年代後半の急速な浸透も共通した動きであり，直近の2010年で

はほぼ80％前後でほとんど差がなくなっている。なおノースダコタ州はトウモロコシ生産自体が後発であるが，何らかの精密農業技術採用面積比率の伸びも急激である。

　個別技術について見ると，直近2010年では収量モニタリングとそれにもとづく収量マップ作成について，州による差異はほぼなくなっている。しかし土壌サンプルテストに基づく土壌マップ作成とそのためのGPS機器使用において，中核2州とそれ以外とで明白な差がある。さらにこの統計では把握されていないが，実態調査ではイリノイ州[2]，および後段のアイオワ州では圃場を2.5エーカー程度の小さなグリッド（格子状）に区分したサンプル採取とテストを行なっているのに対し，第5章で検討するネブラスカ州では農場によってこのようなグリッド・サンプリングと，土壌性質がほぼ同様と見なしうる異なる大きさの地片（ゾーン。一般的にグリッドより大きい）毎にサンプリングとテストを行なうゾーン・サンプリング（またはゾーン・マネジメント）とのどちらかが採用されていた。さらに第6章で検討するように，サウスダコタ州では調査農場全てがゾーン・サンプリング，そしてノースダコタ州になると1圃場を単位とするサンプリングを行なう農場もあった。要するに，土壌サンプルテストとそれによる土壌性質電子マップ作成は，基本的に優等地－劣等地の序列でより細かく，つまり集約的に行われる傾向が存在するのである。

　以上の電子マップ作成までと，その後行程になるプリスクプリション作成からVRT施用までとには，多くの州で採用度にギャップが存在するのが特徴的である。すなわち一般的にVRTがもっとも普及している施肥について，アイオワ州18.6％，ネブラスカ州17.3％，サウスダコタ州15.3％，ノースダコタ州7.9％となっており，後進産地・劣等地ノースダコタ州が一段と低いがその他ではほぼ同水準の低さである。ここでも例外的なのがイリノイ州であって，VRT施肥面積比率が33.1％にのぼっている。ただしサウスダコタ，ノースダコタの両州では，VRT播種面積比率が相対的に高くなっている（データの得られるノースダコタ州春小麦2009年について，VRT施肥面積比率11.5％，同播種面積比率7.6％なので，もともとが小麦農場としての大面積経営ゆえとも言えない）。

　以上から，まず作物間でより集約作物，面積当たり収益性＝コスト負担力の高いトウモロコシおよび大豆と，それらが相対的に低い小麦との間で，個別の精密

農業技術採用率に依然として明白な差があった。次に同じトウモロコシをコーンベルトの中核，西側，および西北周縁部，旧コーンベルト外で比較すると，圃場内地片豊度データの収集と電子マップ化を収量（結果としての豊度）だけでなく土壌化学的性格（要因としての豊度）も用いて行なっているかどうかについて，中核とそれ以外とで差がある。またVRT施用の採用面積比率は，それまでの諸技術要素と比べてギャップがあり（顕著に低い），精密農業の今日的体系は少なくとも統計的に観察する限り，「完結」点に至っていないことがわかった（ただしイリノイ州では，作付面積の3分の1程度ではあるが，サンプル・テストとGPSに基づく土壌電子マップ作成がほとんどVRT施肥に結びついている）。

③2009年調査農場における耕起方法と精密農業技術採用の実態

アイオワ州における2009年農場実態調査では，耕起方法の詳細および精密農業技術における委託料金等について詳細はヒアリングができていないが，判る範囲で現場実態を確認しておきたい。

耕起方法については前掲**表4-14**で少数の農場からヒアリングできただけである。IA6は1984年から保全耕起（畝頂部耕起）を導入したが，それを可能にした大きな要因は除草剤耐性遺伝子組換え種子の登場で，除草目的の耕起が不要になったことである。ただし在来耕起がなくなってはいない。というのは，一般的には保全耕起では前作残渣物が多すぎで播種に支障をきたす，あるいはその作業効率を低下させること，またこの経営の場合，肉牛一貫部門から投入される堆肥をすき込むためということもある。IA7が大豆の不耕起とトウモロコシの片道1回軽減耕起を組み合わせているのも，前者と同じ理由だろう。またIA5は比較的近年になって軽減耕起を導入しているが，投入財価格高騰が顕著化する中でのコスト削減という誘因が大きい。

次に精密農業技術の採用状況と実施主体であるが（**表4-19**），土壌サンプル・テストは調査全農場がグリッド方式で実施し，土壌電子マップを作成している。そして「圃場の土壌条件が比較的均一」として行なっていないIA3以外が，プリスクリプションを作成して少なくとも石灰散布と施肥についてVRTを利用している（なおコンバイン収量モニタリングは，今日それを装備していないコンバインを見るのがまれな状況であるから，全農場が実施していると考えられる）。

表 4-19 アイオワ州調査農場における精密農業技術採用状況と実施主体

| 農場番号<br>地域 | IA1<br>中央部 | IA2<br>西部 | IA3<br>中央部 | IA4<br>西部 | IA5<br>中央部 | IA6<br>中央部 | IA7<br>西部 |
|---|---|---|---|---|---|---|---|
| 精密農業技術採用 | GPSステアリングトラクター, グリッド土壌テスト, 電子土壌マップ・プリスクリプション作成, 石灰・施肥・播種をVRTで. 全て自己作業. 10年前から導入. | ①グリッド土壌テスト, コンバイン収量モニタリング, 電子土壌マップ・プリスクリプション作成, 圃場の半分（2年に1度）の石灰と肥料のVRT施用は, 全て息子自身がやっている. VRT播種はしていない.<br>②精密農業用機器一式で7万ドル投資した. | コンバイン収量モニタリング, グリッド土壌テスト, 土壌電子マップ実施. 圃場の土壌条件が比較的均一なのでVRTはしていないが, 近い将来実施するかも知れない. | グリッド土壌テスト, 電子マップ・プリスクリプション作成, 石灰と施肥のVRT施用を農協に委託. VRT播種はせず. | ①トウモロコシ・コンバイン収量モニタリング<br>②HOIC農協がグリッド土壌テスト, 電子マップ・プリスクリプション作成を行ない, 石灰散布と施肥をVRTで実施. | ①コンバイン収量・水分モニタリングは自分で<br>②グリッド土壌テストを専門業者に委託<br>③電子土壌マップ・プリスクリプション作成を農協に委託<br>④石灰, 窒素・リンVRT施肥は時々農協に委託<br>⑤VRT播種はしていない. | ①コンバイン収量モニタリングは収穫作業委託者が実施<br>②グリッド土壌テスト, 電子マップ・プリスクリプション作成を農協に委託<br>③VRTによる石灰散布と施肥を農協に委託 |
| 作業委託 | | | 施肥はHOIC農協に委託. | | HOIC農協が①大型スプレイヤー（High-boy）で大豆殺虫剤散布（薬剤費込みエーカー11.5ドル）, ②飛行機でトウモロコシ防かび剤散布（同30ドル）, ③穀物・大豆5万ブッシェルを委託保管. | 時々, 草丈が高くなってから農薬散布が必要になったとき, High-boyないし飛行機による作業委託をする. | 播種と収穫は近隣農業者に作業委託 |

資料：2009年9月農場実態調査より。

しかしこれらのうち採取したサンプル土壌のテストから, 土壌電子マップを経てプリスクリプションを作成し, 最後にそれをインプットしたVRT施用を行なう過程については, IA1とIA2以外の農場は外部委託している. 委託先はサンプル土壌のテストは専門業者の場合もあるが, その他は組合員となっている穀物農協になっている. つまりITC技能を有する現代的「篤農家」だけが自前で行なうことができる状況になっている. そのような技能の修得について, IA1経営主の場合, 3年間技術系短大で修学し, さらに卒業後農業メカニックという職業を経験したことに拠っている. IA2の場合, 具体的な修得過程は不明だが, 経営主の若い息子（34歳）が担当している.

換言すると, そのような技能を有さない, 修得機会を持たない経営者や家族従

事者は，自己経営の圃場土壌に関するデジタル化された知識＝情報とその加工，それを基礎とした肥培管理のためのVRT用自動制御プログラム化された知識＝情報を，もはや自らの労働力（肉体的・精神的能力の総体）に内在・固着した熟練としては喪失し，外部の私的企業体（調査農場の場合は，営利を第一目的とはしていない所属農協が主ではあるが）に委ね，そこから商品として購入することに依拠せざるを得なくなっているのである。これは圃場土壌という農業において特殊に重要な機能を果たす労働手段の性質とその管理＝制御に関する知識が，農業経営者・家族従事者の熟練から外部化され，外給的・資本主義的商品化された上で，再び生産過程に投入されるという意味で，今日的な「充当」形態の資本による農業労働の包摂にほかならない。

### (4) 穀物等価格暴騰下の地代・地価問題

表4-20にまとめたように，調査農場のうち資本主義穀作メガファームのIA1は実質的な耕種経営面積12,000エーカーのうち自作地はわずか600エーカーに過ぎず，借入地としている11,400エーカーのうち5,700エーカーは全面受託地（生産物の所有権，販売とそれらのリスク負担は委託者に帰属，IA1側は定額の受託料金年間約100万ドルを受け取る），残り5,700エーカーが純粋な借入地である。また名義上別個の兄弟農場を単一に合同して1,500エーカーの経営にしているIA5は，父所有の農地をいまだ買取継承していないこともあって自作地が160エーカーに過ぎない。IA1の農地保有構造は，非常に急速な規模拡大を優先するために資本を沈着させる農地購入を回避してきたことも示唆される。またIA5の場合，父名義農地を購入するだけの資本蓄積の余裕が生まれていないことも示唆される。しかしこれらアイオワ州での農場調査では農地集積・規模拡大プロセスについてヒアリングがほとんどできていないため，それらを十分検証することができない。

その他の農場も含めて見ると，州中央部の調査農場ではいずれも現金借地と分益借地が混在しており，西部の調査農場では現金借地のみとなっているが，現金借地の農場別平均地代（エーカー当たり）は中央部4農場単純平均が223.5ドル，西部3農場が225ドルと，ほとんど差はない。アイオワ州立大学普及部門調査・推計による両方の所在郡地代もほとんど差はないが，いずれの郡でも調査農場支払地代の方が30ドル以上高い。

表4-20 アイオワ州調査農場における借地形態・地代・地価および農場資産額試算

| 農場番号 | | | IA1 | IA2 | IA3 | IA4 | IA5 | IA6 | IA7 |
|---|---|---|---|---|---|---|---|---|---|
| 地域 | | | 中央部 | 西部 | 中央部 | 西部 | 中央部 | 中央部 | 西部 |
| 農地保有 | 経営農地合計 | | 12,200 | 2,600 | 1,850 | 1,200 | 1,500 | 1,200 | 300 |
| | 耕種農地 | | 12,000 | 2,600 | 1,850 | 1,200 | 1,500 | 1,050 | 285 |
| | | 自作地 | 600 | 1,300 | 950 | 600 | 160 | 960 | 200 |
| | | 借入地 | 11,400 | 1,300 | 900 | 600 | 1,340 | 90 | 85 |
| | 草地 | | 200 | 0 | 0 | 0 | 0 | 150 | 0 |
| | | 自作地 | 200 | 0 | 0 | 0 | 0 | 150 | 0 |
| 耕種借地形態と地代水準 | 借入形態 | | 現金借地,分益借地(以上で50%),全面受託(残り50%) | 現金借地(借地部分は息子が「経営」) | 現金と分益 | 現金借地 | 現金と分益 | 地主3人で,現金借地1,分益借地2 | 地主は姉と妹,現金借地 |
| | 耕種農地地代 | 現金借地平均額 | 250 | 225 | 250 | 250 | 190 | 204 | 200 |
| 所在郡の2009年耕種農地現金地代 | | | 196 | 204 | 196 | 204 | 196 | 196 | 204 |
| 自作地価額試算 | 所在郡の2009年耕種農地地価 | | 5,379 | 6,028 | 5,379 | 6,028 | 5,379 | 5,379 | 6,028 |
| | 同上・草地地価(耕種農地×0.47) | | 2,528 | 2,833 | 2,528 | 2,833 | 2,528 | 2,528 | 2,833 |
| | 各農場自作耕種農地価額(万ドル) | | 323 | 784 | 511 | 362 | 86 | 516 | 121 |
| | 各農場自作草地価額(万ドル) | | 51 | 0 | 0 | 0 | 0 | 38 | 0 |
| | 合計自作農地価額(A)(万ドル) | | 373 | 784 | 511 | 362 | 86 | 554 | 121 |
| | (同上・2013年地価基準) | | (718) | (1,598) | (1,004) | (738) | (169) | (1,078) | (246) |
| 現有機械・装備・施設の自己評価額(B)(万ドル) | | | 250 | 250 | 100 | n.a. | 50 | 98 | n.a. |
| 農場資産額試算(A+B)(万ドル) | | | 623 | 1,034 | 611 | n.a. | 136 | 652 | n.a. |

資料:農場の実情については2009年9月農場実態調査,「所在郡の耕種農地現金地代」はIowa State University Extension, Cash Rental Rates for Iowa 2009 Survey, Ag Decision Maker FM 1851, Revised May 2009, の「典型的なトウモロコシ・大豆用地現金地代」,「所在郡の耕種農地地価」は do., 2009 Iowa Land Value Survey, FM 1825, Revised December 2009, の各郡別平均耕種農地価格。
なお草地価格は do., Iowa Farmland Rental Rates 1994-2014 (USDA), Ag Decision Maker FM 1728, Revised September 2014, に掲載されている州平均の耕種農地価格と草地価格の比率(2008~2010年平均0.47)を,各郡耕種農地価格に乗じて推算した。
注:1)所在郡の耕種農地現金地代,耕種農地地価,草地地価はいずれもエーカー当たりドルである。
2)所在郡の2013年耕種農地地価は直近のピークであり,「中央部」で10,566ドル,「西部」で12,296ドル,草地価格比率は0.40である。

　IA1とIA5以外の農場(IA4, IA6, IA7)では1990年代末から2000年代の農地購入も確認されているが,ここでは調査時点(2009年)の農地価格をアイオワ州立大学普及部門調査・推計値によって見ると,既に中央部の郡で5,700ドル,西部の郡で6,100ドルに達していた。地代の地価利回りは,調査農場の支払地代とアイオワ州立大学地価データから計算すると既に中央部で3.9%,西部で3.7%となっている。2008年時点でも地価は相当に高騰していたわけである。
　この2009年地価を前提に各農場の自作地価額を試算したが,自作地が最も多い

図4-3 アイオワ州の平均耕種農地地代・地価の推移（1994～2015年）

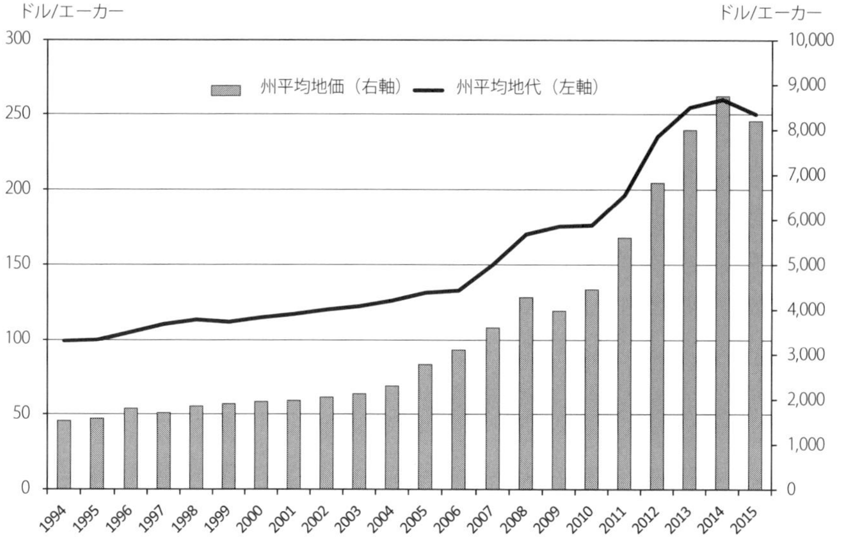

資料：Iowa State University Extension and Outreach, *Iowa farmland Rental Rates 1994-2014 (USDA)*, Ag Decision Maker FM 1728, Revised September 2014, and USDA NASS, Quick Stats Database.

IA2（しかし自作地率は50％）では約800万ドル，それに次いで多いIA3（自作地率51％）とIA6（自作地率80％）で550万ドル，IA4でも約360万ドルに達していた。つまり穀物等価格暴騰がなければ利潤範疇は獲得できない，中規模の家族経営ないしワンマンファームクラスでも400～500万ドルもの農地資産額になってしまっている。これに現有機械・装備・施設の評価額（現在価値に対する自己評価である）を加えると600万～700万ドル近くになっている。穀物等価格高騰状態が世代交代を超えるほど長期にわたる見通しがあるならまだしも，そうでなければこのような高額資産を親世代から買い取って子世代が農場を継承するのは著しく困難と言わざるを得ないだろう。

アイオワ州平均の耕種農地の現金地代，地価は，穀物等価格低迷・低落期にもわずかずつ上昇はしていた（**図4-3**）。しかし2001年にエーカー当たり117ドルだった現金地代はエタノール・バブル期以後の穀物等第一次高騰期が始まる2007年から急速に高騰し，2008年の170ドル（2001年の1.45倍）を経て直近のピーク2014年には2.22倍の260ドルに達した。さらに同・地価については2001年の1,980ドルから2008年の4,260ドル（2.15倍）を経て2014年の8,750ドル（4.42倍）へ大幅に上

図 4-4　アイオワ州の平均耕種農地地価利回りと財務省証券利回りの推移（1994 ～ 2015 年）

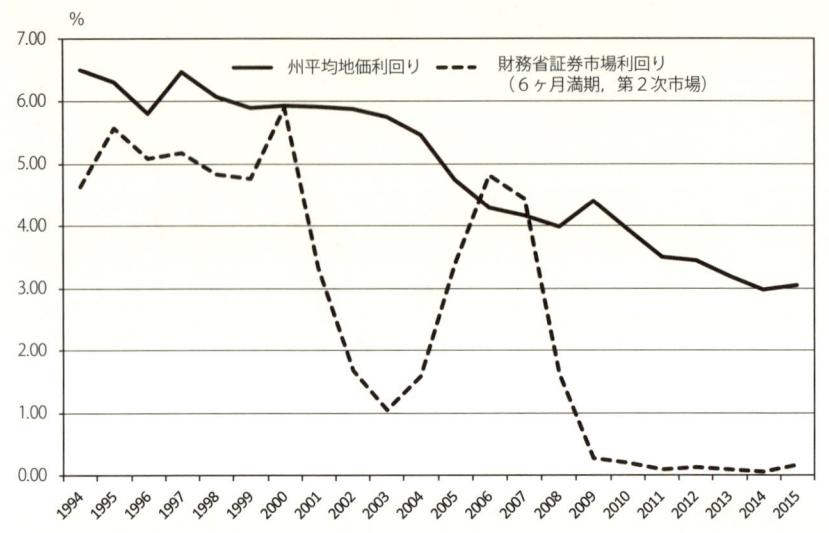

凡例：州平均地価利回り ――― 財務省証券市場利回り（6ヶ月満期，第2次市場）

資料：Iowa State University Extension and Outreach, *Iowa Farmland Rental Rates 1994-2014 (USDA)*, Ag Decision Maker FM 1728, Revised September 2014, USDA NASS, *Quick Stats Database*, and FRB, *Selected Interest Rates - H.15: Treasury Bills Secondary Market 6-month Annual.*

昇している（地代高騰・地価暴騰）。この地代と地価の上層速度の乖離は，明らかにキャピタルゲイン目的の農地購入（農地市場への投機目的資本流入）を示唆している。アイオワ州立大学普及部門Duffy（various yeas）の推計によれば，農地の買い手種類別購入シェア（面積ベース）は1996年が既存農業者69％に対して投資家23％だったのが，2001年には67％と27％，2005年には56％と39％となり投資家シェアが最高となっている。ただしその後2008年には69％と24％，2013年には78％と18％へ，投資家シェアが下がっている[3]。

　農地価格が地代を大幅に上回って暴騰したのは，さらなる地価上昇期待にもとづくキャピタルゲイン目的もさることながら，資本市場金利（貨幣資本の一般的利子率）に対する地代の地価利回りという関係もある。**図4-4**では財務省証券6ヶ月ものの第2次市場利回りを取り上げているが，それが5％前後という正常な水準で比較的安定していた1990年代後半には地代の農地価格利回りもそれに近い水準で比較的安定していた。しかしアメリカ金融市場が住宅・証券化商品バブルに突入する2000年代になると市場金利が劇的に低落したため地価利回りはそれに比べて著しく高くなった。このことが農地市場を過剰貨幣資本にとって「有利」な

運用先ならしめたのである。バブル抑制のために金利が引き上げられるとこの関係は一旦逆転するが，バブル崩壊後の金融機関救済と景気回復のためにゼロ金利および異例の量的緩和政策が敢行されて市場金利が事実上ゼロになると，再び農地利回りは大幅に「高い」水準になっている。これがさらなる農地価格暴騰をもたらしたわけだが，州平均で8,000ドルを超え，調査農場のある西部の郡のように地域によっては12,000ドルという異常な農地価格も，「投資対象」として見れば依然として相対的に著しく「安い」のである。2015年12月に連邦準備制度理事会（FRB）による金利引き上げがなされたが（短期金利の指標であるフィデラルファンド金利の誘導目標を0〜0.25％から0.25〜0.50％へ，0.25％の引き上げ），それでも今後3％といった水準への一挙引き上げは考えにくいので，こうした異常な状況が当面続く可能性が高い。

　このような直近水準の農地価格を2009年調査時点の農場に単純に当てはめて試算すれば，前掲**表4-20**の下から3段目に示したように，自作地価額だけで1,000万ドル以上の家族農場が続出してしまうことになる。その世代的継承はますます矛盾に満ちたものになろう。

**（5）トウモロコシ販路決定およびエタノール企業出資状況とそれらの性格**
　①販路の実態とその意志決定要因
　本節（1）の冒頭で述べたように，調査農場はいずれもLincolnway Energy, LLCないしSiouxland Energy and Livestock Cooperativeという農業生産者（および地元住民）出資型エタノール企業への出資者である。そのこととの関連も含めて，農業経営者の販路に関する意志決定がどのような性格を持っているかを検討したい。
　2企業のうちLincolnwayについては第2章第4節と第5節で「地元所有・エタノール専業」型の一つとして詳論したが，農業生産者以外の地元住民等が数的にも出資額的にも大半を占めるため，出資にともなう出荷義務・権利はない。しかしその創設に深く関わった同地域の穀物農協（Heart of Iowa Cooperative, HOIC）からのトウモロコシ長期供給契約を締結し，HOICはその集荷したトウモロコシの6割前後をLicolnwayに販売するという，事実上の専属供給者の関係になっていた。

いっぽうSiouxlandは農業生産者だけによる農協であり，出資と出荷義務・権利が直接的・比例的に結合されている（出荷権利株であり，したがってこの側面からSiouxlandは新世代農協として創設されている）。2001年操業開始時の年産能力は1,400万ガロンであり，それに必要なトウモロコシは500万ブッシェル余りだった（ブッシェル当たり2.75ガロンとして510万ブッシェル）。応募した組合員数394名の購入株数21,560株で1株当たり250ブッシェルの集荷義務量は539万ブッシェルになるから，組合員の出荷権利・義務株によって十分な原料トウモロコシが安定的に確保できる構造だった。しかしその後二度の能力拡張を行なって2007年には年産6,000万ガロンになっており，また出資株の分割（1株を10株へ）を行なったが，その際に新たな出資募集も実質的な1株当たり出荷義務量の変更もしていないため，現在は出資組合員による出荷義務量ではまったく足りなくなっている。

　すなわち能力どおりの6,000万ガロンを生産すれば2,200万ブッシェルが必要とり，2008年実績は1,900万ブッシェルだったが，組合員出荷義務量539万ブッシェルは28％に過ぎず，残りは組合員からの出荷義務量以上の調達，同農協創設の支持基盤にもなった穀物農協Farmers Cooperative Society（FCS）からの購入（そのトウモロコシ総集買量2,450万ブッシェルのうち250万ブッシェル），非組合員生産者からの購入，およびその他穀物エレベーター企業からの購入となっている。拡張にともなってこのような関係になったことは，新世代農協的な確実・堅固な原料調達基盤をかなりの程度自ら放棄したことを意味するが，それはエタノール産業の激しい変動を経験した上で生産水準を柔軟に変化させるために固定的な原料調達基盤＝購入義務をあえて構築しなかったという指摘がある（FCSからのヒアリング）。これは工場経営の視点から一方のリスク対応ではあるが，他方でエタノール需要拡張や収益性向上局面，あるいは（さらにそれと同時に）トウモロコシ逼迫局面においては原料調達の不足や高コストのリスクにさらされることにもなる，諸刃の剣である。「特産品」の域を完全に脱して「コモディティ」，しかも政策的（さらには政治的）商品・産業となったコーンエタノール分野で，新世代農協型の持つ意義が変容しつつあることを示唆している（増資もしていないので，長期負債依存度が深まって構造化していることも推察されるが，財務情報が得られないので検証できない）。

第4章 コーンベルト中核・アイオワ州における穀作農業構造の展開　239

表4-21 アイオワ州調査農場のトウモロコシ・大豆販路およびエタノール企業への出資・出荷状況

| 農場番号 | | IA1 | IA2 | IA3 | IA4 | IA5 | IA6 | IA7 |
|---|---|---|---|---|---|---|---|---|
| 地域 | | 中央部 | 西部 | 中央部 | 西部 | 中央部 | 中央部 | 西部 |
| 農産物の販路 | | 種子用以外の一般トウモロコシは全てLWEへ出荷。大豆は全て種子用契約生産。 | | トウモロコシ・大豆全てHOICに出荷。HOICは集荷したトウモロコシの90%をLWEに出荷、大豆はカーギル等やその他搾油企業に販売されている。 | | トウモロコシは90%強、大豆は100%がHOIC農協。 | トウモロコシ販売量の半分はLWEシェルに直接45万ブッシェル、残り45万ブッシェルはHOIC（HOICはLWEおよびその他市場へ販売） | トウモロコシは75%をSEC、残りはFCS。大豆はFCS。 |
| エタノール企業への出資状況とトウモロコシ出荷 | 出資企業 | Lincolnway | Siouxland | Lincolnway | Siouxland | Lincolnway | Lincolnway | Siouxland |
| | 購入株数と投資額 | 500株×950ドル=47.5万ドル | 当初22株（×3,350ドル）=73,700ドル、その後株分割などで220株。 | 創設時8万ドル（950ドル／株＝84株）、その後8万ドル、合計16万ドル（168株）。 | 当初10株（×3,350ドル）=33,500ドル。 | 創設時に51株×950ドル=48,450ドルその後変化なし。 | 10万ドル≒105株 | 80株、2007年に1対10の持ち株分割（share splits）しているので、当初株数としては8株×3,350ドル=26,800ドル |
| | トウモロコシ供給契約の有無、供給量など | 供給契約なし | 22株×250=5.5万ブッシェルの出荷義務がようでSECへ出荷、残りは全てFCSへ。肥育豚には給与しない。 | 10年間平均のLWEの販売価格2.16ドル／ブッシェル（Iowa State Univの試算ではブッシェル4セント上がっているという）。投資16万ドルに対して20%の配当があったから、当初は素晴らしかった。だが現在はそれほど良くない。 | 1株=250ブッシェル、収穫量の25〜30%をSECへ出荷。 | 供給契約なし | 供給契約ないが、トウモロコシ販売量の半分は直接LWEへ。価格水準を見てHOICとしている、HOICの販売には利用高配当もあるから、LWE価格はその分高くなければならない。 | 1株=250ブッシェルのdelivery requirementなので、2万ブッシェルの出荷義務。 |

資料：2009年9月農場実態調査より。
注：エタノール企業、農協の略称は、LincolnwayがLincolnway Energy. LLC (LWE)、SiouxlandがSiouxland Energy and Livestock Cooperative(SEC)、HOICがHeart of Iowa Cooperative、FCSがFarmers Cooperative Society。

表4-21でまずLincolnway出資農場のトウモロコシと大豆の販路を見ると，このエタノール企業創設プロジェクトの立案・推進の中心人物の一人であるIA1は，種子用契約生産以外の一般トウモロコシ全量を直接Lincolnwayへ出荷している。Lincolnwayの原料確保，それによる同企業収益向上を通じた出資配当獲得を優先した行動であろう。やはり中心人物の一人であるIA3は全量をHOICに出荷しているが，それはHOICからLincolnwayに提供されることを見越してのことである。大豆は全量HOICへ出荷している。IA5では，トウモロコシの90％，大豆の100％をHOICに出荷している。

IA6は，調査に対してトウモロコシの半分弱をLincolnwayへ，半分強をHOICへ販売している，それは両社の買取価格を見ながらの判断だと回答している。しかしこれは第2章第5節（2）で紹介したHOICからLincolnwayへのトウモロコシ供給20年間長期契約の内容からすると，物流的にLincolnwayに出荷している分を商流上もHOICへの販売ではなくLincolnwayへの直接販売であると誤解している可能性がある。

ただしそのような誤解があるとしても，IA6が「どちらに売るかは手取り次第だ」「最終的にはどちらのルートでもLincolnwayに供給されるのではあっても，HOICへの販売ではHOICからの利用高配当も考慮に入れて考える」としている点には注目しておく必要がある。これは農業経営者としてはトウモロコシ販売収入，Lincolnwayからの出資高配当，HOICからの利用高配当の合計を最大化しようとする，極めて経済合理的な思考様式なのだが，他方でHOICはLincolnwayへの供給契約を達成するための集荷量は必ず確保しなければならないにもかかわらず，その組合員で，しかもLincolnwayへの出資者からのトウモロコシ調達でさえ保障されていないわけだから，このような組合員の思考と行動はHOIC（という伝統的穀物農協）にとってはすこぶる機会主義的である[4]。

つまりLincolnwayはHOICとのトウモロコシ供給長期契約を結ぶことによって，出資農業生産者の機会主義的行動からは直接的には「解放」されているが，そのHOICの側は組合員による機会主義的行動にさらされたままである。したがってLincolnwayへの供給契約を満たすだけの集荷量を得られない場合は，HOICは集買価格が高くなっても組合員外から買い付けざるを得なくなり，その結果，Lincolnwayが供給契約条件にある「先買権」を形式だけでなく，実際に行使して，

第4章　コーンベルト中核・アイオワ州における穀作農業構造の展開　241

他の可能的調達先よりも価格が高いとしてHOICからの購入を回避しようとすれば，同社は独自にトウモロコシ調達先を探索しなくてはならなくなって，原料調達の安定確保の喪失と取引費用の増大を招くことにもなる。そうなると同社は間接的にではあるが，出資農業生産者（その全員がHOIC組合員）の機会主義的行動から，ネガティブな影響を受ける可能性を持っていることを意味する。このように，出資の大半を非農業者に依存し，それが故に出荷権利株方式を採用しなかった（できなかった）Lincolnwayは，原料調達の不安定化に関する潜在的リスクを抱えているのである。

　いっぽう新世代農協的な出荷権利株方式をとるSiouxlandの組合員農場の場合，1株につき250ブッシェルの出荷義務があるから，持ち株数に応じた出荷を行なっている。したがってトウモロコシの販路構成は各農場の販売可能量と義務的出荷量との関係によって大枠が決まることになり，IA2は義務分ちょうどの5.5万ブッシェルを出荷して，残り52万ブッシェルほどは元来から加入している穀物農協FCSに出荷している。IA7も同じ論理だが持ち株数と生産規模が小さいので，Siouxlandへの義務的出荷量2万ブッシェル，残り12万ブッシェルほどをFCSに出荷している。

②エタノール企業出資の意味―実態および効果への評価認識から―
　エタノール企業への出資が出資生産者にとって有する意味のうち，直接的な経済的便益としての配当について，Lincolnwayのケースは第2章第4節，第5節で財務諸表を用いて詳細に検討した。ごく簡単に要約すると，2006～14年度の平均的な株主資本配当率は7.5％で前掲図4-4で見たような住宅・証券化商品バブル抑制措置の時期以降の極端に低い市場金利・ゼロ金利状態と比較すれば相対的に高いものだが，変動係数が178％，9ヵ年度のうち4ヵ年度は無配というように，極端に変動が激しいものだった。それでも配当実施時にはそうした状況に対する出資者の不満を解消するためにも高率配当を行なってきたので，それらの累積によって利子・物価上昇を度外視すれば出資元本の68％が「還元」されている。

　もうひとつのSiouxlandについては財務諸表が公開されておらず，現地調査でも収集できなかった。しかし同農協でのヒアリングによると，組合員は2001年操業開始以降の累積で当初出資額（1株3,350ドル）の2倍余り，7,000ドル強の配

当を受け取っているとのことだった。ただし同工場は竣工時年産能力1,400万ガロンから2,500万ガロンへ，さらに2007年には6,000万ガロンへ大きく拡張してきているので，かなりの資金借入をしている。その直後2008年にはトウモロコシ価格暴騰で利潤危機に陥ったので，財務状況は単年度ベースでも（2008年度は純損失とのこと），長期負債残高でも悪化している可能性がある。

これらを踏まえつつ出資者による，出資（参加）の目的・期待，実際の企業スタートにともなう自己経営の変化，効果およびそれへの評価，さらに地域（地元）にとっての効果と評価に関する調査農場経営者の認識をまとめたのが**表4-22**である。

Lincolnwayへの出資者から見ると，調査農場経営者4名のうち2名がこのプロジェクトの構想段階からの中心的メンバーだったこともあり，目的意識はかなり共通している。すなわち自分達生産者のトウモロコシに対する地域内付加価値事業を創出すること，それによって各経営の所得（源）を増やすこと，それらをつうじた地域社会経済への貢献があげられている。

工場操業が開始されたことによる自己経営（規模や作付など）の変化については，IA6が若干トウモロコシへの作付シフトをしたとしている以外は，特段の回答はない。しかし効果という点では配当による所得増，地域トウモロコシ市場におけるベーシス（シカゴ先物価格と特定地点現物価格との差）が上昇したことが積極的なものとして指摘されている（ただし後者は客観的な因果関係として多寡検証は難しい）。またIA1はエタノール企業への出資額に対する免税措置（州政府）もあげている。Lincolnwayの場合，上述のように極めて不安定ながらも相当程度の配当を行なってきている実績が，認識にも反映されている。

地域にとっての効果と評価については，域内等のトウモロコシ需要の創出，雇用の創出，課税基盤の拡大があげられている。これらもまた創設準備段階からの中心メンバーが含まれていたり，積極的な出資者が調査対象になっているので，当然の結果なのだが，注目すべきとすれば，次のSiouxlandの組合員の場合も含めて，回答内容がほとんど同じ，定型化されていることであり，これは「地元所有型」コーンエタノール・プロジェクト企業プロジェクトを推進したり積極的に参加する人々の間で，これをほとんどもっぱら肯定的に「認識」し「発出」する言説（discourse）が確立されていることを示唆している。例えば表出はしてい

第4章 コーンベルト中核・アイオワ州における穀作農業構造の展開

表4-22 アイオワ州調査農場のエタノール企業への出資目的・期待と効果・評価

| 農場番号 | IA1 | IA2 | IA3 | IA4 | IA5 | IA6 | IA7 |
|---|---|---|---|---|---|---|---|
| 出資企業 | Lincolnway | Siouxland | Lincolnway | Siouxland | Lincolnway | Lincolnway | Siouxland |
| 出資(参加)の目的・期待 | ①HOICの理事だったが、この穀物農協のすぐ隣にエタノール工場を建てたかった。②付加価値化し、コミュニティで循環させる狙い。 | 設立当初から参加。目的は①トウモロコシの新たな市場創出、②トウモロコシへの付加価値化。投資配当はほとんど期待していなかった。 | 当社、IA1,R氏の3人がこのプロジェクトの一番初のリーダーだった。目的は所得源の多角化と農産物付加価値化。 | | ①トウモロコシ市場を拡大し、長年低かった価格を引き上げること(ベーシスが10セントも上がった)、②コミュニティへの貢献。 | 出資募集時(2004年)から参加 | 設立当初から参加(2001年操業開始)。目的は①新たな燃料と飼料の供給源創出、②トウモロコシとエタノールを直接出荷できる。 |
| 参加に伴う経営の変化 | なし | トウモロコシ作付けを増やした諸要因のうちの一つではある。 | | | トウモロコシ価格上昇と投資配当による所得増、(それを背景とした)トウモロコシ作付面積の拡大。 | 若干だが牧草からトウモロコシへ作付けをシフト。 | SECが非乾燥トウモロコシも受け入れるので、単収の高い晩生品種を植えるようになった。 |
| 自己経営にとっての効果と評価 | (一般的に投資額55%に対して果積4パーセントの現金配当がたく加えて)(950ドル)株投資額(950ドル)に対する35%の免税措置もある。 | ①トウモロコシの新市場創出、②需用の強まりによってブッシェル4セント価格が上昇したとの認識。 | 基本的に投資配当によって所得が増えた。配当は2007年12.5万ドル、2009年はゼロ。所得面の2つの目的は今のとこる実現されている。 | ①参加者はどんなトウモロコシ(収穫後の水分含有の高いもの)でも出荷できるようになった。②地元農業者所有の企業であり、配当も受けられる。 | | ①ベーシスが10セント上がった。②コーンエタノールの成功があったから、次世代バイオ燃料の追求もされている。 | ①SECが販売するトウモロコシを受け入れてくれるので、保管施設も乾燥も不要であること。②投資に対する配当 |
| 地域にとっての効果と評価 | ①43名の雇用創出。うち37名は地元雇用で、平均給与3万ドル。②市税、学校税区税、消防署税の歳入増。 | ①雇用創出、②トウモロコシの地元内加工が生まれたことによる波及効果。 | 大変助かっている。①良質な雇用を創出した(清潔で安全な労働環境で賃金も良い)、②地元産トウモロコシに対する大規模な需要の創出に加え西部諸州に飼料用に販売されている。 | | トウモロコシ価格の上昇と雇用創出。 | | SECが販売するWDGSが非常に安価なので、地元畜産経営者にとって大きなメリット。 |

資料：2009年9月農場実態調査より。
注：DDGSは Dried Distiller's Grain with Solubles, WGDSは Wet Distiller's Grain with Solubles。

ないが，自分達のエタノール企業の今後に関わる「解決されるべき課題」でも，急激に拡大した産業全体の生産能力に対して頭打ちになっているエタノール需要を一回り拡大することに資する，ガソリンへのエタノール混合比率上限の引き上げ（E10すなわち混合比率10％からE15すなわち15％への引き上げ）を早々に実現することや，第2章第2節で触れた環境保護庁EPAが2009年5月に草案として発表した各種再生燃料のライフサイクル温暖効果ガス削減効果評価において，在来型コーンエタノールは外国での間接的土地利用変化（とりわけ森林の伐採・農地化）も含めれば「ガソリン比20％削減」という基準を満たさないという報告は「欠陥のあるモデルを用いた分析なので改訂するべし」といった，アグロフュエル・プロジェクトを主導する個別巨大企業や業界団体のキャンペーンが，そっくりそのまま「農業生産者」の口から語られているのである。

　次にSiouxland組合員を見ると，出資・参加の目的や期待としては，トウモロコシの新たな市場創出，域内での付加価値形成についてはLincolnwayの場合と共通している。その他に副産物飼料であるDGS（Distiller's Grain with Solubles），特に乾燥の手間とコストをかけないWDGS（Wet）の地場市場（水分が多いので長距離輸送は困難）での低コスト供給，およびSiouxlandが独自の大容量保管・乾燥施設を装備したことから生産者が圃場で収穫したトウモロコシを直ちに出荷できるメリットもあげられており，これらはSiouxlandが1株3,350ドルの出資で組合員になれる（Lincolnwayの23,750ドルよりはるかに低い）としたことからIA7のような小規模経営も多く含まれること，地元に畜産複合経営が多いことを考慮した経営戦略を取ったことを反映している。

　自己経営の変化については，トウモロコシ作付面積の増加，収穫後非乾燥トウモロコシの直接出荷が可能になったこと，それゆえ高収量晩生品種を導入した，また農場内乾燥・保管装備をしなくても営農継続が可能になったという回答が出ている。そして効果としても，トウモロコシ新需要創出とそれによる価格上昇，配当所得があげられている。これらは価格上昇の因果関係を別とすれば，客観的根拠にもとづく評価である。そのほかでは雇用創出，地元でのトウモロコシ付加価値事業による経済的波及効果（利益，従業員賃金，配当所得などの地域内支出による乗数効果等）が指摘されているが，これらは当該農業経営者が客観的事実として確証的に認識しているというよりも，やはりエタノール産業・関係者の間

第4章　コーンベルト中核・アイオワ州における穀作農業構造の展開　245

で確立されている「言説」と言ってよいだろう。

### ③「地元所有型」エタノール企業への出資とトウモロコシ販売の性格─「資本による農業労働の包摂」視点から

　以上で検討してきたそれぞれの「地元所有型」エタノール企業への出資，企業経営と配当，出資企業向けを含む生産物（トウモロコシ）販路決定の実態とそれらに対する認識・評価をふまえて，農場経営者にとってのこれら出資とトウモロコシ販売（供給）のありようを，第3章第2節（4）で述べた「資本による農業の包摂」「農業労働の性格再編からみた『農業の工業化』」という視点から簡潔に性格づけてみたい。

　2つの事業体ともに大きくは「地元所有型」に分類されるが，Lincolnwayの場合，出資者数からしても出資額からしても大半は非農業者であった。また企業としての意思決定構造を見ると，一般的・日常的な経営的意思決定（そこには工場の操業水準，したがってまたトウモロコシ集買規模や，配当の有無と水準も含まれる）の権限を有する理事会について，理事には出資者である必要性が全く課されていない。規定上は農業生産者はおろか非農業生産者の出資者も全く含まれない理事会構成がありうるわけである。またその理事選出を含む企業の最高意思決定機関である出資者総会における議決権は，出資一株一票である。さらに理事候補は，理事会ないし理事会が設置した推薦委員会が作成する推薦リスト，および発行済総株数の5％以上（創設時額面ベース＝総出資額約4,000万ドルを前提にすると200万ドル以上！）を所有する出資者（単数または複数）による推薦だけとなっている。出資者個々人の立候補は認められていないわけである[5]。

　かくしてLincolnwayは，少なくとも規定上，組織原則上，および出資者構成上は，農業生産者出資者によるコントロールが及ばない構造になっている。現在までの理事会は，このプロジェクト準備段階以来の中心メンバーである複数の農業生産者を有力理事として含んでいるが，将来にわたってそうであり続ける制度的保証は何もない。大半を占める非農業生産者出資者の利害をもっぱら代表する理事からなる理事会，さらには非農業生産者を含めて出資者が一人もいない理事会というものがあり得るわけで，そのようなガバナンス体制の下では，農業生産者所有のトウモロコシ付加価値事業体という性格は実態的にも失われ，生産者は

単なるマイノリティの配当受取者（各人の意思によっては兼・原料供給者）でしかなくなる。それは農業生産者資格としては，エタノール企業の経営的意思決定から疎外されることを意味する(疎外の可能性が構造的にビルトインされている)。

　では出資している農業生産者にとって，Lincolnwayへのトウモロコシ販売意思決定はどのような性格を持っているか。出資に出荷義務が結合されていないという意味で，農業生産者の農場経営的意思決定は拘束を受けないが（その意味で自律的)，それはエタノール企業の方の経営的意思決定から排除・疎外されうる制度との「引き替え」でもある。その中でLincolnwayへのトウモロコシ販売という意思決定をする場合，同社による集買価格の高低と，（期待される）同社最終利益にもとづく配当の多寡の合計を最大化しようとする判断に拠ることになる。しかし現在はともかく制度的にはLincolnwayの経営的意思決定は農業生産者としての利害がほとんど顧みられることなく行なわれうる仕組みになっているから，そこには相互に独立し，かつ基礎的には原料価格の高低をめぐって対立する利害当事者同士の市場的関係に純化する性格が常に包含されることになる。自由，自律的ではあるが，対立的でしかなくなるわけである。

　Siouxlandの場合，新世代農協として創設された。しかも出荷権利株購入＝組合員資格の取得のハードル（最低必要出資額）が3,350ドルと相対的に低かったことから，農業生産者について幅広い階層の参加を可能にしている。しかしその後の大幅な能力増強過程で，出荷権利株の実質的な増発も増資もしなかったことによって，一方で資本構成面では借入資本依存度（長期負債依存度）が高まっていると考えられ，他方で原料調達における出資組合員の出荷義務・権利にもとづく比重は大幅に低下し，それ以外の市場的調達に大きく依存する構造に変化した。

　ここでは自己資本については引き続き農業生産者組合員だけの構成になっており，また組合員投票権は一人一票であるから，それにもとづいて選出される理事会が下す経営的意思決定（操業水準，それに連動する1株当たりトウモロコシ出荷義務量の年度的調整，配当の有無と多寡等）は，個別の農業生産者の手は離れているが，協同組合原則にもとづく集団としての協同的決定の形態を取っているわけなので，その意味では農業生産者が疎外される関係にはなっていない。しかし借入金依存度が構造的に高まっているとすれば，その資本貸付者（金融機関）の経営的意思決定に対する影響力が増さざるを得ない可能性をはらんでいること

は注視しておくべきだろう。

　いっぽうトウモロコシ売買については，農業生産者組合員の側からすれば，引き続き出荷義務量に応じたSiouxland向け販売について，上述の協同組合的な集団的意思決定にもとづくもの（個別の手は離れているが疎外されてはいない）と性格づけることができる。ただ能力増強に対応する分については出荷権利株方式を採用しなかったため，組合員側からすればSiouxlandへ販売するかどうかは自律的意思決定となった反面，Siouxland側は「柔軟性」と同時に原料不足や原料コスト高騰リスクを抱え込むことになった。そして農協にとってのリスクは，最終的には農協の経営成果，したがってまた配当にも影響して，組合員のリスクにもなるわけである。ここには，敢えてリスクを承知で「柔軟性」を選択せざるを得ないような，コーンエタノールという産業そのものの一種の投機的性格（第2章全体，および同第6節）が影響していると考えるべきだろう。

## 第5節　本章の小括―コーンベルト中核＝最優等地アイオワ州における穀作農業の今日的「担い手」の性格と「工業化」の到達点―

　本章は基本的に，第3章第6節で確認した穀作農業構造の実態に即した分析課題を，そこで与えたアイオワ州の位置づけ，すなわち西北漸しているコーンベルトの伝統的中核にして最優等地であることに留意しつつ，明らかにしてきた。

　その結果を小括すると，まずアイオワ州農業も全米同様，アグロフェル・プロジェクトを需給ファンタメンタルズ面での主因とする穀物等高価格局面にあって「ブーム」を享受していた。その下で既に1970年代までにトウモロコシと大豆の2作物に単純化されていた土地利用は，極限と言えるほどまでにさらなる単純化を遂げた。それはミクロの農場段階でも「トウモロコシ－大豆」作付方式のいっそうの増加から，さらに進んで「トウモロコシ連作」の増加という作付方式上の退行として現れている。

　州内農場全体の階層構成は，二度の穀物等価格暴騰期に全米の場合以上に農産物販売額100万ドル以上層の増加が顕著である（トウモロコシと大豆への特化度が高いため）。しかし農場土地面積規模別でも，極零細層を除けば規模拡大と大規模層の農場数増加，とりわけ2,000エーカー以上の増加とそこへの農地・生産の集中が確実に進行している。

これらの結果，農場数7.8％の農産物販売額100万ドル以上層が農産物販売金総額の57％を占めるようになったが，この階層を平均的に見るなら穀物等価格暴騰によって多額の寄生的利潤を獲得してはいるものの雇用労働力への依存度は家族労働力を多少上回る程度にとどまるので，アイオワ州農業全体として資本主義経営が優勢であるとは言えない。なお価格低迷期に属する2002年センサスから試算した地代負担力（試算値）は農産物販売規模別でも農場土地面積規模別でも最大区分階層（100万ドル以上，2,000エーカー以上）しか実勢地代に届いていなかったのに対し，2012年では中規模層（25万～50万ドル，260～499エーカー）以上なら実勢地代と同水準かそれをクリアする状況に変化している。つまり二度の価格暴騰は，中規模層にまで借地拡大競争への参加可能性を与えた，換言すると借地獲得競争を激化させる方向に作用したのである。

　多少とも穀物販売があったという意味での穀作農場に絞って階層構成変化を見ると，農場土地面積規模別ではほぼ一貫して1,000エーカー以上層だけが増加してきており，2,000エーカー以上層の増加はそれ以上である。しかしそれらのペースは，価格低迷期に比べて価格暴騰期には減速している。背景要因として指摘できるのは，一面で価格暴騰によって所得維持・拡大にとっての農地規模拡大の必要性が低下したこと，他面で同じく価格高騰・収益性向上がより広い階層の借地拡大競争への参画を可能にして実際の拡大を相対的に困難にしていることである。

　二度の価格暴騰を経た穀作農場（ここでは穀物販売額が過半を占める農場）主要階層の経済的性格を見ると，2013年の経済階級（農産物販売額＋政府支払）100万ドル以上層はその平均経営土地面積約1,800エーカーからして，その多くが2003年時点の50万～100万ドル層が「水膨れ」した農場群と判断される。その純農場所得49万ドルは州世帯所得中間値の9倍近くであるが，他方で雇用労働力は経営者・家族労働力の半分以下程度であることから，寄生的利潤獲得という性格を著しく強めた上層家族経営である。ただしこれは平均像であり，実態調査で把握されたように，この階層の最頂点部分には経営土地面積1万1,000～1万2,000エーカー，トウモロコシ面積7,000～8,000エーカー，大豆面積4,000エーカーで常雇数名を擁する資本主義穀作メガファームが存在する。

　2013年の50万～100万ドル層（経営土地面積約1,000エーカー）は2003年には25万～50万ドル層の余裕ある農業専業的家族経営だったものが，寄生的利潤獲得

家族経営に変容したものである。同様に2013年の25万〜50万ドル層（約600エーカー）は2003年には10万〜25万ドル層の農業専業下限家族経営だったものが，余裕ある農業専業家族経営に若干上向したものと言える。

アイオワ州における農場実態調査は，農業生産者・地元住民所有型エタノール企業の出資者（州中央部）と農業生産者だけの出資による新世代農協型エタノール企業の組合員を対象とした（IA1〜IA7の合計7農場）。IA1は経営農地面積12,200エーカー，トウモロコシ作付面積8,000エーカー，大豆作付面積4,000エーカー，これらの販売額1,000万ドルに肉牛肥育を加えて農業粗収益1,800万ドル，経営主夫婦2名に対して常雇5名の，資本主義穀作メガファームである。IA2は経営農地面積2,600エーカー，ほとんどトウモロコシ単作でその販売額300万ドル超，肉牛肥育を合わせた農業粗収益400万ドル，父子2名に対し常雇3名・臨時雇述べ225人日の，資本主義的性格を帯びつつある多額の寄生的利潤獲得家族経営である。IA3は経営農地面積1,850エーカーの穀作専門で農業粗収益170万ドル，IA4は1,200エーカーの肉牛肥育複合経営で農業粗収益150万ドルの，寄生的利潤獲得家族経営ないしワンマンファームである。IA5とIA6はそれらよりひとまわりビジネスサイズが小さい農業粗収益100万ドル前後の寄生的利潤獲得家族経営，そしてIA7は経営農地面積300エーカーで経営主が農協常勤職員の小規模兼業ワンマン農場だが，価格暴騰で農業粗収益は24万ドルになっていた。

これら調査農場の作付方式は，エタノール・バブル以前までに既に「トウモロコシ−大豆」交代にまで単純化していたものが，さらにトウモロコシの連作を含むものに変化し，IA2にいたってはほとんど全ての圃場がトウモロコシ連作となっているというように，現場段階でもその退行がはっきりと現れていた。

ARMS統計によれば，主要州のトウモロコシ生産における耕起方法は，降水量の多いコーンベルト中核から西北部に行くにしたがって保全耕起比率が高まるという，土壌水分保全の技術的必要性から想定される傾向は見いだせない。実は保全耕起・軽減耕起のためには，それをともなった播種を行なうための必要投資額が，精密農業技術との結合も相まって，ハードウェアとソフトウェアを合わせたパッケージとして著しく高額化しているため，面積当たりコスト負担力（収益性に規定される）の高い地域・産地・階層でなければ，かえって保全・軽減耕起導入のハードルが高くなるという矛盾的な側面を抱えているのである[6]。

同じ事が精密農業技術採用そのものについても言える。すなわちより高額投資・高コストを必要とするグリッド土壌サンプルテスト，プリスクリプション作成とそれによる自動制御可変施用技術VRT（による施肥や播種）の採用度合いには，面積当たりコスト負担力の高いトウモロコシ・大豆と小麦との間で格差があり，同じトウモロコシでコーンベルト中核＝最優等地とそれ以外とで差がある。
　そのコーンベルト中核たるアイオワ州調査農場ではほとんどの経営がグリッド土壌サンプルテスト，プリスクリプション作成，VRTによる石灰散布と施肥を採用していた。しかしそうした精密農業技術を自ら駆使する技能（とくにITCの機器とソフトウェア取扱技能）を修得している構成員がいるわずかな農場以外では，全て外部委託していた。これは，そうした技能を持たない経営者や家族従事者にあっては，圃場土壌という農業において特殊に重要な機能を果たす労働手段（装置的労働手段）の性質とその管理（肥培管理）＝制御に関する知識が，もはや自らの労働力（肉体的・精神的能力の総体）に内在・固着していた熟練としては喪失し，デジタル情報に転換・資本主義的商品化されたものを，購入した上で生産過程に投入されることになっているわけであって，すぐれて今日的な「充当」形態（第3章第2節（3）（4））をつうじた農業労働の資本による包摂にほかならないと言える。
　穀物価格等暴騰の下でのアイオワ州農地市場は，とりわけ2006年頃から「地代高騰・地価暴騰」の状況を呈し，耕種農地の地価は直近のピーク2013年に州平均で9,000ドル近く，郡によっては12,000ドル以上にまで達した。地代上昇幅と地価上昇幅の乖離は，キャピタルゲイン目的の農地購入（したがって投機目的資本の農地市場流入）を示唆しているが，それでも住宅・証券化商品バブル期の金利急低下，およびその破綻後対応のためのゼロ金利政策局面にあっては地代の地価利回りは金融市場の一般的金利より顕著に高いのであって，過剰貨幣資本の運用先としての農地はいまだに著しく「安い」のである。
　しかしこのような農地価格によって，調査農場の自作地価額（2009年調査時）は中規模の家族経営ないしワンマンファーム級でも360～550万ドルにも達していた。これに現有機械・装備・施設を加えた農場資産額は600～650万ドルになる。さらに2013年の農地価格を適用すれば自作地価額だけで1,000万ドルを超えてしまう。穀物等高騰状態が世代交代を超えるほど長期にわたる見通しでもない限り，

このような高額資産を親世代から買い取って子世代が農場を継承するのは著しく困難になっている。これは大規模化・工業化路線を邁進してきた穀作「家族経営」に，多額の寄生的利潤を享受せしめたアグロフュエル・プロジェクトをファンダメンタルズ要因とする穀物等価格暴騰が他面でもたらしている地価暴騰が，その世代的再生産を困難化させつつあるという，矛盾の（潜在的）構造である。

最後に，「農業生産者が自らの手（出資＝所有）で自らの地元でトウモロコシ付加価値事業を行なってその経済的果実を自分達および地元に還元・留保する」ことを「目的」に創設した，「地元所有型」の２つのエタノール事業体に対する出資とトウモロコシ販売は以下のように性格づけることができた。

すなわち少なくとも規定上，制度上，および出資者構成上（大半が非農業生産者），農業生産者出資者によるコントロールが及ばない構造になっているLincolnway Energy, LLCの場合，農業生産者資格としてはその経営的意思決定から疎外される可能性が構造的にビルトインされていた。そのような所有構造ゆえに出荷権利・義務株方式を持たないLincolnwayに対する農業生産者出資者によるトウモロコシ販売意思決定は自律的ではあるが，それはエタノール企業の経営的意思決定から排除・疎外されうる制度との「引き替え」であった。

いっぽう新世代農協としてスタートしたSiouxland Energy and Livestock Cooperativeの場合，出荷権利株購入＝出資の最低額を3,350ドルと低く設定したことによって幅広い階層の農業生産者の参加を可能にした（Lincolnwayは23,500ドルと高いことが一因となって，創設とトウモロコシ供給で支援・提携を受けている穀物農協組合員の４分の１程度しか参加していない）。そして一人一票制を取っているので，その経営的意思決定は協同組合原則に従った集団的自己決定という形態を保持している。出荷権利・義務株方式にもとづく組合員によるトウモロコシ販売意思決定についても，同様のことが言える。

ただし同農協は工場の大幅な能力増強に際して，エタノール産業の需給・価格状況等に応じた操業水準，したがって原料調達量に「柔軟性」を持たせる狙いから，増資，したがって出荷権利・義務株の増発を行なわなかった。これは一方で長期借入金依存度を高めているはずなので貸し手金融機関による経営的意思決定への影響力を高める可能性があり，他方でトウモロコシ逼迫時の原料不足やコスト高騰のリスクを抱えることになる。このようなリスクを敢えて承知で「柔軟性」

を選択した背景に，コーンエタノール産業そのものの，一種の投機的性格がある
と考えるべきである。

**【註】**
（1）以上の定義について，USDA ERS（2000），Horowitz et al.（2010）pp.2-5，および O'Donoghue et al.（2011）pp.53-54からまとめた。
（2）磯田（2011）pp.68-69。
（3）Duffy（various yeas）の2014年版の解説によれば，同調査推計は州内の有免許不動産業者および土地市場精通者428名から収集した州内各郡608件の地価データより推計している。そして農地購入者に関する設問は「農地は既存農業者，投資家，新規農業者，その他の4類型の買い手に対して何パーセント販売されたか」であるとしている（原文は，The 2014 survey asked respondents what percent of the land was sold to four categories of buyers: existing farmers, investors, new farmers, or other)。このことから設問への回答と推計値は面積ベースであると判断される。
（4）農協への農産物出荷に関する組合員の機会主義的行動（所属する農協と他の買手とを常に市場ベースで比較して出荷行動を決めるため，農協側からするとその適正な操業水準に必要な量の確保が保障されない）を許す伝統的な農協と組合員との関係を克服することを最重要目的に含む「出荷権利（義務でもある）株」（delivery right share）方式を採用する点が，特産品・差別化商品販売や加工事業に焦点を当てる新世代農協の本質的特徴の一つであることについて，磯田（2001）pp.232-236を参照。
（5）以上の諸規定については，Lincolnway Energy, LLC, *Second Amended and Restated Operating Agreement*，より。
（6）なお土壌学者等から，不耕起・保全耕起が土壌の生物相を豊富化させるにともなって除草剤や殺虫剤への依存度を減らせる，あるいは不耕起・保全耕起栽培は植物種の多様化と結合した土の進化・肥沃化を最大限活かした栽培法であり，植物種の多様性を時間的に保障するのが輪作である（つまり不耕起・保全耕起栽培と輪作との結合の必要性）といったロジックで，化学化（さらにGM化）およびそれを重要基盤とするモノカルチャー化農業からの転換の技術的な可能性あるいは必然性が展望されているものの，現実の主流的農業現場ではそのような転換の萌芽は現実化しておらず，むしろ一層高度化した除草剤やGM種子の利用と結びついてさらにモノカルチャー化が進展しているという問題については，次章以下で論じる。

# 第 5 章
# 集約灌漑地帯ネブラスカ州における穀作農業の構造変化

## 第 1 節　ネブラスカ州の位置づけ，農場セクター経済状況と穀物等生産の推移

### （1）ネブラスカ州の位置づけと農場セクターのマクロ経済状況

　第 3 章第 6 節で述べた本書実態調査諸州におけるネブラスカ州の位置づけを確認しておく。元来同州の西部は降雨量が少なくコーンベルトの西周縁部であったが，州全体のトウモロコシ作付面積は1970～2012年（3ヵ年移動平均）の長期で1.8倍以上に増えた。またエタノールバブル期・トウモロコシ価格暴騰期を含む2005～2012年の増加率も20％で，コーンベルト東部や中核州と比べてより急速だった。また大豆にいたっては，1970～2014年の作付面積増加率が約7倍にも達している。

　これは第 6 章で取り上げる両ダコタ州（従前はコーンベルト北西周縁部ないし外部）ほどではないにしろ，ネブラスカ州が第 3 章で論じたコーンベルト拡大・西北漸の重要な舞台となったことを意味する。

　しかもトウモロコシの生産量ベースでは1970～2013年（3ヵ年移動平均）に 4 億1,800万ブッシェルから15億300万ブッシェルへ2.7倍も増えている。これを支えたのが最近で 6 割を超える高い灌漑比率（収穫面積ベース）であり，それが生み出すコーンベルト中核州＝最優等地をも上回る単収であった（前掲表3-21，173頁）。

　こうしたコーンベルト中核州（アイオワ州，イリノイ州）と肩を並べるほどの大主産地・高位生産力へ押し上げた集約灌漑農業は，州のほぼ全域が世界最大とされるオガララ帯水層の上に位置するという自然的生産力要因と，1950年代から実用化し段階的に進化してきた深井戸ポンプアップおよび圃場給水技術という社会的生産力要因の結合ゆえである。

　またコーンエタノール・ブームとの関連では，ネブラスカ州はエタノール工場の建設・能力増大が急速に進んだ州の一つであり，2014年時点で州内需要比率（推

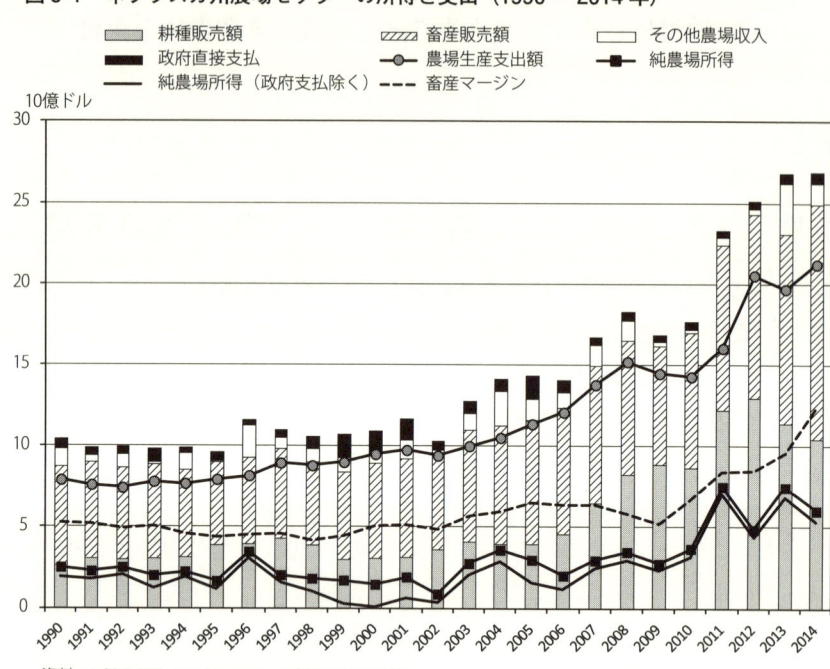

図5-1 ネブラスカ州農場セクターの所得と支出（1990～2014年）

凡例：
- 耕種販売額
- 畜産販売額
- その他農場収入
- 政府直接支払
- 農場生産支出額
- 純農場所得
- 純農場所得（政府支払除く）
- 畜産マージン

資料：USDA ERS, *Farm Income and Wealth Statistics.*
注：畜産マージン＝畜産販売額－飼料支出額。

算値）は44％と高い水準にある（前掲**表3-23**，177頁）。

　以上のように需要面からはアグロフュエル・ブーム下での全般的拡大と州内エタノール用需要の急速な増加，そうした局面下で中核州とほとんど同水準になっているトウモロコシ価格水準（前掲**図3-6**，176頁），供給面からは集約灌漑に支えられた面積・単収両面での急速な生産力増大という条件が，穀作農業の構造変化と個別経営の経済・技術・農法的性格に与えた影響と矛盾の具体的態様を，他の諸州との異同に留意しながら分析するのが，本章の位置づけであり課題となる。

　次にネブラスカ州についても，アグロフュエル・ブーム下における農場セクターのマクロ経済状況を見ておこう（**図5-1**）。第4章で見たアイオワ州と基本的には同じで，穀物等価格がとくに低落した1999～2002年には政府支払を除く純農場所得はほとんどゼロ近くにまで落ち込み，所得はもっぱら政府支払に依存する状況だったのが，2003年以降，とくに2007年から穀物販売額の急激な増大に牽引

されて純農場所得も急増し、さらに2011年の政府支払を除くそれが2003年と比べても3.5倍の70億ドル超に達した。トウモロコシ暴騰で2008～2009年に所得圧縮があった畜産も、そのマージン（販売額－飼料支出額）が2010年以降回復・急増している。2014年に穀物価格の若干の低下によって確かに純農場所得の減少が見られるがそれでも50億ドルを上回っており（2010年以前には一度もなかったこと）、また隔年変動を見せている2011年以降の4ヵ年を平均すれば60億ドルであるから、「農業不況への逆戻り」などというのは少なくともマクロ的には当たらない。

総じて、2005年以降のコーンエタノール部門急拡大に沿って、今やトウモロコシおよび大豆において、コーンベルト中核に肩を並べる主産地となったネブラスカ州でも、農業ブームがもたらされたのである。

### （2）主要作物の作付面積推移

ネブラスカ州における主要作物の作付（干草は収穫）面積の推移を図示すると、同州がコーンベルト北西漸のただ中にあることが明瞭であり（図5-2）、元来からの中核・アイオワ州とは変化の様相が大きく異なる（前掲図4-2, 191頁）。トウモロコシと大豆の作付面積が前項で述べたように長期的に、さらに前者はアグロフュエル・ブーム下でさらに増加しているのだが、他方でその他穀物等（ヒマワリを含む）は1970年にはトウモロコシと同面積だったのが1970年代前半の「輸出ブーム」後はほとんど一貫して、かつ急激に減少した。また干草もそれよりは緩やかながら長期一貫して減少してきた。

つまりマクロ的に見て、「トウモロコシ＋各種穀物＋干草」という土地利用から「トウモロコシ＋大豆」へと様相を一変したのである。その結果が、これら主要作物に占めるトウモロコシと大豆の合計面積シェアの長期一貫した大幅な上昇である（1970年39％が直近ピークの2013年78％へ）。ネブラスカ州の耕種土地利用は激しく単純化したのである。

ただ単純化の絶対水準は、第4章で見たコーンベルト中核アイオワ州（同シェア95％）と比べればまだ若干の差がある。集約的な灌漑が進んだとはいえ、なお州西部・小雨量地域ではトウモロコシを連年灌漑栽培するには多量の水使用＝高コストを要するので、グレインソルガムや食用豆作付の方が経済性を持つ部分があるからである（その一端は後段の農場実態調査分析で触れる）。

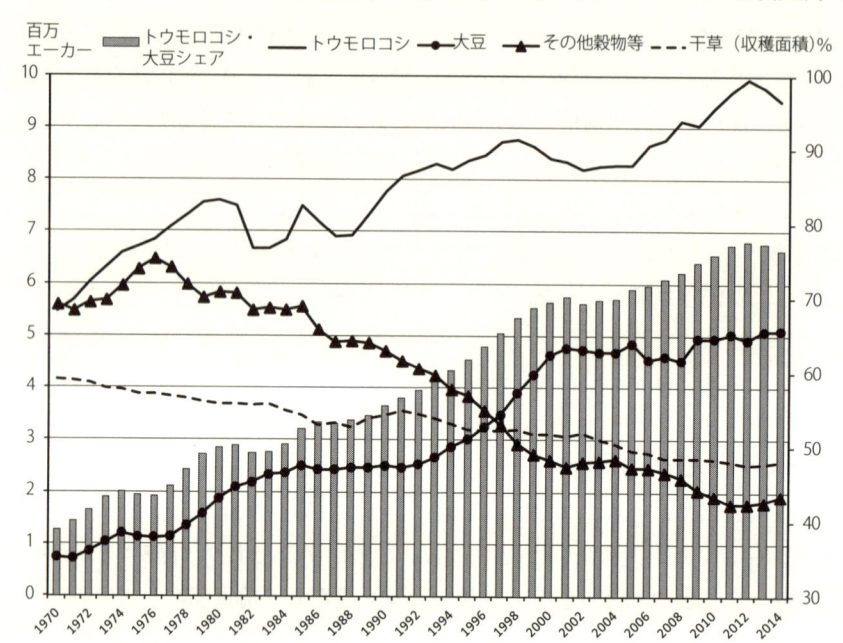

図 5-2　ネブラスカ州における主要穀物等の作付面積の推移（1970～2014年3ヵ年移動平均）

資料：USDA NASS, *Quick Stats Database*.
注：1）「その他穀物等」は小麦，大麦，オーツ麦，ライ麦，グレインソルガム，ヒマワリの合計。
　　2）「トウモロコシ・大豆シェア」は，図示した作物合計面積に対する両作物小計の比率。

## 第2節　ネブラスカ州農業の構造変動の特徴と現局面

### （1）規模別階層変動の状況と到達点

　表5-1で農産物販売額規模別階層構成変化を見ると，農場数増減分岐階層が穀物等価格低落下の1997～2002年に50万～100万ドル層だったのが第一次暴騰期にさしかかる2002～07年に25万～50万ドル層に下がり（しかも同階層の増加率が38％と高い），また両期間とも零細規模農場も増える両極分解的変動だったのが，第一次・第二次暴騰期を含む2007～12年では増減分岐階層は50万～100万ドル層に戻り，それ以下は1万～2.5万ドル層以外で減少している。大規模層では特に250万～500万ドル層と500万ドル以上層の増加率が農場数（それぞれ100％と45％），農産物販売金額（103％と70％）ともに高い（全米のそれを上回る。前掲**表3-3**，143頁参照）。

表 5-1　農産物販売額規模別農場構成の推移（ネブラスカ州）　　　（単位：百万ドル，％）

| | | 実　　数 | | | | 増　減　率 | | | 構　　成　　比 | | | |
|---|---|---|---|---|---|---|---|---|---|---|---|---|
| | | 1997* | 2002 | 2007 | 2012 | 97*〜02 | 02〜07 | 07〜12 | 1997* | 2002 | 2007 | 2012 |
| 農場数 | 全規模計 | 54,539 | 49,355 | 47,712 | 49,969 | -9.5 | -3.3 | 4.7 | 100.0 | 100.0 | 100.0 | 100.0 |
| | 1千ドル未満 | 4,590 | 8,002 | 9,086 | 8,731 | 74.3 | 13.5 | -3.9 | 8.4 | 16.2 | 19.0 | 17.5 |
| | 1万ドル未満 | 13,676 | 15,069 | 15,020 | 15,722 | 10.2 | -0.3 | 4.7 | 25.1 | 30.5 | 31.5 | 31.5 |
| | 1万〜2.5万 | 7,064 | 5,853 | 3,878 | 3,998 | -17.1 | -33.7 | 3.1 | 13.0 | 11.9 | 8.1 | 8.0 |
| | 2.5万〜5万 | 7,140 | 6,030 | 3,977 | 3,711 | -15.5 | -34.0 | -6.7 | 13.1 | 12.2 | 8.3 | 7.4 |
| | 5万〜10万 | 8,117 | 6,619 | 5,261 | 5,071 | -18.5 | -20.5 | -3.6 | 14.9 | 13.4 | 11.0 | 10.1 |
| | 10万〜25万 | 11,105 | 8,834 | 7,947 | 7,116 | -20.5 | -10.0 | -10.5 | 20.4 | 17.9 | 16.7 | 14.2 |
| | 25万〜50万 | 4,901 | 4,126 | 5,708 | 5,634 | -15.8 | 38.3 | -1.3 | 9.0 | 8.4 | 12.0 | 11.3 |
| | 50万〜100万 | 1,661 | 1,804 | 3,361 | 4,400 | 8.6 | 86.3 | 30.9 | 3.0 | 3.7 | 7.0 | 8.8 |
| | 100万ドル以上 | 875 | 1,020 | 2,560 | 4,317 | 16.6 | 151.0 | 68.6 | 1.6 | 2.1 | 5.4 | 8.6 |
| | 100万〜250万 | 542 | 618 | 1,904 | 3,181 | 14.0 | 208.1 | 67.1 | 1.0 | 1.3 | 4.0 | 6.4 |
| | 250万〜500万 | 138 | 179 | 338 | 675 | 29.7 | 88.8 | 99.7 | 0.3 | 0.4 | 0.7 | 1.4 |
| | 500万ドル以上 | 195 | 223 | 318 | 461 | 14.4 | 42.6 | 45.0 | 0.4 | 0.5 | 0.7 | 0.9 |
| 農産物販売金額 | 全規模計 | 9,937 | 9,704 | 15,506 | 23,069 | -2.4 | 59.8 | 48.8 | 100.0 | 100.0 | 100.0 | 100.0 |
| | 1万ドル未満 | 42 | 34 | 26 | 33 | -20.3 | -22.2 | 23.8 | 0.4 | 0.3 | 0.2 | 0.1 |
| | 1万〜2.5万 | 119 | 97 | 64 | 65 | -18.2 | -33.7 | 0.5 | 1.2 | 1.0 | 0.4 | 0.3 |
| | 2.5万〜5万 | 259 | 216 | 145 | 134 | -16.7 | -33.1 | -7.5 | 2.6 | 2.2 | 0.9 | 0.6 |
| | 5万〜10万 | 584 | 478 | 384 | 370 | -18.2 | -19.6 | -3.6 | 5.9 | 4.9 | 2.5 | 1.6 |
| | 10万〜25万 | 1,794 | 1,411 | 1,315 | 1,177 | -21.3 | -6.8 | -10.5 | 18.1 | 14.5 | 8.5 | 5.1 |
| | 25万〜50万 | 1,674 | 1,421 | 2,053 | 2,039 | -15.1 | 44.4 | -0.7 | 16.9 | 14.6 | 13.2 | 8.8 |
| | 50万〜100万 | 1,116 | 1,218 | 2,382 | 3,171 | 9.2 | 95.6 | 33.1 | 11.2 | 12.6 | 15.4 | 13.7 |
| | 100万ドル以上 | 4,348 | 4,828 | 9,137 | 16,081 | 11.0 | 89.2 | 76.0 | 43.8 | 49.8 | 58.9 | 69.7 |
| | 100万〜250万 | 805 | 916 | 2,815 | 4,943 | 13.8 | 207.2 | 75.6 | 8.1 | 9.4 | 18.2 | 21.4 |
| | 250万〜500万 | 468 | 631 | 1,122 | 2,280 | 34.8 | 77.7 | 103.2 | 4.7 | 6.5 | 7.2 | 9.9 |
| | 500万ドル以上 | 3,075 | 3,281 | 5,201 | 8,858 | 6.7 | 58.5 | 70.3 | 30.9 | 33.8 | 33.5 | 38.4 |

資料：USDA NASS, *2002, 2007, and 2012 Census of Agriculture*, Vol.1 Part 27 Nebraska, Table 2.
注：「1997*」は，1997年センサスから2002年センサスへの農場数推計方法の変更に関して，1997年分を2002年の方法で再推計した数値。

　また2012年の100万ドル以上層販売金額シェアが69.7％に達し，アイオワ州（57.3％）を大きく上回っているだけでなく，全米のそれ（66.4％）を越えるに至った。その大きな一因は，ネブラスカ州大規模農場（農産物販売金額ベース）には肉牛経営（とくに販売金額が巨額になる大規模フィードロット経営）が相対的に多く，そのため100万ドル以上層の販売金額が大きくなることである（表5-2）。ちなみにアイオワ州の場合，2012年100万ドル以上層6,919農場のうち，販売農産物別農場数構成比は穀物類87.7％，豚43.2％，肉牛38.7％，同販売額（総額177億ドル）構成比は穀物類38.4％，豚34.0％，肉牛17.0％であり，肉牛経営が少ないと同時に，その多くが1農場当たり販売額が大規模フィードロットより少ない繁殖経営であることがうかがわれる。

　ただしネブラスカ州で2012年に100万ドル以上層と区分された農場4,317のうち肉牛販売農場は2,185，うちフィードロットで肥育した体重500ポンド以上肉牛販売農場が982農場（同階層農場数の22.7％）であるのに対し，2002年の100万ドル

表 5-2　農産物販売額規模別の主要品目販売農場数・販売額の構成比
　　　　（ネブラスカ州，2012 年）　　　　　　　　　　（単位：農場，％，百万ドル）

|  |  | 全農場合計 | 農産物販売額規模別階層 | | | | |
|---|---|---|---|---|---|---|---|
|  |  |  | 5万～10万ドル | 10万～25万ドル | 25万～50万ドル | 50万～100万ドル | 100万ドル以上 |
| 農場数 |  | 49,969 | 5,071 | 7,116 | 5,634 | 4,400 | 4,317 |
| 販売農場数 | 穀物類 | 53.3 | 68.3 | 82.9 | 89.2 | 91.5 | 91.1 |
|  | 肉牛 | 42.0 | 58.9 | 51.0 | 50.4 | 49.0 | 50.6 |
|  | 酪農 | 1.5 | 1.5 | 1.9 | 2.4 | 2.3 | 2.8 |
|  | 豚 | 3.1 | 2.2 | 2.7 | 3.9 | 4.6 | 8.8 |
|  | 家禽・卵 | 3.7 | 3.3 | 2.1 | 1.6 | 1.3 | 1.1 |
| 農産物販売額合計（百万ドル） |  | 23,069 | 370 | 1,177 | 2,039 | 3,171 | 16,081 |
| 作目別販売額 | 穀物類 | 46.4 | 50.8 | 65.8 | 72.5 | 74.0 | 36.3 |
|  | 肉牛 | 43.8 | 34.1 | 24.6 | 20.3 | 19.5 | 53.2 |
|  | 酪農 | 1.0 | 0.6 | 0.6 | 0.6 | 0.6 | 1.1 |
|  | 豚 | 4.7 | 0.9 | 1.1 | 1.7 | 2.3 | 6.0 |
|  | 家禽・卵 | 0.9 | 0.1 | 0.0 | 0.1 | 0.1 | 1.3 |
|  | その他 | 3.2 | 13.5 | 7.9 | 4.8 | 3.6 | 2.1 |

資料：USDA NASS, *2012 Census of Agriculture*, Vol. 1 Part 27 Nebraska, Table 65.

以上農場は1,020，うち肉牛販売農場は807，フィードロット肥育牛販売農場は618（同60.6％）を占めていた。つまり2002年には肉牛フィードロット経営が農産物販売金額100万ドル以上層に占める比重が非常に高かったが，2012年には穀物等価格暴騰によって同階層に穀作農場が大量に繰り上がってきたため，フィードロット経営の比重，したがってその同階層統計数値への影響が相対的には薄まっていることに留意が必要である。

　なお2002～12年に増加率の高かった50万～100万ドル層のシェアは農場数で8.8％に達したが，農産物販売金額では2007年をピークに下がって13.7％となっている。

　次に農場土地面積規模場別の階層構成変動を検討する（**表5-3**）。1997年以来，増減分岐階層は一貫して2,000～4,999エーカーとなっている。この点，1997～2002年，2007～12年に1,000～1,999エーカー層が分岐層であったアイオワ州（**表4-2**, 194頁）よりも一段階上位で増加が起きている。ただし2,000エーカー以上各層の増加率は二度の価格暴騰期を含む2007～12年に鈍化していることが注目される。

　また2,000エーカー以上の大面積農場シェアを見ると，2012年で農場数で10.6％，その耕種農地での収穫面積で42.1％，そのうちさらに5,000エーカー以上だけでも農場数3.1％，耕種農地収穫面積13.9％に達している。これらの側面でもアイオワ州よりも大面積農場のプレゼンスが大きい。

第5章　集約灌漑地帯ネブラスカ州における穀作農業の構造変化　259

**表5-3　農場面積規模別農場数と耕種農地収穫面積の推移（ネブラスカ州）**

(単位：千エーカー，％，エーカー/農場)

| | | 農場数 | | | | 増減率 | | | 構成比 | | | |
|---|---|---|---|---|---|---|---|---|---|---|---|---|
| | | 1997* | 2002 | 2007 | 2012 | 97*〜02 | 02〜07 | 07〜12 | 1997* | 2002 | 2007 | 2012 |
| 農場数 | 全規模計 | 54,539 | 49,355 | 47,712 | 49,969 | -9.5 | -3.3 | 4.7 | 100.0 | 100.0 | 100.0 | 100.0 |
| | 50エーカー未満 | 8,465 | 7,320 | 8,851 | 11,645 | -13.5 | 20.9 | 31.6 | 15.5 | 14.8 | 18.6 | 23.3 |
| | 50〜99 | 4,181 | 4,215 | 4,281 | 4,358 | 0.8 | 1.6 | 1.8 | 7.7 | 8.5 | 9.0 | 8.7 |
| | 100〜179 | 6,586 | 5,965 | 5,823 | 5,384 | -9.4 | -2.4 | -7.5 | 12.1 | 12.1 | 12.2 | 10.8 |
| | 180〜259 | 3,968 | 3,389 | 3,083 | 3,090 | -14.6 | -9.0 | 0.2 | 7.3 | 6.9 | 6.5 | 6.2 |
| | 260〜499 | 9,351 | 7,921 | 6,755 | 6,645 | -15.3 | -14.7 | -1.6 | 17.1 | 16.0 | 14.2 | 13.3 |
| | 500〜999 | 10,631 | 9,049 | 7,717 | 7,717 | -14.9 | -14.7 | 0.0 | 19.5 | 18.3 | 16.2 | 15.4 |
| | 1,000〜1,999 | 6,777 | 6,632 | 5,965 | 5,844 | -2.1 | -10.1 | -2.0 | 12.4 | 13.4 | 12.5 | 11.7 |
| | 2,000エーカー以上計 | 4,580 | 4,864 | 5,237 | 5,286 | 6.2 | 7.7 | 0.9 | 8.4 | 9.9 | 11.0 | 10.6 |
| | 2,000〜4,999 | 3,352 | 3,497 | 3,735 | 3,761 | 4.3 | 6.8 | 0.7 | 6.1 | 7.1 | 7.8 | 7.5 |
| | 5,000エーカー以上 | 1,228 | 1,367 | 1,502 | 1,525 | 11.3 | 9.9 | 1.5 | 2.3 | 2.8 | 3.1 | 3.1 |
| 耕種農地収穫面積 | 全規模計 | 17,898 | 17,337 | 18,170 | 18,813 | -3.1 | 4.8 | 3.5 | 328 | 351 | 381 | 376 |
| | 50エーカー未満 | 53 | 44 | 50 | 59 | -16.8 | 13.7 | 18.0 | 0.3 | 0.3 | 0.3 | 0.3 |
| | 50〜99 | 139 | 109 | 106 | 118 | -21.4 | -3.1 | 11.3 | 0.8 | 0.6 | 0.6 | 0.6 |
| | 100〜179 | 476 | 356 | 338 | 336 | -25.3 | -5.1 | -0.4 | 2.7 | 2.1 | 1.9 | 1.8 |
| | 180〜259 | 483 | 367 | 316 | 348 | -24.0 | -13.9 | 10.0 | 2.7 | 2.1 | 1.7 | 1.8 |
| | 260〜499 | 2,054 | 1,647 | 1,383 | 1,409 | -19.8 | -16.0 | 1.9 | 11.5 | 9.5 | 7.6 | 7.5 |
| | 500〜999 | 4,838 | 3,960 | 3,536 | 3,560 | -18.1 | -10.7 | 0.7 | 27.0 | 22.8 | 19.5 | 18.9 |
| | 1,000〜1,999 | 4,961 | 5,239 | 5,082 | 5,068 | 5.6 | -3.0 | -0.3 | 27.7 | 30.2 | 28.0 | 26.9 |
| | 2,000エーカー以上計 | 4,893 | 5,616 | 7,359 | 7,914 | 14.8 | 31.0 | 7.5 | 27.3 | 32.4 | 40.5 | 42.1 |
| | 2,000〜4,999 | 3,413 | 3,911 | 5,145 | 5,293 | 14.6 | 31.6 | 2.9 | 19.1 | 22.6 | 28.3 | 28.1 |
| | 5,000エーカー以上 | 1,480 | 1,705 | 2,214 | 2,622 | 15.2 | 29.9 | 18.4 | 8.3 | 9.8 | 12.2 | 13.9 |

資料：USDA NASS, *2002, 2007, and 2012 Census of Agriculture*, Vol.1 Part 27 Nebraska, Table 9.
注：1）「1997*」は，1997年センサスから2002年センサスへの農場数推計方法の変更に関して，1997年分を2002年の方法で再推計した数値。
　　2）「耕種農地収穫面積・全規模計」の構成比欄は，1農場当たり平均面積である。

ただし前述のように（図5-2），アイオワ州と比べて，なおその他穀物等や干草といった粗放的な耕種作物が絶対面積でも相対的比重でも大きいというネブラスカ州の土地利用方式上の特徴を踏まえると[1]，これらは必ずしもビジネスサイズとしてより大規模な土地利用型経営が増えている，その比重が高いことを意味するわけではない。

## （2）主要階層の構造的・経済的性格

### ①農産物販売額規模別集計から

2012年の農産物販売金額100万ドル以上層から見ると（表5-4），その農場数が穀物等価格低落期の2002年1,020から4倍超へ増加している。価格暴騰によって物的には必ずしも規模拡大していない穀作農場が水膨れして多数この階層に「上方移動」してきたわけだが，その結果階層平均の姿は2002年と比べて大規模肉牛経営，とくにフィードロット経営の影響を相対的に薄めている。1農場当たり農産物販売金額が473万ドルから372万ドルへ低下しているのはその一表現であり，

表 5-4 農産物販売額規模別の一農場当たり平均構造指標と経営収支
（ネブラスカ州，2012 年）

（単位：人，エーカー，％，ドル）

| | | | 全農場合計 | 農産物販売額規模別階層 | | | | |
|---|---|---|---|---|---|---|---|---|
| | | | | 5万〜10万ドル | 10万〜25万ドル | 25万〜50万ドル | 50万〜100万ドル | 100万ドル以上 |
| 農場数 | | | 49,969 | 5,071 | 7,116 | 5,634 | 4,400 | 4,317 |
| 一農場当たり | 経営者数 | | 1.52 | 1.45 | 1.45 | 1.46 | 1.56 | 1.85 |
| | 主たる経営者の換算農業従事月数 | | 7.6 | 7.1 | 8.2 | 9.7 | 10.2 | 10.6 |
| | 主たる経営者の農業専従人数換算 | | 0.63 | 0.60 | 0.68 | 0.81 | 0.85 | 0.88 |
| | 同上×経営者数 | | 0.96 | 0.86 | 0.99 | 1.17 | 1.33 | 1.63 |
| | 土地保有と利用 | 農場土地面積 | 907 | 507 | 849 | 1,385 | 2,071 | 3,559 |
| | | 自作地 | 509 | 311 | 473 | 709 | 1,073 | 1,939 |
| | | 借入地 | 398 | 196 | 376 | 676 | 998 | 1,620 |
| | | 耕種農地 | 432 | 202 | 379 | 667 | 1,023 | 1,915 |
| | | 収穫面積 合計 | 376 | 160 | 319 | 583 | 927 | 1,796 |
| | | トウモロコシ | 182 | 49 | 125 | 254 | 455 | 1,022 |
| | | うち灌漑比率 | 58.2 | 21.5 | 33.7 | 41.5 | 57.3 | 72.1 |
| | | 大豆 | 187 | 56 | 103 | 196 | 299 | 484 |
| | | うち灌漑比率 | 41.6 | 13.5 | 19.6 | 29.5 | 42.8 | 58.8 |
| | | 牧草（採草） | 119 | 82 | 120 | 153 | 202 | 272 |
| | | 永年牧草地・放牧地 | 446 | 277 | 439 | 676 | 1,001 | 1,583 |
| | | CRP・WRP 等参加面積 | 17 | 14 | 13 | 13 | 12 | 17 |
| | 雇用等 | 人数 150 日以上従業者 | 0.39 | 0.14 | 0.20 | 0.36 | 0.71 | 2.49 |
| | | 150 日未満従業者 | 0.62 | 0.51 | 0.66 | 0.75 | 0.91 | 1.78 |
| | | 経費 雇用労働費 | 11,314 | 2,211 | 3,553 | 7,923 | 17,974 | 89,577 |
| | | 請負労働費 | 1,285 | 445 | 765 | 886 | 2,073 | 8,224 |
| | | 雇用・請負労働費計 | 12,599 | 2,656 | 4,318 | 8,809 | 20,047 | 97,801 |
| | 非賃金支払労働者数 | | 0.61 | 0.74 | 0.76 | 0.70 | 0.67 | 0.53 |
| | 経営収支 | 農産物販売額合計 | 461,661 | 73,009 | 165,438 | 361,850 | 720,617 | 3,724,993 |
| | | 農場現金生産費合計 | 383,758 | 77,989 | 149,827 | 285,826 | 517,640 | 3,085,041 |
| | | 借入地面積当たり地代負担額 | 96 | 52 | 66 | 76 | 95 | 133 |
| | | 農場経営者所得（償却費控除後） | 70,948 | 7,960 | 26,700 | 74,014 | 178,676 | 508,711 |
| | | うち政府支払 | 7,853 | 4,606 | 6,878 | 11,478 | 17,120 | 28,199 |
| | | 政府支払依存率 | 11.1 | 57.9 | 25.8 | 15.5 | 9.6 | 5.5 |
| | | 農場経営者所得（政府支払除く） | 63,095 | 3,354 | 19,822 | 62,536 | 161,556 | 480,513 |
| | 耕種農地エーカー当たり地代負担力 | 政府支払含む | 176 | -64 | 42 | 125 | 224 | 354 |
| | | 政府支払除く | 158 | -87 | 24 | 107 | 207 | 339 |
| | | 州平均地代・平均 | 176 | 176 | 176 | 176 | 176 | 176 |
| | | 灌漑農地 | 225 | 225 | 225 | 225 | 225 | 225 |
| | | 非灌漑農地 | 131 | 131 | 131 | 131 | 131 | 131 |

資料：USDA NASS, *2012 Census of Agriculture*, Vol.1 Part 27 Nebraska, Table 65, do., *Quick Stats Database*.
注：1）「CRP・WRP 等」は Conservation Reserve Program, Wetland Reserve Program, Farmable Wetland Program, Conservation Reserve Enhencement Program。
　　2）「主たる経営者の換算農業従事月数」とは，農外就業日数が「なし」の場合の農業従事月数を 12 ヶ月，「49 日以下」を 11 ヶ月，「50〜99 日」を 8 ヶ月，「100〜199 日」を 6 ヶ月，「200 日以上」を 2 ヶ月とみなして，換算したもの。「主たる経営者の農業専従者人数換算」とは，それを 12 ヶ月を農業専従者 1 名とみなして，人数換算したもの。
　　3）「農場経営者所得（償却費控除後）」＝「現金農場経営者所得（Net cash farm income of the operator, 農場経営者に所有権がある農産物販売額＋所有権のない契約生産受託料を算入）＋政府支払額＋その他農場関連収入−農場現金生産費支出」−減価償却費，である。
　　4）「地代負担額」は現金地代支払額＋分益借地主取り分−分益借地生産費主負担額，である。
　　5）「耕種農地地代負担力」は，耕種農地 1 エーカー当たりについて，農場経営者所得（償却費控除後）＋地代負担額−主たる経営者労賃評価（換算農業従事月数×4,350 ドル）として試算したもの。なお 4,350 ドルの根拠としては，USDC Census Bureau の *Current Population Survey* によるネブラスカ州世帯年間所得中央値（2012 年）52,196 ドルを 12 で除した 1 ヶ月当たり平均値を用いた。
　　6）USDC Bureau of Economic Analysis, *National Income and Product Accounts Tables, Section 6: Table 6.2D. and 6.5D* によれば，農場フルタイム相当労働者年間 1 人当たり使用者側支払額は，2012 年 41,307 ドルである（労働者直接受取額 36,015 ドル）。

農場土地面積が4,508エーカーから3,559エーカーに低下しつつ耕種農地面積は1,652エーカー（うちトウモロコシ収穫面積729エーカー）から1,915エーカー（同1,022エーカー）へ上昇しているのは別の表現である。なお耕種農地収穫面積における灌漑比率の階層性が明瞭で，とくにトウモロコシでは100万ドル以上層が72％と非常に高く，大豆でも59％でそれ以下の階層を大きく上回っている。

農場経営者所得51万ドルは同年ネブラスカ州世帯所得中央値52,196ドルの9.8倍にも達しているので，多額の利潤範疇を成立させている。他方雇用等に関しては，150日以上従業者を2.49人雇用しており，雇用・請負労働費97,801ドルは同年全米平均農場フルタイム相当労働者1人当たり雇用費41,307ドルの2.37人分にあたる。これは経営者（1農場平均1.85人）の農業専従人数換算1.63人を上回っている。これらから100万ドル以上層の経済的性格は，多少雇用依存度が高いながら，それが生産過程で生み出した剰余価値に源泉を持つとは到底考えられない，穀物等価格暴騰がもたらした多額の利潤を享受する，「寄生的利潤獲得大規模家族経営」と性格づけることができる。基本的にアイオワ州の場合と同様である。

ただこの階層のうち大規模フィードロット経営は雇用労働依存度が決定的に高く，その意味で名実ともに資本主義経営であることは，上述のように2002年の100万ドル以上層農場数1,020のうちフィードロット経営が618を占め，それらの1経営当たり肥育牛販売頭数は7,200頭であったこと，同階層農場経営者所得36万ドルが州世帯所得中央値の8.4倍であっただけでなく，雇用・請負労働費が同年全米平均農場フルタイム相当労働者1人当たり雇用費の5.90人分にのぼっていたことからも，十分推察される。

次に農産物販売金額50万～100万ドル層になると，4,400農場のうち穀物類販売農場が4,028・92％，肉牛販売農場が2,157・49％，販売額ベースでは穀物類が74％に対し肉牛が20％となる。さらに肉用牛販売農場のうちフィードロット経営は375にとどまり，大多数（2,062）は繁殖から育成までを担う経営であり[2]，かつ穀物類農場と肉牛農場の合計6,185が同階層農場数をかなり上回っている。以上のことから，この階層の大半は穀作専門経営と穀作・肉牛繁殖育成複合経営から構成されていることがわかる。

農場経営者所得18万ドルは州世帯所得中央値の3.4倍に達するので，この側面では利潤範疇を成立させている。しかし雇用面では150日以上従業者が0.71人，

雇用・請負労働費がフルタイム相当0.49人分なので，経営者農業専従人数換算1.33人の半分前後である。したがってその経済的性格は「寄生的利潤獲得家族経営」と言える。

農産物販売金額25万～50万ドル層は，経営類型としてほぼ同様に穀作専門経営と穀作・肉牛繁殖育成複合経営が大半を占めている。その農場経営者所得7.4万ドルは州世帯所得中央値の1.4倍になっているが，2002年の同階層は3.6万ドルで0.84倍にとどまっていた。したがってこの階層は穀物等価格暴騰と農場関連収入の増加（1.2万ドルから4.5万ドルへ。作物・家畜・収入保険受取金含む）によって，農業専業下限以下経営から専業経営へ上向したわけである。経営者農業専従人数換算が1.17人，雇用・請負労働費がフルタイム相当0.51人分である。かくてこの階層は，ワンマンファームをかなりの程度含む「農業専業的家族経営」になっている。

また政府支払額を見ると，全階層平均で2002年の7,041ドルから2012年の7,853ドルへと価格暴騰にもかかわらず減らず，わずかながら増えている。ただし第3章で検討したように（前掲図3-3，139頁），商品信用公社（CCC）の農業プログラム財政支出ベースで見れば同期間に，総額が157億ドルから87億ドルへ（うち穀物・大豆関連価格所得支持支出は90億ドルから37億ドルへ）減少している。農場経営者所得の政府支払依存度は68％から11％へ大幅に低下しており，その中で中小規模階層で依存度が高く，大規模層になるほど低くなるという階層性は共通している。

各階層の耕種農地面積当たり地代負担力（試算値）を見ると階層性が明瞭で，かつ50万ドルを境にそこから下位（25万～50万ドル層の政府支払含む場合で125ドル）と上位（50万～100万ドル層が同224ドル）では際だって大きな差があることが特徴的である。100万ドル以上層は繰り返してきたように大規模肉牛フィードロット経営の影響でさらに格段に高い数値になっているが，50万～100万ドル層はそれ以下の階層と同様に穀物専門ないし肉牛との複合経営が主体であるから，ここでは土地利用型経営としての規模の経済が鮮明に現れている。また耕種農地の州平均現金地代は灌漑農地で225ドル，非灌漑農地でも131ドルになっているので，50万～100万ドル層から上では耕種借地拡大の経済的基礎が十分にあり，25万～50万ドル層では非灌漑農地地代に接近する程度である。それより下の階層

では全くないことになる（実際の借入地地代負担額は100万ドル以上層を除くとかなり低く出ているが，これは永年牧草地・放牧地の借入地も含んだ数値である）。

2002年の場合，地代負担力は政府支払を含んでも10万～25万ドル層までマイナス，25万～50万ドル層が12ドル，50万～100万ドル層が41ドル，100万ドル以上層が212ドルであり，100万ドル以上層を除けば州平均の灌漑耕種農地地代121ドルはおろか，非灌漑耕種農地の66ドルにも達していなかった。穀物等価格低落期には一般世帯並みの自家労賃を確保した上で耕種農地の借地規模拡大をする余地がなかったのが（したがって自家労賃を削って借入地を維持・拡大していた），価格暴騰によってその経済的基盤が広がったことを意味する。

なおアイオワ州の状況と比べると（前掲表4-3，196頁），耕種農地平均地代が同州235ドルに対してネブラスカ州は灌漑農地がほぼ同じだが，非灌漑農地は131ドルでほぼ半分，両者平均の176ドルは75％水準である。これに対し地代負担力の方は（政府支払含む），アイオワ州では25万ドル未満では10万～25万ドル層からプラスになり，25万～50万ドル層の224ドルがほぼ実勢地代と均衡している。2002年に100万以上層以外では地代負担力が実勢地代におよばない関係にあったことは同じだが，2012年における借地拡大可能階層の広がりはアイオワ州の方が大きかったことになる。

②農場土地面積規模別集計から

ネブラスカ州の農場土地面積2,000エーカー以上農場数5,286は農産物販売額100万ドル以上層の4,317よりも多く，アイオワ州とは逆に農場土地面積規模別区分の方が，最大規模区分の中により多くの農場を含むことになっている。

**表5-5**でその2,000エーカー以上層の1農場当たり状況から見ると，農産物販売額が162万ドルで，農産物販売金額別の100万以上層が372万ドルであるのに対し，半分以下になっている。これは端的に言って，大規模フィードロット経営の影響が薄まっているからである。すなわち5,286農場のうち肉牛販売農場は3,511で66.4％にのぼるが，フィードロット経営は523・9.9％にとどまっている。農産物販売金額の大きいフィードロット経営は，農場土地面積規模で見れば，2,000エーカー未満の各層にもかなり分散して存在しているわけである。

農場経営者所得29万ドルは州世帯所得中央値の5.6倍で多額の利潤を取得して

表 5-5　農場土地面積規模別の一農場当たり平均構造指標と経営収支
　　　　（ネブラスカ州，2012年）

（単位：人，エーカー，％）

| | | | | 全農場合計 | 農場土地面積規模別階層 | | | | |
|---|---|---|---|---|---|---|---|---|---|
| | | | | | 180～259エーカー | 260～499 | 500～999 | 1,000～1,999 | 2,000エーカー以上 |
| 農場数 | | | | 49,969 | 3,090 | 6,645 | 7,717 | 5,844 | 5,286 |
| 一農場当たり | 土地保有と利用 | 経営者数 | | 1.52 | 0.75 | 1.43 | 1.46 | 1.55 | 1.79 |
| | | 主たる経営者の換算農業従事月数 | | 7.6 | 6.5 | 7.7 | 9.2 | 9.9 | 10.2 |
| | | 主たる経営者の農業専従人数換算 | | 0.63 | 0.54 | 0.64 | 0.77 | 0.83 | 0.85 |
| | | 同上×経営者数 | | 0.96 | 0.40 | 0.91 | 1.12 | 1.28 | 1.52 |
| | | 農場土地面積 | | 907 | 227 | 369 | 711 | 1,379 | 5,177 |
| | | 自作地 | | 509 | 143 | 221 | 362 | 637 | 3,034 |
| | | 借入地 | | 398 | 74 | 148 | 349 | 742 | 2,143 |
| | | 耕種農地 | | 432 | 140 | 248 | 505 | 948 | 1,767 |
| | | 収穫面積 | 合計 | 376 | 112 | 212 | 461 | 867 | 1,497 |
| | | | トウモロコシ | 182 | 49 | 98 | 229 | 448 | 705 |
| | | | うち灌漑比率 | 58.2 | 46.4 | 47.1 | 50.9 | 59.3 | 63.8 |
| | | | 大豆 | 187 | 53 | 95 | 188 | 312 | 409 |
| | | | うち灌漑比率 | 41.6 | 27.4 | 31.0 | 35.2 | 43.7 | 49.8 |
| | | | 牧草（採草） | 119 | 58 | 66 | 92 | 124 | 377 |
| | | 永年牧草地・放牧地 | | 446 | 58 | 98 | 172 | 379 | 3,318 |
| | | CRP・WRP等参加面積 | | 17 | 20 | 22 | 19 | 22 | 36 |
| | 雇用等 | 人数 | 150日以上従業者 | 0.39 | 0.17 | 0.24 | 0.37 | 0.70 | 1.39 |
| | | | 150日未満従業者 | 0.62 | 0.50 | 0.49 | 0.68 | 1.02 | 1.22 |
| | | 経費 | 雇用労働費 | 11,314 | 3,960 | 6,009 | 10,810 | 19,240 | 44,299 |
| | | | 請負労働費 | 1,285 | 663 | 698 | 1,164 | 2,111 | 5,465 |
| | | | 雇用・請負労働費計 | 12,599 | 4,623 | 6,707 | 11,974 | 21,351 | 49,764 |
| | 非賃金支払労働者数 | | | 0.76 | 0.69 | 0.68 | 0.68 | 0.71 | 0.80 |
| | 経営収支 | 農産物販売額合計 | | 461,661 | 262,773 | 314,495 | 538,654 | 879,696 | 1,615,410 |
| | | 農場現金生産費合計 | | 383,758 | 245,290 | 282,153 | 443,536 | 681,451 | 1,282,137 |
| | | 借入地面積当たり地代負担額 | | 96 | 130 | 132 | 132 | 139 | 68 |
| | | 農場経営者所得（償却費控除後） | | 70,948 | 22,101 | 34,380 | 85,249 | 168,501 | 292,340 |
| | | うち政府支払 | | 7,853 | 4,647 | 6,270 | 9,979 | 16,874 | 23,527 |
| | | 政府支払依存率 | | 11.1 | 21.0 | 18.2 | 11.7 | 10.0 | 8.0 |
| | | 農場経営者所得（政府支払除く） | | 63,095 | 17,454 | 28,109 | 75,271 | 151,627 | 268,813 |
| | 耕種農地エーカー当たり地代負担力 | 政府支払含む | | 176 | 25 | 83 | 181 | 241 | 223 |
| | | 政府支払除く | | 158 | -8 | 58 | 161 | 223 | 209 |
| | | 州平均地代・平均 | | 176 | 176 | 176 | 176 | 176 | 176 |
| | | 灌漑農地 | | 225 | 225 | 225 | 225 | 225 | 225 |
| | | 非灌漑農地 | | 131 | 131 | 131 | 131 | 131 | 131 |

資料と注：表5-4に同じ。

いるが，労働力的には150日以上従業者の雇用が1.39人，雇用・請負労働費49,764ドルが農場フルタイム相当労働者の1.20人分で，いずれも経営者農業専従人数換算1.52人を下回っている。これらから2,000エーカー以上層を平均して見る場合，「寄生的利潤獲得大規模家族経営」ということになる。ただし，この階層には少なくとも，農地面積5,000エーカー以上，農産物販売金額500万～1,000万ドル以上，そして常雇数名を有する資本主義的性格を強く帯びた特大規模経営が含まれていることが，後段の実態調査で明らかである。

この2,000エーカー以上層は2002年には農産物販売額が59万ドル，農場経営者所得が2.6万ドルでしかなかったので，前者が2.7倍，後者は11倍にも膨張したことになる。また2002年の農場経営者所得は同年州世帯所得中央値の0.62倍でしかなく，平均的には農業専業にすらなり得ない状態だった。農場土地面積は2002年の5,218エーカーに対して2012年が5,177エーカー，耕種農地面積が1,606エーカーに対して1,767エーカーと平均的にはほとんど規模拡大していないから，このビジネスサイズの急激な膨張と経済的性格の大きな変貌がもっぱら穀物等価格低落から暴騰への激変によることが明らかである。

　次に1,000～1,999エーカー層を見ると農産物販売額が88万ドル，農場経営者所得が17万ドルとなっており，後者は州世帯所得中央値の3.2倍になっている。2002年には販売額34万ドル，所得が2.4万ドル（同じく0.56倍）でしかなかったのが，やはり価格暴騰によって多額の利潤を手にしている。労働力面では経営者農業専従人数換算が1.28人に対し，150日以上従業者雇用が0.70人，雇用・請負労働費21,351ドルが農場フルタイム相当動労者の0.52人分なので，「寄生的利潤獲得家族経営」に性格変貌している。

　ただしこれら2つの階層の主たる経営者の家計の農業所得依存率（家計所得のうち農業所得の比率）分布を見ると，2,000エーカー以上層で2002年の農業所得依存率100％が36.1％，75～99％が25.9％（合計62.0％）だったのに対し，2012年がそれぞれ29.1％と31.4％（合計60.5％）と，ほとんど変わらない（逆にわずかながら低下）。また1,000～1,999エーカー層で2002年の100％が31.2％，75～99％が24.9％（合計56.1％）だったの対し，2012年がそれぞれ27.6％と27.6％（合計59.7％）と多少の増加にとどまっている。つまり価格暴騰によって多額の「寄生的利潤」を得るようになっているが，それを家計所得には繰り入れずに農場経営としての積立や蓄積（再投資）に振り向けていることがうかがえる。他方2002年については，農場経営者所得が州世帯所得中央値を大きく下回っていたにもかかわらず，主たる経営者にとって農業所得依存率が価格暴騰期とほとんど同水準だったということは，減価償却費部分を農業「所得」に回していた（したがって固定資本更新用の積立を断念していた），および家計消費水準自体を落として耐えていたという二つの対応をしていたことが示唆される。前者について補足すると，2002年について減価償却費を控除しない「現金農場経営者所得」では，2,000

エーカー以上層で6.5万ドル，1,000～1,999エーカー層でも4.7万ドルであり，州世帯所得中央値を上回っていた。

　地代負担力（試算値）については表出のとおり階層性＝規模の経済が明瞭だが，2,000エーカー以上層になると多少ながら下がっている。政府支払含む地代負担力と実勢地代を比較すると，500～999エーカーで非灌漑農地と平均の地代を上回るようになり，1,000エーカー以上の2階層では灌漑農地地代と同じかそれを上回る。2002年においては，実勢地代が灌漑農地121ドル，非灌漑農地66ドルと2012年のほぼ半分だったが，地代負担力の方が政府支払を含めても500～999エーカー層までマイナス，1,000～1,999エーカー層で14ドル，2,000エーカー層で15ドルしかなかったから，この限りで言えば借地拡大の経済力を失っていたことになる。換言すると，自家労賃を削って借地を維持・拡大していたことが示唆される。このような状況に対して，価格暴騰期の2012年では500～999エーカー層までもが自家労賃を確保しつつ借地拡大をしうる経済的可能性を有することになったのであり，その意味で借地競争が強まる状況を生み出している。

　最後にアイオワ州と比較すると（前掲**表4-4**，200頁参照），2012年の1農当たり農産物販売額が全農場平均ではネブラスカ州が高いが（繰り返しになるがフィードロット経営のプレゼンスが影響），260～499エーカー層以上では全階層でネブラスカ州の方が低い。この要因としては，農場土地面積はほとんど変わらないが（2,000エーカー以上層ではネブラスカ州が1.7倍と大きい），そのうちの耕種農地面積が少ないことがある（その分永年牧草地・放牧地が多い）。しかし第3章第5節でも見たように（**表3-21，表3-22**，173～174頁），今日ではネブラスカ州のトウモロコシ，大豆の単収は灌漑地だけでなく，非灌漑地を含めた全体平均としてアイオワ州を上回るほどになっているので，耕種農地面積規模別に見ればこのような差はないだろう。

　農場経営者所得の場合，差はさらに大きく，ネブラスカ州の対アイオワ州比率は500～999エーカー層で58％，1,000～1,999エーカー層で66％，2,000エーカー層で53％となっている。これも耕種農地面積が同等な階層を比較すれば差が小さくなるはずだが，灌漑比率の高いネブラスカ州は耕種農地面積が小さいほどには農場現金生産費が低くない。したがってトウモロコシや大豆の単収，総生産量ではコーンベルト中核と肩を並べる高位生産力地域にはなったが，灌漑が重要な要

素をなす費用が高く，そのため所得レベルになると中核には及ばない（その意味でなお劣等地性を克服できたわけではない）ことが示唆される。この点は，次節でより立ち入って検討したい。

### 第3節　ネブラスカ州における耕作農業の構造変動と現局面

#### （1）穀作農場の規模別構成の変化と到達点

まず農産物販売金額規模別の穀物販売農場数とその穀物販売額の構成変化を見ると（**表5-6**），穀物販売農場数全体が全米の場合と比べて1992～97年と97～2002年の価格低水準ないし低落期には減少率が低かったが，暴騰期に入る2002～07年に逆に減少率が高く，さらに二度の暴騰を含む2007～12年にも多少ながら減少し続けている点で，アイオワ州の場合と共通している。

階層別に見ると，2002～07年に25万～50万ドル層が再び増加に転じた点はアイオワ州と共通するが，2007～12年にネブラスカ州ではこれが再び減少している。50万～100ドル層と100万ドル以上層が2002～07年と2007～12年に急増（特に前者の期間が激しい）したのは全米，アイオワ州，ネブラスカ州で共通しているが，この2階層の穀物販売額シェアの伸びはネブラスカ州においてより著しい。それはとりわけ100万ドル以上層において激しく，その結果同階層の2012年シェアは農場数で14.8％，穀物販売額で54.6％に達している。

これらは穀物生産・販売の上層集中がより進展していることを示唆するが，農場土地面積規模別構成ではどうか。

**表5-7**によると，穀物等価格が低水準ながら多少上がった1992～97年には1,000～1,999エーカー層から上で穀物販売農場が増えていたのが，価格低落期の1997～02年には農場数が増えたのは2,000エーカー以上層のみとなり，500～999エーカー層以下では農場数，穀物販売額ともに激しく減少した。価格暴騰期に入る2002～07年には零細規模層で多少農場数が増えたが，180～999エーカーの中小規模層では引き続き減少しており，2,000エーカー以上層だけが顕著に増加した。価格暴騰期の2007～12年にも程度は緩やかになったものの，中小零細規模層の減少と2,000エーカー以上層だけの増加という趨勢が継続している。

2,000エーカー以上層のシェアは穀物販売農場数でも穀物販売額でも，1992年時点からアイオワ州を大きく上回っていたが，2012年の41.3％はアイオワ州のそ

表 5-6 農産物販売額規模別にみた穀物販売農場数と穀物販売額の構成推移
　　　（ネブラスカ州）　　　　　　　　　　　　　　　　　（単位：農場，%，百万ドル）

|  |  | 実　　　　　　数 | | | | | 実　数　増　減　率 | | | |
|---|---|---|---|---|---|---|---|---|---|---|
|  |  | 1992 | 1997 | 2002 | 2007 | 2012 | 92〜97 | 97〜02 | 02〜07 | 07〜12 |
|  | 全規模計 | 36,185 | 33,845 | 28,070 | 26,753 | 26,642 | -6.5 | -17.1 | -4.7 | -0.4 |
| 農場数構成比 | 1万ドル未満 | 8.7 | 6.6 | 8.4 | 4.6 | 4.3 | -28.9 | 5.2 | -48.0 | -6.5 |
|  | 1万〜2.5万 | 14.4 | 11.5 | 11.3 | 6.3 | 4.8 | -25.0 | -18.9 | -47.0 | -24.0 |
|  | 2.5万〜5万 | 17.5 | 15.3 | 14.6 | 9.6 | 7.0 | -18.4 | -20.5 | -37.5 | -27.1 |
|  | 5万〜10万 | 21.3 | 19.5 | 18.6 | 15.1 | 13.0 | -14.3 | -21.1 | -22.4 | -14.2 |
|  | 10万〜25万 | 26.1 | 28.4 | 26.6 | 25.0 | 22.1 | 1.5 | -22.2 | -10.3 | -11.9 |
|  | 25万〜50万 | 8.4 | 13.0 | 12.6 | 19.4 | 18.9 | 44.6 | -19.5 | 46.6 | -3.1 |
|  | 50万〜100万 | 2.5 | 4.1 | 5.5 | 11.6 | 15.1 | 55.9 | 12.2 | 100.0 | 29.8 |
|  | 100万ドル以上 | 1.1 | 1.7 | 2.4 | 8.4 | 14.8 | 36.3 | 20.9 | 232.9 | 74.4 |
|  | （100万ドル以上実数） | (411) | (560) | (677) | (2,254) | (3,931) |  |  |  |  |
|  | 全規模計 | 2,464 | 3,534 | 3,092 | 6,529 | 10,699 | 43.4 | -12.5 | 111.1 | 63.9 |
| 穀物販売額構成比 | 1万ドル未満 | 0.5 | 0.3 | 0.3 | 0.1 | 0.0 | -32.4 | 7.9 | -51.1 | -8.9 |
|  | 1万〜2.5万 | 2.6 | 1.4 | 1.3 | 0.4 | 0.2 | -21.9 | -19.4 | -44.2 | -28.5 |
|  | 2.5万〜5万 | 6.6 | 3.9 | 3.5 | 1.1 | 0.5 | -13.7 | -23.0 | -30.9 | -32.4 |
|  | 5万〜10万 | 15.1 | 9.8 | 8.7 | 3.6 | 1.8 | -7.0 | -22.7 | -12.3 | -19.9 |
|  | 10万〜25万 | 38.4 | 32.3 | 28.2 | 13.5 | 7.2 | 20.7 | -23.6 | 1.1 | -12.1 |
|  | 25万〜50万 | 23.2 | 30.0 | 27.9 | 22.9 | 13.8 | 85.4 | -18.7 | 73.4 | -1.0 |
|  | 50万〜100万 | 9.5 | 15.5 | 20.3 | 25.8 | 21.9 | 133.4 | 14.6 | 168.4 | 39.5 |
|  | 100万ドル以上 | 4.0 | 6.8 | 9.9 | 32.7 | 54.6 | 140.3 | 27.9 | 597.0 | 173.6 |

資料：USDA NASS, *1992, 1997, 2002, and 2012 Census of Agriculture*, Vol. 1 Part 27 Nebraska, Table 50, (1992 and 1997), Table 56 (2002), Table 59 (2007), and Table 65 (2012).

表 5-7 農場土地面積規模別にみた穀物販売農場数と穀物販売額の構成推移
　　　（ネブラスカ州）　　　　　　　　　　　　　　　　　（単位：農場，%，百万ドル）

|  |  | 実　　　　　　数 | | | | | 実　数　増　減　率 | | | |
|---|---|---|---|---|---|---|---|---|---|---|
|  |  | 1992 | 1997 | 2002 | 2007 | 2012 | 92〜97 | 97〜02 | 02〜07 | 07〜12 |
|  | 全規模計 | 36,185 | 33,845 | 28,070 | 26,753 | 26,642 | -6.5 | -17.1 | -4.7 | -0.4 |
| 農場数構成比 | 50エーカー未満 | 3.3 | 3.5 | 2.6 | 3.9 | 3.9 | -0.3 | -38.7 | 42.3 | 0.1 |
|  | 50〜99 | 5.6 | 5.2 | 4.6 | 5.0 | 4.8 | -12.4 | -26.6 | 2.5 | -3.9 |
|  | 100〜179 | 11.5 | 10.8 | 9.5 | 10.1 | 9.5 | -12.1 | -27.0 | 1.6 | -6.1 |
|  | 180〜259 | 8.1 | 7.8 | 7.1 | 6.5 | 7.0 | -10.1 | -24.3 | -12.8 | 6.5 |
|  | 260〜499 | 23.4 | 20.7 | 19.8 | 18.0 | 17.8 | -17.5 | -20.5 | -13.7 | -1.2 |
|  | 500〜999 | 26.5 | 26.5 | 25.8 | 23.8 | 23.9 | -6.3 | -19.4 | -12.2 | -0.1 |
|  | 1,000〜1,999 | 14.4 | 16.8 | 19.6 | 19.1 | 19.0 | 8.5 | -2.8 | -7.3 | -0.9 |
|  | 2,000エーカー以上 | 7.2 | 8.7 | 10.9 | 13.7 | 14.1 | 13.6 | 3.8 | 20.0 | 2.8 |
|  | （2,000エーカー以上実数） | (2,589) | (2,941) | (3,053) | (3,663) | (3,765) |  |  |  |  |
|  | 全規模計 | 2,464 | 3,534 | 3,092 | 6,529 | 10,699 | 43.4 | -12.5 | 111.1 | 63.9 |
| 穀物販売額構成比 | 50エーカー未満 | 0.2 | 0.2 | 0.1 | 0.1 | 0.1 | 33.7 | -60.4 | 253.2 | -0.4 |
|  | 50〜99 | 0.8 | 0.6 | 0.4 | 0.4 | 0.3 | 13.7 | -44.9 | 127.4 | 31.7 |
|  | 100〜179 | 2.9 | 2.5 | 1.7 | 1.7 | 1.4 | 20.6 | -40.8 | 110.1 | 37.3 |
|  | 180〜259 | 3.0 | 2.5 | 1.8 | 1.6 | 1.5 | 20.1 | -38.0 | 86.2 | 52.8 |
|  | 260〜499 | 14.4 | 11.7 | 8.9 | 7.4 | 6.5 | 16.0 | -33.5 | 75.9 | 44.9 |
|  | 500〜999 | 32.9 | 30.1 | 24.1 | 20.4 | 18.8 | 31.3 | -29.8 | 78.6 | 51.1 |
|  | 1,000〜1,999 | 27.6 | 30.7 | 33.9 | 30.2 | 30.0 | 59.4 | -3.5 | 88.4 | 62.8 |
|  | 2,000エーカー以上 | 18.1 | 21.7 | 29.2 | 38.1 | 41.3 | 72.4 | 17.7 | 175.4 | 77.5 |

資料：USDA NASS, *1992, 1997, 2002, 2007, and 2012 Census of Agriculture*, Vol. 1 Part 27 Nebraska, Table 49 (1992 and 1997), Table 55 (2002), Table 58 (2007), and Table 64 (2012).

注：1）「穀物」の2002年，2007年，2012年は「穀物，油糧種子，乾燥豆および乾燥エンドウ」。
　　2）「構成比」の「全規模計」は，それぞれ農場総数，穀物販売総額である。

れ（18.4％）の2.2倍になっている。

　以上のように農産物販売額規模別でも農場土地面積規模別でも，ネブラスカ州における穀物生産・販売は統計区分上の最大規模層への集中がより進んでいるが，最後に具体的な作物別にどうかを検討する。

　**表5-8**でトウモロコシの収穫農場とその面積を見ると，価格低迷期の1997～2002年には収穫農場数合計が20％，収穫面積が13％と大きく減少したが，価格が上昇し暴騰局面に入る2002～07年には収穫農場数は若干減少しつつ収穫面積は25％と大幅に増加した。二度の価格暴騰期を含む2007～12年には収穫農場数が微増し収穫面積は微減した。二度目の価格暴騰期に，より上昇が激しかった大豆へのシフトが起こったためである。

　この中で収穫面積規模別では，1997～2002年には3,000エーカー未満の全階層で農場数，収穫面積ともに減少し，3,000～5,000エーカー層もほとんど変化なしで，5,000エーカー以上層だけが絶対数はわずかだが増加した。これに対し2002～07年には500エーカー以上の各階層で農場数，収穫面積ともに増え，とくに2,000エーカー以上の3階層では農場数，収穫面積ともにいずれも3倍以上に増えた。2007～12年になるとこの動きは鈍化し，2,000～3,000エーカー層は農場数，収穫面積ともに減少に転じ，3,000～5,000エーカー層も増加率が著しく低下したが，5,000エーカー以上層だけは減速したとはいえ約2倍へと増え続けている。

　これらの結果，大面積収穫農場の収穫面積シェアが高まった。1,000エーカー以上層のシェアは1997年時点で19.5％と既にアイオワ州の7.2％よりかなり高かったが（**表4-7**，204頁参照），2012年では39.1％となりアイオワ州の25.3％との差は開いた。その中の3,000～5,000エーカー層，5,000エーカー以上層でも高く，ネブラスカ州ではトウモロコシ特大規模農場のプレゼンスがアイオワ州以上に大きくなっている。

　いっぽう大豆は前掲**図5-2**で見たように1990年代に急激に作付面積を増やしており，そのことがセンサス収穫面積1997～2002年の増加にも現れている（**表5-9**）。500～5,000エーカーの各層で農場数，収穫面積ともに大幅に増加した。次の2002～07年にはエタノール・バブルと価格暴騰の下でトウモロコシへの作付シフトが起こって，収穫面積もかなり減少した。面積規模別でも3,000エーカー未満ではほとんど全階層で減少しているが，3,000～5,000エーカーという大面積

表 5-8　トウモロコシの収穫面積規模別農場数と収穫面積構成の推移（ネブラスカ州）

(単位：千エーカー，%)

| | | 実　　数 | | | | 構　成　比 | | | |
|---|---|---|---|---|---|---|---|---|---|
| | | 1997* | 2002 | 2007 | 2012 | 1997* | 2002 | 2007 | 2012 |
| 農場数 | 全規模計 | 29,879 | 23,889 | 22,812 | 22,977 | 100.00 | 100.00 | 100.00 | 100.00 |
| | 100 エーカー未満 | 9,268 | 6,840 | 5,806 | 6,108 | 31.02 | 28.63 | 25.45 | 26.58 |
| | 100～250 エーカー | 9,055 | 7,046 | 6,036 | 6,061 | 30.31 | 29.49 | 26.46 | 26.38 |
| | 250～500 エーカー | 6,576 | 5,507 | 5,046 | 5,157 | 22.01 | 23.05 | 22.12 | 22.44 |
| | 500～1,000 エーカー | 3,861 | 3,390 | 3,813 | 3,544 | 12.92 | 14.19 | 16.71 | 15.42 |
| | 1,000～2,000 エーカー | 968 | 953 | 1,634 | 1,657 | 3.24 | 3.99 | 7.16 | 7.21 |
| | 2,000～3,000 エーカー | 120 | 117 | 360 | 307 | 0.40 | 0.49 | 1.58 | 1.34 |
| | 3,000～5,000 エーカー | 29 | 30 | 96 | 103 | 0.10 | 0.13 | 0.42 | 0.45 |
| | 5,000 エーカー以上 | 2 | 6 | 21 | 40 | 0.01 | 0.03 | 0.09 | 0.17 |
| 収穫面積 | 全規模計 | 8,429 | 7,345 | 9,193 | 9,088 | 100.00 | 100.00 | 100.00 | 100.00 |
| | 100 エーカー未満 | 464 | 359 | 298 | 307 | 5.51 | 4.88 | 3.24 | 3.38 |
| | 100～250 エーカー | 1,462 | 1,149 | 988 | 986 | 17.34 | 15.65 | 10.75 | 10.85 |
| | 250～500 エーカー | 2,294 | 1,925 | 1,784 | 1,824 | 27.21 | 26.21 | 19.40 | 20.07 |
| | 500～1,000 エーカー | 2,566 | 2,264 | 2,608 | 2,414 | 30.44 | 30.82 | 28.37 | 26.56 |
| | 1,000～2,000 エーカー | 1,253 | 1,227 | 2,168 | 2,190 | 14.86 | 16.71 | 23.58 | 24.10 |
| | 2,000～3,000 エーカー | 278 | 275 | 854 | 717 | 3.30 | 3.74 | 9.29 | 7.89 |
| | 3,000～5,000 エーカー | (113) | 106 | 356 | 367 | (1.34) | 1.44 | 3.88 | 4.04 |
| | 5,000 エーカー以上 | d | 40 | 137 | 283 | d | 0.55 | 1.49 | 3.12 |

資料：USDA NASS, *2002, 2007, and 2012 Census of Agriculture*, Vol. 1 Part 27 Nebraska, Table 34 (2002), Table 42 (2007), and Table 37 (2012)

注：1）年次の「1997*」は 2002 年センサス方式による 1997 年についての新集計値。
　　2）1997*年は収穫面積 5,000 エーカー以上の農場数が 2 以下のため，3,000～5,000 エーカー，5,000 エーカー以上農場の収穫面積が秘匿されている。そのため同年次については 3,000～5,000 エーカーに関わる欄は 3,000 エーカー以上農場の合計値を（　）内に示した。

表 5-9　大豆の収穫面積規模別農場数と収穫面積構成の推移（ネブラスカ州）

(単位：千エーカー，%)

| | | 実　　数 | | | | 構　成　比 | | | |
|---|---|---|---|---|---|---|---|---|---|
| | | 1997* | 2002 | 2007 | 2012 | 1997* | 2002 | 2007 | 2012 |
| 農場数 | 全規模計 | 21,659 | 20,074 | 16,620 | 18,539 | 100.00 | 100.00 | 100.00 | 100.00 |
| | 100 エーカー未満 | 10,576 | 7,014 | 5,830 | 5,704 | 48.83 | 34.94 | 35.08 | 30.77 |
| | 100～250 エーカー | 6,866 | 6,571 | 5,450 | 5,810 | 31.70 | 32.73 | 32.79 | 31.34 |
| | 250～500 エーカー | 3,177 | 4,294 | 3,483 | 4,293 | 14.67 | 21.39 | 20.96 | 23.16 |
| | 500～1,000 エーカー | 899 | 1,856 | 1,520 | 2,113 | 4.15 | 9.25 | 9.15 | 11.40 |
| | 1,000～2,000 エーカー | 129 | 311 | 314 | 572 | 0.60 | 1.55 | 1.89 | 3.09 |
| | 2,000～3,000 エーカー | 6 | 22 | 15 | 31 | 0.03 | 0.11 | 0.09 | 0.17 |
| | 3,000～5,000 エーカー | 6 | 5 | 7 | 12 | 0.03 | 0.02 | 0.04 | 0.06 |
| | 5,000 エーカー以上 | 0 | 1 | 1 | 4 | 0.00 | 0.00 | 0.01 | 0.02 |
| 収穫面積 | 全規模計 | 3,403 | 4,572 | 3,835 | 4,983 | 100.00 | 100.00 | 100.00 | 100.00 |
| | 100 エーカー未満 | 502 | 363 | 304 | 288 | 14.74 | 7.94 | 7.93 | 5.77 |
| | 100～250 エーカー | 1,072 | 1,070 | 881 | 947 | 31.49 | 23.40 | 22.96 | 19.00 |
| | 250～500 エーカー | 163 | 1,477 | 1,204 | 1,494 | 4.78 | 32.32 | 31.40 | 29.98 |
| | 500～1,000 エーカー | 573 | 1,198 | 991 | 1,388 | 16.84 | 26.22 | 25.84 | 27.85 |
| | 1,000～2,000 エーカー | 158 | 386 | 390 | 723 | 4.64 | 8.44 | 10.18 | 14.51 |
| | 2,000～3,000 エーカー | 14 | 52 | 33 | 75 | 0.40 | 1.14 | 0.86 | 1.51 |
| | 3,000～5,000 エーカー | 22 | (25) | (32) | 44 | (0.66) | (0.54) | (0.84) | 0.88 |
| | 5,000 エーカー以上 | 0 | d | d | 25 | d | d | d | 0.50 |

資料と注：表 5-8 に同じ。

　農場は引き続き増加していたことが注目される。そして2007 ～ 12年には大豆の対トウモロコシ相対価格が好転したことで農場数，収穫面積ともに増加に転じた。この期の増加でも収穫面積規模での階層性が明白で，より大面積を作付・収穫す

る農場ほど増えている。これらの結果，1,000エーカー以上収穫農場の面積シェアは1997年には5.7％でアイオワ州の6.1％より低かったものが（**表4-8**，205頁参照），2012年には17.4％でアイオワ州の12.8％を大きく上回るに至っている。ただ3,000エーカー以上の特大規模のシェアはほぼ同じで，シェアが高いのは1,000～2,000エーカーである。

　これらを総じて，コーンベルトの西漸を体現したネブラスカ州では，トウモロコシの大面積生産農場の比重もより大きくなっており，その最頂部にはトウモロコシ収穫面積5,000エーカー以上（その１農場平均7,000エーカー強），大豆2,000エーカー以上（その１農場平均3,000エーカー強）の40農場程度の「トウモロコシ・大豆」型穀作メガファームが存在するようになっている。2012年（前後３ヵ年平均）のトウモロコシの州平均エーカー当たり粗収益（単収×単価）が912ドル，同じく大豆が642ドルなので，このような農場のトウモロコシと大豆の販売額を試算すれば，830万ドルほどに達することになる。

## （２）ネブラスカ州における穀作大規模経営増加の内実と主要階層の経済的性格

　ここでも経済階級（農産物販売額＋政府支払）別１農場当たり経営収支の階層差と年次変化を，トウモロコシ農場（トウモロコシ販売額が農産物販売額の過半をなす）について検討する（アイオワ州と同様，ARMS統計における大豆農場はサンプル数が少なく各年次の安定的なデータが得られない）。後段の農場実態調査を実施したのが2012年であること，また２回目の穀物等暴騰ピークの2012年と2013年とで上位階層で大幅に純農場所得等が異なることから，両年次を表出した（**表5-10**）。なお州別データは2003年よりも前に遡及できない。

　ここでも価格暴騰による上位階層へのシフト，すなわち「水膨れ」が起きており，2003年の10万～25万ドル層の経営土地面積817エーカーが2013年の25万～50万ドル層の987エーカーに，2003年25万～50万ドル層の1,239エーカーが2013年50万～100万ドル層の1,175エーカーに，2003年50万～100万ドル層の2,141エーカーが2013年100万ドル以上層の2,409エーカーに，それぞれ概ね照応している。

　2003年に10万～25万ドル層だった農場の農産物販売収入は19.7万ドルで，その純農場所得5.2万ドルは同年の州世帯所得中央値の1.2倍であり農業専業家族経営であった。それが「水膨れ」で2013年には概ね25万～50万ドル層にシフトし，

表5-10 ネブラスカ州トウモロコシ農場の経済階級別1農場当たり経営収支
（2003年，2012年，2013年）　　　　　　　　　　　　（単位：エーカー，ドル）

| | | 全農場合計 | 経済階級別 | | | | |
|---|---|---|---|---|---|---|---|
| | | | 10万ドル未満 | 10万～25万ドル | 25万～50万ドル | 50万～100万ドル | 100万ドル以上 |
| 2003年 | 農場数 | 9,235 | 4,307 | 2,898 | 1,355 | 463 | 212 |
| | 経営土地面積 | 815 | 362 | 817 | 1,239 | 2,141 | 4,374 |
| | 現金粗収益 | 216,408 | 68,008 | 197,356 | 370,682 | 662,247 | 1,533,340 |
| | うち農産物販売収入 | 155,713 | 40,029 | 132,687 | 292,411 | 510,393 | 1,173,481 |
| | うち政府支払 | 18,995 | 7,392 | 18,702 | 30,410 | 51,415 | 115,060 |
| | 現金総支出 | 178,525 | 64,757 | 158,773 | 322,200 | 448,573 | 1,252,690 |
| | うち雇用労働費 | 8,286 | 1,762 | 6,111 | 11,621 | 26,120 | 110,371 |
| | 減価償却費 | 16,459 | 5,663 | 16,152 | 27,057 | 55,683 | 86,685 |
| | 純農場所得 | 45,277 | 15,080 | 51,756 | 43,506 | 241,885 | 152,525 |
| | 土地・建物資産 | 496,343 | 253,422 | 519,116 | 919,495 | 1,169,208 | 948,103 |
| | 機械・装備資産 | 137,578 | 52,649 | 133,904 | 257,016 | 339,501 | 709,518 |
| | 上記合計資産額 | 633,921 | 306,071 | 653,020 | 1,176,511 | 1,508,709 | 1,657,621 |
| 2012年 | 農場数 | 14,060 | 3,415 | 2,341 | 2,794 | 2,780 | 2,730 |
| | 経営土地面積 | 1,019 | 235 | 481 | 753 | 1,145 | 2,606 |
| | 現金粗収益 | 705,952 | 47,350 | 220,162 | 400,412 | 763,595 | 2,200,680 |
| | 純農場所得 | 252,379 | -7,166 | 61,717 | 65,396 | 276,806 | 907,158 |
| 2013年 | 農場数 | 16,451 | 3,824 | 3,671 | 3,000 | 2,836 | 3,119 |
| | 経営土地面積 | 1,037 | 245 | 633 | 987 | 1,175 | 2,409 |
| | 現金粗収益 | 642,615 | 55,227 | 196,643 | 401,863 | 805,486 | 1,971,111 |
| | うち農産物販売収入 | 546,931 | 38,743 | 144,221 | 311,530 | 623,990 | 1,800,281 |
| | 経営土地面積当たり | 527 | 158 | 228 | 316 | 531 | 747 |
| | うち政府支払 | 24,520 | 3,732 | 12,468 | 18,264 | 44,121 | 52,387 |
| | 現金総支出 | 452,244 | 55,983 | 173,875 | 290,266 | 546,397 | 1,335,871 |
| | うち雇用労働費 | 17,504 | 294 | n.a. | n.a. | 8,031 | 67,937 |
| | 減価償却費 | 70,441 | 11,397 | 27,287 | 43,980 | 99,669 | 192,493 |
| | 経営土地面積当たり総費用 | 504 | 275 | 318 | 339 | 550 | 634 |
| | 純農場所得 | 127,970 | 2,351 | n.a. | 79,065 | 145,112 | 458,211 |
| | 経営土地面積当たり | 123 | 10 | n.a. | 80 | 123 | 190 |
| | 土地・建物資産 | 2,215,921 | 815,945 | 1,213,090 | 2,474,356 | 3,479,315 | 3,715,446 |
| | 機械・装備資産 | 420,029 | 71,071 | 193,828 | 287,192 | 492,727 | 1,175,743 |
| | 上記合計資産額 | 2,635,950 | 887,016 | 1,406,918 | 2,761,548 | 3,972,042 | 4,891,189 |
| 経営土地エーカー当たり | 土地・建物資産 | 2,137 | 3,330 | 1,916 | 2,507 | 2,961 | 1,542 |
| | 機械・装備資産 | 405 | 290 | 306 | 291 | 419 | 488 |
| | 上記合計資産額 | 2,542 | 3,620 | 2,223 | 2,798 | 3,380 | 2,030 |

資料：USDA ERS, *Agricultural Resource Management Survey Farm Financial and Crop Production Practices: Tailored Reports* (http://www.ers.usda.gov/data-products/arms-farm-financial-and-crop-production-practices/tailored-reports.aspx).

注：1）「経済階級」とは「農産物販売額＋政府支払」の金額規模別区分である。
　　2）「現金粗収益」には他に「その他の農場関連収入」がある。
　　3）「経営土地面積当たり総費用」＝「現金総支出＋減価償却費」÷「経営土地面積」である。
　　4）「純農場所得」＝「現金粗収益－現金総支出－減価償却費－非現金労働者手当＋在庫価額変化＋非現金収入」である。
　　5）USDC Bureau of Economic Analysis, *National Income and Product Accounts Tables, Section 6: Table6.2D, 6.5D, and 6.6D*によれば，農場フルタイム労働者相当年間雇用費は2003年で27,009ドル（労働者直接受取額23,992ドル），2012年41,307ドル（同前36,015ドル），2013年41,307ドル（同前39,406ドル）である。
　　6）USDC Census Bureau, *Current Population Survey: Median Income by States*, によれば，ネブラスカ州世帯年間所得中央値は2003年42,796ドル，2012年52,196ドル，2013年53,774ドルである。

農産物販売収入が31万ドルとなり，純農場所得7.9万ドルは同年州世帯所得中央値の1.5倍に伸びて若干富裕化したが，利潤と言えるほどの大きさではない。

2003年に25万～50万ドル層だった農場の純農場所得は下位層より低い4.4万ドルで農業専業下限に位置していたが，2013年には概ね50万～100万ドル層にシフトし，農産物販売収入が62万ドル，純農場所得は14.5万ドルとなって州世帯所得中央値の2.7倍に達した。雇用労働費は農場フルタイム労働者相当の0.2人分にも満たないから，この利潤は「寄生的」と言えるものである。なお価格暴騰ピークの2012年には純農場所得が28万ドル，州世帯所得中央値の5.3倍にもなっていた。

2003年に50万～100万ドル層だった農場は農産物販売収入が51万ドルで，純農場所得24万ドルは既に州世帯所得中央値の5.7倍であった。雇用労働費2.6万ドルは農場フルタイム相当労働者雇用費のほぼ1名分だったので，労働力的にはなお家族が主体であり，利潤のうち農場生産過程で生み出された剰余価値起源のものは一部にとどまり，流通過程から横奪したものと政府支払によるものからなっていたことになる。それが2013年には概ね100万ドル以上層（の一部）へシフトし，農産物販売収入が180万ドルへと3倍以上に膨張した。ただし生産コスト上昇の方がさらに激しかったため，純農場所得は46万ドルへ1.9倍化にとどまっている。それでも州世帯所得中央値の8.5倍になっており，多額の寄生的利潤を獲得している。雇用労働費は農場フルタイム相当の1.64人分なので，概ね家族労働量と同程度の雇用労働力を要する寄生的利潤獲得・上層家族経営である（ここでも，**表5-7**で見たように2012年に農場土地面積規模2,000エーカー以上の穀物販売農場は数で14％，穀物販売額で41％を占めるようになっているので，平均経営土地面積2,400エーカーのこの階層を大規模というのは躊躇される）。なお暴騰ピークの2012年の純農場所得は91万ドル（州世帯所得中央値の17.4倍）にもなっていて，さらに巨額の寄生的利潤を手にしていた。

政府支払受取額について見ると，価格暴騰期にもちろん大幅に減少したが，それでも25万ドル以上層で1.8万ドル～5万ドルを受給している。価格暴騰期に制定された2008年農業法が固定額の直接支払を廃止せず，また事実上の不足払いである価格下落相殺支払（Counter Cyclical Payments, CCP）を残しながら，それに対する選択肢として直近の高収入からの下落を補填する平均作物収入選択支払（Average Crop Revenue Election, ACRE）を導入したことが，結果として多額

の寄生的利潤を獲得している経営になお政府支払を支給しているのである。価格暴騰ピークの2012年に対して若干の価格低下＝販売収入低下をみた2013年の場合，ACREの効果が顕著であることを示唆している。純農場所得に占める政府支払の比率は，25～50万ドル層が70％から23％へ，50～100万ドル層が21％から30％へ（ここは逆に上昇），100万ドル以上層が75％から11％へ低下してはいるものの，直近数年の平均収入基準型収入保証プログラムは，穀物等高価格段階のアメリカにあっては一種のモラルハザード的作用を果たしている。

　次に，各階層に共通するが穀物等価格の暴騰もさることながら，生産コスト上昇が激しい。現金総支出で見ると，「水膨れ」による階層区分シフトを勘案して，2003年10万～25万ドル層と2013年25万～50万ドル層では1.8倍，2003年25万～50万ドル層と2013年50万～100万ドル層では1.7倍，2003年50万～100万ドル層と2013年100万ドル以上層では3.0倍に増えている。また特に，減価償却費について同様の比較をすると，それぞれ2.7倍，3.7倍，3.5倍に急増しており，農業機械・装備類の新規購入とそれらの高額化が示唆される。

　このことは機械・装備資産額の同様の大きな伸びにも示されているが，それを経営土地面積（エーカー）当たりで見ると，同様のシフト階層間で164ドルから291ドルへ，207ドルから419ドルへ，159ドルから488ドルへ，全階層平均で187ドルから405ドルへ大幅に増えている。この数値の背後にある農場現場での実態は後段で具体的に検討するが，一般的な機器類の購入・高額化だけでなく，ネブラスカ州固有の灌漑施設の買い換え・高額化が反映していると考えられる。

　また土地・建物資産額（土地だけを区分した集計はない）はとりわけ激しく増大しており，全階層平均で2003年の609ドルから2,137ドルへ3.5倍にもなっている。これは農地価格の暴騰を反映している。

　そしてこれらの結果，2013年では経営土地面積1,000エーカー前後という，面積で言えば小規模に属する経営（かつては農業専業下限規模）でも農場資産額が300万～400万ドルに，また2,400エーカー程度のやや大規模な経営では500万ドル近くにも膨張している点が注目される。これらの現場実態と意味についても，後段で検討する。

　最後にアイオワ州との比較をしておく。記述のように高い灌漑面積比率によってネブラスカ州は州平均でもトウモロコシ，大豆ともに単収で上回るほどになっ

ており，農場受取単価もほとんど差がない。2013年の収穫面積当たり粗収益（単収×単価，USDA NASS, *Quick Stats Database*より）を取ると，トウモロコシでネブラスカ州の755ドルに対してアイオワ州の736ドル，大豆で679ドルに対して596ドルというように高くなっている。

　しかしこのARMS統計で2013年の経営土地面積当たり販売額を見ると，全農場合計でネブラスカ州527ドルはアイオワ州640ドルをかなり下回り，同様に25万～50万ドル層で316ドルに対して586ドル，50万～100万ドル層で531ドルに対して639ドル，100万ドル以上層で747ドルに対して799ドルと，いずれもアイオワ州より低い。経営土地面積当たり総費用は全農場合計で504ドルに対して588ドル，25万～50万ドル層で339ドルに対して575ドル，50万～100万ドル層で550ドルに対して580ドル，100万ドル以上層で634ドルに対して658ドルとネブラスカ州の方が低いが，収入差を埋めるほどには低くない。その結果，経営土地面積当たり純農場所得では全農場合計で123ドルに対して180ドル，25万～50万ドル層で80ドルに対して137ドル，50万ドル～100万ドル層で123ドルに対して170ドル，100万ドル以上層で190ドルに対して277ドルと，いずれもアイオワ州の方が高い。

　これはセンサスの1農場当たり構造を示した**表5-4**と**表4-3**（196頁参照）を比較してもわかるように，アイオワ州の土地利用が耕種農地に集中し，さらに耕種農地の中でもトウモロコシと大豆に特化しているのに対して，ネブラスカ州はなお永年牧草地・放牧地を多く保有し，耕種農地内部でも牧草採草地があってトウモロコシ・大豆への特化度が相対的に低いためである（州全体としても**図5-2**と191頁の**図4-2**で比較したように，土地利用のトウモロコシ・大豆への単純化がなおアイオワ州ほどには進展していない）。

## 第4節　ネブラスカ州穀作農場の具体的存在形態と構造変化の到達点―実態調査を中心に―

### （1）調査農場の構成と階層的性格

　調査8農場の概要を**表5-11**～**表5-13**に示した（番号は農産物販売金額順）。その立地は，穀物農協Farmers Cooperative Dorchesterの組合員であるNE1，NE2，NE7が州の東南部，穀物農協All Points Cooperativeの組合員であるNE5，NE6，NE8が中南部，食用豆新世代農協Stateline Producers Cooperativeの組合員であ

表 5-11 ネブラスカ州調査農場の所属農場と組織形態

| 農場番号 | NE1 | NE2 | NE3 | NE4 | NE5 | NE6 | NE7 | NE8 |
|---|---|---|---|---|---|---|---|---|
| 立地 | 中南部 | 中南部 | 西端 | 西端 | 東南部 | 東南部 | 中南部 | 中南部 |
| 主な所属農協 | All Points Cooperative | All Points Cooperative | Stateline Producers Cooperative（食用豆パッキング・販売新世代農協） | Stateline Producers Cooperative（食用豆パッキング・販売新世代農協） | Farmers Cooperative Dorchster | Farmers Cooperative Dorchster | All Points Cooperative | Farmers Cooperative Dorchster |
| 組織形態 | 親族所有会社D、経営者と息子所有会社E、経営者個人所有農場、息子所有会社F、肥育素豚供給ジョイントベンチャーG。 | 家族所有型3会社。経営者と妻所有1社、経営者個人所有1社、父所有1社。 | 経営者本人所有の会社。経営者と妻の土地所有会社と母所有会社1。 | 経営者、弟、父の家族所有型会社。 | 兄弟3人所有経営会社。 | 個人・家族農場 | 経営者と妻所有の経営会社と、経営者と妹が所有する土地所有会社2社。 | 個人・家族農場 |

資料：2012年8月～9月農場実態調査より。

表 5-12 ネブラスカ州調査農場の従事者・労働力・農地保有状況

(単位：ドル、エーカー)

| 農場番号 | | NE1 | NE2 | NE3 | NE4 | NE5 | NE6 | NE7 | NE8 |
|---|---|---|---|---|---|---|---|---|---|
| 立地 | | 中南部 | 中南部 | 西端 | 西端 | 東南部 | 東南部 | 中南部 | 中南部 |
| 家族農業従事者 | | 3人＝本人、息子（40歳）、息子妻（簿記） | 3人＝本人、父、妻（簿記） | 2人＝本人と弟 | 3人＝本人、父、弟 | 2人＝本人＋妻、(2人)＝父・母はパートタイム（今年でリタイア） | 1名＝本人のみ | 1名＝本人のみ | 1名＝本人のみ |
| 雇用労働力 | 常用 人数 | 耕種農業のD社が5人、養豚のG社が3名。 | 4人 | 2人 | 1人 | なし | なし | なし | なし |
| | 年賃金 | 4万ドル人 | 4万ドル人 | 3万ドル人 | 3万ドル | | | | |
| | 臨時 延べ人・日 | 125人・日 | 180人・日 | | | 60人・日 | 45人・日 | | |
| 雇用労働費総額 | | 167,000 | 180,160 | 60,000 | 33,000 | 7,200 | 5,400 | 11,000 | |
| 経営耕地合計 | | 5,000 | 5,300 | 3,500 | 1,600 | 2,600 | 1,700 | 1,420 | 1,000 |
| 耕種農地 | | 2,000 | 5,300 | 3,500 | 1,600 | 2,200 | 1,200 | 1,420 | 800 |
| うち灌漑地 | | 2,000 | 4,770 | 3,500 | 1,600 | 600 | 800 | 1,420 | 108 |
| 自作地 | | 1,600 | 2,120 | 800 | 160 | 1,600 | 400 | 800 | 360 |
| 借入地 | | 400 | 3,180 | 2,700 | 1,440 | 600 | 500 | 620 | 440 |
| 草地 | | 3,000 | 0 | 0 | 0 | 0 | 0 | 0 | 200 |

資料：2012年8月～9月農場実態調査より。

第5章 集約灌漑地帯ネブラスカ州における穀作農業の構造変化　277

表5-13　ネブラスカ州調査農場の生産・販売状況等

(単位：エーカー、ドル、%)

| 農場番号 | | NE1 | NE2 | NE3 | NE4 | NE5 | NE6 | NE7 | NE8 |
|---|---|---|---|---|---|---|---|---|---|
| 立地 | | 中南部 | 中南部 | 西端 | 西端 | 東南部 | 東南部 | 中南部 | 中南部 |
| 作付面積 | トウモロコシ | 1,500 | 3,500 | 1,500 | 700 | 1,200 | 700 | 630 | 380 |
| | 大豆 | 400 | 1,500 | | | 800 | 500 | 580 | 420 |
| | 冬小麦 | 100 | | | 70 | | | | |
| | ピント豆(インゲン) | | | 2,000 | 400 | | | | |
| | グレートノーザン・ビーン | | | | 100 | | | | |
| | ビート | | | | 260 | | | | |
| 耕種販売収入 | トウモロコシ | 1,650,000 | 3,835,000 | 1,785,000 | 803,250 | 533,200 | 1,095,500 | 896,742 | 304,000 |
| | 大豆 | 216,000 | 1,207,500 | | | 458,200 | 372,000 | 491,190 | 246,809 |
| | 冬小麦 | | | | 54,320 | | | | |
| | ピント豆(インゲン) | | | 1,920,000 | 319,200 | | | | |
| | グレートノーザン・ビーン | | | | 79,800 | | | | |
| | ビート | | | | 624,000 | | | | |
| 耕種販売収入合計 | | 1,866,000 | 5,042,500 | 3,705,000 | 1,880,570 | 991,400 | 1,467,500 | 1,387,932 | 550,809 |
| 畜産販売収入 | 経営種別 肉牛 | 繁殖 300,000 | 育成 600,000 | | 繁殖 90,000 | | | | 繁殖 26,250 |
| | 経営種別 養豚 | 肥育 11,000,000 | | | | 一貫 950,000 | 肥育 150,000 | | |
| 畜産販売収入合計 | | 11,300,000 | 600,000 | 0 | 90,000 | 950,000 | 150,000 | 0 | 26,250 |
| 耕種・畜産販売収入合計 | | 13,166,000 | 5,642,500 | 3,705,000 | 1,970,570 | 1,941,400 | 1,617,500 | 1,387,932 | 577,059 |
| 政府支払 | 農務省支払 合計 2000 | 143,754 | 130,496 | 25,490 | 33 | 129,037 | 94,409 | 55,710 | 27,632 |
| | 2005 | 203,452 | 352,518 | 63,021 | 0 | 149,404 | 80,293 | 145,094 | 25,847 |
| | 2011 | 31,485 | 68,607 | 0 | 0 | 31,260 | 24,855 | 3,001 | 15,051 |
| | 同上の2011年耕種販売収入に対する比率 2000 | 7.7 | 2.6 | 0.7 | 0.0 | 13.0 | 6.4 | 4.0 | 5.0 |
| | 2005 | 10.9 | 7.0 | 1.7 | 0.0 | 15.1 | 5.5 | 10.5 | 4.7 |
| | 2011 | 1.7 | 1.4 | 0.0 | 0.0 | 3.2 | 1.7 | 0.2 | 2.7 |

資料：経営基礎データは2012年8月〜9月農場実態調査より。政府支払額はEnvironmental Working Group, *Farm Subsidy Databese* (http://farm.ewg.org/)、より可能な限り名寄せして作成。
注：1) 作付面積、販売収入は2011年産である。
　　2) トウモロコシの経営内飼料仕向け分、および養豚の子豚販売頭数について、一部推算値を含む。

るNE3とNE4が西端部である。

　まず農場の作目分類だが，2011年販売額にもとづくとNE1は「肉豚農場」になるが，他は全て耕種が畜産を上回る。そのうちトウモロコシが販売額の過半をなすNE2，NE6，NE7，NE8の4農場が「トウモロコシ農場」に，トウモロコシと大豆の合計で過半をなすNE5が「一般現金穀作農場」に，ピント豆がトウモロコシを若干上回って過半をなすNE3とトウモロコシとビートが相対的に多いが過半を占める作目のないNE4が「その他耕種作物農場」に，それぞれ分類されよう。しかし全ての農場がトウモロコシを最低30万ドル以上販売しているので，前節（2）では「トウモロコシ農場」のデータを検討した。

　調査農場の耕種農地灌漑状況を見ると，灌漑農地率がNE5で27％，NE6で67％，NE8で14％と低いが，その他の農場はほとんどが灌漑されている。サンプル数が少ないが一定の階層性が見られる。

　NE1は，肉豚肥育だけで販売額1,100万ドル，耕種農地2,000エーカーにトウモロコシと大豆を作付けて190万ドルを販売する超特大農場である。複数の親族・家族所有型会社・個人名義農場を組み合わせており，経営組織の側面では家族所有型農場である。しかし家族労働力3人に対して耕種と養豚合わせて8人の常雇を入れており，どんなに少なく見積もっても120万ドル以上の純農場所得を得ているであろうから[3]，耕畜複合・資本主義経営である。

　NE2は，ほぼ耕種（農地5,300エーカーにトウモロコシと大豆）だけで500万ドル強を販売する穀作農場である。経営組織は複数の家族所有型会社の組み合わせであるが，家族労働力3人に対して常雇4人を擁している。前掲ARMS統計に準拠すれば最低でも100万ドル程度の純農場所得を上げているであろうから，資本主義的性格を色濃く持つ大規模家族経営と言える。

　州内でもいっそう少雨乾燥であるがゆえに，元来非灌漑の雑豆や緑肥作物と穀物などによる多角的・多作物輪作農業が展開していた西端部のNE3とNE4は，食用豆集荷・洗浄・選別・包装・販売の新世代農協（および甜菜糖製造新世代農協）に参加することによって，そうした特産品商業的農業を大いに発展させ，価格高騰があいまって販売額370万ドルと200万ドルにまで達した，上層家族経営である。

　NE5は，親子2世代という豊富な家族労働力（父母はパートタイムだが）に支えられて2,000エーカーの穀作農業と養豚一貫の複合経営によって200万ドル規模

を実現している，やはり上層家族経営である。

　NE6，NE7，NE8は，一部不明部分もあるが基本的に経営者本人プラス若干の臨時雇という「ワンマンファーム」で，その販売規模を規定しているのは基本的に耕種農地規模とそのうちの灌漑農地規模である。価格低落期のアメリカ中西部穀作農場のいわゆる「専業下限」層には，このような「ワンマンファーム」が多かった。しかしそれが現在では価格高騰によって，一般的な世帯を大幅に上回る農業所得を得る状況に立ち至っている。

## （２）価格高騰段階での土地利用と作付方式

　第１節（２）で見たように（**図5-2**），ネブラスカ州の農業土地利用はマクロ的に見て，「トウモロコシ＋各種穀物＋干草」から「トウモロコシ＋大豆」へと様相を一変し，その結果，主要作物に占めるトウモロコシと大豆の合計面積シェアが長期一貫して大幅に上昇し，耕種土地利用は激しく単純化したのだった。

　これは個別経営レベルに降りれば，耕種農地利用におけるトウモロコシ作付比重のいっそうの上昇，トウモロコシと大豆へという単純な土地利用方式の深化，さらにはトウモロコシ連作の増加を想起させる。そこで経営レベルでの作付方式動向をまずARMS統計で検証しよう。

　前章**表4-13**（216頁）の中で，「コーンベルト」最中核で，早くからトウモロコシと大豆への単純化と「トウモロコシ－大豆」の作付方式が定着していたイリノイ州，それとほぼ並ぶアイオワ州と比較してみよう。イリノイ，アイオワ両州は1996〜2010年に一貫してトウモロコシ連作が面積・比率とも高まり，大豆－トウモロコシの作付順序は減少している。いっぽう急速にトウモロコシ面積が拡大したカンザス州では，1996〜2005年にはトウモロコシ連作が面積・比率ともに減少したのだが，2005〜2010年にはトウモロコシ作付自体がさらに加速する下で，トウモロコシ連作が増大した。

　トウモロコシ主産地形成時期からすると両州の中間的性格をもつネブラスカ州は，1996年段階ではその強力な灌漑力にものを言わせてトウモロコシ連作率が主要州の中で際だって高かったのが（68％），2005年にかけては大豆の急伸長があって半分以下に減少した。ところがその後2010年にかけては傾向が逆転している（34％へ）。

次に調査農場の場合どうか。耕種農地面積に対するトウモロコシ作付比率は，NE1で75％，NE2で66％と高く，トウモロコシ連作圃場が多いことがうかがえる。いっぽうNE3，NE4，NE7，NE8では40％台にとどまっている。NE5とNE6では55～58％とややトウモロコシ優勢になっている。

個別の経過・事情を見ると（**表5-14**，**表5-15**），NE1は「2005年まではトウモロコシが80～90％だったが，大豆の相対価格上昇で現在の構成にな」り，典型的な作付方式は2005年まで「トウモロコシ4年連作－大豆」だったのがその後「トウモロコシ3年連作－大豆」に変化した。なおNE1は大規模な肥育豚部門から排出される糞尿堆肥を，耕深6インチ（約15cm）のチーゼル（ノミ刃）プラウを付けた特殊な注入機を使って毎年500エーカー分ずつ土壌還元している。NE2もこれでも毎年大豆面積が増えてきており，作付方式は従前の「トウモロコシ3年連作－大豆」から漸次トウモロコシ連作年数・連作圃場を減らしている。その主な理由は病害対策であり，そうした作付方式変更の結果，両作物の単収が改善されたという。またNE5は2008年からの局面でとりわけトウモロコシ価格高騰が顕著だったため，大豆との比率を半々から60：40に変えたのだが，トウモロコシ連作圃場では早くも害虫と雑草が増え，殺虫剤・除草剤コストが増えているとしている。

つまりトウモロコシ連作は水供給の面からはオガララ帯水層からの深井戸揚水センターピボット灌漑の普及によって，また連作障害対策（の一部）の面からは線虫殺虫Bt遺伝子組換え種子の採用・一般化が強力な要因となって「可能」にされてきたのだが，現場レベルでは，単純にそのような「超工業化」技術だけによって作付方式上の，したがってまた農法上の退行を「克服」したり「対処」できているわけではないことを示している。

他方NE3とNE4はトウモロコシ比率を増やしていない要因として，州西端部固有のひょう害の多さなどによるリスク回避のための多角化，トウモロコシも食用豆も同様に価格高騰していること，灌漑水の利用制約（トウモロコシが最大の水消費作物であり，元来州内でもさらに降水量の少ない西端部での「適作」とは言えない）を挙げている。その結果，現在も典型的な作付方式は，「トウモロコシ－ピント豆」，「トウモロコシ－ビート－トウモロコシ－食用豆」，「トウモロコシ2年連作－ビート－食用豆」である。

## （3）不耕起・最小耕起の普及状況とその性格

前章表4-16（223頁）に示したようにネブラスカ州では，トウモロコシの不耕起率が1996年の29％から2010年の52％（過半）へと急速に伸び，保全耕起全体では77％に達した。カンザス州（表出略）でも同様に不耕起が1996年の20％から2010年の47％へ，保全耕起全体が75％に達した。これに対してイリノイ州は不耕起（および保全耕起全体）が1996年16％（31％），2000年14％（49％），2005年16％（37％），2010年9％（42％）と，水準そのものが上記2州より著しく低く，明確な増大傾向も観察されない。ここから，元来降水量が少なくトウモロコシ栽培のためには土壌保水の必要性が特に高かったネブラスカ，カンザス両州で不耕起をはじめとする保全耕起がより早く普及し，かつ圃場におけるトウモロコシ栽培頻度（ないし占有度）の増加にともなってより早く増加したと考えられる。

しかし実態調査からは，農場段階での実情はより複雑であることがうかがえる。NE5, NE6, NE8は全作物全面積を不耕起としているが，NE1は早くも1960年代終盤に畝頂部耕起を開始し，1996〜2011年には全面積不耕起だったものが，2012年からトウモロコシ作付圃場では軽減耕起の一種と言える細帯状耕起（strip till）に移行している。理由はトウモロコシ連作が重なると残渣が多くなりすぎて不耕起での播種が困難となり，残渣クリーニングとして耕深10インチ（約25cm）・間隔30インチの細帯状耕起が必要なったからであるという。数少ない大豆－小麦圃場では残渣が少ないので不耕起を続けている。

もう一つの問題は灌漑方式との関係である（NE2, NE3, NE7）。標準整形圃場では半径400mにもなるアームに数メートル間隔で取り付けられた支柱の車輪をモーター駆動するセンターピボット式灌漑装置では[4]，ポンプアップしてアームに吊り下げられたスプリンクラーを通じて灌水するので圃場を用水が流れるわけではなく，したがって不耕起が可能である。しかしセンターピボット式以前の，畦溝（furrow）式（重力式とも呼ばれる）流下灌漑圃場では，そのための畦と溝を作らなければならないから不耕起はできないのである。その限りでは利水効率も低い畦溝式灌漑からセンターピボット式へ移行すれば「解決」される「過渡期」の問題とも言えるが，後者の必要投資規模は桁違いに大きいという別の問題がある（後述）。

また不耕起等はそれに合わせた播種機を必要とする（表5-16）。不耕起と言え

表5-14 ネブラスカ州調査農場の耕起方式・と作付方式等の変化

| 農場番号 | NE1 | NE2 | NE3 | NE4 |
|---|---|---|---|---|
| 立地 | 中南部 | 中南部 | 西端 | 西端 |
| 作付方式・栽培方式の変化 | (1)耕起方式<br>1960年代終盤に畝頂部耕起を開始、1996〜2011年は全面不耕起に。2012年からトウモロコシ作付圃場では細帯状耕起へ移行。理由はトウモロコシ連作では残渣が非常に多いため、耕深10インチの残渣クリーナーとしての細帯状耕起（30インチ間隔）が必要になった。なお小麦作付圃場は大豆-小麦の作付方式なので、大豆残渣は少ないから、不耕起。<br>(2)作付方式<br>典型的作付方式は2005年までは「トウモロコシ-トウモロコシ-トウモロコシ-大豆」、2006年からは大豆の相対的価格上昇により「トウモロコシ-トウモロコシ-トウモロコシ-大豆」。<br>(3)糞尿堆肥投入<br>養豚糞尿堆肥をチーゼル付きインジェクターで毎年500エーカー分投入している。土壌表面だと脱窒してしまうので、6インチに注入している。 | (1)耕起方式<br>不耕起を10年前に導入、目的は労働力節約、水分保持、および土壌保全。<br>(2)作付方式<br>以前の作付方式は「トウモロコシ-トウモロコシ-トウモロコシ-大豆」だったが現在は「トウモロコシ-トウモロコシ-大豆」。毎年漸次大豆を増やしているが、理由は病気対策であり、その結果トウモロコシ、大豆とも収量が改善。 | (1)耕起方式<br>2000年に最小耕起導入、目的は、①風土壌流亡対策、②水分保持、③燃料コスト削減。ただしグリホサート系除草剤が不可欠。<br>(2)作付方式<br>トウモロコシ-ピント豆の2年輪作で変わらず。 | 作付方式<br>典型的な作付方式は、主要には「トウモロコシ-ビート-トウモロコシ-食用豆（および多少の冬小麦）」、他に「トウモロコシ-トウモロコシ-ビート-食用豆」。作物を多角化している理由は、①当地域はヒョウ害が多いのでリスク分散するため、②灌漑用水の利用可能量に合わせる（灌漑水を多く必要としない食用豆や小麦を入れる）。 |

資料：2012年8月〜9月農場実態調査より。

表5-15 ネブラスカ州調査農場の現在の耕起方式

| 農場番号 | NE1 | NE2 | NE3 | NE4 |
|---|---|---|---|---|
| 立地 | 中南部 | 中南部 | 西端 | 西端 |
| 耕起方式 | トウモロコシ刈り跡には牛を放牧し、3月末〜4月初に耕起。なお小麦作付圃場は大豆-小麦の作付方式なので、大豆残渣は少ないから、不耕起。 | 全面不耕起への移行期で、センターピボット灌漑圃場および非灌漑圃場（耕地の75%）、畦溝式灌漑圃場（耕地の25%）は畝頂部耕起（不耕起より労働力も機械も余計に要する）。 | 3分の2を占めるセンターピボット圃場は最小耕起（2000年開始）、3分の1の重力灌漑圃場は耕深12〜14インチのチーゼルと種床を作るタンデム・ディスクのフィールドカルチベータ。最小耕起導入の目的は、①風土壌流亡対策、②保水、③燃料コスト削減。ただしグリホサート系除草剤が不可欠。 | 不耕起（ほとんどトウモロコシ用）、細帯状耕起、在来型プラウ耕の併存。トウモロコシは強力な除草剤があるので不耕起でやれる。しかしトウモロコシ跡は残渣が多いので、畦溝式灌漑圃場ならプラウ耕が必要。またビート作付の場合も、前作残渣除去と除草のためにプラウ耕が必要。食用豆の場合、畝（ridge）立てのためにカルチベーター耕をする。 |

資料：2012年8月〜9月農場実態調査より。

第5章　集約灌漑地帯ネブラスカ州における穀作農業の構造変化　283

| NE5 | NE6 | NE7 | NE8 |
| --- | --- | --- | --- |
| 東南部 | 東南部 | 中南部 | 中南部 |
| 作付方式<br>3年前（2008年）まではトウモロコシと大豆が50：50，それからトウモロコシを増やした（60：40）。 | (1)耕起方式<br>20年前（1992年頃）から不耕起栽培導入。<br>(2)作付方式<br>2005年頃まではトウモロコシと大豆が半々だった。その後トウモロコシ価格がより上昇したので作付面積を増やした。ただしトウモロコシ価格だけでなく肥料価格も考慮して決める（トウモロコシは大豆よりずっと多肥なので）。本来は半々でトウモロコシー大豆輪作が望ましい。 | 作付方式<br>2003年に肉牛繁殖を辞めたことで，アルファルファからトウモロコシ・大豆に転換した。しかし基本的にはトウモロコシー大豆の2年輪作を行なっている。ただし非常に土壌浸食しやすい1圃場ではトウモロコシ連作しつつ，作物残渣を大量に圃場に残している。 | (1)耕起方式<br>1998年に不耕起栽培を導入，2〜3年試してから全面積不耕起へ。水分保持が最大の動機・目的で，除草剤耐性GM種子の登場によって可能になった。<br>(2)作付方式<br>2005年頃を比べて基本的には変わらず，トウモロコシと大豆半々が原則。 |

| NE5 | NE6 | NE7 | NE8 |
| --- | --- | --- | --- |
| 東南部 | 東南部 | 中南部 | 中南部 |
| 100%不耕起 | 100%不耕起 | 不耕起（ピボットおよびドリップテープ灌漑圃場），細帯状耕起（strip-till, 畦溝パイプ灌漑圃場。毎年畦溝を作るため），ディスク耕耘による作物残渣の土壌鋤き込み（アルファルファ作付圃場）。不耕起を導入したのは10年前（2002年頃）で，灌漑にセンターピボットを導入した圃場では畦溝作りをしなくて良くなったから。 | 100%不耕起 |

表5-16 ネブラスカ州調査農場の不耕起用等高度播種機導入状況

| 農場番号 | NE1 | NE2 | NE3 | NE4 |
|---|---|---|---|---|
| 立地 | 中南部 | 中南部 | 西端 | 西端 |
| 導入状況 | 細帯状耕起には16条プランターを2台（12.5万ドル+8万ドル）。小麦にはグレインドリル。 | 15年前購入の大豆用プランターと新品購入の条播プランター（トウモロコシ・大豆用, GPS, VRT播種付き）2台（1台7万ドル）。 | 一般的なコーンプランターで，トウモロコシも大豆も播種。 | |

資料：2012年8月～9月農場実態調査より。

ども少なくとも播種部分については前作残渣を切り開いて土壌を露出させ，播種した後に覆土と多少の鎮圧を必要とするから，それらのための道具機が装備されていなければならない。調査農場では一部は従来から所有していた耕起栽培用播種機に，それら道具機を後付けして対応している場合もある（NE7, NE8）。しかし多くの農場（NE1, NE2, NE5, NE6）では不耕起等に合わせた専用播種機を使用しており，NE8も結局最新式を注文している。

　これら不耕起等対応の播種機は，一般的に耕起作業の軽減が規模拡大の誘因になるのに加えて，精密農業にも対応させたパッケージとして導入される（ディーラーもそれを強く推奨する）ので，いきおいより高性能・高額機械の購入になる。例えばNE1は細帯状耕起用プランター2台を有するが播種機本体だけで合計20.5万ドルであり，NE2が新規購入した2台の播種機は，GPSステアリング（GPSによってトラクター作業位置を正確に特定し重複も作業残しもないように操縦をガイドする）とVRT（Variable Rating Technology，あらかじめ入力された電子地図に従って圃場内位置によって播種率や肥料・農薬施用量をコンピューター自動可変制御する）付きで1台7万ドルである。またNE5が所有する24条，ディスクオープナー→播種器→被覆ディスク→鎮圧用ゴムタイヤ，同時施肥，GPS, VRT付き播種機は30万ドル，NE8が注文したGPS, VRT付き播種機も13万ドルという具合である。

　このように高額な不耕起等対応かつ精密農業対応の播種機はまさに「小規模農家では」「手に入らない」もので[5]，大規模経営か，農産物価格高騰による寄生的利潤で潤っている経営でしか購入できない。そしてそのような高額固定資本の導入が，いっそうの規模拡大を促迫せざるを得ないことになる。

| NE5 | NE6 | NE7 | NE8 |
|---|---|---|---|
| 東南部 | 東南部 | 中南部 | 中南部 |
| 在来型コーンプランター，30インチ間隔24条，ディスクオープナー→播種器→被覆・鎮圧用ディスク＆ゴムタイヤ，同時施肥（一定），GPS，VRT播種付き。1条当たり8,000ドル×24条＋オプションで30万ドル。 | 新式播種機は買っていない。John Deer 製 30インチ間隔 16 条播器，5万ドル。 | ①不耕起トウモロコシには従来型条播プランターに残渣ディスククリアラーを2枚アタッチしたものを使用。②畦溝灌漑圃場には条播プランター。③その他の圃場には狭間隔条播ドリルを使用。 | 従前からのプランターに不耕起用播種装置（のこ状ディスクオープナー→播種器→被覆ディスク）を付けて（4,200ドル）使用。ただし現在，12条，GPS，VRTにも対応できる新品13万ドルを注文した。 |

　最後に，不耕起等は最大の難関である除草対策において，グリホサートないしグリホシネート系除草剤耐性遺伝子組換え種子の圧倒的な普及が，アメリカ穀作農業現場ではあまりにも当然の前提条件になっており，この側面においても「代替農法」への転換とはおよそ無関係，むしろ正反対の方向性にあることも指摘しておく。

### （4）精密農業の採用状況とその性格

　公表されているARMS統計で精密農業技術の採用状況をある程度以上把握できるのは，1998年以降である。トウモロコシ作付面積に占める各構成技術採用面積比率を州間比較すると（第4章表4-18（1），228頁），1998年時点では何らかの精密農業採用面積比率はイリノイ州42％に対してネブラスカ州21％，カンザス州（1999年，表出略）27％と差があったが，2000年ではイリノイ州58％，ネブラスカ州52％，2010年にはイリノイ州77％，ネブラスカ州76％，カンザス州80％と差は急速に縮まっていた。2010年時点で技術要素別に見ると，コンバインに機器を装着しての収量モニタリングはイリノイ州67％，ネブラスカ州67％，カンザス州49％と差が縮まっているが，その結果にもとづく圃場の収量電子マップ作成はそれぞれ43％，37％，15％と差がある。また土壌自体のサンプルテストに基づく土壌電子マップ作成についても，それぞれ25％，5％，10％と差がある。
　VRTには圃場内位置別施用情報（プリスクリプション）を制御プログラムとしてインプットするわけだが，播種や施肥について，収量と土壌肥沃度・化学的性質の電子マップがその基礎となったとき，本来の「体系性」が発揮される。イリノイ州のVRT施肥率が33％なので，そうした体系的利用がもっとも進展して

表 5-17　ネブラスカ州調査農場の精密農業技術採用と実施主体の状況

| 農場番号 | NE1 | NE2 | NE3 | NE4 |
|---|---|---|---|---|
| 立地 | 中南部 | 中南部 | 西端 | 西端 |
| 採用と実施主体の状況 | 精密農業は2004年導入，①土壌テストは小圃場はグリッド，大圃場はゾーンサンプリングで，独立系アグロノミストと農場雇用者がやる。②土壌マッピングは農協委託，③プリスクリプションはアグロノミストと息子が作り，④播種は息子が，⑤施肥は液肥は自分達で，粒肥は農協委託。このアグロノミスト（農業技術短大卒，38歳）には，土壌サンプリング，種子選択推奨，灌漑指示を委託してエーカー6.5ドルのサービス料。 | ①土壌サンプリングは，グリッドとゾーンの両方を使い分ける。収量マップを見て良くないところは集中的にサンプルを取り，その他部分はスポットで取る。自分でサンプルを取って分析業者に送る。②コンバイン収量モニタリング。③播種率と施肥率のプリスクリプションは個人アグロノミスト業者に委託。圃場見回りと灌漑指示も合わせて委託料8.5ドル/エーカー。④VRT播種と施肥（施肥は委託）。 | ①ピント豆とトウモロコシに収量マップだけ作成。②結果を見て施肥量を変えるが，VRTは使わない。当地域でVRTはコストが高すぎる。一つの理由は州の中・東部は自作地比率が高いが，西部は借入地比率が高いため地代負担が重いので，VRT等によるいっそうの負担は厳しい。 | 圃場毎の土壌テストと収量を把握して，施肥量を決めているだけ。 |

資料：2012年8月～9月農場実態調査より。

いる。いっぽうネブラスカ州とカンザス州はそれぞれ17％と19％であるから，なお一定の差がある。ちなみにトウモロコシのエーカー当たり粗収益（単収×単価，3ヵ年移動平均）は2000年がイリノイ州288ドル，ネブラスカ州256ドル，カンザス州258ドル，2005年がそれぞれ394ドル，364ドル，323ドル，2010年が814ドル，828ドル，633ドルなので，面積当たり収益性の高い地域でより早く，より体系的な精密農業技術採用が進んできたと言えるだろう。

調査農場の採用状況とその主体（経営内部か外部委託か）を見ると（**表5-17**），NE1は①土壌テストは小圃場はグリッド（3～5エーカー程度の格子地片），大圃場はゾーン（グリッドよりも大きい，収量や土壌性質からほぼ均質と見られる任意の広がりの地片）毎にサンプルを採取して分析し（分析は一部独立系アグロノミストへ委託），②土壌電子マップは農協に委託作成し，③施用情報（プリスクリプション）は先のアグロノミストと経営者の息子が作成，④VRTの播種と液肥は本人と息子，粒肥は農協委託している。なおこのアグロノミストに土壌サンプリング，種子推奨，灌漑指示をパッケージで委託している。NE2は，①土壌サンプル採取は自分で行なって分析は業者に委託，②播種量と施肥量のプリスクリプション作成は，圃場見回りと灌漑指示と合わせて，独立系アグロノミストに委託している。③VRTの播種は自家で，施肥は委託している。

これに対し食用豆やビートとの多角化・輪作経営を基本とする州西端農場の場

第5章　集約灌漑地帯ネブラスカ州における穀作農業の構造変化　287

| NE5 | NE6 | NE7 | NE8 |
|---|---|---|---|
| 東南部 | 東南部 | 中南部 | 中南部 |
| ①グリッドサンプリング（農協委託），②コンバイン収量モニタリング，③VRT播種，④VRT施肥（窒素は自分で，他は農協），⑤VRT施肥プリスクリプション作成（農協委託分は農協）。精密農業技術全般について，農機メーカーであるJohn Deer, CASE, およびGPS・VRTなど制御機器とソフトのメーカーAg Leaderから，技術指導を受ける。 | ①3エーカー毎グリッドサンプリング（5年に1度，農協），②コンバイン収量モニタリング（自分）を合わせた土壌マッピング（農協），③施肥プリスクリプション作成（農協），④VRT施肥（自分）。VRT播種はまだやっていないが，灌漑地へのトウモロコシ播種量はエーカー当たり3,200，非灌漑地は2,200と差を付ける。 | ①コンバイン収量モニタリングの結果にもとづいて土壌ゾーンサンプリングを毎年秋に自分で行なう。集めたサンプルは地域農協Serve Techに送って分析してもらう。②それによる土壌マッピングと施肥プリスクプションは所属単協に委託，③VRT施肥単協委託（3ドル/エーカー）とごく一部VRT播種を単協委託。当農場の諸圃場は相対的に均質な条件を持つが，Platte Valleyの地下水は窒素肥料が流入するので，その規制に対応するために土壌テストをしなければならない。 | ①グリッドサンプリングテスト，②土壌マッピング，施肥サブスクリプションを，各圃場につき3年に1度ずつ位で回す。VRT固形施肥。 |

合，NE3は収量マップだけを作成し，それに基づいてマニュアル操作である程度施肥量を変えるが，全くVRTは使わない。NE4も圃場単位で土壌テストと収量を把握して施肥量を変えているだけで，地片毎のデータ把握も電子マップ作成もVRTも行なっていない。NE3によれば，当地域では借地率が高く地代負担が重いためVRTを実施するための各種負担が厳しいのが理由の一つであるという。

　再びトウモロコシ中心地域に戻って，NE5は①グリッド土壌サンプリングテスト（農協委託），②収量データも合わせたVRT施肥サブスクリプション作成も農協委託，施肥自体は窒素は自分で，他は農協委託，③VRT播種も実施している。そしてこれら精密農業技術・知識全般について，ジョン・ディーア，ケイス，およびアグ・リーダーという農機，精密農業機器および同ソフトウェアメーカーの指導を受けている。NE6も①3エーカーグリッド土壌サンプリングテスト（5年に1度，農協委託）に，②収量データを合わせて電子マップ作成（農協委託），③施肥プリスクリプションも農協委託で作成し，④VRT施肥は自分で作業している。NE7は①収量モニタリング結果を参照してゾーン土壌サンプルを自分で採取して分析は地域農協に委託，②土壌マップ，施肥プリスクリプション作成とVRT施肥も単協に委託している。この農場では地下水への窒素流出規制対応のためにも，土壌テストと施肥管理が必要になっている。NE8もグリッド土壌サンプリングテスト，土壌マップ作成，施肥プリスクリプション作成を各圃場3年に

1度実施し，粒状肥料をVRT施用している。

このように調査農場の限りでは，販売金額や耕種農地面積でみた精密農業技術採用の規模別階層性は観察されず[6]，州西端多作物輪作・借地優越農場との経営類型別の差異が見られた。そして重要な特徴は，土壌サンプルのテスト，電子マップおよび施用プリスクリプション作成といった，圃場の性質とそれにもとづく肥培管理に関わる知識・技能の収集・形成が，デジタル情報としての収集・加工・分析とそれにもとづくコンピューター制御プログラム作成として外部化される状況が，規模を問わず一般化してきていることである（生育・病害虫状況把握のための圃場見回りや灌漑指示まで外部委託されつつある）。農業生産者としてもっとも重要な熟練部分に属する知識と技能という経営内給的生産力要因が，農業生産者・経営から引き抜かれ，外部の各種事業体（独立系専門アグロノミスト，農協，精密農業機器やソフトのメーカー）の私的ビジネスの対象＝資本制商品＝経営外給的生産力要因に転化し，取って代わられた上で，再度生産過程に注入されているのである（「充当」）。

ただしその中にあっても，NE1の息子は，土壌分析結果と収量モニタリング結果にもとづいて，部分的にせよ自力でVRT用プリスクリプションを作成している，したがってそれだけの精密農業に関する新技能を身につける主体の努力が存在する側面も見ておく必要がある（例えばアイオワ州調査におけるIA1農場—232頁—や，ノースダコタ州調査におけるND1農場—391頁—には，精密農業技能を専

表5-18　ネブラスカ州調査農場の灌漑方法と施設投資額

| 農場番号 | NE1 | NE2 | NE3 | NE4 |
|---|---|---|---|---|
| 立地 | 中南部 | 中南部 | 西端 | 西端 |
| 灌漑方法と施設投資額 | ①この地域（valley）では父が1936年に初めて灌漑を行なった。②センターピボット方式は投資が1基当たり6.5～7.5万ドル＋コーナーシステム5万ドル，運転コストが35ドル/エーカーだったが，通常年は灌漑期が7月5日～9月2日なのに，2012年は6月12日に開始したので100ドルに上昇。③重力式は運転費用が通常100ドル，2012年250ドル。 | ①センターピボット式で，運転費用がエーカー45ドル，投資費用が135エーカーで灌漑機7万ドル＋井戸・ポンプ4万ドル（3,445エーカーがセンターピボットなので投資だけで280万ドル），②畦溝重力式で運転費用がエーカー60～100ドル，投資費用が160エーカーで1万ドル（1,325エーカーが畦溝灌漑なので投資だけで8万ドル強）。 | ①灌漑水はコロラド，ワイオミング両州の雪解け水の貯水池から取水。②全農地＝灌漑地3,500エーカーの3分の2はセンターピボット式，3分の1は重力式。センターピボット式は投資額クオーター（160エーカー）当たり7.5万ドル，重力式も含めて経営全体で200万ドル。③用水コストは平年エーカー当たり50ドル，しかし2012年（干魃）は100ドル。 | ①センターピボット装置投資が160エーカー（1クォーター）当たり10万ドル，②用水コストがセンターピボットでエーカー当たり35ドル，畦溝灌漑で30ドル。 |

資料：2012年8月～9月農場実態調査より。

門的に習得するために州立短期大学を卒業した経営者が存在していた)。

## (5) 灌漑施設装備と地代・地価高騰下の規模拡大条件

　ネブラスカ州は今日の「コーンベルト」諸州のなかで灌漑面積率が際立って高い(**表3-21**，173頁)。2012年センサスによっても，全米のトウモロコシ収穫面積のうち灌漑地の比率は15％だったが，ネブラスカ州(収穫面積合計909万エーカー)は最高の58％である。上位生産州の中で，同比率が次に高いのがテキサス州(合計162万エーカー)の44％，次がカンザス州(合計395万エーカー)の36％である。しかもネブラスカ州のトウモロコシ灌漑地収穫面積(529万エーカー)は全米の41％を占めている。

　前述のように，ほぼ州全体をカバーするオガララ帯水層(Ogalala Aquifer。US Department of Interior US Geographic SurveyではHigh Plains Aquiferと呼称されている)からの揚水灌漑がネブラスカ州の高位トウモロコシ生産力を支えているのだが，100～200mの深井戸からポンプアップして，広い圃場に灌水するための投資負担額は大きい。調査農場に即して見ると(**表5-18**)，①畦溝を作り敷設した持ち運び式パイプから流下灌水する畦溝式，②センターピボット型ないし①と②の併用が多く，NE7では③さらに利水効率の高いドリップテープ式(カリフォルニア州野菜・葡萄農場など乾燥地帯の高度集約型作目では一般的)も一部導入している。

| NE5 | NE6 | NE7 | NE8 |
| --- | --- | --- | --- |
| 東南部 | 東南部 | 中南部 | 中南部 |
| センターピボット式13基。いずれもオガララ帯水層(Ogalala Aquifer)からの深井戸揚水。9基は揚水制限なし，4基は揚水量制限はないが新規井戸は掘れない。1基6.5万ドル，総額84.5万ドル | センターピボット式8基。一式で新規設置費用はピボット灌漑機6.3万ドル，モーター1.5万ドル，井戸4.5万ドルかかる。8基の投資額は60～75万ドルだったが，もし全部新規に買うなら300万ドルだろう。 | ①畦溝(furrow)パイプ式灌漑は水利用率60％，センターピボットだと80～85％，さらにドリップテープだと95～98％。しかしセンターピボットは液肥，農薬散布にも使えるメリットがある。②可変コストが畦溝パイプでエーカー当たり60ドル，センターピボットで45ドル，ドリップテープで35ドル。投資コストが畦溝パイプ25～30ドル(圃場均平化するなら400ドル)，センターピボット800ドル，ドリップテープ1,500ドル。 | 106エーカー圃場用センターピボット1基，10万ドル。 |

投資費用だが，調査農場全体の情報を総合すると，①畦溝式（NE7によると利水効率60％）は160エーカー（クオーター）当たり5千～1万ドル程度（圃場均平化の土木工事をすると6万ドル強），②センターピボット式（利水効率80～85％）は同じく本体7万ドル前後（四角圃場の角にも灌水できるコーナーシステムを付けるとさらに5万ドル），揚水ポンプ1.5万ドル前後，井戸掘削4万ドル前後（ただし新規井戸掘削が禁止されている地区も多い）で，トータル10～12万ドルである。仮に2,000エーカーの耕種農地（NE1）をセンターピボット式灌漑するなら125万～150万ドル，3,500エーカー（NE3）なら220～260万ドル，5,000エーカー（NE2）なら310～380万ドルにも達することになる。③さらにドリップテープ式（揚水・給水ポンプから圃場の辺に給水パイプを敷設し，そこから一定間隔でドリップテープ／チューブを土壌浅くに埋設。利水効率95～98％）だと160エーカー当たり24万ドルもかかるという。

本書ではオガララ帯水層の資源問題には立ち入らないが[7]，価格高騰に導かれてより多量の水分を必要とするトウモロコシをより集約的に栽培することと，水資源保全とを「両立」させようとすれば，利水効率が高い灌漑方式に転換して行かなければならないが，それは灌漑設備投資を大幅に高額化させるという「踏み車」にはまっているのである。

実勢地代と経営の地代負担力との関係については既に**表5-4**と**表5-5**で検討したとおり，アメリカ農業統計では経営者と家族の農業従事時間が農務省統計等で直接把握できないため，センサス（穀作，トウモロコシ農場だけを取り出せない）の「主たる経営者」の「農外就業日数レンジ」と「経営者数」から間接的に推算するしかなく（推算方法は**表5-4**の注を参照），それを州世帯所得中央値で自家労賃評価をして行なった。すると2002年では農産物販売額100万ドル以上層の「主たる経営者」のみ労賃評価した耕種農地面積当たり地代負担力（以下，地代負担力Aとする）123ドルと「従たる経営者」も「主たる経営者」と同水準の農業従事状況にあると仮定して労賃評価した地代負担力（地代負担力Bとする）99ドルしか，州平均地代90ドルをカバーできなかった。ところが2012年には100万ドル以上層（Aが354ドル，Bが334ドル）に加えて50～100万ドル層も（Aが224ドル，Bが200ドル）州平均地代176ドルを上回るようになり，加えて25～50万ドル層でも地代負担力A（125ドル）が非灌漑地地代131ドルに接近するというように，

状況が変わった。この限りで言うと，農産物価格高騰期には低迷期と比べてより下位の階層（耕種農地面積ベースはさらに下位）が借地競争に参加しうる状況が生まれたことになる。そして地価は地代以上に高騰している（図5-3）。

耕種農地のうち灌漑と非灌漑とで現金地代，地価ともに大きな差があるが，いずれも2006年までの緩やかな上昇傾向から，2007年以降の急激な上昇へ転じており，とりわけ第二次穀物等暴騰を挟む2011～2013年にはさらに加速している。具体的には（いずれもエーカー当たり），現金地代は灌漑農地が1994年108ドルから2006年131ドルへ（この間年率1.6％上昇），2010年170ドルへ（年率6.7％上昇）から，さらに2014年には一挙に262ドルへ達した（年率11.4％上昇）。非灌漑農地も多少の差はあるが同じパターン，すなわち1994年57ドルが2006年76ドルへ（年率2.5％上昇），2010年103ドルへ（年率7.9％上昇），そして2014年149ドル（年率9.7％上昇）へという上昇を辿った。

これに対して地価は，灌漑農地が1997年（USDA NASS, *Quick Stats Database* に1996年までのデータがない）1,500ドルから2006年2,030ドルへ（年率3.4％上昇），2010年3,050ドルへ（年率10.7％上昇），そして2014年には7,100ドルに達した（年率23.5％増）。非灌漑農地でも1994年596ドルが2006年1,330ドルへ（年率6.9％上昇），2010年2,030ドル（年率11.2％上昇），そして2014年4,000ドル（年率18.5％増）へと，コーンエタノール・バブル期から二度のトウモロコシ暴騰をつうじて（特に後者の時期に），凄まじい上昇を遂げた。直近の地代水準はネブラスカ州灌漑農地≒アイオワ州平均＞ネブラスカ州非灌漑農地，地価水準はアイオワ州平均＞ネブラスカ州灌漑農地＞ネブラスカ州非灌漑農地であるが（第4章図4-3，235頁参照），ネブラスカ州でもやはり地代高騰・地価暴騰が生じているのである。

地価利回りを見ると（図5-4），ネブラスカ州では灌漑耕種農地，非灌漑耕種農地ともに，アイオワ州（図4-4，236頁）と異なり穀物等価格低迷・低落期のうちから金融市場の一般的利子率を大きく上回っていた。それが漸次低下し，2000年代半ばから「地代高騰・地価暴騰」局面に入るとさらに低下し，他方で住宅・証券化商品バブルを抑制するためにFRBが利子率を引き上げた2006～2007年には一時的に両者は接近した。しかしその後ゼロ金利政策と量的緩和政策が発動されて市場金利が事実上ゼロになると，地価暴騰で引き続き下がり続ける地価利回りは再び市場金利を大幅に上回るようになり，その意味で「農地価格安値」

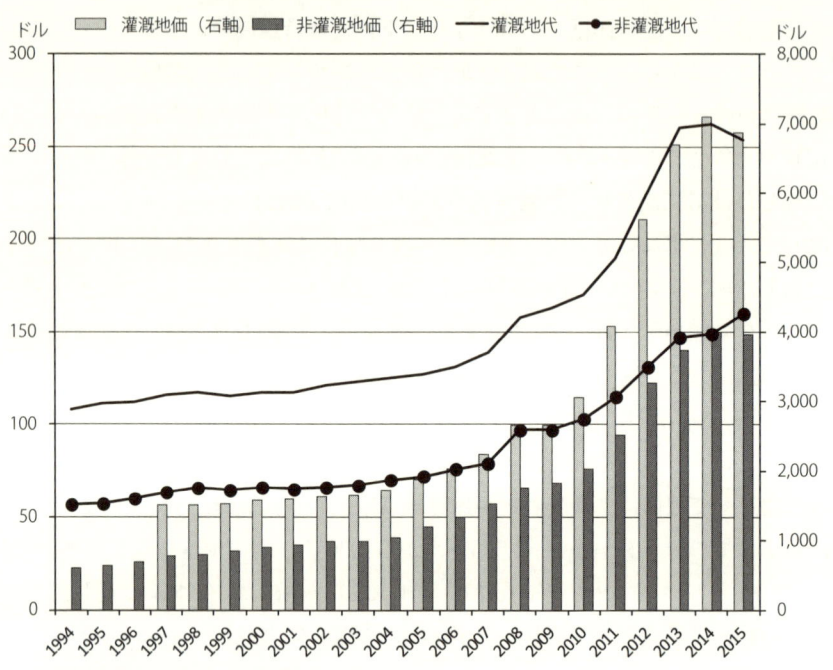

図 5-3　ネブラスカ州耕種農地の灌漑・非灌漑別現金地代と地価の推移（1994～2015年）

資料：非灌漑地価の1996年まではUSDA NASS, Agricultural Land Value 1997, その他はUSDA NASS, Quick Stats Database より。

状態が再現されている。

　こうした状況下で調査農場の動向を見ると（**表5-19**），NE1は2002年に耕種農地と草地を160エーカーずつ購入したが，エーカー当たり耕種農地価格は当時の1,500ドルから現在8,000ドルになっている。NE2は2002年頃4,200エーカーから2008年頃5,300エーカー（いずれも耕種農地のみ）まで拡大してきたが，その後トウモロコシと大豆の価格・収益性高騰で土地供給が少なくなっているという。地価は同様に2006年時2,000ドルが現在7,000ドルへ暴騰している。

　州西端に立地するNE3は1997年に甜菜糖新世代農協の支援を受けて親とは別に700エーカー（全て借入耕種農地）からスタートした新規参入経営者だが，2012年の3,500エーカー（自作地800，借入地2,700）へ急拡大してきた。2004～05年に合計600エーカーを1,200ドルで購入したが，現在は3,000ドルだという。同じ州西端に立地するNE4も1991年に160エーカーで独立就農，その後1999年に父・弟

図 5-4　ネブラスカ州耕種農地の灌漑・非灌漑別地価利回りと財務省証券利回りの推移（1994～2015 年）

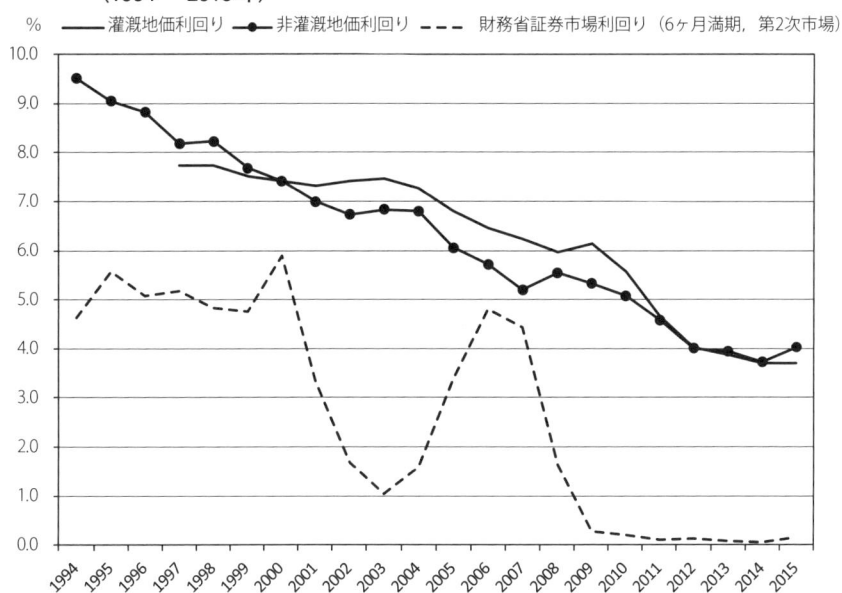

——　灌漑地価利回り　—●—　非灌漑地価利回り　----　財務省証券市場利回り（6ヶ月満期，第2次市場）

資料：1）非灌漑地価の 1996 年までは USDA NASS, *Agricultural Land Value 1997*, その他は USDA NASS, *Quick Stats Database* より。
　　　2）財務省証券利回りは FRB, *Selected Interest Rates-H.15: Treasury Bills Secondary Market 6-month Annual*。

と農場統合してLLC化し，もっぱら借地で拡大してきている。これら州西端部では賃貸借農地供給が活発にあるようだが，それゆえ借地率が高く，前述NE3の「地代負担が重く，VRT等によるさらなる負担は厳しい」という状況も生まれている。

NE5は2007年に260エーカーを購入したのが最後の拡大で，地価は当時2,000ドルが現在5,000ドルである。NE6も2007年に160エーカーを購入，地価は2,000ドルが現在8,000ドルになっている。NE8も2008年に180エーカー購入，地価は2,750ドルが現在2倍以上になっている。

以上からうかがえるのは，第一に，（親元から離れての）新規就農とそこからの借地拡大，したがって賃貸借農地流動も比較的活発と見られる州西端部以外では，農地拡大の主流は購入だったこと，しかし第二に，2007～08年の価格暴騰と高騰期への移行を境に農地供給が減り，かつ地価が暴騰しており，購入による規模拡大が困難になっている様相である。当面の経営課題や今後の展開方向に関

表5-19 ネブラスカ州調査農場の最近の農地拡大経過と地代・地価の変化

| 農場番号 | NE1 | NE2 | NE3 | NE4 |
|---|---|---|---|---|
| 立地 | 中南部 | 中南部 | 西端 | 西端 |
| 農地拡大経過 | 10年前(2002年頃)に息子が耕種農地と草地を160エーカーずつ購入。耕種農地は購入後に灌漑設置。 | 10年前(2002年頃)4,200エーカーから3~4年前(2008年頃)まで拡大してきた。しかしトウモロコシと大豆の収益性上昇で土地供給が少なくなっている。購入は5~6年前(2006年頃)に400エーカー(非灌漑地で購入後灌漑整備)。 | 1997年700エーカー(全借地)から2012年3,500エーカー(自作地800、借地2,700)へと急拡大してきた。2004年に400エーカー、2005年に200エーカー購入。 | 1999年のLLC設立後も、もっぱら借地で拡大してきた。 |
| 地代の変化 | | | | |
| 地価の変化 | 2002年頃耕種農地1,500ドル/エーカー、草地300ドルが、現在耕種農地8,000ドル、草地1,500ドル。 | 2006年時2,200ドル/エーカーで。今は7,000ドルに上昇している。 | 2004~05年の購入地は1,200ドル/エーカーだったが、購入後重力灌漑を設置、今の地価は3,000ドル。 | |

資料:2012年8月~9月農場実態調査より。

する意向の中でも、「今より20%拡大したいが、条件の良い土地供給が、売買・賃貸借ともなかなかない」(NE3)、「生産費が高騰するので面積当たり利益は減っていくから規模拡大したいし、せざるを得ないが、良質労働力確保も農地拡大も容易でなくなっている。また地価高騰で、借入地所有者が他の者へ売ってしまわないか懸念」(NE5)、「借地依存型経営なので、自作地型経営に比べて競争不利にある。その結果、規模拡大でも遅れをとる」(NE6)、「ある程度規模拡大したいが、州内中核都市に近くて通勤兼業農業者が多く、農地獲得が困難」(NE8)といった認識が示されている。

### (6) 投資・資産価額の膨張

ここまで価格暴騰期におけるネブラスカ州穀作農業構造の諸側面について検討してきたが、その多くが農場の投資と資産価額の膨張をもたらしていることがわかる。

即ち不耕起・最小耕起の導入と普及は、一般論としては耕起に必要な機械と燃油コストを下げるとされるが、現実には多量の作物残渣上に播種するための固有の播種機を必要とする。それらは、大きさや精密農業技術とのパッケージにもよるが1台7万ドルから高いものでは30万ドルにもおよんでいた(大型コンバイン

|  | NE5 | NE6 | NE7 | NE8 |
| --- | --- | --- | --- | --- |
|  | 東南部 | 東南部 | 中南部 | 中南部 |
|  | 5年前（2007年）に260エーカー（うち灌漑地200エーカー）を購入したのが最後の拡大。 | 5年前（2007年）に160エーカーを購入で拡大。耕種借入地のうち300エーカーは父（80歳）からでで、灌漑地（150エーカー）に250ドル、非灌漑地(同)に150ドル地代を払っている。 |  | 2008年に120エーカー購入、うち108エーカーだけが全経営地の中で唯一灌漑地。購入後に井戸を掘削し、センターピボットを設置。 |
|  |  |  | 3年前契約時は165ドルだったが、今春（2012年）225ドルに値上げ。 |  |
|  | 5年前（2007年）当時2,000ドル/エーカーが、現在5,000ドル。 | 2007年時2,000ドル/エーカーが現在8,000ドル。 |  | 2008年当時2,750ドル/エーカーが現在2倍以上。 |

より高い）。そしてプラウ耕がなくなるからトラクターの牽引力もさほど必要でないかというと，20～30条にもおよぶ大型エアープランター（圧縮空気で種子を播種作業機に送り込む）に種子タンクカーや同時施肥用肥料タンクも付けるとなれば，かえってより大型・高馬力トラクターが必要となる（20～30万ドル）。

また農場拡大に伴う圃場の大型化と分散が不可避的にもたらす圃場間・圃場内の土壌性質多様化と，適正肥培管理との両立をはかるべき精密農業技術も，しかりである。それは一般論としては地片単位で正確に把握された土壌性質に最適の肥培管理を行なうことで対象作物の費用・便益関係を最大化するとされるが，大面積経営になるほどその「技術」を体系的に揃えるためには高額機器の装備とそれを制御するための情報・ソフトウェアの経営外給化・購入または委託が必要となり，必要投資額は大きくなる。逆に地片単位の土壌詳細情報の収集・加工とそれに基づくコンピューター制御情報で作動させるVRTが一体的に採用されないと，精密農業の「あるべき効果」は発揮されず収益的にならない[8]。したがって精密農業を「効果的」に導入するためには体系的，つまり高額の導入投資が必要となり，今度はその高額固定投資がさらなる規模拡大促迫要因になる。

加えてネブラスカ州では降水量の少ない大平原でありながらコーンベルト中核州並のトウモロコシ（および大豆）単収と粗収益（集約生産）をもたらす灌漑が，

表5-20 ネブラスカ州調査農場の機械・装備・施設および自作地の資産額（概算）

| 農場番号 | NE1 | NE2 | NE3 | NE4 |
|---|---|---|---|---|
| 立地 | 中南部 | 中南部 | 西端 | 西端 |
| 機械・装備・施設の総資産価額（概数） | 500 | n.a. | n.a. | n.a. |
| 自作地評価額 | 1,854 | 1,714 | 243 | 50 |
| 合計資産額（概算） | 2,354 | (1,714) | (243) | (50) |

資料：2012年8月～9月農場実態調査，University of Nebraska-Lincoln Agricultural Ecomoimics Department, *Nebraska Farm Real Estate Market Highlights 2012-2013*, Farm Real Estate Report 6 -2013.
注：1）機械・装備・施設の総資産価額は「現有資産の現在価額」としてヒアリングしたものである。
　　2）自作地評価額は，耕種灌漑農地，耕種非灌漑農地，草地（hayland）の別に，各農場の立地地区別地価（上記 University of Nebraska-Lincoln の Report，2013年2月1日時点）によって算出したものである。

他方ではいっそう多額の固定投資要因となっていた。そしてそうした集約生産とオガララ帯水層水資源保全を「両立」させるための高い利水効率灌漑設備になるほど，投資額は格段に大きくなる。

そして農産物価格暴騰・収益性急上昇が，直接・間接（農地需給のタイト化をつうじて）にもたらす地価暴騰である。

これら全体の結果として，農場資産額は急激に膨張した。それは前掲表5-10で2003年と2013年を比較しても一見して明らかである，価格暴騰による規模階層の「水膨れ」を考慮して，階層をずらして比較すると，2003年10～25万ドル層（817エーカー）の機械・装備資産額は13万ドルだったが，2013年25～50万ドル層（987エーカー）のそれは29万ドルになっている。同様に2003年25～50万ドル層（1,239エーカー）は26万ドルだったが2013年50～100万ドル層（1,175エーカー）は49万ドルに，2003年50～100万ドル層（2,141エーカー）は34万ドルだったが2013年100万ドル以上層（2,408エーカー）はなんと4倍近い118万ドルに，それぞれ急膨張している。

また土地・建物資産額は，2003年10～25万ドル層の52万ドルが2013年25～50万ドル層の247万ドルへ，2003年25～50万ドル層の92万ドルが2013年50～100万ドル層の348万ドルへ，2003年50～100万ドル層の117万ドルが2013年100万ドル以上層の372万ドルへ，4～5倍にも大膨張している。しかも経営面積当たり数値を見れば，これでさえ統計データや実態調査で確認された耕種農地実勢地価よりはるかに低いのである

調査農場についてヒアリングとネブラスカ大学報告書をもとに概算した資産額

(単位：万ドル)

| NE5 | NE6 | NE7 | NE8 |
|---|---|---|---|
| 東南部 | 東南部 | 中南部 | 中南部 |
| n.a. | n.a. | 200 | n.a. |
| 1,408 | 364 | 668 | 244 |
| (1,408) | (364) | 868 | (244) |

を表5-20に示した。自作地比率が非常に低く借地率が高い西端部以外では自作地評価額だけで多額にのぼっており，耕種自作地が400エーカー程度のNE6とNE8で200万〜360万ドル，同800エーカーのNE7で670万ドル（機械・施設等を加えると870万ドル），同1,600エーカーのNE1とNE4で1,400万〜1,900万ドル（大規模養豚部門も有するNE1では機械・施設等を加えると2,400万ドル），同2,100エーカーのNE2で1,700万ドルとなっている。

このような農場資産額の大膨張は農業構造の動態に，いかなる影響をもたらすのか。地価暴騰が購入による規模拡大や借地にまで（地主による転売）負の影響を与えていることは既に見たが，加えて経営，とくに大規模家族経営の継承に無視できない影響を与えようとしている。調査農場から特徴的な認識を拾うと，「共同経営の3人兄弟ともに60歳代だが，いずれの子も農業を継承する意思がない。このように近年になるほど当座の経営が良好でも，半分程度が子供世代は継がなくなっており，家族経営システムの持続が困難になっている。しかし大規模化と農地・機械装備の高額化によって新規参入には最低500〜1,000万ドルが必要になって，事実上不可能。すると最終的には多くの農場・農地が大規模企業経営に買収されてしまうのではないか」(NE5)，「農業を持続させるには不断の拡大が必要だが，地代・地価高騰と機械・装備必要投資額膨張のため，大卒の優秀な人材でも新規就農や農業参入は不可能になっており，経営者平均年齢が高くなり続けている」(NE6)と，いずれも農場資産額，換言すると経営継承や参入の必要投資額が大膨張していることが，不断に大規模化してきた家族経営システムの持続性を脅かし始めている現実を表現している。

周知のようにアメリカ家族経営においては，日本の「いえ」とは異なり，親子間でも基本的に農業資産の「生前無償譲渡」や「単子相続」の慣行はない。したがって経営継承する子世代は親世代や兄弟姉妹から長短の期間差はあれ，買い取っていかなければならない。農場を会社化し，さらに農地所有だけの会社を創設しても，それら会社持ち分（所有権）を同様に買い取って行くことになるので，問題の根本的解決にはなりがたい。

## 第5節　小活—集約灌漑地帯における穀作農業「工業化」の到達点と矛盾の存在形態—

　ここまでの分析結果を簡潔にまとめ，ネブラスカ州に見られる価格高騰期における穀作農業構造の到達点と，矛盾の所在ないし表現形態を示すと，以下のようである。

　第一に，コーンエタノール需要，したがってトウモロコシ需要を強制的に創出し急増させるアメリカ政府のバイオ燃料政策によって，トウモロコシ価格の暴騰と作付拡大，「コーンベルト」の西北方向（より乾燥地帯）への拡大，それによる他作物への価格高騰波及が，穀作農業にブーム状況を生み出している。

　第二に，ネブラスカ州はそうした状況が典型的に現れているが，そこでの穀作農業構造において，トウモロコシや大豆の大規模・特大規模層への生産の集中が着実に進展している。その中でとりわけ経済階級（農産物販売額＋政府支払）100万ドル以上層が価格低落期と比べて大幅に利潤（価格高騰に依拠するという意味で「寄生的利潤」）を増大させた。また実態調査も踏まえると，農産物販売額1,000万ドルを超える耕畜複合・資本主義経営（調査事例では肉豚肥育主体経営だが穀作だけでも常雇5人），同500万ドル強（穀作農地規模5,000エーカー強）の資本主義的性格を色濃く持つ大規模家族経営，同200～370万ドル（同じく2,000～3,000エーカー前後）の上層家族経営，そして同50～150万ドル（同じく1,000～2,000エーカー前後）の「ワンマンファーム」的なかつての専業下限層が価格暴騰下で一般世帯所得を大幅に上回るようになった農場群，という階層構成が検出された。いずれも価格暴騰下で寄生的利潤を獲得している。

　第三に，それらが体現する生産力構造上の特徴は，まず土地利用・作付方式ではネブラスカ州は長期的には他州と比べて際立って高かったトウモロコシ連作

（約7割）が減少してきていたのだが，価格高騰期には傾向が逆転している．農場現場ではその結果，連作圃場での害虫・雑草の増加も起こり，しかしそれらを農薬散布増加と線虫殺虫GM種子採用だけでは克服しきれず，連作の年数や圃場を減らさざるを得ない状況もある．

不耕起・最小耕起の普及は進んでいるが，トウモロコシ産地中，最大の灌漑依存地帯ネブラスカ州の場合，旧来の畦溝式灌漑では不耕起が使えない，センターピボット式なら使えるという関係があった．なお他州と同様，不耕起・最小耕起はグリホサートないしグリホシネート系除草剤とその耐性GM種子の利用と不可分の関係にあり，トウモロコシ連作の再増加とならんで，「代替農法」への移行とは正反対＝「超工業化」路線を歩んでいる．

精密農業技術導入は，収量・土壌分析にもとづくVRT施用という体系性においてはイリノイ州など面積当たり収益性がより高い先進州との差，および州内でも同様の差がありつつも，着実に進展している．その場合，圃場性質とそれに照応した肥培管理に関わる知識・技能の収集・形成が農業生産者・経営者の「熟練」から引き抜かれ（deskilling＝「熟練解体」），外部各種事業体の私的ビジネス対象＝資本制商品化された上で農業生産過程に再注入されているのであり（新たな「充当」），その意味でも精密農業は農業の「超工業化」であり，農業労働の「資本による包摂」の深化であった．

また灌漑依存度の高いネブラスカ州特有の状況として，価格高騰に導かれてトウモロコシをより集約的に栽培することと水資源保全とを「両立」させようとするほど，灌漑設備投資が高額化せざるを得ない関係が観察された．

第四に，トウモロコシを筆頭とする農産物価格暴騰は地代・地価をも急上昇させ，とりわけ地価は暴騰している．またおなじ価格暴騰が最上層だけでなく次位階層にも高騰した地代を負担できる収益性を付与したことで，土地獲得競争が激化している．これらの結果，規模拡大が望まれながら容易には農地拡大ができないという関係が生まれていた．

第五に，不耕起・最小耕起および精密農業対応のための農業機械・装備の高額化，より新式の灌漑設備の高額化，さらに地価暴騰が，農場資産額，したがってまた農業参入必要投資額を飛躍的に膨張させている．その結果，とりわけ大規模・上層家族経営において経営継承の困難化や経営者の高齢化という問題が生まれつ

つあった。

　以上を小括すれば，人為的コーンエタノール・ブーム下で「コーンベルト」の今日的中核にのし上がった集約灌漑農業地帯ネブラスカ州穀作農業において「農業の工業化」，さらには「超工業化」が進展しており，①資本主義経営だけでなく，大規模家族経営，特大規模家族経営でも価格暴騰によって多額の「寄生的利潤」が獲得されるようになっている，②その「寄生的利潤」が地代負担力を高めて農地獲得競争が激化したことと地価暴騰が相まって，規模拡大に制約をもたらしている，③農業生産・経営労働の「資本による実質的包摂」が深化して農業生産者・経営者の独立性は事実上弱まりつつあり，③農法上の退行（作付方式の単純化とトウモロコシ連作の反転増加）および水資源との緊張関係の高まり（対処の一環として水利用規制とともにより「効率的」な灌漑設備投資の高額化）が生起し，④農場資産・農業参入必要投資額の急激な膨張が，大規模「工業化」家族経営の長期的持続性を脅かす兆候が現れていることが明らかになった。

　総じて，長年「工業化」路線を邁進してきた穀作農業セクターへの支持を，財政負担を全世界に転嫁しつつ継続しようとするアグロフュエル・プロジェクトが，一面で「超工業化」を推進しながら他面でそれを制約するという，矛盾の構造が存在するのである。

【註】
（1）さらに永年牧草地・放牧地が格段に多い。特に5,000エーカー以上層の2012年1農場当たり農場土地面積10,691エーカーのうち耕種農地収穫面積は1,719エーカーにとどまり，その差の大半が永年牧草地・放牧地である。なお同2,000〜4,999エーカー層では農場土地面積2,941エーカーのうち耕種農地収穫面積が1,407エーカーを占めている。
（2）育成はbackgroundingと呼ばれ，一般的に体重850〜1,000ポンドまで粗飼料主体に飼育し，その後濃厚飼料多給のフィードロット向けに販売する。
（3）表5-10で利用したARMS統計で，ネブラスカ州「肉豚農場」経済階級100万ドル以上層の2012年畜産物販売額が214万ドル，純農場所得が125万ドルであることから。
（4）大平坦地域における典型的なホームステッドの開発は，1マイル（1,600m）間隔で東西南北に道路を通し，それで囲まれた大区画を800m四方の4区画に分割して入植・開墾させていた。この歴史的基礎ゆえに，アメリカ中西部における「圃場」の基礎単位は「クオーター」と呼ばれるこの大きさ（160エーカー＝64ha）であり，今も「farm」と呼ばれることがある。この区画圃場に合わせた標準サイズのセンター

ピボット式灌漑装置は，アームの長さ（回転半径）が400mになるわけである。
（5）モントゴメリー（2010），p.293。
（6）精密農業技術導入の規模別階層性を確かめうる公表統計は，センサスでもARMSでも与えられていない。しかし磯田（2004），p.46で引用した，イリノイ州の中心的なトウモロコシ生産郡における1990年代末の大量観察にもとづくSwanson, Burton et al., *Contraction for Precision Agricultural Services*, University of Illinois（unpublished paper）の分析によれば，農場面積規模別の階層性は明瞭だった。
（7）アメリカ政府US Department of Interior US Geographic Surveyによるオガララ帯水層水位と総水量のレポート（*Water-Level and Storage Changes in the High Plains Aquifer, Predevelopment to 2011 and 2009-11*, 2013）によれば，Predevelopment（灌漑開発前，ほぼ1950年代）から2011年までのネブラスカ州平均の水位変化（新推計方法）はプラス0.2フィート（約6cm）で，州のほぼ全域が「意味ある変化なし」（±5インチ）となっている。しかし8州にまたがる帯水層全体ではマイナス14.2フィート（4.3m）にも達しており，帯水層が地下深部でつながっている以上，ネブラスカ州で水位低下が観測されていないから問題がないということにはならない。また同USDI USGS Nebraska Water Science Center, *High Plains Aquifer Water-Level Monitoring Study Annual or biannual area-weighted water-level change, 1987 to 2011*によれば，この25年間の水位変化積算値はマイナス1.5フィート（約46cm）であり，また23回の計測間隔（1年ないし2年）のうち14回マイナスを記録している。
（8）Schimmelpfennig and Ebel（2011），p.9。

# 第6章
# コーンベルト西北漸下の両ダコタ州穀作農業構造変化とエタノール企業

## 第1節　両ダコタ州の位置づけ，農場セクター経済状況と穀物等生産の推移

### （1）両ダコタ州の位置づけと農場セクターのマクロ経済状況

　第3章第6節で述べた本書実態調査諸州における両ダコタ州の位置づけを確認しておく。サウスダコタ州は，元来その東部・南部地域を除けば，降水量の少なさ，積算温度，無霜期間などからしてトウモロコシ・大豆の適地とは言えなかった。つまりそれ以外の西部・北部はコーンベルトの西北外周部にあったものが，前章のネブラスカ州を上回るテンポで両作物の生産拡大が長期にわたり，かつアグロフュエル・ブーム下では加速して，今やコーンベルト本体を形成する州に変貌した。

　トウモロコシの場合，3ヵ年移動平均作付面積が1970年から2012年までに67.5％拡大し，そのうち2005年から2012年だけで29％拡大している（**表3-19**，170頁）。2014年の573万エーカーはアイオワ，イリノイの中核2州の半分以下ではあるが，コーンベルト東部のオハイオ，インディアナ，ウィスコンシン，ミズーリといった諸州と同等以上である。大豆の拡大はさらに劇的で，1970～2014年に1,896％拡大（つまり20倍化），うち2005～14年に24％拡大した。2014年の495万エーカーは中核2州の6割に迫り，東部諸州と同等以上になっている（**表3-20**，171頁）。

　コーンエタノール工場の州内立地・拡張によるトウモロコシの需要比率もアイオワ州に次いで高い47.9％（2014年）であり，ピークの2012年には73.2％にも達していた（**表3-23**，177頁）。

　ノースダコタ州の場合は，そもそもコーンベルトの埒外だったと言っても過言ではないほどに，1970年までのトウモロコシ（作付面積53万エーカー），大豆（20万エーカー）の生産規模は微少だった。それが大豆は主として1990年代後半から，トウモロコシは2000年代に入ってから劇的に増加し，コーンベルトの西北外縁部

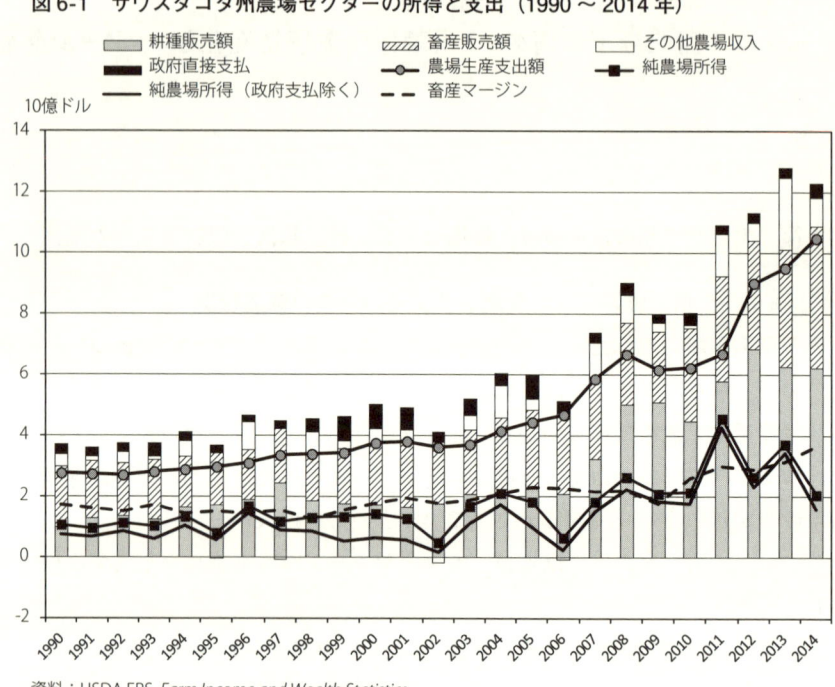

図 6-1 サウスダコタ州農場セクターの所得と支出（1990 〜 2014 年）

資料：USDA ERS, *Farm Income and Wealth Statistics*.
注：畜産マージン＝畜産販売額－飼料支出額。

に編入された。それだけに拡大率はさらに激しく，トウモロコシの1970 〜 2012年が507％（6倍化），うち2005 〜 12年が98％，大豆に至っては1970 〜 2014年に2,640％（つまり27倍化），うち2005 〜 14年に54％拡大した。そしてコーンエタノール工場の新増設も併行して進展し，州内需要比率は40 〜 50％程度に達している。

このように両ダコタ州は，コーンベルトの西北漸という北中部穀倉地帯における生産構造の一大変化を，もっとも端的に体現している地域である。

したがってその分析上の力点は，そのような生産構造のドラスチックな変化の下で，いかなる農業構造の変動が進行し，新たな「トウモロコシ，大豆生産の担い手」としていかなる経営層が形成され，それらがどのような生産力構造や経済的性格を有するに至っているのか，そしてそこに内包あるいは顕在化している農業構造問題はいかなる態様のものかを探ることとなる。

アグロフュエル・ブーム下におけるサウスダコタ州農場セクターのマクロ経済

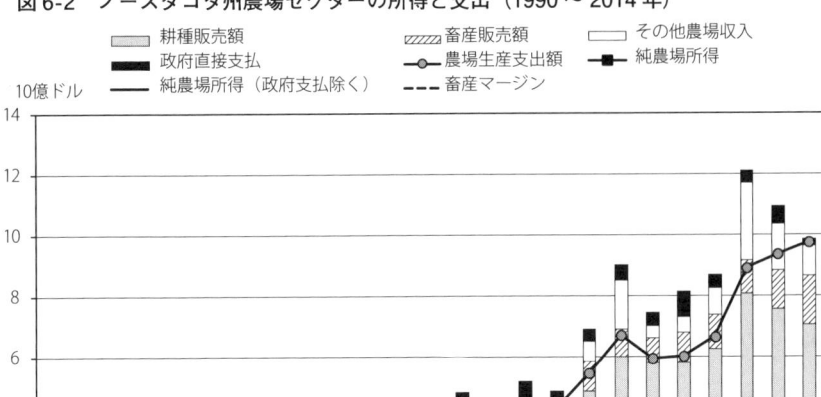

図 6-2 ノースダコタ州農場セクターの所得と支出（1990 〜 2014 年）

資料：USDA ERS, *Farm Income and Wealth Statistics*.
注：畜産マージン＝畜産販売額－飼料支出額。

状況を見ると（図6-1），俯瞰的な趨勢はこれまで見てきたアイオワ州，ネブラスカ州の場合と同様である。穀物等価格低落期の1999 〜 2002年に純農場所得（政府支払除く）がやはり大きく落ち込むが，耕種販売額の落ち込みをある程度畜産販売額が補ったため，マイナスになることは回避された。とは言え同時期に政府支払が純農場所得の下支えに果たした役割は絶大だったことには変わりない。

その後の回復は2006年に一旦中断されたが，それからの二度の暴騰を含む穀物等価格高水準局面への移行にともなって純農場所得は大幅に増大し，やはり農業ブームをもたらした。なお2012年からの振幅をともなった純農場所得の低下については，耕種販売額の一定の低下（価格低下を反映）もあるが，それよりも生産総支出の急激な上昇が甚大な影響を与えている。

ノースダコタ州の場合（図6-2），価格低落時には政府支払を除く純農場所得が連年マイナスになった。これは州農業全体として農産物販売額のうち耕種が占

める比率が75～76％と高いため，穀物等価格低落と生産支出上昇の影響を畜産部門が緩和できる範囲が限られているからだった。それだけに耕種農業への特化度の高さは，穀物等価格の変化が農業セクター全体により強く影響することを意味し，価格暴騰期の純農場所得増加は顕著となって同様に農業ブームをもたらした。ただし2013年以降の価格低下局面では，サウスダコタ州と同様に生産総支出の急上昇も相まって，純農場所得が激しく低下してわずか7,900万ドルになってしまっている。かかる同州農業セクターの経済的脆弱性は，「コーンベルトの埒外だったものが，急速にその外縁部へ編入された」ことが，必ずしも劣等地性の克服を意味してはいないことを示唆している。

### （2）両ダコタ州の作付面積推移

　サウスダコタ州における主要作物の作付（グレインソルガムと干草は収穫）面積の推移を検討すると（**図6-3**），上述したように，まず1970年を起点して見てトウモロコシと大豆の作付面積が長期にわたって大幅に拡大してきたことが確認できる。大豆は1970年頃にはほとんどネグリジブルな存在でしかなかったものが，1970年代後半から拡大基調に入り，1990年代半ばから加速がかかり，2000年代前半に一旦減少するが，2007年からは穀物等価格暴騰の下でトウモロコシと並行してさらに急角度で拡大している。

　なおサウスダコタ州では（ノースダコタ州ではそれ以上に），早期の時代にはトウモロコシを作付け（播種）はしても，当初から肉牛用のサイレージや干草等の粗飼料向けであったり，あるいは穀実目的であっても品種改良の未成熟から生育不良になって捨て作りや粗飼料用になる割合が高かった（作付面積に対する穀実収穫面積比率は，1970年代には低い年には50％台，高い年でも70％台だった）。そこでグラフに穀物用収穫面積も示したが，その比率は1980年代以降上がっており，したがって穀物としての生産面積としてはやはり長期一貫して，大幅に拡大してきているのである。

　その反面で，小雨にも耐える粗放的なその他穀物等が1980年代に入ってから長期にわたって大幅に減少している。小麦については1970年代輸出ブーム期には急速に増えてサウスダコタ州の基幹作物の地位を築いて，その内部で漸次冬小麦の地位が上昇して春小麦が停滞・減少の傾向を見せながら1990年代前半まではほぼ

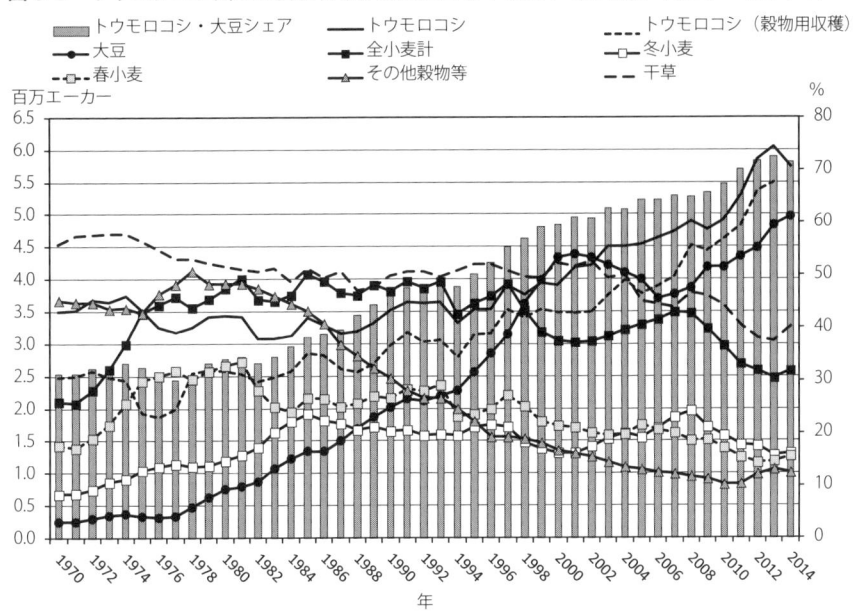

第6章 コーンベルト西北漸下の両ダコタ州穀作農業構造変化とエタノール企業 307

**図6-3 サウスダコタ州の主要穀物等作付面積3ヵ年移動平均の推移（1970〜2014年）**

資料：USDA NASS, *Quick Stats Database*.
注：1）「その他穀物等」は大麦，オーツ麦，ライ麦，グレインソルガム（収穫面積），ヒマワリの合計。
　　2）春小麦にはデュラムを含む。干草は収穫面積である。

横ばいであった。しかし1990年代後半には大きく減少し，その後穀物等価格暴騰期にかけて緩やかに回復したが（冬小麦が中心），第一次暴騰期以降は再び急速に減少し，もはや基幹作物とは言いがたくなっている。

また干草は2000年代初頭まで長期・傾向的に漸減していたが，2000年代半ば以降は減少傾向が加速した。

これらの結果，ここで取り上げた諸作物合計面積に占めるトウモロコシと大豆の合計面積シェアは長期にわたって明確に上昇し続け，1970年代の約30％から最近年では70％を超えるまでになっている。前章で見たネブラスカ州でも80％弱であるから，それに近いほどに土地利用が単純化したのである。したがってまた農場レベルでも「小麦（春小麦と冬小麦）＋その他穀物等＋牧草」を軸とする多作物・多年型輪作から「トウモロコシ＋大豆」型，つまりコーンベルト中核的な作付方式に著しく単純化したことを示唆している。

次にノースダコタ州について見ると（**図6-4**），1990年代半ばまでは小麦（ほ

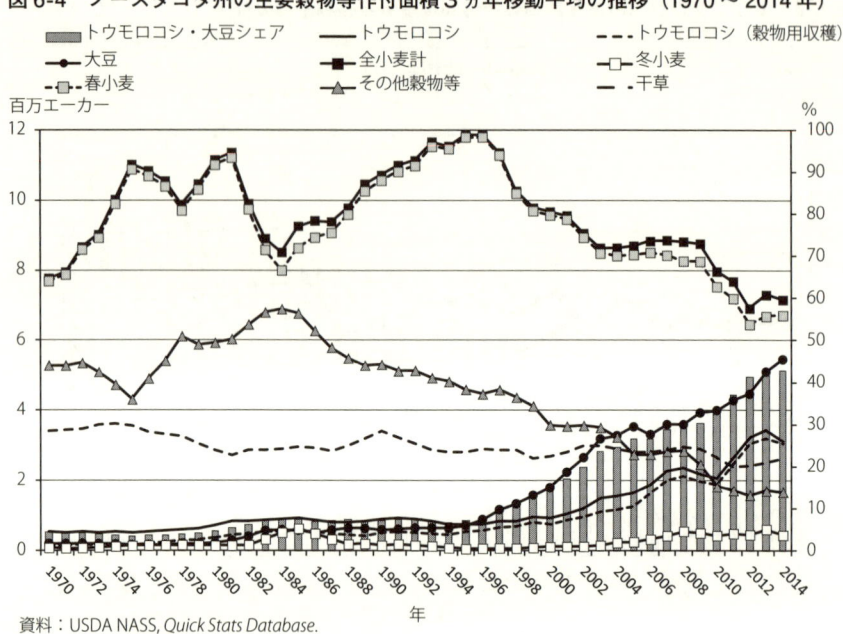

図6-4 ノースダコタ州の主要穀物等作付面積3ヵ年移動平均の推移（1970～2014年）

資料：USDA NASS, *Quick Stats Database*.
注：1）「その他穀物等」は大麦，オーツ麦，ライ麦，ヒマワリの合計。
　　2）春小麦にはデュラムを含む。干草は収穫面積である。

とんど全てが春小麦。今も同州は全米最大の春小麦産地）が基幹作物で，それとその他穀物等とが俯瞰的には互いに反対方向に動く，つまり収益の相対的有利性に導かれて片方から他方へのシフトを繰り返すというパターンであった。トウモロコシ（とりわけ穀実トウモロコシ）と大豆はほとんどネグリジブルな存在でしかなかった。このパターンが1990年代半ばを境に大きく転換する。

すなわちまず大豆の作付面積が鋭角的に増大して，2004年には漸減するその他穀物等の合計面積を超えた。これは同時に小麦作付面積が鋭角的に減少する過程であった。したがって主要には小麦から大豆へ，副次的にはその他穀物等から大豆への，急速な作付シフトが起こったのである。

トウモロコシ（穀実）の作付（収穫）面積拡大もほぼ同時期に始まっているのだが，テンポはしばらくの間，大豆より遅かった。しかし2000年代後半のコーンエタノール・ブーム期に加速して第一次暴騰の2008年まで駆け上がり，短い沈静期を経て第二次暴騰局面ではさらに加速して拡大した。

サウスダコタ州（その西部，北部）と比べてもいっそう低温，少雨という気象条件のため，なお小麦が最大作物であり，それに大豆，トウモロコシという序列である点がコーンベルト中核州はもちろん，ネブラスカ州，サウスダコタ州とは明確に異なる特徴ではある。しかしトウモロコシと大豆の合計面積シェアが40％を超えるに至り，特に州の東寄り地域はコーンベルト北西周縁部としての地位を「固めた」と言ってよい。このことが，農場レベルでの経営経済的性格ならびに土地利用・作付方式をはじめとする生産力構造として，どう表れているのか，重要な検討課題となる。

　このようなサウスダコタ州のほぼ全域，およびノースダコタ州東部・南部地域へのコーンベルト西北漸（それは大平原北部の小雨・低位積算温度・無霜期間短期に適応していた小麦及び肉用牛向け牧草地帯からの転換でもある）を支えた直接的要因は，第3章第5節（3）①で述べた単収増加と同②で述べた価格上昇（とくにトウモロコシの場合ベーシス差の改善）である。このうち単収増加を支えた技術・生産力的要因を，特に必要とする水分量と積算温度が大きいトウモロコシに着目して整理しておくと[1]，第一に，品種改良である。それは特に，無霜期間が短く積算温度が少ない地域条件に対応した（その不利条件を克服しうる），生育期間が短く，より少ない積算温度で生育・登熟する品種の開発であった。第二が，全般的な気候変動，すなわち降水量の増加である（特にサウスダコタ州）。

　第三が，耕耘・除草方法の改変である。それは降水量が基本的には少ない下で土壌水分をより多く保持するための，在来プラウ耕起から，不耕起（no-till）をはじめとする各種の保全耕起（conservation tillage）および軽減耕起（reduced till）への転換である。同時に在来型プラウ耕起の重要目的の一つであった除草機能が，グリホサート系およびグリホシネート系除草剤とそれへの耐性遺伝子組換え種子の登場・普及によって大きく代替されたことである。

## 第2節　両ダコタ州における農業構造変動と主要階層の経済的性格

### （1）農業構造全体の基本的動態

#### ①農産物販売額規模別階層構成の変動

　両ダコタ州における農業構造動態をセンサス統計で見ると，まず目立つ特徴は，穀作農業の比重が高いため，穀物類価格暴騰の影響が全米はもちろん，アイオワ

**表6-1　農産物販売金額規模別農場構成の推移（サウスダコタ州）**　（単位：農場，％，百万ドル）

|  |  | 実　　　　数 | | | | 実　数　増　減　率 | | | 構　　成　　比 | | | |
|---|---|---|---|---|---|---|---|---|---|---|---|---|
|  |  | 1997* | 2002 | 2007 | 2012 | 97*〜02 | 02〜07 | 07〜12 | 1997* | 2002 | 2007 | 2012 |
| 農場数 | 全規模計 | 33,191 | 31,736 | 31,169 | 31,989 | -4.4 | -1.8 | 2.6 | 100.0 | 100.0 | 100.0 | 100.0 |
|  | 1千ドル未満 | 2,808 | 5,765 | 6,981 | 6,819 | 105.3 | 21.1 | -2.3 | 8.5 | 18.2 | 22.4 | 21.3 |
|  | 1万ドル未満 | 8,392 | 10,138 | 10,787 | 12,698 | 20.8 | 6.4 | 17.7 | 25.3 | 31.9 | 34.6 | 39.7 |
|  | 1万〜2.5万 | 4,741 | 3,530 | 2,515 | 2,527 | -25.5 | -28.8 | 0.5 | 14.3 | 11.1 | 8.1 | 7.9 |
|  | 2.5万〜5万 | 4,894 | 3,838 | 2,515 | 2,281 | -21.6 | -34.5 | -9.3 | 14.7 | 12.1 | 8.1 | 7.1 |
|  | 5万〜10万 | 5,555 | 4,564 | 3,409 | 2,946 | -17.8 | -25.3 | -13.6 | 16.7 | 14.4 | 10.9 | 9.2 |
|  | 10万〜25万 | 6,358 | 6,117 | 5,511 | 4,510 | -3.8 | -9.9 | -18.2 | 19.2 | 19.3 | 17.7 | 14.1 |
|  | 25万〜50万 | 2,237 | 2,324 | 3,588 | 3,708 | 3.9 | 54.4 | 3.3 | 6.7 | 7.3 | 11.5 | 11.6 |
|  | 50万〜100万 | 395 | 812 | 1,687 | 2,553 | 105.6 | 107.8 | 51.3 | 1.2 | 2.6 | 5.4 | 8.0 |
|  | 100万ドル以上 | 319 | 413 | 1,157 | 2,257 | 29.5 | 180.1 | 95.1 | 1.0 | 1.3 | 3.7 | 7.1 |
|  | 100万〜250万 | 224 | 289 | 848 | 1,670 | 29.0 | 193.4 | 96.9 | 0.7 | 0.9 | 2.7 | 5.2 |
|  | 250万〜500万 | 74 | 101 | 228 | 381 | 36.5 | 125.7 | 67.1 | 0.2 | 0.3 | 0.7 | 1.2 |
|  | 500万ドル以上 | 21 | 23 | 81 | 206 | 9.5 | 252.2 | 154.3 | 0.1 | 0.1 | 0.3 | 0.6 |
| 農産物販売金額 | 全規模計 | 3,664 | 3,835 | 6,570 | 10,170 | 4.7 | 71.3 | 54.8 | 100.0 | 100.0 | 100.0 | 100.0 |
|  | 1万ドル未満 | 27 | 20 | 17 | 20 | -25.6 | -16.9 | 21.2 | 0.7 | 0.5 | 0.3 | 0.2 |
|  | 1万〜2.5万 | 79 | 59 | 42 | 42 | -26.2 | -28.8 | 0.0 | 2.2 | 1.5 | 0.6 | 0.4 |
|  | 2.5万〜5万 | 178 | 139 | 92 | 83 | -21.8 | -33.7 | -10.0 | 4.9 | 3.6 | 1.4 | 0.8 |
|  | 5万〜10万 | 405 | 327 | 247 | 217 | -19.2 | -24.4 | -12.3 | 11.0 | 8.5 | 3.8 | 2.1 |
|  | 10万〜25万 | 991 | 967 | 919 | 764 | -2.4 | -5.0 | -16.9 | 27.0 | 25.2 | 14.0 | 7.5 |
|  | 25万〜50万 | 760 | 795 | 1,268 | 1,363 | 4.6 | 59.5 | 7.5 | 20.7 | 20.7 | 19.3 | 13.4 |
|  | 50万〜100万 | 466 | 551 | 1,177 | 1,855 | 18.2 | 113.8 | 57.5 | 12.7 | 14.4 | 17.9 | 18.2 |
|  | 100万ドル以上 | 758 | 977 | 2,808 | 5,827 | 28.9 | 187.4 | 107.5 | 20.7 | 25.5 | 42.7 | 57.3 |
|  | 100万〜250万 | 324 | 426 | 1,246 | 2,593 | 31.5 | 192.4 | 108.1 | 8.8 | 11.1 | 19.0 | 25.5 |
|  | 250万〜500万 | 239 | 332 | 781 | 1,283 | 39.0 | 135.1 | 64.2 | 6.5 | 8.7 | 11.9 | 12.6 |
|  | 500万ドル以上 | 195 | 218 | 781 | 1,951 | 12.0 | 257.3 | 149.9 | 5.3 | 5.7 | 11.9 | 19.2 |

資料：USDA NASS, *2002, 2007, and 2012 Census of Agriculture*, Vol.1 Part 41 South Dakota, Table 2.
注：「1997*」は，1997年センサスから2002センサスへの農場数推計方法の変更に関して，1997年分を2002年の方法で再推計した数値。

　州，ネブラスカ州以上に強く表れて，全規模計の農産物販売額増加率が2002〜07年および2007〜12年にサウスダコタ州で71.3％と54.8％，ノースダコタ州では88.2％と80.0％にものぼったことである（**表6-1，表6-2**）。

　そうした中で農産物販売額規模別構成の動きを見ると，まずサウスダコタ州では価格低落期にあたる1997〜2002年と価格暴騰期に差しかかる2002〜07年のいずれにおいて，1万〜10万ドルまでの3階層の農場数が激しく減少し，農産物販売額では1万ドル未満層も加えて激しく減少している。これは前者の時期には小零細規模の激しい分解（1千ドル未満の極小農場への下降か，25万ドル以上の中規模への上向か）を遂げたことを，また後者の時期にはそうした分解と「水膨れ」による名目的な中規模への上向とが合成した変動が生じたことを示唆している。

　また50万ドル以上の各層についても，やはり両時期とも著しい増加が生じている点で共通している。しかし1997〜2002年は価格低落を物的な規模拡大で生き

第6章　コーンベルト西北漸下の両ダコタ州穀作農業構造変化とエタノール企業　311

表6-2　農産物販売金額規模別農場構成の推移（ノースダコタ州）

(単位：農場，％，百万ドル)

| | | 実　　　数 | | | | 実　数　増　減　率 | | | 構　　成　　比 | | | |
|---|---|---|---|---|---|---|---|---|---|---|---|---|
| | | 1997* | 2002 | 2007 | 2012 | 97〜02 | 02〜07 | 07〜12 | 1997* | 2002 | 2007 | 2012 |
| 農場数 | 全規模計 | 32,348 | 30,619 | 31,970 | 30,961 | -5.3 | 4.4 | -3.2 | 100.0 | 100.0 | 100.0 | 100.0 |
| | 1千ドル未満 | 4,287 | 8,634 | 10,650 | 9,669 | 101.4 | 23.3 | -9.2 | 13.3 | 28.2 | 33.3 | 31.2 |
| | 1万ドル未満 | 9,007 | 11,786 | 13,469 | 12,698 | 30.9 | 14.3 | -5.7 | 27.8 | 38.5 | 42.1 | 41.0 |
| | 1万〜2.5万 | 4,479 | 3,080 | 1,967 | 1,816 | -31.2 | -36.1 | -7.7 | 13.8 | 10.1 | 6.2 | 5.9 |
| | 2.5万〜5万 | 4,694 | 3,073 | 2,163 | 1,817 | -34.5 | -29.6 | -16.0 | 14.5 | 10.0 | 6.8 | 5.9 |
| | 5万〜10万 | 5,425 | 3,851 | 2,891 | 2,074 | -29.0 | -24.9 | -28.3 | 16.8 | 12.6 | 9.0 | 6.7 |
| | 10万〜25万 | 6,047 | 5,221 | 4,303 | 3,304 | -13.7 | -17.6 | -23.2 | 18.7 | 17.1 | 13.5 | 10.7 |
| | 25万〜50万 | 1,994 | 2,381 | 3,552 | 3,156 | 19.4 | 49.2 | -11.1 | 6.2 | 7.8 | 11.1 | 10.2 |
| | 50万〜100万 | 570 | 942 | 2,452 | 2,913 | 65.3 | 160.3 | 18.8 | 1.8 | 3.1 | 7.7 | 9.4 |
| | 100万ドル以上 | 132 | 285 | 1,173 | 3,183 | 115.9 | 311.6 | 171.4 | 0.4 | 0.9 | 3.7 | 10.3 |
| | 100万〜250万 | 109 | 245 | 1,032 | 2,566 | 124.8 | 321.2 | 148.6 | 0.3 | 0.8 | 3.2 | 8.3 |
| | 250万〜500万 | 18 | 35 | 111 | 469 | 94.4 | 217.1 | 322.5 | 0.1 | 0.1 | 0.3 | 1.5 |
| | 500万ドル以上 | 5 | 5 | 30 | 148 | 0.0 | 500.0 | 393.3 | 0.0 | 0.0 | 0.1 | 0.5 |
| 農産物販売金額 | 全規模計 | 2,908 | 3,233 | 6,084 | 10,951 | 11.2 | 88.2 | 80.0 | 100.0 | 100.0 | 100.0 | 100.0 |
| | 1万ドル未満 | 24 | 16 | 14 | 14 | -33.5 | -13.6 | 4.8 | 0.8 | 0.5 | 0.2 | 0.1 |
| | 1万〜2.5万 | 75 | 51 | 33 | 30 | -31.0 | -36.4 | -7.6 | 2.6 | 1.6 | 0.5 | 0.3 |
| | 2.5万〜5万 | 169 | 112 | 79 | 67 | -34.2 | -29.3 | -15.7 | 5.8 | 3.4 | 1.3 | 0.6 |
| | 5万〜10万 | 392 | 278 | 212 | 151 | -29.2 | -23.8 | -28.5 | 13.5 | 8.6 | 3.5 | 1.4 |
| | 10万〜25万 | 948 | 832 | 721 | 578 | -12.3 | -13.3 | -19.9 | 32.6 | 25.7 | 11.9 | 5.3 |
| | 25万〜50万 | 677 | 817 | 1,269 | 1,194 | 20.7 | 55.4 | -5.9 | 23.3 | 25.3 | 20.9 | 10.9 |
| | 50万〜100万 | 375 | 625 | 1,722 | 2,163 | 66.5 | 175.6 | 25.6 | 12.9 | 19.3 | 28.3 | 19.8 |
| | 100万ドル以上 | 248 | 503 | 2,034 | 6,753 | 103.1 | 304.6 | 232.0 | 8.5 | 15.6 | 33.4 | 61.7 |
| | 100万〜250万 | 146 | 347 | 1,446 | 4,071 | 138.6 | 316.4 | 181.5 | 5.0 | 10.7 | 23.8 | 37.2 |
| | 250万〜500万 | n.a. | 116 | 360 | 1,538 | n.a. | 209.0 | 327.6 | n.a. | 3.6 | 5.9 | 14.0 |
| | 500万ドル以上 | n.a. | 39 | 229 | 1,144 | n.a. | 483.5 | 400.6 | n.a. | 1.2 | 3.8 | 10.4 |

資料：USDA NASS, *2002, 2007, and 2012 Census of Agriculture*, Vol.1 Part 34 North Dakota, Table 2.
注：「1997*」は，1997年センサスから2002センサスへの農場数推計方法の変更に関して，1997年分を2002年の方法で再推計した数値。

残るための必至の上向運動が起こったことを示唆するが，2002〜07年には100万ドル以上層，さらにその中でも500万ドル以上層が突出した増加を見せていることから，「水膨れ」効果が強く作用したと判断される。

　2回の暴騰期を含む2007〜12年になると，小零細規模の減少は大きく緩和されるが，それでも5万〜25万ドルの2階層は引き続き相対的に大きく減少している。期間の初めと終わりがそれぞれ暴騰年にあたるので「水膨れ」効果は前期に比べると緩和されたが，それでも100万ドル以上層の増加は際立っており，500万ドル以上層の増加は引き続き突出している。

　農場数ベースのシェアで見た増減分岐階層は1997〜2002年は10万〜25万ドル層だったのがそれ以後は25万〜50万ドル層に繰り上がり，販売額ベースのシェアでは既に1997〜2002年から50万〜100万ドル層になっていた。そしてこれらの，小零細規模の激しい分解・減少，中規模層のシェア低下を経て，2012年には農場数で7.1％の100万ドル以上層が販売額の57.3％を（これらはアイオワ州とほぼ同

じでネブラスカ州より低い）、さらに農場数で0.6％の500万ドル以上層が販売額の19.2％を（アイオワ州よりやや高いが、ネブラスカ州より低い）占めるに至っている。

　ノースダコタ州の農産物販売額規模別構成では、1997～2002年および2002～07年でサウスダコタ州とやや共通性がある。すなわち両期間とも小規模階層が激しく減少しているのだが、ノースダコタ州の場合その減少が10万～25万層にまで及んだ。価格低落期の分解、価格暴騰期に差し掛かる時期の分解と水膨れの合成効果が、より広く表れている。その対極での100万ドル以上層農場数の増加は、両期間ともサウスダコタ州以上に激しかった。

　その後の2007～12年になると50万ドル未満の全ての階層で程度の差はあるが農場数が減少している。「水膨れ」による上の規模区分へのシフトが中規模層ではかなりの部分を占めるだろうが、総農場数も減少していることから、小零細規模では価格暴騰下でも相当程度の離農が発生したことを示唆している。他方、100万ドル以上の各層農場数はサウスダコタ州以上に（前期よりは減速したものの）激しく増加している。

　これらの結果、農場数ベースのシェアで見た分解分岐階層は、1997～2002年に既に25万～50万ドル層になっており、2007～12年には50万～100万ドル層になるというように、サウスダコタ州よりも一段上（ないし一段早い）分岐階層の上昇が観察される。販売額シェアではサウスダコタ州とほぼ同じ動きで、2007～12年には100万ドル以上層だけが増えている。これらの結果、2012年には農場数で10.3％を占める100万ドル以上層が販売額の61.7％を（アイオワ州とサウスダコタ州を上回る）、農場数0.5％の500万ドル以上層が10.4％を（アイオワ州、ネブラスカ州、サウスダコタ州のいずれをも下回る）に至っている。

　農産物販売額で見た大規模層のプレゼンスとシェアは、これまでも見たように畜産、とりわけ販売額が大きくなる肉牛フィードロット経営と肉豚経営の比重に強く規定される。その点を**表6-3**で見ると、大規模層、特に100万ドル以上層における肉牛フィードロット経営の比重がサウスダコタ州の場合でネブラスカ州より若干低く、それに強く規定されて肉牛販売額構成比が大幅に低いこと、ノースダコタ州の場合はそのサウスダコタ州と比べても肉牛経営、フィードロット経営の農場数が格段に少なく、肉牛販売額の比重が極端に低いことがわかる。言い換

表 6-3 農産物販売額規模別の主要品目販売農場数・販売額の構成比
（両ダコタ州，2012年） (単位：農場，％，百万ドル)

| | | | 全農場合計 | 農産物販売額規模別階層 | | | | |
| --- | --- | --- | --- | --- | --- | --- | --- | --- |
| | | | | 5万～10万ドル | 10万～25万ドル | 25万～50万ドル | 50万～100万ドル | 100万ドル以上 |
| サウスダコタ州 | 農場数 | | 31,989 | 2,946 | 4,510 | 3,708 | 2,553 | 2,257 |
| | 販売農場数 | 穀物類 | 46.8 | 62.7 | 75.1 | 84.8 | 90.7 | 92.6 |
| | | 肉牛 | 44.7 | 64.6 | 63.4 | 66.1 | 63.7 | 62.6 |
| | | うちフィードロット | 5.2 | 4.2 | 6.5 | 10.9 | 12.5 | 19.7 |
| | | 酪農 | 1.3 | 1.9 | 2.4 | 2.1 | 2.1 | 4.3 |
| | | 肉豚 | 2.1 | 3.0 | 1.8 | 2.1 | 3.0 | 8.7 |
| | 農産物販売額合計 | | 10,170 | 217 | 764 | 1,363 | 1,855 | 5,827 |
| | 作目別販売額 | 穀物類 | 57.1 | 42.9 | 53.8 | 60.1 | 64.8 | 55.7 |
| | | 肉牛 | 29.2 | 41.8 | 35.6 | 33.0 | 28.8 | 26.8 |
| | | 酪農 | 3.7 | 1.3 | 1.1 | 0.8 | 0.9 | 5.7 |
| | | 肉豚 | 4.4 | 0.5 | 0.5 | 0.6 | 1.4 | 7.0 |
| | | その他 | 5.6 | 13.5 | 9.0 | 5.4 | 4.2 | 4.7 |
| ノースダコタ州 | 農場数 | | 30,961 | 2,074 | 3,304 | 3,156 | 2,913 | 3,183 |
| | 販売農場数 | 穀物類 | 46.4 | 62.0 | 79.6 | 93.4 | 97.4 | 98.0 |
| | | 肉牛 | 28.8 | 54.9 | 53.3 | 41.9 | 32.9 | 26.0 |
| | | うちフィードロット | 1.7 | 1.7 | 3.5 | 2.4 | 3.2 | 3.6 |
| | 農産物販売額合計 | | 10,951 | 151 | 578 | 1,194 | 2,163 | 6,753 |
| | 作目別販売額 | 穀物類 | 80.5 | 47.9 | 61.6 | 78.4 | 85.8 | 82.3 |
| | | 肉牛 | 9.7 | 34.7 | 27.2 | 15.1 | 9.0 | 6.5 |
| | | その他 | 9.8 | 17.4 | 11.2 | 6.5 | 5.1 | 11.2 |

資料：USDA NASS, *2012 Census of Agriculture*, Vol. 1 Part 41 South Dakota and Part 34 North Dakota, Table 65.
注：1）「フィードロット」は体重500ポンド以上の穀物等濃厚飼料肥育牛を販売したフィードロットである。
　　2）「農産物販売額合計」欄の欄には百万ドルである。

えると，ノースダコタ州では全体として，そして大規模層ほどいっそう，農業経営の穀作への専門化程度が高く，肉牛飼養・販売農場数はある程度の比重を持つが，それは頭数規模が，したがってまた販売額が小さい，繁殖（＋育成）にほぼ限定されていることを意味している。

②農場土地面積規模別の階層構成変動

　穀作部門への専門化程度が相対的に高く，「トウモロコシ－大豆」型への土地利用の単純化およびそこでの両作物の単収がコーンベルト中核やネブラスカ州にはまだ及ばない両ダコタ州（両州の中ではさらにノースダコタ州）では，土地利用は相対的に粗放的であり，言い換えると同じビジネスサイズを達成するのにより多くの農地を必要とする。したがって農場土地面積規模別構成では，上位階層の比重が当然高くなる。

　サウスダコタ州について（**表6-4**），まず1,999エーカー以下の諸階層から見ると，1997～2002年には全ての階層で，2002～07年にも50エーカー未満層と100～179エーカー層を除く全ての階層で，さらに二度の穀物等暴騰期を含む2007～12

表6-4　農場面積規模別農場数と耕種農地収穫面積の推移（サウスダコタ州）

(単位：千エーカー, %, エーカー/農場)

|  |  | 農場数 |  |  |  | 増減率 |  |  | 構成比 |  |  |  |
|---|---|---|---|---|---|---|---|---|---|---|---|---|
|  |  | 1997* | 2002 | 2007 | 2012 | 97*～02 | 02～07 | 07～12 | 1997* | 2002 | 2007 | 2012 |
| 農場数 | 全規模計 | 33,191 | 31,736 | 31,169 | 31,989 | -4.4 | -1.8 | 2.6 | 100.0 | 100.0 | 100.0 | 100.0 |
|  | 50エーカー未満 | 4,432 | 4,326 | 4,818 | 6,276 | -2.4 | 11.4 | 30.3 | 13.4 | 13.6 | 15.5 | 19.6 |
|  | 50～99 | 2,223 | 2,447 | 2,412 | 2,903 | 10.1 | -1.4 | 20.4 | 6.7 | 7.7 | 7.7 | 9.1 |
|  | 100～179 | 3,384 | 3,308 | 3,497 | 3,516 | -2.2 | 5.7 | 0.5 | 10.2 | 10.4 | 11.2 | 11.0 |
|  | 180～259 | 1,965 | 1,842 | 1,811 | 1,749 | -6.3 | -1.7 | -3.4 | 5.9 | 5.8 | 5.8 | 5.5 |
|  | 260～499 | 4,996 | 4,249 | 4,063 | 3,604 | -15.0 | -4.4 | -11.3 | 15.1 | 13.4 | 13.0 | 11.3 |
|  | 500～999 | 5,917 | 5,353 | 4,714 | 4,229 | -9.5 | -11.9 | -10.3 | 17.8 | 16.9 | 15.1 | 13.2 |
|  | 1,000～1,999 | 5,117 | 4,758 | 4,362 | 4,075 | -7.0 | -8.3 | -6.6 | 15.4 | 15.0 | 14.0 | 12.7 |
|  | 2,000エーカー以上計 | 5,157 | 5,453 | 5,492 | 5,637 | 5.7 | 0.7 | 2.6 | 15.5 | 17.2 | 17.6 | 17.6 |
|  | 　2,000～4,999エーカー | 3,620 | 3,634 | 3,550 | 3,667 | 0.4 | -2.3 | 3.3 | 10.9 | 11.5 | 11.4 | 11.5 |
|  | 　5,000エーカー以上 | 1,537 | 1,819 | 1,942 | 1,970 | 18.3 | 6.8 | 1.4 | 4.6 | 5.7 | 6.2 | 6.2 |
| 耕種農地収穫面積 | 全規模計 | 14,770 | 13,492 | 15,279 | 16,392 | -8.7 | 13.2 | 7.3 | 445 | 425 | 490 | 512 |
|  | 50エーカー未満 | 26 | 24 | 28 | 31 | -10.2 | 17.9 | 9.7 | 0.2 | 0.2 | 0.2 | 0.2 |
|  | 50～99 | 61 | 52 | 47 | 56 | -14.7 | -9.3 | 17.6 | 0.4 | 0.4 | 0.3 | 0.3 |
|  | 100～179 | 222 | 178 | 155 | 155 | -20.0 | -13.1 | 0.3 | 1.5 | 1.3 | 1.0 | 0.9 |
|  | 180～259 | 219 | 183 | 138 | 146 | -16.8 | -24.4 | 5.7 | 1.5 | 1.4 | 0.9 | 0.9 |
|  | 260～499 | 1,040 | 808 | 663 | 614 | -22.3 | -18.0 | -7.5 | 7.0 | 6.0 | 4.3 | 3.7 |
|  | 500～999 | 2,431 | 2,240 | 1,786 | 1,762 | -7.8 | -20.3 | -1.4 | 16.5 | 16.6 | 11.7 | 10.7 |
|  | 1,000～1,999 | 3,727 | 3,528 | 3,283 | 3,241 | -5.3 | -6.9 | -1.3 | 25.2 | 26.1 | 21.5 | 19.8 |
|  | 2,000エーカー以上計 | 7,043 | 6,479 | 9,179 | 10,388 | -8.0 | 41.7 | 13.2 | 47.7 | 48.0 | 60.1 | 63.4 |
|  | 　2,000～4,999エーカー | 4,205 | 3,992 | 4,600 | 5,422 | -5.1 | 15.2 | 17.9 | 28.5 | 29.6 | 30.1 | 33.1 |
|  | 　5,000エーカー以上 | 2,838 | 2,487 | 4,578 | 4,966 | -12.4 | 84.1 | 8.5 | 19.2 | 18.4 | 30.0 | 30.3 |

資料：USDA NASS, *2002, 2007, and 2012 Census of Agriculture*, Vol.1 Part 41 South Dakota, Table 9.
注：1）「耕種農地収穫面積」（harvested cropland）の「全規模計」欄は，1農場平均面積である。
　　2）「1997*」は，1997年センサスから2002年センサスへの農場数推計方法の変更に関して，1997年分を2002年の方法で再推計した数値。

年にも179エーカーまでの3階層を除く全ての階層で，農場数が減少している。特に260～1,999エーカーまでの中小規模階層の減少率が高く，それらがかなりの程度で分解してきていることを示す。他方で2,000エーカー以上の農場は2002～07年の2,000～4,999エーカー層を例外として増加し続けている。これらの結果，1997年でも既に農場数で15.5％の2,000エーカー以上層が耕種農地収穫面積の47.7％を（うち農場数4.6％の5,000エーカー以上層が耕種農地収穫面積の19.2％を）占めていたのが，2012年には同様に17.6％の農場が耕種農地収穫面積63.4％を（6.2％の農場が耕種農地収穫面積の30.3％を）占めるというように，さらに大面積経営の比重が高まった。農場の土地面積規模拡大とそれによる上向運動が着実に進んでいることを意味する。

ただし後掲の表6-6からもわかるように，土地利用の中で永年牧草地（採草および放牧用）がなお大きいサウスダコタ州では，農場土地面積とそのうちの耕種農地面積（さらにその収穫面積）との差が大きい。2012年の場合，全規模計で1農場当たり農場土地面積は1,352エーカーにのぼるが，うち耕種農地収穫面積は

表6-5 農場面積規模別農場数と耕種農地収穫面積の推移（ノースダコタ州）
(単位：千エーカー，％，エーカー/農場)

| | | 農　場　数 | | | | 増　減　率 | | | 構　成　比 | | | |
|---|---|---|---|---|---|---|---|---|---|---|---|---|
| | | 1997* | 2002 | 2007 | 2012 | 97*〜02 | 02〜07 | 07〜12 | 1997* | 2002 | 2007 | 2012 |
| 農場数 | 全規模計 | 32,348 | 30,619 | 31,970 | 30,961 | -5.3 | 4.4 | -3.2 | 100.0 | 100.0 | 100.0 | 100.0 |
| | 50エーカー未満 | 2,309 | 2,040 | 2,655 | 3,400 | -11.7 | 30.1 | 28.1 | 7.1 | 6.7 | 8.3 | 11.0 |
| | 50〜99 | 1,426 | 1,831 | 2,137 | 2,518 | 28.4 | 16.7 | 17.8 | 4.4 | 6.0 | 6.7 | 8.1 |
| | 100〜179 | 2,743 | 3,373 | 3,931 | 4,039 | 23.0 | 16.5 | 2.7 | 8.5 | 11.0 | 12.3 | 13.0 |
| | 180〜259 | 1,512 | 1,584 | 1,964 | 1,820 | 4.8 | 24.0 | -7.3 | 4.7 | 5.2 | 6.1 | 5.9 |
| | 260〜499 | 4,568 | 4,294 | 4,746 | 4,086 | -6.0 | 10.5 | -13.9 | 14.1 | 14.0 | 14.8 | 13.2 |
| | 500〜999 | 6,185 | 4,919 | 4,687 | 4,237 | -20.5 | -4.7 | -9.6 | 19.1 | 16.1 | 14.7 | 13.7 |
| | 1,000〜1,999 | 7,548 | 5,994 | 5,369 | 4,424 | -20.6 | -10.4 | -17.5 | 23.3 | 19.6 | 16.8 | 14.3 |
| | 2,000エーカー以上計 | 6,057 | 6,484 | 6,481 | 6,437 | 7.0 | -0.0 | -0.7 | 18.7 | 21.2 | 20.3 | 20.8 |
| | 2,000〜4,999エーカー | 5,327 | 5,484 | 5,267 | 4,926 | 2.9 | -4.0 | -6.5 | 16.5 | 17.9 | 16.5 | 15.9 |
| | 5,000エーカー以上 | 730 | 1,000 | 1,214 | 1,511 | 37.0 | 21.4 | 24.5 | 2.3 | 3.3 | 3.8 | 4.9 |
| 耕種農地収穫面積 | 全規模計 | 20,675 | 19,909 | 22,036 | 23,470 | -3.7 | 10.7 | 6.5 | 639 | 650 | 689 | 758 |
| | 50エーカー未満 | | 12 | 14 | 14 | | 20.6 | 1.6 | | 0.1 | 0.1 | 0.1 |
| | 50〜99 | | 23 | 28 | 31 | | 22.6 | 10.4 | | 0.1 | 0.1 | 0.1 |
| | 100〜179 | 131 | 100 | 102 | 119 | -23.2 | 1.6 | 16.8 | 0.6 | 0.5 | 0.5 | 0.5 |
| | 180〜259 | 121 | 86 | 86 | 90 | -29.1 | -0.2 | 5.5 | 0.6 | 0.4 | 0.4 | 0.4 |
| | 260〜499 | 706 | 482 | 454 | 415 | -31.8 | -5.8 | -8.5 | 3.4 | 2.4 | 2.1 | 1.8 |
| | 500〜999 | 2,319 | 1,548 | 1,341 | 1,345 | -33.2 | -13.4 | 0.3 | 11.2 | 7.8 | 6.1 | 5.7 |
| | 1,000〜1,999 | 6,287 | 4,824 | 4,522 | 3,973 | -23.3 | -6.3 | -12.1 | 30.4 | 24.2 | 20.5 | 16.9 |
| | 2,000エーカー以上計 | | 12,834 | 15,490 | 17,482 | | 20.7 | 12.9 | | 64.5 | 70.3 | 74.5 |
| | 2,000〜4,999エーカー | | 9,554 | 10,472 | 10,564 | | 9.6 | 0.9 | | 48.0 | 47.5 | 45.0 |
| | 5,000エーカー以上 | 2,191 | 3,280 | 5,018 | 6,918 | 49.7 | 53.0 | 37.9 | 10.6 | 16.5 | 22.8 | 29.5 |

資料：USDA NASS, *2002, 2007, and 2012 Census of Agriculture*, Vol.1 Part 34 North Dakota, Table 9.
注：表6-4に同じ。ただし空欄は秘匿のためにデータが得られない。

599エーカーしかなく，その比率は38％にとどまる。この比率はとくに259エーカー以下の小零細規模層で低く（20〜30％台），また5,000エーカー以上の最大規模層でも24％と低い（2,000エーカー以上層を合計しても33％）。したがって農場土地面積規模別で見た階層構成からは，上述のように中小規模階層のかなりの程度での分解が進行し，2,000エーカー以上層への規模拡大・上向運動も着実に進展しているが，耕種農地収穫面積では全規模計の1農場当たり平均面積から見られるように，そのテンポは必ずしも早いとは言えない。また2012年において，農場土地面積2,000〜4,999エーカー層の1農場当たり耕種農地収穫面積は1,479エーカー，同じく5,000エーカー以上層では2,521エーカーにとどまっている（残念ながらセンサスは耕種農地面積規模別集計を与えず，また耕種農地収穫面積規模別の同面積構成は個別作物毎にしか集計されない）。

ノースダコタ州についてまず特徴的なのが，260〜1,999エーカーの3階層の農場数が，2002〜07年の260〜499エーカー層を例外として，一貫して相当のテンポで減少していることである（**表6-5**）。やはり中小規模階層（より粗放的土

地利用なので区分が上にシフトしている）の分解が進展している。それより小規模な諸階層はほぼ全てにおいて農場数が増えている。しかしこれらの小零細規模階層は農場数シェアでは上昇しているものの，耕種農地収穫面積シェアではほとんど変化がない。他方で2,000エーカー以上層と言えども2,000〜4,999エーカー層は2002年以降減少へ転じており，5,000エーカー以上層のみが増えている。いわゆる両極分解が非常に顕著である。

　これらの結果，既に2002年で農場数で21.2％の2,000エーカー以上層が耕種農地収穫面積の64.5％を占めていたのが，2012年には同じく20.8％の農場が74.5％の耕種農地収穫面積を占めるようになっており，さらに最近では唯一農場数が増えている5,000エーカー以上層は農場数4.9％で耕種農地面積の29.5％を占めるに至った。農場土地面積で見る限り特大規模農場へ向けた規模拡大とそこへの耕種作物生産の集中が，鮮明に進展していることを意味する。

　なおノースダコタ州の場合，全規模計では農場土地面積のうちの耕種農地収穫面積が60％と，サウスダコタ州よりかなり高い。しかしその階層性が鮮明で，499エーカー以下の各階層では10〜20％台なのに対し，500〜999エーカー層が45％，2,000〜4,999エーカー層が69％，5,000エーカー以上層は若干下がるが58％となっている。したがってノースダコタ州における大面積経営への規模拡大と農地の集積は，耕種農地とそこでの生産をより強く反映している。例えば2012年の農場土地面積2,000〜4,999エーカー層の1農場当たり耕種農地収穫面積は2,145エーカー，同じく5,000エーカー以上層では4,578エーカーとなっている。

**（2）主要階層の構造的・経済的性格—農産物販売額規模別集計から—**

①サウスダコタ州

　サウスダコタ州について，2012年の農産物販売額規模別集計によって100万ドル以上層から見ると（**表6-6**），2,257農場の1農場当たり経営者数が約2人，その農業専従換算が1.74人なので，夫婦，父子，兄弟を中心としたほぼ2名の農業専従者を擁する家族所有型経営である（「50％以上を経営者とその親族が所有」する農場が91.4％を占める。また「1家族または個人所有」農場比率が57.6％と低いのが特徴だが，パートナーシップ19.8％，家族所有会社18.9％も合わせると96.3％になる）。

第6章 コーンベルト西北漸下の両ダコタ州穀作農業構造変化とエタノール企業　317

**表6-6　農産物販売額規模別の一農場当たり平均構造指標と経営収支
（サウスダコタ州，2012年センサス）**　　　　　　（単位：人，エーカー，ドル，％）

| | | | 全農場合計 | 農産物販売額規模階層 | | | | |
|---|---|---|---|---|---|---|---|---|
| | | | | 5万～10万ドル | 10万～25万ドル | 25万～50万ドル | 50万～100万ドル | 100万ドル以上 |
| 農場数 | | | 31,989 | 2,946 | 4,510 | 3,708 | 2,553 | 2,257 |
| 一農場当たり | | 経営者数 | 1.53 | 1.46 | 1.48 | 1.52 | 1.63 | 1.98 |
| | | 主たる経営者の換算農業従事月数 | 7.7 | 7.4 | 8.8 | 9.7 | 10.5 | 10.5 |
| | | 主たる経営者の農業専従人数換算 | 0.64 | 0.62 | 0.74 | 0.81 | 0.87 | 0.88 |
| | | 同上×経営者数 | 0.99 | 0.90 | 1.09 | 1.23 | 1.42 | 1.74 |
| | 土地保有と利用 | 農場土地面積 | 1,352 | 753 | 1,467 | 2,186 | 3,203 | 5,161 |
| | | 　自作地 | 819 | 443 | 901 | 1,249 | 1,803 | 2,855 |
| | | 　借入地 | 533 | 309 | 566 | 937 | 1,400 | 2,306 |
| | | 耕種農地 | 599 | 246 | 498 | 900 | 1,528 | 3,379 |
| | | 収穫面積 小麦 | 69 | 11 | 35 | 78 | 188 | 542 |
| | | 　　　　トウモロコシ | 165 | 50 | 115 | 242 | 448 | 1,113 |
| | | 　　　　大豆 | 147 | 50 | 127 | 236 | 397 | 900 |
| | | 　　　　牧草（採草） | 82 | 68 | 104 | 150 | 212 | 255 |
| | | 永年牧草地・放牧地 | 705 | 475 | 921 | 1,223 | 1,575 | 1,669 |
| | | CRP/WRP等参加面積 | 30 | 17 | 20 | 22 | 30 | 41 |
| | 雇用等 | 人数 150日以上従業者 | 0.32 | 0.09 | 0.18 | 0.38 | 0.64 | 2.19 |
| | | 　　　150日未満従業者 | 0.53 | 0.48 | 0.55 | 1.26 | 0.99 | 1.61 |
| | | 経費 雇用労働費 | 8,358 | 1,378 | 3,436 | 7,376 | 16,292 | 73,687 |
| | | 　　　請負労働費 | 1,071 | 384 | 681 | 1,162 | 2,232 | 7,379 |
| | | 　　　雇用・請負労働費計 | 9,429 | 1,762 | 4,117 | 8,539 | 18,524 | 81,066 |
| | | 非賃金支払労働者数 | 0.79 | 0.79 | 0.80 | 0.79 | 0.71 | 0.86 |
| | 経営収支 | 農産物販売額合計 | 317,929 | 73,584 | 169,389 | 367,521 | 726,549 | 2,581,605 |
| | | 農場現金生産費合計 | 253,353 | 82,695 | 161,807 | 300,624 | 535,276 | 1,904,046 |
| | | 借入地面積当たり地代負担額 | 57 | 36 | 41 | 50 | 55 | 82 |
| | | 農場経営者所得（償却費控除後） | 70,642 | 3,338 | 28,507 | 85,258 | 183,807 | 594,670 |
| | | 　うち政府支払 | 8,872 | 4,465 | 8,000 | 12,698 | 20,157 | 34,999 |
| | | 　　政府支払依存率 | 12.6 | 133.7 | 28.1 | 14.9 | 11.0 | 5.9 |
| | | 農場経営者所得（政府支払除く） | 61,770 | -1,127 | 20,507 | 72,560 | 163,649 | 559,671 |
| | | 販売額に対する政府支払比率 | 2.8 | 6.1 | 4.7 | 3.5 | 2.8 | 1.4 |
| | 耕種農地エーカー当たり地代負担力 | 政府支払含む | 115 | -65 | 31 | 102 | 143 | 219 |
| | | 政府支払除く | 101 | -83 | 15 | 88 | 130 | 209 |
| | | 参考：州平均現金地代 | 121.5 | 121.5 | 121.5 | 121.5 | 121.5 | 121.5 |

資料：USDA NASS, *2012 Census of Agriculture*, Vol. 1 Part 41 South Dakota, Table 65.
注：1)「CRP・WRP等」は Conservation Reserve Program, Wetland Reserve Program, Farmable Wetland Program, Conservation Reserve Enhancement Program。
　　2)「主たる経営者の換算農業従事月数」とは，農外就業日数が「なし」の場合の農業従事月数を12ヶ月，「49日以下」を11ヶ月，「50～99日」を8ヶ月，「100～199日」を6ヶ月，「200日以上」を2ヶ月とみなして，換算したもの。「主たる経営者の農業専従者人数換算」とは，それを12ヶ月を農業専従者1名とみなして，人数換算したもの。
　　3)「農場経営者所得（償却費控除後）」＝「現金農場経営者所得（Net cash farm income of the operator，農場経営者に所有権がある農産物販売額＋所有権のない契約生産受託料を算入）＋政府支払＋その他農場関連収入－農場現金生産費支出」－減価償却費，である。
　　4)「地代負担額」は現金地代支払額＋分益借地地主取り分－分益借地生産費地主負担額，である。
　　5) USDC Bureau of Economic Analysis, *National Income and Product Accounts Tables, Section 6: Table 6.2D. and 6.5D*,によれば，農場フルタイム相当労働者年間1人当たり使用者側支払額は，2012年41,307ドルである（労働者直接受取額36,015ドル）。
　　6)「耕種農地地代負担力」は，耕種農地1エーカー当たりについて，農場経営者所得（償却費控除後）＋地代負担総額－自家労働の労賃評価(換算農業従事月数×4,118ドル)として試算したもの。なお4,118ドルの根拠としては，USDC Census Bureau, *Current Population Survey, Annual Social and Economic Supplements*(http://www.census.gov/hhes/www/income/data/statemedian/)のサウスダコタ州全世帯年間所得中央値49,415ドルを12で除した1ヶ月当たり平均値を用いた。
　　7) 州平均現金地代は，South Dakota State University Extension, *South Dakota Agricultural Land Market Trend 1991-2014*, May 2014, における非灌漑耕種農地の州平均値。

農場土地面積5,161エーカーのうち3,379エーカーが耕種農地で，永年牧草地・放牧地が大きいが，他の階層よりは前者の比率が高い。そこでの収穫面積は図6-3でみた州全体の土地利用がそうであるように既にトウモロコシ1,113エーカーが基幹作物となっており，大豆900エーカーとが2本柱で，以下，小麦，牧草となっている。

これらの生産を通じた農産物販売額は258万ドルにのぼっており，現金生産費，減価償却費等を差し引いた農場経営者所得は59万ドル，政府支払を除いても56万ドルに達している（政府支払依存率5.9％）。これは同年同州世帯所得中央値49,415ドルの12倍であり，同世帯所得を上回る分を利潤と捉えるなら，それが11倍にも達していることになる。雇用については，150日以上従業者が2.19人，雇用・請負労働費が農場フルタイム相当労働者1.96人分なので，経営者家族労働力とほぼ同じである（労働力的には家族経営の範疇を超えているとは言いがたい）。したがってこの階層の経済的性格は，アイオワ州やネブラスカ州の場合と同様に「寄生的利潤獲得大規模家族経営」である。

なお価格低落期2002年の同じ100万ドル以上層は，農場土地面積5,936エーカー，うち耕種農地4,027エーカー，農産物販売額197万ドルで，農場経営者所得33万ドル（うち政府支払依存率13.1％）は同年世帯所得中央値の8.7倍だった。経営者数2.21人，その農業専従換算2.07人に対し，雇用・請負労働費はフルタイム労働者相当3.79人分だった。したがって2002年の方が雇用労働力優位であり，「若干の資本主義的性格を帯びた寄生的利潤獲得大規模経営」という性格の農場からなっていた。

他の階層を見ると，50万～100万ドル層は農場土地面積3,203エーカー，うち耕種農地1,528エーカー，永年牧草地・放牧地1,575エーカーで（この階層以下では全て永年牧草地・放牧地の方が大きい），農産物販売額が73万ドル，農場経営者所得が18万ドルである。これは州世帯所得中央値の3.7倍にあたるから明らかに多額の利潤を得ているが，経営者の農業専従換算1.42人に対して雇用・請負労働費にフルタイム労働者換算0.45人なので，平均的には主たる経営者が農業専従，従たる経営者である家族・兄弟姉妹がパートタイム農業従事で一部雇用労働に依存する，「寄生的利潤獲得家族経営」である。なお2002年の同階層は，農産物販売金額68万ドル，農場経営者所得11万ドルで州世帯所得の2.9倍，経営者農業者

専従換算1.69人に対して雇用・請負労働費のフルタイム労働者換算0.98人（実際の150日以上従事雇用者1.33人）だったので，「若干の利潤を獲得する富裕な家族経営」だった。

　農場経営者所得が州世帯所得中央値を上回るのは25万～50万ドル層からだが，この階層で前者の後者に対する比率は1.4倍だから利潤範疇の成立には及ばない。経営者の農業専従人数換算が1.47人に対して，雇用は150日以上従業者数からしても雇用・請負労働費からしても部分的なので，「農業専従下限付近の家族経営」である。2002年においても穀物等価格が低かっただけ農場土地面積・耕種農地面積などが約1.5倍程度大きかったが（したがってここに分類される農場群の多くは同じではなかった），階層の性格はほとんど同じである。

　農産物販売額10万～25万ドル層になると，経営者の農業専従者換算が1.09人，農場経営者所得が州世帯所得の0.6倍なので，主たる経営者またはその他の家族構成員が農外就業して生計を支える兼業経営である。

　各階層の耕種農地面積当たり地代負担力（試算値）を州平均地代と比較してみると，2012年には政府支払の有無に拘わらず50万ドル以上の2つの階層で州平均地代を上回っており，25万～50万ドル層の政府支払込みの地代負担力が州平均地代にやや近い。これに対し2002年には州平均地代50.7ドルに対して，100万ドル以上層は政府支払込みが93ドル，なしが82ドルで問題なかったが，50万～100万ドル層では政府支払込みで50ドル，なしで40ドルだったので，既に若干厳しい状況にあった。したがって価格低落期にはよりビジネスサイズの大きい経営しか借地集積競争に参加するのが難しかったのが，暴騰期には中規模レベルまで（したがってより多くの農業経営が）参加できるようになった，換言すると少なくとも経済的可能性として借地競争が激しくなる状況に変化したことになる。

②ノースダコタ州

　同様にノースダコタ州について（**表6-7**），2012年の農産物販売額100万ドル以上層3,183農場は，農場土地面積4,688エーカー，うち耕種農地面積4,022エーカー，そこでの収穫面積は州全体がそうであるようになお小麦がもっとも基幹的な作物であり，ついで大豆，トウモロコシとなり，それらよりかなり少ないものの大麦，ヒマワリ等が一定の位置を占め，平均的に多作物性を残している。なお耕種農地

表 6-7　農産物販売額規模別の農場構造と経営収支（ノースダコタ州，2012年センサス）

（単位：人，エーカー，ドル，%）

|  |  |  |  | 全農場合計 | 農産物販売額規模階層 ||||| 
|---|---|---|---|---|---|---|---|---|---|
|  |  |  |  |  | 5万～10万ドル | 10万～25万ドル | 25万～50万ドル | 50万～100万ドル | 100万ドル以上 |
| 農場数 |  |  |  | 30,961 | 2,074 | 3,304 | 3,156 | 2,913 | 3,183 |
| 一農場当たり | | 経営者数 | | 1.45 | 1.47 | 1.45 | 1.42 | 1.46 | 1.70 |
| | | 主たる経営者の換算農業従事月数 | | 8.0 | 7.3 | 8.6 | 9.6 | 10.5 | 10.6 |
| | | 主たる経営者の農業専従人数換算 | | 0.66 | 0.61 | 0.71 | 0.80 | 0.87 | 0.88 |
| | | 同上×経営者数 | | 0.97 | 0.89 | 1.03 | 1.13 | 1.27 | 1.50 |
| | 土地保有と利用 | 農場土地面積 | | 1,268 | 706 | 1,278 | 1,811 | 2,685 | 4,688 |
| | | 　自作地 | | 640 | 427 | 715 | 916 | 1,229 | 1,972 |
| | | 　借入地 | | 628 | 279 | 563 | 895 | 1,456 | 2,716 |
| | | 耕種農地 | | 877 | 300 | 611 | 1,143 | 1,978 | 4,022 |
| | | 収穫面積 | 小麦 | 251 | 67 | 171 | 384 | 670 | 1,200 |
| | | | トウモロコシ | 112 | 11 | 36 | 102 | 321 | 740 |
| | | | 大豆 | 153 | 22 | 68 | 194 | 369 | 865 |
| | | | 大麦 | 33 | 7 | 21 | 43 | 89 | 163 |
| | | | ヒマワリ | 27 | 4 | 15 | 32 | 54 | 167 |
| | | | 牧草（採草） | 70 | 98 | 140 | 127 | 139 | 121 |
| | | 永年牧草地・放牧地 | | 331 | 353 | 601 | 592 | 604 | 543 |
| | | CRP/WRP等参加面積 | | 70 | 36 | 37 | 36 | 39 | 56 |
| | 雇用等 | 人数 | 150日以上従業者 | 0.30 | 0.11 | 0.14 | 0.26 | 0.50 | 1.67 |
| | | | 150日未満従業者 | 0.59 | 0.31 | 0.45 | 0.66 | 1.01 | 2.35 |
| | | 経費 | 雇用労働費 | 9,059 | 1,610 | 2,841 | 5,707 | 13,988 | 63,261 |
| | | | 請負労働費 | 1,093 | 431 | 748 | 883 | 1,986 | 6,346 |
| | | | 雇用・請負労働費計 | 10,152 | 2,041 | 3,589 | 6,589 | 15,974 | 69,606 |
| | | 非賃金支払労働者数 | | 0.70 | 0.77 | 0.77 | 0.73 | 0.73 | 0.60 |
| | 経営収支 | 農産物販売額合計 | | 353,693 | 72,957 | 174,934 | 378,358 | 742,582 | 2,121,612 |
| | | 農場現金生産費合計 | | 235,656 | 64,410 | 133,413 | 260,321 | 486,108 | 1,332,342 |
| | | 借入地面積当たり地代負担額 | | 54 | 26 | 31 | 43 | 51 | 73 |
| | | 農場経営者所得（償却費控除後） | | 112,195 | 15,504 | 45,717 | 110,340 | 228,980 | 697,667 |
| | | うち政府支払 | | 12,329 | 5,510 | 9,586 | 15,801 | 25,861 | 42,959 |
| | | 　政府支払依存率 | | 11.0 | 35.5 | 21.0 | 14.3 | 11.3 | 6.2 |
| | | 農場経営者所得（政府支払除く） | | 99,866 | 9,994 | 36,131 | 94,539 | 203,118 | 654,708 |
| | | 販売額に対する政府支払比率 | | 3.5 | 7.6 | 5.5 | 4.2 | 3.5 | 2.0 |
| | 耕種農地エーカー当たり地代負担力 | 政府支払含む | | 125 | -37 | 39 | 91 | 129 | 210 |
| | | 政府支払除く | | 110 | -56 | 23 | 77 | 116 | 199 |
| | | 参考：州平均現金地代 | | 58 | 58 | 58 | 58 | 58 | 58 |

資料：USDA NASS, *2012 Census of Agriculture*, Vol. 1 Part 34 North Dakota, Table 65.
注：1）～5）は表6-6に同じ。
　　6）「耕種農地地代負担力」は，耕種農地1エーカー当たりについて，農場経営者所得（償却費控除後）＋地代負担総額－主たる経営者労賃評価（換算農業従事月数×4,647ドルとして試算したもの。なお4,647ドルの根拠としては，USDC Census Bureau, *Current Population Survey, Annual Social and Economic Supplements*（http://www.census.gov/hhes/www/income/data/statemedian/）のノースダコタ州全世帯年間所得中央値 55,766ドルを12で除した1ヶ月当たり平均値を用いた。
　　7）州平均現金地代は，USDA NASS, *Quick Stats Database* より。

面積に占める大豆とトウモロコシの収穫面積比率には明確な階層性があり，100万ドル以上層では22％と18％（合計40％）であるのに対し，50万～100万ドル層は19％と16％（合計35％），25万～50万ドル層は17％と9％（合計26％），10万～25万ドル層は11％と6％（合計17％）という具合である（全規模計では17％と13％で合計30％）。2002年も水準そのものが低いが（全規模計で4％と10％で

合計14％），階層性は全く同様である。したがって経済力のある大規模層ほどより集約的な投資を要するトウモロコシ，大豆の作付けに積極的に乗り出し，またその結果より多くの収益をあげていることが示唆される。

　耕種農地面積はサウスダコタ州より大きいが，フィードロット等の土地節約型大販売額経営の存在が希薄なため，農産物販売額は212万ドルで若干少ないが，農場経営者所得は70万ドルと多い（穀物等価格暴騰による飼料コスト増崇の負の影響も少なかったと考えられる）。それは州世帯所得中央値（いわゆる「シェール革命」による州内石油・天然ガス採掘産業ブームが影響してサウスダコタ州より高くなっている）の12.5倍にもなっている。経営者の農業専従換算が1.50人，150日以上従業雇用者が1.67人，雇用・請負労働費のフルタイム労働者換算が1.69人なので，経営者とその家族・親族とほぼ当程度の雇用労働力に依存する「寄生的利潤獲得大規模家族経営」と言える。

　2002年の100万ドル以上層は農場数がわずか285で，農場土地面積5,653エーカー，耕種農地面積5,321エーカーで一回り大きく，農場経営者所得は同年州世帯所得中央値の11倍，経営者の農業専従換算2.18人に対して雇用・請負労働費のフルタイム労働者換算5.44人（150日以上従業雇用者5.16人，150未満従業雇用者11.04人）だったので，「資本主義大規模経営」としての性格がサウスダコタ州よりも明確だった。

　50万〜100万ドル層の農場経営者所得は100万ドル以上層の3分の1以下ではあるが23万ドルで，州世帯所得中央値の4倍強にあたる。しかし経営者の農業専従換算1.27人，雇用・請負労働費のフルタイム労働者換算0.39人だから，どちらかと言えばワンマンファームに近いくらいの経営者・家族労働力中心的であり，その性格は「寄生的利潤獲得家族経営」になっている。2002年にも農場経営者所得は州世帯所得中央値の4倍だったが雇用・請負労働費のフルタイム労働者換算が1.39人であり，雇用労働力への依存度が若干高かった。

　25万〜50万ドル層の農場経営者所得は州世帯所得中央値の2倍弱で，利潤範疇の成立という所までは及ばない。経営者労働力はさらにワンマンファームに近づき，雇用労働力への依存度も低いので，「富裕な家族経営」と言える。2002年においてもほぼ変わらない。

　10万〜25万ドル層になるとサウスダコタ州と同様に農場経営者所得が州世帯

所得中央値を下回り (0.8倍)，労働力的にもほとんどワンマンファームである。したがって「兼業型ワンマンファーム」と言える。2002年にもほぼ同様だった。

各階層の耕種農地面積当たり地代負担力を見ると，2012年には25万ドル以上の3階層で州平均地代58ドルを上回った。いっぽう2002年では，州平均地代36.5ドルに対して，50万ドル以上の2階層の地代負担力は明確に上回っていたが，25万〜50万ドル層は政府支払込みの33ドルが概ね近い水準，政府支払なしでは23ドルであり，それ以下の階層は埒外だった。ノースダコタ州ではサウスダコタ州以上に，価格低落期から暴騰期への転換にともなうより広い階層への借地競争力形成が生じたことになる。

## 第3節　両ダコタ州における穀作農業の構造変動と現局面

### （1）穀作農場の規模別構成の変化

①農産物販売額規模別および農場土地面積規模別の動向

ここでの「穀作農場」とは多少とも穀物販売のあった農場である。その農産物販売規模別の農場数と穀物販売額の構成変化をサウスダコタ州について見ると（表6-8），まず穀物販売農場総数の変化が，1992〜97年の11.9％減はアイオワ州，ネブラスカ州より若干大きく，その後の価格低落期1997〜2002年の22.3％減はアイオワ州，ネブラスカ州を大幅に上回った。階層別には両州とおおむね同様に，25万ドル未満の全階層で大幅に減少したが，とりわけ1万〜10万ドルまでの小規模下位層で31〜37％と著しく減少した。これら階層の激しい分解・離農を表現している。これら階層の著しい減少は価格暴騰へ向かう2002〜07年にも続くが，穀物販売農場数合計がわずかとは言え増えていること，25万ドル以上の各層が劇的に増加していることから，物的な分解・規模拡大というよりも価格暴騰による水膨れ＝階層区分シフトが大きかったと判断される。2回の暴騰を含む2007〜12年になると農場数合計はわずかながら減少し，その中で25万〜50万ドル層も減少に転じ，それ以上の2階層だけが増えることになり，さらに穀物販売額シェアでは100万ドル以上層だけが増えるようになった。

これらの結果，農産物販売額の多い階層による穀物販売額シェアが急速に高まり，2012年には総数14,961農場のうち農産物販売額100万ドル以上である14.0％・2,090農場が，穀物販売額の55.9％を占めるに至った。

第6章 コーンベルト西北漸下の両ダコタ州穀作農業構造変化とエタノール企業

表6-8 農産物販売額規模別にみた穀物販売農場数と穀物販売額の構成推移
(サウスダコタ州) (単位:農場,%,百万ドル)

| | | 実数 | | | | | 実数増減率 | | | |
|---|---|---|---|---|---|---|---|---|---|---|
| | | 1992 | 1997 | 2002 | 2007 | 2012 | 92~97 | 97~02 | 02~07 | 07~12 |
| 農場数構成比 | 全規模計 | 21,595 | 19,026 | 14,792 | 15,123 | 14,961 | -11.9 | -22.3 | 2.2 | -1.1 |
| | 1万ドル未満 | 8.1 | 5.8 | 6.0 | 4.7 | 3.8 | -37.6 | -19.5 | -18.7 | -21.4 |
| | 1万~2.5万 | 14.5 | 11.6 | 9.5 | 5.7 | 4.1 | -29.2 | -36.6 | -38.6 | -28.3 |
| | 2.5万~5万 | 18.8 | 16.8 | 14.0 | 8.6 | 6.7 | -21.5 | -35.1 | -37.1 | -23.5 |
| | 5万~10万 | 24.8 | 22.5 | 20.0 | 14.5 | 12.4 | -20.3 | -30.6 | -25.9 | -15.9 |
| | 10万~25万 | 25.1 | 29.1 | 31.0 | 28.5 | 22.6 | 1.9 | -17.1 | -6.1 | -21.4 |
| | 25万~50万 | 6.1 | 9.8 | 12.7 | 21.0 | 21.0 | 40.9 | 1.3 | 69.1 | -1.2 |
| | 50万~100万 | 1.6 | 3.2 | 4.6 | 10.2 | 15.5 | 80.5 | 10.5 | 128.6 | 49.8 |
| | 100万ドル以上 | 0.9 | 1.3 | 2.2 | 6.7 | 14.0 | 28.9 | 31.4 | 213.0 | 107.3 |
| | (100万ドル以上実数) | (190) | (245) | (322) | (1,008) | (2,090) | | | | |
| 穀物販売額構成比 | 全規模計 | 988 | 1,542 | 1,406 | 3,238 | 5,810 | 56.1 | -8.8 | 130.3 | 79.4 |
| | 1万ドル未満 | 0.7 | 0.3 | 0.3 | 0.1 | 0.0 | -36.3 | -21.9 | -17.3 | -23.2 |
| | 1万~2.5万 | 3.6 | 1.7 | 1.2 | 0.4 | 0.1 | -25.6 | -35.3 | -32.3 | -28.4 |
| | 2.5万~5万 | 8.3 | 4.7 | 3.5 | 1.1 | 0.5 | -11.7 | -32.6 | -29.7 | -23.6 |
| | 5万~10万 | 9.0 | 12.0 | 9.1 | 3.4 | 1.6 | 109.0 | -31.2 | -12.8 | -16.3 |
| | 10万~25万 | 37.5 | 33.4 | 30.0 | 15.0 | 7.1 | 39.1 | -18.1 | 15.1 | -15.5 |
| | 25万~50万 | 18.5 | 24.7 | 26.8 | 23.5 | 14.1 | 108.2 | -0.9 | 102.3 | 7.5 |
| | 50万~100万 | 7.0 | 13.6 | 16.5 | 22.2 | 20.7 | 204.0 | 10.6 | 210.5 | 66.9 |
| | 100万ドル以上 | 5.3 | 9.6 | 12.7 | 34.3 | 55.9 | 182.0 | 20.2 | 523.2 | 192.7 |

資料:USDA NASS, *1992, 1997, 2002, 2007, and 2012 Census of Agriculture*, Vol. 1 Part 41 South Dakota, Table 50 (1992 and 1997), Table 56 (2002), and Table 59 (2007)
注: 1)「穀物」の2002年,2007年,2012年は「穀物,油糧種子,乾燥豆および乾燥エンドウ」。
 2)「構成比」の「全規模計」は,それぞれ農場総数,穀物販売総額である。

表6-9 農産物販売額規模別にみた穀物販売農場数と穀物販売額の構成推移
(ノースダコタ州) (単位:農場,%,百万ドル)

| | | 実数 | | | | | 実数増減率 | | | |
|---|---|---|---|---|---|---|---|---|---|---|
| | | 1992 | 1997 | 2002 | 2007 | 2012 | 92~97 | 97~02 | 02~07 | 07~12 |
| 農場数構成比 | 全規模計 | 23,947 | 20,606 | 15,015 | 15,377 | 14,370 | -14.0 | -27.1 | 2.4 | -6.5 |
| | 1万ドル未満 | 7.8 | 7.3 | 6.1 | 4.8 | 2.5 | -19.4 | -39.1 | -19.8 | -50.7 |
| | 1万~2.5万 | 14.5 | 13.1 | 9.8 | 4.7 | 3.2 | -22.4 | -45.1 | -51.1 | -35.7 |
| | 2.5万~5万 | 19.0 | 17.5 | 12.7 | 7.8 | 5.0 | -20.6 | -47.2 | -37.1 | -39.7 |
| | 5万~10万 | 24.4 | 22.7 | 19.0 | 13.4 | 8.9 | -19.9 | -39.0 | -27.7 | -37.7 |
| | 10万~25万 | 25.8 | 27.2 | 29.7 | 24.2 | 18.3 | -9.3 | -20.4 | -16.8 | -29.2 |
| | 25万~50万 | 6.5 | 9.1 | 15.1 | 22.2 | 20.5 | 19.5 | 20.7 | 50.8 | -13.5 |
| | 50万~100万 | 1.7 | 2.6 | 5.9 | 15.6 | 19.7 | 33.7 | 63.6 | 172.7 | 18.0 |
| | 100万ドル以上 | 0.4 | 0.5 | 1.7 | 7.4 | 21.7 | 32.9 | 127.4 | 340.5 | 175.5 |
| | (100万ドル以上実数) | (85) | (113) | (257) | (1,132) | (3,119) | | | | |
| 穀物販売額構成比 | 全規模計 | 1,756 | 1,848 | 2,084 | 4,568 | 8,813 | 5.2 | 12.7 | 119.2 | 92.9 |
| | 1万ドル未満 | 0.5 | 0.4 | 0.2 | 0.1 | 0.0 | -18.8 | -40.7 | -19.5 | -50.6 |
| | 1万~2.5万 | 2.6 | 1.9 | 1.0 | 0.2 | 0.1 | -24.8 | -40.9 | -54.1 | -25.6 |
| | 2.5万~5万 | 6.6 | 5.0 | 2.4 | 0.8 | 0.2 | -21.5 | -45.1 | -31.4 | -36.8 |
| | 5万~10万 | 16.9 | 13.1 | 7.1 | 2.4 | 0.8 | -18.1 | -39.1 | -25.1 | -34.5 |
| | 10万~25万 | 40.5 | 37.2 | 26.8 | 10.6 | 4.0 | -3.3 | -18.7 | -13.1 | -26.8 |
| | 25万~50万 | 21.3 | 26.3 | 30.7 | 22.7 | 11.6 | 29.7 | 31.6 | 62.0 | -9.6 |
| | 50万~100万 | 8.9 | 12.5 | 21.0 | 32.0 | 21.1 | 48.4 | 89.9 | 233.9 | 27.0 |
| | 100万ドル以上 | 2.7 | 3.7 | 10.8 | 31.2 | 63.1 | 43.9 | 229.7 | 535.3 | 290.0 |

資料:USDA NASS, *1992, 1997, 2002, 2007, and 2012 Census of Agriculture*, Vol. 1 Part 34 North Dakota, Table 50 (1992 and 1997), Table 56 (2002), and Table 59 (2007)
注: 表6-8に同じ。

ノースダコタ州の場合（**表6-9**），穀物販売農場総数が，アイオワ州，ネブラスカ州，サウスダコタ州よりも顕著に，長期減少傾向にある。階層別には，1992〜97年には10万ドル未満の各層で激しく減少，1997〜2002年および2002〜07年には25万ドル未満の各層で激しく減少し，2007〜12年には25万〜50万ドル層でもかなり減少するようになった。農場数シェアでは25万〜50万ドル層が2007年までは高まっていたが，2012年にかけては低下し，その穀物販売額シェアは2002〜07年に既に低下していた。さらに50万〜100万ドル層も農場数では絶対的にもシェアでも増え続けているものの，穀物販売額シェアでは2007〜12年には低下するに至った。

かくして今日では100万ドル以上層だけが，農場数シェアでも穀物販売額シェアでも増加する階層となり，21.7％・3,119農場が州穀物販売額の63.1％を占めるに至った。またこれは，この階層の農場数シェアが比較した他の州より高いからだけでなく，1農場当たり穀物販売額も大きいからでもある（アイオワ州112万ドル，ネブラスカ州149万ドル，サウスダコタ州155万ドルに対し，ノースダコタ州178万ドル）。

次に農場土地面積規模別の穀物販売農場の構成変動をサウスダコタ州から見ると（**表6-10**），穀物等価格低水準期の1992〜97年，低落期の1997〜2002年には農産物販売額規模別で見るよりも穀物販売農場の減少がより広範囲で生じたことが特徴的である。前者の時期には1,999エーカー以下の全ての階層，後者の時期には全階層で激しく減少した。価格暴騰に向かう2002〜07年になると零細・極小階層と最大区分2,000エーカー以上層で大きく増え，その間の中小規模階層が減少しており，両極分解的動向を示した。2007〜12年になると50〜99エーカーを例外として，2,000エーカー以上層だけが増えており，大規模層だけのいっそうの規模拡大がテンポは鈍化しつつ進行していることを示している。

これらの結果，シェアはほとんど一貫して2,000エーカー以上層だけが農場数でも穀物販売額でも増え続けてきており，2012年には26.6％・3,983農場が州穀物販売額の64.7％を占めるようになった。いずれの数値もアイオワ州，ネブラスカ州より高い。

ノースダコタ州の場合（**表6-11**），1992〜97年と1997〜2002年における穀物販売農場数減少は広範な階層で，かつより激しく進行した。2002〜07年には特

表6-10 農場土地面積規模別にみた穀物販売農場数と穀物販売額の推移
（サウスダコタ州）　　　　　　　　　　　　　　　　（単位：農場，％，百万ドル）

|  |  | 実数 | | | | | 実数増減率 | | | |
|---|---|---|---|---|---|---|---|---|---|---|
|  |  | 1992 | 1997 | 2002 | 2007 | 2012 | 92〜97 | 97〜02 | 02〜07 | 07〜12 |
| | 全規模計 | 21,595 | 19,026 | 14,792 | 15,123 | 14,961 | -11.9 | -22.3 | 2.2 | -1.1 |
| 農場数構成比 | 50エーカー未満 | 1.8 | 1.9 | 1.7 | 3.0 | 2.8 | -5.6 | -31.5 | 79.0 | -5.8 |
| | 50〜99 | 3.0 | 2.9 | 2.6 | 3.0 | 3.2 | -14.3 | -30.6 | 19.8 | 4.8 |
| | 100〜179 | 8.1 | 7.5 | 6.8 | 6.8 | 6.6 | -17.7 | -30.1 | 2.8 | -3.8 |
| | 180〜259 | 5.7 | 5.0 | 5.2 | 4.5 | 4.5 | -22.7 | -19.5 | -11.7 | -0.9 |
| | 260〜499 | 18.8 | 17.3 | 15.4 | 14.6 | 13.3 | -18.9 | -30.8 | -3.1 | -9.5 |
| | 500〜999 | 21.6 | 24.2 | 24.6 | 21.7 | 21.0 | -1.3 | -21.0 | -9.9 | -4.5 |
| | 1,000〜1,999 | 20.8 | 22.0 | 23.1 | 22.3 | 21.9 | -6.5 | -18.5 | -1.0 | -3.1 |
| | 2,000エーカー以上 | 15.6 | 19.1 | 20.6 | 24.0 | 26.6 | 7.6 | -15.9 | 19.0 | 9.6 |
| | （2,000エーカー以上実数） | (3,373) | (3,629) | (3,053) | (3,633) | (3,983) | | | | |
| | 全規模計 | 988 | 1,542 | 1,406 | 3,238 | 5,810 | 56.1 | -8.8 | 130.3 | 79.4 |
| 穀物販売額構成比 | 50エーカー未満 | 0.1 | 0.1 | 0.1 | 0.1 | 0.1 | 19.1 | -44.7 | 256.8 | 19.6 |
| | 50〜99 | 0.4 | 0.3 | 0.3 | 0.2 | 0.2 | 12.5 | -22.1 | 78.7 | 36.1 |
| | 100〜179 | 1.9 | 1.5 | 1.1 | 0.9 | 0.7 | 17.6 | -33.8 | 100.2 | 29.5 |
| | 180〜259 | 1.9 | 1.4 | 1.2 | 0.9 | 0.6 | 14.6 | -19.6 | 66.6 | 28.4 |
| | 260〜499 | 9.8 | 7.5 | 5.8 | 4.7 | 3.4 | 20.3 | -30.2 | 87.4 | 28.5 |
| | 500〜999 | 23.4 | 19.1 | 17.2 | 13.2 | 10.2 | 27.4 | -17.9 | 77.0 | 38.5 |
| | 1,000〜1,999 | 28.0 | 28.0 | 28.2 | 23.6 | 20.3 | 56.4 | -8.3 | 92.5 | 54.3 |
| | 2,000エーカー以上 | 34.5 | 42.0 | 46.1 | 56.5 | 64.7 | 90.5 | 0.1 | 181.0 | 105.5 |

資料：USDA NASS, *1992, 1997, 2002, 2007, and 2012 Census of Agriculture*, Vol. 1 Part 41 South Dakota, Table 49 (1992 and 1997), Table 55 (2002), Table 58 (2007), and Table 64 (2012).
注：1）「穀物」の2002年，2007年，2012年は「穀物，油糧種子，乾燥豆および乾燥エンドウ」である。
　　2）「構成比」の「全規模計」は，それぞれ農場総数，穀物販売総額である。

表6-11 農場土地面積規模別にみた穀物販売農場数と穀物販売額の推移
（ノースダコタ州）　　　　　　　　　　　　　　　　（単位：農場，％，百万ドル）

|  |  | 実数 | | | | | 実数増減率 | | | |
|---|---|---|---|---|---|---|---|---|---|---|
|  |  | 1992 | 1997 | 2002 | 2007 | 2012 | 92〜97 | 97〜02 | 02〜07 | 07〜12 |
| | 全規模計 | 23,947 | 20,606 | 15,015 | 15,377 | 14,370 | -14.0 | -27.1 | 2.4 | -6.5 |
| 農場数構成比 | 50エーカー未満 | 0.6 | 0.7 | 0.6 | 1.2 | 1.3 | -4.0 | -34.0 | 97.9 | -4.3 |
| | 50〜99 | 1.3 | 1.3 | 1.1 | 1.5 | 1.7 | -13.8 | -36.3 | 34.7 | 9.3 |
| | 100〜179 | 4.5 | 4.0 | 3.6 | 4.4 | 4.7 | -24.2 | -34.6 | 25.8 | -0.3 |
| | 180〜259 | 2.6 | 2.2 | 2.3 | 2.4 | 2.4 | -12.9 | -38.0 | 8.0 | -4.1 |
| | 260〜499 | 12.0 | 11.2 | 9.3 | 9.4 | 8.4 | -19.4 | -39.7 | 3.3 | -15.6 |
| | 500〜999 | 23.7 | 21.2 | 17.5 | 15.5 | 15.8 | -23.1 | -39.8 | -9.3 | -4.5 |
| | 1,000〜1,999 | 33.7 | 32.2 | 30.2 | 27.8 | 24.9 | -17.7 | -31.6 | -6.0 | -16.2 |
| | 2,000エーカー以上 | 21.6 | 26.8 | 35.4 | 37.9 | 40.8 | 6.5 | -3.7 | 9.7 | 0.4 |
| | （2,000エーカー以上実数） | (5,184) | (5,522) | (5,320) | (5,835) | (5,856) | | | | |
| | 全規模計 | 1,756 | 1,848 | 2,084 | 4,568 | 8,813 | 5.2 | 12.7 | 119.2 | 92.9 |
| 穀物販売額構成比 | 50エーカー未満 | 0.0 | 0.0 | 0.0 | d | 0.0 | 10.1 | -18.8 | d | d |
| | 50〜99 | 0.1 | 0.1 | 0.1 | 0.1 | 0.1 | -17.4 | d | d | d |
| | 100〜179 | 0.6 | 0.3 | d | 0.3 | 0.3 | -48.5 | d | d | 98.2 |
| | 180〜259 | 0.5 | 0.4 | d | 0.3 | 0.3 | -19.9 | d | d | 96.2 |
| | 260〜499 | 3.6 | 2.8 | 1.8 | 1.7 | 1.4 | -17.9 | -26.7 | 99.1 | 60.7 |
| | 500〜999 | 13.2 | 10.0 | 6.5 | 5.4 | 5.0 | -20.4 | -26.0 | 79.8 | 78.6 |
| | 1,000〜1,999 | 36.3 | 30.6 | 23.5 | 19.5 | 15.9 | -11.3 | -13.4 | 81.6 | 57.6 |
| | 2,000エーカー以上 | 45.6 | 55.6 | 67.4 | 72.8 | 77.1 | 28.3 | 36.6 | 136.6 | 104.2 |

資料：USDA NASS, *1992, 1997, 2002, 2007, and 2012 Census of Agriculture*, Vol. 1 Part 34 North Dakota, Table 49 (1992 and 1997), Table 55 (2002), Table 58 (2007), and Table 64 (2012).
注：表6-10に同じ。

に500～1,999エーカーの2階層だけが減少するという両極分解的な変化を見せ，2007～12年にはやはり50～99エーカー層を例外として2,000エーカー以上層農場だけが，しかもわずかに増えるだけとなっている。

　より粗放的土地利用のノースダコタ州で2,000エーカー以上の穀物販売農場絶対数が多いのは自然であるが，その過去20年間の増加率を見ると，サウスダコタ州が18％，ノースダコタ州が13％であるから，2,000エーカー以上が一括でしか集計されない現在の区分で見る限り，穀作大面積経営の増加率は，したがってそれに表現される規模拡大の速度は，思いの外緩やかである。ただし前掲**表6-4**お よび**6-5**からわかるように，穀作農場に限定せずに見ると，農場土地面積5,000エーカー以上層がこの20年間にサウスダコタ州で28％，ノースダコタ州では107％増えており，またその1農場当たり耕種農地収穫面積は前者が1,847エーカーから2,521エーカーへ36％，後者で3,001エーカーから4,578エーカーへ53％拡大している。これが穀物農場の動向を反映する度合いはノースダコタ州の方がずっと強いわけだが，5,000エーカー以上層に着目するなら，大面積経営の増加率とそれら自体の大規模化に表現される，規模拡大運動の速度は高く，特にノースダコタでは非常に顕著だったということができる。

　2,000エーカー以上層にもどると，その2012年シェアは，農場数で40.8％，穀物販売額で77.1％にもなっている（繰り返すがこの規模区分継続の限界が露呈）。この高さは第一義的に粗放的ゆえに，大面積経営が当然のように多く存在するからである。1農場当たり穀物販売額は，アイオワ州195万ドル，ネブラスカ州117万ドル，サウスダコタ州94万ドル，ノースダコタ州116万ドルとなっている。

②作物別収穫面積規模別構成の変化

（ア）サウスダコタ州

　両ダコタ州では小麦がなお主力穀物の一つなので，煩雑になるがトウモロコシ，大豆と合わせた3つの作物について，収穫面積規模別構成の動向を検討する。

　サウスダコタ州について，まずトウモロコシ収穫農場を見ると（**表6-12**），収穫農場総数（＝全規模計）が価格低落期に大幅に減少した後，上昇・暴騰期には多少増えている。その中で収穫面積規模別には，2002年以降500～1,000エーカーが基本的な増減分岐層になり，一旦減少した2,000エーカー以上の3階層も急速

**表6-12　トウモロコシの収穫面積規模別農場数と収穫面積構成の推移（サウスダコタ州）**

(単位：千エーカー，%)

| | | 実　　数 | | | | 構　　成　　比 | | | |
|---|---|---|---|---|---|---|---|---|---|
| | | 1997* | 2002 | 2007 | 2012 | 1997* | 2002 | 2007 | 2012 |
| 農場数 | 全規模計 | 14,739 | 11,446 | 12,198 | 12,260 | 100.00 | 100.00 | 100.00 | 100.00 |
| | 100エーカー未満 | 5,082 | 3,473 | 3,220 | 2,836 | 34.48 | 30.34 | 26.40 | 23.13 |
| | 100～250エーカー | 5,294 | 3,886 | 3,628 | 3,220 | 35.92 | 33.95 | 29.74 | 26.26 |
| | 250～500エーカー | 2,930 | 2,938 | 2,832 | 2,691 | 19.88 | 25.67 | 23.22 | 21.95 |
| | 500～1,000エーカー | 1,149 | 1,260 | 1,663 | 1,982 | 7.80 | 11.01 | 13.63 | 16.17 |
| | 1,000～2,000エーカー | 284 | 335 | 620 | 957 | 1.93 | 2.93 | 5.08 | 7.81 |
| | 2,000～3,000エーカー | 231 | 55 | 134 | 203 | 1.57 | 0.48 | 1.10 | 1.66 |
| | 3,000～5,000エーカー | 38 | 32 | 73 | 85 | 0.26 | 0.28 | 0.60 | 0.69 |
| | 5,000エーカー以上 | 13 | 7 | 28 | 42 | 0.09 | 0.06 | 0.23 | 0.34 |
| 収穫面積 | 全規模計 | 3,249 | 3,165 | 4,455 | 5,289 | 220 | 277 | 365 | 431 |
| | 100エーカー未満 | 259 | 179 | 164 | 148 | 7.98 | 5.66 | 3.67 | 2.81 |
| | 100～250エーカー | 840 | 625 | 593 | 529 | 25.85 | 19.75 | 13.30 | 10.01 |
| | 250～500エーカー | 983 | 822 | 989 | 936 | 30.25 | 25.97 | 22.20 | 17.69 |
| | 500～1,000エーカー | 729 | 825 | 1,115 | 1,331 | 22.43 | 26.07 | 25.02 | 25.17 |
| | 1,000～2,000エーカー | 295 | 428 | 814 | 1,272 | 9.09 | 13.51 | 18.27 | 24.05 |
| | 2,000～3,000エーカー | 85 | 125 | 316 | 468 | 2.61 | 3.95 | 7.09 | 8.85 |
| | 3,000～5,000エーカー | d | 113 | 269 | 307 | d | 3.56 | 6.03 | 5.80 |
| | 5,000エーカー以上 | d | 48 | 196 | 298 | d | 1.52 | 4.40 | 5.63 |

資料：USDA NASS, *2002, 2007, and 2012 Census of Agriculture*, Vol. 1 Part 41 South Dakota, Table 34 (2002), Table 42 (2007), and Table 37 (2012).
注：1）年次の「1997*」は2002年センサス方式による1997年についての新集計値。
　　2）「収穫面積」の「構成比」全規模計欄は，1農場当たり平均収穫面積である。

に増加している。収穫総面積も2002年にかけて一旦減少した後，急速に増加しているが，収穫面積規模別には2002～07年では500～1,000エーカー層も含めて急速に増加したが，2007～12年に増加が顕著なのは1,000エーカー以上の4階層になっている。

　これらの結果，収穫面積500エーカー以上層のシェアは1997年の農場数11.7％，収穫面積35.9％から，2012年の農場数26.7％，収穫面積69.5％へと大きく上昇した。このうち1,000エーカー以上層は同じく農場数3.9％，収穫面積13.5％から，農場数10.5％，収穫面積44.3％と，半分近くまでになっている。

　全規模計の1農場当たり収穫面積も1997年の220エーカーから2012年の431エーカーへ96％，つまりほぼ倍増しており，トウモロコシ生産の大規模化とそれら大面積収穫経営（特に1,000エーカー以上層）への集中が顕著に進行したことを示している。

　大豆収穫農場を見ると（**表6-13**），収穫農場総数が2007年まで連続して減少し，その後第二次暴騰期の2012年に向けて増加した。後者では大豆価格がトウモロコシよりさらに暴騰したので，収穫面積が大幅に増加している。収穫面積規模別では250エーカー未満の農場数は好況にもかかわらず，一貫して減少し，250～1,000

表6-13 大豆の収穫面積規模別農場数と収穫面積構成の推移（サウスダコタ州）

(単位：千エーカー，％)

| | | 実　　　数 | | | | 構　　成　　比 | | | |
|---|---|---|---|---|---|---|---|---|---|
| | | 1997* | 2002 | 2007 | 2012 | 1997* | 2002 | 2007 | 2012 |
| 農場数 | 全規模計 | 12,510 | 11,593 | 9,862 | 10,977 | 100.00 | 100.00 | 100.00 | 100.00 |
| | 100エーカー未満 | 3,859 | 2,774 | 2,551 | 2,329 | 30.85 | 23.93 | 25.87 | 21.22 |
| | 100〜250エーカー | 4,255 | 3,641 | 3,131 | 2,963 | 34.01 | 31.41 | 31.75 | 26.99 |
| | 250〜500エーカー | 2,728 | 2,690 | 2,377 | 2,761 | 21.81 | 23.20 | 24.10 | 25.15 |
| | 500〜1,000エーカー | 1,289 | 1,733 | 1,284 | 1,821 | 10.30 | 14.95 | 13.02 | 16.59 |
| | 1,000〜2,000エーカー | 308 | 616 | 405 | 865 | 2.46 | 5.31 | 4.11 | 7.88 |
| | 2,000〜3,000エーカー | 46 | 87 | 71 | 137 | 0.37 | 0.75 | 0.72 | 1.25 |
| | 3,000〜5,000エーカー | 22 | 40 | 32 | 78 | 0.18 | 0.35 | 0.32 | 0.71 |
| | 5,000エーカー以上 | 3 | 12 | 11 | 23 | 0.02 | 0.10 | 0.11 | 0.21 |
| 収穫面積 | 全規模計 | 3,253 | 4,087 | 3,223 | 4,714 | 260 | 353 | 327 | 429 |
| | 100エーカー未満 | 205 | 152 | 137 | 121 | 6.29 | 3.72 | 4.26 | 2.57 |
| | 100〜250エーカー | 683 | 597 | 510 | 486 | 20.99 | 14.59 | 15.84 | 10.30 |
| | 250〜500エーカー | 935 | 937 | 834 | 973 | 28.75 | 22.93 | 25.86 | 20.64 |
| | 500〜1,000エーカー | 838 | 1,158 | 850 | 1,230 | 25.78 | 28.32 | 26.36 | 26.09 |
| | 1,000〜2,000エーカー | 391 | 806 | 526 | 1,142 | 12.03 | 19.71 | 16.33 | 24.23 |
| | 2,000〜3,000エーカー | 102 | 203 | 168 | 315 | 3.13 | 4.97 | 5.23 | 6.68 |
| | 3,000〜5,000エーカー | 81 | 147 | 115 | 292 | 2.48 | 3.59 | 3.57 | 6.20 |
| | 5,000エーカー以上 | 18 | 88 | 82 | 155 | 0.54 | 2.16 | 2.55 | 3.29 |

資料と注：表6-12に同じ。

エーカーの2階層は大豆の相対有利性にともなって変動している。1,000エーカー以上の各層も同様だが，2007〜12年の増え方が農場数でも収穫面積でもより急激である。第二次暴騰期の大豆拡張はこれらの収穫面積規模を持つ農場群が，中心的に担ったことになる。

以上の結果，収穫面積500エーカー以上層のシェアは1997年の農場数13.3％，収穫面積44.0％から，2012年の農場数26.6％，収穫面積66.5％へ上昇し，このうち1,000エーカー以上層は同じく農場数3.0％，収穫面積18.2％から，農場数10.1％，収穫面積40.4％へ大幅に上昇した。

全規模計の1農場当たり収穫面積も1997年の260エーカーから2012年の429エーカーへ65％拡大している。こうして大豆生産においても大規模化とそれら大面積収穫経営（特に1,000エーカー以上層）への集中が着実に進展している。

小麦収穫農場の場合，時期間の，つまりトウモロコシが主導する穀物等価格の大きな変動とそれにともなう作物間相対有利性変化からくる収穫農場数，収穫面積の変動が上述2作物よりも大きい（表6-14）。かつ，中長期的にはいずれも大きく減少している。これらの現象は，収穫面積規模別にもおおむね2,000エーカーまでの各階層について同様である。2,000エーカー以上の各階層についてもその傾向の例外ではないが，1997年と2012年とで，農場数，収穫面積がおおむね同水

第6章　コーンベルト西北漸下の両ダコタ州穀作農業構造変化とエタノール企業　329

**表6-14　小麦の収穫面積規模別農場数と収穫面積構成の推移（サウスダコタ州）**

(単位：千エーカー，%)

| | | 実数 | | | | 構成比 | | | |
|---|---|---|---|---|---|---|---|---|---|
| | | 1997* | 2002 | 2007 | 2012 | 1997* | 2002 | 2007 | 2012 |
| 農場数 | 全規模計 | 9,413 | 5,007 | 7,163 | 4,804 | 100.00 | 100.00 | 100.00 | 100.00 |
| | 100エーカー未満 | 3,444 | 1,701 | 2,136 | 1,384 | 36.59 | 33.97 | 29.82 | 28.81 |
| | 100～250エーカー | 2,685 | 1,527 | 2,071 | 1,397 | 28.52 | 30.50 | 28.91 | 29.08 |
| | 250～500エーカー | 1,586 | 853 | 1,316 | 873 | 16.85 | 17.04 | 18.37 | 18.17 |
| | 500～1,000エーカー | 1,029 | 595 | 825 | 607 | 10.93 | 11.88 | 11.52 | 12.64 |
| | 1,000～2,000エーカー | 485 | 255 | 512 | 379 | 5.15 | 5.09 | 7.15 | 7.89 |
| | 2,000～3,000エーカー | 108 | 45 | 144 | 81 | 1.15 | 0.90 | 2.01 | 1.69 |
| | 3,000～5,000エーカー | 53 | 24 | 104 | 49 | 0.56 | 0.48 | 1.45 | 1.02 |
| | 5,000エーカー以上 | 23 | 7 | 55 | 34 | 0.24 | 0.14 | 0.77 | 0.71 |
| 収穫面積 | 全規模計 | 3,135 | 1,596 | 3,342 | 2,204 | 333 | 319 | 467 | 459 |
| | 100エーカー未満 | 171 | 88 | 113 | 70 | 5.45 | 5.50 | 3.38 | 3.19 |
| | 100～250エーカー | 420 | 238 | 333 | 220 | 13.39 | 14.89 | 9.97 | 9.99 |
| | 250～500エーカー | 545 | 294 | 450 | 303 | 17.38 | 18.41 | 13.46 | 13.74 |
| | 500～1,000エーカー | 700 | 398 | 560 | 419 | 22.32 | 24.96 | 16.75 | 19.00 |
| | 1,000～2,000エーカー | 533 | 336 | 704 | 503 | 17.02 | 21.03 | 21.08 | 22.83 |
| | 2,000～3,000エーカー | 252 | 105 | 340 | 197 | 8.05 | 6.56 | 10.18 | 8.93 |
| | 3,000～5,000エーカー | 198 | 87 | 380 | 177 | 6.30 | 5.42 | 11.37 | 8.05 |
| | 5,000エーカー以上 | 217 | 51 | 461 | 315 | 6.91 | 3.22 | 13.81 | 14.28 |

資料と注：表6-12に同じ。

準が，あるいは増えているのは3,000エーカー以上の2階層だけである。

しかしシェアとしては大収穫面積層のそれが高まっており，収穫面積1,000エーカー層のそれが1997年の農場数7.1％，収穫面積38.3％から，2012年の農場数11.3％，収穫面積54.1％と過半を超えた。また全規模計の1農場当たり収穫面積も333エーカーから459エーカーへ38％増加している。

こうして作物全体の規模が縮小してくる中でも大規模化と大面積収穫経営（特に1,000エーカー以上層）への集中が進展している。加えて5,000エーカー以上の特大収穫面積農場が2012年に34農場で，収穫面積の14.3％を占めていることが注目される。

以上を踏まえてサウスダコタ州における穀作メガファームの存在を探ると，図6-3で見たように同州でもトウモロコシと大豆の作付面積合計シェアが70％を超えていることから，個別農場レベルでも「トウモロコシ－大豆」型農場が格段に増えたことが示唆された。そこで2012年のトウモロコシ収穫面積5,000エーカー以上層を見ると42農場あり，その1農場当たり収穫面積は7,093エーカーである。大豆では5,000エーカー以上層が23農場あり，1農場当たり6,735エーカー，3,000～5,000エーカー層が78農場で1農場当たり3,745エーカーである。

すると「トウモロコシ－大豆」型農場を最上位から40程度並べると，トウモロ

コシが7,000エーカー，大豆が5,000エーカー，両方で1万2,000エーカー程度の巨大農場が想定できる。また農場土地面積等では非常に小さい平均になってしまっているが，経営単位でセンサス統計の最上位区分である農産物販売額100万ドル以上層の耕種農地内の収穫面積比率がトウモロコシ33％，大豆27％，小麦16％だったことから（前掲**表6-6**），この巨大農場に小麦が3,000エーカー程度あると考えると，3作物合計で1万5,000エーカー程度になる。各作物の想定面積に2012年の面積当たり粗収益（単収×単価の前後3ヵ年平均，トウモロコシ691ドル，大豆467ドル，小麦314ドル）を乗じて合計すると，3作物合計粗収益は約810万ドルになる。このような規模と数の巨大農場をサウスダコタ州における穀作メガファームの姿として想定することができ，後段の実態調査でおおむねこれに近い農場を捉えることができた。

　（イ）ノースダコタ州

　トウモロコシ収穫農場を見ると（**表6-15**），コーンベルト外部から北西周縁部に入った新興産地なので，収穫農場総数と収穫総面積が価格低落期も含めて一貫して急速に増加してきている。その中で100エーカー未満は農場数，収穫面積ともに2007～12年には減少へ，100～250エーカー層も頭打ちになった。そして同時期になお増加率が高いのは500エーカー以上の各層である。その中で500～5,000エーカー層のうち2,000～3,000エーカー層を除く3階層は農場数，収穫面積ともに30～40％前後の増加率であり，5,000エーカー以上層だけが農場数で270％増，収穫面積で322％増と突出した増加を示し，その収穫面積シェア7.5％は，アイオワ，ネブラスカ，サウスダコタいずれの州と比べても郡を抜いている。州内の一部に，一挙的に巨大トウモロコシ農場が形成されたのである。

　これらの結果，収穫面積500エーカー以上層のシェアは1997年の農場数10.0％，収穫面積41.1％から，2012年の農場数31.9％，収穫面積75.3％へと著しく上昇した。このうち1,000エーカー以上層は同じく農場数2.7％，収穫面積17.6％から，農場数14.3％，収穫面積52.4％へ，劇的に増加して生産の過半を占めている。

　全規模計の1農場当たり収穫面積も1997年の206エーカーから2012年の521エーカーへ153％増加しており（2.5倍化），ここでもトウモロコシ生産の大規模化とそれら大面積収穫経営（特に1,000エーカー以上層）への集中が顕著に進行して

第6章　コーンベルト西北漸下の両ダコタ州穀作農業構造変化とエタノール企業　331

表6-15　トウモロコシの収穫面積規模別農場数と収穫面積構成の推移（ノースダコタ州）
(単位：千エーカー，%)

| | | 実　　　数 | | | | 構　　成　　比 | | | |
|---|---|---|---|---|---|---|---|---|---|
| | | 1997* | 2002 | 2007 | 2012 | 1997* | 2002 | 2007 | 2012 |
| 農場数 | 全規模計 | 2,875 | 3,540 | 5,809 | 6,651 | 100.00 | 100.00 | 100.00 | 100.00 |
| | 100エーカー未満 | 1,234 | 1,308 | 1,593 | 1,315 | 42.92 | 36.95 | 27.42 | 19.77 |
| | 100～250エーカー | 932 | 1,016 | 1,609 | 1,783 | 32.42 | 28.70 | 27.70 | 26.81 |
| | 250～500エーカー | 421 | 635 | 1,178 | 1,432 | 14.64 | 17.94 | 20.28 | 21.53 |
| | 500～1,000エーカー | 210 | 394 | 821 | 1,167 | 7.30 | 11.13 | 14.13 | 17.55 |
| | 1,000～2,000エーカー | 72 | 154 | 468 | 649 | 2.50 | 4.35 | 8.06 | 9.76 |
| | 2,000～3,000エーカー | 4 | 21 | 92 | 215 | 0.14 | 0.59 | 1.58 | 3.23 |
| | 3,000～5,000エーカー | 2 | 11 | 38 | 53 | 0.07 | 0.31 | 0.65 | 0.80 |
| | 5,000エーカー以上 | | 1 | 10 | 37 | | 0.03 | 0.17 | 0.56 |
| 収穫面積 | 全規模計 | 592 | 991 | 2,348 | 3,466 | 206 | 280 | 404 | 521 |
| | 100エーカー未満 | 61 | 62 | 81 | 68 | 10.34 | 6.26 | 3.47 | 1.97 |
| | 100～250エーカー | 143 | 160 | 257 | 286 | 24.21 | 16.15 | 10.93 | 8.26 |
| | 250～500エーカー | 144 | 219 | 412 | 501 | 24.34 | 22.12 | 17.54 | 14.46 |
| | 500～1,000エーカー | 139 | 265 | 556 | 792 | 23.55 | 26.71 | 23.69 | 22.86 |
| | 1,000～2,000エーカー | 89 | 192 | 621 | 862 | 14.98 | 19.40 | 26.43 | 24.86 |
| | 2,000～3,000エーカー | d | 48 | 216 | 505 | d | 4.85 | 9.22 | 14.56 |
| | 3,000～5,000エーカー | d | d | 143 | 191 | d | d | 6.10 | 5.52 |
| | 5,000エーカー以上 | | d | 62 | 260 | | d | 2.62 | 7.50 |

資料：USDA NASS, *2002, 2007, and 2012 Census of Agriculture*, Vol. 1 Part 34 North Dakota, Table 34 (2002), Table 42 (2007), and Table 37 (2012).
注：年次の「1997*」は2002年センサス方式による1997年についての新集計値。

表6-16　大豆の収穫面積規模別農場数と収穫面積構成の推移（ノースダコタ州）
(単位：千エーカー，%)

| | | 実　　　数 | | | | 構　　成　　比 | | | |
|---|---|---|---|---|---|---|---|---|---|
| | | 1997* | 2002 | 2007 | 2012 | 1997* | 2002 | 2007 | 2012 |
| 農場数 | 全規模計 | 3,584 | 5,308 | 5,779 | 7,223 | 100.00 | 100.00 | 100.00 | 100.00 |
| | 100エーカー未満 | 918 | 991 | 891 | 898 | 25.61 | 18.67 | 15.42 | 12.43 |
| | 100～250エーカー | 1,158 | 1,342 | 1,383 | 1,566 | 32.31 | 25.28 | 23.93 | 21.68 |
| | 250～500エーカー | 783 | 1,184 | 1,363 | 1,636 | 21.85 | 22.31 | 23.59 | 22.65 |
| | 500～1,000エーカー | 547 | 1,100 | 1,322 | 1,615 | 15.26 | 20.72 | 22.88 | 22.36 |
| | 1,000～2,000エーカー | 147 | 528 | 628 | 1,086 | 4.10 | 9.95 | 10.87 | 15.04 |
| | 2,000～3,000エーカー | 20 | 114 | 130 | 284 | 0.56 | 2.15 | 2.25 | 3.93 |
| | 3,000～5,000エーカー | 11 | 36 | 45 | 115 | 0.31 | 0.68 | 0.78 | 1.59 |
| | 5,000エーカー以上 | | 13 | 17 | 23 | | 0.24 | 0.29 | 0.32 |
| 収穫面積 | 全規模計 | 1,144 | 2,629 | 3,074 | 4,729 | 319 | 495 | 532 | 655 |
| | 100エーカー未満 | 51 | 55 | 49 | 49 | 4.43 | 2.10 | 1.61 | 1.03 |
| | 100～250エーカー | 188 | 218 | 229 | 258 | 16.41 | 8.29 | 7.44 | 5.45 |
| | 250～500エーカー | 272 | 421 | 488 | 585 | 23.75 | 16.00 | 15.88 | 12.37 |
| | 500～1,000エーカー | 369 | 749 | 914 | 1,126 | 32.22 | 28.48 | 29.72 | 23.82 |
| | 1,000～2,000エーカー | 183 | 707 | 824 | 1,462 | 16.02 | 26.88 | 26.82 | 30.92 |
| | 2,000～3,000エーカー | 43 | 265 | 308 | 666 | 3.78 | 10.08 | 10.01 | 14.09 |
| | 3,000～5,000エーカー | 38 | 131 | 163 | 421 | 3.36 | 4.97 | 5.30 | 8.90 |
| | 5,000エーカー以上 | | 84 | 99 | 161 | | 3.20 | 3.22 | 3.39 |

資料と注：表6-15に同じ。

いる。

　大豆収穫農場を見ると（**表6-16**），やはり収穫農場総数，収穫総面積ともに急速に増え続けてきている。2007～12年には100エーカー未満層は伸びが止まった。それ以上の中で，特に1,000～2,000エーカー層（農場数73％増，収穫面積77％増），

表6-17　小麦の収穫面積規模別農場数と収穫面積構成の推移（ノースダコタ州）

(単位：千エーカー，%)

| | | 実　　　　数 | | | | 構　　成　　比 | | | |
|---|---|---|---|---|---|---|---|---|---|
| | | 1997* | 2002 | 2007 | 2012 | 1997* | 2002 | 2007 | 2012 |
| 農場数 | 全規模計 | 19,767 | 12,908 | 12,303 | 10,370 | 100.00 | 100.00 | 100.00 | 100.00 |
| | 100エーカー未満 | 2,553 | 1,569 | 1,469 | 1,300 | 12.92 | 12.16 | 11.94 | 12.54 |
| | 100～250エーカー | 4,503 | 2,710 | 2,541 | 2,084 | 22.78 | 20.99 | 20.65 | 20.10 |
| | 250～500エーカー | 4,777 | 3,064 | 2,761 | 2,151 | 24.17 | 23.74 | 22.44 | 20.74 |
| | 500～1,000エーカー | 4,777 | 3,167 | 2,855 | 2,366 | 24.17 | 24.54 | 23.21 | 22.82 |
| | 1,000～2,000エーカー | 2,505 | 1,840 | 1,890 | 1,613 | 12.67 | 14.25 | 15.36 | 15.55 |
| | 2,000～3,000エーカー | 452 | 379 | 487 | 513 | 2.29 | 2.94 | 3.96 | 4.95 |
| | 3,000～5,000エーカー | 172 | 145 | 241 | 268 | 0.87 | 1.12 | 1.96 | 2.58 |
| | 5,000エーカー以上 | 28 | 34 | 59 | 75 | 0.14 | 0.26 | 0.48 | 0.72 |
| 収穫面積 | 全規模計 | 11,001 | 7,909 | 8,428 | 7,767 | 557 | 613 | 685 | 749 |
| | 100エーカー未満 | 143 | 89 | 82 | 72 | 1.30 | 1.12 | 0.97 | 0.92 |
| | 100～250エーカー | 746 | 450 | 426 | 344 | 6.78 | 5.68 | 5.05 | 4.43 |
| | 250～500エーカー | 1,701 | 1,096 | 996 | 760 | 15.46 | 13.85 | 11.81 | 9.79 |
| | 500～1,000エーカー | 3,300 | 2,196 | 1,987 | 1,683 | 30.00 | 27.76 | 23.57 | 21.67 |
| | 1,000～2,000エーカー | 3,300 | 2,451 | 2,546 | 2,204 | 30.00 | 31.00 | 30.21 | 28.38 |
| | 2,000～3,000エーカー | 1,047 | 892 | 1,146 | 1,228 | 9.52 | 11.28 | 13.59 | 15.81 |
| | 3,000～5,000エーカー | 598 | 518 | 863 | 988 | 5.44 | 6.55 | 10.24 | 12.72 |
| | 5,000エーカー以上 | 165 | 218 | 384 | 487 | 1.50 | 2.75 | 4.55 | 6.28 |

資料と注：表6-15に同じ。

2,000～3,000エーカー層（119％増と117％増），および3,000～5,000エーカー層（156％増と159％増）の伸長がなお著しい。

これらの結果，収穫面積1,000エーカー以上層のシェアが1997年の農場数5.0％，収穫面積23.2％から，2012年の農場数20.9％，収穫面積57.3％へ急上昇し，一挙に過半を占めるに至った。全規模計の1農場当たり収穫面積も1997年の319エーカーから2012年の655エーカーへ2倍強になっている。こうして大豆生産においても，新興産地化が，大規模化とそれら大面積収穫経営（特に1,000エーカー以上層）への集中の急速な進展をともなっている点が特徴的である。

ノースダコタ州では小麦がなお3大作物の中で最大面積の地位にあるものの，減少しており，特に収穫農場数減少は激しい（**表6-17**）。収穫面積規模別には，2,000エーカー未満の全階層で農場数，収穫面積ともに減り続けており，それ以上では増えている。特に3,000～5,000エーカー層と5,000エーカー以上層が相対的に早いテンポでなお増加している（特に後者）。つまり作物全体が縮小過程をたどる中で，ほとんど最上位層だけが増えている，あるいはそこへシフトしているのである。

これらの結果，収穫面積2,000エーカー以上層のシェアが，1997年の農場数3.3％，収穫面積16.5％から，2012年の農場数8.3％，収穫面積34.8％へ急上昇した。しかし最上位部分以外は全て減少，縮小しているため，全規模計の1農場当たり収穫

面積は557エーカーから749エーカーへ34％の拡大にとどまっている。

　以上を総じてノースダコタ州では，コーンベルトの埒外からその北西周縁部へ短期間のうちに急速に組み込まれるという過程は，個別農場レベルでもトウモロコシと大豆の生産面積が急激に拡大する，したがってまたその余地（小麦やその他作物からの転換向け農地）がある大面積農場ほど両作物の導入を中心的に担った。それらの結果，大収穫面積農場による両作物の集中が急速に進展し，3,000〜5,000エーカー，5,000エーカー以上という最上位収穫面積農場群の生産シェアが，アイオワ州，ネブラスカ州，サウスダコタ州よりもかえって高いという注目すべき構造が生まれている。

## （2）両ダコタ州における穀作農場の構造的・経営的変化と到達点

### ①統計利用上の留意点

　両ダコタ州の穀作分野については，ARMSにおける経営経済および構造に関する重点調査州に含まれていないため，同統計によってその経営内実等を検討することができない。そこでセンサス農場土地面積規模別集計の，2002年（価格低落期）と2012年（価格暴騰期）を比較検討する。

　センサスはARMSのように特定の作目販売額が過半をなす農場について，規模別の集計がない（北米産業分類別集計があるが，農場規模とのクロス集計がない）。したがって最初に，作目限定のない全農場についての農場土地面積規模別集計を使うことが，どの程度穀作農場の実態を反映するのかを，若干の指標で確認しておく。

　サウスダコタ州では（表6-18），2002年について，穀物類販売農場の農場数ベース比率が全規模計47％で，1,999エーカーまでは面積が大きい階層ほどその比率が高まり，最上位区分の2,000エーカー以上層で56％に下がる。肉牛販売農場比率は1,999エーカー未満までほとんどパラレルに上がっているので，穀物・繁殖牛複合経営が大宗をなしていると見てよいだろう。2,000エーカー以上層は，穀作との複合肉牛繁殖経営の他に，大規模肉牛フィードロット経営が穀作農場とは分離・専門化して一定数存在していることを反映して，販売農場数ベース，販売額ベースともに肉牛が穀物類を上回ったものと考えられる。したがってこの階層は，肉牛繁殖との複合経営型穀作農場の反映度が若干低下せざるを得ない。

表6-18 農場土地面積規模別の主要品目販売農場数・販売額の構成比
（サウスダコタ州，2002年・2012年）　　　　　　（単位：農場，％，百万ドル）

|  |  |  | 全農場合計 | 農場土地面積規模別階層 | | | | |
|---|---|---|---|---|---|---|---|---|
|  |  |  |  | 180～259エーカー | 260～499 | 500～999 | 1,000～1,999 | 2,000エーカー以上 |
| 2002年 | 農場数 | | 31,736 | 1,842 | 4,249 | 5,353 | 4,758 | 5,453 |
| | 販売農場数 | 穀物類 | 46.6 | 41.9 | 53.6 | 68.1 | 71.7 | 56.0 |
| | | 肉牛 | 53.8 | 44.2 | 51.1 | 64.1 | 71.3 | 79.4 |
| | | うちフィードロット | 10.1 | 6.0 | 8.8 | 13.7 | 17.1 | 13.2 |
| | | 酪農 | 3.1 | 3.1 | 4.6 | 4.9 | 4.6 | 2.3 |
| | | 肉豚 | 5.5 | 4.0 | 5.6 | 7.6 | 6.7 | 4.6 |
| | 農産物販売額合計 | | 3,835 | 59 | 239 | 553 | 869 | 1,814 |
| | 作目別販売額 | 穀物類 | 36.7 | 30.0 | 33.8 | 43.7 | 45.6 | 35.9 |
| | | 肉牛 | 44.2 | 48.9 | 38.5 | 36.2 | 40.5 | 51.9 |
| | | 酪農 | 4.1 | 7.2 | 8.5 | 6.0 | 4.1 | 1.6 |
| | | 肉豚 | | 3.0 | 4.9 | 5.9 | 4.0 | 5.1 |
| | | その他 | 13.2 | 10.9 | 14.2 | 8.2 | 5.4 | 3.2 |
| 2012年 | 農場数 | | 31,989 | 1,779 | 3,604 | 4,229 | 4,075 | 5,637 |
| | 販売農場数 | 穀物類 | 46.8 | 37.9 | 55.4 | 74.2 | 80.3 | 70.7 |
| | | 肉牛 | 44.7 | 34.4 | 44.8 | 54.7 | 62.2 | 70.9 |
| | | うちフィードロット | 5.2 | 0.9 | 4.4 | 8.9 | 10.6 | 9.1 |
| | | 酪農 | 1.3 | 0.6 | 2.0 | 2.2 | 1.9 | 0.9 |
| | | 肉豚 | 2.1 | 1.7 | 1.8 | 2.4 | 2.1 | 2.4 |
| | 農産物販売額合計 | | 10,170 | 167 | 450 | 1,022 | 1,969 | 6,005 |
| | 作目別販売額 | 穀物類 | 57.1 | 22.5 | 43.3 | 58.0 | 59.8 | 62.6 |
| | | 肉牛 | 29.2 | 58.7 | 38.6 | 28.8 | 32.6 | 26.5 |
| | | 酪農 | 3.7 | | 5.5 | 6.0 | 3.4 | 2.1 |
| | | 肉豚 | 4.4 | | 4.0 | 3.2 | 1.5 | 3.7 |
| | | その他 | 3.8 | 18.7 | 8.6 | 4.0 | 2.7 | 3.1 |

資料：USDA NASS, *2012 Census of Agriculture*, Vol. 1 Part 41 South Dakota, Table 64.
注：1）「フィードロット」は体重500ポンド以上の穀物等濃厚飼料肥育牛を販売したフィードロット。
　　2）「農産物販売額合計」欄の欄には百万ドルである。
　　3）空欄は秘匿のためデータが得られない。「その他」は秘匿データも含めたものとなる。

2012年については，穀物等が暴騰したことと，肉牛を有する農場が繁殖経営についてもフィードロット経営についても分解と専門化を遂げたこととが相まって，各階層で肉用牛の比率が販売農場数ベースでも販売額ベースでも若干低下したものと考えられる。その結果，2002年よりも2,000エーカー以上層も含めて販売額上で穀物類優位の肉牛との複合経営農場の反映度が高まったと考えられるだろう。

ノースダコタ州では（**表6-19**），2002年に穀物類販売農場の農場数ベース比率が全規模計49％で，2,000エーカー層以上まで一貫して面積が大きい階層ほどその比率が高まっている。肉牛フィードロット経営数が極めて限られていることも含めて，全体として，また大面積階層ほど，穀作と肉牛繁殖の複合経営の実情を反映した数値になっていると考えられる。

2012年については，穀物等への依存度がそもそも高かったために，穀物等暴騰の影響がサウスダコタ州以上に強く表れて，各階層を通じて，そして大面積階層ほど，穀作主体経営の実情を反映するようになっていると考えられる。

表6-19 農場土地面積規模別の主要品目販売農場数・販売額の構成比
（ノースダコタ州，2002年・2012年）

(単位：農場，%，百万ドル)

|  |  |  | 全農場合計 | 農場土地面積規模別階層 | | | | |
|---|---|---|---|---|---|---|---|---|
|  |  |  |  | 180～259エーカー | 260～499 | 500～999 | 1,000～1,999 | 2,000エーカー以上 |
| 2002年 | | 農場数 | 30,619 | 1,684 | 4,294 | 4,919 | 5,994 | 6,484 |
| | 販売農場数 | 穀物類 | 49.0 | 20.1 | 32.4 | 53.4 | 75.7 | 82.0 |
| | | 肉牛 | 35.7 | 24.5 | 25.4 | 37.9 | 47.8 | 53.7 |
| | | うちフィードロット | 2.7 | 1.8 | 1.7 | 2.7 | 3.8 | 4.0 |
| | | 酪農 | 1.8 | 1.1 | 0.9 | 3.1 | 3.5 | 1.7 |
| | | 肉豚 | 1.5 | 0.7 | 0.9 | 1.3 | 2.0 | 1.6 |
| | 農産物販売額合計 | | 3,233 | 19 | 82 | 235 | 730 | 2,072 |
| | 作目別販売額 | 穀物類 | 64.4 | | 46.5 | 58.1 | 67.2 | 67.8 |
| | | 肉牛 | 19.3 | 36.5 | 29.1 | 23.4 | 18.4 | 18.3 |
| | | 酪農 | 2.0 | 15.2 | 8.8 | 5.7 | 2.9 | 0.9 |
| | | 肉豚 | 0.8 | 0.8 | 0.4 | 0.4 | 0.4 | 0.4 |
| | | その他 | 12.7 | 47.4 | 14.9 | 12.4 | 10.9 | 12.7 |
| 2012年 | | 農場数 | 30,961 | 1,820 | 4,086 | 4,237 | 4,424 | 6,437 |
| | 販売農場数 | 穀物類 | 46.4 | 19.3 | 29.7 | 53.7 | 80.9 | 91.0 |
| | | 肉牛 | 28.8 | 16.9 | 23.6 | 35.1 | 40.9 | 43.0 |
| | | うちフィードロット | 1.7 | 0.1 | 1.5 | 1.6 | 0.2 | 3.4 |
| | | 酪農 | 0.5 | 0.1 | 0.2 | 1.0 | 1.1 | 0.7 |
| | | 肉豚 | 0.6 | 0.4 | 0.1 | 0.5 | 0.1 | 0.7 |
| | 農産物販売額合計 | | 10,951 | 46 | 219 | 613 | 1,706 | 8,172 |
| | 作目別販売額 | 穀物類 | 80.5 | 50.3 | 55.6 | 71.5 | 82.3 | 83.1 |
| | | 肉牛 | 9.7 | | 25.8 | 15.7 | 9.7 | 8.4 |
| | | 酪農 | 0.6 | | 6.0 | 2.2 | 0.7 | 0.3 |
| | | 肉豚 | 0.5 | | | | | 0.2 |
| | | その他 | 8.7 | 49.7 | 12.6 | 10.6 | 7.2 | 7.8 |

資料：USDA NASS, *2012 Census of Agriculture*, Vol. 1 Part 34 North Dakota, Table 64.
注：表6-18に同じ。

②サウスダコタ州穀作農場の構造的・経営的変化

表6-20は，上述のように厳密に「穀作農場」（穀物類の販売額が過半を占める農場）のデータではなく，それを色濃く反映したデータ，であるが，農場土地面積規模別に1農場当たりの構造指標を整理したものである。2002年と2012年で，各階層の農場土地面積にほとんど変化がないのは当たり前だが，全農場合計と2,000エーカー以上でも変化がなく，また2,000エーカー以上層の農場数もわずかしか増加していないので，両年次間の規模拡大，大面積経営の増加はかなり緩やかだったことを示す。しかしそのうちの耕種農地は，全規模合計および1,999エーカー以下の各層で若干ながら減少しているのに対し，2,000エーカー以上層だけは増えている。両年次の間に，この階層に入った農場が耕種農地の拡大を通じて上向してきた，既存の農場が永年牧草地・放牧地を耕種農地に転換したか，あるいは前者を手放して後者を入手したという要因が考えられる。なお農場土地面積

表6-20　農場土地面積規模別の一農場当たり平均構造指標
　　　　（サウスダコタ州，2002年・2012年）　　　　　（単位：人，月，エーカー，ドル）

| | | | 全農場合計 | 農場土地面積規模別階層 | | | | |
|---|---|---|---|---|---|---|---|---|
| | | | | 180～259エーカー | 260～499 | 500～999 | 1,000～1,999 | 2,000エーカー以上 |
| 2002年 | | 農場数 | 31,736 | 1,842 | 4,249 | 5,353 | 4,758 | 5,453 |
| | | 経営者数 | 1.44 | 1.33 | 1.37 | 1.38 | 1.46 | 1.68 |
| | | 主たる経営者の換算農業従事月数 | 8.4 | 7.2 | 8.1 | 9.2 | 10.4 | 10.8 |
| | | 主たる経営者の農業専従人数換算 | 0.70 | 0.60 | 0.67 | 0.77 | 0.86 | 0.90 |
| | | 同上×経営者数 | 1.01 | 0.80 | 0.92 | 1.06 | 1.26 | 1.51 |
| | 土地保有 | 農場土地面積 | 1,380 | 219 | 369 | 726 | 1,389 | 5,606 |
| | | 自作地 | 866 | 158 | 257 | 440 | 785 | 3,559 |
| | | 借入地 | 513 | 61 | 112 | 286 | 604 | 2,047 |
| | | 耕種農地 | 640 | 156 | 265 | 532 | 951 | 2,022 |
| | | 永年牧草地・放牧地 | 694 | 47 | 80 | 157 | 384 | 3,441 |
| | | 雇用労働費 | 4,244 | 1,065 | 1,187 | 1,565 | 5,872 | 12,993 |
| | | 土地・建物推定価額 | 618,144 | 263,416 | 276,265 | 540,222 | 894,563 | 1,777,144 |
| | | 機械・装備推定価額 | 105,245 | 47,332 | 68,090 | 107,507 | 166,423 | 244,656 |
| | | 合計農場資産価額 | 723,389 | 310,749 | 344,355 | 647,728 | 1,060,985 | 2,021,799 |
| 2012年 | | 農場数 | 31,989 | 1,779 | 3,604 | 4,229 | 4,075 | 5,637 |
| | | 経営者数 | 1.53 | 1.43 | 1.42 | 1.42 | 1.51 | 1.80 |
| | | 主たる経営者の換算農業従事月数 | 7.7 | 6.5 | 7.4 | 8.7 | 9.7 | 10.1 |
| | | 主たる経営者の農業専従人数換算 | 0.64 | 0.54 | 0.62 | 0.73 | 0.81 | 0.85 |
| | | 同上×経営者数 | 0.99 | 0.77 | 0.87 | 1.04 | 1.22 | 1.52 |
| | 土地保有 | 農場土地面積 | 1,352 | 214 | 367 | 719 | 1,399 | 5,672 |
| | | 自作地 | 819 | 153 | 251 | 411 | 738 | 3,478 |
| | | 借入地 | 533 | 61 | 116 | 308 | 661 | 2,194 |
| | | 耕種農地 | 599 | 129 | 233 | 477 | 881 | 2,127 |
| | | 永年牧草地・放牧地 | 705 | 60 | 103 | 199 | 461 | 3,391 |
| | | 雇用労働費 | 8,358 | 2,251 | 2,531 | 4,419 | 9,010 | 27,971 |
| | | 土地・建物推定価額 | 2,281,027 | 550,644 | 986,589 | 2,021,006 | 3,473,878 | 7,573,725 |
| | | 機械・装備推定価額 | 241,373 | 82,226 | 126,406 | 232,921 | 409,146 | 683,315 |
| | | 合計農場資産価額 | 2,522,399 | 632,870 | 1,112,994 | 2,253,926 | 3,883,024 | 8,257,039 |

資料：USDA NASS, *2002 and 2012 Census of Agriculture*, Vol. 1 Part 41 South Dakota, Table 55 (2002) and Table 64 (2012).

注：1）「主たる経営者の換算農業従事月数」とは，農外就業日数が「なし」の場合の農業従事月数を 12 ヶ月，「49日以下」を 11 ヶ月，「50～99日」を 8 ヶ月，「100～199日」を 6 ヶ月，「200日以上」を 2 ヶ月とみなして，換算したもの。「主たる経営者の農業専従者人数換算」とは，それを 12 ヶ月を農業専従者 1 名とみなして，人数換算したもの。

2）USDC Bureau of Economic Analysis, *National Income and Product Accounts Tables, Section 6: Table 6.2D. And 6.5D*によれば，農場フルタイム相当労働者年間 1 人当たり使用者側支払額は，2002年27,842ドル，2012年41,307ドル。

に占める耕種農地の割合（耕種農地比率）が500～999エーカー層までは若干の階層性（上層ほど比率が高い）があり，それを超えると下がり，2,000エーカー以上層が特に低い（2002年36％，2012年38％へ。大面積放牧地型肉牛多頭繁殖経営の存在を反映している）という階層的特徴は変わらない。

農場土地の自作地率は全農場合計で63％，規模別には180～259エーカー層の72％から1,000～1,999エーカー層の57％まで大面積になるほど漸減するが，2,000エーカー以上層では64％へ高まる。後段の農場実態分析では1,000～1,999エーカー層を 2 農場，2,000エーカー以上層を 6 農場調査しているが，ほとんど全て

表6-21 農場土地面積規模別の一農場当たり耕種農地収穫面積
（サウスダコタ州，2002年・2012年） (単位：エーカー)

| | | 全農場合計 | 農場土地面積規模別階層 | | | | |
|---|---|---|---|---|---|---|---|
| | | | 180～259エーカー | 260～499 | 500～999 | 1,000～1,999 | 2,000エーカー以上 |
| 2002年 | 合計 | 425 | 99 | 190 | 419 | 741 | 1,188 |
| | 小麦 | 50 | 3 | 9 | 22 | 62 | 208 |
| | トウモロコシ | 100 | 25 | 49 | 113 | 191 | 248 |
| | 大豆 | 129 | 28 | 59 | 146 | 259 | 313 |
| | 牧草（採草） | 115 | 38 | 65 | 117 | 187 | 306 |
| 2012年 | 合計 | 512 | 82 | 170 | 417 | 795 | 1,843 |
| | 小麦 | 69 | 3 | 6 | 19 | 59 | 328 |
| | トウモロコシ | 165 | 23 | 57 | 149 | 286 | 566 |
| | 大豆 | 147 | 21 | 58 | 156 | 281 | 463 |
| | 牧草（採草） | 82 | 30 | 38 | 61 | 111 | 284 |

資料：表6-20に同じ。

において借入地の方が多い。したがって2,000エーカー以上層をさらに細区分していけば，大規模経営での自作地率が低くなっている可能性がある。

　経営者でみた内給的労働力（農業専従人数換算×経営者数）は2,000エーカー以上層だけがわずかに増加し，その他では全て減少している。若干ながら労働力的な二極分解が進んでいると言える。雇用をその労働費の当該年農場フルタイム相当労働者支払額で換算すると，全ての階層でわずかずつ増えており，とくに2,000エーカー以上層で0.47人から0.68人へと増加幅が大きい。経営内外を合わせて，2,000エーカー以上層で労働力面での拡充がなされたことがうかがわれる。

　農場固定資産評価額を見ると，名目額とは言えその膨張ぶりが激しい。2002年から2012年への土地・建物推定評価額の膨張倍率は全農場合計で3.7倍，そしてこれにも階層性が明瞭にあって180～259エーカー層の2.1倍に対して2,000エーカー以上層では4.3倍にも及んでいる。機械・装備推定価額も土地・建物ほどではないが膨張し，かつ階層性が明瞭で，全農場合計で2.3倍，180～259エーカー層の1.7倍に対して2,000エーカー以上層では2.8倍になっている。

　こうした経営資源基盤の上での穀物等生産状況を収穫面積で見ると（**表6-21**），まず耕種農地での収穫面積合計が全農場合計，および1,000エーカー以上の2階層で増えており，それ未満では減っているという二極分化的変化が特徴的である。作物別に見ると，180～259および260～499エーカーの2階層ではほぼ全ての作物で減少しているのに対し，500～999および1,000～1,999の2階層では牧草と小麦を減らしてトウモロコシと大豆を増やし，2,000エーカー以上層はトウモロコシと大豆を大幅に増やしつつ小麦と牧草も増やしているというように，階層間

表6-22 農場土地面積規模別の一農場当たり経営収支
（サウスダコタ州，2002年・2012年） (単位：ドル，%)

| | | | 全農場合計 | 農場土地面積規模別階層 | | | | |
|---|---|---|---|---|---|---|---|---|
| | | | | 180～259エーカー | 260～499 | 500～999 | 1,000～1,999 | 2,000エーカー以上 |
| 2002年 | 経営収支 | 農産物販売額合計 | 120,829 | 31,772 | 56,272 | 103,321 | 182,698 | 332,689 |
| | | 農場現金生産費合計 | 104,357 | 31,466 | 45,808 | 85,952 | 158,904 | 288,273 |
| | | 地代負担総額 | 10,867 | 1,902 | 3,388 | 9,997 | 20,825 | 31,044 |
| | | 減価償却費 | 12,641 | 2,011 | 4,759 | 10,851 | 20,726 | 36,001 |
| | | 農場経営者所得（償却費控除後） | 14,100 | 6,552 | 8,504 | 13,347 | 22,369 | 36,374 |
| | | うち政府支払 | 6,777 | 2,857 | 3,862 | 6,342 | 10,139 | 18,275 |
| | | 政府支払依存率 | 48.1 | 43.6 | 45.4 | 47.5 | 45.3 | 50.2 |
| | | 農場経営者所得（政府支払除く） | 7,323 | 3,695 | 4,642 | 7,005 | 12,230 | 18,099 |
| | | 販売額に対する政府支払比率 | 5.6 | 9.0 | 6.9 | 6.1 | 5.5 | 5.5 |
| | 耕種農地エーカー当たり地代負担力 | 政府支払含む | -2 | -92 | -52 | -11 | 11 | 16 |
| | | 政府支払除く | -13 | -110 | -66 | -23 | 0 | 7 |
| | | 州平均地代・非灌漑 | 50.7 | 50.7 | 50.7 | 50.7 | 50.7 | 50.7 |
| | 耕種農地エーカー当たり | 土地・建物推定価額 | 966 | 1,691 | 1,043 | 1,016 | 941 | 879 |
| | | 機械・装備推定価額 | 164 | 304 | 257 | 202 | 175 | 121 |
| | | 合計農場資産価額 | 1,130 | 1,995 | 1,300 | 1,218 | 1,116 | 1,000 |
| 2012年 | 経営収支 | 農産物販売額合計 | 317,929 | 93,684 | 124,731 | 241,640 | 483,289 | 1,065,330 |
| | | 農場現金生産費合計 | 253,353 | 89,285 | 118,516 | 208,563 | 393,195 | 790,526 |
| | | 地代負担総額 | 30,313 | 4,971 | 10,327 | 26,354 | 51,008 | 104,554 |
| | | 減価償却費 | 27,358 | 6,243 | 11,794 | 25,544 | 43,951 | 85,097 |
| | | 農場経営者所得（償却費控除後） | 70,642 | 13,862 | 18,949 | 52,230 | 106,931 | 257,186 |
| | | うち政府支払 | 8,872 | 4,598 | 6,184 | 8,604 | 13,322 | 24,115 |
| | | 政府支払依存率 | 12.6 | 33.2 | 32.6 | 16.5 | 12.5 | 9.4 |
| | | 農場経営者所得（政府支払除く） | 61,770 | 9,264 | 12,765 | 43,626 | 93,608 | 233,071 |
| | | 販売額に対する政府支払比率 | 2.8 | 4.9 | 5.0 | 3.6 | 2.8 | 2.3 |
| | 耕種農地エーカー当たり地代負担力 | 政府支払含む | 112 | -72 | -12 | 85 | 131 | 149 |
| | | 政府支払除く | 98 | -108 | -39 | 67 | 116 | 138 |
| | | 州平均地代・非灌漑 | 121.5 | 121.5 | 121.5 | 121.5 | 121.5 | 121.5 |
| | 耕種農地エーカー当たり | 土地・建物推定価額 | 3,811 | 4,262 | 4,240 | 4,236 | 3,943 | 3,562 |
| | | 機械・装備推定価額 | 403 | 636 | 543 | 488 | 464 | 321 |
| | | 合計農場資産価額 | 4,214 | 4,898 | 4,784 | 4,725 | 4,408 | 3,883 |

資料：表6-20に同じ。
注：1）「農場経営者所得（償却費控除後）」＝「現金農場経営者所得（Net cash farm income of the operator，農場経営者に所有権がある農産物販売額＋所有権のない契約生産受託料を算入）＋政府支払額＋その他農場関連収入－農場現金生産費支出」－減価償却費，である。
2）「地代負担額」は現金地代支払額＋分益借地地主取り分－分益借地生産費地主負担，である。
3）「耕種農地代負担力」は，耕種農地1エーカー当たりについて，農場経営者所得（償却費控除後）＋地代負担総額－主たる経営者労賃評価｛換算農業従事月数×（2002年3,156ドル）（2012年4,118ドル）｝として試算したもの。なお3,156ドルと4,118ドルの根拠としては，USDC Census Bureau, *Current Population Survey, Annual Social and Economic Supplements* (http://www.census.gov/hhes/www/income/data/statemedian/)のサウスダコタ州世帯年間所得中央値2002年37,873ドル，2014年49,415ドルを12で除した1ヶ月当たり平均値を用いた。
4）州平均現金地代は，South Dakota State University Extension, *South Dakota Agricultural Land Market Trend 1991-2014,* May 2014, における非灌漑耕種農地の州平均値。

の相違が明確に出ている。これは穀物と大豆の価格低落から暴騰への局面転換に対する反応の階層性，特にトウモロコシと大豆の大幅な拡大を，したがってコーンベルト西北漸の加速を中心的に担ったのが，大面積階層だったことを確認させるものである。

経営収支とその変化を見ると（**表6-22**），まず農産物販売額が全農場合計で

2002年の12.1万ドルから2012年の31.8万ドルへ一挙に2.6倍化した。全ての階層で同様に激増したが，その度合いには260〜499エーカー層を除いて明瞭な階層性があり，2,000エーカー以上層は3.2倍になっている。同時に経営費も急増しており，農場現金生産費は全農場合計で10.4万ドルから25.4万ドルへ2.4倍化している。この倍率については階層間の相違に規則性が見られない。減価償却費も急増しており，全農場合計で1.3万ドルから2.7万ドルへ2.2倍化している。

これらの結果としての農場経営者所得であるが，政府支払を除くと，全農場合計が7千ドルから6.2万ドルへと実に8.4倍化している。この激増の度合いには階層性が明瞭で，180〜299エーカー層は2.5倍であるのに対し，1,000〜1,999エーカー層は7.7倍，2,000エーカー以上層は何と12.9倍に達した。政府支払とそれへの依存度が当然減少・低下したので，政府支払を含めた農場経営者所得の増加倍率は若干低くなっているが，それでも全農場合計で5.0倍，階層性も明瞭に残り，180〜299エーカー層が2.1倍であるのに対し，2,000エーカー以上層は7.1倍である。

なお農場経営者所得の政府支払依存率を見ると，2002年は全農場合計で48.1％，そして緩やかながら階層性があり（大規模層ほど依存率が高い），2012年には全農場合計12.6％と大幅に下がったが階層性は逆になっている。つまり価格低落期に所得差を拡大する方向に，暴騰期に縮小させる方向に作用しているわけで，名目はともあれ少なくとも結果的には低落期・不況期に分解を促進する役割を果たしていると言える。

上位階層の経済的性格の変化を検討すると，2,000エーカー以上層の農場経営者所得（政府支払含む）は2002年に3.6万ドルで，州世帯所得中央値37,873ドルと概ね同額であり（0.96倍），農業専業経営たるためには2,000エーカー以上の規模が必要だった。それが2012年の農場経営者所得25.7万ドルは州世帯所得中央値の5.2倍にも跳ね上がり，しかし土地面積規模は拡大しておらず，雇用労働力依存度も非常に低いので，この階層を平均的に性格づければ，多額の寄生的利潤を獲得する家族経営に変容している。

1,000〜1,999エーカー層は，2002年の農場経営者所得が2.2万ドルで州世帯所得中央値の0.59倍に過ぎず，兼業経営でしか存立しえなかった。それが2012年には10.7万ドル，州世帯所得中央値の2.2倍になり，農外所得が不要になったばかりか（現実には農外就業をなくしてはいないが），萌芽的ながら利潤範疇を成立さ

せる家族経営に変容した。

　500〜999エーカー層は，2002年の農場経営者所得が1.3万ドルで州世帯所得中央値の0.35倍でしかなかったのが，2014年には5.2万ドルで州世帯所得中央値をクリアするに至った（1.06倍）。つまり日本的に表現すれば第2種兼業経営だったものが，農業専業下限層へ変容したことになる。

　最後に地代と地価の状況を検討しておく。地代負担力（試算値）は2002年には政府支払を含めても2,000エーカー以上層でも州平均の非灌漑耕種農地地代に全く届かなかった（2,000エーカー以上層という区分が大きすぎるのであるが）。それが2012年になると一転して，1,000〜1,999エーカー層でも政府支払を含めれば十分に，またそれなしでもほぼ州平均地代をクリアできるように状況が大きく変わった。すなわち中規模面積経営でも十分に借地拡大の経済力を得たのであり，借地市場の競争が激化する可能性を生み出している。

　またセンサス統計では地価ないし土地だけの資産評価額が得られないので，面積当たり土地・建物推定価額で代用すると，全農場合計で2002年の966ドルから2014年の3,811ドルへ3.95倍化している。階層間で絶対額を見ると大面積階層で若干低くなる傾向があるが（永年牧草地・放牧地の比重の高さを反映），増価倍率は180〜259エーカー層2.52倍から1,000〜1,999エーカー層4.19倍と上がり，2,000エーカー以上層も4.05倍である。地価暴騰はあらゆる階層を捉えている。

　なお面積当たり機械・装備推定評価額も全農場合計で2.45倍と，土地・建物ほどではないが，現金農場生産費の度合いをわずかながら上回って増嵩した。後段農場実態調査で検討するが，より大型・「高性能」「高機能」の高額機械・装備への投資を反映しているものと考えられる。そして両者を合わせた農場資産額は，2,000エーカー以上層で平均しても800万ドルを超えた。

　③ノースダコタ州穀作農場の構造的・経営的変化と到達点
　ノースダコタ州では農業経営の穀物等への専門化が進んでいて，肉牛フィードロット経営もごく少数なので，全農場対象のセンサス統計は穀作（＋肉牛繁殖）農場の実情をより強く反映する。

　**表6-23**から，農場土地面積の2002年と2012年を比べると，全農場合計および1,999エーカー以下の各層ではほとんど同じであり，農場数は180〜259エーカー

表 6-23　農場土地面積規模別の一農場当たり平均構造指標
（ノースダコタ州，2002 年・2012 年）

(単位：人，月，エーカー，ドル)

| | | | 全農場合計 | 農場土地面積規模別階層 | | | | |
| --- | --- | --- | --- | --- | --- | --- | --- | --- |
| | | | | 180～259エーカー | 260～499 | 500～999 | 1,000～1,999 | 2,000エーカー以上 |
| 2002年 | | 農場数 | 30,619 | 1,684 | 4,294 | 4,919 | 5,994 | 6,484 |
| | | 経営者数 | 1.36 | 1.25 | 1.29 | 1.32 | 1.39 | 1.53 |
| | | 主たる経営者の換算農業従事月数 | 8.8 | 7.6 | 7.8 | 8.7 | 9.9 | 11.0 |
| | | 主たる経営者の農業専従人数換算 | 0.73 | 0.63 | 0.65 | 0.73 | 0.82 | 0.92 |
| | | 同上×経営者数 | 1.00 | 0.79 | 0.84 | 0.96 | 1.14 | 1.40 |
| | 土地保有 | 農場土地面積 | 1,283 | 218 | 370 | 730 | 1,434 | 3,776 |
| | | 自作地 | 649 | 173 | 286 | 481 | 749 | 1,684 |
| | | 借入地 | 635 | 46 | 84 | 249 | 686 | 2,092 |
| | | 耕種農地 | 866 | 149 | 260 | 519 | 1,059 | 2,428 |
| | | 永年牧草地・放牧地 | 359 | 49 | 80 | 161 | 295 | 1,217 |
| | | 雇用労働費 | 4,605 | 166 | 586 | 1,219 | 3,569 | 16,039 |
| | | 土地・建物推定価額 | 516,789 | 148,395 | 168,755 | 312,210 | 571,077 | 1,448,262 |
| | | 機械・装備推定価額 | 120,685 | 25,914 | 43,853 | 83,274 | 137,810 | 321,415 |
| | | 合計農場資産価額 | 637,474 | 174,309 | 212,608 | 395,485 | 708,887 | 1,769,677 |
| 2012年 | | 農場数 | 30,961 | 1,820 | 4,086 | 4,237 | 4,424 | 6,437 |
| | | 経営者数 | 1.45 | 1.40 | 1.42 | 1.42 | 1.43 | 1.60 |
| | | 主たる経営者の換算農業従事月数 | 8.0 | 6.9 | 7.3 | 7.9 | 9.3 | 10.4 |
| | | 主たる経営者の農業専従人数換算 | 0.66 | 0.58 | 0.61 | 0.66 | 0.78 | 0.87 |
| | | 同上×経営者数 | 0.97 | 0.81 | 0.86 | 0.93 | 1.11 | 1.39 |
| | 土地保有 | 農場土地面積 | 1,268 | 217 | 368 | 712 | 1,432 | 4,222 |
| | | 自作地 | 640 | 174 | 280 | 465 | 739 | 1,926 |
| | | 借入地 | 628 | 42 | 88 | 247 | 693 | 2,296 |
| | | 耕種農地 | 877 | 142 | 239 | 465 | 1,017 | 2,933 |
| | | 永年牧草地・放牧地 | 331 | 47 | 88 | 186 | 333 | 1,145 |
| | | 雇用労働費 | 9,059 | 960 | 1,199 | 2,929 | 6,186 | 33,299 |
| | | 土地・建物推定価額 | 1,808,801 | 298,503 | 483,682 | 957,031 | 2,091,327 | 5,977,190 |
| | | 機械・装備推定価額 | 300,285 | 57,683 | 86,265 | 167,867 | 371,432 | 930,626 |
| | | 合計農場資産価額 | 2,109,086 | 356,186 | 569,947 | 1,124,898 | 2,462,759 | 6,907,816 |

資料：USDA NASS, *2002 and 2012 Census of Agriculture*, Vol. 1 Part 34 North Dakota, Table 55 (2002) and Table 64 (2012).
注は表 6-20 に同じ。

層で増加（さらに**表6-4**からうかがえるように179エーカー以下の各階層で大きく増えている），260～1,999エーカーの3階層では減少している。2,000エーカー以上層だけが3,776エーカーから4,222エーカーへ12％増えている。同階層農場数はほとんど変わらないから，個々の農場での規模拡大がそれだけ進んだと一応考えられる。このうち耕種農地面積は2,428エーカーから2,933エーカーへ21％増えているので，拡大は耕種農地が主体だったことになる。

こうして2,000エーカー以上の大面積農場だけが増えて，かつ規模拡大するいっぽう，小零細規模農場の数が相当増えているために，全農場平均では規模が全く変わらないという外見を呈しているのである。

自作地率は全農場合計で51％とサウスダコタ州より低く，また大面積階層になるほど低下する傾向は2,000エーカー以上層まで続いて45％と半分を切っている。

2,000エーカー以上層で2002年と2012年を比べると自作地，借入地ともに増えているが，わずかに自作地増加面積が多い。サウスダコタ州ではわずかに数が増えた2,000エーカー以上層の農場土地面積はほとんど変わらない中で，自作地が減って借入地が増えていたのと比べると，ノースダコタ州では農地購入による規模拡大の勢いがより強い。

労働力面では，経営者数の農業専従者換算が2002年に全農場合計で1.00人，階層別には大面積になるほど増えて2,000エーカー以上層で1.40人だったのが，2012年は全農場合計で0.97人，階層性は同様で2,000エーカー層で1.39人となっており，表出諸階層ではほとんど弱体化していない。雇用労働費のフルタイム労働者換算は2002年の全農場合計が0.17人から2012年の0.22人へ若干増え，180〜1.999エーカーの各階層でもわずかずつ増えているが，2,000エーカー以上層において0.58人から0.81人へと雇用労働力への依存度上昇幅が大きい。

農場固定資産評価額の膨張ぶりはやはり激しい。2002年から2012年への土地・建物推定評価額の膨張倍率は全農場合計で3.5倍，やはり階層性があって180〜259エーカー層の2.0倍に対して2,000エーカー以上層では4.1倍にも及んでいる。機械・装備推定価額は2.5倍，180〜259エーカー層の2.2倍に対して2,000エーカー以上層では2.9倍になっている。

収穫面積合計はやはり全農場合計，および1,000エーカー以上の2階層で増えており（**表6-24**），それ未満ではわずかに減るかほとんど変わらない。作物別に見

表6-24　農場土地面積規模別の一農場当たり耕種農地収穫面積
　　　　（ノースダコタ州，2002年・2012年）

(単位：エーカー)

| | | 全農場合計 | 農場土地面積規模別階層 | | | | |
| --- | --- | --- | --- | --- | --- | --- | --- |
| | | | 180〜259エーカー | 260〜499 | 500〜999 | 1,000〜1,999 | 2,000エーカー以上 |
| 2002年 | 合計 | 650 | 51 | 112 | 315 | 805 | 1,979 |
| | 小麦 | 258 | 14 | 39 | 114 | 317 | 805 |
| | トウモロコシ | 32 | 2 | 4 | 14 | 38 | 104 |
| | 大豆 | 86 | 5 | 13 | 40 | 112 | 259 |
| | 大麦 | 43 | 2 | 5 | 20 | 56 | 130 |
| | ヒマワリ | 37 | 2 | 4 | 14 | 44 | 120 |
| | 牧草（採草） | 92 | 20 | 33 | 68 | 119 | 239 |
| 2012年 | 合計 | 758 | 50 | 102 | 317 | 898 | 2,716 |
| | 小麦 | 251 | 10 | 24 | 87 | 284 | 932 |
| | トウモロコシ | 112 | 6 | 11 | 41 | 118 | 420 |
| | 大豆 | 153 | 7 | 21 | 71 | 207 | 527 |
| | 大麦 | 33 | 2 | 3 | 11 | 40 | 123 |
| | ヒマワリ | 27 | 1 | 2 | 6 | 25 | 109 |
| | 牧草（採草） | 70 | 19 | 28 | 60 | 95 | 198 |

資料：表6-23に同じ。

ると、180～1,999エーカーの4階層はいずれも小麦、大麦、ヒマワリを減らしてトウモロコシと大豆を増やしている。2,000エーカー以上層だけは、トウモロコシと大豆を増やしつつ、小麦も増やしている（その結果、前述のように大面積農場による小麦生産の集中がいっそう進んだ）。しかし作物別シェアは、全ての階層で小麦、大麦、ヒマワリ、牧草が下がり、トウモロコシと大豆が上がっており、コーンベルト西北漸の内容をなす後二者への作物シフトは階層横断的に進んできている中で、前述のようにそれらの大面積農場への集中も進んでいるのである。

経営収支とその変化を見ると（表6-25）、農産物販売額が全農場合計で2002年の10.6万ドルから2012年の35.4万ドルへ3.4倍化しており、サウスダコタ州よりさらに激増している。その度合いは180～259エーカー以外ではすべてサウスダコタ州よりも大きく、また明瞭な階層性があって、2,000エーカー以上層では4.0倍になっている。穀物類への特化度が高いことを反映している。農場現金生産費も全農場合計で8.8万ドルから23.5万ドルへ2.7倍化（緩やかな階層性があり大面積層ほど倍率が高い）、減価償却費も全農場合計で1.2万ドルから3.1万ドルへ2.6倍化と、サウスダコタ州以上に増嵩している。

これらの農場経営者所得は政府支払を除くと、全農場合計が9.7千ドルから10.0万ドルへ10.3倍にもなっている。倍率は200～499エーカー層が6.3倍、500～999エーカー層が10.9倍、1,000～1,999エーカー層が15.7倍、2,000エーカー以上層が12.5倍だった。農場経営者所得の政府支払依存率は、2002年は全農場合計で49.6％とサウスダコタ州よりやや高いが、階層的には大面積層ほど低かった。2012年には全農場合計11.0％と大幅に下がったが、階層性は同様である。サウスダコタ州と異なり、価格低落期、暴騰期ともに所得差を縮小する方向に作用している。

上位階層の経済的性格の変化を検討すると、2,000エーカー以上層の農場経営者所得（政府支払含む）は2002年に5.3万ドルで、州世帯所得中央値36,200ドルの1.5倍、1,000～1,999エーカーが0.5倍なので、農業専業経営たるためには2,000エーカー以上の規模が必要だった。それが2012年の2,000エーカー以上層農場経営者所得40.2万ドルは州世帯所得中央値の7.2倍にまで跳ね上がったが、雇用労働費のフルタイム労働者換算は0.81人分にとどまっているので、平均的に性格づければ

**表 6-25　農場土地面積規模別の一農場当たり経営収支**
　　　　　（ノースダコタ州，2002年・2012年）　　　　　　　　　　　　　　（単位：ドル，%）

|  |  |  | 全農場合計 | 農場土地面積規模別階層 ||||
|---|---|---|---|---|---|---|---|---|
|  |  |  |  | 180～259エーカー | 260～499 | 500～999 | 1,000～1,999 | 2,000エーカー以上 |
| 2002年 | 経営収支 | 農産物販売額合計 | 105,600 | 11,549 | 19,070 | 47,721 | 121,712 | 319,531 |
|  |  | 農場現金生産費合計 | 88,379 | 11,123 | 19,094 | 46,115 | 97,923 | 262,723 |
|  |  | 地代負担総額 | 15,396 | 639 | 1,891 | 6,594 | 17,751 | 49,412 |
|  |  | 減価償却費 | 11,783 | 802 | 1,837 | 6,935 | 13,540 | 35,262 |
|  |  | 農場経営者所得（償却費控除後） | 19,307 |  | 6,806 | 10,702 | 18,262 | 52,509 |
|  |  | うち政府支払 | 9,571 | 3,435 | 5,111 | 7,229 | 11,333 | 23,023 |
|  |  | 政府支払依存率 | 49.6 |  | 75.1 | 67.5 | 62.1 | 43.8 |
|  |  | 農場経営者所得（政府支払除く） | 9,735 |  | 1,695 | 3,473 | 6,929 | 29,487 |
|  |  | 販売額に対する政府支払比率 | 9.1 | 29.7 | 26.8 | 15.1 | 9.3 | 7.2 |
|  | 耕種農地エーカー当たり地代負担力 | 政府支払含む | 9 | -57 | -17 | 6 | 28 |
|  |  | 政府支払除く | -2 |  | -77 | -31 | -5 | 19 |
|  |  | 州平均地代・非灌漑 | 36.5 | 36.5 | 36.5 | 36.5 | 36.5 | 36.5 |
|  | 耕種農地エーカー当たり | 土地・建物推定価額 | 597 | 999 | 650 | 602 | 539 | 596 |
|  |  | 機械・装備推定価額 | 186 | 509 | 391 | 265 | 171 | 162 |
|  |  | 合計農場資産価額 | 2,468 | 12,199 | 5,395 | 3,468 | 2,237 | 2,198 |
| 2012年 | 経営収支 | 農産物販売額合計 | 353,693 | 25,121 | 53,640 | 144,596 | 385,609 | 1,269,587 |
|  |  | 農場現金生産費合計 | 235,656 | 25,777 | 44,563 | 104,157 | 252,957 | 817,719 |
|  |  | 地代負担総額 | 34,054 | 2,089 | 4,205 | 13,401 | 36,491 | 125,575 |
|  |  | 減価償却費 | 30,519 | 3,472 | 5,603 | 14,404 | 37,447 | 102,192 |
|  |  | 農場経営者所得（償却費控除後） | 112,195 | 12,344 | 17,554 | 47,945 | 125,149 | 401,551 |
|  |  | うち政府支払 | 12,329 | 4,930 | 6,821 | 10,160 | 16,078 | 32,076 |
|  |  | 政府支払依存率 | 11.0 | 39.9 | 38.9 | 21.2 | 12.8 | 8.0 |
|  |  | 農場経営者所得（政府支払除く） | 99,866 | 7,414 | 10,734 | 37,785 | 109,071 | 369,475 |
|  |  | 販売額に対する政府支払比率 | 3.5 | 19.6 | 12.7 | 7.0 | 4.2 | 2.5 |
|  | 耕種農地エーカー当たり地代負担力 | 政府支払含む | 125 | -125 | -51 | 53 | 116 | 163 |
|  |  | 政府支払除く | 110 | -160 | -79 | 31 | 101 | 152 |
|  |  | 州平均地代・非灌漑 | 58.0 | 58.0 | 58.0 | 58.0 | 58.0 | 58.0 |
|  | 耕種農地エーカー当たり | 土地・建物推定価額 | 2,063 | 2,109 | 2,021 | 2,057 | 2,056 | 2,038 |
|  |  | 機械・装備推定価額 | 396 | 1,163 | 849 | 529 | 414 | 343 |
|  |  | 合計農場資産価額 | 8,407 | 35,624 | 23,572 | 13,003 | 8,675 | 7,414 |

資料：表 6-23 に同じ。
注：1）～2）は表 6-22 に同じ。
　　3）「耕種農地地代負担力」は，耕種農地1エーカー当たりについて，農場経営者所得（償却費控除後）＋地代負担総額－主たる経営者労賃評価｛換算農業従事月数×（2002年 3,017ドル）（2012年 4,647ドル）｝として試算したもの。なお 3,156 ドルと 4,118 ドルの根拠としては，USDC Census Bureau，の根拠としては，USDC Census Bureau, *Current Population Survey, Annual Social and Economic Supplements* (http://www.census.gov/hhes/www/income/data/statemedian/) のサウスダコタ州世帯年間所得中央値 2002年 36,200ドル，2014年 55,766ドルを 12 で除した 1 ヶ月当たり平均値を用いた。
　　4）州平均現金地代は，USDA NASS, *Quick Stats Database*.
　　5）空欄は秘匿のためデータが得られない。

　やはり多額の寄生的利潤を獲得する家族経営に変容した。

　1,000～1,999エーカー層は，2012年の農場経営者所得12.5万ドルが州世帯所得中央値の2.2倍になり，やはり農外所得が不要になったばかりか萌芽的ながら利潤範疇を成立させる家族経営に変容した。500～999エーカー層は，2012年の農場経営者所得が4.8万ドルまで飛躍したものの，州世帯所得中央値の0.86倍なので，農業専業下限層にまでは若干届いていない。

地代負担力（試算値）は2002年には政府支払を含めても2,000エーカー以上層でさえ州平均の非灌漑耕種農地地代に全く届かなかった（1,999エーカー以下階層はマイナスかほとんどゼロ）。それが2012年になると一転して，1,000～1,999エーカー以上階層では実勢地代の2倍以上になり，500～999エーカー層でも政府支払を含めれば実勢地代に近いところまできた。ここでも中規模面積経営が十分に借地拡大の経済力を得たのである。

面積当たり土地・建物推定価額は，全農場合計で2002年の597ドルから2012年の2,063ドルへ3.46倍に増えている。階層別の絶対額はほぼ同じである。面積当たり機械・装備推定評価額も全農場合計で2.13倍とサウスダコタ州より若干倍率が低いが，やはり増崇している。両者を合わせると，2,000エーカー以上層では平均しても農場資産額が700万ドル近くへ劇的に膨張した。

## 第4節　両ダコタ州穀作農場の具体的存在形態と構造変化の到達点
　　　―実態調査を中心に―

### （1）調査農場の構成と階層的性格

①調査農場の選定と所在地

実態調査の対象農場は，両州ともコーンエタノール企業との関連を意識して選定した。

サウスダコタ州については，第2章で言及した全米最大級にして「エタノール専業巨大ネットワーク」型企業のPOET社の本社があり，トウモロコシ生産がもっとも集約的に行なわれ，かつコーンエタノール工場ももっとも濃密に立地している州東端南部スーフォールズ（Sioux Falls）市周辺から3つの農場（SD4，SD5，SD6の各農場。番号は農産物販売額の大きい順である）を，任意に選定した。また州中部東端に本部をおく，やはり第2章で具体的に分析した「地元所有・エタノール専業」型Glacial Lakes Energy, LLCとのつながりを持つ，すなわち同LLCを100％所有し事実上同一事業体である新世代農協Glacial Lakes Corn Processorsに出資しているか，または同社工場周辺に立地している，5つの農場（SD1，SD2，SD3，SD7，SD8の各農場）を，任意に選定した。

以上8農場の所在郡はSD1農場，SD2農場，SD7農場が位置するSD（1）郡（州の東端中部），SD3農場が位置するSD（2）郡（東部北端），SD4農場が位置する

SD（3）郡（東端南部），SD5農場とSD6農場が位置するSD（4）郡（東端南部），およびSD8農場が位置するSD（5）郡（東端中部）である。

　ノースダコタ州では，州西南部に立地する「地元所有・エタノール専業」型であり，同様に具体的に分析したRed Trail Energy, LLCに出資する2農場（ND2, ND3）と，出資はしていないが同社にトウモロコシを全量販売している1農場（ND5），および地元所有型ではないが州中央部に立地するユニークなコーンエタノール企業Blue Flint社にトウモロコシを全量販売しているND1農場とND4農場を，それぞれ任意に選定した。以上5農場の所在郡は，ND1農場とND4農場が州中央部ND（1）郡，ND2農場とND3農場が州南西部のND（2）郡，ND5農場がその南隣のND（3）郡である。

　なおBlue Flintについてだが，ノースダコタその他いくつかの州にある28の農村電力協同組合（Rural Electric Cooperatives。アメリカでは発送電が完全な民間営利企業に委ねられているので，人口密度の低い農村部に電力を引くためには，農業者・農村住民が協同組合形式で電力協同組合を創設する必要があり，それが今日でも全米各地で存続している）をメンバーとする発電のための協同組合連合会Great River Energyが経営する，ノースダコタ州中部の炭田に隣接する石炭火力発電所の真横に建設された，同発電所の発電後排出蒸気を直接パイプラインで引き込んで製造工程用熱源に利用するという点で，ユニークさを有している。なおBule Flintの所有構造は，Great River Energyが49％，アメリカ最大級の石炭燃焼灰（fly ash。コンクリート製造用のセメント代用品となる）販売会社であるHeadwaters Resources, Inc.が51％である。Great Riverが過半数所有になると，その「子会社」としてのBlue Flintが「石炭燃焼型コーンエタノール工場」と見なされてEPAの新たな環境試験を受ける義務が生じる可能性を回避するためだとされる。

②サウスダコタ州調査農場の概要と階層的性格

　サウスダコタ州調査8農場の概要は表6-26〜表6-28に示したとおりである。これら経営の階層的性格を検討しておこう。

　第一に，SD1農場は農産物販売額1,300万ドル，経営農地面積2万エーカーという巨大規模である。そこでトウモロコシを9,000エーカー，大豆を8,000エーカー

栽培するわけだから，前述の同州センサス統計でみた，最上位40経営程度に入っている穀作メガファームである。経営組織形態は，父，本人，弟が主宰する3つの個別家族農場と，それらの関係者5名が入り交じって所有者になっている家族所有型法人農場2つの，合計5農場からなっている。これは世代間，兄弟間で所有関係を明確化すると同時に，政府支払受給限度を回避する目的もあると見なくてはならない（表注に記したFarm Subsidy Databaseで可能な限り名寄せをしたところ，政府支払受給者数はその他の親族を含めた合計7つの個人・法人にまたがっていた）[2]。

経営，所有および労働力編成を見ると，父と本人夫妻と弟の4人を経営者，基本的所有者，かつ家族従事者としつつも，常雇4人を有し雇用労働費総額27.5万ドル（全米農場フルタイム労働者使用者負担額6.8人相当）を投じているから，資本－賃労働関係が確立している。これらからSD1農場はオーナー一族支配型の「資本主義穀作メガファーム」と言える。なお作業の受委託はない。

政府支払については，穀物価格低落期の2000年には約80万ドルを受け取っており，それは農産物販売額に対する比率は小さいとしても経営者所得に対する意味は大きかったはずである。しかし価格高騰期（2007〜10年平均）には2万ドルで，販売額比1.5%と極めて小さくなっている。

第二に，SD2，SD3の2農場は農産物販売額が300万ドル前後であり，センサス区分の「250〜500万ドル」層に該当する。所有と経営管理は父子（SD2農場）ないし兄弟（SD3農場）の共同であり，それぞれの妻も農業経営にフルタイム従事するSD2農場は常雇なしで，それがないSD3農場は常雇2人（ただしうち1人は弟の息子）を入れて，フルタイム労働力4人を確保している。SD2農場は作業受委託はなく，SD3農場は施肥（農協へ）と農薬散布（スプレヤーを所有せず，個人業者へ），および収穫の一部（コンバイン1台は自己所有・稼働し，もう1台分を委託）を委託している。

それによって経営する農地はSD2農場が3,700エーカー，SD3農場が9,700エーカーであるが，うち耕種農地は前者が3,000エーカー，後者が5,000エーカーである。そこでトウモロコシ，大豆を各1,500エーカー前後栽培し，肉牛繁殖との複合経営としている。加えて耕種農地が相対的に小さいSD2農場は肉牛肥育（フィードロット）を，それが大きいSD3農場は春小麦を加えて，上の販売額300万ドル前

表6-26 サウスダコタ州調査農場の概要（1）組織形態と農地保有

| 農場番号 | | SD1 | SD2 | SD3 | SD4 |
|---|---|---|---|---|---|
| | | SD(1) | SD(1) | SD(2) | SD(3) |
| 経営主年齢 | | 57 | 70 | 兄52, 弟50 | 54 |
| 組織形態 | | [本人夫妻][父][弟]の3つの個別家族農場（それぞれが自作地と借地あり）と、2つの家族型法人経営（借地のみ）の5農場からなる。 | 個別家族農場とLLC。息子が結婚した頃（1996年）にLLC化した。 | 兄弟のパートナーシップ | 本人と弟のパートナーシップ |
| 農地保有 | 経営農地合計 | 20,000 | 3,700 | 9,700 | 2,740 |
| | 耕種農地 | 19,000 | 3,000 | 5,000 | 2,740 |
| | 自作地 | 4,000 | 1,480 | 2,300 | 822 |
| | 借入地 | 15,000 | 1,520 | 2,700 | 1,918 |
| | 草地 | 1,000 | 700 | 4,700 | 0 |
| | 自作地 | 1,000 | 200 | 2,300 | 0 |
| | 借入地 | 0 | 500 | 2,400 | 0 |

資料：2011年10〜11月農場実態調査より。

表6-27 サウスダコタ州調査農場の概要（2）家族従事者と労働力

| 農場番号 | | | SD1 | SD2 | SD3 | SD4 |
|---|---|---|---|---|---|---|
| 家族従事者と労働力 | 家族農業従事者 | | 4人＝夫（57歳）＋妻＋父（77）＋夫の弟（41） | 4人＝本人＋本人妻＋息子＋息子妻 | 2人＝兄＋弟 | 2人＝本人＋弟、(1人)＝本人息子は今年就農で播種期と収穫期はフルタイム |
| | 雇用労働力 | 常用 人数 | 4人 | 現在はないが、本人が高齢化しているのでゆくゆくは必要。競争的な賃金を払えば必要な人材は確保できる。 | 2人。うち1人は甥（38歳、ITに強い） | 1人＝弟の息子 |
| | | 臨時 人数 | 春：6人×6週、秋：6人×12週 | 春：2人×38日、収穫期2人×30日 | | |
| | | 述べ人・日 | 743 | 136 | 63 | |
| | 雇用労働費総額 | | 275,220 | 9,792 | 94,000 | 36,000 |

資料：2011年10〜11月農場実態調査より。

表6-28 サウスダコタ州調査農場の概要（3）生産と販売（2011年産）および政府支払

| 農場番号 | | | SD1 | SD2 | SD3 | SD4 |
|---|---|---|---|---|---|---|
| 耕種生産販売 | 作付面積 | トウモロコシ（穀物用） | 9,000 | 1,700 | 1,300 | 1,500 |
| | | 大豆 | 8,000 | 1,300 | 1,600 | 550 |
| | | 春小麦 | | | 1,600 | |
| | | 冬小麦 | 1,200 | 220 | | |
| | | トウモロコシ（WCS用） | | | | |
| | | アルファルファ | | 100 | | |
| 畜産 | 繁殖母牛頭数 | | 350 | 200 | 300 | |
| | 肉牛肥育飼養頭数 | | 500 | 750 | | |
| 耕種販売収入合計 | | | 12,939,750 | 2,359,825 | 2,782,000 | 1,726,325 |
| 畜産販売収入合計 | | | 45,000 | 890,625 | 178,500 | 0 |
| 耕種・畜産販売収入合計 | | | 12,984,750 | 3,250,450 | 2,960,500 | 1,726,325 |
| 2007〜10年平均政府支払 | | | 194,172 | 51,459 | 113,050 | 56,559 |
| 2011年販売額に対する同上の比率 | | | 1.5 | 1.6 | 3.8 | 3.3 |

資料：2011年10〜11月農場実態調査より（農業生産販売は2011年分）。連邦政府支払受給額については、Environmental Working Group, *Farm Subsidy Database*（http://farm.ewg.org/）から、出来る限りの「名寄せ」をして集計したもの。

第6章 コーンベルト西北漸下の両ダコタ州穀作農業構造変化とエタノール企業 349

(単位：エーカー)

| SD5 | SD6 | SD7 | SD8 |
|---|---|---|---|
| SD(4) | SD(4) | SD(1) | SD(5) |
| 41 | 44 | 56 | 兄60，弟56 |
| 個別家族農場 | 個別家族農場 | 個別家族農場 | 本人と弟のパートナーシップ（農地所有）から，2人所有の家族型法人が借地。 |
| 4,000 | 2,120 | 1,200 | 1,900 |
| 2,000 | 1,500 | 900 | 900 |
| 300 | 360 | 360 | 700 |
| 1,700 | 1,240 | 540 | 200 |
| 2,000 | 620 | 300 | 1,000 |
| 1,900 | 50 | 300 | 600 |
| 100 | 570 |  | 400 |

(単位：ドル)

| SD5 | SD6 | SD7 | SD8 |
|---|---|---|---|
| 2人＝本人＋父（73歳） | 1人＝本人 | 1人＝本人 | 2人＝本人＋弟 |
| 2人 | なし |  |  |
| 2人。春，夏，収穫期（一番多い） | 2人。春50時間，秋50時間ずつ。 | 春：2名×2週間，秋2名×2週間 |  |
| 120 | 25 | 56 |  |
| 89,540 | 2,000 |  | 0 |

(単位：エーカー，ドル，%)

| SD5 | SD6 | SD7 | SD8 |
|---|---|---|---|
| 1,000 | 700 | 450 | 125 |
| 1,000 | 650 | 450 | 150 |
|  |  |  | 120 |
|  |  |  | 100 |
|  | 自給飼料用 |  | 405 |
| 200 | 125 | 50 | 300 |
| 1,270,000 | 908,700 | 673,875 | 235,800 |
| 113,667 | 82,500 | 40,000 | 192,000 |
| 1,383,667 | 991,200 | 713,875 | 427,800 |
| 37,661 | 18,406 | 4,829 | 12,074 |
| 2.7 | 1.9 | 0.7 | 2.8 |

後を達成している。つまり夫婦，ワンマン同士の父子２世代ないし兄弟のツーマン家族経営の上限を超えたこの規模の経営を達成・維持するためにはプラス２人のフルタイム従事者を必要とし，それが家族・親族から調達できる場合は労働力的に大規模家族経営に，できない場合は雇用依存度の高い大規模家族経営になる。前掲**表6-6**で農産物販売額100万ドル以上層の耕種農地面積が3,400エーカー，農産物販売額258万ドルであり，SD2農場，SD3農場のそれ（2011年であるが）とおおむね近いことから，これら農場の経営者所得は60万ドル前後に及んでいると考えられるので，完全に利潤範疇が成立している。しかしその労働力編成を見ると，多額の寄生的利潤獲得大規模家族経営と性格づけるのが適当だろう。

価格低落期の2000年には13万ドル，23万ドルの政府支払を受けていたものが，価格暴騰期（2007～10年平均）には５万ドルと11万ドルに減少している。しかしそれは無視できるほど小さいわけではないし，価格暴騰期に，かつこれほど巨額の所得と寄生的利潤を獲得している経営になぜ政府支払をするのかという根本問題がある。主な内訳を見ると，SD2農場では直接支払が17,937ドル，ACRE（平均作物収入選択支払2009～2010年の２ヵ年平均）が22,545ドル，保全留保（CRP）支払が6,811ドル，SD3農場では直接支払が25,442ドル，ACREが55,563ドル，保全留保支払が24,150ドルとなっており，2008年農業法が価格暴騰期に入っていたにもかかわらず固定支払を継続したこと，価格下落相殺支払を継続しつつその代替選択肢としてACRE（暴騰状況であっても直近２ヵ年平均価格を保証基準に据える）を用意したことに主因があるとわかる。

第三に，SD4農場（販売額173万ドル），SD5農場（138万ドル）は，センサス区分「100～250万ドル層」に相当する。組織形態は実質的に兄弟あるいは父子の共同的家族経営である。この規模でも必要なフルタイム労働力は基本的に４人である。SD4農場はそれを兄弟およびそれぞれの息子（兄の息子は新規就農で初年である2011年は播種期と収穫期のみフルタイム，弟の息子は常雇として賃金を支払う）でまかなっているのに対し，SD5農場は父子と家族外常雇２人によって確保している。両経営ともコンバイン，スプレヤーを自己所有・稼働しており，作業委託はしていない。

経営農地面積は2,740と4,000エーカー（うち耕種農地2,740と2,000エーカー）であり，穀物専門か，肉牛繁殖複合経営かによって農地面積が異なっている。穀物

類作付はどちらもトウモロコシと大豆に特化しているが，SD4農場はトウモロコシが大豆の3倍近くになっているのに対し，SD5農場は半々である。

ここでもフルタイム4人の労働力を家族・親族でまかなえるかどうかによって雇用労働への依存度が決まっている。農産物販売額が前掲**表6-6**の100万ドル以上層平均の50～60％台なので農場経営者所得がおおむね30～40万ドル程度はあったと推測されるので，多大の寄生的利潤を獲得していると考えられるが，所有，経営管理，労働力関係から見れば大規模家族経営と性格づけるべきだろう。政府支払は価格低落期の2000年にSD4農場は22万ドルだったが（SD5農場はわずか8千ドルであり，固定支払や市場損失支払の基準面積が小さかった可能性がある），価格高騰期（2007～10年平均）には6万ドルに減った。

第四に，SD6農場（農産物販売額99万ドル），SD7農場（同71万ドル）が，センサス区分「50～100万ドル層」に相当する。経営組織は個人所有農場で，労働力編成ではどちらも家族のうち農場に従事するのが本人のみの，ワンマンファーム（妻は農外職業従事）である。

経営農地面積は2,100エーカーと1,200エーカー，うち耕種農地1,500エーカーと900エーカーであり，いずれも肉牛繁殖複合経営である。両経営ともコンバイン，スプレヤーを自己所有していて自己作業を基本にしているが，SD6はドライ（粉粒状）施肥を穀物農協に，SD7は一部の施肥と農薬散布を委託することがある。

耕種農地作付について，SD6農場は若干ながら自給飼料用アルファルファを入れて残りはトウモロコシと大豆をほぼ半々，SD7農場はトウモロコシと大豆だけ（半々）である。価格低迷期の2000年，2005年には2～7万ドル前後の政府支払を受けていたが，価格高騰期（2007～10年平均）には5千～1.8万ドルに落ちている。

**表6-6**によれば50万～10万ドル層の2012年農場経営者所得は18万ドル，州世帯所得中央値の3.7倍に達していたが，資本-賃労働関係の成立がほとんど見られない。しかし家族という複数労働力編成を取っていない（要しない）ので，家族経営というより「大規模ワンマンファーム」と性格づけるのが適当であろう。

第五に，SD8（農産物販売額43万ドル）がセンサス区分「25～50万ドル」に相当する。所有，経営管理，労働力ともに兄弟2人の共同経営である。それぞれの妻は農場経営にタッチしていないが，「ワンマン」が2人いるわけだからSD4

農場やSD5農場なみへの規模拡大があっても不思議ではない。しかし兄の息子は農外就業で農場を継ぐ意志がない，弟は娘しかいないということで，過去10年間に農地集積をしておらず，トラクター，コンバイン，スプレヤーを中古品で間に合わす，新式の播種機も購入せずに隣家に作業委託するなどして，規模拡大よりもコスト抑制でなんとか農業専業たりうる所得確保を図ってきたというのが経緯である。現在60歳と56歳である自分達のリタイヤ時には，農場を売却するつもりでいる。換言すれば，こうした農場の存在と推移（リタイア時の農場売却）が，上に見てきた大規模農場群の成長に対する農地供給層のあり方を示していると言えよう。

経営農地面積1,900エーカー，うち耕種農地900エーカーには穀実用等トウモロコシと大豆以外に，春小麦，ホールクロップサイレージ用トウモロコシを作付けており，土地利用方式は相対的に多彩であり，トウモロコシと大豆に特化してきた同州穀作農場の最近の傾向以前の姿をとどめているものと考えられる。

政府支払は2005年には3.2万とドルとなっており重要な所得源であったと考えられるが，2007～10年平均では1.2万ドルになっている。

以上から，SD8農場は中規模・農業専業下限的家族経営と性格づけることができる。

③ノースダコタ州調査農場の概要と階層的性格

ノースダコタ州調査5農場の概要は表6-29と表6-30に示したとおりである。これら経営の階層的性格を検討しておこう。

第一に，ND1農場は農産物販売額350万ドル，経営農地面積（全て耕種農地）9,000エーカー，ND2農場は農産物販売額330万ドル，経営農地面積1万1,000エーカー（うち耕種農地7,000エーカー）という特大農場である。組織形態はいずれも個別家族所有で，家族の農業従事状況はND1農場が経営主夫婦2人がフルタイム＋父母2人がパートタイム，ND2農場が兄弟とそれぞれの息子合計4人がフルタイム従事である。前者は家族従事者を補うために常雇1人と年間9ヶ月に及ぶ臨時雇（南アフリカから毎年呼び寄せる）2人を入れており，この規模の穀作農場を運営するためにおおむねフルタイム4人の労働力を要することが示唆される。これだけの労働力を家族だけで確保することは一般的には容易ではないから，夫婦，

第6章　コーンベルト西北漸下の両ダコタ州穀作農業構造変化とエタノール企業　353

表6-29　ノースダコタ州調査農場の概要（1）組織形態，農地保有および家族従事者と労働力
(単位：エーカー，ドル)

| 農場番号 | | | ND1 | ND2 | ND3 | ND4 | ND5 |
|---|---|---|---|---|---|---|---|
| 農場所在郡 | | | ND(1) | ND(2) | ND(2) | ND(1) | ND(3) |
| 経営主年齢 | | | 32 | 53 | 60 | 42 | 47 |
| 組織形態 | | | 個別家族農場 | 個別家族農場 | 個別家族農場 | 家族型法人経営（1972年法人化） | 個別家族農場 |
| 農地保有 | 経営農地合計 | | 9,000 | 11,000 | 5,800 | 8,500 | 3,900 |
| | 耕種農地 | | 9,000 | 7,000 | 5,800 | 3,500 | 3,900 |
| | | 自作地 | 1,500 | 3,000 | 2,000 | 2,300 | 250 |
| | | 借入地 | 7,500 | 4,000 | 3,800 | 1,200 | 3,650 |
| | 草地 | | 0 | 4,000 | 0 | 5,000 | 0 |
| | | 自作地 | 0 | 1,000 | 0 | 1,000 | 0 |
| | | 借入地 | 0 | 3,000 | 0 | 4,000 | 0 |
| 従事者と労働力 | 家族農業従事者 | | 2人＝本人＋妻，(2人)＝父・母はパートタイム（今年でリタイア） | 4人＝本人＋本人息子＋兄＋兄息子 | 1人＝本人 | 1人＝本人 | 2人＝本人＋父 |
| | 雇用労働力 | 常用人数 | 1人（49歳），父の代から雇用 | | | 1人（20年来の友人，自動車塗装工がいやになったので。48歳） | |
| | | 臨時人数 | 2人（南アフリカ人）×9ヶ月，1人（叔母）×100日 | | 1人，春と秋の農繁期 | 2人（農業退職した叔父と姉の義父，70歳以上，春と秋の農繁期），1人（父） | 1人 |
| | | 述べ人・日 | | 325 | | | |
| | 雇用労働費総額 | | 132,000 | 0 | 8,000 | 78,500 | 7,200 |

資料：2011年10〜11月農場実態調査より。

表6-30　ノースダコタ州調査農場の概要（2）生産と販売（2011年産）および政府支払
(単位：エーカー，ドル，%)

| 農場番号 | | ND1 | ND2 | ND3 | ND4 | ND5 |
|---|---|---|---|---|---|---|
| 耕種生産販売 | 作付面積 トウモロコシ（穀物用） | 2,000 | 2,300 | 1,600 | 150 | 600 |
| | 大豆 | 500 | | | | |
| | 春小麦 | 3,600 | 4,000 | 3,800 | 1,500 | 1,600 |
| | デュラム小麦 | | | | | 450 |
| | ヒマワリ | 1,600 | | | 700 | 200 |
| | カノーラ | | 700 | | | 600 |
| | 亜麻仁種子 | | | | | 200 |
| | ヒヨコ豆（garmanzo） | | | 400 | | |
| | トウモロコシ（WCS用） | | | | 150 | |
| | 乾草(hay) | | | | 1,000 | |
| 畜産 | 繁殖母牛頭数 | | 230 | 止めた | 550 | |
| | 肉牛肥育飼養頭数 | | | | 1,000 | |
| 耕種販売収入合計 | | 3,481,980 | 2,935,275 | 2,264,000 | 1,077,550 | 1,324,669 |
| 畜産販売収入合計 | | | 378,000 | | 430,000 | |
| 耕種・畜産販売収入合計 | | 3,481,980 | 3,313,275 | 2,264,000 | 1,507,550 | 1,324,669 |
| 2007〜10年平均政府支払 | | 49,005 | 42,394 | 65,929 | 70,816 | 82,187 |
| 2011年販売額に対する同上の比率 | | 1.4 | 1.3 | 2.9 | 4.7 | 6.2 |

資料：表6-29に同じ。

父子，兄弟といった2人＋常雇2人という家族労働力と同程度の雇用労働力に依存する若干の資本主義的色彩をまとう場合が多いと考えられる。

両農場共に春小麦が最大作物で3,600～4,000エーカーを作付け，これにトウモロコシを2,000エーカー前後，さらに耕種農地面積の大きいND1農場はヒマワリ，そして大豆も作付ける穀物等専門経営であるのに対し，ND2農場は肉牛繁殖部門を持つことで耕種農地面積が若干小さいことをカバーしている。ただし販売額ベースではND1農場でトウモロコシが138万ドル，春小麦が118万ドル，ND2農場で161万ドルと102万ドルであるから，既にトウモロコシが最大の粗収益源となっている。そして**表6-7**の100万ドル以上層平均と比べて農産物販売額で1.6倍程度，耕種農地面積で1.7～2.2倍になっており，したがって農場経営者所得も110万ドル程度（州世帯所得中央値2011年56,361ドルの約20倍）に達していたものと推察される。

以上から，これら農場は若干の資本主義的性格を帯びつつある巨額の寄生的利潤獲得特大規模家族経営と言える。

政府支払は価格低落期の2000年に5.5万ドル前後を受け取っていたものが，価格暴騰期の2007～10年平均でも4.2～4.9万ドルであまり減っていない。2008年農業法でも継続された固定支払があることに加えて，2010年に多額の災害助成（6万ドルと10万ドル）が支払われたことが大きい。

第二に，ND3農場は農産物販売額230万ドル，経営農地面積5,800エーカー（全て耕種農地）で，個人所有農場，労働力構成も家族従事者は経営者本人1人のみに，春と秋の農繁期に臨時雇を入れることで乗り切っている，ワンマンファームである。この労働力制約から肉牛繁殖部門はやめて穀作に専門化し，それを拡大してきた。やはり春小麦が最大作物で，トウモロコシがそれに次ぐ重要作物になっている（販売額では春小麦106万ドルに対してトウモロコシ96万ドルなのでほとんど同じ重要度になっている）。

**表6-7**の100万ドル以上層平均と比べると耕種農地面積は1.5倍ほどだが農産物販売額はおおむね同水準である（2012年の方がさらに穀物等価格が高かった）。したがって農場経営者所得は70万ドル前後であったと推測され，多額の寄生的利潤獲得大規模ワンマンファームである。

第三に，ND4農場とND5農場は，農産物販売額が130万～150万ドル，耕種農

地面積が3,500～3,900エーカーで（ND4は草地が5,000エーカーある），ND4は家族型法人化しているがいずれも内実としては個別家族所有農場である。家族フルタイム農業従事者が1人のND4農場は常雇を1人入れ（ほかに高齢の近親者臨時雇3人），家族フルタイム農業従事者が父子2人いるND5農場は常雇を入れない（臨時雇1人）ということで，この規模だとフルタイム労働力2人が必要で，それを経営者1人＋常雇か，経営者家族2人でまかなうかの違いになっている。

　作付では春小麦が1,500～1,600エーカーで耕種農地内での比率も高く，肉牛繁殖の多頭部門を有するND4では次に干草，そしてヒマワリ，トウモロコシ（穀実用，WCS用）が続く。耕種専門のND5は，次いでトウモロコシとカノーラが多いが，それ以外にもデュラム小麦，ヒマワリ，亜麻仁種子と多作物作付を行なっている（存続させている）ところが他の調査農場との大きな違いである。このような多作物（したがって多様で多年的な作付方式＝輪作）を有するのが，コーンベルト北西周縁部に組み込まれる以前の，かつ小麦モノカルチャー化しなかったノースダコタ州穀作経営の一般的な姿であっただろうと考えられる。またこの両農場ともに，販売額ベースでも春小麦が47万ドル程度（ND5はデュラム小麦も含めると65万ドル）となお最重要作物の地位を占めていて，トウモロコシのそれは12万ドル，31万ドルで副次的な地位にとどまっていることも特徴的である。

　少数ながらこれら調査農場の中でトウモロコシの土地利用上および粗収益上の比重に階層性があることは，第3節（1）①②において，ノースダコタ州でのトウモロコシ拡大が大規模層を主体として，急速に大面積生産（収穫）経営が形成されるという態様で進んでいるという統計的に観察された状況が，農場現場レベルでも確認できたと言える。

　ND4農場とND5農場にもどると，その農産物販売額が表6-7の100万ドル以上層平均の6～7割なので，農場経営者所得も40～50万ドルと推察される。この2農場の耕種農地面積は，2002年センサスの農産物販売額50万～100万ドル層のそれ（3,500エーカー）に近いので，価格低落時であれば農場経営者所得は14万ドル程度であっただろう。価格暴騰によって名目的とはいえ所得が3倍となり，州世帯所得中央値に対する倍率も4倍から7～9倍に膨張して，多大な寄生的利潤を獲得する家族2人（的）経営となった。

## (2) 調査農場の農地拡大と地代・地価

### ①農地拡大の特徴と地代高騰・地価暴騰の実態

#### (ア) サウスダコタ州の場合

表6-31によってサウスダコタ州調査農場の農地拡大経過を見ると、調査時（2011年）を基準に、SD1農場がこの10年間で農地を1万エーカー拡大（うち借地9,000エーカー）して2倍化、SD2農場が1999年の1,200エーカーから3倍化、SD3農場が1990年後半から加速してこの10年間で2倍化、SD5農場は経営農地520エーカーの小規模兼業から10年間で4,000エーカーへと8倍化というように、今日のメガファーム、大規模農場はおおむね2000年代に入ってからの急速な農地集積によって形成されてきたことがわかる。

それを強く反映した経営農地の自作地・借地構成を見ると（前掲表6-26）、2万エーカーのメガファーム（SD1農場）は借地率が高いが、それに次ぐ約1万エーカーの特大面積農場（SD3農場）は自小作並進的である。また過去10年程度の拡大率が高い農場でも、自作地比率が比較的高い（農地購入拡大も積極的に進

表6-31 サウスダコタ州調査農場の農地拡大過程

| 農場番号 | SD1 | SD2 | SD3 | SD4 |
|---|---|---|---|---|
| 農場所在郡 | SD(1) | SD(1) | SD(2) | SD(3) |
| 農地拡大経過 | この10年間で農地を1万エーカー拡大（2倍化）、うち購入が1,000エーカー、借地が9,000エーカー。出し手は農業リタイア者。また夫の弟が経営への参加度合いを高めた。 | 1999年の農場規模は1,200エーカーだったが、それから約3倍化した。 | 1980年代後半～1990年代に頑張って農地を購入した。1990年代後半から2000年代前半にかけて規模拡大した。この10年間で2倍化した。購入（過去5年間では耕種農地640エーカー）と借地の両方。 | 10年前に360エーカー購入。農地のうち1,000エーカーは灌漑。 |

資料：2011年10～11月農場実態調査より。

表6-32 サウスダコタ州調査農場の借入地の状況

| 農場番号 | | | SD1 | SD2 | SD3 | SD4 |
|---|---|---|---|---|---|---|
| 農場所在郡 | | | SD(1) | SD(1) | SD(2) | SD(3) |
| 現在の借入地の状況 | 借入形態 | | 99%が現金借地 | 現金借地 1,260、分益 760 | 現金借地 | 現金借地 |
| | 地代 | 現金借地 耕種農地 平均 | 185 | 138 | 100 | 150 |
| | | 分布 | 150～220ドル。 | 耕種農地 125～150ドル | 借地期間は5年が典型。 | 地主は9名で、農業リタイア者、寡婦、不在地主など。 |
| | | 草地 | | 50 | 35 | |
| | 分益 | 耕種農地 | | 種子・肥料・農薬費折半で収穫折半 | | |

資料：2011年10～11月農場実態調査より。

めてきた）ものも少なくない（SD2, SD3, SD5の3農場）。これらの反対の極で，現在の経営主兄弟にいずれも後継者がいないSD8農場は，過去10年間に全く農地を拡大していない。

　このようにメガファーム，大規模農場を中心に借地および購入を通じて急速な規模拡大を進めてきたわけだが，**表6-32**によってまず調査時点での支払地代（現金借地の場合）を見ると（レンジで回答があった農場はその単純平均），SD1農場は185ドルで，所在する郡グループについて統計で得られる非灌漑耕種農地平均地代130ドル（サウスダコタ州では郡別の地代・地価データが2008年までしか得られず，その後は**表6-33**の資料2）の文献が近年について2〜3程度の郡をまとめたグループ毎に集計・表出している）より，かなり高い。SD2農場の支払地代138ドルも同じく130ドルより高い。その他ではSD3農場が支払地代100ドルに対して所在郡グループの平均地代107ドル，SD4農場が同様に150ドルに対して171ドル，SD5農場が150ドルに対して154ドル，SD8農場が100ドルに対して130ドルというように，支払地代の方が低くなっている。

（単位：エーカー，ドル／エーカー）

| SD5 | SD6 | SD7 | SD8 |
|---|---|---|---|
| SD(4) | SD(4) | SD(1) | SD(5) |
| 10年前には耕種農地160エーカー，草地360エーカーしか所有しておらず，肥料・農薬・種子販売ディーラーや農業労働者として働いていた。そこから急激に規模拡大した。地域内の状況を概観すると，10年間の農場の半分は離農（小さすぎる，転職，リタイヤ），残り半分が規模を50〜100%拡大した。 | | 1993年に160エーカー買った。現在（3,500ドル）の半分くらいの価格であった。 | 過去10年間に農地拡大なし。 |

（単位：エーカー，ドル／エーカー）

| SD5 | SD6 | SD7 | SD8 |
|---|---|---|---|
| SD(4) | SD(4) | SD(1) | SD(5) |
| 1件を除いて現金借地 | 両方 | 分益借地 | 現金借地 |
| 150 | 50 | | 100 |
| 高いのは200〜250ドルもある。草地の分布は25〜50ドル。 | | | |
| 38 | 8 | | 40 |
| 地主が肥料費の1/3を負担して収穫物の1/3を取る。 | 地主が肥料費の1/3を負担して収穫物の1/3を取る。 | 地主は父で，父が肥料費の1/3を負担して収穫の1/3を取る。 | |

表6-33　サウスダコタ州調査農場の地代・地価の変化と自作地等資産推定額

| 農場番号 | SD1 | SD2 | SD3 |
|---|---|---|---|
| 農場所在郡 | SD(1) | SD(1) | SD(2) |
| 地代の変化 | この2年間で倍化 | | 2年前と比べて30～40%上昇。 |
| 地価の変化 | | | 5年前は2,000ドルだったのが，現在は3,200～3,500ドルへ。 |
| 所在郡グループ2011年地価（耕種） | 3,250 | 3,250 | 2,980 |
| 同上（牧草地） | 1,679 | 1,679 | 1,755 |
| 自作地評価額（万ドル） | 1,468 | 515 | 1,089 |
| 機械・装備・施設資産価額（概算，万ドル） | 400 | 150 | n.a. |
| 自作地・機械等資産総価額（万ドル） | 1,868 | 665 | n.a. |

資料：1）各農場のデータは2011年10～11月の農場訪問調査より。
　　　2）自作地評価額にあたっての農地価格データは，South Dakota State University Extension, *South Dakota Agricultural Land Market Trends 1991-2015*, の郡グループ別非灌漑耕種農地および干草農地（Hayland），の地価のうち，各農場所在郡が含まれるグループのものを利用した。

　郡別統計が得られないので厳密なことは言いがたいが，メガファーム，特大農場では急激な借地拡大を果たすために地域の平均的な実勢地代よりも高い地代を支払ってきたとも考えられるし，また最大級の規模になってからは規模経済によって高い地代の支払いが容易になってきた側面もあろう。

　次に地代・農地価格の変化については（**表6-33**），いずれの農場も近年の大幅な上昇を指摘している。すなわち地代については最近5年間で1.5倍（SD4，SD6，SD8の3農場）あるいは2年間で30～40%上昇（SD3農場）ないし倍増（SD1農場），地価についても5年間で1.6～1.7倍（SD3農場），3～4倍（SD5，SD4の2農場）とされている。

　**図6-5**によってサウスダコタ州平均の非灌漑耕種農地の地代の動向から見ると，1995年の34.1ドルから2000年の43.7ドルへ28%上昇，そこから2005年の58.9ドルへ35%上昇，そこから2010年の86.7ドルへ47%上昇，そこから2014年の150.1ドルへ73%上昇であり，上昇率は次第に大きくなっている。特に2000年代後半の上昇率は調査農場の実態認識とほぼ整合的であり，その時期から加速度的に上昇している。

　州内でも地代には大きな差があるが（中期以上の統計は州を8区分した地域region毎にしか得られない），調査農場はいずれも州の東寄りの優等地（コーンベルト化の先進）＝高地代地域に含まれる。しかしその中でも差があり，1995年時点ではSD4農場が含まれる南東地域が52.5ドル，SD5農場とSD6農場が含まれ

第6章 コーンベルト西北漸下の両ダコタ州穀作農業構造変化とエタノール企業

(単位:エーカー,ドル/エーカー)

| SD4 | SD5 | SD6 | SD7 | SD8 |
|---|---|---|---|---|
| SD(3) | SD(4) | SD(4) | SD(1) | SD(5) |
| 5年前から50ドル上がった。 | 5年前は100ドルだった。 | | | 耕種農地の前回契約は60〜70ドルだった(3年契約)。 |
| 10年前の購入時1,500ドル,5年前も同程度だったが,現在は4〜6,000ドル | 10年前は1,500ドルだったのが,現在は4〜5,000ドル。 | | | |
| 4,567 | 3,672 | 3,672 | 3,250 | 3,250 |
| 3,531 | 2,561 | 2,561 | 1,679 | 1,679 |
| 375 | 597 | 145 | 167 | 328 |
| 170 | 100 | 47 | 35 | 25 |
| 545 | 697 | 192 | 202 | 353 |

図6-5 両ダコタ州耕種農地の現金地代と地価の推移(1994〜2015年)

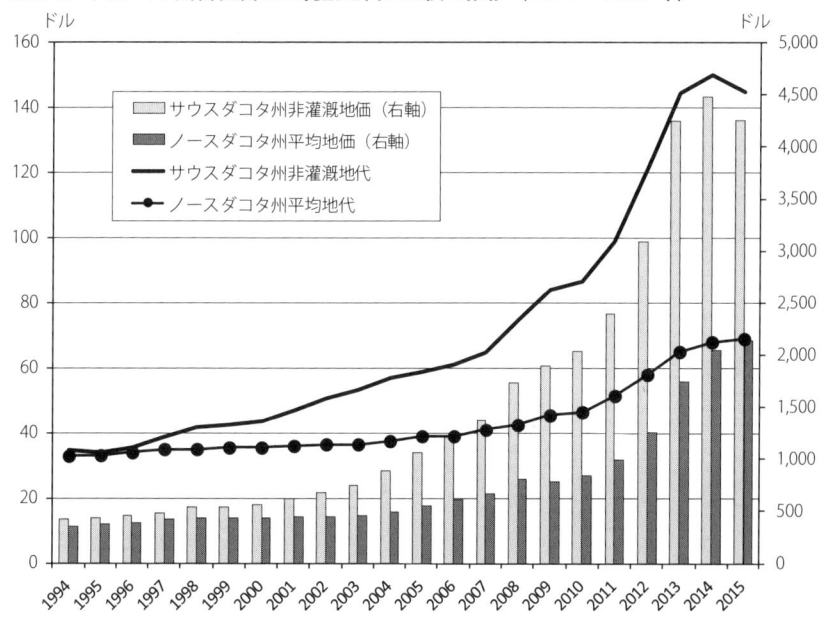

資料:サウスダコタ州は South Dakota State University Extension, *South Dakota Agricultural Land Market Trends 1991-2015*, ノースダコタ州地価の1996年までは USDA NASS, *Agricultural Land Values and Cash Rents*, その他は USDA NASS, *Quick Stats Database* より。

る東中地域が42.1ドル，SD1農場，SD2農場，SD7農場およびSD8農場が含まれる北東地域が40.4ドル，そしてSD3農場が含まれる北中地域が27.6ドルという序列だった。それが2014年には東中地域221.0ドル（1995年の5.25倍），南東地域209.2ドル（3.98倍），北東地域193.2ドル（4.78倍），北中地域128.3ドル（4.65倍）になった。やや長期的に見て，かつての最高地代だった南東地域よりも，2番目だった東中地域，そしてやや低地代だった北東地域，北中地域の方が地代がより大きく上がったのである（その限りで地代格差，優劣等地格差の縮小）。このうち2005～14年の地代上昇倍率で見ても，南東地域2.40倍に対して，東中地域2.67倍，北東地域2.94倍，北中地域2.43倍だった（いずれにせよ，劇的な上昇であるが）。

同様に**図6-5**で州平均非灌漑農地価格を見ると，1995年の437ドルから2000年の567ドルへ30％上昇，そこから2005年の1,064ドルへ88％上昇，そこから2010年の2,030ドルへ91％上昇，そこから2014年の4,478ドルへ121％上昇と，地代以上に上昇率は大きくなり，2005年以降のそれは地代上昇率から大幅に乖離するようになっている。つまり地代高騰・地価暴騰である。

農地購入時価格についてヒアリングできた農場については，SD3農場が「5年前に2,000ドル，現在3,200～3,500ドル」（最近5年間で1.6～1.7倍），SD4農場が「10年前～5年前が1,500ドル，現在4,000～6,000ドル」（最近5年間で3～4倍），そしてSD5農場が「10年前1,500ドル，現在4,000～5,000ドル」（最近5年間で3倍前後）と認識していた。

SD3農場が立地する北中地域の2011年非灌漑農地価格は2,301ドル，SD4農場の南東地域は3,402ドル，SD5農場の東中地域は4,024ドルだったので，前二者の農場経営者が認識（入手）した地価情報は，郡グループ平均のそれより1,000ドル程度高いことになる。また2006～11年の5年間の地価上昇倍率は，北中地域が2.1倍，南東地域が1.9倍，東中地域が2.1倍なので，それら個別農場が直面する近隣農地市場では，地価の水準も近年の上昇率も高いことがうかがわれる（地価暴騰を目の当たりにして，特に印象的な取引事例情報が記憶に強く残っていたのかも知れない）。

（イ）ノースダコタ州の場合

**表6-34**によってノースダコタ州調査農場の農地拡大経過を見ると，ND1農場

**表6-34　ノースダコタ州調査農場の借入地状況と農地拡大過程**

(単位：エーカー，ドル／エーカー)

| 農場番号 | | | | ND1 | ND2 | ND3 | ND4 | ND5 |
|---|---|---|---|---|---|---|---|---|
| 農場所在郡 | | | | ND(1) | ND(2) | ND(2) | ND(1) | ND(3) |
| 現在の借入地の状況 | 借入形態 | | | 現金借地 | 現金借地 | | 現金借地 | 現金借地 |
| | 地代 | 現金借地 | 耕種農地 | 平均 | 60 | 28 | 38 | 15 | 35 |
| | | | 分布 | 40〜75ドル。契約期間は長い方が良い(だから高い)，支払時期は収穫後が良い(高い)，区画が大きいと高い，穀物保管施設が設置されていると高い。 | | 35〜40ドル。近年上昇。 | | |
| | | | 草地 | | 12 | | 15 | |
| | 分益 | 耕種農地 | | | | | | 若干の借地が父からの分益で，種子・肥料費を折半で，収穫物折半。 |
| 農地拡大経過 | | | | 10年前から農場面積を2倍化。75%は借地，25%は購入。地価は10年前500〜600ドル→1,000ドル→昨年1,700ドル。炭鉱が拡大しているので土地市場が逼迫，この高地価でも物件を見つけるのが困難。 | 過去10年間に2,720エーカー(耕種農地1,900，草地820)を購入，2〜3年前に500エーカーの借地追加。 | 過去10年間に1,500エーカーを購入。他方，肉牛繁殖を止めたので草地は隣人へ貸付。 | 耕作地のうちの干草hay用地と草地を10年間で2倍化。借地の大半は炭鉱会社からで，採掘跡地を復旧して安く貸し付ける。それでなければ耕作地地代は50〜70ドル。 | 規模拡大はほとんどしていない。近年100エーカーを購入したくらい。(父，叔父，従兄弟などの所有地を買っていくことが先決) |

資料：2011年10〜11月農場実態調査より。

は過去10間に農場面積を2倍化して現在の9,000エーカーになっており，4,500エーカーの拡大のうち借地によるものが75%，購入が25%である。ND2農場も過去10年間に3,200エーカーを拡大して現在の11,000エーカーになっており，うち購入が2,720エーカー，借地が500エーカーである。ND3農場も過去10年間に1,500エーカーを購入し(借地を増やしたかどうかは不明)，ND4農場の場合は現在5,000エーカーの草地のうち借地が4,000エーカーだが，その草地借地を過去10年間に倍増してきた。

このようにノースダコタ州の大規模調査農場での2000年代以降の農地集積・規模拡大はサウスダコタ州以上に顕著であり，これら穀作大規模・特大規模農場が急速に形成されてきたことは，先の統計分析結果とも照応的である。そしてこうした大規模・特大規模農場の形成は，トウモロコシの導入とその急激な拡大とリンクして進行したことがわかる。

各農場が借地について現に支払っている現金地代を(**表6-35**)，2011年の郡別地代統計(同表の資料2)の統計)と照らし合わせると，ND1農場の支払地代60ドルは立地するND(1)郡の統計値47.0ドルより3割近く高い。同じ郡のND4農

表 6-35　ノースダコタ州調査農場の地代・地価の変化と自作地等資産推定額

(単位：エーカー，ドル／エーカー)

| 農場番号 | ND1 | ND2 | ND3 | ND4 | ND5 |
|---|---|---|---|---|---|
| 農場所在郡 | ND(1) | ND(2) | ND(2) | ND(1) | ND(3) |
| 地代の変化 |  | 間もなく40〜50ドルになる。実際地元ではそうなっているケースがある。 | 現金地代も上昇。 |  |  |
| 地価の変化 |  | 2005年の購入時350ドル，現在は1,000〜1,100ドル。 | 昨年購入した450エーカーは1,500ドルだったが，5年前より3倍化している。石油ブームの影響。 |  |  |
| 所在郡2011年地価（耕種） | 1,009 | 938 | 938 | 1,009 | 813 |
| 同上（牧草地） | 538 | 696 | 696 | 538 | 557 |
| 自作地評価額（万ドル） | 151 | 351 | 188 | 286 | 20 |
| 機械・装備・施設資産価額（概算，万ドル） | 180 | 300 | 0 | 200 | 150 |
| 自作地・機械等資産総価額（万ドル） | 331 | 651 | 188 | 486 | 170 |

資料：1）各農場のデータは2011年10〜11月農場実態調査より。
　　　2）自作地評価額にあたっての農地価格データは，USDA NASS, North Dakota County Rents and Values Database 1989 to present, の耕種農地および干草農地（アルファルファ，その他栽培牧草，野草類の単純平均）からである。

場は表に示した特殊な事情から格安の地代で済ませているが，相場は「50〜70ドル」としており，ND1農場の支払地代とおおむね整合しており，借地競争に勝ち抜くためには統計値より高い地代が必要となる地域農地市場の現状があることを示唆している。

ND2農場とND3農場は同じ郡に立地するが，支払地代は前者が28ドル，後者が38ドルとなっている。後者は統計値である36.9ドルとほぼ同じだが，前者も地域の相場は「40〜50ドル」と認識しており，現実の借地市場における地代はそのような水準へ向けて不断に上昇していることを物語っている。ND5農場の支払地代35ドルも，立地するND（3）郡の統計値36.3ドルとほぼ同じである。

なお地代の絶対水準は，サウスダコタ州の半分から3分の1程度であり，ノースダコタ州穀作農業がなお著しく粗放的であり，その意味で劣等地性を強く有していることを示している。

州の平均耕種農地地代（灌漑，非灌漑含む）は（**図6-5**），1995年の33.1ドルから2000年の35.5ドルへ7.3％上昇し（年率1.4％），そこから2005年の39.0ドルへ9.9％（年率1.9％）上昇，そこから2010年の46.5ドルへ19.2％（年率3.6％）上昇，そこから2012年の58.0ドルへ24.7％（年率11.7％）上昇しており，やはり2000年代後半から上昇幅が一挙に拡大している。なお2010〜14年（68.0ドル）を取ると

46.2％（年率10.0％）の上昇である。ただしサウスダコタ州と比較すると，この上昇幅についても2005年以前は3分の1程度，2005〜2010年は4割程度，2010〜14年は6割強と相対的には小さいが，2000年代後半以降はその差が縮まってきている。つまり穀物等暴騰期に一挙にコーンベルト北西周縁部への編入が進んだのと併行して，地代上昇にも拍車がかかったわけである。

　農地価格の方は，同じく州平均で1995年の373ドルから2000年の440ドルへ18％（年率3.4％）上昇，そこから2005年の550ドルへ25％（年率4.6％）上昇，そこから2010年の810ドルへ53％（年率8.8％）上昇，そこから2014年の2,050ドルへ144％（年率25.0％）上昇というように，やはり2000年代後半から上昇幅が一挙に拡大している。とりわけ2010年代に入ってからの上昇率は劇的であり，地代上昇率との乖離も1990年代後半が2.48倍，2000年代前半が2.54倍，2000年代後半が2.74倍と漸次広がってきていたが，2010年代前半には一挙に3.12倍になった。

　サウスダコタ州と地価上昇率を比較すると，1990年代が6割，2000年代前半が3割，2000年代後半に6割弱だったものが，2010年代前半は逆に2割多くなっており（1.2倍のスピードで上昇），最近の局面ではサウスダコタ州以上の地価暴騰状況を呈しているのである。

　調査農場で農地購入事例を把握できたND（2）郡所在のND2農場は「2005年の購入時地価350ドルが現在1,000〜1,100ドル」，同じ郡のND3が「2010年に購入した農地は1,500ドルだが，それは2005年の3倍だった」としているが，郡別地価統計によれば同郡地価は2005年の415ドルから2011年の938ドルへ2.3倍化である。それぞれが直面する農地市場での実勢地価は郡平均より高いということだが，いずれにせよ暴騰というに相応しいことが農場現場からも確認できる。なお同郡は州西部でのシェール石油採掘ブームによる転用地価の影響も受けており，同期間の州平均地価上昇が1.8倍だったのを大きく上回っている。

②地価暴騰の意味と問題

　上述のように，両ダコタ州の地価はとりわけ2005年以降，地代上昇から大幅に上方乖離して暴騰状態に入った。とりわけノースダコタ州の場合，2010年代に入ってからの暴騰ぶりはサウスダコタ州をも上回った。これらの結果，**図6-6**に示すように地価の地代利回りは急激に低下している。1990年代半ば以降一貫して利回

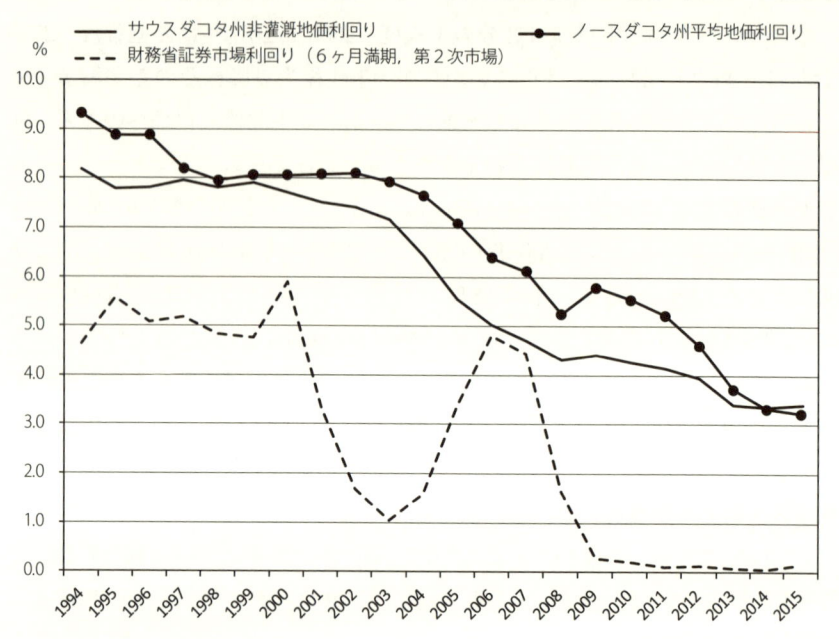

**図 6-6　両ダコタ州耕種農地の地価利回りと財務省証券利回りの推移（1994 〜 2015 年）**

［グラフ：サウスダコタ州非灌漑地価利回り、ノースダコタ州平均地価利回り、財務省証券市場利回り（6ヶ月満期，第2次市場）］

資料：1）地代・地価関係は図 6-5 に同じ。
　　　2）財務省証券利回りは FRB, *Selected Interest Rates-H.15: Treasury Bills Secondary Market 6-month Annual.*

りが低下していること，かつては市場金利を大きく上回っていたのが住宅・証券化商品バブルを抑制するために政策金利が引き上げられた2006 〜 2007年にはそれに近づいたこと，しかしその後一方での地価暴騰と他方での金融危機収束のためのゼロ金利政策とによって，地価利回りと市場金利の乖離が著しく拡大したことは，これまで検討してきた諸州と共通する。

　その上で州間の差異を検討すると，第一に，アイオワ州は観測期間全体を通じて地価利回りが低い。すなわち1994年時点で既に6.50％だったものが2014年には2.97％に下がった（3.53ポイント低下）。これに対してネブラスカ州の灌漑地は1997年の7.73％（これ以前の年次はデータが得られない）から2014年の3.69％へ（4.04ポイント低下），サウスダコタ州の非灌漑地は1994年の8.18％から2014年の3.35％へ（4.83ポイント低下），ノースダコタ州は1994年9.32％から2014年の3.32％へ（6.00ポイント低下），となっている。つまり水準として，アイオワ州＜ネブラスカ州＜サウスダコタ州＜ノースダコタ州となっており（ネブラスカ州灌漑地

に合わせて1997年をとっても同じ），コーンベルトの中核から外縁へ向けて，したがってトウモロコシ－大豆型農業にとっての優等地から劣等地に向けて，地価がより「割安」という構造がある。

第二に，しかし地価利回り低下の幅は，それと逆になっている。つまりコーンベルト中核から外縁部，劣等地に向かうほど，地代の上昇に対する地価上昇の乖離幅が相対的に大きくなってきている。その意味でコーンベルトの西北漸にともなって，西北部，外縁部における「コーンベルト中核」的な地代・地価構造も広がってきていると言える。

こうした両ダコタ州でも生起した地価暴騰は，農場現場にどのような問題をはらませることになったのか。

前掲表6-33および表6-35の下部に示したように，地価暴騰の結果，農場資産価額は大きく膨れあがった。

サウスダコタ州から見ると，その総額試算値はメガファームのSD1農場で1,900万ドルにものぼる。同農場は父，本人夫妻，弟という親子3つの個別家族農場がそれぞれ自作地を所有し，2つの家族型法人を合わせた5組織が単一の経営を行なうという形式を取っているが，まずは父の資産を現世代（兄弟）が形式は個人としてであれ法人としてであれ買い取って行かなければならないし，実際にその途上にある。そしてさらに次世代が兄弟の両方，あるいはどちらかの子供（達）が継承するとすれば，今度は彼らがこの莫大な資産を買い取って行かなければならないことになる。

また農産物販売金額300万ドルクラスの特大規模家族経営であるSD2農場は670万ドル，SD3農場は農地だけで1,100万ドルに達している。さらに農産物販売額150万ドル前後の大規模家族経営SD4農場とSD5農場で550〜700万ドル，農産物販売額70〜100万ドル層の大規模ワンマンファームであるSD6農場とSD7農場で200万ドル，さらに現局面での農業専業下限層といえる農産物販売額43万ドルのSD8農場でも，350万ドルにのぼっている。

このような地価暴騰を主因とする農場資産価額の膨張は，とりわけそれが巨額化したメガファームや特大規模経営を中心に，次世代への経営資産継承をいかに行なうのかという問題を先鋭化させる可能性を高めている。

既述のようにアメリカの農業経営家族においては親子間の資産無償譲与や単子

相続の慣行は一般的にないから，生前であれば子世代は親世代から買い取っていくことで自作地をはじめとする農場資産を継承形成しつつ親世代の「退職金ないし一括年金」を捻出していかなければならないし，相続の場合でも他の相続人に分割された資産をやはり買い取って行かなければならない。そして農場を法人化して資産を法人有にしている場合でも，それが家族型・親族型法人であれば結局その持ち分＝株を次世代が買い取っていかなければ，実質的な経営継承が果たせないことは，本書第3章第2節（2）でも紹介したように，長（1997：pp.110-116, pp.120-125）も指摘しているとおりである。

　そして農業専業下限的経営たらんとするためにも350万ドルもの農場資産確保が必要だとすれば，後継者以外の農業参入は事実上不可能になっていると言うしかない。実際にSD2農場は「農地価格その他の投資額が巨大化して，若い世代などが新規参入する余地はなくなった」とし，「さらに農地価格がますます高騰しているのが経営にとっての大問題」としている。またSD4農場は「自分もさることながらパートナーを組む弟の息子達のために農地規模を拡大することが最大の課題」だが，「農地価格3,000ドル，地代150ドルという経営合理的な水準に対して，地価が4,000～6,000ドル，地代でも新規借地なら200ドルである」ことが重大な問題と認識している。またSD5農場は，直接に世代的継承問題として言及しているわけではないが，「農地も投入財も価格が上昇しているため，バランスシートの健全性を保つための自己資本充実がもっとも重要」としている。

　ノースダコタ州の場合も2000年代後半から，とりわけ2010年代に入っての地価暴騰が激しいが，その水準自体はサウスダコタ州，ましてアイオワ州，ネブラスカ州よりはまだ著しく低いため，農場資産の絶対額は相対的に小さい。経営農地9,000エーカー（うち自作地1,500エーカー）のND1農場で330万ドル，同11,000エーカー（自作地4,000エーカー）のND2農場で650万ドル，同8,500エーカー（自作地3,300エーカー）のND4農場で490万ドルとなっている。しかし他州と比べて地価が相対的に低いこと，また借地率が高いので自作地資産額が低いことは，必ずしも問題が存在しないことを意味しない。

　ND1農場は現状面積が一種の「適正規模」と考えているが，それはこれ以上拡大すると機械・装備の追加投資が必要になることと並んで，現在父母の農地購入途上にあることをあげている。ND4農場は，将来継承者になることを期待する「息

子のために面積規模を拡大したいが，農地購入競争が激しいことが大きなフラストレーション」としている。さらにND5農場の場合，現経営主が22歳で就農してから25年が経つが（調査時），3,900エーカーの経営農地のうち自作地はわずか250エーカーしかなく極度に借地依存度が高い。そして現在でも，その多くを占める「父，叔父，従兄弟などの所有地を買い取っていくことが先決」となっていて，「2人の息子（調査時13歳と10歳）のどちらかに農場継承の希望が出てくれば規模拡大したい」という意思を持ちながら，それをほとんどできないでいる。

またND3農場は，現経営主の祖父がドイツからの移民で全面分益小作からスタートして農場を築いたが，「祖父世代までは農場労働者→分益小作→自作地購入→規模拡大・自立といった農業階梯が可能だったが，現在は望むべくもない」と指摘している。

こうして「工業化・大規模化」に邁進してきた穀作農業にとって，継承すべき農場経営資産の巨額化および新規参入の事実上の不可能化という形で，世代的再生産が困難になる可能性・危険性が高まっているのである。それは穀作農業の「工業化・大規模化」に加えて，それを支えんがために発動されたアグロフュエル・プロジェクト（その中核たるコーンエタノール政策）がもたらした穀物価格暴騰（と金融市場における過剰貨幣資本の膨大化）の，自己矛盾と言うことができる。

## 第5節　両ダコタ州穀作農場における生産力構造と「農業の工業化」の諸相

### （1）作付方式の変化

#### ①ARMS統計から

サウスダコタ州における作物作付面積の変化は，前掲図6-3で見たように，トウモロコシの1990年代からの一貫した増加と2000年代に入ってからの加速，大豆の長期一貫した増加と1990年代後半からの急増および2000年代前半の減少と後半の再増加，そして小麦全体としての1990年代後半からの減少にともなう首位作物からの転落，価格暴騰期の若干の盛り返しとその後の急速な減少，であった。

ノースダコタ州の作物作付面積の変化の基調は，前掲図6-4で見たように，1990年代半ば以降からの小麦（ほとんど春小麦）のほぼ一貫した急速な減少，その他穀物等の1980年代農業不況期以降の長期減少，それらと正反対の1990年代半ばからの大豆の急増，それからやや遅れて2000年代から顕在化して価格暴騰期に

加速するトウモロコシの急伸だった。

そうした状況下でトウモロコシの作付方式はどのように変化しているかを，まずARMSによって統計的に観察する。

第4章表4-13（216頁）によると，サウスダコタ州の場合，1996年時点ではまだトウモロコシ面積を下回っていたことを反映して，「大豆－トウモロコシ」作付順序の構成比は相対的に低く，「（小麦をはじめとする）その他穀物－トウモロコシ」の構成比が相対的に高かった。その後2000年前後には大豆面積がトウモロコシ面積を凌駕するにいたり，「大豆－トウモロコシ」作付順序の構成比は一挙に79％に高まった。それから2005年にかけて大豆からトウモロコシの作付シフトが生じた結果，その構成比は一旦60％に低下したが（トウモロコシ連作が21％へ上昇），その後の価格暴騰過程では両作物がほぼ並行して増える下で，再び「大豆－トウモロコシ」作付の比率が68％へ高まっている（トウモロコシ連作は13％に低下）。コーンベルト中核州やネブラスカ州よりもトウモロコシ連作の構成比ははっきり低く，2010年時点では「大豆－トウモロコシ」の構成比が若干高い。

また1996年と2010年のやや長期を比較すると，「（小麦を含む）その他穀物－トウモロコシ」作付順序の比率は25％から15％へ大きく低下した。

ノースダコタ州の場合，最後発産地のため1996年のデータがないが，2000年時点では「（小麦を含む）その他穀物－トウモロコシ」作付順序が61％と最多を占めていたものが，大豆の急増を受けて2005年までに一挙に「大豆－トウモロコシ」作付順序が逆転して55％と過半を占めた。小麦やその他穀物等が減り続け，トウモロコシが急伸し大豆も引き続き伸びたことを反映して，2010年には「その他穀物－トウモロコシ」作付順序はさらに減少して12％となり，「大豆－トウモロコシ」作付順序が過半を占める構造が定着している。つまりトウモロコシ作付農場，圃場では，小麦その他の穀物，豆類，ヒマワリを交えた多作物・多年型作付方式がマイナー化して，コーンベルト型作付方式が確立したことを示唆している。

②調査農場における作物交代・作付方式変化

次に個別農場段階で，農場経営規模自体の拡大および内部での作物交代・作付方式変化としてどう現れているかを検討しよう。

サウスダコタ州では州全体でトウモロコシ作付面積増加が加速する2000年以降

に，SD1，SD2，SD3，SD5の各農場が経営面積自体を急激に拡大させたわけだが，そのことによってトウモロコシ作付面積を急速に拡大している（表6-36）。換言すれば，トウモロコシ生産の拡大を主目的に農場規模を拡大したのである。

経営内部での作付比率ないし作付方式を見ると（表6-37も合わせて参照），SD1農場では「トウモロコシ－大豆の2年輪作」と「トウモロコシ－大豆－冬小麦－大豆の4年輪作」があるが，前者の方が多く，その結果トウモロコシ，大豆，冬小麦の作付比率はほぼ50：44：6となっている。SD2農場では作付面積の半分をトウモロコシ，残り半分を大豆・冬小麦・アルファルファという基本方針のもと，作付方式は「トウモロコシ－大豆2年輪作」，「トウモロコシ－トウモロコシ－大豆3年輪作」，「WCS用トウモロコシ－冬小麦－冬期休閑（休閑耕）－トウモロコシの2年3作」があるが，前2者が主体であり，トウモロコシ，大豆，冬小麦，アルファルファの作付比率はほぼ50：40：7：3となっている。

SD3農場は，トウモロコシ，大豆，春小麦を1/3ずつという基本方針の下で，主な作付方式は「トウモロコシ－大豆－春小麦－跡作カバークロップ冬期カブの3年4作」である。カバークロップ冬期カブを入れることは保全責任プログラム（2008年農業法によるConservation Stewardship Program）の条件の一つとなっているからであった。SD5農場も急激に拡大した耕種農地で，「トウモロコシ－大豆2年輪作」を維持しつつ両作物を拡大している。

これらに対して，さほど急速な農地規模拡大をしてこなかったSD4農場では，相対的に限られた経営耕地の中で収益性が最も高いトウモロコシの作付比率を高める対応がとられ，作付方式を「トウモロコシ－大豆2年輪作」から「トウモロコシ－トウモロコシ－大豆3年輪作」へ変化させた（これらを「輪作」と呼びうるのかは疑問だが）。ここでは，トウモロコシの連作障害は線虫耐性（殺虫）GM品種でも防ぎきれず，線虫の付いた根を深く鋤込んでしまうための深耕が必要になっている（その結果，次にみる不耕起方式の導入は限定されざるを得なくなっている）。同様に農地拡大をさほどしていないSD7農場では，冬小麦をやめて「トウモロコシ－大豆2年輪作」で両作物作付を拡大している。

以上をまとめると，早くから東南部を起点にトウモロコシ・大豆作が可能になっていたサウスダコタ州の農場現場では，品種改良（単収向上）および価格高騰によってその作付拡大が加速することによって，作付方式は「トウモロコシ－大豆

表6-36 サウスダコタ州調査農場の作付面積の変化

| 農場番号 | SD1 | SD2 | SD3 | SD4 |
|---|---|---|---|---|
| 作付面積の変化 | 今年は洪水のため残りの耕地は作付けられなかった。通常は小麦がもっと多く、トウモロコシも多少ある。小麦は面積当たり収益は低いが、土壌のために輪作するので作付ける。 | 冬小麦（hard red winter）は9月15〜20日播種→7月末〜8月初収穫。小麦ワラはベールにする。それが小麦栽培の目的の一つ。まず農場規模拡大でトウモロコシ拡大余地を作り、その上で作付の半分はトウモロコシ、あとの半分に大豆・小麦・アルファルファを作付ける。 | 15年前（1996年）頃まではヒマワリも作っていた。1993年にサウスダコタ州に初めてのコーンエタノール工場ができ、2000年頃からトウモロコシを本格的に拡大してきた。 | 以前はトウモロコシと大豆が半々だったがトウモロコシを67〜75％に増やした。トウモロコシは灌漑農地（10年前に増やした）に作る。非灌漑地にも作付けているが、これは圃場狭小や排水不良で灌漑不適地。灌漑地トウモロコシ作はコストがかかっても儲かる。トウモロコシ収量は今年は播種が遅れたのと夏の乾燥、風害で低かった。例年は180〜200ブッシェル。 |

資料：2011年10〜11月農場実態調査より。

表6-37 サウスダコタ州調査農場の作付方式の変化

| 農場番号 | SD1 | SD2 | SD3 | SD4 |
|---|---|---|---|---|
| 作付方式の変化 | 現在の作付方式は、トウモロコシ－大豆の2年輪作と、トウモロコシ－大豆－冬小麦－大豆の4年作付があるが、前者の方が多い。 | 基本は半分がトウモロコシ、あとの半分が大豆・冬小麦・アルファルファ。作付方式は(ｲ)トウモロコシ－大豆の2年輪作、(ﾛ)トウモロコシ－トウモロコシ－大豆（全体の約10％）、(ﾊ)WCS用トウモロコシ（9月には収穫了）－冬小麦－冬期休閑（tilling）－トウモロコシ（穀物用）。 | 現在の基本作付はトウモロコシ、大豆、春小麦を各1/3ずつ。作付方式は、トウモロコシ－大豆－春小麦（4月播種）＆跡作カバークロップとして冬期カブ。このカバークロップ作付がCSPの条件の一つ。トウモロコシ連作をすると作物残渣が多すぎるのでやらない。 | かつてのトウモロコシ－大豆2年輪作が、現在トウモロコシ－トウモロコシ－大豆となっている。連作2年目のトウモロコシは10％程度収量が落ちる。線虫耐性GMを使っていても若干のダメージを受ける。収量維持対策としては、施肥を毎年する、線虫対策でトウモロコシ残渣を鋤込むために深耕する。それは有機物投入にもなる。 |

2年輪作」「トウモロコシが作付けの半分」へと単純化し、さらにはトウモロコシ連作さえ登場するようになっている。つまり州全体の統計ではコーンベルト中核ほどには現れていないが、作付方式上の退行現象が着実に起きている。

　これに対し「コーンベルトへの編入」最後発地であるノースダコタ州の調査農場の場合（表6-38）、ND1農場はトウモロコシを2004年に、大豆を2011年に導入した。その結果としての作付方式変化は、トウモロコシ導入以前が「春小麦－春小麦－ヒマワリ」、「春小麦－春小麦－ピント豆（白黒インゲン豆）」および「春小麦－豆類－ヒマワリ」という3種類の3年輪作が主であったのが（すでに休閑は排除されていた）、大豆導入後は「春小麦－トウモロコシ－大豆（あるいはヒマワリ、ピント豆ないしエンドウ豆）－小麦」という作付方式が主になった。経

| SD5 | SD6 | SD7 | SD8 |
|---|---|---|---|
| 基本的にトウモロコシ50：大豆50で変えない。ただし播種期の降雨状況で異なる場合もある。灌漑は許可が取れない位置にあり，なし。 | とくに変化なし。トウモロコシ連作は土壌に良くない。 | 冬小麦を作らないのは，価格が良くないこと，経営農地が大きくないこと，夏期に収穫するのは困難なことから。 | 耕種農地でのアルファルファは全量繁殖肉牛に給餌。 |

| SD5 | SD6 | SD7 | SD8 |
|---|---|---|---|
| トウモロコシ－大豆の2年輪作。イリノイ州などではトウモロコシ連作があるが，あれは天候，降水量が安定しているからできること。ただしより注意深い管理が必要になる。 | トウモロコシ－大豆の2年輪作 | トウモロコシ－大豆の2年輪作で，作付比率も半々。 | ①トウモロコシ導入以前は，春小麦－大豆－春小麦－大豆－牧草／アルファルファ（5年程度）－春小麦，②現在は，良好な圃場ではトウモロコシ－大豆の2年輪作，軽砂壌土では春小麦－大豆－春小麦－大豆－牧草／アルファルファ（5年程度）。 |

営者は冷涼期作物である春小麦に温暖期作物であるトウモロコシや大豆が加わったこと，作物数が増えたことで，圃場に作物が存在する季節と作物種類が多様化したため，病害や雑草対策が改善されたとしている（同一圃場により様々な季節に多様な殺菌剤や除草剤が散布された「効果」が考えられる）。

　ND2農場は1995年にトウモロコシを導入したが，大豆はまだであった（ND1農場以外は調査時点で大豆未導入）。トウモロコシ導入の契機は，もちろんその価格有利化があるが，加えて，それ以前に春小麦への集中・連作が進んでいて，その障害が顕わになっていたことがある。導入後はカノーラも増やしており，「春小麦－トウモロコシ－カノーラ」と「春小麦－春小麦－トウモロコシ（クリーニングクロップの役割）－春小麦－カノーラ」の作付方式に変化した。

表6-38 ノースダコタ州調査農場の作付面積および作付方式の変化

| 農場番号 | ND1 | ND2 | ND3 | ND4 | ND5 |
|---|---|---|---|---|---|
| 作付面積の変化 | トウモロコシは7年前導入、大豆は2011年が初。耕種農地の残りは湿気が多すぎて播種ができなかった。 | 1995年にトウモロコシを200エーカーで開始して増やしてきた。春小麦も増やしてきたが、今後は減らしてトウモロコシとカノーラを増やす。大豆もトライしてみたい。春小麦が連作障害（病気）で収量低下しており、他方トウモロコシとカノーラの収量と価格が良くなっているから。 | 2007年にトウモロコシ開始。小麦を減らした。CRPは減らしていない。なおヒヨコ豆は乾燥に強い作物。 | 耕種作物の作付はあまり変化させていない。 | 1996年に穀物用トウモロコシを開始（それまではWCS）、そのために同時にnon-till開始。小麦を減らし、大麦はやめた。CRPが来年140エーカー、再来年250エーカーが契約切れとなるので、おそらくトウモロコシを作付ける。 |
| 作付方式の変化 | ①トウモロコシ導入以前は、春小麦ーヒマワリ、春小麦ー春小麦ーピント豆、春小麦ー豆類ーヒマワリ、②導入後は、春小麦（冷涼期作物）ートウモロコシ（温暖期）ー大豆／ヒマワリ／ピント豆／エンドウー小麦。以前よりも季節と作物数が多様になり、病気や雑草対策が改善された。 | ①トウモロコシ拡大以前は、春小麦ー春小麦ートウモロコシ、さらに降水量が少なかったため地域内に15～16年春小麦連作というケースも少なくなかった。②現在は、春小麦ートウモロコシーカノーラ、春小麦ー春小麦ートウモロコシ（クリーニングクロップの役割）ー春小麦ーカノーラ。 | ①トウモロコシ導入前の輪作は、春小麦ー春小麦ー春小麦ー豆類、②導入後は、春小麦ー春小麦ートウモロコシー豆類ー春小麦。 | 春小麦ー春小麦ー（春小麦）ートウモロコシーヒマワリ | ①トウモロコシ導入以前は、春小麦／デュラム小麦ー大麦ー油糧種子ー小麦／デュラム小麦ー休閑ー小麦／デュラム小麦（このうち大麦の所にトウモロコシが入った）、②現在は、小麦／デュラム小麦ートウモロコシー油糧種子ー小麦／デュラム小麦（トウモロコシ跡作の油糧種子は良い。作物残渣の好影響ではないか）。non-tillにしたので、休閑は不要に。 |

資料：2011年10～11月農場実態調査より。

　ND3農場でも2007年トウモロコシ導入以前の主な作付方式は「春小麦3年連作ー豆類」というモノカルチャーに近いものが、導入後「春小麦ー春小麦ートウモロコシー豆類（現在はヒヨコ豆）ー春小麦」になっている。

　ND4農場はトウモロコシ導入年度が把握できなかったが、作付方式は「春小麦ー春小麦ートウモロコシーヒマワリ」である。ND5農場は1996年にトウモロコシをWCS用から穀実用に転換、そのために（土壌水分保全の必要性増大）不耕起栽培を開始、小麦を減らして止めたというように、州全体の作物交代を典型的に体現している。作付方式は、穀実用トウモロコシ開始前は、「春小麦（ないしデュラム小麦。以下同様）ー大麦ー油糧種子ー春小麦ー休閑ー春小麦」が主であり、なお休閑を挟んでいた。その大麦の所にトウモロコシが入り、「春小麦ートウモ

ロコシ－油糧種子－春小麦」に変わった。不耕起にしたため「作物残渣が増えてトウモロコシ跡作の油糧種子収量が改善され，休閑も不要になった」としている。

このようにノースダコタ州の場合，ARMS統計からの単純な推察よりも農場現場（少なくとも調査農場）の実態はやや複雑で，全般的に春小麦への作物集中，ほとんどモノカルチャー化するほどの連作さえあった状態が，トウモロコシの導入を契機にある程度多作物化，作付方式の輪作化が生じている。なお長年にわたって小麦が最大作物であり続けたところに，最近になってトウモロコシと大豆が導入され急速に拡大する途上にあるという同州固有の位置が反映されていると言える（コーンエタノール企業へのトウモロコシ出荷農場を意図的に選定したため，大豆作付農場が1件しかなく，大豆の導入・拡大による作付方式変化はほとんど捉えられなかった）。

### （2）耕起方式の変化
#### ①ARMS統計から

第4章第4節（3）①で検討したように（**表4-16**，223頁），降水量の少ない西北部ほどトウモロコシ栽培における不耕起などの保全耕起が早く普及し，かつ最近でもその比率が高いという傾向はなくて，逆にそのための固有の播種機が大型化，高性能化，精密農業技術とのパッケージ化することで高額投資を必要とするため，それに耐えうる集約性（面積当たり高い収益性）を持たなければそのハードルが高くなっているという，矛盾的な側面があることを指摘した。

サウスダコタ州はコーンベルト中核のアイオワ州，集約灌漑地帯ネブラスカ州と比べてなおトウモロコシの単収，したがってその面積当たり収益性において低位性を克服できていない。ノースダコタ州はもともと春小麦とその他穀物等を中心とする粗放的な農業地帯であり，トウモロコシ，大豆についてもサウスダコタ州よりさらに劣等地性を抱えている。

2010年のトウモロコシにおける耕起方法別面積構成比だけを再確認しておくと，サウスダコタ州では不耕起が27.5％，それを含む保全耕起が45.1％，軽減耕起が32.7％，在来耕起が22.2％，ノースダコタ州では不耕起が11.3％，それを含む保全耕起が36.1％，軽減耕起が16.1％，在来耕起が47.9％となっていた。両州ともコーンベルト中核，ネブラスカ州に較べて保全耕起の比率が低く，在来耕起の比率が

表6-39　両ダコタ州における小麦の耕起法別作付面積推移　　　　　　（単位：エーカー，％）

| | | | 1996 | 2000 | 2004 | 2009 | 1996 | 2000 | 2004 | 2009 |
|---|---|---|---|---|---|---|---|---|---|---|
| 冬小麦 | サウスダコタ州 | 作付面積計 | 1,581 | 1,350 | 1,650 | 1,693 | 100.0 | 100.0 | 100.0 | 100.0 |
| | | 保全耕起　不耕起 | 321 | 785 | 952 | 1,227 | 20.3 | 58.2 | 57.7 | 72.5 |
| | | 　　　　　畝頂部耕起 | | | | | | | | |
| | | 　　　　　マルチ耕起 | 341 | 90 | 213 | 152 | 21.6 | 6.6 | 12.9 | 9.0 |
| | | 　　　　　小計 | 662 | 875 | 1,165 | 1,379 | 41.9 | 64.8 | 70.6 | 81.4 |
| | | 軽減耕起 | 246 | 335 | 285 | | 15.6 | 24.8 | 17.3 | |
| | | 保全・軽減耕起計 | | 1,209 | 1,451 | 1,379 | | 89.6 | 87.9 | 81.4 |
| | | 在来耕起 | (130) | 141 | 170 | 229 | (12.4) | 10.4 | 10.3 | 13.5 |
| 春小麦 | サウスダコタ州 | 作付面積計 | | 1,649 | 1,600 | 1,493 | 100.0 | 100.0 | 100.0 | 100.0 |
| | | 保全耕起　不耕起 | | 694 | 1,084 | 1,003 | (25.6) | 42.1 | 67.8 | 67.2 |
| | | 　　　　　畝頂部耕起 | | | | | | | | |
| | | 　　　　　マルチ耕起 | | 475 | 153 | 377 | (33.4) | 28.8 | 9.5 | 25.3 |
| | | 　　　　　小計 | | 1,169 | 1,237 | 1,381 | (59.0) | 70.9 | 77.3 | 92.5 |
| | | 軽減耕起 | | 169 | 139 | | (28.2) | 10.3 | 8.7 | |
| | | 保全・軽減耕起計 | | 1,338 | 1,376 | 1,381 | (87.2) | 81.1 | 86.0 | 92.5 |
| | | 在来耕起 | | 311 | 224 | 49 | (12.8) | 18.9 | 14.0 | 3.3 |
| | ノースダコタ州 | 作付面積計 | 9,600 | 6,798 | 6,200 | 6,429 | 100.0 | 100.0 | 100.0 | 100.0 |
| | | 保全耕起　不耕起 | | 333 | 611 | 2,985 | | 4.9 | 9.9 | 46.4 |
| | | 　　　　　畝頂部耕起 | | | | | | | | |
| | | 　　　　　マルチ耕起 | 3,232 | 959 | 1,642 | 2,748 | 33.7 | 14.1 | 26.5 | 42.7 |
| | | 　　　　　小計 | 3,232 | 1,292 | 2,253 | 5,733 | 33.7 | 19.0 | 36.3 | 89.2 |
| | | 軽減耕起 | 2,682 | 2,588 | 1,887 | 592 | 27.9 | 38.1 | 30.4 | 9.2 |
| | | 保全・軽減耕起計 | 5,914 | 3,880 | 4,141 | 6,325 | 61.6 | 57.1 | 66.8 | 98.4 |
| | | 在来耕起 | 3,409 | 2,918 | 2,059 | | 35.5 | 42.9 | 33.2 | |

資料：USDA ERS, *Agricultural Resource Management Survey (ARMS) Tailored Reports*,
　　　(http://www.ers.usda.gov/Data/ARMS/)より。
注：1）空欄はデータがない。
　　2）（　）内は，1996年値がないので1997年値に代えた場合の数値である。

高いわけだが，さらに2005年にかけて保全耕起比率が高まって在来耕起比率が低下していたのが，2010年にかけて，つまり穀物等価格暴騰局面において，反転上昇が見えた点でも共通していた。

　ここで両ダコタ州においては，趨勢的に減少しているとは言え小麦がなお基幹作物であることに鑑み，その耕起方法の変化も見ておく（**表6-39**）。サウスダコタ州の冬小麦と春小麦は，いずれも1996年（ないし1997年）の時点で不耕起の比率が20～26％，それを含む保全耕起が42～59％になっていて，不耕起について言えばトウモロコシの両ダコタ州だけでなく，アイオワ，イリノイというコーンベルト中核すら上回っており，逆に在来耕起は12～13％と下回っていた。それ以降不耕起はさらに急速に進展して，2009年には不耕起比率が冬小麦で73％，春小麦で67％，保全耕起小計では81％と93％というように，ほとんどを占めるまでになった。

　またノースダコタ州春小麦について，1996年には不耕起はなかったがマルチ耕

起による保全耕起が34％を占めており，その後マルチ耕起比率は一旦低下するが再上昇すると同時に，2000年代後半に不耕起が劇的に増加し，2009年には両方合わせて89％と，やはりほとんどを占めた。

　このように小麦栽培における不耕起を含む軽減耕起の早期からの普及や近年の圧倒的占有率は，大平原中南部の冬小麦主産地であるカンザス州，オクラホマ州，テキサス州を凌駕する点も特徴的である。それによって雨水確保を重要目的とする休閑の必要性が希薄化し，それが上述のようにサウスダコタ州の農場現場ではトウモロコシ，大豆を組み込んだ集約的な作付方式へのシフトを，また両作物の導入が遅れたノースダコタ州では一旦，小麦連作・モノカルチャー化を進める要因になったと言える。

　②調査農場における耕起方法と播種機
　サウスダコタ州調査農場における耕起方法変化の実態から見るが（表6-40），農場経営者の認識では，「不耕起」（no-till），「最小耕起」（minimum-till），「在来耕起」の3大区分があり，最小耕起の具体的形態として「細帯状耕起」（strip-till）とその一種でもある「ノミ刃耕起」（chisel-till）という区分がなされていた。

　8農場のうち，基本的に全て不耕起なのはSD3農場だけだった。その目的は土壌水分保持と耕起作業のための労力・燃料コストの削減であり，不耕起を可能にした条件はグリホサート系除草剤耐性遺伝子組換え種子の登場でプラウ耕の持つ除草機能が不要になったことと不耕起対応型播種機の登場である。

　SD1，SD2，SD6の3農場は最小耕起を行なっている。個別に見ると，SD1農場は不耕起だとトウモロコシの残渣は植物の性格上，大量で播種および土壌への空気挿入に支障をきたすからである。SD2農場は，既に1980年代にプラウ耕（撥土機能を持つ犂）をやめていたが，圃場が重土壌で圧密による土壌構造悪化を防ぐため，および作物残渣の湿気が高くなって不耕起ではそれを切り裂いて播種するのが困難なため，2フィート間隔のチーゼルプラウ（chisel，のみ刃）耕を行なっている。SD6農場は1996年頃に不耕起を開始して2008年頃まで実施しており，そのメリットとして雑草防除（前作残渣がマルチの機能を果たす）と土壌固化防止をあげていた。しかし近年，春期の土壌水分が多く，ある程度乾燥させる必要から細帯状耕起に切り替えている。

表 6-40 サウスダコタ州調査農場の耕起方式の変化と高度播種機導入状況

| | | SD1 | SD2 | SD3 | SD4 | SD5 | SD6 | SD7 | SD8 |
|---|---|---|---|---|---|---|---|---|---|
| 耕起方法 | | minimum-till | トウモロコシ、大豆、小麦にはminimum-till | non-till | 軽砂壌圃場ではnon-till | 大半はtill、一部non-till | minimum-till | one-path tillとnon-till | 小麦・大豆にはnon-till、トウモロコシにはstrip-till |
| 耕起方式の変化 | | non-tillだとトウモロコシの茎などが邪魔になるので鋤込むのに土壌に空気を入れるためにminimum-tillにしている。 | 1980年代に既にブラウ耕はやめていた。現在はトウモロコシ用に前方に作物残渣をカットするディスク、その後方にchisel tillでカットする(chisel tillのみ)(耕深8インチ)がついているDisk Chiselでminimum-tillをやっている。tillは2フィート間隔であり、その間は耕転しない。大豆と小麦はchisel tillだけのものでnon-tillにはできない。 | non-tillを約10年前から開始。条播は①土壌水分保持、②グリホサート系除草剤耐性遺伝子組換え種子の出現で除草目的のブラウ耕が不要に、③労力と燃料のコスト削減、④作物残渣をカットしながら播種する播種機の登場。 | 軽砂壌圃場ではnon-tillをやるが、トウモロコシ連作対策で深耕もしている。 | 重土壌なのと、トウモロコシ残渣を鋤込むため耕起する必要がある。それによって土壌有機物も確保し保水力の維持・向上を図っている。土壌有機物の維持には非常に注力している。牛部門からの堆肥は草地に還元している。 | 15年前にnon-tillを開始し2～3年前までやっていた。non-tillのメリットは雑草防除と土壌の固化を防ぐこと。しかし土壌がぐちょぐちょになり土壌水分が多かったので最近はminimum-tillにした。minimum-tillは条間を22インチ(多くの人は30インチ)に狭くし、播種間隔は長くする。条間を狭くする目的は、①条間をできるだけ作物で覆い光吸収効率を高める、②雑草への日光照射を悪くする、③水分保持。 | 大豆は(かつては小麦も)non-till、トウモロコシは1回だけのtill(one-path till)。 | strip-tillは3年前から開始。11月に、間隔30インチで4インチ幅のstrip(帯状)だけを耕して溝を作りながら施肥する(この耕起施肥機は16条)。strip部分の土壌温度は上昇し乾きやすく、発芽しやすくなる。そのstripどおりに翌年5月にVRT(委託先が使用)で播種する。non-till圃場ではVRT播種機は使わない。なお冬期は風雪よけ寒林(shelter belts)に肉牛を集め、そこに堆肥を年間20～30エーカーずつ散布するので、その分についてはブラウ耕が必要。 |
| 備考 | | | | | | | | | |
| 高度播種機 | | エアシーダー1、プランター2 | エアシーダー、16条コーン・プランター | | | トウモロコシ・シーダー | | ノンティル・ドリル播種機 | なし(作業委託) |

資料：2011年10～11月農場実態調査より。

また小麦や大豆は不耕起だがトウモロコシは軽減耕起ないし最小耕起を行なっているのが，SD7農場とSD8農場である。SD7農場は大豆は不耕起だが（小麦も不耕起だったが小麦の栽培自体をやめている），トウモロコシは1行程だけの耕起である。SD8農場は小麦と大豆は不耕起だがトウモロコシは2008年から前年作収穫後の11月の圃場に，4インチ幅での細帯状耕起を開始した。不耕起にしないのは，春の種床土壌温度を上げて発芽を促進するためである。したがって春にはその帯状耕起跡に正確に播種する必要があるので，GPSとVRT機能を備えた播種機を使う（高額なので作業委託）。

これらに対し，より積極的な理由で在来耕起を行なっているのが，SD4農場とSD5農場であり，SD8農場も一部はあてはまる。SD4農場はトウモロコシ連作への対策を理由としてあげているが，具体的には大型植物であるトウモロコシを連作すると累積する残渣が多すぎて不耕起対応型播種機でも播種が困難になることと，土壌反転による連作障害対応ということがあろう（その意味では作付方式の退行・モノカルチャー化への対症療法だが）。SD5農場の場合は，土壌の表面ではなく内部に有機物を注入して構造の維持・向上を図るためだとしている。SD8農場が毎年小面積ずつだがプラウ耕を実施しているのも，肉牛堆肥を散布して土壌中に入れ込むためである。

このように農場現場では，文字通りの不耕起が直線的に普及するという単純な状況にはなく，土壌性質（重土壌）によって一定の耕起が不可欠である，トウモロコシの作物残渣が（特に連作では累積するので）多すぎる，種床の土壌温度上昇を確保するため，そして表土だけでなく土壌内部にも有機物・厩肥を注入・撹拌して土壌構造を改善する必要性がやはりある，といった理由から不耕起，保全耕起，軽減耕起およびプラウ耕の諸技術を選択的に活用しているのが実態である。

そして不耕起および最小耕起は，主として次のような新式播種機を使った播種方法と結合して実施されている。すなわち第一に，エアシーダーであるが（SD1農場とSD2農場），これは播種機前段に前作物残渣を切り分けながらV字播種溝を作るディスクカッターがあり，播種機全体の中央部にある種子タンクから圧縮空気で各条の播種器（ホッパー）に種子を送り込む。そこで回転するディスクの縁に開いた穴に種子をはめ込んで一定間隔で溝に種子を落とし込む種子チューブがあり，最後部に種子溝を埋め戻す1枚ないし2枚1対のクロージングディスク

が付いている。

　第二に，ボックスドリルであるが，これはディスク，種子チューブ，クロージングディスクなどの構造は基本的にエアシーダーと同様だが，各播種作業機それぞれの上部に種子タンクがついていて各条の播種器に落とすので，空気による圧送システムはない。

　これら二つは，不耕起圃場での播種を行なうことができる（またそれに必要な）播種機である。もちろん最小耕起にも利用可能である。

　第三に，細帯状耕起（SD8農場）やディスク・チーゼル（SD2農場とSD6農場）で「最小耕起」をする方法である。前者は撥土板のない（したがってプラウではない）耕起ブレードで播種床部分だけを細帯状に耕起しておく。また後者は作物残渣を切るディスクカッターの後にノミ状の耕起刃（chisel）が付いていて，それで横間隔2フィートで深さ8インチ程度耕耘している（2フィートの間は耕起しない）。これらの最小耕起を基本的に秋に施しておいた種床に，翌年春に条播機で播種していく[3]。したがって否が応でもGPS付の播種機が必要になる。

　次にノースダコタ調査農場の場合は（**表6-41**），5農場中4農場が不耕起栽培にしている。サンプル数が少ないので統計的に意味あることは言えないが，上述ARMS統計とは異なって，サウスダコタ州よりその実施率が高い。事情をヒアリングできた農場を個別に見ると，ND2農場は1999年に導入，その目的は耕起作業にかかわる労力節減，保水，および土壌保全（流亡抑止）だった。ND5農場は不耕起を実施しているが，それは本来より有益だと考えている細帯状耕起は秋作業になるが，それはしばしば積雪でできなくなるゆえの次善の策と位置づけている。当該経営者からの言及は得られなかったが，他の農場事例からして，春期に種床の土壌温度を早めに上げる効果を考えているものと推察される。

　ND3農場は2001年頃に最小耕起を取り入れたが，その目的は土壌流亡防止，土壌水分保持，表層土だけは耕耘してバクテリアの活性と空気（酸素）注入を行なって作物残渣分解を促進して土壌改良の効果を上げること，同時にそれによって菌類の繁殖も抑制できるとしている。

　これら農場が使用する不耕起ないし最小耕起用播種機であるが，いずれも空気圧送式播種機である。「ドリル（drill）」と「プランター（planter）」はいずれも条播機だが，ドリルの方が条間隔が狭くて麦類などの小粒穀物や牧草類向け，プ

第6章　コーンベルト西北漸下の両ダコタ州穀作農業構造変化とエタノール企業　379

表6-41　ノースダコタ州調査農場の耕耘方法の変化と高度播種機導入状況

| | ND1 | ND2 | ND3 | ND4 | ND5 |
|---|---|---|---|---|---|
| 耕耘方法 | non-till | non-till | minimum-till | non-till | non-till |
| 耕起方式の変化，備考 | | 1999年にサウスダコタ州立大学のWein Backというnon-till提唱者の勧めで導入。目的は労力減減，保水，土壌保全。そのために施肥と播種を同時に行なう播種機が必要となった。なお降水量が12インチあるので，灌漑は不要。 | 10年前にminimum-tillを導入，その目的は①土壌流亡防止，②土壌水分保持，③表層土だけを耕耘してバクテリアと空気を入れて，作物残渣の分解を促進して土壌改良するとともに，④菌類(fangus)の繁殖を抑制。トウモロコシは今年non-tillにした。 | | non-tillを全作物にやっているが，本当はstrip-tillが良いと思う。しかしstrip-tillは秋作業になるので雪で出来なくなる場合あり。 |
| 高度播種機 | 60フィート・エアシーダー(小麦用)，30インチ間隔24条エアシーダー(トウモロコシ用) | エア・ドリルシーダー(条播で条間は調節可能で6〜10インチで播く，等間隔播きではない→小麦・カノーラ用)，エアプランター(条播・等間隔で条間24〜30インチで播く→トウモロコシ・ヒマワリ用) | エア・ドリルシーダー | エアシーダー(小麦用)，エアプランター(トウモロコシ用) | エアシーダー2，コーンプランター1 |

資料：2011年10〜11月農場実態調査より。

ランターは条間隔が広くてトウモロコシなど大粒穀物向けのものを指すのが一般的である。いずれも条間隔は調整可能だが，小麦用ドリルとトウモロコシ用プランターでは基本構造上の条間隔の違いが大きくて一方で他方の播種をするのは適当でないから，両作物を栽培する経営は両タイプの播種機を必要とする。大豆は小粒種子と大粒種子の中間に位置するので，例えば「トウモロコシ－大豆」型経営ならプランターだけで対応することも可能である。

　以上の事情から，トウモロコシと春小麦を両方を栽培しているノースダコタ調査農場は，回答者の呼称に違いはあっても，2種類の不耕起用ないし最小耕起用播種機を所有しているのである（ND3農場はその点を十分に判別してヒアリングできなかった）。

③耕起方法変化の生産力論的意味
　プラウ耕の廃止，および不耕起や最小耕起の導入は早い経営では1980年代，あるいは1990年代後半から2000年頃にかけてであった。そしてこれら保全耕起導入

の目的ないしメリットは，「土壌水分保持」（それによってより水土壌水分を多く必要とするトウモロコシや大豆の栽培を容易にする），「表土有機物堆積による土壌固化の防止」「耕耘労力・コストの節減」が挙げられている。また作物残渣が表土を被覆することが「土壌流亡抑止」だけでなく，「雑草防除」になるとする農場もある。

　ここで留意すべきは，これら現場での「不耕起」栽培等の浸透・進展が，(A)無条件に前進しているわけではないこと，(B) 不耕起等が農法上および「農業の工業化」路線との関係で有する意味についてである。

　まず (A) の側面についてだが，まず「不耕起農法は水はけのよい砂質またはシルト質の土壌でもっとも効果が高い。耕さなければ圧密を受ける水はけが悪い重埴土ではうまく機能しない」（モントゴメリー 2010：p.293）との指摘があるが，現場でもそのとおりのことが生じている。

　また「不耕起栽培で作物残渣が表土を覆うことによる春の土壌温度上昇阻害」という指摘もなされているが（岩田 2004：p.124），実際にそのような事態が生起している。それに対する対応として，細帯状耕起を秋から準備しておくことで克服する取り組みがなされているが，そのためには秋に細帯状耕起した播種床を，春に正確にフォローして播種するためのGPSコントロールが不可欠である（精密農業へのリンケージ）。

　そして，これは調査農場（現場段階）では意識にはのぼっていなかったが，不耕起栽培の「もう一つの利点」は二酸化炭素隔離（carbon sequestration）にある。モントゴメリーはそれをもっぱら作物残渣・被覆作物が「表土層」に有機物として堆積し耕起しないことで，酸化されて二酸化炭素放出がされないことに求めている（モントゴメリー 2010：p.292）。しかし他方で「土壌への炭素隔離量を増やすためには，土壌のより深い位置まで有機物を鋤き込むことが効果的」なので，少なくとも「有機物を施用するときだけは」深耕が必要であり（青山 2010：p.151），不耕起や最小耕起で土壌下層では有機態炭素量がむしろ減少する実証データも示されている（青山 2010：p.114）。現場経営者は二酸化炭素貯留を意識してではないが，トウモロコシ残渣や牛糞堆肥を土壌に十分鋤き込むために在来耕起法・プラウ耕を用いており，不耕起，最小耕起が無限定に前進的・積極的とも言えないことがわかる。

次に（B）の，「農業の工業化」軌道との関連について農場実態と照らし合わせながら検討してみよう。

第一に，不耕起，最小耕起を可能にしたもっとも重要な技術的条件が，「除草剤耐性GM品種の登場で強力なグリホサートないしグリホシネート系除草剤施用が可能になり，除草目的耕耘が不要化した」点だということである。モントゴメリー（2010：p.292）は，「不耕起農法を採用すると，はじめのうち，除草剤と殺虫剤の使用を増やす結果になることがあるが，土壌生物相が復活するに従い必要は減る。不耕起農法を被覆作物，緑肥，生物農薬の使用を組み合わせた栽培」という「代替農法が不耕起農法を補完するものとして実用的である」としたが，少なくとも調査事例において「代替農法」へ向かうようなモメントは一切検出できなかった。すなわち現代アメリカ穀作農業の一般的現場では，より強力な除草剤とそれへの耐性遺伝子組換え種子という，「代替農法」とは逆の，いっそうの「工業化」（いわば「超工業化」）技術と結合しているのである。

第二に，不耕起・最小耕起の導入は，前述のような「不耕起，最小耕起，細帯状耕起に対応した，前作作物残渣をカットないし除去し，種床を形成し，播種後に土被覆するという高性能播種機の登場」を前提としている。モントゴメリー（2010：p.293）は，「特に小規模農家では，作物残渣を貫いて植え付ける専用の播種機が手に入らないことが多い」と指摘していたが，事態はまさにそのとおりで，中・大規模，メガファームではそうした新・大型機械を「手に入」れているが（SD8農場は購入せずに委託），それは従前の播種機より高額となっている。調査農場別の機械価格ヒアリングはしていないが，全米平均の関係機械類の価格推移を示すと表6-42のようである。

これによると2014年時点で，チーゼル・プラウが（調査では耕深1フィートまでは使わず8インチであったが）29,600〜42,100ドル，同時施肥機付き不耕起・最小耕起用播種機が45,100ドル，それ以外でも農場が不耕起ないし最小耕起で用いている，残渣を切り分けて播種床を作って播種し覆土するタイプの播種機が23,600〜44,300ドル，同時施肥機付き保全耕起型条播機では大型の場合190,000ドルにも達している。さらにこうした大型の（播種幅が広い，播種条が多い）播種機を牽引したり，大型チーゼル・プラウや同時施肥機付保全耕起型条播機の後ろに液肥散布機を牽引するためには，大型・高出力トラクターが必要になるが，

表6-42 穀物耕起・播種関係機械，スプレイヤー，トラクター価格の推移（全米平均）

(単位：ドル)

| | 2002 | 2004 | 2006 | 2008 | 2010 | 2012 | 2014 |
|---|---|---|---|---|---|---|---|
| チーゼル・プラウ（のみ刃犂）　最大耕深1フィート・耕起幅16〜20フィート | 13,400 | 15,300 | 17,700 | 22,200 | 26,100 | 27,800 | 29,600 |
| チーゼル・プラウ（のみ刃犂）　最大耕深1フィート・耕起幅21〜25フィート | | | 24,400 | 28,800 | 33,900 | 39,300 | 42,100 |
| 同時施肥機付き不耕起・最小耕起型穀物播種機・撒き幅15フィート | 28,100 | 29,400 | 32,600 | 35,000 | 41,500 | 42,300 | 45,100 |
| 播種床開溝型穀物播種機・15〜17条 | 14,000 | 14,500 | 16,800 | 21,600 | 24,200 | 21,000 | 23,600 |
| 播種床開溝・播種後鎮圧型穀物播種機・23〜25条 | 23,100 | 22,600 | 25,200 | 26,900 | 36,600 | 40,500 | 44,300 |
| 同時施肥機付き播種床開溝型穀物播種機・20〜24条 | 18,600 | 19,800 | 20,200 | 22,700 | 29,600 | 32,700 | 34,700 |
| 同時施肥機付き保全耕起型条播機・12条 | 50,400 | 53,100 | 60,200 | 67,900 | 75,300 | 86,100 | 88,900 |
| 同時施肥機付き条播機・24条 | 97,600 | 102,000 | 113,000 | 132,000 | 153,000 | 164,000 | 190,000 |
| 牽引型パワーブーム・スプレイヤー・500〜700ガロンタンク | 12,000 | 13,300 | 15,900 | 19,100 | 19,600 | 17,000 | 17,300 |
| 4輪駆動トラクター・取り出し出力200〜280馬力 | 132,000 | 141,000 | 150,000 | 176,000 | 198,000 | 217,000 | 233,000 |
| 4輪駆動トラクター・取り出し出力281〜350馬力 | | | 168,000 | 187,000 | 222,000 | 272,000 | 294,000 |
| 4輪駆動トラクター・取り出し出力351〜500馬力 | | | | 244,000 | 256,000 | 301,000 | 321,000 |
| 穀物ヘッド付き大型コンバイン | 156,000 | 180,000 | 201,000 | 230,000 | 257,000 | 295,000 | 295,000 |
| 穀物ヘッド付き超大型コンバイン | 187,000 | 218,000 | 240,000 | 276,000 | 315,000 | 365,000 | 365,000 |
| コンバイン用コーンヘッド6条刈り | 25,700 | 27,400 | 30,600 | 35,900 | 40,000 | 42,600 | 42,600 |
| コンバイン用コーンヘッド8条刈り | 33,200 | 35,900 | 40,200 | 46,000 | 52,500 | 58,100 | 58,100 |

資料：USDA NASS, *Quick Stats Database*.
注：本統計には自走式スプレイヤーのデータがない。

その価格もゆうに30万ドル前後に達している。しかもこれらの機器類の価格上昇率はかなり急激である（10年程度で倍増も珍しくない）。

　調査農場についても，自己経営にとっての重大課題（チャレンジ）を2〜3程度自由にあげる質問に対して，「農業機械・装備やその他の投入財価格の高騰」に何らかの表現で言及したのがSD5農場，SD6農場，ND2農場，ND4農場，ND5農場と多い。

　こうして不耕起，最小耕起，あるいは保全耕起技術を，ますます大面積化している農業経営に導入することの結果，そのための農業機械・装備投資が高額化して，「技術の踏み車」「大規模化・工業化の無限循環」に歯止めがかかるのではなく，むしろそれを継続させる効果をもたらしているのである。

　第三に，岩田は「不耕起栽培とは，自然の力（土の進化の過程）の助けを目一杯借りることにより成立する栽培法」とし（岩田 2004：p.125），土の進化，肥沃化とは「植生種の」「多様化」と結合するものであるとしている（同 p.103）。その「時間の経過の中で，植生の多様性を保障する」のが「輪作」であるから，

本来，不耕起栽培等は輪作と固く結合すべきものであろう。しかし現場実態に見る現代アメリカ穀作農業では，作付方式は収益性＝市場原理に導かれるままにますます単純化しており（「トウモロコシ－大豆」の「輪作」へ，さらにトウモロコシ連作へ），むしろ植生多様性の退行が進んでいると言わざるをえない。またノースダコタ州では不耕起・軽減耕起が先行していたが，それによる土壌水分保持量の確保が逆に小麦のモノカルチャーに近いほどの連作をもたらしており，価格暴騰を契機とするトウモロコシや大豆の導入が（一時的かも知れないが）作物の多様化，輪作的作付方式の「復活」をもたらすという皮肉な現象も生んでいた。
　そしてトウモロコシ連作についても，それを「支える」重要な技術要素が，連作障害「耐性」＝線虫殺虫Bt遺伝子組換え種子であった。ただしそれ自体にも限界があって，面積当たり収益の低い小麦を敢えて作付ける（SD1農場），作物残渣が累積して多くなりすぎるので連作を回避する（SD3農場），トウモロコシ連作障害対策として深耕による有機物投入と上下土層反転をする（SD4農場），といった対応を迫られている。ここには，「不耕起－輪作－植生多様化による土壌進化」という「代替農法」への論理ではなく，「不耕起－連作耐性＝線虫殺虫遺伝子組換え種子依存の作付方式単純化－コスト削減と収益最大化」という「超工業化」の論理が前面に出ており，その負の効果への対処のために，不耕起そのものの逆転現象さえ生まれている。
　第四に，農業経営者が不耕起等の保全耕起法や軽減耕起法を導入する際に，一面で確かにそれは土壌流亡防止，土壌水分保持，そして耕耘コスト削減を目的とする経営判断・選択として行なわれている。しかし他面ではそれら技術の導入は，新耕起法対応型の最新・大型播種機とグリホサートないしグリホシネート系除草剤と同耐性GM種子という，いずれも農外巨大アグリビジネスが提供する労働手段・労働対象の購入と不可避的に結びついている。あるいは農協も含む投入財供給業者がそれらをパッケージとして推奨・販促している。
　このことを換言すれば，（ア）農業経営者による新たな耕起技術の「選択＝意志決定」は，農外巨大アグリビジネスが製造しパッケージ化して提供する労働手段・労働対象の中からの，極めて限定された「選択＝意志決定」に過ぎなくなり，それだけ生産技術上の意志決定が資本の手に移行している，つまり資本による農業経営労働の包摂が進展している。（イ）労働手段・労働対象の制御知識という

点から見ても，最新・大型の播種機や除草剤耐性遺伝子組換え種子にはそれら自体の制御技術だけでなく，それらを用いた土壌・作物に対する制御技術の多くも，機械や種子自体の内部に，ソフトウェアに，あるいはそれらとパッケージ化されて外部業者から提供される農業技術情報として，農業経営者・農業労働担当者の人格に宿る精神的・肉体的能力から離れて（deskilling），外部化・客体化・資本制商品化されている。つまりここでも資本による農業労働の包摂が進んでいるのである。後述する精密農業技術との結合は，こうした意味での農業労働・制御知識の資本による包摂をいっそう進めている。

以上を簡単にまとめると，まず不耕起，最小耕起，細帯状耕起は，土壌肥沃度・団粒構造の促進，土壌水分保持，土壌流亡防止といったプラス面と同時に，土壌性質上の適用限界があることも確認された。

次に「不耕起栽培推奨論」が理論的に提起している「代替農法」との結合，あるいはそれへの転換といった図式は，アメリカ穀作農業の一般的な現場段階では進行しておらず，グリホサートないしグリホシネート系除草剤・同耐性遺伝子組換え種子の導入・全面化と結合し，さらに線虫殺虫Bt遺伝子組換え種子との結合による輪作の退行・連作化とすら結合しつつ進行している。つまりそれは「化学化農法」から「代替農法」への転換ではなく，「化学化農法」から「超化学化・GM化・モノカルチャー化」（総じて「超工業化」）への深化という様相を呈している。

「不耕起や部分耕起など保全耕法」は「条植え作物（row crop）を作付ける大規模経営，特に機械化が進んだ経営にとって好都合な農法」であるが，それは「除草剤使用の増加を招」いて「水質汚染をもたら」すという「批判」は1980年代から提起されていた。そうした「耕法が受け入れられているのは，それが土壌保全に有効だからなではなく，労働力の節約につながるからであ」り，「連作や条植え作物の単作経営」に多く見られる，したがって「こうした土壌保全技術を受け入れる農業経営者は皮肉にも，農業による環境破壊を進めていると批判されてきたアメリカ農業の主流を代表するもの」という諸議論がそれである（バトルほか著／河村・立川監訳 2013：p.182）。ここで言われた「保全耕起を積極的に導入する工業化農業」というパラドキシカルな事態は，さらに「超工業化」との組み合わせへと同一路線上でさらに展開しているのである。

そして，大面積経営における不耕起栽培等が必要とする最新・大型播種機が精密農業技術との結合も相まっていっそう高額化していることは，コスト上昇圧力となり，それがまた大面積化を促迫するという，「大規模化・工業化」の連鎖をさらに延長・無限化している側面も確認できた。

### (3) 精密農業技術の導入状況

#### ①AMRS統計から

精密農業技術導入における両ダコタ州の位置と特徴を，第4章第4節（3）②を振り返りつつ簡単に確認しておく。

まず作物間の精密農業構成技術要素の普及度合いについて，より集約的で面積当たり収益性（したがってコスト負担力）の高いトウモロコシ，それに2000年代から急伸してほぼキャッチアップした大豆と，それらが両作物より低い小麦（春小麦，冬小麦）という序列があった。次に同じトウモロコシでも，コーンベルトの中核州，西側ネブラスカ州，北西周縁部サウスダコタ州，旧コーンベルト外で近年北西周縁部に組み込まれたノースダコタ州を比較すると，地片毎の収量モニタリングデータにサンプルテストから得た土壌化学性質も加えた電子マップ作成について，中核州とそれ以外とで差があった。またVRT施肥についても全般的に低いながら，中核州（特にイリノイ州）とそれ以外とで差があり，ノースダコタ州は最低だった。

加えてここでは小麦での普及度合いの統計データも確認しておくと（表出略），2009年のサウスダコタ州冬小麦において何らかの精密農業技術を使用した面積比率が67％，収量モニタリングが49％であった。春小麦について同年サウスダコタ州で何らかの精密農業技術を使用した面積比率が81％，収量モニタリングが56％，ノースダコタ州はそれぞれ74％と50％だった。これらをそれぞれの州における2010年トウモロコシの場合（**表4-18 (2)**，229頁）と比較すると，何らかの精密農業技術使用比率は両州春小麦でほとんど差がなく，収量モニタリング使用比率はトウモロコシを上回ってさえいる。ただサウスダコタ州冬小麦における両者の比率は，トウモロコシより10～15ポイント程度低い。

土壌マップ作成のためのGPS機器使用では，サウスダコタ州冬小麦が7％，同州春小麦が6％，ノースダコタ州春小麦が13％となっていて，中核州のトウモロ

コシより大幅に低いだけでなく，サウスダコタ州のトウモロコシと比べても目立って低い（ノースダコタ州小麦は低いながらほぼ同水準）。またVRT施肥についても，サウスダコタ州冬小麦が6％，同州春小麦が5％，ノースダコタ州春小麦が12％で，やはりサウスダコタ州では小麦がトウモロコシよりさらに低い。

以上から全体として（利用可能なデータが限られているのだが），サウスダコタ州内でも精密農業技術要素の普及率はトウモロコシより小麦が低いと言える。しかしノースダコタ州では水準そのものはコーンベルト中核より低いのはもちろんながら，州内でのトウモロコシと春小麦の差はほとんど観察されない。

②調査農場における精密農業技術導入状況

サウスダコタ州調査農場における精密農業技術導入状況の実態を見よう（**表6-43**）。

第一に，コンバイン収量モニタリングは，直接言及していないものも含めて，SD8農場（現在のところ精密農業技術を一切導入していない）以外の全ての農場が導入している。

第二に，電子マップについては，SD8農場以外が全て何らかの土壌サンプルテストにもとづいて作成していることが特徴的である。特にSD1農場およびSD3～SD7農場の6農場が，ゾーンマネージメントと呼ばれる手法で3大栄養素のサンプリングテストを行っている。この手法は，圃場を2.5～5エーカーの一律の格子状に区分してサンプルを採取してテストを行なうグリッド土壌分析と違って，ほぼ土壌性質が類似していると見られる任意の（可変的な）大きさのゾーン毎にサンプルを採取して土壌分析するものであり，グリッド土壌分析よりもコストが安い[4]。

この相対的な低コスト土壌テスト法によるにせよ，調査農場のほとんどがそれにもとづいて土壌電子マップを作成している点は，前掲**表4-18（2）**（229頁）のサウスダコタ州トウモロコシの2010年「テストにもとづく土壌マップ作成」面積比率7.1％と比べて著しい差がある。ただし土壌サンプルテストは，ある圃場に対して毎年実施する（しなくてはならない）ものではないので，4～5年に1度の実施とすれば調査農場の面積比率も20～25％程度となる。それでも相対的優等地である州東部（全ての調査農場が含まれる）での採用比率は，州平均よりか

第6章 コーンベルト西北漸下の両ダコタ州穀作農業構造変化とエタノール企業　387

表6-43　サウスダコタ州調査農場における精密農業技術の導入状況

| 農場番号 | SD1 | SD2 | SD3 | SD4 | SD5 | SD6 | SD7 | SD8 |
|---|---|---|---|---|---|---|---|---|
| 経営主年齢 | 57 | 70&息子37 | 52&50 | 54 | 41 | 44 | 56 | 60 |
| 精密農業の導入状況 | (1)精密農業は、①ゾーンマネージメント(pH、窒素、リン、カリのサンプルテストを行い、それにもとづく電子肥培処方(prescription)作成、②VRT播種・施肥、(2)地元穀物エレベーター農協のアグロノーマーがprescription data作りをやる。種子ディーラーが播種量の助言をする。費用7,500ドル)、施肥と農薬散布の助言をする。 | ①播種のトラクターGPS操縦、②種子ディーラー職員が160エーカー一圃場毎に何か所の土壌テストを行い、それを自分が平均化する。③その土壌テスト結果、本人の知識と経験、収量期待にもとづいて圃場毎に同一の播種量と施肥量を決めやっている。④コンバイン収量モニタリング。息子は精密農業をある程度やっているだろう。 | 精密農業は①ゾーンマネージメント、SDント法で、Wheat Growers(穀物農協)がpH、窒素、リン、カリをサンプリングテストし、専門アグロノーミストがゾーン毎の肥培処方を作成(グリッドサンプリングはコストが高い)、②VRT施肥およびトウモロコシ播種、③コンバイン収量モニタリング、GPSナビゲーション。Deer社の「StarFire」システムを使用。 | ①ゾーンマネージメントで栽培コンサルタント社が土壌サンプルテストをして肥料会社が施肥処方を作る。一エーカー当たり5ドル。②GPS操縦による耕耘、播種、施肥。③VRT播種・施肥(全圃場の25%。委託でエーカー当たり8ドル)、VRT播種、精密農業機器は約5万ドル。 | ①グリッドサンプリングではなく、エーカー毎のゾーンマネージメントで1/2～15エーカー毎にpH、窒素、リン、カリウム含量、表土と下層土の水分保持力、需要分析、②電子肥培処方、③コンバイン収量モニタリング、④VRT播種・施肥、⑤アグロノーミストを雇用している。週1回の圃場見回り、電子肥培培処方作成やVRTインプットをやってもらう(エーカー当たり5ドル)。精密農業装備は衛星電波受信機、GPS用コンピューターなど3～4万ドル。精密農業のメリットは肥料費の削減、ある圃場では収量増。 | ①ゾーンマネージメントによるpH、窒素、リン、カリのテスト、電子マッピングと施肥処方、③VRTへの入力情報提供。各地元農協がエーカーカードルでやる。 | ①ゾーンサンプリングと土壌分析と電子マッピング、②コンバイン収量モニタリング、③VRT施肥を、自分でやっている。各地元農協が分でやるVRT施肥サービスVRT播種はしていない。 | 今のところ、土壌分析、VRT施肥、コンバイン収量モニタリングもやにしていない。地元の小規模農協がVRT施肥サービスをやれないでいるもある。しかしそのうちやることになるだろう(農協も組合員からの要請があるから)。 |

資料：2011年10～11月農場実態調査より。

なり高いことは間違いないと考えられる。

　第三に，収量モニタリングおよび上述の土壌サンプルの両面から電子土壌マップを作成して，それをVRTにインプットして利用しているかであるが，SD1，SD3，SD4，SD5の4農場が播種と施肥の両方についてVRT施用を行なっている。必ずしも全面積とは限らないが（例えばSD4農場は全圃場の25％でVRT施肥実施），それでもやはり州平均を大きく上回る導入率である。またSD6農場とSD7農場はVRT施肥だけを行なっている。いっぽうSD2農場は70歳の経営主本人の担当圃場については，160エーカー圃場単位の土壌サンプルテストの結果を，本人の知識・経験および収量期待にもとづいてやはり160エーカー圃場毎に同一の播種量・施肥量を施用しており，VRTへの結合はしていない。ただし37歳の息子はより踏み込んでVRT施用などにも取り組んでいる。

　次にノースダコタ州調査農場の導入実態であるが（**表6-44**），第一に，コンバイン収量モニタリングは全農場が実施している。しかしそれを圃場ないし圃場地片毎の電子マップ化と結合しているのは，ND1とND2の2農場だけであった。収量情報はマニュアル作業施肥の参照情報としての利用にとどまっているということだろう。

　第二に，土壌サンプルテストは，ND1農場は圃場単位で実施し，かつプリスクリプション（表中の「電子施肥マップ」）を経営者自身が作ってVRT施肥に利用している点が注目される。ND2農場は土壌サンプルテストは未導入で，収量電子マップ化は開始したが，プリスクリプション作成，したがってまたVRT施肥との結合はない。ND3農場とND4農場は土壌サンプルテストをしていない。ND4農場は外部委託で行なうが電子マップ化はしておらず，当然プリスクリプション作成・VRT施肥は未着手である（ただし近々自力で始めるとしている）。

　調査数が少ないが，全体として土壌サンプルテストの実施率自体がまだ高くなく，プリスクリプションからVRT施肥への「体系化」については，自力で行なっているND1農場と全く未着手のその他農場の差が大きい。

　以上から農場現場では，サウスダコタ州の場合，調査農場がいずれも州内優等地である東部に含まれていることからと考えられるが，精密農業技術要素の導入率は統計値より高く，また結果としての土壌地片豊度（収量モニタリングデータ）と要因としての豊度（土壌サンプルテスト結果）をプリスクリプション作成をつ

第6章　コーンベルト西北漸下の両ダコタ州穀作農業構造変化とエタノール企業　389

表6-44　ノースダコタ州調査農場における精密農業技術の導入状況

| 農場番号 | ND1 | ND2 | ND3 | ND4 | ND5 |
|---|---|---|---|---|---|
| 経営主年齢 | 32 | 53 | 60 | 42 | 47 |
| 精密農業の導入状況 | ①圃場単位の土壌テスト（作物保険販売業者の助言者が$50/100エーカーで行なう），②トラクターGPS自動操縦と自動シャットオフ（重複回避），③VRT施肥（播種は来年から），④コンバイン収量モニタリングで収量電子マップを作り，それに基づく電子施肥マップを自分で作ってVRT施肥に利用（これで窒素肥料費が10％＝3万ドル節減でき，環境にも良い）。⑤精密農業への投資は農地購入投資に次ぐ，最良の投資（便益が大きい）と考える。⑥精密農業のスキルは西ノースダコタ大学で修得した。 | ①トラクターGPS自動操縦，②コンバイン収量モニタリング，③収量電子マップ化を開始。土壌サンプルテストと電子マップ化はしてないが，今後やることになろう。費用自担可能なレベルになってきた。 | ①トラクターGPS自動操縦，②コンバイン収量モニタリング実施。VRT施肥・播種はしてない。費用便益が良くないと考えている。 | ①土壌テストは委託でやるが，電子マップ化はしない。②トラクターGPS自動操縦，③コンバイン収量モニタリング，④VRT播種・施肥はやっていないが近々自分で始めるつもり。 | ①トラクターGPS自動操縦，②VRTトウモロコシ播種，③コンバイン収量モニタリングはやるが電子収量マップは作っていない。 |

資料：2011年10〜11月農場実態調査より。

うじてVRT施肥へと，「体系化」している農場割合が高かった。それに対し，ノースダコタ州はもっとも初歩的な技術要素であるコンバイン収量モニタリング以外の導入率はおしなべて低く，また土壌地片豊度情報の電子化からプリスクリプション作成をつうじてVRT技術利用へ結合している最大農場とそれらが手つかずのその他農場のギャップが大きい。

　これらの実態は，大枠としては精密農業技術導入度合いが集約度と面積当たり収益性に沿っていること，また一定の階層性があることを示している。


③精密農業技術導入とその担い手のあり方が持つ生産力論的意味

　精密農業技術を導入している場合，それを具体的に誰が担っているかが，その生産力論的意味を「農業の工業化」，農業労働の性格変化という観点から考える場合，極めて重要である。

　明示的な回答が得られた農場に限らざるを得ないが，サウスダコタ州ではSD1農場がプリスクリプション作成と施肥・農薬散布助言を穀物単協職員アグロノミストに，SD2農場が土壌サンプルテストを種子ディーラーに，SD3農場が土壌サンプルテストを穀物単協に，プリスクリプション作成を独立系アグロノミストに，SD4農場が土壌サンプルテストを独立系コンサルタントに，プリスクリプション

作成を肥料メーカーに，VRT施肥も相手不明だが委託，SD5農場がプリスクリプション作成とVRTへのインプットを独立系アグロノミストに（さらに圃場見回り－scouting－までも委託），SD6農場が土壌サンプルテスト，プリスクリプション作成，VRTへのインプットを穀物単協に，それぞれ委託している。

　ノースダコタ州の調査ではさらに情報が限られているが，ND4農場はやはり土壌サンプルテストを委託しているいっぽう，ND1農場が土壌サンプルテストを作物保険業者所属のコンサルタントに委託しつつ，収量電子マップ化，プリスクリプション作成，VRTへのインプットと施用を経営者自ら行なっている点が注目される。

　また電子マップを基礎とする播種，施肥，薬剤散布の処方（プリスクリプション）＝トラクターやVRT施用機を制御するソフトウェアを実際に運用するためには，それに対応する体系的なGPS関連システム（静止衛星との送受信機器，自走機誘導装置または自動ステアリング機構といったハードウェアおよびこれらを制御するためのソフトウェア）を，いまや自社でGPS用静止衛星まで飛ばしている巨大農業機器情報企業（ディーア社典型）から購入しなければならない（調査農場からの聴取でそれらだけでもまた1セット3～5万ドルを要することがうかがえる）。

　かつては各圃場および圃場内のあれこれの区域・地片の土壌性質，実収量や期待収量といった労働手段としての土壌に関する知識，そしてそれを基礎とした各圃場・圃場内区域等に対する肥培管理のノウハウは，農業経営者自身の人格に一体化している熟練として存在し，発揮されていたはずである。しかし精密農業技術の開発と普及は，こうした土壌およびその上で生育する作物という労働手段と労働対象の制御知識を，デジタル情報として外部化・客体化している。しかも外部化・客体化する主体は農業経営外部のアグリビジネス（種子ディーラー，資材ディーラーとしての農協，および高度のIT技能を身につけた今日的な商業的専門アグロノミストやコンサルタント）であるから，そうした電子情報とその収集・処理・加工・入力といったサービスは，すべからく資本制商品化しているのである。これらの結果として，今日の農業経営者・生産者は，そうした制御情報を自らの人格に蓄積・固着していた知識・熟練としては喪失して（deskilling），外部者が電子情報として収集，加工，ノウハウ化（ハードウェアやその制御ソフトウェ

ア）したものを，購入利用するようになっている。

　この場合の農業情報サービスの主たる提供者は，農務省・州立大学農学部・州政府の協同方式で伝統的に担われてきた普及部門スタッフではなくなってしまっている。つまり，農業技術情報を公共財として提供してきた公的普及部門が縮小することが，実はそれをアグリビジネスが「生産」し提供する私的・資本制商品化（privatization and commodification of agricultural production information）の過程となっており，したがってまたそれらアグリビジネスの資本蓄積機会の拡大と表裏一体で進んでいるのである。

　そして農業経営・生産者はこれら一連の制御情報を繰り返し購入しなくてはならなくなっていると同時に，それを農業生産過程で運用するためには，照応した高度にコンピューター化・IT化された最新かつ高額の機器＝資本制商品をも購入しなければならない[5]。

　これらは，かつては農業（農業経営）内給的であった生産力要因（土壌とその制御のための知識）を，農業から切り離して抽出し資本制商品化（電子土壌マップや電子播種・施肥処方）した上で再び農業生産過程に注入しているのであるから，「充当」経路による「農業の工業化」にほかならない。同時にまた，農業経営者・生産者の熟練という形態をとり，かつ極めてローカルな「知識」や「応用力」であったものを，資本制商品（商品資本）によって「代替」するという経路での「農業の工業化」でもある[6]。

　さらにこれを農業経営・生産労働の性格という側面から見れば，労働対象（土壌や肥培管理対象としての作物）と労働手段（土壌および最新のITとGPS技術で装備された機器）についての制御情報ならびに技術選択の意志決定が，ますます農業経営者・直接的生産者の人格としての肉体的・精神的能力から切り離されているわけだから，農業労働の資本による包摂もまた深化しているのである[7]。

　今日ではこうした形態の農業労働の資本による包摂から多少とも距離を置いて，自律性を確保するためには，ITC段階に照応した新たな技能・熟練を経営内給する必要がある。そのひとつの手段は，経営者自らが修得することであり，両ダコタ州調査農場の中ではわずかにND1農場の若い（32歳）経営者だけが州立大学で実現していた（それでも土壌サンプルテストは外部委託せざるを得ない）。もうひとつの手段として，そのような技能・熟練修得者を経営内要員に迎え入れるこ

とだが，現場からは「精密農業に対応できるIT技能やアグロノミストとしての技能を持った人材の雇用」(SD3農場)，そのような「良質の雇用労働力の確保」(ND1農場) が困難になっている，もし確保できるとしても従来的農業労働者よりもずっと高い人件費を要するという認識が示されている。

## 第6節　コーンエタノール企業への出資とトウモロコシ販路—実態と性格—

### (1) サウスダコタ州Glacial Lakes Energy, LLCへの出資とトウモロコシ出荷

①農業生産者・農村住民出資型Glacial Lakes Energy, LLCへの出資の性格と実態

サウスダコタ州での調査対象農場抽出にあたっては，農業生産者および地元住民・事業者が出資するタイプのコーンエタノール企業Glacial Lakes Energy, LLC (以下，GLC) とのつながりをもつ農場を重点的に抽出したので，当然ながらにGLC出資している農場がSD1, SD2, SD4, SD5, SD7, SD8の6農場と多い。しかしそれ以外でも，SD3農場がHeartland Grain Fuelsへ[8]，SD4農場がPOET社へ出資しており，さらにSD6農場は自らが組合員である穀物単位農協Central Farmers Cooperativeが，NuGen Energy LLCを所有している (ただし100％所有かどうかは不明) というように，結局全ての調査農場が何らかの形でコーンエタノール企業に出資していた。

GLCの所有構造については第2章第5節 (1) で言及したように，正確には農業生産者やそれ以外の地元住民・事業者が出資する対象はGlacial Lakes Corn Processor (以下，GLCP) という協同組合であり，それがGLCを100％所有している。GLCP協同組合に出資するということはその組合員になることであるが，そのためには理事会が決定する組合加入手数料 (現在250ドル) を支払った上で，普通出資株 (common stock) を2,500株以上購入しなければならない。さらにGLCP協同組合との間で，普通出資株数に比例させる形で毎年理事会が決定する量のトウモロコシをGLEに出荷する義務と権利を持つことになる「統一出荷・販売協定」(uniform delivery and marketing agreement) を結ばなければならない[9]。つまりこの普通出資株は「出荷権利株」なのである[10]。農業生産者以外も組合員になることができるが，その場合でもこの「出荷権利株」を購入しなければならないので，そうした組合員は下に述べるプールを利用して出荷義務を果たすことになる (調査時点では，組合員総数約4,100名，うち農業生産者以外

が約40％であった）。

　その応募数は創設（2000年）直後の第１次募集（2001年）では2,400万株，第２次募集（2006年）では4,800万株であった。発行単価はいずれも１株２ドルだったので，出資総額は１億4,400万ドルだった。なおGLCP協同組合員になった出資者の意志決定権は，出資株数＝出資額にかかわらず一人一票である[11]。

　GLCP協同組合の「出荷権利株」に出資をしている農場は，それによって自らが生産したトウモロコシの販路が契約上の義務（権利でもあるが）として決まることになる。具体的には毎年理事会が１株当たりのトウモロコシ出荷義務量（同社ではコールcallと呼称している）を決定し，2011年は１株当たり0.45ブッシェルであった。

　SD1農場は12万ドルを出資しているが，トウモロコシ生産量が約140万ブッシェルにも達するメガファームであるから，出荷義務量（2011年ベースで推算約24万ブッシェル）を満たした上で，残りをGLEに販売するか近傍の穀物エレベーター企業に販売するが，後者もほとんどを結局GLEに売っているので，この農場のトウモロコシのほとんどがGLEに供給されていることになる。

　いっぽうSD2農場の場合は11万ドルを出資しているが，トウモロコシ生産量は約26万ブッシェルなのでほとんどを出荷義務（同前22万ブッシェル）に充てることになっている。さらにSD7農場とSD8農場はGLE創設準備段階からのリーダー層であったため，農場規模に対して出資額が大きい。したがって自農場生産のトウモロコシ全量を充てても出荷義務量に達しないため，GLEがこのような生産者などのために設営しているプールを利用して義務量を達成している。このプールとはGLCが自社でトウモロコシを購入して，それを一定の手数料（pool fee）を取って出荷義務量に充てることができるようにしているシステムである。

②GLE（GLCP協同組合）への販路決定の性格

　このようにGLCP協同組合の出荷権利株に出資をしている農場のうち，メガファームであるSD1農場は出荷義務量をはるかに上回るトウモロコシを，出資から自動的に生じる契約的義務からは離れた自由意志によって販路を決定している。いっぽうSD2，SD7，SD8の３農場はトウモロコシ生産量が出荷義務量とほぼ同じかそれ以下であるため，その販路は出資によって予め完全に規定されている。

しかしここではその出資そのものが，生産者および地元住民・事業者出資型企業へのしかも創設時からの自発的出資であるから，生産物販路に関する経営的意志決定が「外部資本」に掌握されている，つまり資本によって包摂されているとは言えない。これら農業経営者の自己生産物販路を意志決定している「資本」は彼ら自身の出資によって構成されており，かつその「資本」は出資者が組合員になっているGLCP協同組合への一人一票制をつうじて統御されている。したがってGLCP協同組合が協同組合原理から逸脱して実質的な資本に変容し，出資者＝組合員がGLCP協同組合とGLEの経営・事業運営上の根底的な意志決定から疎外されない限り，彼らの生産物販路に対する意志決定が資本に包摂されるということにはならない（ただしそうした変容が，したがって資本による包摂が現実的可能性を持っていることは，次のPOET社のケースが示している）。

そうした意志決定は確かに全くの個としての農業経営者の手からは離れているのだが，それは当該農業経営者が生産物販路と用途決定について，「独立自営」たる状態から協同的意志決定へ自発性にもとづいて移行させたということになろう。これを次のPOET社への出資・販路決定との比較を念頭に言い換えると，農業生産者はその生産物の販路と用途，およびそれによって生まれる付加価値の配分に関する意志決定を自らの手に留保することが，もはや「独立自営」では不可能になっている。そこで当該付加価値事業を協同組合事業化することによって，そうした意志決定の，したがって農業経営労働の資本による包摂を，集団的・協同的に回避していると位置づけることができよう。

## （2）POET社工場への出資とトウモロコシ出荷

### ①POET社コーンエタノール事業体の所有・経営支配構造

「エタノール専業巨大ネットワーク」型であるPOET社の沿革とそれが全米最大級のエタノールメーカーに躍り出た過程は，第2章第3節（2）②で検討したとおりである。

その過程でPOET社は，各工場について既存の出資者にそれを継続する機会と新規の出資機会を提供し，その場合に出荷義務を付随させたシェアとそれを付随しない単純なシェアとを用意するという方式を取った。これは一挙に多数の工場を買収するための莫大な資本の準備を不要にする，したがってまた膨大な資本投

下のリスクを回避する，さらには買収前の所有者＝トウモロコシ生産者と地元住民の抵抗感を大なり小なり和らげる効果を狙ったものと考えることができる。こうした方式を取った結果，POETという企業は，本社POET, LLCと，傘下の26工場がそれぞれまた個別のLLCであるという二重構造を取り，各工場LLCは当該地域の農業生産者その他投資家の出資によって構成されている。

その組織・所有・管理構造は各工場LLCによって必ずしも同じではないが，ここでは調査農場抽出に際して考慮したChancellor工場のケースを取り上げる。同工場はGreat Plains Ethanol LLCとして運営されているが，同LLCは2000年12月に独立したコーンエタノール製造企業として設立され，証券取引委員会（Security Exchange Committee＝SEC）で事業目論み情報・財務諸表を公開して農業生産者・農村居住者等から投資を募って事業を開始したが，当初から日常的運営はPOET社のエタノール工場経営サービス部門（POET Plant Management, LLC）に委任していた。それが2008年にPOET本社の傘下に入って，証券取引委員会への情報開示を行なわないクローズドなLLCに組織転換した。

現在は定款（Articles of Organization）が公開されていないため，第6次修正経営合意書（Sixth Amended and Restated Operating Agreement）で判明する範囲で簡単に見ておくと，まず出資株（Capital Unit）とそれを所有する者（member）には，A種（Class A），B種（Class B），C種（Class C），およびE種（Class E）の4種類がある。このうちA種は1株につきトウモロコシ2,500ブッシェルの出荷義務を負い，投票権は持ち株数にかかわらず一人一票である。B種とC種は出荷義務のない単なる出資株だが，投票権は一株一票である（ただし公開されている情報では，両者の違いについては不明である）。E種はA種と同量の出荷義務があるが[12]，投票権がない。

経営の支配・管理の基本的責任・権限を有するのは，経営委員会（Board of Managers）である。委員は11名で出資者でなくてもよいが，A種出資者が5名，B種出資者が1名，C種出資者が3名を選出する。この限りではトウモロコシ出荷義務を負う，つまり基本的には農業生産者の利益を代表する委員が過半数を占めて経営権を掌握できるようにも見えるが，（ア）トウモロコシ出荷義務量，その価格，および出荷義務そのものを定めた契約にあたる合意書の変更，（イ）経営合意書や定款の修正，会社の資金借入については，B種出資者から選出された

経営委員の同意と，その他経営委員のうち1人の投票によって決せされるとなっている。B種出資者（から選出される経営委員）は，他に対して大きく優越した権限を有しているのである[13]。

次に日常的な企業運営は，経営委員会が任命する経営責任者（Managing Memberであるが，その内容から意訳した）が責任と権限を有する。最初の経営責任者はPOET本社側の工場経営受託部門であるPOET Plant Management, LLCと規定されているが，不法行為・会社利益相反行為などがない限り解任されないから，結局，原則として永続的にPOET本社側が日常的企業運営を掌握しているのである。

②POET社エタノール事業体への販路固定の性格

以上のような所有および経営支配構造を前提にして，POETの単位エタノール企業LLCへ出荷義務付き出資を行なっていることによって農業経営者のトウモロコシ販路が予め決定されていることを，どう解釈すべきか。

ここでも，POETの単位LLCに出荷義務をともなう出資をするかどうかは，個々の農業経営者の意志決定によっている。また，調査対象のSD4農場やSD5農場の実際の販売先を見ると，各地域内でもPOET以外に販路の選択肢がいくつか存在していることから，その意志決定自体は少なくとも現時点で独立性を持っていると言えるだろう。

しかし出荷義務を負った相手であるPOET単位工場LLCの経営支配権は，上述の限られた情報からでも実質的にPOET本社側に掌握されていることがうかがえる。それは明らかに，GLCP協同組合＝GLEとの間での出荷権利株にもとづく販路の契約的事前決定と同質ではない。また従前から広く用いられている穀物集荷業者との間の一般的な先渡し契約（forward contract）とも，質が異なる。これら先渡し契約は，将来の（といっても週単位からせいぜい数ヶ月程度の範囲）一定量の出荷を約定し，価格決定を種々の形式で先物市場価格と結びつけるものが大半であるが，そこには出荷者（農業経営者）が集荷業者に出資するという関係はない（集荷業者が自らが組合員となっている農協である場合は別だが，その場合でも単なる穀物集荷・販売農協であれば，組合員は買取価格次第で競合する企業出荷業者への出荷をいとわないのが一般的である）。

これに対し，POET 単位 LLC との出荷義務契約の場合は出資しており，それは一面でトウモロコシ販売価格以外に LLC のコーンエタノール事業からの利益配当を期待してのことではあるが，出資するという意志決定が直ちに販路を決定し，加えて具体的な毎年の出荷量・販売価格および利益配当などについて実質的に意志決定への参加が困難になっている。ここでは出資，すなわち全体からすれば少額であるとはいえ資本の所有者になっていながら，その資本（の具体的経営）に対する実質的な支配権を掌握できない状態に置かれ，そのように単なる配当受取権（その配当額決定権からも実質的に疎外されているわけだが）に純化した「資本所有」と引き換えに，自己生産物の販路決定権を譲り渡しているわけである。

このように見てくると POET 単位 LLC への出荷義務は，農業経営者の生産物販路意志決定が，部分的にではあるが，独特の形態をつうじて資本によって包摂され始めているものと性格づけることができよう。

## （3）ノースダコタ州調査農場におけるコーンエタノール企業への出資と販売意思決定

ノースダコタ州においても調査対象農場の抽出意図からして，ND2，ND3，ND5 の 3 農場が Red Trail Energy, LLC（以下 RTE）への出資者である。RTE の設立経緯と所有構造についても第 2 章第 5 節（1）で検討したが，従前はトウモロコシ生産適地ではなかった州の西部に立地したこと，それもあって出資者の 3 分の 2 以上を非農業生産者が占めることになったことから（プロジェクト立案当初は地域にトウモロコシ生産者がほとんどいなかった），出資とトウモロコシ出荷の権利・義務との結合は全くない。なおこのような立地選択の要因は，第一に，設計自体が現在の立地場所近くで採掘される褐炭（Lignite）熱源型工場として考案されたこと，第二に，製品であるエタノールおよび副産物飼料の DDGS をいずれも自動車燃料最大消費地であるカリフォルニアや同州を含む西部のメガ酪農・メガ肉牛フィードロットへ鉄道大量輸送できる市場アクセスの便宜，であった。相対的にはトウモロコシ生産の面積や密度が高い州の東南部や東部には 1990 年代に先行立地した Cargill や ADM，RTE と相前後して計画立案・建設された新規参入企業が立地しており，それらとの原料集荷競争をするよりも，どうせ出資者や地元産のトウモロコシだけでは足りないことが立案段階から明白だったので，

必要ならユニット・トレイン（少なくとも80〜100両以上の同種貨物を1編成とすることによって低廉な運賃を得られる）を使って州内外を問わず遠方から原料調達もするという考え方である。

　実際の工場操業において2011年の場合，約2,100万ブッシェルのトウモロコシを調達しているが（エタノール生産量5,900万ガロン，ブッシェル当たり生産率2.84ガロンから），全量が一般市場ベースでの買付であり，うち75％が生産者からの直接集荷，25％が穀物エレベーターその他の流通業者からの買付だった。

　なお理事会の構成は，4名を農業生産者から，2名をRTEに出資をしトウモロコシ販売も行なう穀物エレベーター企業，1名を立地市の市長という構成にしている。その意味で農協ではないが，運営上農業生産者の意向が反映されやすい意思決定構造を取っている。

　Blue Flint Ethanol社の場合，そもそもが生産者や地元居住者の出資企業ではないから，当然，生産者との間でトウモロコシの集荷契約などは一切ない。

　調査農場の実際のトウモロコシ販路を見ると（表出略），RTEの出資者はいずれも全量をRTEに販売しているが，その理由は，RTEの設立・操業開始にともなって「それまで買っていた穀物エレベーター会社はもう買わなくなり」，「RTEが地域内市場で唯一かつ最高価格をオファーする買い手だから」である（ND2農場，ND3農場，ND5農場）。またそれ以外の，Blue Flint社周辺の生産者は，これまたトウモロコシの全量を同社に販売している。それは「オファー価格がベストだから」（ND4農場）であるが，「トウモロコシを2007年の導入時は200エーカーで始めたが，その直後からBlue Flint社が操業開始したので面積をどんどん増やした」（ND1農場）と言うように，同社が全量買うからこそトウモロコシ生産を，したがってまた農場面積規模を拡大してきたという関係ですらある。

　なお穀物エレベーター企業が集荷していた頃は，そのトウモロコシは域内および西部諸州の肉牛生産者に販売されていたという。特に西部諸州の巨大フィードロット等への販売となると運賃がかかるので，集買価格（ベーシス）は当然その分低くならざるを得なかったわけである。

　以上を総じて考察するに，ノースダコタ州の中でもさらに低温や少雨乾燥気候のためにかつてはトウモロコシ耕境外に近かった中部，西部に立地する調査農場を典型とする生産者にとっては，自分達が出資して創設した，あるいは農村電力

協同組合系統が地域開発の狙いも込めて創出した（また発電所の廃熱が商品化され，電力実需者の創出でもある）コーンエタノール工場があればこそ，自分達のトウモロコシ販路が確保され，またその生産拡大・農場拡大を支える市場的根拠にもなってきた関係にある。したがって出資の有無にかかわらず，それぞれの地元エタノール企業に基本的に全量出荷する以外の選択肢は実質的にないと言ってよい（少なくともこれまでのところ）。かつて地域市場に存在していた穀物エレベーター企業のような買い手を選択肢に据えようとしても，それは市場遠隔地としての不利性を再び被ることになってしまうからである。

　したがってトウモロコシ生産者側からすると，代替的な販路がないわけでは決してないが，多少とも有利な価格や出荷条件（Blue Flint社はやはり発電所廃熱を利用した穀物乾燥・貯蔵施設を新設したので，水分含有量の高いトウモロコシでも生産者から直接受入が可能になる）を得るために，それぞれのエタノール企業に依存するしかない，つまり販売に関する意思決定は，相当程度経営者の手を離れていると言える。

　いっぽうエタノール企業側からすると，RTEの場合は上述のように75％を生産者から直接集買している。これらは出荷権利・義務契約にもとづくものではないが，調査農場の実態からして，その多くが出資生産者によるものと推察される。したがってRTEにとって出資者を中心とする周辺生産者からの調達に困難が生じた場合，代替的な調達チャネルがありはするが，前者への依存度が高いがゆえに同社にとってかなりのリスク要因である。したがって出資（およびある程度は非出資）生産者とRTEは相互依存関係，運命共同体的関係性が強く，またRTEの理事会も生産者の意思が反映されやすい構成になっているので，出資生産者のトウモロコシ販路にかかわる意思決定は本人達自身だけの排他的なものではなくなっているが，RTEとの相互依存的・利益共有集団的なものになっていると言えるだろう。

　いっぽうBlue Flint社の場合，同州を基盤とする短距離鉄道会社との間で，州内東南部のトウモロコシ生産密集地域の穀物エレベーター企業群から80両編成ユニット・トレインで調達する契約を確立しており，地元生産者からの調達に困難が生じても，十分に代替的な調達チャネルが確保されている（東南部産地市場での競争は強まることになるだろうが）。したがって地域市場におけるトウモロコ

シの買い手と売り手の関係において，買い手優位の構造があり，したがってトウモロコシ生産者の販路に関する意思決定は，実質的にBlue Fllint社によって制約を受けていると言えるだろう。ただし同社は農村電力協同組合系統企業とも言える存在なので，電力単協のメンバーであり電力ユーザーでもある農業生産者の意思や利害を一方的に抑え込むことはしにくい。そこには，純粋のアグリビジネス企業やエネルギー複合体企業を相手とするパワー関係格差の下で契約関係が結ばれたり，買い手独占的な市場関係におかれる場合とは異なって，生産者の販売意思決定が資本によって包摂されているとは言い切れない，独特の状況がある。

### 第7節　本章の小括―コーンベルト西北漸地帯における穀作農業構造再編の特質―

　以上の分析結果について，冒頭の課題設定に沿いながら小括しよう。

　第一に，両ダコタ州はコーンベルトの西北漸という，アグロフュエル・プロジェクトとそれによる穀物等暴騰・高価格水準への局面移行の下で北中部穀倉地帯において発生した生産構造の一大変化を，もっとも端的に体現している。

　サウスダコタ州では1970年代から徐々に増加してきたトウモロコシ（穀実用）が2000年代後半にはさらに急増し，1970年頃にはほとんどネグリジブルな存在だった大豆が1970年代末から1990年代後半にかけて急増過程をたどり，2000年代後半からは再び加速的に拡大した。これらの結果，主要作物作付面積に占めるトウモロコシ・大豆のシェアは1970年代初頭の30％から70％を超えるまでになった。

　ノースダコタ州では，1980年代後半から再度拡大した春小麦が圧倒的な基幹作物の地位を占める構図が，1990年代から大きく転換して減少に向かい，代わってまず大豆が急激に拡大した。トウモロコシは若干遅れて2000年代半ばから増加が顕著となり，2010年代に加速度的に急増している。この過程で小麦の作付面積シェアがピークの1995年57％から2014年36％まで大きく下がるいっぽう，トウモロコシ・大豆シェアが7％から43％へ劇的に上昇した。

　こうしてサウスダコタ州は完全にコーンベルトの一環に，またノースダコタ州もその北西外縁部に組み込まれた。

　第二に，その要因はトウモロコシと大豆の価格上昇と単収向上があるが，単収向上の技術的基礎には，品種改良と耕耘・除草方法の改変が大きく与った。前者は，無霜期間が短く積算温度が少ない不利条件を克服しうる，生育期間が短く，

より少ない積算温度で生育・登熟する品種の開発，後者は小雨条件の下で土壌水分をより多く保持するための，在来プラウ耕起から不耕起をはじめとする保全耕起や軽減耕起への転換と，その不可欠の補完物であるグリホサート系およびグリホシネート系除草剤とそれへの耐性遺伝子組換え種子の登場・普及だった。

　第三に，そうした過程における階層構成変化は，価格低落期を抜けて暴騰期に入っていく2000年代半ば以降，農産物販売額規模別では価格暴騰による「水膨れ」効果で階層区分移動が激しく起き，両ダコタ州とも100万ドル以上層が大幅に増え，その中でもとくに500万ドル以上層が劇的に増えた。穀作への特化度がより高いノースダコタ州では，サウスダコタ州以上にそうだった。それらの結果，2012年には100万ドル以上層の農産物販売額シェアがサウスダコタ州で57.3％，ノースダコタ州で61.7％，うち500万ドル以上層だけで19.2％と10.4％を占めるようになった。

　コーンベルトの中核アイオワ州や集約灌漑地帯ネブラスカ州と較べるとなお集約度の低い両ダコタ州では，農場土地面積規模別ではさらに大規模層へのシフトと生産集中が進展した。サウスダコタ州では1,999エーカー以下の農場数がおおむね一貫して減少し，2,000エーカー以上が増加する両極分解が進行し，2012年には農場数17.6％の2,000エーカー以上層が耕種農地収穫面積の63.4％を，うち農場数6.2％の5,000エーカー以上層が同面積の30.3％を占めるまでになった。ノースダコタ州でも260〜1,999エーカーの中小規模農場がほぼ一貫して減少・分解し，2000年代以降は2,000〜4,999エーカー層さえ減少して5,000エーカー以上層だけが増加するようになった。2012年には農場数20.8％の2,000エーカー以上層が耕種農地収穫面積の74.5％を，農場数4.9％に過ぎない5,000エーカー以上層が同面積の29.5％を占めるまでになっている。

　第四に，こうした大面積経営へのシフトと生産集中は作物別に見ても進展している。サウスダコタ州では，トウモロコシ収穫農場の１農場当たり収穫面積が1997年の220エーカーから2012年の431エーカーへ，また1,000エーカー以上層のシェアが1997年の農場数3.9％，収穫面積13.5％から，2012年の農場数10.5％，収穫面積44.3％へ，大幅に増大した。同様に大豆でも１農場当たり収穫面積が260エーカーから429エーカーへ，1,000エーカー以上層のシェアが農場数3.0％・収穫面積18.2％から，農場数10.1％・収穫面積40.4％へ，大幅に増大している。

ノースダコタ州でも，トウモロコシ収穫農場の1農場当たり収穫面積が1997年の206エーカーから2012年の521エーカーへ，1,000エーカー以上層のシェアが1997年の農場数2.7％，収穫面積17.6％から，2012年の農場数14.3％，収穫面積52.4％へ，劇的に増大した。同様に大豆では，1農場当たり収穫面積が319エーカーから655エーカーへ，収穫面積1,000エーカー以上層のシェアが農場数5.0％・収穫面積23.2％から，農場数20.9％・収穫面積57.3％へ，やはり劇的に増大している。
　つまり両ダコタ州において，トウモロコシと大豆の急速な増大は，大面積農場への規模拡大とそこへの生産集中を促し，またそうした大面積農場こそが「コーンベルト化」を担ったと言うことができる。
　第五に，価格暴騰下で増加に拍車がかかったこれら大規模農場の現局面（2012年）での経済的性格は，統計的には農産物販売額100万ドル以上，農場土地面積2,000エーカー以上のそれぞれ平均としてしか把握できないが，いずれも雇用労働力への依存度が経営者家族労働力と同程度かそれより低いながら，農場経営者所得はサウスダコタ州で州世帯所得中央値の12倍（100万ドル以上層）ないし5倍（2,000エーカー以上層），ノースダコタ州で同様に13倍ないし7倍という巨額にのぼった。これらは「多額の寄生的利潤獲得大規模家族経営」と性格づけられるものである。
　なおサウスダコタ州では，2012年時点で「トウモロコシ－大豆」型農場の最上位から40程度が，両作物合計で1万2,000エーカー前後（小麦を合わせると1万5,000エーカー前後），農産物販売額が3作物合計で810万ドル前後になる，穀作巨大経営の存在が想定でき，実態調査でもそれに近い農場が，常雇4人を擁する資本主義穀作メガファームとして確認できた。
　第六に，実態調査から把握された現局面の穀作農場の具体的存在形態の中から，まず今日の大規模経営，メガファームがおおむね2000年代に入ってからの急速な農地集積によって形成されたことが明らかになった。
　その過程では地代高騰・地価暴騰という事態が，その絶対水準はアイオワ州＞ネブラスカ州＞サウスダコタ州＞ノースダコタ州という序列がなお明確にありつつ，同様に進展していた。統計的に見ると，価格低落期は階層区分上の最大規模階層しか実勢地代をカバーする地代負担力を持ち得なかったのが，価格暴騰期にはそれより一段ないし二段小さい階層でもそうした地代負担力を持つようになっ

ていた。つまり価格暴騰はより広い階層の農場に農地集積の経済的基盤を与えたのであり，したがって借地拡大競争が激化して地代高騰を招いたと考えることができる。

しかし地価暴騰はそれだけでは説明できない勢いであり，その要因としてキャピタルゲイン目的の農地購入，さらにそれへの金融市場からの投機的貨幣資本の流入を考えるほかない。だが住宅・証券化商品バブルを演出した低金利，またそれが招いた金融危機を収束させるための異常なまでの量的緩和政策をともなった実質的ゼロ金利状態においては，それでも農地価格が「安い」という構図は，アイオワ州，ネブラスカ州と同様だった。

その下で調査農場では，現経営主が規模拡大のための投資や農地購入がしたくても，まずは親世代・兄弟姉妹等からの農地買取を先行せざるを得ず，それらを実現できないでいるという具体的状況が見出された。

つまりコーンベルトの西北漸は，地代高騰・地価暴騰とその下での大規模家族経営の世代的継承における困難の発生という構図においても，「コーンベルト化」をもたらしているのである。

第七に，個別農場レベルにおける「農業の工業化」の生産力構造面での進展を作付方式から見ると，より早くから東南部を起点にトウモロコシ・大豆作が可能になっていたサウスダコタ州調査農場では，品種改良（とそれによる単収向上）および価格高騰によってそれが加速し，作付方式は「トウモロコシ－大豆」へと単純化し，さらにはトウモロコシ連作まで登場するようになっている。統計上はコーンベルト中核ほどではないが，現場では作付方式の退行現象が着実に起きていた。

いっぽうノースダコタ州ではトウモロコシ・大豆導入以前に，比較的多様な穀物・豆類からなる輪作が，一旦，休閑の排除をともなった小麦の連作化，さらには小麦モノカルチャー化する過程があった。したがってトウモロコシ・大豆の導入と拡大は，むしろ小麦連作の縮小，作付方式の輪作化をもたらしており，それは「コーンベルトへの編入」最後発地ノースダコタ州の固有の位置を反映している。

第八に，調査農場に即して耕起方法の変化を見ると，サウスダコタ州において不耕起は少数派だった。重土壌で圧密による土壌構造悪化を回避するため，作付

方式単純化にともなって累積するトウモロコシ残渣を切り裂くため，播種期の種床温度上昇を促すために，チーゼル耕起や細帯状耕起を行なう農場が多く，さらには有機物・畜産堆肥投入のためにプラウによる在来耕起を行なうケースもあった。

これに対し，ノースダコタ州では既に休閑排除と小麦連作化の時期に，それを可能にする土壌管理・水分保持法としての不耕起栽培が進展していたことを反映して，調査農場でも不耕起栽培が大半を占めていた。

第九に，明確な回答を得られたサンプルは必ずしも多くないが，精密農業技術を導入している農場では，ほとんどの場合，土壌サンプルテスト，それと収量モニタリング結果を盛り込んだ圃場の電子マップ化，圃場地片毎の肥料等施用制御プログラムであるプリスクリプションの作成，そのコンピューター自動制御可変施用装置VRTへのインプットといった一連の重要作業を，種子ディーラー，農協職員，独立系アグロノミスト・コンサルタント等に外部委託していた（ノースダコタ州では体系的に導入しているのは1農場だけで，そこでは州立大学で農業IT技能を習得した経営者が自力で行なっていた）。つまり各圃場およびその内部区域・地片の土壌性質や収量といった知識，それを基礎とした各圃場・区域地片に対する肥培管理ノウハウなど，生産過程の制御知識＝熟練の重要部分が，外部のアグリビジネス企業が収集，加工，作成して資本制的商品として農業経営者・生産者に販売提供されるようになっており，熟練解体（deskilling）と表裏一体の農業労働の資本による包摂が深化していた。

上述の不耕起・軽減耕起対応の最新・高性能播種機導入に，この精密農業対応機器やソフトウェアのパッケージ商品化が相まって，高額機器購入を余儀なくされる事態が起きており，それがまた農場大規模化を促迫する関係になっていることも確認された。

第十に，コーンエタノール企業への出資を行なう，あるいはそれへのトウモロコシ出荷を積極的に行なう農場を調査対象に選定したわけだが，そこでのトウモロコシ販路意思決定について，以下のように性格づけることができた。

まず出荷権利・義務株方式の出資で実質的に新世代農協の組合員生産者の場合，販路意思決定は個別経営者の手からは離れているが，それら経営者が一人一票で最高意思決定に参加する農協という形で，いわば集団的・協同的意思決定へ自発

性にもとづいて移行させたものである。

　これに対し，出資はしているものの当該工場経営の支配・管理が基本的に巨大企業側に掌握されているケースでは，農業経営者のトウモロコシ販路意思決定が，部分的にであるが，資本によって包摂されつつあった。

　いっぽうノースダコタ州，中でもかつてはトウモロコシ耕境外に近かった中部，西部では，自分達が出資して創設した（しかし出荷権利・義務関係は全くない），あるいは農村電力協同組合系統が創出したコーンエタノール企業と，運命共同体的な相互関係にあった。そこから，エタノール企業側も生産者の意思・利益を忖度して集買をする必要が生じていて，生産者のトウモロコシ販路に関する意思決定は，企業側の制約を受けつつも資本によって包摂されているとは言い切れない，独特の状況があった。

　以上を一言で要約すると，コーンベルト西北漸の前線となった両ダコタ州では，「農業の工業化」としての穀作農業構造変動が，一面ではコーンベルト中核アイオワ州や集約灌漑地帯ネブラスカ州と同様に（大面積経営へのシフトや生産の集中のようにある部分ではそれ以上に）進行しつつ，他面ではコーンベルトへの編入後発地ゆえに相対的に未展開（精密農業技術の普及度合いなど）であったり異なるベクトル（ノースダコタ州における作付方式の輪作的複雑化）が存在するという固有性もあった。

【註】
（1）以下の諸点については，サウスダコタ州立大学農学部植物科学科Charles Carlson教授（2011年10月25日），ノースダコタ州立大学農学部アグリビジネス・応用経済学科Andrew Swenson農場・家族資源管理スペシャリスト（2011年11月28日）からのヒアリングにもとづく。
（2）2002年農業法（2002年農場保障・農村投資法）の政府支払受給制限（穀物・油糧種子関係）は以下の通り。①1人当たり，融資不足払い・融資差益の上限7.5万ドル，直接支払（固定支払）4万ドル，価格下落相殺支払6.5万ドルで，合計18万ドル。②ただし1人の個人は合計3つの経営体に関して支払を受給することができ，最初の1つについて上記の上限，残り2つについてそれぞれその半額が上限。つまり経営体を「分割」すれば，合計36万ドルが上限。「3人格ルール」（3-entity rule）と呼ばれた。③所得制限として，調整総所得（Adjusted Gross Income。総所得から，全ての給与所得者を対象とする個人退職・年金積立勘定拠出，離婚扶養料など連邦所得控除額を差し引いたもの）の過去3ヶ年平均が250万ドルを超える生産者は対

象外。

　　また2008年農業法（2008年食料・保全・エネルギー法）の政府支払受給制限（穀物・油糧種子関係）は以下の通り。①融資不足払い，融資差益の上限廃止。②直接支払（固定支払）の上限4万ドル，価格下落相殺支払6.5万ドル。③「3人格ルール」を廃止し，直接・間接（4段階まで追跡）に所有する経営体の受給額を持ち分に応じて名寄せする。④その上で所得制限として，調整総所得75万ドル以上の個人・法人は直接支払受給不可。また農外からの調整総所得50万ドル以上の個人・経営体は，直接支払，価格下落相殺支払，融資不足払い・差益，ACRE（Average Crop Revenue Program，平均作物収入選択支払）について，受給不可。

　　以上は，USDA ERS, *2008 Farm Bill Side-By-Side, Title I: Commodity Programs* (http://www.ers.usda.gov/FarmBill/2008/Titles/TitleIcommodities.htm) より。

（3）以上の諸点については，ノースダコタ州立大学農学部アグリビジネス・応用経済学科Andrew Swenson農場・家族資源管理スペシャリスト（2011年11月28日），サウスダコタ・ノースダコタ両州農場のヒアリング，およびDeer社播種機カタログより。

（4）筆者が2003年にイリノイ州のトウモロコシ高収量地域で行なった中～特大規模経営の実態調査では，5つの調査農場全てがグリッド土壌分析を実施し，うち4農場がそれにもとづく電子マップ作成をしていた（磯田 2004：pp.45-47）。前掲**表4-18（1）**（228頁）から，同州における土壌テストにもとづく電子マップ作成比率はその後高まっていると見られるが，これはグリッド方式から，より低コストのゾーンマネージメント方式への転換を伴いながら（あるいはその転換ゆえに）のものであるということが考えられる。この点の検証は今後の課題にしたい。

（5）圃場や肥培管理に関する情報が資本制商品化されて情報提供サービス産業が成長し，そのメダルの裏面で公的農業普及制度の役割が後退している自体を，精密農業における「農業の工業化」の重要な性格として指摘した論稿として，Wolf and Wood (1997) がある。

（6）Wolf and Wood (1997) pp.180-181が，精密農業が「代替」と「充当」の両側面からの新たな「農業の工業化」であることを指摘していた。

（7）Wolf and Buttel (1998) は，アグリビジネスが情報と情報技術をパッケージ化して販売し，農業経営者が繰り返しそれを購入することになることが，農外工業的資本による農業経営の，そしてさらに圃場レベルにまでおりた経営管理に対する主導権の掌握につながるとの指摘をしていた。

（8）Heartland Grain Fuelsは，South Dakota Wheat Growers Associationという穀物単位農協の多くの組合員生産者が出資したHeartland Producers LLCと広域穀物関連農協Farmland Industriesが出資するLimited Partnershipとして創設されたが，Farmland Industriesの倒産後，最終的にはAdvanced BioEnergy LLCに買収されている。

（9）定款では出荷義務を伴わない「優先出資株preferred stock」の発行も可能となっているが，2011年10月26日本社調査では，発行していないとのことであった。SD4は

「出荷義務のない株を買った」としていてその事実関係が不明確だが，確認できないのでそのままとした。
(10)「出荷権利株」とはdelivery right shareという概念の筆者による和訳である。それは組合員の出資額と利用量（具体的には農産物出荷量）とを比例的に結合し，付加価値事業（多くの場合組合員が出荷する農産物の加工）の起業に必要十分な自己資本とその事業の収益的な稼働率に必要な原料農産物確保を両立するために，一連の新世代農協（New Generation Cooperatives）が開発・普及していった出資方式である。1990年代までの新世代農協については，磯田（2001）の第4章第4節「新世代農協：加工進出と垂直的組織化のもうひとつのアプローチ」で理論的・実証的に分析した。現段階では純粋に農業生産者（および農協）だけからなる新世代農協形態の設立は激減し，農業生産者以外の，「利用」を伴わない住民・事業者の出資を可能にするLLC形態がより一般的になっている。1990年代までの新世代農協の中にも既にドライミル方式のコーンエタノール工場を経営するものがあったが（磯田2001：pp.244-247)，2000年代に入ってから簇生するものは，より多くの出資＝自己資本を（員外利用制限に縛られずに）相対的に容易に集めることが出来るLLC形態を採ったのである。
(11) Glacial Lakes Energy, LLCホームページ，Glacial Lakes Corn Processor協同組合定款および同細則，および訪問調査（2011年10月26日）より。なお以上のような現状からすると，GLEは完全にGLCP協同組合と同一事業体といってよく，LLCという会社形態を取る必要はない。しかし創設時には，第2章第5節（1）で言及したように，GLCP協同組合への組合員による出資だけでは計画したエタノール製造事業の必要自己資本を集めきれない可能性が十分予想されたので，他の投資事業体からの投資を受け入れることができるようにLLC形態をとったのが，今日まで継続している。
(12) POET傘下のいくつかの単位LLC株の取引を仲介している，Alerus Securities社ホームページより（http://www.alerusagstock.com/webagcoop.nsf/index.html?OpenPage，2012年7月16日閲覧）。
(13) このように，経営委員会の中でB種出資者から選出された委員は重要な経営意志決定について特別の権限を有していることから，B種出資とはPOET本社ではないかという推測が成り立つ。しかし現行定款が公開されておらず，POET本社が非上場会社でかつ秘密主義的性格も強いため（筆者によるヒアリングの申し入れは受け入れられなかった），確認できていない。

# 終章
# アグロフュエル・ブーム下の米国コーンエタノール産業と穀作農業構造の到達点

## 第1節　アグロフュエル・ブームの歴史的位置

　本書の基本目的は，アメリカ合衆国コーンエタノール政策がもたらしたアグロフュエル・ブームとその下での同国北中部穀作農業構造の動態と性格を解明することだった。そのための具体的課題の分析結果をまとめると，以下のようである。

　アグロフュエル・ブームとは，端的な現象としては，アメリカのコーンエタノール政策（劇的な需要の人為的・強制的創出とそのための大増産政策）が引き起こした，21世紀に入ってからの二度にわたる暴騰を含む穀物等価格高水準局面への移行である。しかし本書ではその本質を，フードレジーム第3段階（第3フードレジーム＝多国籍資本フードレジーム）の第2局面への移行と捉えた。

　すなわち，世界的な資本主義の諸歴史段階的な蓄積様式に照応する農業・食料国際諸関係としてのフードレジームは，第二次大戦後的な国民国家的蓄積様式（「社会的ケインズ主義とフォーディズム」とも呼ばれる国家独占資本主義）が主導的だった歴史段階から，ブレトンウッズ体制崩壊と冷戦体制解体過程の開始を契機とする1970年代を移行期として，1980年代以降は多国籍企業と多国籍金融資本が担う実体経済と金融経済の両面におけるグローバルな資本蓄積こそが主導的様式となるのに照応して，第3段階（第3フードレジーム）へ移行した。

　その第1局面とは，グローバル新自由主義の展開が，多国籍企業（機能資本）による直接投資による事業活動の世界化と，それら活動を支援するために国家および超国家機関が冷戦体制下の国家独占資本主義・ケインズ主義的福祉国家的な諸規制・諸調整様式をことごとく改廃して，多国籍企業の営業の自由と最大利潤の追求に最適な市場と制度を世界化する過程であった（その到達点としてのWTO）。

　農業・食料セクターにおいても，欧米政府による輸出補助金がもたらす世界的低農産物価格が，途上国小農民的農業をもその価格体系に従属させつつ，これら

の関係を基盤として多国籍アグリフードビジネスが，グローバルな新自由主義の浸透で格差化する先進国・途上国の食料消費に対して，一方には低所得・貧困層向けに低価格賃金財食品を供給する農業・食料複合体が，他方には高所得・富裕層向けに差別化された「健康」「安全」「安心」「親環境」「公正取引」食品を供給する農業・食料複合体が，構築されたのだった。

これに対して第2局面とは，世界資本主義の支配的蓄積様式として「資本主義の金融化」という，現実資本の再生産過程から遊離した過剰な貨幣資本が証券をはじめとする架空資本市場を舞台として自立的に価値増殖（蓄積）する運動が極度に肥大化して，全面展開する局面である。しかしこうした蓄積様式はバブルとその崩壊を不可避的・反復的に伴い，崩壊に際してはキャピタルゲインを得られるあらゆる「市場」を求める，膨大に過剰蓄積された貨幣資本を顕在化させるという意味での「蓄積危機」を生み出す。

農業・食料がかかる「危機」を緩和ないし「避難場所」を与えるものとして位置づけられたことが，第3フードレジーム第2局面の根底にある。すなわちひとつには，農産物・食料を組み込んだコモディティインデックス・ファンドが仕組まれ，それによって食料それ自体が投機的投資の対象になった。

もうひとつには，従来先進諸国を中心に進展してきた「農業・食料セクターの工業化」を新興国・途上国を含む世界規模で再度拡大・深化することが，先進国市場においてはやはり過剰蓄積の壁に逢着していた農業・食料関連資本にとっても至上命題だったが，食料需要の所得弾力性の低さやグローバル新自由主義の下でますます多くの世界人口（労働者≒消費者）が限界化されていることを前提とすれば，それには制約がある。これに対する「一石二鳥」的解決策（突破口）こそが，先進国の化石燃料浪費型生活様式を温存・補完しつつ，世界大で新興国・途上国農業をも新たな「工業化」的蓄積領域に深く包摂することができる，アグロフュエル・プロジェクトだった。アグロフュエルは農業・食料関連資本の過剰蓄積にとって新たな蓄積領域を「開拓」しただけでなく，それを爆発的に成長させることで，過剰蓄積された貨幣資本の流入先にもなったのである。

こうして第3フードレジーム第2局面においては，米欧等のアグロフュエル政策（自動車燃料への農産物由来のエタノールやディーゼルを混合させることを義務化ないし目標化してそれを推進する諸政策の体系）を基礎とし，農業・食料セ

クターだけでなく金融市場からの過剰蓄積資本流入を原資として，従来からの巨大・多国籍アグリビジネスに，場合によってはバイテク，石油，自動車の巨大企業が加わり，それに超国家的ないし国内的公共機関や研究機関をまきこんだ新たな企業同盟が形成され，それを中軸にして先進国・途上国の食料生産農業や林業部門をアグロフュエル製品の原料生産者として新たに組み込み直した，アグロフュエル複合体が，フードレジームの重要な構成要素，柱の一つになったのである。

## 第2節　米国コーンエタノール産業の構造再編

　アグロフュエル・プロジェクトの主舞台となった米国コーンエタノール産業は，2005年エネルギー政策法および2007年エネルギー自立・安全保障法で創設・激増された，事実上のコーンエタノール強制消費量である再生可能燃料基準RFSに導かれて劇的に拡張した。それ以前はトウモロコシ由来の甘味料・その他化工製品の「ガリバー」であるADMとCargill，多くの農業生産者・農村住民出資型を含む小規模企業から構成されていた同産業は，これ以降大きく再編された。

　まず2005～2006年の「エタノール・バブル」を含む劇的拡張期に，構造再編第一段階が進行した。その内容は，農業者・地元投資家所有型企業優位から，非地元型・「大規模アグロフュエル企業」優位へのシフトである。その過程で第一世代新興大規模アグロフュエル企業が台頭した。これらの台頭には，貨幣資本過剰を抱える金融市場からの多額の資金提供が寄与したものと考えられる。

　しかしその後原料トウモロコシ暴騰と能力過剰を一因とする製品エタノール価格下落に挟撃されて，同産業は「利潤危機」に陥り，それが構造再編第二段階をもたらした。その内容は，第一世代新興大規模アグロフュエル企業および多くの中小メーカーの経営行き詰まり・破綻である。その場合，「エタノール・バブル」を当て込んで金融市場から大量流入した資金が一挙に引き上げられたために生じた急激な信用収縮も，大きな要因となった。かくしてコーンエタノール産業は，過剰貨幣資本の動きに連動することによって，いわば部門丸ごと「投機的」な性格を帯びるようになった。

　こうして行き詰まり・破綻した第一世代新興大規模企業や中小メーカーの「屍」を「糧」として，第二世代新興大規模アグロフュエル企業が登場した。これらの

結果，今日のコーンエタノール産業は，多国籍穀物複合体型のADM，エタノール専業巨大ネットワーク型のPOET，多国籍エネルギー複合体型のValero，コーンエタノール垂直統合体型のGreen Plainsという4強を最頂部に抱き，その下に中堅7社程度，さらにその下に中企業30社程度，最下部に小企業90社が階層的に存在する構造となり，上位企業集中度は2010年をボトムに上昇傾向にある。

## 第3節　アメリカ穀作農業構造変動の到達点と大規模経営の経済的性格

　本書では，農業構造問題の概念を次のように整理・提示した。すなわち，資本蓄積のための要請に適合的な構造に農業を再編することを「資本による農業の包摂」と規定し，その要請の基本内容を，①資本の根底的な蓄積基盤，つまり家族農業経営の一挙的あるいは継続的な解体による賃金労働者創出，②資本主義経済が可能的・技術的に提供する生産力要因の受容，③それを生産力的基礎としつつ低価格農産物を供給するという総資本の利潤確保，④農業・食料関連分野の資本（アグリフードビジネス）の利潤確保，と理解する。この再編過程が農業構造変動であるが，この構造変動は「順調に」生産力担当層を生み出すようなものである場合であっても，その過程で農業生産者，農村サイド，環境，そして農村外社会との関係で経済的，社会的な軋轢・矛盾をもたらす。それが農業構造問題の概念である。

　なお資本の要請に照応的な農業構造への再編は，現段階のアメリカ穀作農業に即して言えば，①最新の科学技術の穀物生産過程への応用・商業化（遺伝子組換え作物や精密農業が典型），②農業経営単位の一層の大規模化をつうじた生産と資本の集中およびメガファームの出現，③農業・食料関連資本，すなわちアグリフードビジネス等と農業経営との間の契約的ないし非契約的な垂直的整合の深化によって，進行していると考えた。

　以上の分析枠組みをベースに，穀作農業構造変動の実態と到達点，そこで形成された今日的な大規模経営（「生産力担当層」）の経済的性格，そしてこうした構造再編が顕在的ないし潜在的にはらむ矛盾の構造を析出することをより具体的な課題とし，アメリカ穀作農業全般を対象とした統計的分析と，その中心部をなす北中部穀倉地帯からコーンベルト中核のアイオワ州，その西部にあって集約灌漑地帯をなすネブラスカ州，コーンベルト西北漸をもっとも体現する南北ダコタ州

を対象とした統計的および現地実態調査分析を行なった。

　その結果の概要は，第一に，全米的にも各州で見ても，穀物等価格の暴騰・高水準局面への移行の下で，農業セクター，とりわけ穀作農業セクターはブームを享受していた。それは高価格による農産物販売収入の激増が，高騰する投入財価格＝生産コスト上昇を上回ったことで純農場所得が劇的に増加したことに現れていた。その当然の結果として，連邦政府による穀物等価格・所得支持政策支出額は劇的に減少した。

　しかしこれは単なる結果ではなく，むしろコーンエタノール使用義務量RFS政策を核とするアメリカのアグロフュエル・プロジェクトが，それまで価格低落・低迷の下で食料安全保障と食料戦略政策の要をなす穀物農業セクターを農務省財政支出で支えてきた構造を，連邦財政の危機的状況（債務残高が議会法定上限に達してデフォルトに陥る危機。2015年11月末時点の実額18兆8,270億ドル）に直面して，国内を含む全世界の消費者・実需者に「穀物等価格高価格水準」の人為的創出によって負担転嫁する構造へと，成功裏に転換したと見るべきである。

　第二に，トウモロコシを中心とする穀物等暴騰・高価格水準局面への移行は，北中部穀倉地帯の生産構造に大きな変化をもたらした。ひとつは「コーンベルト」の地理的範囲が伝統的なそれから，西および北方向に著しく拡延する「西北漸」であり，もうひとつはその結果北中部の作物構成が大きく変わったことである。

　前者は，従前はコーンベルトの中核的位置を占めていたその東部諸州の相対的地位が低下し，西側だったネブラスカ州，西側周縁部だったカンザス州やオクラホマ州，北西周縁部だったサウスダコタ州，そしてほとんど北西耕境外だったノースダコタ州などにトウモロコシと大豆の生産が広がり，またより集約的に栽培されるようになって，これら西北方面の比重が相当に高まった事態である。これを促進し支えたのは，トウモロコシと大豆の価格暴騰・相対的収益性の上昇，各州内エタノール工場の簇生による域内需要増大（それによる位置の劣等地性軽減），そして単収向上を支えた品種と栽培方法（とくに耕起方法）の進化だった。

　後者は前者と表裏の関係にあるが，特に西部，北部で従来基幹作物だった小麦（冬小麦，春小麦），その他の穀物（小麦以外の麦類，グレインソルガムなど），大豆以外の油糧作物（ヒマワリ，亜麻仁など），干草といった作物の作付面積が大きく減少して，それがトウモロコシと大豆にシフトした事態である。その結果，

従前よりトウモロコシと大豆の作付面積比率が高かったコーンベルト中核アイオワ州でそれがさらに上昇して95％以上へ，ネブラスカ州で80％近くへ，サウスダコタ州で70％超へ，ノースダコタ州でさえ40％超になった。土地利用面でも「コーンベルト化」が進んだのである。

　第三に，価格暴騰下での穀作農場の階層構成変化だが，農産物販売額規模別では価格暴騰による「水膨れ」効果が作用する中で農産物販売額100万ドル以上層による穀物販売シェアの上昇が顕著である。それは2012年に全米で10.9％の農場が穀物販売額の51.8％を占めたが，アイオワ州が同11.6％で39.5％，ネブラスカ州が14.8％で54.6％，サウスダコタ州が14.0％で55.9％，ノースダコタ州で21.7％で63.1％というように，コーンベルトの中核＜西部＜北西部＜北西外縁部という序列が見られた。同様に2012年の農場土地面積規模2,000エーカー以上の穀物販売額シェアは，全米で10.1％の農場が42.8％を占めたが，アイオワ州が3.1％で18.4％，ネブラスカ州が14.1％で41.3％，サウスダコタ州が26.6％で64.7％，ノースダコタ州が40.8％で77.1％と，同じ序列を示す。

　こうした序列をもたらす要因は，①農産物販売規模別上位階層での肉牛フィードロットや肉豚経営という土地節約型大販売金額農場やそれら部門と穀作との複合経営が占めるシェア（アイオワ州で高くて漸次下がる），②穀作部門について優等地の集約的経営よりも劣等地の粗放的経営が同じビジネスサイズ・所得水準を得るためにより大面積を要すること，③劣等地・粗放地帯では相対的に厳しい土地・経済条件の下で両極分解がより顕著に進行したこと，④同様に地代高騰・地価暴騰に見舞われながらも，それがさらに激しく地代・地価の絶対水準も際だって高い中核・優等地帯と相対的に低い周縁・劣等地帯とでは，農地集積をつうじた規模拡大の難易度に差があったこと，がある。

　第四に，「トウモロコシ－大豆」型土地利用の拡大を担った規模階層をそれぞれの収穫面積規模別収穫面積シェアの推移からまとめると，全米のトウモロコシで価格低落から暴騰への転換期に位置する2002～07年にシェア増減分岐層（これ以上で増加する）が1,000～2,000エーカーに繰り上がり，それ以降特に3,000～5,000エーカー層と5,000エーカー以上層でのシェア増加が著しく，大豆でも同時期にシェア増減分岐層が1,000～2,000エーカー層に繰り上がった。2012年のトウモロコシ1,000エーカー以上層収穫面積シェアが34.4％，うち2,000エーカー以

上層が13.8％，大豆では1,000エーカー以上層が29.7％，うち2,000エーカー以上層が10.4％となった。

　アイオワ州のトウモロコシではシェア増減分岐層は500～1,000エーカー層のままだがシェア増加が著しいのは1,000エーカー以上層であり，大豆でも同様である。2012年のトウモロコシ1,000エーカー以上層収穫面積シェアが25.3％，うち2,000エーカー以上層が9.0％，大豆では1,000エーカー以上層が12.8％，うち2,000エーカー以上層が3.5％となった。

　ネブラスカ州のトウモロコシでは2002～07年にシェア増減分岐層が1,000～2,000エーカーへ繰り上がって1,000エーカー以上層のシェア増加が著しくなり，大豆でも同時期に増減分岐層が1,000～2,000エーカー層へ2段階繰り上がっている。2012年のトウモロコシ1,000エーカー以上層収穫面積シェアが39.2％，うち2,000エーカー以上層が15.1％，大豆では1,000エーカー以上層が17.4％，うち2,000エーカー以上層が2.9％となった。

　サウスダコタ州のトウモロコシではシェア増減分岐層はほぼ一貫して500～1,000エーカー層だがシェア増加が著しいのは1,000エーカー以上層，大豆では2002～07年に増減分岐層が2,000～3,000エーカー層に一挙に上がった後2007～12年には1,000～2,000エーカー層になっている。2012年のトウモロコシ1,000エーカー以上層収穫面積シェアが44.3％，うち2,000エーカー以上層が20.3％，大豆では1,000エーカー以上層が40.4％，うち2,000エーカー以上層が16.2％となった。

　ノースダコタ州のトウモロコシでは2002～2007年にシェア分岐層が1,000～2,000エーカー層に，2007～12年には2,000～3,000エーカー層に繰り上がった。大豆のシェア分岐層は概ね1,000～2,000エーカー層である。2012年のトウモロコシ1,000エーカー以上層収穫面積シェアが52.4％，うち2,000エーカー以上層が27.6％，大豆では1,000エーカー以上層が57.3％，うち2,000エーカー以上層が26.4％となった。

　以上からいずれの州でもトウモロコシと大豆の生産（収穫面積）シェアを伸ばしているのはほぼ1,000エーカー以上層であり，「トウモロコシ－大豆」型農場を想定すれば耕種作付面積が最低2,000エーカー以上の経営群が価格暴騰下の両作物拡大を担ってきたことになる。ただここにも中核＜西部＜西北部＜北西外縁部という序列があり，中核から離れるほど両作物の拡大はより大面積経営によって

中心的に担われた，別言すると両作物の導入・拡大が目的かつ原動力になって，より急速に大面積経営が成長してきたのである。

第五に，これらトウモロコシと大豆の拡張を中心的に担った大規模・特大規模経営の経済的性格の到達点は，統計的制約から経済階級（農産物販売額＋政府支払）または農産物販売額100万ドル以上層の平均という形でしか捉えられない。その限りでまとめると，価格暴騰を経た今日の（100万ドル以上層という意味での）穀作大規模経営は純農場所得（または農場経営者所得）が50万〜70万ドルで，全米ないし各州世帯所得中央値のほぼ9倍〜12倍にも達している。世帯所得中央値を上回る部分を利潤と捉え，利潤所得が標準的な勤労者1世帯分以上に達した時に利潤が範疇的に成立したと考えれば，これらの農場群は多額の利潤を獲得しているが，その雇用労働力依存度はせいぜい経営者およびその家族労働力と同程度なので，それら利潤は到底生産過程で生み出された剰余価値を源泉にしたものではなく，価格暴騰，すなわち流通過程を通じて実需者・消費者から横奪されたものと考えるほかない。かくて今日の穀作大規模農場は「多額の寄生的利潤獲得大規模家族経営」と性格づけられる。

なお「トウモロコシ−大豆」型経営の最頂部には，2012年に全米でおおむね200農場程度（両作物合計面積1万4,000エーカー，それら販売額1,000万ドル），アイオワ州で30〜40農場程度（トウモロコシ7,000エーカーと大豆4,000エーカーの合計1万1,000エーカー，それら販売額900万ドル超），ネブラスカ州で40農場程度（トウモロコシ7,000エーカーと大豆3,000エーカーの合計1万エーカー，それら販売額800万ドル超），サウスダコタ州で40農場程度（トウモロコシ7,000エーカー，大豆5,000エーカー，小麦3,000エーカーの合計1万5,000エーカー，それら販売額800万ドル超）の，特大規模経営の存在が想定され，具体的存在形態が確認された調査3州の事例から，そうした経営は数名程度の常雇を擁する家族・親族所有型資本主義穀作メガファームであることが判明した。

## 第4節　「農業の工業化」と「資本による農業労働の包摂」の到達点

### （1）穀作農業生産力構造再編の諸相

本書では，穀作農業における生産力構造再編の様相を，作付方式，耕起方式，精密農業技術導入とその実行主体の側面から検討した。

第一に，作付方式について，コーンベルト中核州では「トウモロコシ－大豆」作付方式への単純化がさらに進んでいるだけでなく，さらに「トウモロコシ連作」が統計レベルでも調査農場現場でも増えていることが確認された。集約灌漑地帯ネブラスカ州では，統計で観察すると1990年代半ば頃はその強力な灌漑力にものを言わせてトウモロコシ連作率が7割近くと際立って高かったのが，その後の大豆急伸長によって低下したものの，その後再度上昇傾向を見せていた。調査農場現場では大面積規模経営でトウモロコシ作付比率が高く（したがってトウモロコシ連作圃場割合も高い），中規模経営では5割前後と若干低くなる傾向が見られた。作付方式としてトウモロコシ連作が増えたか，「トウモロコシ－大豆」が増えたかは経営によって区々であった。これら両州でトウモロコシ連作を促進した経済的動因はより激しかったトウモロコシ価格暴騰だが，技術的には線虫殺虫Bt遺伝子組換え種子の普及である。しかしそれでも，連作圃場では害虫・雑草が増えて障害が出たり防除コストが増加するという問題も発生しており，またネブラスカ州の場合はより多量の灌漑水を使うトウモロコシの連作は用水利用限度から制約を受けたり，あるいはそれを回避するための用水効率が高いが要投資額も格段に高い灌漑方式への転換を迫られるという問題が起きていた。

　サウスダコタ州では，統計的におおまかな傾向として，「小麦を含むその他穀物・その他作物－トウモロコシ」という作付方式が減少し，「トウモロコシ－大豆」が増えている。調査農場現場でも総じて小麦や飼料作物を含む多作物・多様な作付方式から「トウモロコシ－大豆」作付方式への単純化が進んでおり，さらに一部にはトウモロコシ連作も登場していることが判明した。

　「コーンベルトへの編入」最後発であるノースダコタ州では，調査農場現場に入ることで次のようなやや複雑な変化が明らかになった。すなわちトウモロコシと大豆の導入前に，不耕起栽培と品種改良の進展を基盤に春小麦の連作増大，さらにはモノカルチャー化が進行する段階があった。それゆえに，トウモロコシと大豆の導入・拡大が（少なくとも現局面では）作付方式の複雑化・多様化をもたらしているのである。

　第二に，耕起方式について，不耕起やそれを含む保全耕起の普及状況を統計的に観察すると，調査全州を見た場合の作物別には春小麦＞大豆＞冬小麦＞トウモロコシというおおまかな序列が見られた。これはトウモロコシ生産はそれが必要

とするより多くの降水量がある地域がなお主産地であるから，土壌水分確保を目的とする保全耕起の普及比率が低いという解釈が成り立つ。しかしトウモロコシの地域差としては，ネブラスカ州＞アイオワ州＞サウスダコタ州＞ノースダコタ州という序列が見られ，より降雨量が少ないがゆえに保全耕起の必要度が高いと考えられる西北地方でかえって低い。また両ダコタ州内部では小麦＞トウモロコシという序列が明確だった。これに農場調査からの知見も加えると，不耕起・保全耕起の実施のためには，それに対応した高性能・高額の播種機投資が必要となるため，そのコスト負担力（面積当たり収益性）の低い地域や経営では，必要度が高いからといって直ちに導入に結びつくとは限らないという関係による。

　土壌学者や農法論者からは不耕起，保全耕起の「積極面」が一般的に語られることが多いが，農場現場の状況は単純ではなかった。圧密による土壌構造悪化を回避するため，作付方式単純化にともなって累積するトウモロコシ残渣除去のため，播種期種床温度上昇促進のため，有機物・堆肥投入のために，不耕起よりも最小耕起，軽減耕起，さらには上下土層反転プラウ耕を全面的ないし部分的に行なう経営が少なくない。

　また少なくとも調査対象としたコンベショナルな穀作農場においては，不耕起，保全耕起が「被覆作物，緑肥，生物農薬の使用を組み合わせた代替農法」や「植生種の時間的多様性としての輪作と固く結合する」ようなモメントは一切検出されなかった。逆に不耕起，保全耕起はグリホサートないしグリホシネート系除草剤施用と同耐性遺伝子組換え種子の利用を不可欠の条件としてこそ進展しており，さらに大規模経営がそれら耕起法に対応する大型，高性能，高額の播種機を購入せざるを得ないからさらなる大規模化を促迫するという関係もあった。つまり「工業化」からの軌道転換ではなく，いっそうの「工業化」「超工業化」の進展である。

　第三に，精密農業技術の導入について，とくにテストやGPS機器を用いた土壌マップ作成から圃場内地片・区域別の播種や施肥量制御プログラムであるプリスクリプション作成，コンピューター自動制御可変施用技術VRT利用にいたる中核的技術導入状況については，トウモロコシ＞大豆＞小麦，また同じトウモロコシについてコーンベルト中核州＞ネブラスカ州＞サウスダコタ州＞ノースダコタ州という序列が，ほぼ明確に存在する。コスト負担力＝集約度序列に沿ったものである。

同技術の導入を「農業の工業化」視点から見た場合の重要な事態は，ひとつにそれが上述の不耕起・保全耕起を可能にする遺伝子組換え種子採用の不可避化や対応播種機との一体化とも結びついて，より高度複雑化した高額なハードウェアおよびソフトウェア（農業情報サービス）のパッケージとしての購入に結びついている点である。これは一面で投資高額化とそれによる分解促進やさらなる大規模化の動因となり，他面ではそれらハード・ソフトのパッケージを生産・販売するのはごく少数の農外巨大アグリビジネス企業になっているから，技術採用の意思決定が実質的にますます狭い範囲の選択でしかなくなり，「資本による農業労働の包摂」が深化している。

　さらに実態調査から判明したように，精密農業技術の中核部分を導入している経営のほとんどが，それを外部に委託している。かつては農業経営内給的であった生産力要因（土壌およびその制御のための知識）を，農業生産者から切り離して抽出し資本制商品化（電子土壌マップや電子播種・施肥処方＝プリスクリプション）した上で再び農業生産過程に注入しているのであるから，「充当」経路による「農業の工業化」にほかならない。同時にまた，農業経営者・生産者の熟練という形態をとり，かつ極めてローカルな「知識」や「応用力」であったものを，資本制商品（商品資本）によって「代替」するという経路での「農業の工業化」でもある。またこれを農業経営・生産労働の性格という側面から見れば，労働対象（土壌や肥培管理対象としての作物）と労働手段（土壌およびITとGPS技術で装備された機器）の制御情報ならびに技術選択の意志決定が，ますます農業経営者・直接的生産者の人格としての肉体的・精神的能力から切り離されているわけだから，ここでも「資本による農業労働の包摂」が深化しているのである。

## （2）コーンエタノール企業への出資の意義とトウモロコシ販売の性格

　第一に，農業生産者・農村住民所有型企業への出資が当該生産者に対して持つ経済的意味を，第2章第4節・第5節の分析からまとめると，財務諸表から検証できた3企業の組合員ないし一般出資者出資額に対する，創業以来の累積現金配当額が，もっとも早い2002年に操業開始し（したがって「エタノール・バブル」を十分享受した），2工場・2.2～2.4億ガロンと生産規模も大きいサウスダコタ州Glacial Lakes Energy（事実上新世代農協）の場合158％，2006年に操業開始

した（「エタノール・バブル」をわずかに享受），1工場・5,400万ガロンの小規模なアイオワ州Lincolnway Energyの場合68％，2007年に操業開始した（「エタノール・バブル」を享受できなかった）1工場・6,000万ガロンの小規模なノースダコタ州Red Trail Energyの場合5％（2014年度に始めて配当）だった。

したがって配当率から見た経済的意義の軽重の多くは，「エタノール・バブル」終焉前から操業していたかどうか（それを享受できたかどうか）に左右されている。ただその後の「エタノール利潤危機」を生き残って今日も出資者等にトウモロコシ域内市場を提供し，わずかでも配当をしている場合も，相応の意義はある。ただしこれらの企業の利益獲得，したがって配当有無の状況は変動が激しく，「ジェットコースター」的ないし投機的事業の性格を払拭できたわけではない。

第二に，出資者，トウモロコシ出荷者に加えて，誘致自治体の首長や経済開発組織役員の「意識」におけるその意義は，(ア) 出資配当の還元に加えて，(イ) 域内トウモロコシ需要の創出とそれによる地域市場価格水準引き上げ，(ウ) 雇用の創出と雇用者所得がもたらす地元経済への乗数的波及効果,(エ) 課税ベース拡大，(オ) エネルギー対外依存の軽減というように，その有無や多寡が明確ではない，あるいはそもそも計測困難であるような「積極的効果」が共有されていた。これはコーンエタノールというアグロフュエル・プロジェクトを推進する正当化言説が，生産者・住民所有型企業の関係者に広く浸透していることを示す。

第三に，生産者・地元住民所有型企業あるいは一部出資型企業，および出資関係は一切ないが農村電力協同組合系統企業への，生産者によるトウモロコシ販売意思決定については，次のような性格があった。(A) まず出荷権利・義務株方式の出資で実質的に新世代農協の組合員生産者の場合，販路意思決定は個別経営者の手からは離れているが，それら経営者が一人一票で最高意思決定に参加する農協という形で，いわば集団的・協同的意思決定へ自発性にもとづいて移行させたものである。

(B) これに対し，出資はしているものの当該工場経営の支配・管理が基本的に巨大企業側に掌握されているケースでは，農業経営者のトウモロコシ販路意思決定が，部分的にであるが，資本によって包摂されつつあった。

(C) いっぽうノースダコタ州でトウモロコシ耕境外に近かった中部，西部では，自分達が出資して創設した（しかし出荷権利・義務関係は全くない），あるいは

農村電力協同組合系統が創出したコーンエタノール企業と，運命共同体的な相互関係にあった。そこから，エタノール企業側も生産者の意思・利益を忖度して集買（量や価格の決定）をする必要が生じていて，生産者のトウモロコシ販路に関する意思決定は，企業側の制約を受けつつも資本によって包摂されているわけではない，独特の状況があった。

　第四に，しかしながらより根源的には，コーンエタノール政策の展開，とくにライフサイクル温暖効果ガス排出量評価に際して，EPAは業界・政界の異論に「応じ」て，「天然ガス燃料の最高技術」および「バイオマス燃料」以外の在来コーンエタノール工場まで「再生可能燃料」基準（ガソリン比温暖効果ガス20％削減）を「満たす」という「決定」への変更を行なったことに見られるように，生産者・地元住民出資型と言えども，真の意味で「再生可能燃料」生産工場であることは立証されていない。したがってそこから自己生産・地元生産トウモロコシへの付加価値がもたらされ，出資配当として還元されたとしても，あるいはそれが地元経済に多少の波及効果をもたらしたとしても，それらは科学的根拠が薄弱なまま，国策産業としての「穀物関連セクター」の維持を国家財政から国内外・全世界の消費者・実需者へ負担転嫁しつつ，同時に過剰蓄積された農業・食料関連資本や貨幣資本に新たな蓄積機会を提供するためのアグロフュエル・プロジェクトによって，人為的に「創出」された寄生的利潤の「分け前」という点で，巨大アグロフュエル企業が享受しているのと同質のものと言わざるを得ない。

　その意味で，現段階における生産者・地元住民出資型コーンエタノール企業の活動を，市場遠隔地穀作農業生産者が自らの所有と管理・運営によって付加価値事業に乗り出してその成果を自己経営や地元地域に還元・留保する，各種分野における新世代農協に代表される協同の取組と同列に論じることは，残念ながらできない。

## 第5節　アメリカ穀作農業における矛盾の顕在的・潜在的存在状況と展望

### （1）矛盾の存在状況

　ここまでのまとめでも言及してきたところだが，アメリカ穀作農業構造変化の今日的到達点において，矛盾はどのような形で顕在的ないし潜在的に存在するのかを，主な問題について摘要しておく。

第一に，地代高騰・地価暴騰がもたらす問題である。農場経営収支分析で明らかにしたように，穀物等価格低落期と比べて暴騰期には，より広い階層・農場群に実勢地代をカバーできる地代負担力がもたらされ，したがって農地借入競争への参画が可能になっていた。このことが一面で大規模層の規模拡大を従前より困難にしているが，他面では価格暴騰・高水準が続く限りにおいては所得追求のための規模拡大内圧は多少とも緩和されていた。

しかし地代高騰からの上方乖離をますます強めてきた地価の暴騰は，農地購入を通じた規模拡大を困難にするにとどまらない深刻な問題を醸成しつつあった。そのひとつは，農地価格の暴騰によって，現経営主や子世代が，親世代，その兄弟姉妹，それらから分割相続を受けた自分の兄弟姉妹やいとこ達から買い取って継承すべき農地資産額が，膨大化していることである。このこと自体が家族経営の世代的継承を難しくする危険を増大させていると同時に，現世代や次世代のための規模拡大に必要な機器投資や農地購入を後回しにして，これら家族・親戚からの農地購入を優先せざるを得ない状況が現実に起きていた。ましてや大規模な企業法人（あるいは大規模なファンドが取得した農地の全面借地者ないし経営受託者）以外でのコンベショナルな穀作農業新規参入は，事実上絶望的となっている。そして上述してきた現代的ハイテク・大型農業機器の高額化が，農場資産（したがってまた必要最小資本額）の膨大化に拍車をかけている。

もうひとつは，これまでは言及してこなかったが，穀作農場経営のバランスシートの変容である。例として，トウモロコシ農場（農産物販売額の過半をトウモロコシが占める）の1農場当たり自己資本強靱性を示す主要指標を見てみる（ARMS統計，調査全州，全規模計）。すると，固定資本のどれだけを自己資本でまかなえているかを指標する固定比率（固定資産÷自己資本。固定資本は返還不要の自己資本の枠内で調達するという原則から，100％以下が望ましいとされる）は，価格低落期前の1996年の97.6％から価格低落期の中で最高である2002年の113.0％まで上がったが，第二次価格暴騰期を経た2014年には100.0％に低下した。また長期負債に対する究極的な返済能力という意味での自己資本強靱性を指標する自己資本長期負債比率（長期負債÷自己資本）は，1996年に10.6％だったのが2002年に12.5％まで上がったが，その後漸次低下していき2014年には8.4％となった。この限りでは価格暴騰を通じて自己資本の強靱性は高まり，経営の財務安定

終章　アグロフュエル・ブーム下の米国コーンエタノール産業と穀作農業構造の到達点　423

性は増したように見える。

　しかし農場自己資本に占める土地・建物の比率は（当該統計では土地資産額だけを分離することができない），1996年の75.6％が2002年の88.8％になった後，穀物等第一次暴騰の2008年には76.6％まで下がったものが，その後のさらなる農地価格暴騰によって2014年に83.7％まで高まっている。いっぽうで購入農地価格の暴騰，購入農業機器の高額化などを反映して長期負債額は1996年の6.1万ドル，2002年の7.8万ドルから，2014年には18.3万ドルへ膨張した。これらの結果，土地・建物資産額を差し引いた自己資本に対する長期負債の比率は，1996年の43.6％が2002年の111.1％に上がった後，2007〜2011年には30％台になっていたものが，2014年には51.7％まで高まっている。

　このことが意味するのは，仮に穀物等価格暴騰が足下で一定程度沈静なり頓挫する（2014年以降はその兆しが現れている），あるいは金融市場から農地市場に流入している貨幣資本が何らかの事情を契機に流出することで地価が下がれば，穀作経営のバランスシートが一挙に悪化する危険性，その意味での潜在的脆弱性を内包しているのである。

　これらは，アグロフュエル・プロジェクトが生み出した穀物等価格暴騰自体と，その一構成要素でもあった金融市場からの過剰化していた貨幣資本の農業・食料および農地市場への流入がもたらした地価暴騰という意味で，アグロフュエル・プロジェクト下での農業構造再編が内包する自己矛盾である。

　第二に，生産力構造の再編およびコーンエタノール企業への出資や「運命共同体的」関係にもとづくトウモロコシ販路決定のあり方に現れていた，農業労働（直接的生産労働だけでなく，管理や販路の意思決定という経営労働も含む）の資本による包摂，あるいは個別農業経営からの外部化がはらむ，あるいははらむ可能性のある矛盾である。

　トウモロコシと大豆において激しかった価格暴騰に導かれた「コーンベルト」中核におけるいっそうの土地利用単純化，その西部や北西外縁部における土地利用の「コーンベルト」化は，総じて言えば作付方式の単純化・モノカルチャー化をもたらしていた。この農法上の退行減少を支え，かつその当座の矛盾顕在化を抑止するのが，不耕起などの保全耕起や軽減耕起への転換（土壌保水の強化，作物残渣＝有機物の土壌表面への堆積，コスト削減が主目的），それと表裏一体の

グリホサートないしグリホシネート系除草剤と同耐性遺伝子組換え種子の完全定着，不耕起等に対応する新型播種機導入，および連作「耐性」＝線虫殺虫Bt遺伝子組換え種子の普及であった。

またいっそうの大規模化にともなって，いよいよ多数化する圃場とその内部の土壌多様性への対応（単収・面積当たり収益を落とさないための十分な肥培管理）とコスト抑制を両立させるために，精密農業技術の導入・普及も地域差を残しながら着実に進展していた。

これらを通じて，「種子―圃場の土壌性格およびその制御としての肥培管理―それらを実施するための機器とその制御―さらに圃場での作物生育・病害虫用水状態」に関わる知識を一体的に，外部の資本制企業が収集，加工，創出，インプットする私的商品としての情報へと変容させて農業生産者の熟練が解体され（deskilling），それらに関わるハードウェア・ソフトウェア，さらには作業そのものが，ごく少数のアグリビジネス企業が提供する狭い選択肢の中から「選ぶ」対象になってしまっている。したがって農業生産者・経営者の主観的認識がどうあれ，その意思決定は実質的にますます他律化しているから，そのことがはらむリスク，すなわち多様性を失って極めて単純化・単線化された技術体系がもつ各種の自然的・社会的リスクへの対処能力もまた喪失して行っていることになる。

したがってまた，一部の土壌学者や農法論者が積極的展望として希求している「代替農法」への軌道転換の可能性は，コンベショナルな農業現場では根本的に制約されており，そのようなベクトルはほとんど全く検出できないのである。

## （2）矛盾に対峙する主体の展望

では以上のような矛盾と制約に対峙し，克服を目指す主体面での展望はどうか。

既に見てきた，アグロフュエル・プロジェクトが農業ブームをもたらし，それが個別農業経営レベルでも家族経営でありながら多額の寄生的利潤を享受せしめてきたという客観的事実，およびその基礎上で調査農場経営者，コーンエタノール企業立地地域の自治体首長や経済開発組織幹部の意識に深く広く浸透・蔓延しているアグロフュエル・プロジェクトの正当化言説からして，その展望は容易に見えてこない。

ここでもっとも代表的な農業生産者団体の，アグロフュエル・プロジェクト，

終章　アグロフュエル・ブーム下の米国コーンエタノール産業と穀作農業構造の到達点　425

具体的には近年の「論争点」になっている再生燃料基準RFSの設定水準やガソリンへのエタノール混合比率規制に対する態度，および遺伝子組換え技術への態度を見ておこう。

　アメリカン・ファームビューロー連合（American Farm Bureau Federation）が2015年6月に公表している政策集では，その伝統と構成（大規模農業経営者の比重が高いとされる）にもとらないコンサバティブな主張がなされている。

　まず「米国の包括的エネルギー政策に関して」，アメリカの経済成長と繁栄を促進する（fuel）ための，多様な国内エネルギー供給を創出しつつ，エネルギー安全保障を強化する政策を提唱する，としている。具体的にまず再生燃料基準RFSについて，コーンエタノール，セルローシック・エタノール，およびバイオディーゼルを含む農業由来燃料の生産と使用を支持する立場から，RFSを2007年エネルギー自立・安全保障法の法定どおりに設定・実施することを支持している。これは第2章第6節末尾部分で言及したように（表2-1も参照），エタノールの一般自動車(85％までの混合が可能な特別設計のフレックス車でないという意味)向け燃料への混合比率を10％より上げるのは困難だしやるべきではないという自動車産業や石油業界の声，およびコーンエタノール大増産が招いた飼料価格高騰で打撃を被った畜産業界・畜産系アグリビジネスの批判を受けて，EPAが2014～16年度のRFSを2007年法の法定水準より下げる提案をしていたことに対する，強固な反対である（結局，EPAの提案よりは高く，法定量よりは低い，両陣営の利害折衷的な水準で決定をみた）。

　また遺伝子操作科学の応用によって特殊な形質をもった植物品種を生み出す遺伝子工学技術は，農業者にとって，高価な投入財の使用を減らし，雑草防除を改善し，健全な土壌，水質，大気を作るための耕起軽減によって，単収と収益性を改善する重要な手段と位置づけ，かつこれらのバイオテクノロジーは健康上も環境上も何らリスクを課さないことについて，強固な科学的同意が存在すると主張する。その上で，遺伝子組換え体に関する「過剰」規制や表示義務化に断固反対を唱えている。

　すなわち，有機，伝統的，および現代的バイオテクノロジーという諸栽培手法の共存（coexistence）は農業者が多様な選択肢を確保する上で重要であり，それぞれ用の作物の純血さ（integrity）を知的財産権を侵すことなく維持すること

が必要であるとする。しかしバイテク（遺伝子組換え）作物の栽培農業者に，義務的な管理責任を負わせるとか，意図せざる遺伝子組換え体の混入を被った非バイテク作物栽培農業者への損害補償基金設立の要求などに対して，過剰規制として強固に反対する。

また遺伝子組換え体やそれを原料とする食品が，他のいかなる食品よりリスクが高くはないことは，「世界最高の信頼できる科学的権威者達」によって証明されているのであるから，それらに対する義務的表示制度についてもまた，断固反対している。

次に，19世紀晩期の組織創設が鉄道や大手穀物企業・食肉企業に対する「反独占」運動を背景にしていた伝統を今に引き継ぎ，相対的に中小規模の家族経営構成員比率が高いがゆえに，リベラルで反独占的な主張を基調としてきたとされる全国ファーマーズユニオン（National Farmers Union）の「2015年政策書」（2015年3月全国大会決定）ではどうか。

ユニオンは，一方で価格・所得政策，農業・食料関連産業の（アグリビジネス企業による）過度の集中排除と競争維持，義務的，統一的，連邦政府策定による農産物・食品表示（人工的成長ホルモン，遺伝子組換えの使用なども含む）といった分野では，ビューローとは異なるリベラルで反独占的色彩の政策を維持している。

しかし他方で，まず「バイオ燃料」について，風力，太陽光その他と並ぶ再生可能・代替的，かつ真に自立的な（＝対外依存的でない）エネルギー開発として，最大限可能な限り促進し，拡大し，かつ地元農業者所有を確保することが優先事項であると位置づけ，これらエネルギー生成の地元所有型施設を展開させるための減免税，インセンティブ，指令などの政策を要求している。

エタノールについては，支持・要求する法律や施策に以下が含まれている。すなわち，エタノール混合燃料への連邦ガソリン税免税の恒久化（2011年から廃止されている），RFSの国内燃料供給量の3分の1までの可及的速やかな拡大と逆転縮小を許さない義務，エタノール混合率15％以上の利用可能性拡大，（現在のトウモロコシに加えて）グレインソルガム，ミレット，大麦，オーツ麦，サトウキビ，小麦などをRFS対象エタノールの原料作物として利用を促進するインセンティブ供与，（禁止的に高率な）エタノール輸入関税の継続，伝統的エタノール

を補完するものとしてのセルローシック・エタノールの積極的開発（つまりコーンエタノールを主軸として位置づけ続ける），などである。

ここには，コーンエタノールを主軸とするアグロフュエルが「再生可能」であり「エネルギーの対外依存を低めてその自立を保障する」，また「生産者・地元所有型エタノール企業が生産者や地域経済に有益である」という，一連のアグロフュエル・プロジェクトの正当化言説が「共有」されてしまっており，したがってコーンエタノールの継続・拡大，さらに他の食料作物すらエタノール原料として利用促進する政策が要求されている。

次に遺伝子組換え体については，それが「フードチェーンの全ての構成員に影響を与える，いくつかの倫理的，環境上，食品安全性上，法律上，市場的，および構造的諸問題が存在する」ことを認識しつつ，多くの組織構成員が農業経営に遺伝子組換え品種を組み込んでいる実態に立脚して，遺伝子組換え農産物生産者と非遺伝子組換え農産物生産者が共に尊重されるように，適切な規制当局が，上述の諸問題・懸念に対する研究と評価を継続し，義務的な消費者向け表示や遺伝子組換え体またはそれに由来する食品に関する教育を進めるべきとの基本スタンスを示している。

その上でより具体的には，次のような政策を支持するとしている。すなわち，「他花受粉，種子購入者負担責任，商品および種子資源の分別，市場での受容といった諸問題が客観的に評価され，全ての生産者と消費者を保護するよう公正に解決されるならば」との「条件」を満たす新たな遺伝子組換え体形質の開発，伝統種子や動物および生物遺伝子の特許化を禁止する法制，いかなる形態にせよターミネーター技術の開発を禁止する法制，農業生産者が自分が所有する農場で繁殖した生物体からの種子を利用する権利の保護，食品医薬品庁（FDA）によって特許保持者からは独立して実施された試験をつうじて安全性が証明された遺伝子組換え体を含む新製品の認可，農業生産者が遺伝子組換え種子の栽培権利と引き替えにバイテク産業がその根本的権利（仲間の裁判で陪審になること，自分がバイテク企業から訴えられた場合に自分の居住州で裁判を受けることなど）を奪うことの禁止，遺伝子組換え商品が原因の価格低下，市場喪失，混入などの農業生産者の損害を当該商品生産企業が全面的に賠償すること，などである。

したがって非遺伝子組換え体利用農業生産者や消費者の抱く懸念，また遺伝子

組換え体利用生産者がしばしばその開発・生産・販売企業によって莫大な損害賠償訴訟を起こされてきた問題などに対して，一定の慎重なスタンスを示して規制を要求しつつも，謂わば「もはや後戻りできないまでに，アメリカ農業・食料部門に組み込まれている」存在として，遺伝子組換え農産物の利用や新規開発・商品化を受容している。

このように見てくると，アグロフュエル・プロジェクトが農業ブームとそれによる寄生的利潤を多数の穀物生産者に享受させているという客観的な経済実態，それをもたらしているコーンエタノール需要の人為的・強制的創出拡大政策やそれに対応するためのトウモロコシ等の増産・大面積栽培化を支える遺伝子組換え種子に代表される「超工業化」技術諸要素を，条件付きであれ支持し，またそれらを正当化する言説を共有する主観的な認識実態からして，それらがもたらしている，あるいは水面下で醸成しつつある諸矛盾に正面から対峙し克服を目指す主体形成の途は，少なくとも当面険しいと見通さざるを得ない。

しかしこうした「見通し」は，本書研究の制約，とりわけ研究対象の限定からくる部分も大である。すなわち本書では，もっぱらアグロフュエル・プロジェクトを推進し体現する政府やアグロフュエル企業，その下でコンベショナルな「大規模化，工業化」，今日的には「超工業化」路線を邁進してきている農業生産者のみを対象に，その構造変化と矛盾の存在形態を探ってきたので，それとは大なり小なり思考や路線を異にする，あるいは矛盾に直面して転換した当事者を視野に入れていないという，大きな制約である。

また本書では，フードレジーム論を中心とする農業・食料政治経済学の直近の研究展開において，資本主義の金融化に規定され照応した，農業・食料セクターの金融化という議論(そのもっとも端的なものとして「金融化フードレジーム」説)に学びつつも，自らの分析は「農業の工業化・超工業化」としての「資本による農業（農業・食料）の包摂」という枠組みを超えるものではなかった。したがって金融化段階に固有の矛盾が，それに対峙し克服を図る新たな主体，かつ「工業化」枠組みでは視野に入りにくかった新たな分野での主体を形成させている可能性を，汲み取れていない。

したがってこうした制約を乗り越え，対象を広げた分析をつうじて課題の展望を見出すことは，ほぼ全面的に今後の研究に残されることになる。

## 文献リスト

安部淳（2010）「世界食糧危機と日本の食糧問題」『日本の科学者』第45巻第9号, pp.4-9
Altieri, Miguel（2010）Agroecology, Small Farms, and Food Sovereignty, Magdoff, Fred and Brain Tokar eds., *Agriculture and Food in Crisis*, Monthly Review Press, pp.153-266
青山正和（2010）『土壌団粒』農山漁村文化協会
Baines, Joseph（2015）Fuel, Feed and the Corporate Restructuring of the Food Regime, *Journal of Peasant Studies*, Vol.42 No.2, pp.295-321
Banker, David and James MacDonald（eds.）（2005）*Structural and Financial Characteristics of U.S. Farms: 2004 Family Farm Report*, USDA ERS Agricultural Information Bulletin No.797
Bhagwati, Jagdish（1998）The Capital Myth: The Difference between Trade in Widgets and Dollars, *Foreign Affairs*, Vol.77 No. 3, pp.7-12
Boehlje, Michael and Lee Schrader（1998）The Industrialization of Agriculture: Question of Coordination, Royer, Jeffrey and Richard Rogers eds., *The Industrialization of Agriculture: Vertical Coordination in the U.S. Food System*, Ashgate Publishing Ltd., pp.3-26
Borras Jr., Saturnino, Philip McMichael, and Ian Scoones（2010）The Politics of Biofuels, Land and Agrarian Change: Editors' Introduction, *Journal of Peasant Studies*, Vol.37 No.4, pp.575-592
Burch, David and Geoffrey Lawrence（2007）Supermarket Own Brands, New Foods and the Reconfiguration of Agri-food Supply Chains, Burch, David and Geoffrey Lawrence eds., *Supermarkets and Agri-food Supply Chains*, Edward Elgar, pp.100-128
Burch, David and Geoffrey Lawrence（2009）Towards a Third Food Regime: Behind the Transformation, *Agriculture and Human Values*, Vol.26 No.4, pp.267-279
バトル, F.H./O.F.ラーソン/G.W.ギレスビー Jr.著・川村能夫/立川雅司監訳（2013　原著1990）『農業の社会学』ミネルヴァ書房
Campbell, Hugh（2009）Breaking New Ground in Food Regime Theory: Corporate Environmentalism, Ecological Feedbacks and the 'Food from Somewhere' Regime, *Agriculture and Human Values*, Vol.26 No.4, pp.309-319
Campbell, Hugh and Jane Dixon（2009）Introduction to the Special Symposium: Reflecting on Twenty Years of the Food Regime Approach in Agri-food Studies, *Agriculture and Human Values*, Vol.26 No.4, pp.261-265
長憲次（1997）『現代アメリカ家族農業経営論』九州大学出版会

Dietz, Kristina, Oliver Pye, Bettina Engels and Achim Brunnengraber (2015) An Introduction to the Political Ecology of Agrofuels, Kristina Dietz, Oliver Pye, Bettina Engels and Achim Brunnengraber eds., *The Political Ecology of Agrofuels*, Routledge, pp.1-15

Dixon, Jane and Hugh Campbell (eds), (2009) Special Issue: Symposium on Food Regime Analysis, *Agriculture and Human Values*, Vol.26 No.4, pp.259-349

Duffy, Michael (various years) *Iowa Land Value Survey*, Iowa State University Center for Agricultural and Rural Development (http://www.card.iastate.edu/land-value/2014/)

EPA Office of Transportation and Air Quality (2009) *EPA Lifecycle Analysis of Greenhouse Gas Emissions from Renewable Fuels*, EPA-420-F-09-024 Technical Highlights

Fairbairn, Madeleine (2010) Framing Resistance: International Food Regimes & the Roots of Food Sovereignty, Wittman, Hannah, Annette Aurélie Desmarais, and Nettie Wiebe eds., *Food Sovereignty*, Fernwood Publishing, pp.15-32

Fitzgerald, Deborah (1993) Farmers Deskilled: Hybrid Corn and Farmers' Work, *Technology and Culture*, Vol.34, pp.324-343

Friedland, William (1984) Commodity Systems Analysis: An Approach to the Sociology of Agriculture, Schwarzweller, Harry ed., *Research in Rural Sociology Vol.1, Focus on Agriculture*, JAI Press, Inc., pp.221-235

Friedmann, Harriet (1991) Changes in the International Division of Labor: Agri-food Complexes and Export Agriculture, Friedland, William, Lawrence Busch, Frederick Buttel, and Alan Rudy eds., *Towards a New Political Economy of Agriculture*, Westview Press, pp.65-93

Friedmann, Harriet (2005) From Colonialism to Capitalism: Social Movements and Emergence of Food Regime, Buttel, Frederick and Philip McMichael eds., *New Direction in the Sociology of Global Development* (Research in Rural Sociology and Development Vol.11), Elsevier, pp.227-264

Friedmann, Harriet (2009) Discussion. Moving Food Regimes Forward: Reflections on Symposium Essays, *Agriculture and Human Values*, Vol.26 No. 4, pp.335-344

Friedmann, Harrriett and Philip McMichael (1989) Agriculture and the State System: The Rise and Decline of National Agriculture, 1980 to the Present, *Sociologia Ruralis*, 29 (2), pp.93-117

藤岡惇 (1993)『サンベルト米国南部 分極化の構図』青木書店

藤岡惇 (2006)「米国の『新帝国主義』化を支える『軍産複合体』の役割」『経済』No.124 (2006年1月号), pp.17-26

Gilbert, Paul (2013) Deskilling, Agrodiversity, and the Seed Trade: A View from Contemporary British Allotments, *Agriculture and Human Values*, Vol.30 No.1,

pp.101-114
Gillon, Sean (2010) Fields of Dreams: Negotiating an Ethanol Agenda in the Midwest United States, *Journal of Peasant Studies*, Vol.37 No.4, pp.723-748
Girardi, Anthony (2013) *Iowa Tax Increment Financing: Tax Credits Program Evaluation Study*, Iowa Department of Revenue
Goodman, David, Bernardo Sorj, and John Wilkinson (1987) *From Farming to Biotechnology: A Theory of Agro-Industrial Development*, Basil Blackwell
花田仁伍 (1971)『小農経済の理論と展開』御茶の水書房
花田仁伍 (1985)『農産物価格と地代の論理―農業問題序説―』ミネルヴァ書房
Harrington, David and Alden Manchester (1986) Agricultural Production: Organization, Financial Characteristics and Public Policy, Marion. Bruce and NC 117 Committee eds., *The Organization and Performance of the U.S. Food System*, Lexington Books, pp.5-49
ハーヴェイ，デイビッド著・渡辺治監訳 (2007)『新自由主義』作品社
服部信司 (1998)『アメリカ農業』輸入食糧協議会
服部信司 (2005)『アメリカ2002年農業法』農林統計協会
久野秀二 (2008)「食料危機と国際機関の対応」『農業と経済』2008年12月号，昭和堂，pp.5-18
Holt-Giménez, Eric and Annie Shattuck (2010) Agrofuels & Food Sovereignty: Another Agrarian Transition, Wittman, Hannah, Annette Aurélie Desmarais, and Nettie Wiebe eds. *Food Sovereignty*, Fernwood Publishing, pp.76-90
Hoppe, Robert and Dsavid Banker (2010) *Structure and Finances of U.S. Family Farms: Family Farm Report, 2010 Edition*, USDA ERS Economic Information Bulletin No.66
Hoppe, Robert and James MacDonald (2014) Updating the ERS Farm Typology, Haynes, Dawson ed. *U.S. Farms: Income Trends and Typology Updates*, Nova Science Publishers, Inc., pp.37-82
Horowitz, John, Robert Ebel, and Kohei Ueda (2010) *"No-Till" Farming Is a Growing Practice*, USDA ERS Economic Information Bulletin No.70
池上甲一 (2013)「大規模海外農業投資による食農資源問題の先鋭化とアグロ・フード・レジームの再編」『農林業問題研究』第49巻第3号，pp.473-482
磯田宏 (2001)『アメリカのアグリフードビジネス―現代穀物産業の構造分析―』日本経済評論社
磯田宏 (2002)「アグリビジネスの農業支配は可能か―『工業化・グローバル化』視角からのアプローチ―」矢口芳生編著『農業経済の分析視角を問う』農林統計協会，pp.31-69
磯田宏 (2004)「アメリカ輸出穀作農業の構造変動と担い手経営」村田武編『再編下の家族農業経営と農協』筑波書房，pp.23-61

磯田宏 (2011)「アメリカ穀作農業の構造変化―『工業化』農業の到達と模索」松原豊彦・磯田宏・佐藤加寿子『新大陸型資本主義国の共生農業システム』農林統計協会, pp.11-85

磯田宏 (2012)『アメリカ穀作農業構造の現局面―サウスダコタ州を主な事例に―』九州大学大学院農学研究院農政学研究分野ワーキングペーパー, 2012年7月

磯田宏 (2013)「書評：服部信司著『アメリカ農業・政策史1776-2010』」『歴史と経済』第218号, pp.63-64

磯田宏 (2014a)『米国コーンエタノール政策と穀作農業構造分析の課題をめぐって―フードレジーム論を中心とする農業・食料政治経済学の視点から―』九州大学大学院農学研究院農政学研究分野ワーキングペーパー, 2014年4月

磯田宏 (2014b)「コーンエタノール・ブーム下のアメリカ穀作農業構造」『農業・農協問題研究』第54号, pp.2-18

磯田宏・佐藤加寿子 (2013)「TPP問題の到達と参加阻止の課題―座長解題―」『農業市場研究』第21巻第4号, pp.1-2

岩田進午 (2004)『「健康な土」「病んだ土」』新日本出版社

Jackson-Smith, Douglas. and Frederick Buttel (1998) Explaining the Uneven Penetration of Industrialization in the U.S. Dairy Sector, *International Journal of Sociology of Agriculture and Food*, 7, pp.113-150

加賀爪優 (2013)「国際食料価格高騰と食料危機論の是非」『農業と経済』2013年4月臨時増刊号, 昭和堂, pp.15-25

カウツキー, カール著・向坂逸郎訳 (1946)『農業問題』(岩波文庫版) 原著1899年公刊, 初訳1932年, 岩波書店

川島博之 (2013)「食料危機はほんとうに起こるのか？」『農業と経済』2013年4月臨時増刊号, 昭和堂, pp.5-14

Kenney, Martin, Linda Lobao, James Curry, and Goe Richard (1989) Midwestern Agriculture in US Fordism: from the New Deal to Economic Restructuring, *Sociologia Ruralis*, Vol.29 No.2, pp.131-148

北村洋基 (2003)『情報資本主義論』大月書店

小泉達治 (2007)『バイオエタノールと世界の食料需給』筑波書房

小泉達治 (2009)『バイオ燃料と国際食料需給―エネルギーと食料の「競合」を超えて―』農林統計出版

Lang, Tim and Michael Heasman (2004) *Food Wars: The Global Battle for Mouths, Minds, and Markets*, Earthcan

Le Heron, Richard and Nick Lewis (2009) Discussion. Theorising Food Regimes: Intervention as Politics, *Agriculture and Human Values*, Vol.26 No.4, pp.345-349

Leopold, Aaron (2015) US Agrofuels in Times of Crisis, Kristina Dietz, Oliver Pye, Bettina Engels and Achim Brunnengraber eds., *The Political Ecology of Agrofuels*, Routledge, pp.218-235

MacDonald, James. and Penni Korb (2011) *Agricultural Contracting Update: Contracts in 2008*, USDA ERS Economic Information Bulletin No.72
マルクス，カール著・資本論翻訳委員会訳（1997）『資本論第一巻b』新日本出版社
マルクス，カール著・資本論翻訳委員会訳（1997）『資本論第三巻b』新日本出版社
増田正人（2013）「経済・金融のグローバル化と国際不均衡」高田多久吉編著『現代資本主義とマルクス経済学』新日本出版社，pp.40-63
松原豊彦・磯田宏（2011）「序章　本書の課題，分析視角と構成」松原豊彦・磯田宏・佐藤加寿子『新大陸型資本主義国の共生農業システム—アメリカとカナダ』農林統計協会，pp.1-10
松村文武（1993）『体制支持金融の世界』青木書店
McMichael, Philip (1991) Food, the State, and the World Economy, *International Journal of Sociology of Agriculture and Food*, Vol.1, pp.71-85
McMichael, Philip (2005) Global Development and the Corporate Food Regime, Buttel, Frederick and Phlip McMichael eds., *New Direction in the Sociology of Global Development* (Research in Rural Sociology and Development Vol.11), Elsevier, pp.265-299
McMichael, Philip (2009) A Food Regime Analysis of the 'World Food Crisis', *Agriculture and Human Values*, Vol.26 No.4, pp.281-295
McMichael, Philip (2010a) Food Sovereignty in Movement: Addressing the Triple Crisis, Wittman, Hannah, Annette Aurélie Desmarais, and Nettie Wiebe eds., *Food Sovereignty*, Fernwood Publishing, pp.168-185
McMichael, Philip (2010b) The World Food Crisis in Historical Perspective, Magdoff, Fred and Brain Tokar eds, *Agriculture and Food in Crisis, Monthly Review Press*, pp.51-68
McMichael, Philip (2010c) Agrofuels in the Food Regime, *Journal of Peasant Studies*, Vol.37 No.4, pp.609-629
McMichael, Philip (2012) Biofuels and the Financialization of the Global Food System, Rosin. Chirstpher, Pual Stock, and Hugh Campbell eds., *Food Systems Failure: The Global Food Crisis and the Future of Agriculture*, Routledge, pp.60-82
南克巳（1970）「アメリカ資本主義の歴史段階—戦後『冷戦』体制の性格規定—」『土地制度史学』第47号，pp.1-30
持田恵三（1981）「農業問題の成立」『農業総合研究』第35巻第2号，pp.1-97
持田恵三（1996）『世界経済と農業問題』白桃書房
文部科学省（2013）『食品成分データベース』http://fooddb.jp/（2013年7月19日閲覧）
モントゴメリー，デイビット著・片岡夏実訳（2010）『土の文明史』築地書店
毛利良一（1999）「アジア経済危機とIMF・世界銀行」『経済』No. 45（1999年4月号），pp.111-124
毛利良一（2010）「投機資金による資源・穀物市場の攪乱と国際的規制」『農業と経済』

2010年4月臨時増刊号，昭和堂，pp.17-27
中野一新（1995）「現代アメリカにおける農業構造の変容と農業政策」井野隆一・重富健一・暉峻衆三・宮村光重編著『現代資本主義と食糧・農業 上』大月書店，pp.70-112
中野一新（2001）「WTO体制下のアメリカの家族農業経営の対応」『農業法研究』36，pp.64-88
野口義直（2003）「米国の環境政策とバイオ・エタノール産業の成長」『経済論叢』第172巻第5・6号，京都大学経済学会，pp.51-69
野口義直（2005）「アメリカ1990年大気清浄化法の改質ガソリン計画をめぐる石油産業とアグリビジネスの競争」『経済論叢』第176巻第1号，京都大学経済学会，pp.83-103
農林水産省（2015）『世界の穀物需給及び価格の推移』（2015年7月13日更新）http://www.maff.go.jp/j/zyukyu/jki/j_zyukyu_kakaku/（2015年8月8日閲覧）
O'Donoghue, Erick, Robert Hoppe, David Banker, Robert Ebel, Keith Fuglie Penni Korb, Michael Livingston, Cynthia Nickerson, and Carmen Sandretto (2011) *The Changing Organization of U.S. Farming*, USDA ERS Economic Information Bulletin No.88
大聖泰弘・三井物産（株）（2006）『図解・バイオエタノール最前線』工業調査会
Pimentel, David (2010) Reducing Energy Inputs in the Agricultural Production System, Magdoff, Fred and Brain Tokar eds., *Agriculture and Food in Crisis*, Monthly Review Press, pp.241-252
Prichard, Bill (2009) The Long Hangover from the Second Food Regime: A World-Historical Interpretation of the Collapse of the WTO Doha Round, *Agriculture and Human Values*, Vol.26 No.4, pp.267-279
Renewable Fuels Association (2012) *2012 Industry Outlook*
齋藤潔（2009）『アメリカ農業を読む』農林統計出版
Sauvée, Loïc (1998) Toward an Institutional Analysis of Vertical Coordination in Agriculture, Royer, Jeffrey and Richard Rogers eds., *The Industrialization of Agriculture: Vertical Coordination in the U.S. Food System*, Ashgate Publishing Ltd., pp.27-71
Schnimmelpfenning, David and Robert Ebel (2011) *On the Doorstep of the Information Age: Recent Adoption of Precision Agriculture*, USDA ERS Economic Information Bulletin No.80
Sporleder, Thomas (1992) Managerial Economics of Vertically Coordinated Agricultural Firms, *American Journal of Agricultural Economics*, Vol.74 No.5, pp.1226-1231
Stone, Glenn (2007) Agricultural Deskilling and the Spread of Genetically Modified Cotton in Warangal, *Current Anthropology*, Vol.48 No.1, pp.67-103

立川雅司（2000）「日本における二〇世紀農業食料システムとフォーディズム」日本村落研究学会『日本農村の「20世紀システム」―生産力主義を超えて』農山漁村文化協会，pp.55-83
立川雅司（2003）『遺伝子組換え作物と穀物フードシステムの新展開』農山漁村文化協会
高田多久吉（2009）『金融恐慌を読み解く』新日本出版社
高田多久吉（2015）『マルクス経済学と金融化論』新日本出版社
田代洋一（1997）「世紀末農業問題への視角」『土地制度史学』第156号，pp.59-65
田代洋一（2003）『新版・農業問題入門』大月書店
田代洋一（2009）『混迷する農政 協同する地域』筑波書房
田代洋一（2012）『農業・食料問題入門』大月書店
Tokar, Brian（2010）Biofuels and the Global Food Crisis, Magdoff, Fred and Brain Tokar eds., *Agriculture and Food in Crisis*, Monthly Review Press, pp.121-138
徳永潤二（2008）『アメリカ国際通貨国特権の研究』学文社
アメリカ穀物協会・日本事務所（2013）『DDGSユーザーハンドブック』（第3版）http://grainsjp.org/report/userhandbook3/（2013年7月19日閲覧）
上田慧（2006）「アメリカの航空宇宙産業と軍需」『経済』No.124（2006年1月号），pp.27-30
Urban, Thomas（1991）Agricultural Industrialization: It's inevitable, The American Agricultural Economics Society, *Choice*, Fouth Quarter, pp.4-6
USDA ERS（2000）*Briefing Rooms, Agricultural Chemicals and Production Technology: Glossary*, http://www.ers.usda.gov/briefing/AGChemicals/glossary/htm
USDA FAS（2012a）*GAIN Report No. NL2020 EU-27 Biofuels Annual 2012*
USDA FAS（2012b）*GAIN Report No.12044 China-Peoples Republic of Biofuels Annual 2012*
USDA FAS（2013）*GAIN Report No. CA13034 Canada Biofuels Annual 2012*
USDA NASS（2007）*2007 Census of Agriculture Vol.1 Part 51 United States*
USDC Census Bureau（1995）*Statistical Abstract 1995*
薄井寛（2010）『2つの「油」が世界を変える』農文協
綿谷赳夫（1954）「資本主義成立における農民層分解の古典的意義」『綿谷赳夫著作集第1巻』（1975年再掲・公刊）農林統計協会，pp.303-357
White, Ben and Anirban Dasgupta（2010）Agrofuels Capitalism: A View from Political Economy, *Journal of Peasant Studies*, Vol.37 No.4, pp.593-607
Wissen, Markus（2015）The Political Ecology of Agrofuels: Conceptual Remarks, Kristina Dietz, Oliver Pye, Bettina Engels and Achim Brunnengraber eds., *The Polical Ecology of Agrofuels*, Routledge, pp.16-33
Wolf, Steven and Frederick Buttel（1998）The Political Economy of Precision Farming, Wolf, Steven ed., *Privatization of Information and Agricultural*

*Industrialization*, CRC Press, pp.107-116

Wolf, Steven and Spencer Wood (1997) Precision Farming: Environmental Legitimation, Commodification of Information, and Industrial Coordination, *Rural Sociology*, Vol.62 No.2, pp.180-206

山口義行（2009）『バブル・リレー：21世紀型世界恐慌をもたらしたもの』岩波書店

## あとがき

　本書は，筆者がここ6年余りに行なってきたアメリカ北中部穀作農業実態調査分析に，コーンエタノール政策を含む穀物関連農政の変化，それらの背景としての農業・食料国際諸関係の現局面に関する考察を加えたものである。取りまとめにあたって，少なくとも主観的には次の3つの分析視角を活かすよう意識した。

　第一が，花田仁伍・元九州大学教授（故人）が与えた「資本蓄積と農業問題」の矛盾的相互関係についての理論枠組みである。花田（1971）は，直接には「戦前高率小作料＝差額地代第二形態小農版＝近代的土地所有の産物」説を批判するべく，累積的追加投資による高額の差額地代第二形態が実現するためには，土地所有の独占が発動されざるを得ないことを論証した。花田（1985）はこれを敷衍するとともに，それを根因とする農工間不均等発展が農産物「高価格」問題として総資本蓄積を阻害し，資本は低農産物価格政策や，農工間不均等発展が逆に「比較生産費原理」をつうじて可能とする国際間商品不等労働交換による外国「低価格」農産物輸入によってそれを回避しようとするが，いずれも日本のような比較劣位農業を危機に陥れることの理論的淵源を明らかにするものだった。

　第二が，田代洋一・横浜国立大学名誉教授が与えた，農業問題の経済（学）と政治（学）の結合としての政治経済学的分析の視角である。農業問題の「発生」（経済問題として）と「成立」（経済問題の政治的危機への転化とそれへの政策的対処）を区別しつつ関連づける枠組みは，その後の数え切れない著書・論稿で国内外の農業・食料問題分析へと展開されている（直近ではTPP問題分析）。

　第三が，米欧オセアニアをはじめ国際的に進化・発展してきている農業・食料政治経済学の成果である。本書ではそのうち，「フードレジーム」論，「農業の工業化（超工業化）」論，「資本による農業（労働）の包摂」論の援用を試みた。この理論潮流は，上記花田の「資本蓄積と農業問題」という視角を「総資本の蓄積」に加えて「農業・食料関連資本（アグリフードビジネス）の蓄積」にまで援用可能にする役割を果たす関係に位置づけられる。

　かかる筆者の意図がどれだけ実現できたかは読者の判断に委ねるしかないが，こうした理論的分析視角を学ぶ機会を得られたことは誠に幸運であった。

　本書はいくつかの科学研究費補助金の研究成果にもとづいているが，特に今回

取りまとめるにあたっては，第1章はJSPS25292139「アグリフードレジーム再編下における海外農業投資と投資国責任に関する国際比較研究」（研究代表者：京都大学・久野秀二教授），その他の章はJSPS24580324「食料高価格時代の米国穀物セクターの構造変化と農業政策の展開方向に関する研究」（研究代表者：磯田）の成果に依拠した。

また出版については，筑波書房・鶴見治彦社長に大変な無理をお願いして多大のご尽力をいただいた。記して感謝申し上げる。

最後に私事にわたって恐縮だが，本書を，両ダコタ州農業調査出張中に他界し，筆者が見送ることの出来なかった亡父に捧げることをお許しいただきたい。

## Acknowledgement

Hiroshi ISODA
(Faculty of Agriculture, Kyushu University, JAPAN)

This book investigated the structural changes in the U.S. corn ethanol industry and grain agriculture under the Agro-Fuel Boom. In doing so, the author made as much efforts as possible to apply the theoretical frameworks drawing on political economy of agriculture and food (and agrofuel), including the Dialectic Contradiction between Capital Accumulation and Agrarian Questions, the Politics and Economics of Agricultural Policies, the Food Regime Theory, the Industrialization of Agriculture Theory, and the Subsumption of Agriculture by Capital Theory, advocated and developed by several Japanese and foreign scholars.

This time as well, I heavily owe a number of producers, people, scholars, and organizations dedicated to the U.S. agriculture, cooperatives, other types of value-added enterprises, and research. To name only a few, I am deeply indebted to Associate Professor Carmen Bain with Department of Sociology, Iowa State University (Ames, IA), Mr. Bill Patrie with Common Enterprise Development Corporation (Mandan, ND), Ms. Cheri Rath with South Dakota Value Added Agriculture Development Center (Pierre, SD), and Mr. Ed Woeppel with Nebraska Cooperative Council (Lincoln, NE).

著者略歴

磯田　宏（いそだ　ひろし）

九州大学大学院農学研究院准教授　博士（農学）
1960年埼玉県生まれ。
東京都立国立高校卒業，九州大学農学部卒業，同大学院農学研究科博士課程退学。
（財）九州経済調査協会，佐賀大学経済学部を経て，現職

主著
『アメリカのアグリフードビジネス―現代穀物産業の構造分析―』（単著）日本経済評論社，2001年
『新たな基本計画と水田農業の展望』（共編著）筑波書房，2006年
『新大陸型資本主義国の共生農業システム―アメリカとカナダ―』（共著）農林統計協会，2011年
『政権交代と水田農業』（共著）筑波書房，2011年
『大規模営農の形成史』（共著）農林統計協会，2015年
『TPPと農林業・国民生活』（共著）筑波書房，2016年

---

### アグロフュエル・ブーム下の
### 米国エタノール産業と穀作農業の構造変化
*Structural Changes in the U.S. Corn Ethanol Industry
and Grain Agriculture under the Agro-Fuel Boom*

---

2016年3月25日　第1版第1刷発行

著　者　磯田　宏
発行者　鶴見　治彦
発行所　筑波書房
　　　　東京都新宿区神楽坂2-19 銀鈴会館
　　　　〒162-0825
　　　　電話03（3267）8599
　　　　郵便振替00150-3-39715
　　　　http://www.tsukuba-shobo.co.jp

定価はカバーに表示してあります

印刷／製本　平河工業社
©Hiroshi Isoda 2016 Printed in Japan
ISBN978-4-8119-0483-2 C3033